新城交通规划

——体系、方法及推进机制

过秀成　殷凤军　叶　茂　等著

东南大学出版社
SOUTHEAST UNIVERSITY PRESS
·南京·

内容简介

新城交通规划体系、方法及推进机制对促进新城交通规划与土地利用的协调发展，保障新城可持续发展具有重要作用。本书系统研究了新城交通规划与推进机制的相互作用机理、新城交通规划编制体系、服务体系设计、交通需求分析和分层次交通规划方法、交通规划组织实施和保障等，丰富了新城交通规划的理论、方法和实践。

本书可作为交通运输工程、城市规划等专业教学使用，也可以作为城市与交通规划和管理研究工作者的参考用书。

图书在版编目(CIP)数据

新城交通规划：体系、方法及推进机制/过秀成等著.—南京：东南大学出版社，2023.2

ISBN 978-7-5766-0541-9

Ⅰ.①新… Ⅱ.①过… Ⅲ.①城市规划—交通规划 Ⅳ.①TU984.191

中国版本图书馆CIP数据核字(2022)第244698号

责任编辑：张新建　封面设计：王玥　责任印制：周荣虎

新城交通规划——体系、方法及推进机制

Xincheng Jiaotong Guihua——Tixi，Fangfa Ji Tuijin Jizhi

编　　著：过秀成　殷凤军　叶　茂　等

出版发行：东南大学出版社

社　　址：南京四牌楼2号　邮编：210096　电话：025-83793330

网　　址：http://www.seupress.com

电子邮件：press@seupress.com

经　　销：全国各地新华书店

印　　刷：江苏凤凰数码印务有限公司

开　　本：787mm×1 092mm　1/16

印　　张：27.5

字　　数：680千字

版　　次：2023年2月第1版

印　　次：2023年2月第1次印刷

书　　号：ISBN 978-7-5766-0541-9

定　　价：128.00元

前　言

我国正处在迈向基本现代化的关键时期，以存量土地集约化利用为主发展高质量新城成为以人的全面发展为核心的新型城镇化的重要战略举措。新城交通系统作为新城规划建设的重要内容之一，交通规划是引导新城空间拓展与土地集约化利用、支撑产业转型升级、构建可持续交通体系的重要指引。处理好新城交通规划和城市发展的互动关系，探寻适宜的新城交通规划体系、方法和推进机制，对保证规划编制科学性、实施高效性、保障法制性，引导新城交通可持续发展，形成新城生产与生活方式的绿色发展具有重要现实意义。

本书结合团队多年来关于新城交通规划的理论与实践研究，选择以南京市南部新城这一类新城为代表，按照交通基础设施推进的全过程，探索了新城总体规划、控制性规划和实施性规划阶段交通规划的编制体系、规划内容和方法以及实施保障机制，全面反映了不同阶段新城交通规划研究的十余年积累和最新成果。以创新、协调、绿色、开放、共享发展理念和构建安全、便捷、高效、绿色、经济的现代化综合交通体系为目标，系统介绍推进机制的相互作用机理、新城交通规划编制体系、服务体系设计、供需分析方法、交通规划方法及组织实施和保障等一系列研究成果。

全书共分为 13 章，由过秀成教授统稿，殷凤军正高级工程师、叶茂副教授、陈俊兰博士生协助。第 1 章绪论，过秀成、李科撰写；第 2 章研究综述及案例剖析，过秀成、罗丽梅撰写；第 3 章新城交通规划与推进机制相互关系，过秀成、殷凤军撰写；第 4 章新城交通规划编制体系，过秀成、殷凤军、陈俊兰撰写；第 5 章新城交通服务体系设计，叶茂、朱菊梅撰写；第 6 章新城交通需求分析方法，叶茂、王恺、肖哲撰写；第 7 章新城交通总体性规划，过秀成、殷凤军撰写；第 8 章新城交通控制性规划，殷凤军、叶茂撰写；第 9 章新城交通实施性规划殷凤军、卢瑞颖撰写；第 10 章新城交通衔接性规划，殷凤军、叶茂、卢瑞颖撰写；第 11 章新城交通规划实施保障机制，殷凤军、陈俊兰、朱菊梅撰写；第 12 章南京南部新城案例应用，殷凤军、杨煜琪撰写；第 13 章南部新城交通影响评估案例，叶茂、彭佳、吴爱民撰写。

感谢南京市南部新城开发建设管理委员会、南京市规划和自然资源局、南京市建设委员会和淮安市白马湖规划建设管理办公室等单位在课题立项和研究过程中给予的支持和帮助；感谢李科（天津市城市规划设计研究院）、王恺（江苏城乡空间规划设计研究院有限责任公司）、罗丽梅和吴爱民（南京市城市与交通规划设计研究院）、杨煜琪（南京市南部新城开发建设管理委员会)、徐玥燕(常州市武进规划勘测设计院)、张宁(江苏省规划设计集团)和张倩(苏州市自然资源和规划局相城分局)、孙昊(无锡市经开区建设局)和刘银(南京现代综合交通实验室)在项目研究所做的努力和贡献的智慧;感谢东南大学段进院士团队在南部新城战略规划、控制性详细规划和城市设计等研究中奠定了良好的上位规划基础;感谢东南大学交通运输规划与管理专业的张叶平、许鹏宇、夏凯诚和南京理工大学交通工程系郭孝洁硕士生等在专著资料收集、材料整理及编排过程中所做的工作。

本书在撰写过程中参阅了国内外大量文献,由于条件所限未能与原著者一一取得联系,引用及理解不当之处敬请见谅,在此谨向原著作者表示崇高的敬意和由衷的感谢!

限于作者的时间和水平所限,书中难免有错漏之处,恳请读者批评指正。

电子信箱:seuguo@163.com。

著者

于东南大学

2022年8月

目　录

第1章　绪　　论

1.1　研究背景及意义

2000年以来，大城市面临老城空间压力与日俱增、交通拥堵日益恶化、城市品质不高等问题，发展新城已经成为解决“大城市病”和以人为核心的新型城镇化发展的重要战略举措。我国正处于新城开发建设的快速发展阶段，截至2018年，县及县级以上的新城总量超过3 800个，其中大城市及以上规模的城市新城新区超过2 500个[1]。经过多年的发展和探索，新城的建设已经取得了较为显著的成绩。传统的城市规划、交通规划及专项规划在支撑新城快速发展等方面发挥了重要作用，但也存在难以适应新时代国家城市治理现代化发展、“五大发展理念”统筹发展、城市和交通转型发展等要求的问题。2019年，中共中央、国务院发布《关于建立国土空间规划体系并监督实施的若干意见》，要求规划应综合考虑人口分布、经济布局、国土利用、生态环境保护等因素，科学布局生态空间、生活空间、生产空间，加快形成绿色生产和生活方式，以推进生态文明建设，通过坚持以人民为中心，实现高质量发展和高品质生活，保障国家战略有效实施，促进国家治理体系和治理能力现代化。按照国家新的规划要求，传统新城规划也需要在规划理念、体系和技术方法等方面进行变革来解决以往新城发展中出现的问题和适应未来新城规划建设管理等发展要求。

作为新城规划建设的重要内容之一，交通规划是引导新城空间拓展与土地集约化利用、支撑产业转型升级和构建可持续交通体系的重要指引。随着新城交通系统作用的提升，新城交通规划逐渐成为关注的焦点。传统的城市规划多将交通系统作为简单的支撑体系，忽视了产业、空间和交通三要素之间的深层次互动关系，导致出现了一些有城无产或有城无人的现象。对于新城这样一类具有较好的可塑性和较强的弹性适应性的新开发地区，交通系统对促进城市空间紧凑化、用地发展集约化和产业布局合理化具有较好的引导和驱动作用。在国家大力推进新型城镇化发展战略的新形势下，新城将迎来由数量增加到质量提升的发展新阶段。因此，在新城大规模开发建设之初，应该通过编制科学严谨的新城交通规划，更加科学合理的交通系统建设，来实现空间、产业和交通三要素间的统筹协调。

2015年12月召开的中央城市工作会议强调要统筹规划、建设与管理三个环节，以提高城市规划工作的系统性。但在交通规划、建设与管理的实际推进过程中，规划编制与实施、管理之间存在很强的相互独立性，缺乏有效的互馈、互动和协调[2]。规划成果进入实施、管理阶段后，往往受到市场经济影响偏离预期规划目标，实施主体甚至脱离相关规划，由决策部门单方面修改实施计划。规划落实难已经成为规划与建设领域的一个突出问题。新城作为城市开发的前沿阵地,交通规划的推进面临着各方力量的博弈。由于缺乏较为完善的制度、健全的体制机制以及科学的交通规划理念与方法的指导,导致推进过程中产生一系列的问题和矛盾,新城交通发展的理念难以实现。

因此,无论是解决新城发展中存在的问题,还是适应新时期新城可持续发展的要求,或是交通规划推进实施,都要求新城交通规划必须适应新的发展需要、转变规划理念、完善编制体系、革新技术方法、优化实施模式和加强规划保障,充分发挥交通规划引导发展的作用,以更好地指导新城发展和建设[3-6]。本书对于构建新城集约高效的可持续交通系统、促进新城交通规划的有效实施、保障规划编制科学性等具有十分重要的理论意义和实践指导价值,同时为新城管理部门和规划工作者提供参考,也为类似新城或地区的交通规划研究提供借鉴。

1.2 研究对象及相关概念的界定

1.2.1 新城概念及分类

国外新城的概念起源于20世纪初,英国霍华德提出田园城市的理念,以绿地为空间手段来解决工业革命后城市问题,田园城市在建设实践中逐渐发展为卫星城。20世纪20年代,恩温提出了卫星城概念。在卫星城中,基础设施、文化设施配备齐全,满足了卫星城居民的工作与生活需要,形成一个职能健全的独立城市。从1940年代中叶开始,人们对于这类按规划设计建设的新建城市统称为"新城",主要目的是通过新城建设控制规模和疏散城市人口。

我国新城概念的提法是和新城新区一起出现的,首次出现在2010年的政府文件《中华人民共和国国民经济和社会发展第十二个五年规划纲要》中。该文件提出"合理确定城市开发边界,规范新城新区建设,提高建成区人口密度,调整优化建设用地结构,防止面积过度扩张"。2014年《国家新型城镇化规划》中继续强调"严格规范新城新区建设"。然而相关文件始终对新城新区的概念未做出明确界定,国内很多学者们从不同视角提出了新城新区的概念定义[7]。

2012年上海交通大学城市科学研究院的刘士林、陈宪、刘新静等人开展了《规范新城新区若干重大问题研究》课题研究,提出了广义和狭义的新城新区定义。广义的新城新区,是指1979年以来,我国各省市在原农村地区设立的、具有独立行政机构及一种或多种功能(工业、商业、居住、社区公共服务和文化娱乐等)的新城市中心。狭义的新城新区,是指1992年以来,我国城市在原中心城区边缘或之外新建的,在行政、经济、社会和文化上相对独立并有较大自主权的综合性城市中心。狭义的内涵界定不包含工业园区、大学园区、产业园区、农业生态园区、科技园区、总部经济园区等"功能单一"的"新城市化板块",是目前具有较为成熟的城市综合服务功能的新城新区。

2015—2018年国家发展和改革委员会城市和小城镇改革发展中心连续四年发布了《中国新城新区发展报告》。报告中提出,广义的中国新城新区,是为了政治、经济、社会、生态、文化等多方面的需要，经由主动规划与投资建设而成的相对独立的城市空间单元。讨论比较多的中国新城新区包括经济特区、经济技术开发区、高新技术开发区、保税区、边境经济合作区、出口加工区、旅游度假区、物流园区、工业园区、自贸区、大学科技园，以及产业新城、高铁新城、智慧新城、生态低碳新城、科教新城、行政新城、临港新城、空港新城等等[1]。

本书研究的新城为狭义的概念，主要是位于城市建成区边缘或者近郊，交通便利、设施齐全、环境优美，能分担居住、产业、行政等城市功能，是相对独立性的城市新开发社区，具有以下三个方面的特征：

(1)新空间。从空间位置来看，我国的新城一般处在老城区的边缘或外围，是城市集中建设区的有机组成部分，开发建设方式以"增量新建"为主，形成新的城市空间。(2)新功能。从功能定位来看，新城一般为实现带动区域经济增长、发展特色新功能、提升城市品质功能等目标而设立。(3)新主体。从管理体制来看，新城一般由人民政府或有关部门批复设立，拥有相对独立的管理运营主体，承担新城新区范围内经济和社会管理职能。

新城模式的逐渐普及，成为一种城市现象，有其经济、社会等多方面因素的触动。我国新城建设的直接动力有以下六点：(1)为经济发展提供空间。新城内部的产业发展和居住条件以及大量的就业岗位，对于加快地区发展具有重要意义。(2)社会发展产生新的诉求。现阶段很多工作已经可以脱离原有的在固定场所完成的模式，这就为工作人员灵活安排工作提供了很大的自由度，新城以其居住条件和环境的优越性，成为吸引工作人员在家办公的新模式。(3)解决主城人口与就业岗位压力带来的各种社会问题。(4)重大设施与建设项目引导。(5)区域发展重大战略推动。(6)政治因素等。行政区划调整带来了城市发展战略变革，亟需新的功能区域承担城市中心功能以适应与引导地区发展[8-9]。

结合我国新城的直接动力因素以及形成机制，归纳出现有的几种新城模式，分别是：内城改造型、结构调整组团型、郊区蔓延型、项目引导型和小城镇发展型。不同类型的新城特征也有显著区别，如表 1-1 所示。

表 1-1 新城类型及基本特征分析表[10]

类型	特征分析	具体案例
内城改造型	原有的用地性质、强度和布局欠合理，不能体现集约高效的特征，需要通过内城的更新改造和功能置换优化用地和功能； 主要通过对内城的重建，保护与重塑城市空间肌理，改造升级公共设施配套，恢复原有的城市功能，增加中心城市的吸引力	苏州高新区、西安曲江新区、东京六本木新城
结构调整组团型	城市空间结构由原先结构单一、功能混合的整体架构逐渐向多样化、综合性的功能分区结构转变，呈现出单中心的空间结构转变为多中心、复合组团结构	无锡滨湖新城、南京河西新城、东京临海副中心新城、南京江北新区

（续表）

类型	特征分析	具体案例
郊区蔓延型	城市原有空间日益增加的人口与就业岗位带来了各种社会经济活动的过度集中，导致了中心城市各种社会病的产生。城市亟需向外围拓展，寻求城市发展新的释放空间。郊区以其低成本的经济投入，引发了城市的郊区化发展。但这类新城一般职住较难平衡，易出现新城与主城之间的潮汐交通现象	上海宝山新城、哥伦比亚新城
项目引导型	以大型建设项目或重大事项为契机，打造城市新的功能片区。这类地区规划设计、投资建设等都有较好的保障	上海临港新城、北京顺义奥运新城、苏州高铁新城
小城镇发展型	一些位于近郊的传统产业城镇，区位条件优越，经济发展较好，对外交通便利，依托产业优势，对城市人口疏散和产业外迁具有较强的吸引力。这些小城镇发展到一定阶段，其规模、性质、职能等应有新的发展定位，应纳入到城市整体发展框架中，以发挥分担城市功能的作用	上海松江新城、上海朱家角新镇

1.2.2 新城城市规划

城市在我国经济社会发展、民生改善中起着重要作用。良好的城市规划是推动城市发展和城市建设的重要保障。新城城市规划是对一定时期内新城的经济和社会发展、土地利用、空间布局以及交通等各项建设的综合部署、具体安排和实施管理。

受到城市规划思想的影响，新城城市规划理念主要有四种，一是以霍华德为代表的城市分散规划思想，强调保持城市与郊区的自身特点，形成协调式发展格局；第二种是以柯布西耶为代表的集中式规划理论；第三种是以沙里宁为代表的有机疏散理论，提倡遵循城市发展的自然规律、实行有机疏散的规划思想。这三种思想指出根据土地利用的不同布设交通设施。第四种是由美国卡尔·索普提出的 TOD 规划思想，强调交通对土地利用的引导作用。

新城城市规划编制形式可以划分为总体规划和控制性规划。与城市不同的是，新城通常不单独编制地区总体规划，一般统一纳入到国土空间总体规划中进行编制。需要编制新城总体规划时，一般是在国土空间总体规划指导下，开展针对性更强的新城范围内总体规划，相对应于国土空间规划体系中的单元规划或分区规划。该层次规划主要明确新城空间发展战略、空间架构、土地利用总体布局以及各专项规划的总体思路和重点，是新城发展的纲领以及各类型规划编制的法定依据。新城总体规划一般经历两个阶段：发展战略研究和总体规划编制，总体规划编制同步开展土地利用规划和产业规划。这一层次规划的编制体现了多规协同的理念，加强了各专业规划成果的对接，尤其是总体规划与土地利用规划的完全对接。

控制性规划则以新城作为独立的编制对象进行研究，在进一步深化和细化功能定位的基础上，明确新城空间结构，尤其是确定新城土地使用性质和开发强度。2000 年来，随着新城开发速度的加快和开发过程中逐渐暴露出规划失控的问题，多地在开展新城规划时，为体现前瞻性和可控性，引入了新城概念性规划和城市设计两个层次的规划，概念性规划在控制性规划前开展，城市设计一般与控规同步或者在下一阶段开展。

控制性规划（控规）作为新城规划管理和城乡建设的法定依据，重在对新城开发的控制和实施的指导。新城控规主要根据总体规划确定的分区控制导则，编制地区分单元控制细则，划定规划管理单元，对管理单元分别提出具体的法定性要求和指导文件。近几年新城在城市发展中的重要性越来越大，各地为打造更加高品质的新城区域，进一步开展了城市设计工作以更加深入细致地明确地区开发建设。很多新城区在开展控规编制的同时，纷纷开展了城市设计工作。因此，可以将城市设计与控规同步编制，形成控规指导用地开发、城市设计控制空间形态的编制结构。

本书提出新城实施性规划有别于传统的建设规划，可以为更好地推进新城的规划实施工作。实施性规划在城市规划法定体系中还没有明确提出，但是许多城市在城市规划和建设过程中充分意识到规划实施的重要性，提出了实施性规划类型。实施性规划主要包括近期建设规划、年度实施计划等，直接指导规划实施和具体的城市建设活动，是落实总体规划目标和控制性详细规划要求的具体手段和措施。新城实施性规划主要从规划编制的角度，为更好地推进规划成果的实施落地，提出以具体建设项目为抓手的规划类型。实施性规划能够更好地弥补上层次规划实施性不足的缺陷，并能够更好地落实上层次规划的指导思想和方案构想。

1.2.3　新城交通规划

新城交通规划是新城规划体系的重要组成部分，是政府实施新城综合交通体系建设、调控交通资源、倡导绿色交通、引导区域交通、新城对外交通、内部交通协调发展、统筹新城交通各子系统关系和支撑新城经济与社会发展的专项规划。

新城交通规划的理念受城市规划思想和交通系统发展的影响很深，从早期的系统最优、供需平衡到现代的以人为本、环境友好、共享交通、智慧交通、绿色交通优先等理念，逐步形成多理念协同的交通规划理念。尤其是2010年来提倡的绿色交通导向的交通规划理念，已经成为未来新城交通规划的主导思想。

新城交通规划的编制过程主要贯穿三个环节。总体规划阶段，综合交通规划研究确定城市交通发展的目标、战略、政策与对策，重大交通基础设施选址布局等。新城控制性详细规划阶段，重点开展交通专项规划，规划依据包括城市总体规划、综合交通规划以及控制性详细规划，规划侧重于系统自身的发展，强化设施的规模和交通用地的落实。城市设计阶段则主要以控制性详细规划为基础，进一步落实该阶段的交通规划成果。

1.2.4　新城交通规划推进机制

“机制”揭示的是事物内在的相互作用关系及关联性，反映各种自然和社会现象的内部组织与运行规律。将机制引申到一项工作或社会系统中，可以解释为工作或社会系统内部的组织结构之间相互作用的过程和方式[11]。对机制的理解应主要把握两点：一是明确事物组成或现象的存在是机制存在的前提和基础，有了存在，就会有如何协调各个部分相互关系的问题，才需要一种相应的机制去整合协调；二是各个部分关系的协调一定是基于某种具体的原则和运作方式，机制就是以一种固定的运作方式联系事物的各个部分，保障它们协调运行。

建立一项机制，需要体制和制度两个规范性的准则予以保障。体制主要通过组织机构的职能结构与相应的岗位权责的配置予以实现，倾向于机构内部的工作划分与职能设置；制度包括各级法律、法规以及组织内部的相关规章条例。在一定的体制和制度环境下，形成相应的机制，机制一旦形成，对体制和制度也有反馈与固化作用。由于涉及因素较多，机制的构建是一项复杂的系统工程，这就要求各种体制和制度的建立以及完善需要不同层面和不同层次的相互呼应和补充，形成一个完善的整体才能发挥相应的作用。

推进机制是通过内部组织管理结构与职能的优化完善和外部环境的协调配合，相互联系、相互作用，形成一种外源性和内源性相融合的制度化方法，科学合理地共同推动一个事物或一项工作朝既定的目标和方向有序发展。

概括起来主要分为决策机制、管理机制和协调机制。

决策机制是组织机构运行过程中，决策系统内部各要素间的相互作用关系和内在机能，关乎决策主体决策行为的有效程度和决策对象的实施效果。决策机制是推进机制的重要组成组分，不仅是其他机制建立的基础，而且贯穿于其他各机制运行的始终，决策机制的科学性、合理性直接影响其他机制的运行效果。完善的决策机制是决策机构实施有效决策的支撑。任何一个项目或工作的推进，首先需要决策部门的宏观决策。决策机制明确了几个问题：一是明确决策主体，由于任何一个决策行为涉及的领域极其广泛，为增加决策的有效性，必须明确规定各种决策制定的主体；二是保证决策的民主性，强调公共参与，来保证决策广为接受和推进过程中发挥参与者的积极性和创造性；三是建构组织保证体系，决策过程既牵涉到决策主体，还涉及到广泛的参与者，要保证决策行为的科学性和合理性，除了相应的权力保障外，还要依托完善的组织保障，集各方智慧于一体，为决策主体出谋划策[12]。

管理机制是指管理系统的结构及其内在的运行机理，实质上也是管理系统的内在联系、功能及运行原理，是决定管理系统实现管理效能的核心。根据管理机制的内涵，其具备五个特征：内在性、系统性、客观性、自动性和可调性[13]。管理机制主要以客观规律为依据，以管理结构为基础和载体，包括组织的功能与目标、组织的基本构成方式、组织的结构和环境结构等。工作的推进是基于管理机构的组织来运行的，即管理系统的结构及运行机制决定了工作的有序推进和顺利开展。因此，管理机制也是研究推进机制不可或缺的部分。

协调机制是机构或组织为完成工作计划和实现预定目标，保障各项工作和人员能够相互协调，减少工作推进过程中不同群体之间的利益冲突，共同推进工作的一种机制。一般工作协调的范围较广，要求不同领域应按照实际需求建立相应的协调机制，主要涉及工作责任主体、配合人员、运行规则等相关的制度。交通规划的推进工作涉及到政府、企业、公众等各个方面，而各级政府、企业下设各级部门，为了平衡各方面的矛盾冲突与利益关系，协调机制在推进机制中发挥的作用不可忽视。

新城交通规划作为新城发展的重要公共政策，从管理学与社会学的角度看，属于一项复杂的系统工程。交通规划推进工作划分为规划、设计、建设与管理等阶段，由于其体系庞大、内容复杂、过程繁琐，因此交通规划需要有一定的手段和作用力来推进实施[14]。基于这一特征，本书提出新城交通规划推进机制的内涵。

新城交通规划推进机制是指规划推进主体以一定的推进手段和方式，在相应的机制保障下，推进交通规划从编制到实施的全过程，实现交通规划设定的目标，其本质是一种关于交通规划推进的制度化方法。因此，这一制度化方法的内涵可以理解为在倡导集约利用土地和绿色低碳发展的环境下，新城交通规划推进过程中规划编制、实施和保障机制三部分内在以及相互之间的作用机理和过程，以特定的结构和运作方式相结合，协调运行发挥作用，核心关注推进主体、推进对象、推进手段、过程评估和保障机制。

1.3 研究主要内容

本书重点对新城交通规划与推进机制相互作用机理、新城交通规划编制体系、新城交通需求分析方法、三个阶段和衔接层次中重要的新城交通规划方法、新城交通规划实施和保障机制及南京南部新城实践案例进行系统研究。

1. 新城交通规划与推进机制相互作用机理

新城交通规划与推进机制既是相互作用的两个组成部分，又是紧密联系的统一体。分析新城交通规划对推进机制的要求和推进机制对交通规划的作用，结合交通规划的层次划分和推进机制的组成结构，研究两者之间的相互作用关系；采用信息熵模型构建新城交通规划与推进机制耦合模型，以揭示新城交通规划与推进机制的相互作用机理；根据新城交通规划推进的要素与层次分析，搭建新城交通规划推进机制的框架结构，提出推进机制各部分的主要内容。

2. 新城交通规划编制体系

分析新城交通规划现行框架体系存在的问题，结合新形势下规划协同要求和新城交通发展导向等基础要素，提出应建构新城交通规划编制体系，探讨规划体系建构需要协同的关系；在研究新城城市规划体系以及交通规划与城市规划体系的协调关系基础上，提出国土空间规划背景下新城交通规划的编制体系和各阶段各层次交通规划的主要内容，并明确新城交通规划编制实施的主体、过程和框架。

3. 新城交通需求分析方法

结合新城可持续发展目标剖析新城交通需求基本特征，基于四阶段分析方法，提出基于供需双控的新城交通需求分析方法，研究分析与调控交通需求的关键指标，构建交通需求分析框架，对关键的需求总量和方式结构预测开展技术方法研究。

4. 新城交通总体性规划

新城交通总体性规划主要包含新城交通发展战略制定、新城多模式公交系统规划和新城骨架交通网规划。制定以人为本、可持续发展、公交优先和绿色交通的新城交通发展战略目标，并通过对应控制指标落实，利用简约的“四阶段法”预测新城交通发展远期需求，结合新城交通发展策略，利用 SWOT 分析法生成了新城交通发展战略方案。构建了新城多模式公共交通系统，在新城交通总体性规划阶段，规划新城公交骨干网络，包含新城轨道交通网络规划和新城有轨电车网络规划。在新城骨架交通网规划中，深入落实公交优先战略，以公交覆盖率要求确定新城骨架路网的平均间距，并进行功能结构配置。

5. 新城交通控制性规划

介绍新城交通控制性规划的理念、内容及技术方法，主要探讨道路网、公共交通、慢行交通三个专项；道路网方面，分析了小街区、密路网模式的特征及适用性，探讨了小街区、密路网规划指标及布局规划；公共交通方面，分析了新城公共交通体系构成，提出规划策略与指标，从枢纽、线网、路权三方面规划新城快速、主干、次干、支和特色公交的多层次公共交通体系；慢行方面，探究了新城慢行交通的发展目标与策略，划分道路等级，提出慢行网络规划方法，并研究慢行的衔接与协调规划，最后针对慢行空间与环境设计提出建议。

6. 新城交通实施性规划

明确新城交通实施性规划的基本定位与主要内容，提出道路差异化设计、精细化交通设计、完整街道设计、交通系统整合设计等落实策略；在新城整个空间范围内对各种交通需求进行功能、空间协调，在具体路段、路口上进行空间布局统筹，分别提出新城道路横断面设计、慢行交通空间设计、公共交通空间设计、交叉口详细设计与地块出入口设计的要求与方法，实现各种交通系统的组织协调、交通空间的优化协调和交通空间要素的落地。

7. 新城交通衔接性规划

明确交通衔接性规划是加强三阶段规划有效衔接的功能，主要形式是控规交通影响评估和复合开发地块交通影响评价。探讨新城控规阶段开展交通影响评估的意义与目的，界定控规交评的理念与策略，对控规交评的主要内容和方法进行研究。针对新城开发混合性用地的复合地块为主的特征，提出具有新城特色的复合地块交通影响评价，对复合地块交通影响评价主要内容和方法进行研究。

8. 新城交通规划的实施和保障机制

分析新城交通规划的原则和组织实施的要素，探讨新城交通规划实施平台构建的目标和要求，分析实施平台的要素构成；结合指挥部、公司化和管委会三种模式，分别从体制架构、运作特征、适应性和不同模式下的交通规划实施过程研究这三种模式下交通规划实施特征；重点采用属性识别理论，建构新城交通规划实施的平台模式选择模型，分析新城发展的阶段、体制与交通规划实施平台选择的关系。分析制度环境对新城交通规划推进的作用，从面向规划推进的角度，设计保障规划推进的制度框架；按照制度架构提出的相关内容，研究新城交通规划的保障机制建设的内容与要求。

9. 案例应用

以南京南部新城为例，以该新城的发展阶段与历程为主线，结合相关交通规划推进的编制、实施与管理工作，对研究成果进行应用和验证。

1.4 本书组织结构

本书共分为13章。第1章为绪论,阐述了研究的背景、意义和研究内容及一些基本概念。第2章从体系、方法与推进机制等方面梳理国内外新城交通规划现状和部分案例实践。第3章剖析新城交通规划与交通规划推进之间内部关联关系和互动作用的机理,并构建交通规划与推进机制耦合作用模型。第4章结合国土空间规划体系,构建新城交通规划编制体系,统筹协调各类交通规划,明确各阶段交通规划的内容和相互间的传导机制。第5章研究新城交通系统的结构、组成与功能组织,提出新城交通服务体系构建原则与要求并设计新城交通指标体系与服务体系。第6章提出供需双控模式概念,建立新城供需双控式交通需求分析框架。第7章研究新城交通总体性规划阶段重要的新城交通发展战略制定、新城多模式公交系统规划和新城骨架交通网规划的规划方法。第8章研究新城交通控制性规划阶段重要的道路网、公共交通、慢行交通三个专项的规划方法,道路网规划重点分析小街区、密路网模式的规划,公交规划重点从枢纽、线网、路权三方面规划新城快速、主干、次干、支、特色公交的多层次公交。第9章研究新城交通实施性规划阶段的道路差异化设计、精细化交通设计、完整街道设计、交通系统整合设计等落实策略和在交通空间范围内进行空间布局统筹。第10章研究特色的新城交通衔接性规划,主要包括控规交通影响评估和复合开发地块交通影响评价。第11章探讨新城交通规划实施保障机制,研究推进机制中组织实施的要素和流程,建立新城交通规划推进保障的制度框架和实施途径。第12章南部新城案例应用和第13章南部新城交通影响评估案例是南京市南部新城交通规划案例应用。

第 2 章　研究综述及案例剖析

2.1　理论研究综述

现有新城规划研究主要包括城市规划体系研究以及交通规划方法的研究。新城交通规划的研究与实践涵盖规划体系、规划方法和推进机制三个方面，新城交通规划推进机制的核心内容主要包括组织模式以及保障机制两方面。

2.1.1　新城交通规划体系

国际国内结合地方治理诉求和管理运作机制，在借鉴不同城市交通规划模式的基础上，实践形成了各具特色的交通规划编制体系，国家、区域、城市、新城等各层级政府交通规划管理目标和侧重也各不相同，新城交通规划是在城市规划编制总体框架下进行，以新城为对象，在总体规划、分区规划、详细规划开展相应的交通规划，如表 2-1 所示。

表 2-1　不同国家(城市)交通规划编制体系特征分析[15]

国家(城市)	编制体系		特征
美国	4 层级	区域性交通规划	划分侧重于大的概念性的把握与细部的实施调整，中间层次的规划不再作为重点开展的工作
		交通改善计划	
		联合规划工作计划	
		交通阻塞整治计划	
英国	3 层级	交通发展白皮书	
		交通发展战略	
		实施规划	
北京	4 层级	交通发展战略规划	将规划的范围主要界定在上层，与实施性的环节仍需进行过渡
		综合交通规划	
		区域交通规划	
		专项交通规划	
广州	5 层级	交通发展战略	层次划分完整，从交通发展战略，至交通设施建设，划分也更为细致
		综合交通规划	
		地区性交通规划、交通专项规划	
		近期交通建设规划	

（续表）

国家（城市）	编制体系		特征
		实施性交通规划	
深圳	6 层级	城市整体交通规划	
		分系统交通规划	
		分区交通（改善）规划	
		片区交通（改善）规划	
		重要交通设施建设、详细规划（改善计划）及交通影响分析	
		专项交通调查研究	

交通规划编制体系在城市规划不同层面的设置见图 2-1 所示，体现了与不同管理系统的关系[16-17]。综合国内主要城市的研究情况，新城交通规划体系在城市规划不同层面的设置可以分为总体规划阶段和详细规划阶段两部分。在总体规划阶段，首先对新城开展前瞻性研究，制定新城交通战略规划，接着依次由新城综合交通规划发展到新城分区交通规划和新城交通近期建设规划。新城详细规划阶段主要包括控制性详细规划、修建性详细规划和建设项目交通影响评价等。

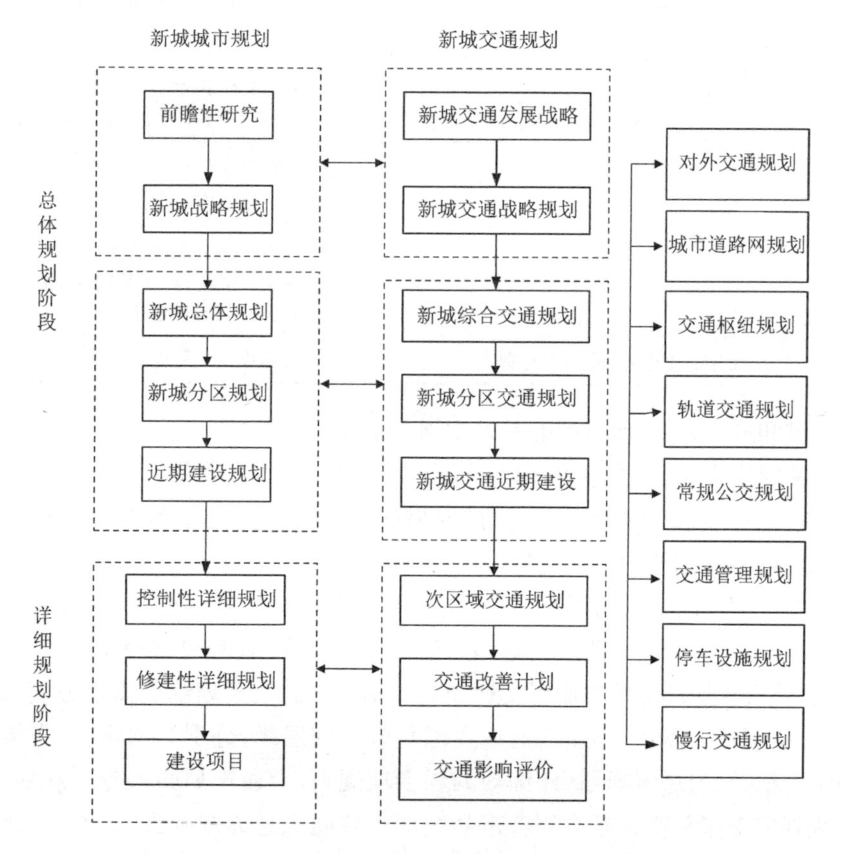

图 2-1　新城城市规划与新城交通规划的编制体系关系

由于原有规划体系及规范对内容的界定问题，总体规划阶段的交通规划编制工作中存在内容庞杂、规划效用不尽理想等问题，主要是不同规划内容的法定性、政策性和引导性区分相对模糊，对规划管理、建设部门的指引性不强，造成实际工作中交通规划与交通建设管理脱节。

控详规划成果是城市规划建设的直接法律依据，因此对其内容深度和成果要求都有相应要求，见表 2-2。我国过去一段时间新城规划建设量大面广，控详阶段的交通规划相对粗放，对后续的交通工程设计施工的指引和约束不足，交通项目落地与交通规划理念之间存在偏差。深圳等城市结合自身大部制管理机制优势，以规划单元为对象规划编制法定图则，落实交通要素管控要求，形成了较为完善的交通详细规划编制内容和规划管理机制，与此同时，针对干线道路、轨道等重大线性工程以及枢纽地区开展专项交通详细规划，反馈纳入详细规划。

表 2-2　控规阶段交通专项控制的内容及深度对比[18]

	中国内地	中国香港
道路网络系统	交通组织方式、道路性质、红线宽度、断面形式、交叉口形式、路网密度、出入口	道路等级、市区道路标准、支路标准、道路土地总需求
公共交通系统	公交站点、公交停保场	专利巴士设施、公共小型巴士总站、公共交通交汇处等设施的标准与决定位置的因素
停车设施	社会停车场、配建停车场	街道以外泊车位，包括私人泊车位、泊车转乘；路旁泊车位标准、旅游巴士泊车位
慢行系统	自行车停车位数	单车环境：单车径（即自行车道）及单车径标准、停放处及停放处标准
		行人环境：规划策略、原则、规划和发展概念、行人设施规划准则、改善行人环境、人行道宽度准则
其他设施	加油站、加气站、长途客运站等	铁路设施、轮渡码头等

成果要求和形式上，目前典型的是以规划文本、图册和说明书相结合形式为主，其中文本和图册是法定成果要求；香港地区以图则形式为主，通过公众参与平台提议修改后确定最终方案，并以法律形式予以确立。控详成果的法律效力为其实施提供了充分的法律保障，而且也能够较好的衔接上、下层规划。

从“多规合一”到国土空间规划体系，是国家生态文明体制改革的重大部署，承载生态文明理念、高质量发展和高品质生活等国家治理目标，从区域协调、城乡融合、绿色发展、优化空间结构、提升人居环境等方面对交通规划提出要求。在规划编制体系方面，提出了“五级三类”国土空间规划体系，“五级”对应我国行政管理层级，分别为国家级、省级、市级、县级和乡镇级，“三类”为总体规划、详细规划和专项规划，交通规划归入专项规划类，是各级国土空间规划的支撑专项。当前随着市县级国土空间规划编制推进，市域、行政区以及新城层面综合交通规划编制同步开展。依托国土空间规划运行机制，总体规划层面的新城交通规划专项更加重视规划权威性和实施性，在国土空间规划“一张图”平台上统筹交通空间的用途管制并凸显对下层级规划指导性，规划过程中重视与市级综合交通规划的衔接协调，规划技术体系上注重与空间规划协同规划编制。详细规划层面的新城交通规划，侧重人居环境改善导向的精细化交通治理和引导产城融合，强调落实全域交通规划管控，探索开发边界外的交通详细规划编制和管理机制。其他交通专项规划编制则应重视与国土空间总体规划、详细规划的衔接。

在国土空间规划体系下，国内目前尚无独立的新城交通规划编制体系，规划编制主要遵循城市交通规划体系，属于城市交通规划体系中某一区域或片区的交通规划，往往缺乏对新城交通发展导向、发展需求的深刻认识。北京、广州、深圳等地的新城、新区交通规划与这些城市交通规划体系中的区域交通规划、地区性交通规划以及分区或片区交通（改善）规划属于同一个层级，各市在新城交通规划体系设计方面也有所研究与实践，但是一般沿袭的仍是传统城市交通规划体系的框架。

2.1.2 新城交通规划方法

新城交通规划作为新城规划的有机组成，其规划理念随着城市规划思想而演化，国际上经典城市规划理论有以霍华德为代表的田园城市理论、以柯布西耶为代表的集中式规划理论、以沙里宁为代表的有机疏散理论等，均体现了交通设施支撑土地利用和空间组织的基本原则。近年来，本着对土地、能源过度消耗和环境破坏的反思下，城市规划实践凸显可持续发展理念，以卡尔·索普为代表提出公共交通引导城市发展理论引起广泛关注，即TOD(Transit Orient Development)，以生态优先、绿色发展为导向的交通规划理念兴起，在国内新城建设得到广泛实践。

Singh(2021)以印度城市为例，总结私家车、汽车拥有量、道路拥堵、土地利用道路事故、基础设施等问题，探索了提升城市步行性的方法[19]。Duman(2021)介绍了芬兰赫尔辛基都会区土地利用和交通规划的案例研究，结合对规划者访谈研究以及对该地区交通规划、政策文件和相关制度和组织模式的分析探索了规划制度框架的演变[20]。Nieuwenhuijsen(2020)从城市交通规划与公共卫生的关系出发，提出城市交通规划应改变土地使用、减少汽车依赖并转向公共交通的需求[21]。Sui(2021)分析了香港新城与市区居民的通勤出行时间，指出新城居民的通勤出行时间明显高于市区居民的通勤出行时间，这主要是因为新城难以提供较多的就业机会，长途通勤已成常态[22]。Sylvia Y(2020)通过人口普查和家庭出行调查数据发现香港的工业产业不断迁往珠江三角洲，未能提升香港新城经济并提供足够的就业岗位，提出香港新城发展应以职住平衡为目标，完善新城与市区之间的大中运量公共交通，降低通勤时间[23]。Kim(2017)分析评估了韩国首都圈内5个新城的工作出行和非工作出行模式，发现新城在过去5年内的非工作出行对中心城的依赖性降低，这说明新城的公共服务基本满足日常生活需求，但工作出行比例还很高[24]。Tao(2019)提出新城可持续发展与交通系统密切相关，特别是便捷的对外交通系统和完善的内部交通系统，对外交通系统需要注重新城与中心城区、新城与新城之间的关系，构建大中运量公共交通系统，建设以公共交通为主导、慢行交通为衔接的交通模式[25]。《伦敦市交通发展战略2017》中大力倡导绿色出行，打造更宜居城市，不断优化出行结构，倡导公共交通、自行车、步行等绿色低碳的出行模式，并通过完善公共交通服务网络、优化绿色出行环境等方式，为旅客选择绿色的出行方式创造条件[26]。

关于新城交通规划方法和技术，国内正在积极探索，伴随我国新城快速发展时期，相关的研究成果也正在形成，典型的主要有高校科研团队和规划设计单位的研究成果。

东南大学过秀成教授团队(2010，2014，2015)系统地提出了绿色交通技术政策体系，从社会公平、社会经济发展和宜居环境营造三方面入手，从土地交通协调发展、交通方式发展、交通政策分区、运输一体化、交通基础设施配置以及交通组织管理技术政策等方面，构建绿色交通技术政策体系和研究内容[27-29]。从理论与实践两个方面，重点考虑新城公交导向发展需求，从交通需求分析、路网规划、慢行交通、有轨电车等方面探讨研究了新城交通规划的关键技术和方法，提出了公交导向的交通需求分析方法、公交优先的路网规划、步行性分析方法、慢行系统规划指标体系以及新城有轨电车适应性等系列成果[30-34]。

同济大学陈小鸿教授团队(2017，2021)以轨道交通对新城不同区位和不同增长模式的适配程度为切入点，提炼空间与交通互动作用，分析了出行时间与活动空间、时间尺度与空间形态、新城发展与区域城镇格局、交通设施与增长形态四个方面的规律，以上海新城为实例，提出交通系统优化策略[35-36]。同济大学杨东援教授(2010)认为根据世界各国交通规划理念的变化，从观念、作用、内容和实施等方面系统调整交通规划技术体系，并对城市交通规划转型发展提出了相应的设想，如图 2-2 所示[37]。

交通规划设计单位结合实践开展了新城交通规划方法研究。杨涛(2021)结合南京南部新城绿色交通规划实例，提出构建绿色交通体系、强化绿色交通组织管理、营造绿色化土地开发模式的绿色交通规划方法框架，提出了绿色交通规划的实现路线[38]。李科(2016)认为传统的交通规划方法更多注重交通供需平衡，已经难以满足当前城市发展需求，以天津未来科技新城为例，对交通与用地相协同的交通规划方法、人车协同的路网规划方法、引导性公交系统规划方法等进行了初步探索[39]。

訾海波(2021)以上海新城为例，提出上海新城交通不仅要考虑中心城、新城内部之间的联系，还要考虑长三角、新城之间的联系，从而完善新城内部的便捷交通网络与对外交通通道[40]。马荣国教授团队(2015)针对控规层面土地利用与交通协调发展缺乏量化分析的问题，提出以分层控规编制技术体系为平台，建构了分层控规与交通规划一体化编制框架与内容，建立了协调分析技术、一致性互动优化技术，以实现土地利用强度与交通双向量化控制，为新城交通规划研究中的土地利用与交通协调发展提供了基础研究方法[41]。钟鸣(2021)提出新城与主城、土地利用与交通系统的整体规划协同，探讨了面向新城规划的城市土地利用-交通整体规划建模方法，针对新城与主城两者之间的交互关系对交通需求进行一体化预测[42]。

在新城交通规划研究中，相关团队和学者在路网规划和公共交通规划技术方法的研究成果对新城交通发展起到很好的指导作用。路网规划方面，国外的研究主要侧重于路网结构优化，即网络设计问题(NDP-Network Design Problem)，分为连续型网络设计问题(CNDP)和离散型网络设计问题(DNDP)，两种类型的交通网络优化布局问题都是在考虑

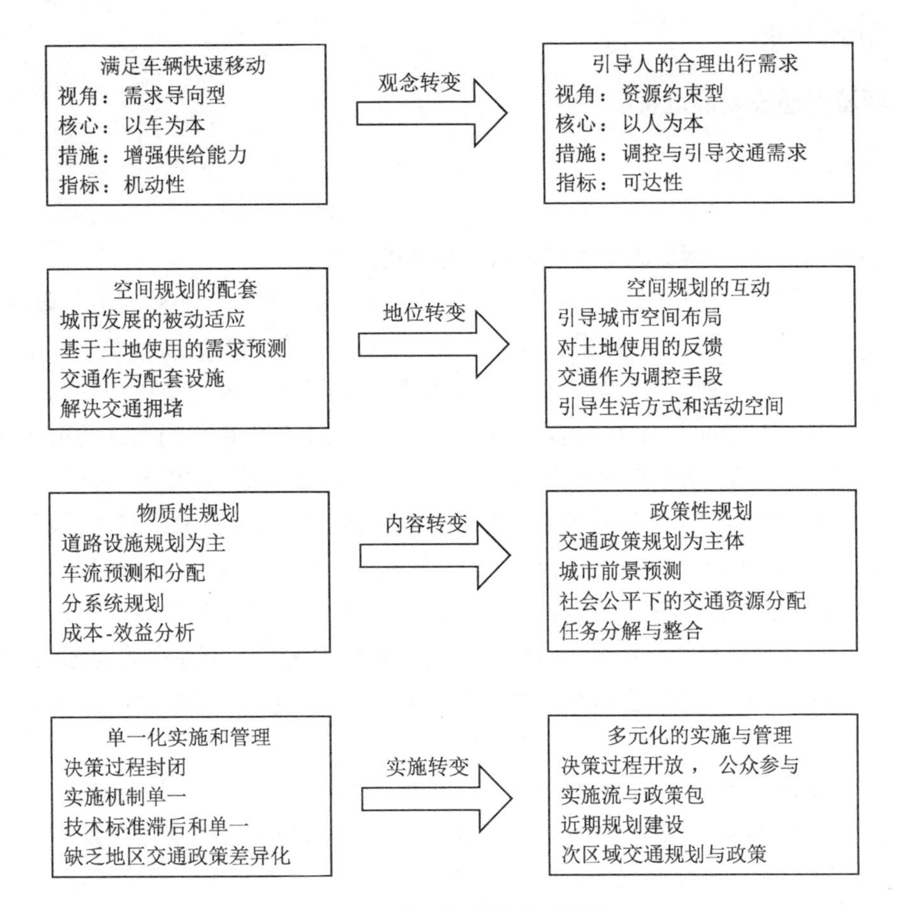

图 2-2　交通规划转型示意图

交通网络的使用者道路选择行为和一定预算限制下，以整个交通系统费用最小为目标，在此基础上，提出描述网络设计的数学模型和许多算法[43-46]。东南大学杨俊宴(2010)结合我国 CBD 交通情况，从通行能力、路网密度、道路比重、单位道路荷载等方面开展量化研究，探讨 CBD 路网模式的自身规律，并对 CBD 两种典型路网模式进行分析，指出高密度均质路网模式不仅在路网顺畅度、单位道路荷载方面具有明显优势，而且在生活多样性上也优于低密度等级路网模式[47]。杨涛(2013)通过分析健康城市道路网体系的理念和基本要求，提出了各级道路规划技术的要领，指出干路网密度控制是路网规划的关键，应满足公交线网布设要求，达到公交站点覆盖率的目标[48]。杨琪瑶(2019)结合慢行交通地位不断提高的背景，提出了自行车道路网规划技术的要点，指出自行车道路网连续性、交叉口距离和出入口设置是行车道路网规划的核心要点，应注意以人为本的规划理念[49]。李辉(2020)阐述了道路分类的历程，依据高德地图实时路况的交通出行数据，采用聚类分析方法，研究不同类型主干路的等级级配，以保障道路实际运行功能和规划设计功能的吻合程度[50]。方松(2021)以满足城市居民不断发展的多样化交通出行需求为出发点，分析了城市道路网功能结构现状，探讨了城市道路功能结构的影响因素及划分因子，从宏观角度研究了小城市道路网等级功能结构，从微观层面优化了小城市道路网的断面设计参数，提出了城市道路网功能结构优化体系[51]。

2.1.3 新城交通规划推进机制

1. 交通规划实施研究

规划编制和实施与政府公共管理政策以及相关规章制度的衔接十分紧密，各个国家地区结合自身行政管理机制形成相对较为稳定的模式。

英国的交通规划实施较多地集中在对交通政策的实施评估，并与政府的行政行为保持紧密联系。《交通规划(第二版)》系统回顾了英国战后四十年的交通政策发展演变，从规划编制与实施视角，对规划与实施间的差别以及发展态势开展了较为中立的评估。《交通规划与用地规划的整合》重点围绕实施存在的问题展开，也十分重视规划实施的可接受性，除了环境影响评估(EIA)与战略环境影响评估(SEA)等交通政策评价以外，对于公众的可接受程度表现出高度的重视，如针对拥挤收费的公众可接受程度的对策研究、实践与回顾等。20 世纪 90 年代 M. D. 迈耶提出了面向决策的交通规划理论与规划决策过程，并强调规划的目标是为决策提供依据，决策应渗透到规划的全过程中。2003 年乔纳森·L-吉尔福特完成的《城市交通弹性规划》，针对美国城市交通规划与实施过程中存在的问题，提出“弹性控制、适应发展”的规划方法，强调规划决策者应遵循诚实守信的原则，引入更多的专家、公众参与进来。

近年来国内对于规划实施问题和理论方法的探讨和研究较多，主要集中在城市规划实施领域，对交通规划的实施研究相对较少。由于城市规划与交通规划存在紧密联系，城市规划的相关理念、方法对交通规划也存在直接的影响。城市规划实施理论对新城交通规划实施的研究也具有一定的参考和借鉴作用。

邹兵(2015)、易晓峰(2015)、黄焕(2015)、于一丁(2015)和曾九利(2015)等分别基于广州、武汉、成都等地规划实践，探讨了总体规划、控制性规划和实施性规划等不同阶段规划编制与实施的转型要求、推进要点、各部门关系和角色定位以及保障机制等，试图构建规划实施的机制框架[52-56]。

根据相关文献和研究成果，国内学者对规划实施理论的研究逐渐系统化，即从实际出发，试图将规划实施融入公共管理的理论研究范畴。这点突出体现在规划实施理论对公共管理政策与组织管理学的理论与方法借鉴上。这些研究成果对研究新城交通规划的实施奠定了较好的基础。

2. 推进机制研究

目前有关推进机制的研究多集中于经济、社会发展等领域，较少涉及城市交通规划推进机制。

黄文健、杨涛等(2008)通过分析新区开发面临的主要压力，提出了从新区规划、建设和政策三个层面建立新区开发与公交优先的互动机制，指出了其内涵和外延，提出了新区公交优先发展的若干关键举措[57]。

实践层面，国内开始重视新城交通规划推进机制方面的研究，主要侧重于项目建设时序、项目建设影响评价、规划影响评估等方面。新城交通规划实施主要体现在对项目的推进，强调要体现统筹观，交通建设项目在实施计划基础上，按照发展需求和资金安排分期进行，并辅以规划实施的跟踪评估，为后续开发提供参考。如上海临港新城在规划编制过程中，针对重要影响因素，开展了控制要素规划，确保下位规划尚未编制完成时新城整体重大交通基础设施要素得到有效的预控；与此同时，临港新城在规划实施过程中开展了定期的交通影响评估对规划方案进行评估与反馈，以有力指导规划实施过程中的方案优化调整和深化落实[58]。

3. 交通规划推进的制度设计与公众参与机制

交通规划推进的相关制度研究成果相对较少。制度设计是保障新城交通运输体系的顺利构建与高效率、高水平运行的关键，需围绕高时空效率、高水平服务、社会公平三大价值取向，坚持市场运作与政府监管、环境与财务可持续发展，从而推动构建健康的新城交通运输体系的基本路径，形成设施建设、运输服务、公共交通、行政管理全方位的制度设计。张彧(2017)从轨道交通规划建设出发，认为是公权力控制与私权利保障不足导致实体层面的规划冲突，并提出了提供公众参与程度等思路建议，完善交通规划的制定设计[59]。

公众参与机制逐渐成为交通规划推进中的主要问题之一，主要体现在城市规划、交通规划、以及行动计划等研究成果中。城市规划中的公众参与指社会团体、民众代表参与到城市规划与建设实施的启动、规划编制、决策与实施全过程中，确保各群体诉求得到保障和城市发展公平性。公众参与可以划分为基于科学性和基于民主性的公众参与，前者主要表现形式为专家咨询与论证，后者表现形式为代表参加咨询会、成果公示和征求市民意见。

公众参与在西方国家中已经成为城市规划必不可少的组成部分。美国构建了四个层次的公众参与机制，对规划的编制、决策乃至实施产生影响[60-62]。欧美国家城市规划过程中公众参与涉及的各方面内容要素主要包括法律保障、参与方式、参与组织、决策主体构成、规划咨询人员的作用和规划执行及监督实体。

国内在开展交通规划时也进行了公众参与机制的探讨和研究，主要包括交通政策制定过程中的公众参与、交通规划编制过程中的公众参与以及各种建设项目交通影响评价中的公众参与等，内容涉及公众参与的形式、内容、步骤以及规范化等。张丽梅等(2019)系统回顾30年来公众参与在我国城市交通规划研究中的主要进展和讨论焦点，提出未来研究应重点关注公众参与的内涵演变以及组织结构变化，要从管理决策角度对公众参与行为重新思考，强化社区组织在公众参与中的基础性地位[63]。

2.2 既有新城案例

相对于旧城保护、旧城更新等，新城规划受现有建设制约较少，规划空间较大，新城规划更具彻底性和理想性[64]。在新城规划建设实践中，交通规划理念对于新城塑造重要性不言而喻。为适应低碳和绿色发展的全球趋势，规划目标聚焦以人为本、绿色出行，规划重点转向支撑公交优先发展、强化交通系统与城市功能布局的协调融合，绿色交通、低碳交通、智慧交通等开始得到重视。

在空间规划上，新城主要研究绿色交通导向下的城市空间拓展和用地布局优化，从源头上降低交通出行需求，提高出行的有效性。新城实施绿色交通的第一步就是构建有利于绿色交通的城市土地利用及城市空间结构，采用 TOD 发展模式，实行不同片区的 TOD 策略。新城在规划建设时还注重形成有效混合的功能单元，土地利用、轨道交通体系还注重与绿地系统的有机融合，限制土地集中在公交走廊上进行开发，形成组团发展格局。在交通系统方面，新城主要研究公共交通网络规划、链式出行方式构建和慢行交通组织，实现交通网络的协调有序。道路设施建设规划重点解决交通功能保障及交通流组织优化问题，通过构建完善的系统，提升运输效率；采用先进的道路接入管理方式，保障交叉口的安全性及效率；结合不同用地特征和出行需求，研究道路设施建设控制标准等方面内容。

2.2.1 雄安新区

1. 新理念下绿色智慧出行之城

雄安新区是河北省管辖的国家级新区，位于河北省中部，地处北京、天津、保定腹地，区位优势明显。雄安新区包括雄县、容城县、安新县三县及周边部分区域，起步区面积约 100 km^2，中期发展区面积约 200 km^2，远期控制区面积 1 770 km^2。起步区是北京非首都功能疏解集中承载区，也是培育高端高新产业集群、构建现代产业体系的创新发展示范区。雄安新区作为承载“千年大计、国家大事”的社会主义现代化城市，被赋予全面深化改革大局中的“改革先锋”、推动高质量发展的“全国样板”和现代化城市治理的“时代标杆”等探路者职责。这既是一次理想城市的空间实践、人民城市的样板示范，更是一轮城市现代化建设和治理模式的创新探索。雄安新区区位和片区规划见图 2-3。

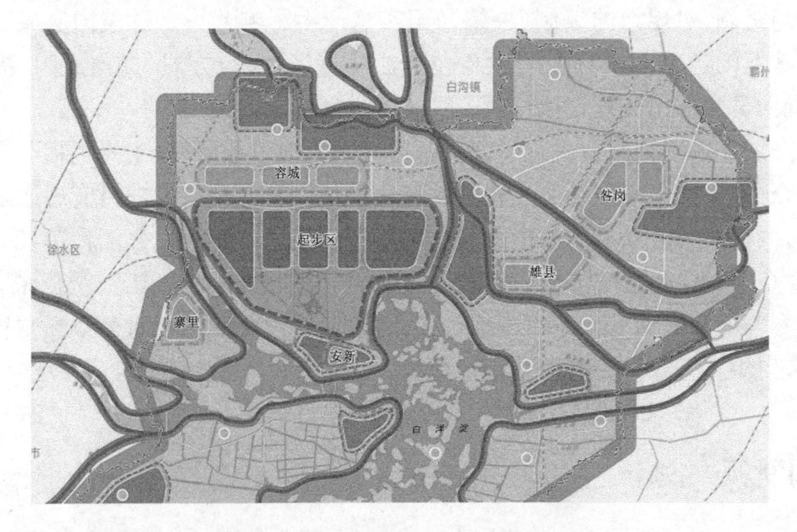

图 2-3　雄安新区区位及片区规划

起步区的绿色交通达 90%，私人小汽车出行比例控制在 10%以下。“9010”发展目标代表了我国城市交通绿色转型发展的新标杆。根据规划，起步区交通出行 20%为轨道交通，25%为常规公交，50%为步行和自行车交通。

为达到这一目标，新区建设伊始，就整体空间与交通政策进行专题研究。优先设计交通政策，作为所有交通参与者的基本行为准则，交通系统规划建设运营管理的基础，也是未来新区绿色交通运行模式的基石。交通政策制定服务人的活动和物的移动基本需求，满足经济可行性、社会可接受性、环境可持续性等准则，与新区财政、产业等其他公共政策相协调。

落实 TOD 理念，提出先画轨道、再画公交、最后画路网，以轨道串联单元中心，机动车干道从单元边缘通过，城市街道按模数填充(见图 2-4)。空间组织上，强调组团内部强化职住平衡，有效规避“大进大出”的长距离通勤交通，中观层面，在公共交通廊道、轨道站点周边集中布局公共服务设施，提升公共交通系统覆盖的人口和岗位数量；推广公共交通换乘中心与城市生活圈中心一体化开发模式，形成出行需求与公交服务的耦合关系(见图 2-5)。

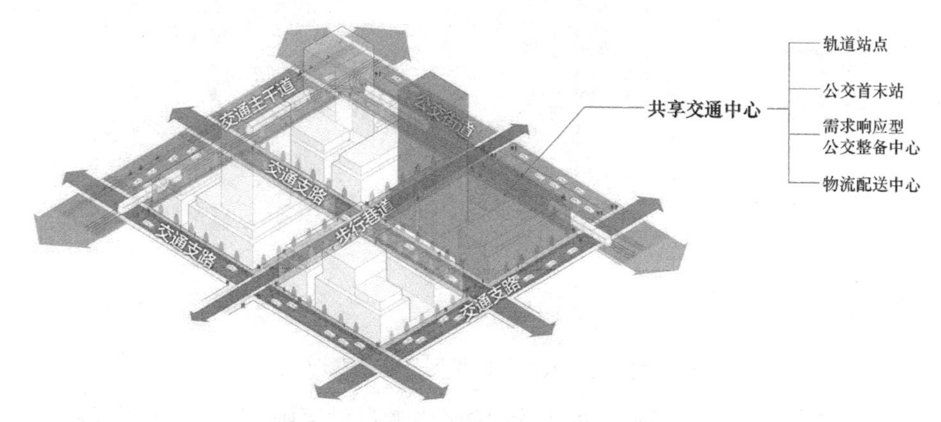

图 2-4　雄安新区社区交通组织示意图

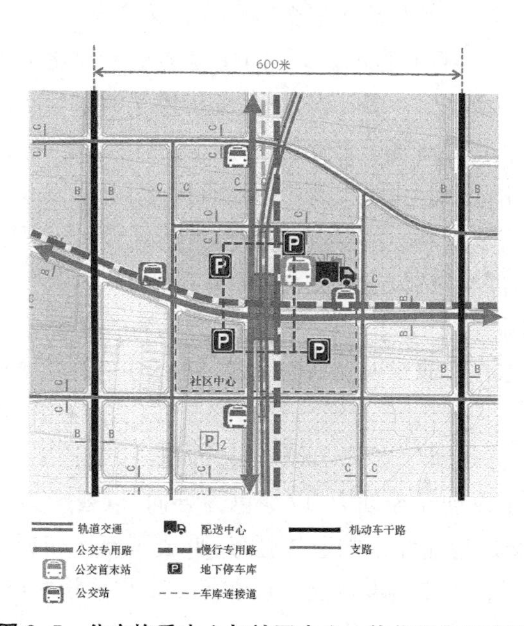

图 2-5　公交换乘中心与社区中心一体化开发示意图

创新落实公交优先，布局“快、干、支”三级公交网络，启动区公交专用路和专用道的网络密度达到 3 km/km²，落实到干路系统中。另外，深入社区的公交支线要通过基于信息化的需求响应或公交提高服务水平。

以人的视角设计街区尺度，街道服务对象优先级为行人、非机动车和机动车。坚持窄路密网、严控街道宽度，利用密路网，平面分离道路功能，实现公交和慢行优先，起步区的路网密度达到 10～15 km/km^2(含慢行专用路)(见图2-6)。基于完整街道理念的优先保障慢行空间和景观空间控制在 50%左右,强调稳静化设计、无障碍设计,营造全民友好的街道空间。规划区域绿道、社区绿道、城市绿道,落实"区域绿道入城市,城市绿道入社区"理念,引导减少小汽车使用。

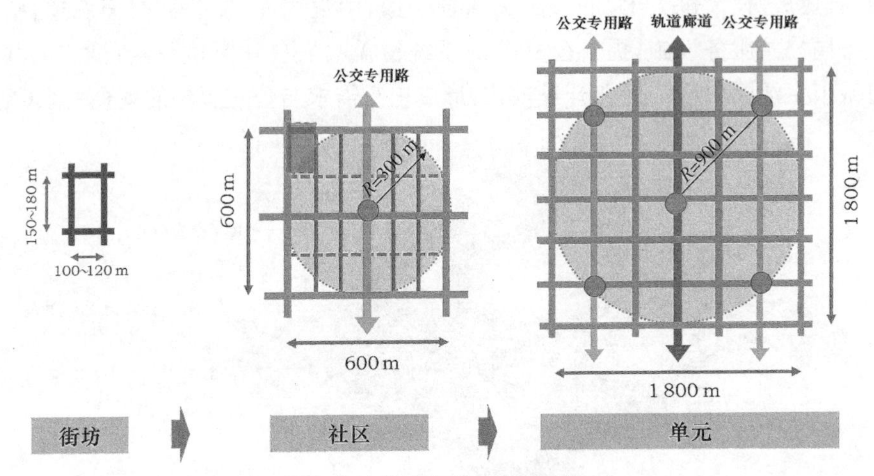

图 2-6 人性化的街区尺度示意图

实施绿色出行和小汽车需求管理政策,按照用者自付原则,小汽车使用者承担所有外部性成本,以停车政策为主,以静制动调控交通出行。保障居住区配建停车(1 泊位/户为基础),尊重机动车拥有,全面实行有位购车,不同住房类型差异化考虑。适当考虑大型公建(医院、剧院等)的停车,大型公建一事一议,单独分析停车需求,充分保障医院停车需求,原则上不设置独立占地的公共停车场。严格限制就业、商业类建筑的停车配建指标上限,控制通勤出行的机动车使用,原则上办公、商业等建筑按 0.5 车位/hm^2 为上限,大幅度提高此类建筑停车收费。禁止市政道路的路内占道停车,严管违停(人行道、非机动车道、绿道、机动车道),遵循停车入位、停车付费、违停受罚等基本准则。

2. 新区交通规划体系

雄安新区构建了以综合交通专项规划为统领,以交通专项规划和详细规划为支撑的交通规划体系。

以《河北雄安新区总体规划(2018—2035 年)》为指导,编制并印发了《河北雄安新区综合交通专项规划》,提出了以创新为动力、以绿色为导向、以智能为手段的总体方向和构建便捷、安全、绿色、智能交通运输体系的总体任务,形成了新区交通发展的基本框架。为了落实上位规划的要求以及进一步指导重点项目和复杂工程建设实施,雄安新区组织编制了多项详细规划和实施方案。见图 2-7。

该交通规划体系纵向覆盖了顶层设计、规划编制和规划落地实施的全流程,并横向覆盖了交通各个领域各个要素。各层次规划互相协同、互相衔接,做到了空间规划"一张图",建设发展"一盘棋"。

除骨架路网、轨道线网等线型交通设施外,其他交通设施主要通过"空间治理单元规划"落实,在规划体系上,单元层级的规划一般作为详细规划,承上启下,衔接总体规划和实

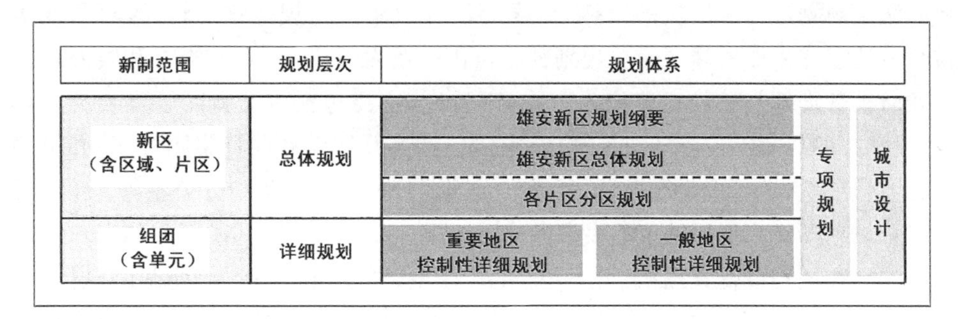

图 2-7　雄安新区国土空间规划体系示意图

施方案，保障了自上而下的战略目标可落地，为自下而上的各类建设提供法定依据。在单元规划层面，编制交通全要素图则，确定所有交通设施控制规划和交通空间设计要求，以单个或多个项目地块为单位，图则中包含所有落地性的交通设计要素。通过“空间管理清单＋单元图则＋项目库”的综合管控方式实施精细化管理，作为实施国土空间用途管制、核发项目规划许可、开展土地供应的法定依据。

雄安新区仍处于起步发展期，但规划实施、项目推进具有尺度不同、时序不一、条线众多、时间紧迫等特点，各类规划设计方案编制、项目立项、规划条件确定、可行性研究、建设工程方案编制、规划许可、施工许可往往同步推进，对规划实施管理体系的弹性适应性提出较大挑战。目前雄安新区实行“法定许可”和“一会三函”（“一会三函”制度即雄安新区管委会召开项目集中审议决策会议（一会），有关部门根据会议要求先后出具项目前期工作函、设计方案审查意见函、施工意见登记函（三函）后，项目即可开工建设）并联运行的审批流程，是推进建设项目审批改革的创新举措，项目建设单位只需满足“一会三函”制度的 4 项前置条件即可开工建设，其他各项法定审批手续于竣工验收前完成即可，大大提升了新区的实施效率，但也提高了对规划编制审批、预可行性研究等前期工作的要求，特别是详细规划（主要包括单元层级的详细规划和专项规划的详细规划）的管控方式和审批程序上应做到刚弹结合。对于地块开发项目与市政、道路等专项关联项目的统筹问题，应通过事前介入的方式，在规划编制审批阶段进行综合协调，将实施模式从条线独立推进转为整体板块推进。雄安新区各规划层次的规划体系见表 2-3。

表 2-3　雄安新区各规划层次的规划体系

总体规划	综合交通规划	交通专项规划	交通实施规划
《河北雄安新区总体规划》	《河北雄安新区综合交通专项规划》	轨道交通、水运、公共交通、交通枢纽、智能交通、农村公路等领域的专项规划	重点项目和复杂工程建设的详细规划和实施方案
	《雄安新区综合立体交通网规划》		

3. 规划推进机制

雄安新区借鉴国内外部分地区实践的先进经验，在规划推进过程中，同步探索建立了区域总规划师负责制，对规划设立期、实施期、生态完善期进行全流程管控，将城市规划设计成果同法定规划进行多层次的衔接，对规划设计成果进行规范化的转译，对落地实施过程进行全方位引导。雄安新区的总规划师单位由政府及管理部门、投资方和委办口三部分组成。政府及管理部门的代表单位为市委、市政府，主要包括雄安新区管理委员会规划建设局等；投资方的代表单位为各实施主体，主要包括各开发商和国资集团等；委办口的代表单位为各监管单位，主要包括电力公司、燃气公司、自来水公司、消防办公室等。

城市总规划师作为把握城市的发展方向、协调各部门的合作、引领公共参与、制定规划编制统一准则和把控审查管理机制的一体化责任主体，不仅参与到前期调研、规划编制及规划实施等过程，还面向实施统筹考虑规划后续执行操作、动态适应和持续优化问题，为城市健康发展提供全生命周期的动态服务，履行对所编规划的全生命周期服务职责，确保新区规划的高质量、精细化、可持续发展。有别于以往的由政府决定的行政管理体制，城市总规划师制度的实施能够提供更多的机会让专业技术人员参与其中，其服务范围比传统行政规划管理涉及的范围更广，涉及的层次也更深[65-67]。

2.2.2 苏州工业园区

1. 苏州工业园区基本概况

苏州工业园区隶属于江苏省苏州市，位于苏州市城东，东临昆山，西靠古城区，南接吴中区，北枕阳澄湖，行政区划面积 278 km^2，下辖娄葑街道、斜塘街道、唯亭街道、胜浦街道、金鸡湖街道等五个街道，区内常住人口 57.6 万人。1994 年 2 月国务院下达《关于开发建设苏州工业园区有关问题的批复》，随后中国和新加坡两国政府签署合作开发建设苏州工业园区的协议。园区规划借鉴新加坡经验，结合中国国情和苏州特色，形成了科学有序并符合苏州实际情况的发展模式。苏州工业园区以超前的规划理念和标准，使用科学的编制制度和以人为本的规划管理创造了一座新城的建设奇迹。苏州工业园区始终坚持新型工业化、经济国际化、城市现代化互动并进的发展路径，经过将近 30 年的发展建设，已初步建立了与国际接轨的管理体制和运行机制，成为全国开放程度最高、发展质效最好、创新活力最强、营商环境最优的区域之一，实现国家级经开区综合考评六连冠，被誉为“中国改革开放的重要窗口”和“国际合作的成功范例”，已成为我国新城建设的先驱和典范。

苏州工业园区自成立至今，共经历了奠定基础阶段（1994—2000 年）、跨越发展阶段（2001—2005 年）、转型升级阶段（2006—2011 年）和高质量发展阶段（2012 年—至今）等四个发展阶段，其规划定位也完成了从“相对独立的工业市镇”到“高科技园区和苏州一体两翼中的新城区”，再到“苏州东部新城和苏州市级 CBD”，最后至“苏州市综合商务城区”的转变提升。在 2006 年之前，苏州工业园区的交通规划为设施构建型交通规划，主要内容包括加快交通基础设施建设的投入，破除孤岛效应，改善园区交通的对外衔接功能等；从 2006 年至 2019 年，园区的交通规划为体系构建型交通规划，主要内容包括制定城市交通发展政策、提升公共交通服务水平、构建慢行通勤和休闲交通网络等；2019 年最新一轮的交通规划为功能提升型交通规划，主要围绕国际化、现代化和品质化三方面的要求，提出针对不同出行需求的战略举措。苏州工业园区交通规划发展历程见表 2-4。苏州工业园区的区位和片区规划如图 2-8 所示。

表 2-4　苏州工业园区交通规划发展历程

年份	交通规划定位	主要规划内容
2006	设施构建型交通规划	加快交通建设投入、开展重大交通基础设施建设、破除孤岛效应、改善园区对外交通衔接等
2012	体系构建型交通规划	制定城市交通发展政策、培育公交走廊、提升公共交通服务水平、构建慢行通勤和休闲交通网络等
2019	功能提升型交通规划	提升高等级交通枢纽服务功能、建设现代化高质量综合立体交通网络、针对差异化出行需求提供多元化、品质化交通出行解决方案等

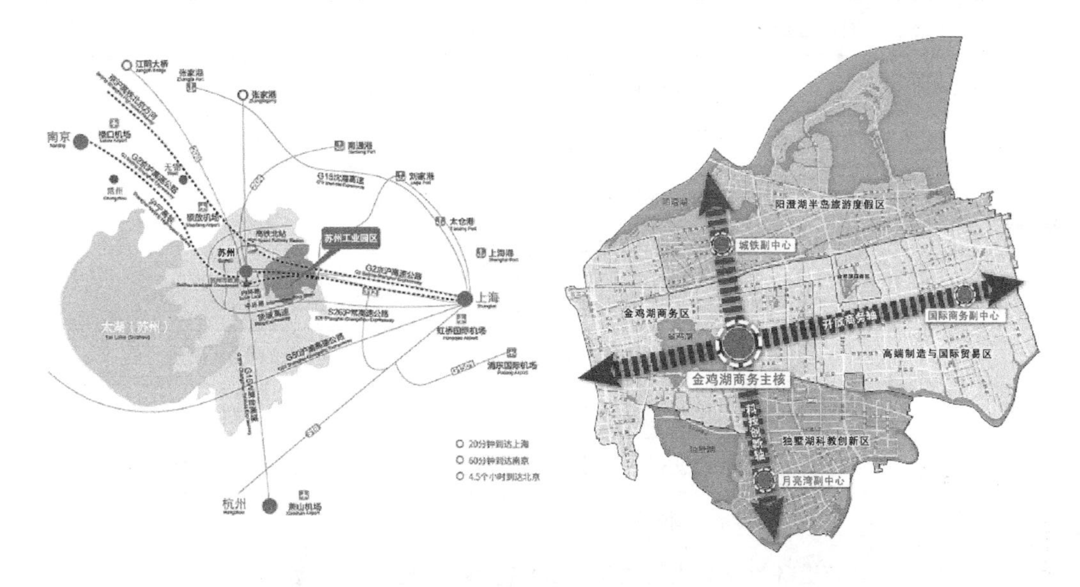

图 2-8　苏州工业园区区位及片区规划

2. 规划体系

苏州工业园区的交通规划形成了以综合交通规划为统领，以交通专项规划和详细规划为支撑的各类规划定位清晰、功能互补、统一衔接的规划编制体系，与城市规划的编制保持了良好的协同性。在规划编制过程中，《苏州工业园区综合交通规划》的开展与《苏州工业园区总体规划》同步进行，交通专项规划和专题研究则以《苏州工业园区综合交通规划》为指导，对综合交通规划的内容进行全面落实。面向更精细地实施层面，苏州工业园区也积极开展基本控制单元的控制性详细规划调整工作，以保证规划实施的质量。各级各类规划通过加强约束性指标的衔接，确保在总体要求上指向一致、空间配置上相互协调、时序安排上科学有序。

《苏州工业园区综合交通规划》是指导工业园区综合交通科学决策、有序建设和可持续发展的纲领性政策文件，为工业园区交通系统的科学发展制定发展战略和政策，合理配置交通资源，统筹协调各子系统关系，形成能够支撑工业园区可持续发展的综合交通体系，为后续规划提供指导。工业园区的各类交通专项规划具有承上启下的作用，其在规划方案和政策上对综合交通规划进一步细化，对规划内容和规划方案进行扩充及预判；在规划目标上则更具针对性，注重工业园区的发展现状和政策环境，通过更多定量分析对不同规划方案进行比选和决策，制定合理的建设时序，对实施性规划提供全面的规划依据和指导。各类交通实施性规划受到上层规划的指导和约束，是工业园区近期建设项目安排的重要依据，主要内容包括协调工业园区近期空间发展、土地利用以及更新计划；制定交通发展行动计划和年度计划，为招商引资、土地出让、资金安排提供统筹管理依据；制定并规范重大建设项目交通影响评价制度，作为项目实施的前置条件予以审核等。苏州工业园区对应于不同规划层次的部分项目如表 2-5 所示。

表 2-5 苏州工业园区对应各规划层次的部分项目

<table>
<tr><th>规划层次</th><th>项目分类</th><th>项目名称</th></tr>
<tr><td>综合交通规划</td><td></td><td>苏州工业园区综合交通规划</td></tr>
<tr><td rowspan="4">交通专项规划</td><td>轨道交通</td><td>苏州工业园区轨道交通线网规划研究</td></tr>
<tr><td rowspan="2">公共交通</td><td>苏州工业园区常规公交系统专项规划</td></tr>
<tr><td>苏州工业园区公交场站专项规划</td></tr>
<tr><td>智能交通</td><td>苏州工业园区智慧大交通规划</td></tr>
<tr><td rowspan="9">交通实施规划</td><td rowspan="3">轨道交通</td><td>轨道 2 号线园区段站点地下空间及交通一体化规划</td></tr>
<tr><td>轨道交通 8 号线园区段交通一体化及地下空间规划</td></tr>
<tr><td>轨道交通 6 号线、S1 线园区段交通一体化及地下空间规划</td></tr>
<tr><td rowspan="3">城市道路</td><td>金鸡湖隧道工程</td></tr>
<tr><td>娄江大道(中环东线-黄金港)快速化改造工程</td></tr>
<tr><td>苏州国际快速物流通道二期工程——春申湖路快速化改造工程</td></tr>
<tr><td rowspan="2">区域交通</td><td>通苏嘉甬高铁及南联络线工程</td></tr>
<tr><td>苏锡常都市快线及联络线工程</td></tr>
<tr><td>慢行交通</td><td>环金鸡湖滨水慢行系统规划</td></tr>
</table>

3. 交通规划方法

苏州工业园区的交通规划采用“从背景要求定规划目标”“从特征趋势找现状问题”“从发展战略列规划重点”的三步骤规划方法，其核心仍是目标导向和问题导向。

通过充分分析交通强国战略、长三角一体化战略和习近平总书记“‘以人为本’建设人民城市”等规划背景和要求，结合苏州工业园区自身的发展定位，确定园区综合交通体系“国际化、现代化、品质化”的规划目标，绘制苏州工业园区高标准高质量打造苏州东部重要区域枢纽、世界一流、国内领先交通先行示范区的发展蓝图。通过总结现状交通基础设施，梳理出行空间分布、内外交通需求及小汽车普及期和轨道成长期的出行特征，得出苏州工业园区现状交通体系中存在的四点问题。针对存在的问题，苏州工业园区进一步提出“融合、转型、先行”的发展战略，并围绕四类出行需求提出了八项战略举措，列出近远期的规划重点，并对不同的规划方案展开压力测试和实施评价，最终对规划方案进行确定。规划方法流程图如图 2-9 所示。

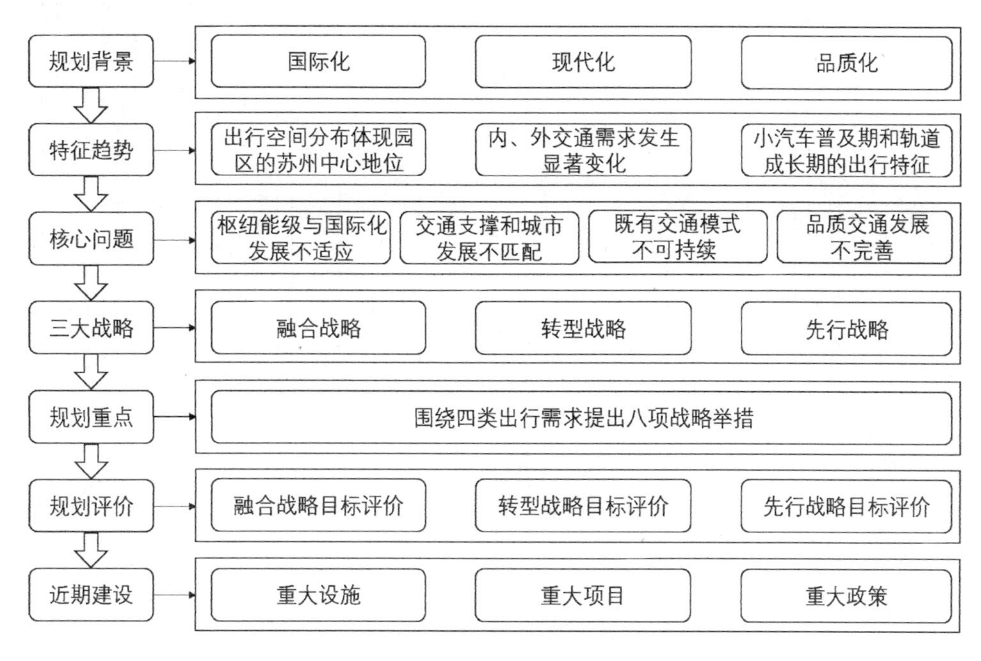

图 2-9　苏州工业园区交通规划方法流程图

4. 规划推进机制

苏州工业园区自成立以来，便由苏州市人民政府的派驻机构苏州工业园区管理委员会(简称“园区管委会”)全面行使市政府委托的管理权限。园区管委会共分为经济发展委员会、投资促进局、行政审批局、规划建设委员会、国土环保局、劳动和社会保障局、综合行政执法局、市场监督管理局、科技和信息化局等 23 个职能部门，其组织架构如图 2-10 所示。为优化园区行政管理体制，除了上述职能部门之外，苏州工业园区还设立了娄葑街道、斜塘街道、唯亭街道、胜浦街道和金鸡湖街道等 5 个街道。职能部门和街道之间存在着明确的职能分工，职能部门主要牵头组织开展园区范围内规划管理、城市建设、城市经营和招商引资等工作，街道则主要负责基层行政管理、社会管理和公共服务等职能。

交通规划的编制主要由规划建设委员会来完成。规划建设委员会内设办公室、建筑业管理处、规划管理处、规划技术处、交通管理处、水利水务处、重点项目管理处、地理信息处、质量安全管理处、住房发展与保障处、物业管理处和房屋征收办公室等 12 个机构，主要职能包括负责园区总体规划、详细规划、基础设施规划的组织编制和实施；负责各类建设工程的规划设计管理；负责年度建设项目计划编制，重点项目的实施与全过程管理；负责园区各类建设工程的施工质量与安全监督管理和工程验收等事务；负责设计、施工、监理的建设市场管理、工程建设质量与工程款纠纷的处理；负责建筑新技术、新工艺的推广应用与建筑节能、绿色建筑推广；组织城市供水、污水、燃气、集中供热等公用事业的专业规划编制；负责

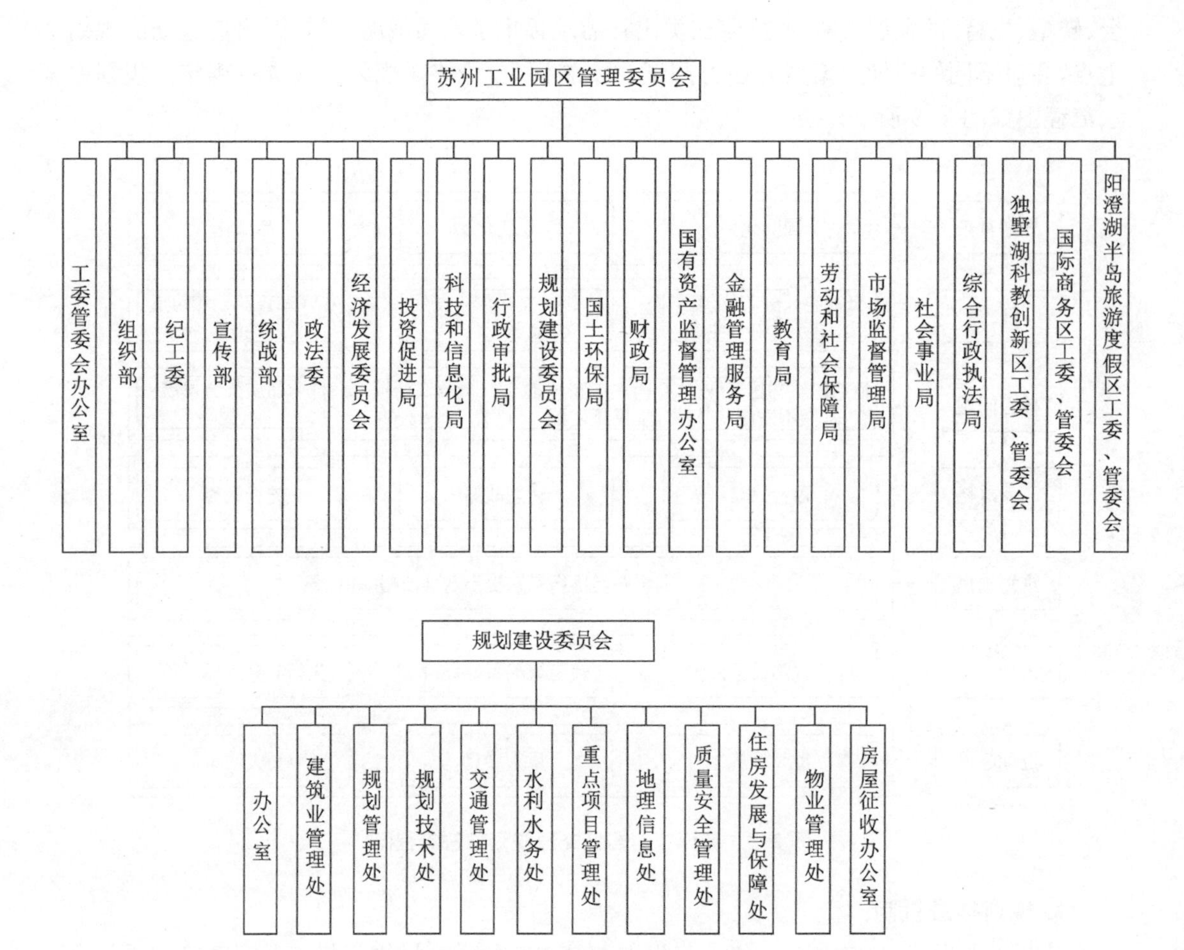

图 2-10　苏州工业园区管理委员会组织架构

公路和航道的维护、管理及相关交通行业的协调管理；参与制订全区公共汽车客运发展的工作规划、计划、目标；协调全区公共汽车客运线路的安排；负责对辖区内公交运行监督、管理和考核；负责划转审批事项的事中事后监管；负责与相关业务单位建立双向监管推送机制；负责受理审批局委托的相关技术论证、社会听证及现场勘查等工作。

规划建设委员会中与交通规划编制相关的内设机构主要包括规划管理处、规划技术处和交通管理处三个，其详细职能如表 2-6 所示。

表 2-6　规划建设委员会部分内设机构及职能

内设机构	部分职能
规划管理处	负责非工业建设项目的规划建筑方案的技术审查工作；负责征询有关条线或专业部门意见，指导方案优化细化。负责对重大项目组织专家咨询或论证会；负责组织有关重大项目向规委会的汇报工作；配合组织建设项目的规划批前公示及批后公布工作；参与建设工程规划核实验收工作；负责对审批项目出现的规划违法行为进行认定；负责对《园区规划管理技术规定》进行修订

（续表）

内设机构	部分职能
规划技术处	负责城市发展战略、总体规划、详细规划、城市设计的研究、编制和管理工作；负责综合交通、轨道交通、道路交通、公共地下空间、管线综合及相关基础设施专项规划的研究、编制和管理工作；负责重大工程项目的前期用地规划管理工作；参与经济、社会发展、土地、环保及基础设施发展规划的编制工作；负责园区规划编制单位的预审工作；落实上级规划部门相关政策，负责制定园区城市规划管理规范和技术标准并组织实施
交通管理处	参与制定园区公路、航道、港口、地方铁路、城市轨道交通等行业的建设规划和计划；负责园区铁路、城市轨道等重点交通工程的规划建设协调；组织编制园区公共交通发展的工作规划、计划、目标，协调园区公共汽车客运线路的安排，负责对园区公交运行监督，负责公交场站的建设

为落实交通规划的实施要求，保障交通规划的实施效果，苏州工业园区采取了以下规划推进措施：

（1）制定地区交通规划法规标准体系

苏州工业园区结合我国国情和苏州地区特色制定了《苏州工业园区城市规划建设管理办法》，并陆续制定了《苏州工业园区城市规划管理技术规定》和规划管理审批程序等一整套配合规划实施的法规和标准体系，为园区的交通规划打下法制化和制度化的基础，提升了规划管理的权威性，对指导交通规划的编制发挥了积极的作用。

（2）提高规划审批效率与审批质量

苏州工业园区积极落实省市关于提高行政审批效率的要求，根据项目情况，优化规划审批程序，对重点项目探索采取内部会审的办法，压缩审批时间，提高审批效率；利用新技术手段和方法提高规划审批质量，在方案审查阶段，采用AR增强现实技术在园区的三维平台基础上，对规划方案进行空间环境分析；对同一区域内开发时序相近的项目开展设计方案统一审查。

（3）建立完善的规划目标责任体系

苏州工业园区对规划目标各项任务落实进行责任分解，并组建由相关部门组成的联合考核组，分年度和中期对规划实施情况进行检查评估，确保各项规划按时推进实施；坚决维护规划的严肃性，加强建设工程事中管理，严格依法执行规划，通过日常抽查、部门联动等多渠道并进，及时发现和纠正在建工程的规划违法建设行为；加强项目事后规划管理，严把项目竣工规划核实关，对重点工程采取了先期介入、重点服务的方式，完成项目的规划核实手续，确保项目按时交付；主动跟踪兄弟城市的规划管理动态，及时回顾检讨园区规划管理政策。

（4）采用规划实施全过程评估机制

苏州工业园区采用规划前期评估、中期评估和后期评估相衔接、定量评估和定性评估相配套、政府自我评估和第三方评估相结合的规划实施全过程评估机制，并广泛征求社会各界对规划实施的意见和建议，鼓励专业机构、行业协会、民间组织、各种社会团体和民众对规划实施过程提出监督意见，共同推进规划的落实。

2.3 本章小结

本章从体系、方法与推进机制等方面梳理了国内外新城交通规划的研究现状，分析比较了不同国家与城市在新城交通规划实践中的异同点，明确新城交通规划的推进要求，梳理各阶段交通规划目标、定位和内容、方法；挖掘交通规划与推进机制之间的相互作用机理；完善新城交通规划推进的组织管理与制度体系，建立面向全过程的规划、设计、建设、管理各阶段协调反馈机制、实施机制与保障机制。

雄安新区交通规划体系以绿色交通为导向，以综合交通专项规划为统领，以交通专项规划和详细规划为支撑，编制了多项详细规划和实施方案衔接上位规划，规划编制与规划落地实施正在规划推进过程中，探索了规划编制到规划实施全流程管控制度。苏州工业园区规划编制体系中各类规划定位清晰、功能互补、统一衔接，与城市规划的编制相互协调，创新了交通规划推进机制，完善管理模式，细化职责分工，制定了包含规划编制、规划审批、规划实施评估在内的系列措施，保障园区规划推进工作有序快速进行。

第3章　新城交通规划与推进机制相互关系

3.1　新城交通规划与推进机制的内涵

3.1.1　新城交通规划的内涵

新城交通规划是新城规划的重要组成部分，也是落实和促进新城规划实施的重要途径。长期的规划实践一直提倡新城交通规划体系与新城规划体系应保持协调关系。根据《中华人民共和国城乡规划法》和相关文件要求，交通规划的编制要与新城规划编制相对应。除了传统的交通规划内涵，新城交通规划体系还涉及在规划成果指导下的施工图设计、项目建设与组织管理等工作，因此可以将新城交通规划细分为规划编制与规划实施两个阶段，其中实施工作包括设计、建设与管理3个环节[68]。

1. 交通规划编制

通过国内外多个新城制定和执行的交通规划编制体系，梳理出交通规划编制体系的基本构成，按照与新城规划的对应性，主要分为新城总体规划和控制性详细规划阶段，自身的规划层次上划分为交通发展战略规划、系统规划和设施规划三个层次。交通发展战略规划和系统规划注重交通系统整体环境下路网、公交、停车、慢行等各系统的发展，强调交通系统的整合协调，成果偏重于政策性与指导性；交通设施规划以用地落实为根本，在战略和系统规划指导下，侧重研究各系统自身发展所需的设施规模、布局结构，成果要求具有较好的可实施性。

从新城交通规划与新城规划的对应关系分析，总体规划阶段的交通规划以交通发展战略规划和系统规划为主。战略规划注重战略性和方向性，最终形成交通发展战略报告或上升为交通白皮书等政策性成果；系统规划强调系统性和综合性，在战略指导下进行系统整合，并作为设施规划的上层规划，注重对上层规划的传承性和下层规划的衔接性。交通设施规划直接面向落地需求，一般与详细规划对应，更强调与用地的互动反馈，规划成果要求反映交通设施的布局要求和落实具体布局方案，实现交通与土地利用一体化[42]。

研究内容上，战略规划主要通过研究社会经济发展、新城空间与用地布局、新城交通现状，分析新城交通发展面临的机遇和挑战，确定新城交通系统整体发展趋势与要求，重点研究引导新城交通发展的理念、目标、发展政策与策略以及重大交通设施的规模、选址和布局等问题。系统规划是战略规划的深化和细化，是协调对外交通、新城道路、公共交通、慢行以及停车等各子系统间关系的综合性规划，着眼于整个交通网络中各种道路网络、线路、设施的定位、规模、结构和布局等。交通设施规划主要包括道路网络、轨道交通网络、公共交通、停车设施、慢行交通设施规划以及近期建设计划等，在战略规划和系统规划指导下，研究确定各子系统自身的发展目标、设施规模、结构配置、布局方案以及近期建设计划等，要求方案具有可实施性[38]。

新城规划编制分为法定规划和非法定规划，编制机构分为主要技术特征的外部层次和面向管理的内部层次。将新城空间结构的特殊性，新城交通发展与建设管理的实际需要，规划决策的规范性以及规划实施的可行性融入到编制机制的内容中，丰富其内涵，提高其合理性。规划编制的主要内容包括编制主体、明确与具体几个部门的协同合作、融入新的认知与理念、制定编制体系、规划方法以及编制过程。

新城交通规划的编制主要根据新城规划的阶段和地区发展要求而定。总体规划阶段交通规划的编制一般作为其中一个专项，也有部分新城地区单独编制综合交通体系规划，控详阶段根据规划需求选择性开展交通专项规划的编制，实施规划阶段针对不同的交通项目，制定交通行动计划以及不同地块开发的交通影响评价等。

2. 新城交通规划实施

交通项目的传统模式为规划、设计、建设和管理四个阶段分别进行，上一个阶段没有完成则后一个阶段就无法进行。现实中，规划通常由新城规划部门负责，设计由新城规划或住建部门负责，建设由新城住建部门负责，管理由交警部门负责。一方面，这些部门之间联系不够，经常出现不配套、不协调的现象。另一方面，这些部门都不重视交通规划实施效果或道路使用效果的协作跟踪。因此，需要改变传统的政府主导投资、建设、运营的模式，重新界定权责主体，积极引入市场和社会力量，为更加多元的主体参与和更加有效的资源配置提供平台。在新的模式下，新城交通规划编制与实施的工作阶段不是脱节的，而是一个紧密联系的整体。

新城交通规划的实施工作涉及建设单位与承包方。建设单位根据新城交通规划成果完成初步设计及扩初设计，并选择具备资质的强审和咨询单位对施工图进行技术与经济咨询和规范强制条款审查，保证施工图符合初步设计与规范的要求；同时建设单位需协调政府主管部门进行施工图的报规与报批工作，完成施工图备案，以形成施工图设计流程闭环。承包方负责施工图阶段的设计工作，对上负责协调建设单位稳定各项设计输入条件，并组织相应的施工图报审；对下负责传达业主指令和管理指标，并选择一家交通领域业绩瞩目、综合实力雄厚又具有管理能力的设计总体单位，承担系统统筹与技术协调工作，同时选择若干土建和系统分项设计单位签订各工点设计合同，作为具体的施工图设计单位。

在新城交通规划实施过程中，交通设计环节向上承接新城交通规划实施性成果，在空间尺度上进一步细化各交通要素，完成施工图设计，从而实施前期规划战略和目标。在新城交通规划提出的总体目标与施工图设计的指导下，按照建设与管理并重的原则，制定新城交通基础设施的近期建设方案，统筹交通组织管理措施，统一安排各职能部门工作，根据工程实际及时完善、优化设计，改进建设方案，合理调配建设和管理力量。此外，以交通管理引导新城路网的规划与建设，在规划阶段融入交通管理工作，提出交通管理方案，使用单向交通、变向交通、交叉口禁左等交通流组织措施，确保新城路网密度、路网布局与交通组织之间协调一致。通过整合协调新城交通规划编制与实施的各个工作阶段，有利于促进交通系统间的高效配合和有机衔接，提高交通系统运行效率，增强交通对经济增长和社会进步的支撑作用。

3. 新城交通规划特征

对于交通规划而言，根据其推进的对象分为总体规划阶段、控制性详细规划阶段和实施计划阶段。这三个阶段具有明显的层次性特征，每个层次的交通规划意图、内容和重点都有所区别，但相互联系。实际推进工作中按照不同阶段对应的层次开展。综合交通规划是制定发展的蓝图，对组织实施具有指导性作用，重点表现在规划的重大设施选址与布局问题上。专项交通规划是对规划工作的方向和重点进行调整，实施规划用地、建设用地审批、建设项目审批与验收。实施计划包括交通改善计划、交通工程设计（可研、初步设计、施工图设计）、开发项目交通影响评价。

从规划体系的角度看，新城交通规划并没有形成单独的规划体系，主要遵循城市规划体系的架构。从城市规划架构的角度梳理，新城规划也可以划分为总体规划和控制性规划，与城市不同的是，新城通常不单独编制地区总体规划，一般统一纳入到城市总体规划中进行编制，这一阶段主要对新城在城市中的功能定位、空间布局和用地属性进行界定，新城仅仅作为城市的一个功能单元进行规划。控制性详细规划则以新城作为独立的对象进行研究，在进一步深化细化功能定位的基础上，明确新城空间结构，尤其是确定新城土地使用性质和开发强度。近年来，随着新城开发速度的加快和开发过程中逐渐暴露出的规划失控问题，多地在开展新城规划时，为体现前瞻性和可控性，引入了新城概念性规划和新城设计两个层次的规划，概念性规划在控制性详细规划前开展，新城设计一般与控制性详细规划同步或者在下一阶段开展。

指导性的综合性规划以及操作性的实施性规划应纳入到正式的规划体系中，并通过具体的指导性指标和控制性指标对规划实施予以指导与控制。

3.1.2　新城交通规划推进机制的内涵

新城交通是一个复杂的系统工程，其发展需要协调方方面面，包括区域协调、交通与新城发展协调以及交通系统内部各交通方式之间的协调等。新城交通规划是新城交通系统正常运行和健康发展的基础，对于改善出行环境、增强新城综合承载能力、提高新城运行效率具有重要作用。新城交通系统从交通方式的角度出发，可以将其可以划分为公共交通、道路、停车设施、步行和自行车交通系统等。新城交通规划推进机制主要分为两大部分，一是新城交通规划的组织实施，二是新城交通规划的保障机制。

1. 新城交通规划推进要素与层次

新城交通规划的推进要素主要包括推进者、推进对象以及推进手段。推进者是指从规划实施到实践的主要参与者；推进对象即是新城交通规划的编制与实施设计的各个环节；推进手段主要是推进交通规划付诸实施的手段和作用力。由于规划的推进需要多专业协同，推进者要素应分为推进主体和协调者。推进主体是新城政府的主管部门，引导新城交通建设和发展的大方向。协调者包括配合部门、公众、社会团体以及法人，各部门、各专业组织的参与活动，摆脱了单一的行政主体模式，实现规划的真正落实，满足新城的发展需求。推进对象中规划编制按照一定的层次性和阶段性,应分为总规阶段交通规划、控规阶段交通专项规划和实施阶段交通实施计划,这样有助于推进者在每一阶段明确推进的主要目标,而规划实施则由设计、建设与管理逐步实现。新城交通规划的推进就是新城政府主管部门协同配合部门、公众、社会团体以及法人将规划付诸于实践,并取得预期的成果的过程[69]。

为了获得有效的成果,推进者需要一定的推进手段来推动新城交通规划,这些手段包括组织机构和制度建设。组织机构主要表现为静态的组织机构,也就是新城交通规划管理机构。一方面,它是新城政府的代表,是政府的组织机构和政府意向的执行机构,支撑规划管理权利和规划发挥作用;另一方面,由于其存在于一定复杂的社会环境中,规划管理机构保证了机构内部管理人员在规定的职能和一定的权限范围内活动。制度体系作为行政依据,主要明确相关工作人员的职责、工作程序,严格工作范畴,鞭策和激励工作人员遵纪守法、有法必依。

新城交通规划推进的要素结构如图 3-1 所示。

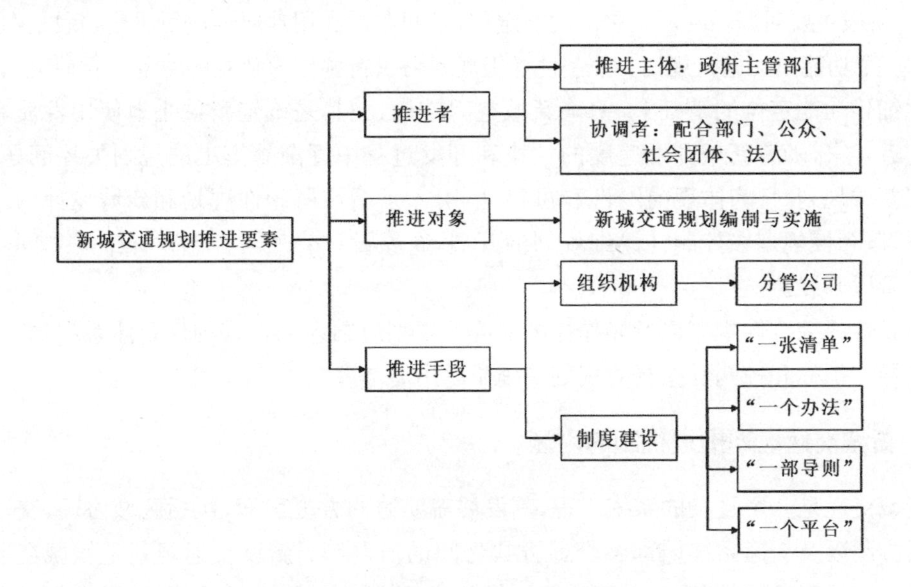

图 3-1　新城交通规划推进的要素结构

根据交通规划推进对象的界定,新城交通规划分为综合交通规划、专项规划和实施性规划。本研究对推进层次的划分,遵循这样的划分体系,由交通发展战略、重大交通设施建设向具体规划推进,再到分门别类地实施操作,从战略层面到系统层面,再向设施实施层面推进。根据上位规划的要求,落实上位规划的思想、方针和政策,结合新城的区域特征和现实状况,进行必要的线位、站点调整或根据实际需求增设站点,保障专项规划以及重大项目的规划落地。这一阶段组织机构的主要任务是确定新城土地使用性质和开发强度,实现新城土地利用与交通系统的一体化发展。通过财政、法律法规、制度以及行政等手段,推进实施性计划,包括交通改善计划、交通工程设计(可研、初步设计、施工图设计)、开发项目交通影响评价以及建设项目详细规划与设计。

2. 新城交通规划推进机制构建

推进机制的结构以组织实施和保障机制为核心内容。组织实施部分按照实施要素、涉及的相关平台等，明确实施流程；保障机制即明确完善的政策法规体系、制度体系等。提出以两部分内容的相互关系为切入点，以整合、融合为构建原则，以规划编制各阶段和规划实施过程推进的连续性和合理性为重点，设计新城交通规划推进机制的结构体系。

以保障交通规划有序推进为机制设计的目标，以各阶段交通规划编制与落实的推进为主线，实施模式及实施流程为平台，制度设计为保障，组织实施为主导，保障机制为支撑，形成规范化、制度化的新城交通规划推进机制框架结构，如图 3-2 所示。

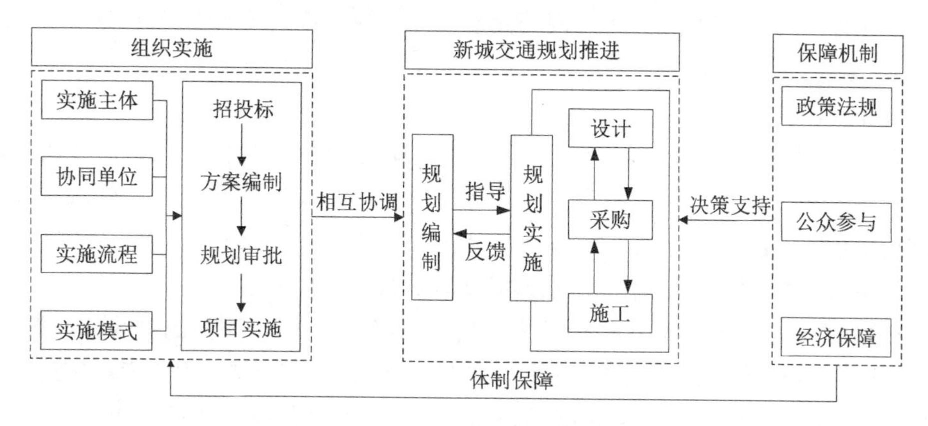

图 3-2　新城交通规划推进机制的框架结构

交通规划实施是指实施主体推动预期的规划方案变为现实的过程，是促进规划编制落实到实践中去，保证交通规划作用的发挥，在新城交通建设中承担其引导和控制的作用，从而保证交通发展的有序性，保障成果的有效实现。组织实施是要在当前的经济政策指引下，实施主体根据新城交通的现实状况选择合理的实施模式，以规划编制方案为蓝本进行实践。为了保证实施成果的持续性，实施过程还应保持动态跟踪，坚持后期评估与信息反馈。

新城交通规划的保障机制包括行政机制、法律机制、财政机制、经济机制和社会机制等。其中具有最基本作用的是行政机制，是政府以及相关行政主管部门通过法律法规的授权，运用权威性行政手段，采取命令、指示、规定、计划、标准、通知、许可等行政方式保障新城交通规划的推进；法律机制为交通规划行为授权，提供实质性以及程序性的依据，也保障了公民、法人以及社会团体的合法权利；财政机制是规划过程中利益分配和资源分配的可靠性保障；经济机制是政府部门为促进规划目标实现而主动动用市场力量的保障机制；社会机制是对参与交通规划的编制和实施、服从规划、监督规划实施的公民、法人以及社会团体的制度安排和作用力量。

3. 新城交通规划推进机制特征

(1) 组织实施特征

新城交通规划的组织实施以法定的规划文本为依据开展工作，这一过程是在社会系统中运作以逐步实现的。由于所处背景环境复杂多变，新城交通规划组织实施的影响因素具有阶段性、不确定性和不稳定性的特点。组织实施过程要求实施主体与规划主体对政策的理解与贯彻保持协调，与规划单位加强沟通与交流，建立稳定的运作模式。如遇到需要调整的内容或工作时，为避免决策的随意性，应按照法定程序进行，相关管理部门无权随意修改规划。

为了保持成果的连续性，在实施阶段应建立成果实施的动态跟踪机制，保证实施成果与规划成果的一致性。对实施进行总体评价，根据评价结果及时反馈正确信息。对成果进行后期评估，将有效的实施成果进行推广，或根据规划规定进行合理的修改与调整。新城交通规划组织实施的主要特征表现为采用的实施模式不一，造成部分新城规划推进过程中主体不明确，权责不清晰，相互协调与衔接不够顺畅，规划不能按照预期的方案真正落地。

（2）保障机制特征

新城交通规划的保障与城市交通规划保障具有很大的相似性，无论是法律法规，还是公共政策等，都是推进过程中需要完善的支撑体系。由于编制体系尚未形成，目前新城交通规划保障体系的建设，尤其是法律法规还处于探索阶段，仅在新城规划与开发模式中有所涉及，但并不具体，真正付诸实施的法规条例或者规范还尚未形成。

交通政策是新城交通规划保障中较为突出的内容，也取得了明显的进步。根据国内已建新城或正在规划的新城情况分析，交通引导发展政策、公交优先政策等都在交通规划编制过程中得到了很好的落实，并且是必须遵循的主要原则和战略。经济保障与新城开发模式具有紧密的关联。不同的开发模式下，新城交通设施建设的资金来源有所区别。指挥部模式和管委会模式主要是政府主导，建设资金主要依靠政府财政投入或者政府部门开拓资金渠道，公司化模式则依托市场化手段进行运作，政府的财政压力相对较小。不管哪种模式，为缓解政府财政压力，政府都需积极开拓经济来源，BOT、TOT、PPP 等投融资模式相继被引入到交通基础设施建设中，较好地保证了交通规划的推进和设施的建设。公众参与在规划保障机制中非常重要。该机制强调公众参与到新城交通规划编制、实施过程中，为决策和管理提供建议，提高规划编制水平，共同监督规划的实施，真正体现广大群众的利益。通过公众参与制度，形成规划编制中公众参与的各种平台和路径，以建立交通规划政务公开制度体系。

新城交通规划的保障机制特征表现为缺乏健全完善的制度环境，政策保障体系有待完善，体制机制有待健全，相关的法律法规体系有待进一步优化。

3.2 新城交通规划对推进机制的要求

3.2.1 对交通规划总体要求

新城交通规划推进离不开规划编制、设计、建设与管理四个阶段之间的相互协调、相互反馈。其中，规划编制是设计、建设和管理的基础和指导依据；设计是规划编制的工作体现，是建设施工的直接依据；建设是规划编制、设计的目的，是交通管理的保障条件；管理是规划编制、设计和建设的手段，是交通运行系统的关键。而新城交通规划推进各阶段分别对推进机制提出了如下总体要求：

新城交通规划编制阶段，需全面考虑新城用地与交通系统的互动协调，通过构建新城综合交通体系，并以高效、集约、低碳、绿色为导向合理配置新城交通资源，对道路交通设施建设与组织进行精细化设计，有效引导居民出行，对交通系统运行实施智慧化管治。新城重大交通基础设施一般在城市级上位规划中确定，而新城的用地功能、路网布局与各个道路的红线在控制性详细规划中基本确定。

新城交通规划实施阶段的设计环节，新城交通发展战略提出精细化要求。精细化交通设计的内容可分为宏观系统优化和微观交通设计两个层面，宏观系统优化主要从整体交通系统优化的角度，提出体现低碳和人性化的设计理念，明确交通设施优化方向和措施，同时确保不同交通设施的衔接联系，体现交通系统协调性。微观交通设计则在宏观系统优化的交通基础设施布局基础上，对道路设施的具体元素进行微观设计。

新城交通规划实施阶段的建设环节，在规划编制与设计成果的指导下有序开展，同时为交通规划与设计工作提供优化反馈。新城交通建设涉及新城公共交通、道路、停车设施、非机动车和步行交通系统建设等方面，通过推进地铁、轻轨等城市轨道交通系统建设，积极发展大容量地面公共交通，加快完善新城道路网络系统，加强行人过街设施、自行车停车设施、道路林荫绿化、照明等设施建设，合理分配新城交通资源，营造良好的新城交通环境[70]。

新城交通规划实施阶段的管理环节，其主要手段包括政策法规、物理设施、智能技术等。首先从交通需求上进行管控，优化小汽车的使用，通过停车管理政策、汽车共享、路权分配等进行调节。在物理设施层面常用的方法是交通宁静化处理，其基本原则是优先考虑步行者的通行，通过控制机动车速度，保证步行者的安全。此外，智能交通管理技术的应用，有助于建立良好的交通秩序、提高新城交通基础设施的利用效率和交通安全性，同时支撑综合交通系统的形成。

3.2.2　对组织实施的要求

1. 交通规划与组织实施的内部关系

交通规划实施管理的运行机制是通过具体的工作手段、行为规则推动规划愿景、目标从理论逐步转化为实际建设成果。交通规划实施机制本质上就是一种解决问题的工作流程或流程方法，运行模式上应视为固定化的行事规则。主要包含实施主体、实施模式、过程控制三个方面。实施主体对外需要承接规划主体的需求，对内需要界定协调规划主体和设计、建设、管理主体的关系。实施模式是推进交通规划全过程工作所采取的管理机制和推进模式，本专著指定为指挥部、开发公司和管委会三种模式。实施模式的选择应根据新城发展和交通规划推进的阶段性特征，采取最为合适的实施模式能更有效地推动交通规划实施工作。过程控制是实施机制中不可或缺的要素，也是实施主体必须履行的责任，即动态跟踪交通规划实施过程，获取实施过程的信息，并及时反馈实施效果，以评估实施效果与规划方案是否一致。交通规划与实施机制内部关联关系如图3-3所示。

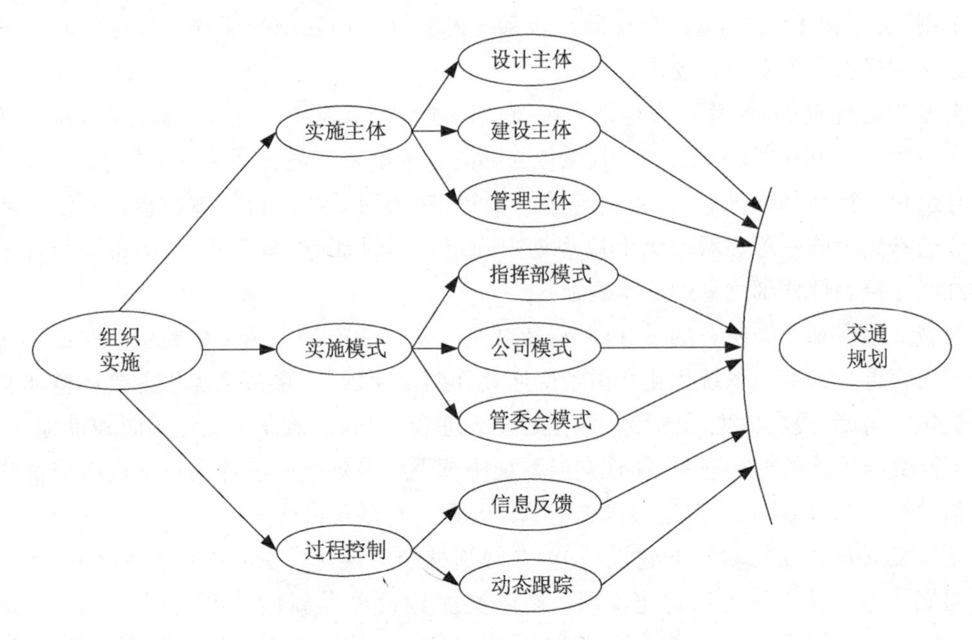

图 3-3 交通规划和实施机制内部关联关系

2. 交通规划对实施主体的要求

新城交通系统是一个复杂的综合系统，各子系统规划时归属于不同管理部门，如综合交通规划编制管理权限归属于规划局，公共交通规划归属于交通运输局，停车设施规划归属于住建部门或者停车管理部门，道路设施建设又归属于建设部门等。各部门在编制规划和实施建设时缺乏及时的沟通与对接，造成各项规划相互独立、自成一体，出现发展策略与措施难以协调一致，内容重复矛盾等问题，导致许多政策、措施在实施时难以落到实处，不利于整合交通资源，区域交通发展统一蓝图难以实现，统一高效的交通体系无法形成。明确新城交通规划编制、实施各阶段的推进主体，统一协调区域内部各类型交通规划推进，将能够改变交通规划相互独立、各自为政的现象，从而更加有效地服务新城各项交通建设活动。

规划实施是执行规划方案，将规划成果付诸行动的行动过程。实施主体应在规划开始就参与到整个项目的推进中，与规划主体加强沟通交流，充分理解规划背景和规划主体的意图，树立与规划主体协同完成实施的意识。由于规划进入实施阶段后，受各种因素的制约和影响，可能需要调整部分规划内容，因此，在进行调整时应该遵循法定的程序，避免随意更改规划方案。实施阶段，实施主体扮演统筹全局的角色，不仅要把握实施全过程的操作，而且要对其进行监督管理，保证与规划的一致性以及实施成果的有效性。

3. 交通规划对实施模式的要求

交通规划从立项、编制、审批到实施，基本上形成了一个较为完整的推进过程，也已经成为规划主管部门采用的固定模式。但是由于不同类型交通规划层次定位的不同，立项和审批等职能归属于不同层次的管理部门。另外，不同专项规划分属不同的新城主管部门，在规划编制过程中也缺乏与其他部门的深入互动，在审批过程中出现了多部门对方案提出质疑的现象，也容易造成规划无法推进下去。因此，有必要根据规划推进的环节，在明确统一主体的前提下，进一步优化完善规划实施模式，尤其是建立以规划主体和实施主体为主导的实时联动推进机制。

指挥部、开发公司与管委会模式是目前新城开发比较常用的三种模型。实施模式是规划实施的重要组成，其在选择时要有利于交通规划的推进。通过分析各种模式的优缺点以及不同模式的适应性，结合具体新城特征，选择最为适合的实施模式，使其充分与新城交通规划的理念、政策相协调，促进新城交通发展。

4. 交通规划对实施过程的要求

交通规划实施是一个长期的实践过程，这就要求政府高度重视，有效保证规划实施与编制的一致性，加强规划实施效果的过程跟踪和效果评估。动态的跟踪评估也是配合规划编制，由编制主体和实施主体对编制程序、方案审批、规划实施、过程监督和成果验收进行全过程管理，避免因对规划编制意图和方案的理解不同，导致贯彻出现偏差甚至脱离规划编制成果，违背规划初衷。参与新城交通规划实施的各个主体和参与群体，政府、规划编制单位、行业专家等都应科学严谨地开展工作。规划实施的主体通过加强项目过程管理提高实施质量；编制单位本着科学的态度开展规划研究，并充分理解主体的意图、征求社会各方的意见和建议，提供高水平成果；行业专家从不同阶段为规划实施提供对策建议；社会团体和公众代表积极提议，保证实施的可持续性。

规划编制与实施之间应建立充分、有效的反馈机制。规划经历编制、实施到成果落地后，应建立科学合理的评估体系，进一步推广规划的成果，构建有效的评价体系，或应用现代科技手段，通过输入各种规划信息，更好地实现交通规划后期的评估作用。若后期的评估结果得不到有效推广，实施的成果未能分享，规划的效果将得不到提升。

5. 交通规划对实施机制的要求

交通外部环境的复杂多变性，规划推进的综合性和社会性，各阶层群体目标价值取向的多元化特性，以及交通规划导向与各级团体及市民利益的密切相关性等等，决定了一个科学合理的交通规划必然是对方参与、协作式规划的产物。这就决定了新城交通规划是由各个部门共同运作实施的，需要依靠社会各个组成要素之间的相互协同作用。各部门的协同是规划实施的关键所在，尽管各主管部门的工作都是为了新城整体的发展考虑，但是由于考虑的立场和角度的局限性或者部门利益的牵制，实施过程中往往会产生分歧。真正统一有效的协同实施机制还有待形成。

此外，有效的经济政策和充分的资金保障可以有力推动规划的实施。政府可以通过自身财政资金的实力，根据新城发展需求，在综合平衡前提下，适当予以倾斜。除财政资金外，对于大型交通建设项目，也可以采取征收使用费的方式回收建设资金，补充其他设施建设需求。另外，吸引社会资金介入也是重要的方式之一，政府应采用灵活的政策机制，鼓励社会资本参与交通规划和基础设施项目。

3.2.3　对保障机制的要求

新城交通规划推进对保障机制的基本要求应体现体系化和协调化。体系化包括政策完善、法律法规健全、经济保障到位等；协调化则要求各项保障之间相互协调与配合，共同保障交通规划的有序推进。

1. 交通规划与保障机制的内部关系

保障机制从政策、法规、体制机制等制度性规范上保证了交通规划的编制和实施，赋予了交通规划推进的严肃性和权威性。从保障要素角度划分为政策保障、制度保障以及经济保障三方面。政策保障是从政府的公共政策导向、法律法规以及相关制度等方面确保交通规划的实施以及所需社会资源的供给。制度保障是指交通规划在编制、实施和建设过程中公众参与规划和交通规划信息公开的规定性要求，其中公众参与保障是指交通规划在编制与实施阶段需要提供给公众参与决策的权利，交通规划信息公开保障是指决策者在制定交通规划和实施的过程中需要及时向社会公开规划信息和建设进度。制度保障是确保交通规划流程公开、信息透明的首要前提，也是公众参与交通规划权利的保障。经济保障是支撑交通规划实施行为活动的经济基础，方式主要包含了政府财政投入、设施收费、土地出让以及市场行为等。保障机制对交通规划的作用如图 3-4 所示。

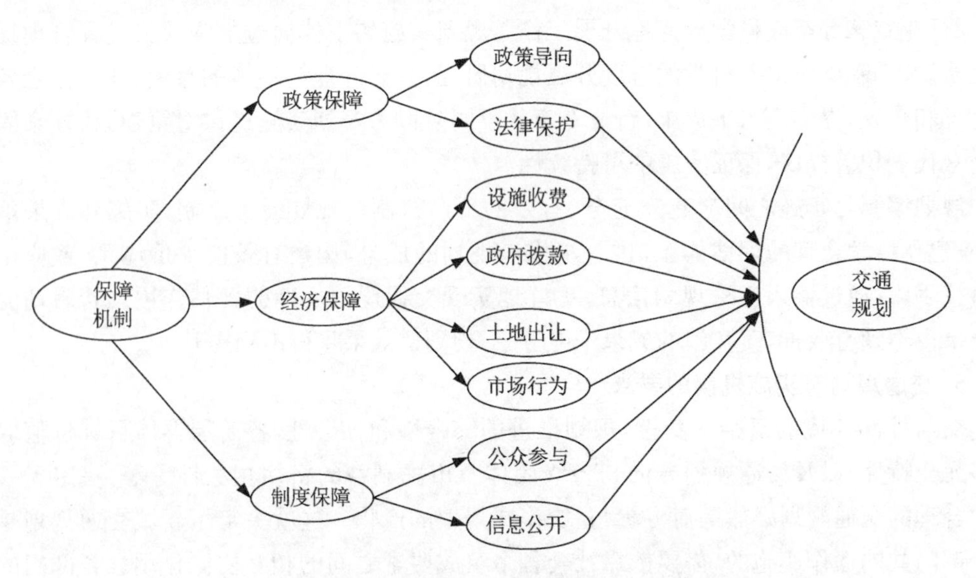

图 3-4　交通规划和保障机制的内部关联关系

2. 交通规划对政策法规保障的要求

影响新城交通发展最重要的因素是政府的公共政策，这也是保证规划能有效实施的最重要手段。尽管交通引导发展、公交优先、交通需求管理等政策已经成为新城交通发展必须坚持的政策，在规划编制和实施过程中其也得到了较好的体现，但是规划编制与政府公共政策的基本要求和动作过程不相匹配，尤其是建设资金的投入与交通政策的导向存在差距，导致难以得到全面系统的落实。新城交通发展不仅涉及到政策法规、资金、土地、环境和社会公平等因素，而且涉及到规划、土地、交通、建设、财政等诸多部门。为使交通规划得以顺利实施，需要从交通政策、行政法规、资金保障、编制规范等方面加强研究。

为更好地推进新城交通规划，将各种交通政策法定化，形成具有强指导性和执行力的政策保障体系是规划推进对保障机制的首要要求。正是由于交通规划目前尚不属于法定规划，规划推进中便存在各种编制随意、方案与实施脱离的现象，导致交通规划的严肃性不足，作用严重削弱。倘若将交通规划推进通过规范化的编制体系、科学的技术指引、法定的实施要求予以保障，新城交通规划的推进效果也将得到显著的改善。

3. 交通规划对公众参与保障的要求

随着市场经济的发展，利益主体多元化趋势日益明显，各方利益主体对参与交通规划即交通政策制定的意愿越来越强烈。尽管我国在交通规划公众参与方面做了一些工作，但是尚未建立完善的公众参与渠道，缺乏政府与利益主体之间的沟通与协调，导致交通规划方案不能完全满足不同利益主体的需求，在交通基础设施建设过程中遇到了一定的阻力。因此，建立规划信息发布平台、良好的公众参与机制，从制度上将新城交通规划作为一个开放的过程推进，是新城交通规划推进的重要保障。

根据我国规划推进的现状，可以通过两方面提高公众参与水平。一方面避免公众参与过于形式主义，也就是说将公众意见经政府主管部门和专家咨询研究后，充分采纳有效可行的建议融入规划方案；另一方面充分调动公众参与的积极性，拓展公众参与的渠道，完善公众参与环节，以真正发挥公众参与的作用。公众参与机制的建立意味着规划编制不再代表政府和规划者等少数群体的意志，规划编制充分考虑了多元化群体的利益诉求，满足多方需求，更能体现“以人为本”。同时，公众参与机制的建立也促进了规划实施中监督机制的完善。公众参与规划编制到实施的整个过程，有利于规划实施更加高效。

4. 交通规划对资金保障的要求

市级政府应直接管理新城交通规划推进的资金投入，在条件允许情况下适当倾斜，保障交通规划资金的来源畅通。除财政保障外，政府应大力拓展投资渠道，如法国采取征收交通规划税和开发税。另外，运用经济手段保障规划的落地。重大项目的建设或高水平的规划需要大量资金的投入，如引进国外的规划编制单位，竞争招标等。在面对各种利益集团的挑战时，很多问题需要借助经济手段予以解决。

政府采取自主的方式或授权委托相关企业，对指定区域范围内的国有土地进行统一的征迁，并配套相应的市政公共设施，使该区域范围内的土地达到成熟的开发条件，再进行出让或转让，获取土地增值产生的收益以平衡项目资金的不足。对于大型的交通基础设施建设项目，政府在财政资金有限的前提下，可以通过市场化运作的手段，引入社会资金，如成立政府主导的开发公司。通过承包建设与经营、特许经营等形式予以推动，提高交通服务水平和利用效率，也能减轻政府的财政压力。

3.3 推进机制对新城交通规划的作用

由于新城规划各个阶段的定位和功能不同，对推进机制的要求也有所区别，导致推进机制对交通规划的作用也不同。本节分别从总体性规划、控制性规划、实施性规划和交通规划实施四个阶段来阐述推进机制对新城交通规划的作用。

3.3.1 对交通总体性规划的作用

新城交通总体性规划阶段主要开展综合交通规划编制，包括交通发展战略规划、交通系统规划以及交通设施规划。

1. 推进机制有利于发挥交通发展战略规划的指导作用

在编制总体性规划过程中，积极探索推进机制，深入了解新城交通、社会经济发展与用地布局的现状。通过革新规划管理机制，设计更为细致的规划推进保障制度，从深入分析新城交通发展的优势、劣势、机遇和挑战角度入手，构建综合交通体系，确定交通系统整体发展趋势，明确新城交通发展理念，引导交通发展目标以及交通发展策略的大方向，落实重大基础设施的规模、选址与布局等问题。完善的协调机制促进交通发展战略规划与交通外部复杂多变的社会环境协同一体，包括新城规划、行政规划等等，保证交通规划在社会错综复杂的大环境下发挥其不可替代的作用，确保交通规划的有效成果。交通发展战略规划不仅协调规划的外部环境，而且在各个子系统中发挥其协调作用，在外部环境中协调各规划，保证交通规划的一致性。

2. 推进机制有利于促进交通系统规划的整合协调

交通系统规划是交通战略规划的深化和细化，是协调各子系统间关系的综合性交通规划，着眼于整个交通网络中各种线路、设施的定位、规模和布局以及重大项目的建设时序等。与战略规划相比，成果更具指导意义。综合交通系统各子系统间、以及系统内各要素间存在彼此依存、相互制约的关系，其中任何一个子系统又作为另一个子系统的外部环境存在。因此，推进机制促进各系统密切联系，强化交通系统的整合与协作，推动了各子系统在交通系统整体环境下的发展。

3. 推进机制有利于推动交通设施规划的顺利实施

交通设施规划侧重于各子系统本身的发展目标，通过交通需求分析，确定相应的设施规模、结构和布局方案，结合近远期发展需求，制定近期建设计划。设施规划要求交通规划方案具有可实施性。在编制交通设施规划过程中，健全的决策机制能够进一步统筹对外交通系统网络和区域交通设施布局、重大设施用地控制；构建近期城市轨道交通网络总体架构及制定建设时序；明确近期新城道路网络功能、结构、布局和规模；具体布置公共交通系统设施安排和网络布局；明确非机动车路网、人行道、步行过街设施规划控制要求，将其以文本的形式确定下来，推进实施可操作性；安排枢纽布局、用地控制和配套设施；明确新城货运枢纽、场站的规划布局、功能和规模。合理有效的管理机制有利于设施规划从编制、审批直至实施等工作走向法制化道路，通过相关体制机制的保障，促进规划管理工作合理合法，提高规划管理的行政水平。

3.3.2 对交通控制性规划的作用

交通控制性规划阶段的主要任务是确定土地使用性质、开发强度和开发策略，促进新城交通与土地开发协同发展。有效的决策机制有利于推动紧凑的新城形态和高密度混合用地开发模式的形成，为居民对居住区、工作地点的选择提供了更多的可能性，扩大了居民的选择范围，在某种程度上改变了居民的出行方式，引起了新城用地布局和密度的深刻变化，并减少了对机动车出行的依赖程度，进一步降低了环境污染的程度。此外，不同的交通出行特性也受到人口模式、区位条件、用地模式等影响因素。合理的决策机制能够进一步把握规划地区的人口特征、区位和功能。例如，中心区的公共交通出行条件优于郊区，因此中心区居民公交出行方式比例较高。一般收入水平较高的居民对机动车出行的依赖性较大。

交通规划管理行政行为与实际的交通建设行为之间存在一定的出入，当交通建设项目与新城发展不相适应时，主管部门应根据实际情况，及时调整优化管理机制，运用法定程序调整规划以保证最大限度的适应性。管理机制不仅维护公共利益特别是居民利益，而且支持地区经济发展，与协调机制协同一体消除各方压力，基于既有的规划方案和法规，避免了规划在实施过程中的随意性。管理机制一方面将管控与引导相结合进行有限规划，另一方面明确强制管理的内容，确保建设和管理的内容在特定阶段保持较好的适应性和弹性。

控制性详细规划是衔接规划编制、管理与实施的核心环节，是规划主管部门依法行政的前提和基础，具有严格的法律保障，被赋予了严肃、权威的法律地位。完善的监督机制明确规定了控规何时生效、何时实施、是否溯及既往等，确定了行政合理性原则与应急性原则。控制性详细规划应具有法律的强制性和规划行为的实践性两大特点，一方面需要体现法律赋予控规编制与实施的强制性，保证刚性指标的实施；另一方面还要保证其规划的灵活性，在实施中因地制宜地保证某些弹性指标的变通空间。有效的协调机制可以消除控规这两种特征之间存在的矛盾性，即在交通控制性规划的编制与实施管理之间建立良好的统一与协调，保证刚性指标和弹性指标都能发挥自身应有的作用。另外，在交通控制性规划阶段，协调机制从综合交通论证的角度提出开发业态和规模的建议，促进土地使用和交通的协调发展关系，而且能有效减少土地使用规划方案制定与规划程序的矛盾，与规划过程中的价值判断因素相融合。

通过深入的前期研究，以科学为支撑的规划推进机制，清晰界定市场和政府职能，对经济规律、环境承载力、地籍产权以及现状发展要求等等都进行了深入的研究分析，提高了控制指标体系的科学性。交通控制性规划的编制不可避免有调整要求的出现，而一旦问题出现，根据冗长复杂的规划调整程序，往往浪费大量的时间和精力或是为了某一团体或个人的利益而突破单个指标。因此，健全的规划推进机制进一步增强交通控制性规划内容的广度和深度，突出交通控制性规划的综合性，完善的技术路线，推动指标之间的联动和制约，避免了静态规划的简单模式，使得新城公共利益最大化[71]。

3.3.3　对交通实施性规划的作用

交通实施性规划以面向具体的项目实施为主，通过交通系统空间设计、建设项目交通影响评价以及交通组织与改善规划等系列实施性规划行为，逐步推动规划的落地。实施的目的是要将计划付诸于实践，落实到具体的实践项目，在实施的每一个阶段需要完成大量的工作。根据编制机制，实施性规划涉及的各类型规划设计以具体的建设项目为对象，以详细的上位规划为指导，从项目必要性、技术可行性、经济合理性、环境可接受性以及预计实施可能性等方面开展充分的研究论证，为建设项目提供有力的前期基础支持。

由动态的组织行为和静态的组织机构组成的管理机制，具有政治性、权威性、开放性和层次性。高效的管理机制代表新城政府意志的执行，推动了规划监督与管理工作，实现社会环境的改善和它追求的管理目标，规定管理人员在合理的职能和权限范围内进行管理活动。健全的法律法规与监督机制，为新城交通实施性规划的行政行为授权，提供法制性、程序化的实施依据，同时也为调节政府、社会以及企业的权、责、利提供依据；另一方面，规划涉及的各方面利益者可以根据法律法规维护自己的权益；法律机制也是有效行政行为的执行保障。

财政是国家凭借行政授权进行的一种有计划、有意图的强制性分配，是关于平衡利益分配和资源配置的行政权力，充分体现了政府对社会经济发展的宏观把控。合理的财政机制是新城交通实施性规划推进中至关重要的保障。按财政机制的要求和运行规则，通过公共财政对资金使用进行平衡，按照轻重缓急投资建设部分重大交通基础设施；还可以通过发行债券、实施针对性的税收政策等来促进或约束某些投资和建设行为，以保障实施性规划目标的实现。

项目实施完成后，建立合理的评价体系，评价其实施效果，并找出实施过程中存在的问题，加以改进，以达到预期效果。有效的反馈机制根据评价的结果，将信息及时反馈，完善实施规划的成果。

3.3.4 对交通规划实施的作用

新城交通规划推进机制的建立，在工作部门协调与工作内容协调方面促进了交通规划成果的落实。以 EPC 模式为例，该模式的实施涉及许多部门方方面面的利益，需要有一个强有力的组织机构协调彼此之间的利益，保证各项措施的顺利实施。因此由各级政府牵头，组成包括规划、建设、公安、交通、财政等多个职能部门的统筹协调机构，构建应急联动机制，共同制定落实科学合理的交通资源配置策略，统筹协调实施新城交通规划、设计、建设和管理工作，保证了新城交通规划成果的有效落实。另一方面，新城交通规划推进机制立足于新城交通系统，科学化基础设施建设，合理化交通组织管理，软硬兼施，提高交通系统运行效率，有利于新城交通规划、设计、建设和管理工作的相互渗透、优化整合、统筹协调与同步实施。

从具体内容看，面向全过程的新城交通规划推进机制能够从进度控制、投资控制、质量控制三个方面促进交通规划成果的落实。进度控制在为设计单位稳定各项设计输入条件的基础上，依据总工期合理布置出图计划，对新城交通规划进行管理，具体包括工程设计综合计划（一级计划）、年度设计计划（二级计划）和阶段性设计计划（三级计划）。投资控制的作用则是建立规划编制与实施阶段的对接机制，研究规划设计优化可行性，在满足工程安全性及不降低初步设计标准的前提下，节省施工成本。质量控制以“事前指导、过程控制、成果审核”为核心，对影响规划实施质量的外部因素进行有效控制并持续改进，同时控制全线设计标准，能够有效提高设计文件的技术经济合理性。

3.4 新城交通规划与推进机制作用机理

3.4.1 交通规划与推进机制相互作用机理分析

根据交通规划与推进机制的关系分析，交通规划既是推进机制的作用对象，也是推进机制建立的出发点。根据规划体系、组织实施和保障机制与交通规划的作用关系可知，三者之间也是相互关联、互相协调的，存在一种系统动力学方面的作用关系。

新城交通规划中界定规划范围和明确研究内容有利于促进交通规划研究的思路、策略和具体方案的设计，尤其是在不同的范围和年限要求下，综合交通规划、专项交通规划和实施规划的要求与任务不同。明确了这些内容和层次关系，也有利于选择适合的实施模式，从而明确规划与实施主体，规范实施流程。规划实施中规划主体将具体的规划意图、规划理念和规划方案信息传递给实施主体，以特定的实施管理模式为平台，规范的实施流程为工作程序，保证实施主体对实施过程和各环节进行管控。实施主体通过对实施过程的动态跟踪与监管，将实施效果等信息反馈给规划主体，征求规划主体的意见，从而形成两个主体间的协调工作机制，促进规划水平的提高，保障规划实施的效果。保障机制通过制定的政策法规保障、制度保障与经济保障，为规划的组织实施提供交通规划推进所需的法律法规和资金保障。保障机制是规划的制度支撑和组织实施的体制支撑。

因此，本专著运用系统动力学的方法，研究交通规划与推进机制的相互作用机理。具体表现为：交通规划为组织实施提供可持续的规划方案以及实施的理论支撑，是交通规划的导向，呈现正向的作用关系；交通规划保障体制最终的目标是促进和保障交通规划的顺利实施，即组织实施是推动交通规划由愿景变为方案、再由方案转化为实际的具体行动，是交通规划的抓手，对交通规划的推进存在反向的作用；保障机制作为制度支撑，为规划编制与实施的正常推进和工作运行提供政策、法律法规支持以及社会资源，是交通规划的支撑，分别作用于规划编制与组织实施。三者同时作用于新城交通规划这一对象，将会有利于推进和保障交通规划目标的实现。

交通规划与推进机制的相互作用机理如图 3-5 所示。

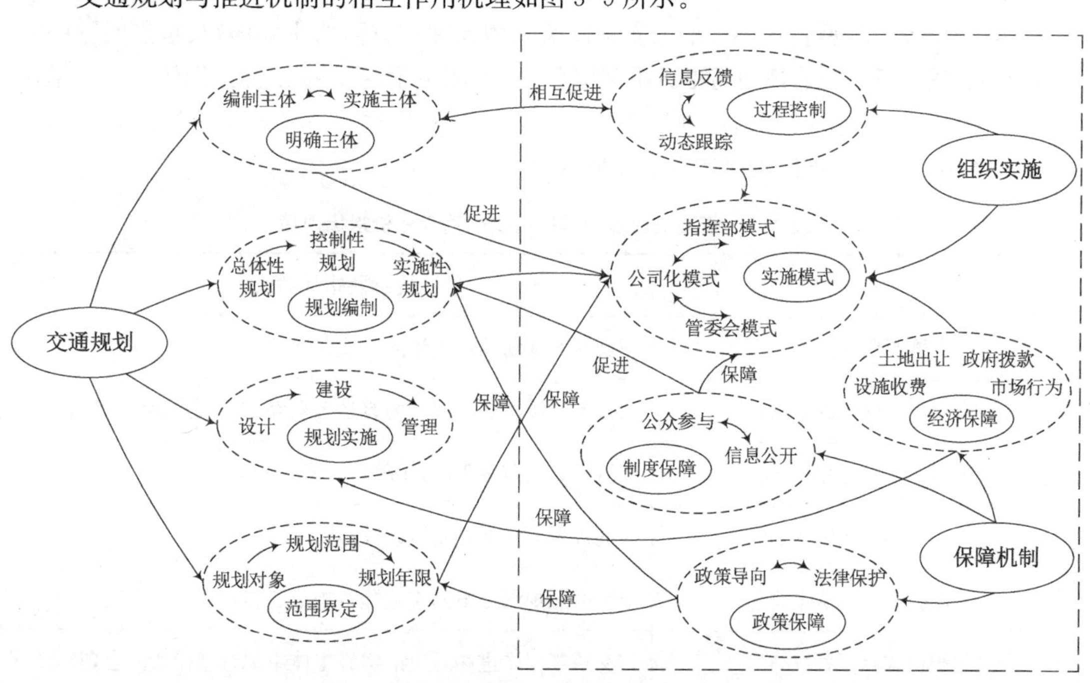

图 3-5　新城交通规划与推进机制相互作用机理关系

3.4.2 交通规划与推进机制耦合作用模型

1. 建模方法的选择

新城交通规划与推进机制的相互作用机理可作为反映推进机制合理性的评价标准。这种评价标准如果通过一种量化的手段显示，可以更好地体现推进机制的合理性。耦合度是目前评估两种事物相互作用关系的一种重要方法，基于 3.4.1 节对新城交通规划与推进机制相互作用机理的定性分析，本节采用耦合作用模型对两者关系进行定量化研究。

新城交通规划与推进机制的耦合程度是指推进机制是否符合新城交通规划发展的要求，直接反映了推进机制的实用性和合理性。新城交通规划与推进机制耦合度越高，越能够加快新城交通规划的发展速度和提高交通规划的完善程度。反之，推进机制有可能加大交通规划从编制到实施的复杂程度，成为新城交通规划发展的阻碍。因此，建立科学合理的新城交通规划与推进机制的耦合关系分析模型有利于对已经建设的新城交通规划推进机制进行检验和改善，对即将建设交通规划推进机制的新城起到参考和导向作用。

2. 建模思路与过程

研究将新城交通规划与推进机制的耦合关系转化成可以量化的分析指标，通过指标的量化处理，建立交通规划与推进机制之间的耦合分析模型。通过耦合度的计算，分析两者间的耦合关系并以此作为评估的依据。

(1) 构建耦合分析指标体系

本专著将新城交通规划与推进机制耦合程度分析指标划分为规划编制类、组织实施类以及保障机制类三类，每一类涵盖四个指标的三层指标体系，具体如图 3-6 所示。指标的选择考虑到新城交通规划体系、组织实施以及规划保障三方面的主要内容、重点问题的需要，提出合适的反映交通规划与推进机制耦合关系的指标体系。提出的指标体系涵盖了对推进主体、推进对象、规划内容、规划方法、实施模式、实施过程以及相关政策法规等的响应。各指标的内涵及指代意义如表 3-1 所示。

表 3-1 新城交通规划与推进机制耦合分析指标内涵

指标	内涵及指代意义
主体明确程度 X_{11}	新城交通规划推进主体的明确程度
交通规划内容深度 X_{12}	新城不同层次交通规划内容是否全面、重点是否突出
规划对象界定程度 X_{13}	新城规划的范围界定、年限是否清晰明确
规划方法与新城政策趋和性 X_{14}	交通规划方法是否新城政策导向
实施技术先进水平 X_{21}	新城交通规划方案的实施是否规范、高效
组织模式合理程度 X_{22}	与交通规划推进相对应的实施主体组织管理模式的合理程度
过程控制合理程度 X_{23}	实施主体规划实施的过程控制是否合理

（续表）

指标	内涵及指代意义
交通规划推进机制操作水平 X_{24}	在设定的推进机制下交通规划可实施性和可操作性
政策法律保护程度 X_{31}	新城交通规划推进的政策法规完善程度及对规划的法律效力
民众参与和信息公开程度 X_{32}	公众参与新城交通规划的程度以及规划信息公开程度
资金供给程度 X_{33}	新城交通规划实施所需的来自政府、社会等各方面资金支撑
评价机制合理程度 X_{34}	新城交通规划实施效果的评估机制合理性

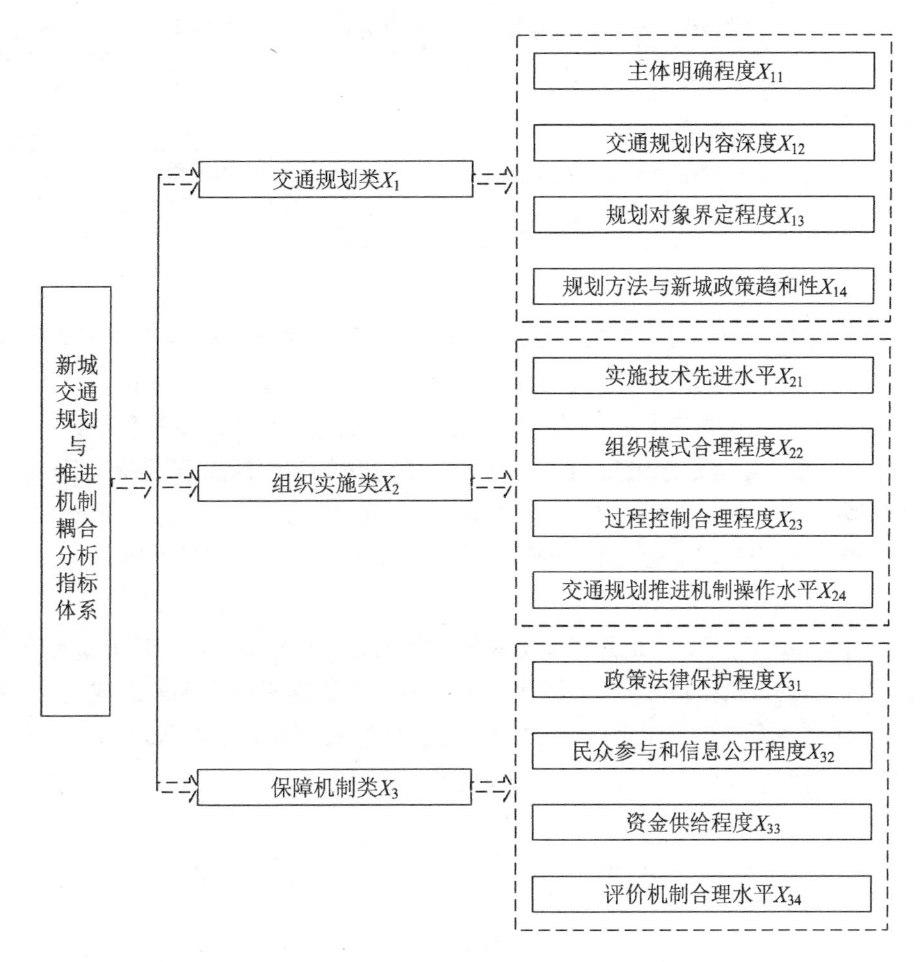

图 3-6　新城交通规划与推进机制的耦合分析指标体系

为进一步对交通规划与推动机制的耦合关系进行分析，需要对指标进行范围界定，让指标从定性分析转换为定量计算。为了便于计算分析，在综合分析指标内涵的基础上，本专著将指标的量化区间设为[0－10]，并采用五分度值来量化各个指标的取值，具体如表3-2所示。

表 3-2　新城交通规划与推动机制的耦合分析指标量化区间

取值区间	[0, 2)	[2, 4)	[4, 6)	[6, 8)	[8, 10)
X_{11}	没有主体	模糊不清	基本清晰	主体独立	非常明确
X_{12}	内容空泛	内容不全	基本充实	较为充实	详实专业
X_{13}	没有对象	模糊不清	基本清晰	对象独立	对象明确
X_{14}	完全相悖	大体不符	一般相符	基本相符	非常相符
X_{21}	非常落后	一般落后	基本水平	一般先进	超前发展
X_{22}	相互矛盾	大体不合理	一般合理	合理	非常合理
X_{23}	相互矛盾	大体不合理	一般合理	合理	非常合理
X_{24}	无法操作	操作复杂	部分落实	基本落实	操作方便
X_{31}	阻碍规划	不支持	一般支持	非常支持	优先保护
X_{32}	完全保密	部分保密	部分公开	公开延迟	完全及时公开
X_{33}	完全宽松	不够专业	基本要求	一般严格	专业严格
X_{34}	相互矛盾	大体不合理	一般合理	合理	非常合理

(2) 标定指标权重

信息熵理论具有变量对系统的变化作用显著、在影响系统的变量中占较大权重的特点,具有比专家打分法等方法更客观的优点。作为一种综合性的系统优化与分析方法,被广泛应用。新城交通规划与推进机制相互作用关系一般难以直观的定量化描述,客观性不足。因此,采用信息熵理论来确定两者关系系统中包含的多指标权重,能够较好地弥补传统方法的局限性。

信息熵方法标定新城交通规划与推进机制耦合关系指标的具体过程如下:

① 指标标准化

设 $x=\{x_1, x_2, \cdots, x_n\}$ 是新城交通规划体系的分析指标集合, $y=\{y_1, y_2, \cdots, y_m\}$ 是规划推进机制的分析指标集合,为消除指标之间由于量纲不同带来的影响,首先采用极大极小值方法将各个指标值化为0−1之间。假设指标 x_i 具有 k 个数据 $x_i^1, x_i^2, \cdots, x_i^k$,指标 y_i 具有 k 个数据 $y_j^1, y_j^2, \cdots, y_j^k$,则有:

$$\text{new}x_i^r=\begin{cases}\dfrac{x_i^r-\min(x_i^1, x_i^2, \cdots, x_i^k)}{\max(x_i^1, x_i^2, \cdots, x_i^k)-\min(x_i^1, x_i^2, \cdots, x_i^k)}, & x_i\in x^+\\ 1-\dfrac{x_i^r-\min(x_i^1, x_i^2, \cdots, x_i^k)}{\max(x_i^1, x_i^2, \cdots, x_i^k)-\min(x_i^1, x_i^2, \cdots, x_i^k)}, & x_i\in x^-\end{cases} \tag{3-1}$$

式中: $\text{new}x_i^r$—— 交通规划分析指标 x_i 的第 r 个源数据经过标准化处理的值;

x^+ —— 正向表征新城交通规划效应的指标;

x^- —— 负向表征新城交通规划效应的指标;

k—— 指标 x_i 含有的源数据个数。

同理：

$$\text{new}y_j^c=\begin{cases}\dfrac{y_j^c-\min(y_j^1,\ y_j^2,\ \cdots,\ y_j^k)}{\max(y_j^1,\ y_j^2,\ \cdots,\ y_j^k)-\min(y_j^1,\ y_j^2,\ \cdots,\ y_j^k)}, & y_j\in y^+\\ 1-\dfrac{y_j^c-\min(y_i^1,\ y_i^2,\ \cdots,\ y_i^k)}{\max(y_j^1,\ y_j^2,\ \cdots,\ y_j^k)-\min(y_j^1,\ y_j^2,\ \cdots,\ y_j^k)}, & y_j\in y^-\end{cases}\tag{3-2}$$

式中：$\text{new}y_j^c$—— 推进机制合理性分析指标 y_j 的第 c 个源数据经过标准化处理的值；

y^+ —— 正向表征推进机制的指标；

y^- —— 负向表征推进机制的指标；

k—— 指标 y_j 含有的源数据个数。

② 指标信息熵

新城交通规划(推进机制)分析指标 $x_i(y_j)$ 的源数据集经过极大极小化处理得到标准化数据集合 $x_i'=\{\text{new}x_i^1,\ \text{new}x_i^2,\ \cdots,\ \text{new}x_i^k\}$ $(y_j'=\{\text{new}y_j^1,\ \text{new}y_j^2,\ \cdots,\ \text{new}y_j^k\})$，根据信息熵原理可确定新城交通规划(推进机制)指标的信息熵计算公式：

$$E_{x_i}=-\sum_{l=1}^{k}p_i^l\log_k p_i^l\left(E_{y_j}=-\sum_{l=1}^{k}p_j^l\log_k p_j^l\right)\tag{3-3}$$

式中：$p_l^i=\dfrac{\text{new}x_i^l}{A}\left(p_j^l=\dfrac{\text{new}y_j^l}{A}\right)$；

$A=\sum_{l=1}^{k}\text{new}x_i^l\left(A=\sum_{l=1}^{k}\text{new}y_j^l\right)$；

E_{x_i}—— 新城交通规划分析指标 x_i 的信息熵；

E_{y_j}—— 推进机制分析指标 y_j 的信息熵。

③ 指标权重标定

由信息熵函数可知，指标熵值越高，表示新城交通规划(推进机制)的特征变化越显著，表明交通规划与推进机制互动发展的过程中起的作用越大。根据式(3-3)计算得到的每个指标熵值集合 $E_x=\{E_{x1},\ E_{x2},\ \cdots,\ E_{xk}\}$ $(E_y=\{E_{y1},\ E_{y2},\ \cdots,\ E_{yk}\})$，指标权重标定公式如下：

$$\lambda_{x_i}=E_{x_i}/\sum_{l=1}^{k}E_{xl}\left(\lambda_{y_j}=E_{y_j}/\sum_{l=1}^{k}E_{yl}\right)\tag{3-4}$$

最后通过线性加权平均法得到交通规划与推进机制的综合评估值：

$$u_1(t,\ x)=\sum_{i=1}^{k}\text{new}x_i^t\lambda_{x_i}\tag{3-5}$$

$$u_2(t,\ y)=\sum_{j=1}^{k}\text{new}y_j^t\lambda_{y_j}\tag{3-6}$$

式(3-4)～式(3-6)中：$u_1(t,\ x)$—— 在时间 t 交通规划综合评估值；

$u_2(t,\ y)$—— 在时间 t 交通规划推进机制综合评估值；

$newx_i^t$—— 时间 t 获取的指标 x_i 源数据经过处理后的标准值；

$newy_j^t$—— 时间 t 获取的指标 y_j 源数据经过处理后的标准值。

(3) 计算交通规划与推进机制耦合度

耦合度是描述系统间相互协调性的特征值，其计算方法来源于物理学中容量耦合概念及容量耦合系数模型：

$$CI = \{(u_1, u_2, \cdots, u_n)/\prod(u_i + u_j)\}^{1/n}, (i = 1, 2, \cdots, n-1; j = i+1, i+2, \cdots, n) \tag{3-7}$$

综合式(3-5)～式(3-7)可得交通规划与推进机制的耦合度计算公式：

$$CI_1 = \{[u_1(t, x) \cdot u_2(t, y)]/[u_1(t, x) + u_2(t, y) + u_1(t, x) \cdot u_2(t, y)]\}^{1/2} \tag{3-8}$$

通过分析可知式(3-8)在[0, 1]区间是一个离散非单调凸多元函数。当交通规划综合评价值 $u_1(t, x)$ 与推进机制的综合评价值 $u_2(t, y)$ 都取低值时，耦合度计算结果与它们取高值的计算结果相同，不适合直接用以分析交通规划与推进机制发展之间的相关性。因此，通过引入修正项构造离散单调递增函数：

$$CI_2 = CI_1 \times f \tag{3-9}$$

式中：$f = \{\alpha u_1(t, x) + \beta u_2(t, y)\}^{1/2}$，$\alpha + \beta = 1$。

因为交通规划与推进机制是两个独立、同等重要的分析变量，所以这里取 $\alpha + \beta = 1$。最后，式(3-9)作为交通规划与推进机制之间的耦合度计算模型。

3. 案例分析

以南部新城交通规划与推动机制的发展为研究对象，对南部新城从成立至今的交通规划与推动机制之间的演变关系进行定性和定量分析。南部新城于 2010 年 6 月 3 日正式成立建设指挥部，2013 年南部新城进行管理体制改革，将建设指挥部发展为管理委员会，2014 年南部新城再次规范管理委员会的管理机构设置，出现集团公司，2020 年南部新城的管理模式演变为“管理委员会＋平台公司”。在综合考虑这些信息的基础上，通过专家咨询和统计的方法，得到从 2010 年至 2020 年期间南部新城交通规划与推进机制耦合指标的测度值，如表 3-3 所示。

表 3-3　南部新城交通规划与推进机制耦合指标测度值

取值区间	2010 年	2013 年	2014 年	2020 年
X_{11}	4	5	6	9
X_{12}	5	5	6	8
X_{13}	5	6	7	8
X_{14}	5	6	7	9
X_{21}	5	6	6	8

（续表）

取值区间	2010 年	2013 年	2014 年	2020 年
X_{22}	3	4	4	7
X_{23}	4	5	6	7
X_{24}	4	5	6	6
X_{31}	6	6	7	8
X_{32}	4	5	6	7
X_{33}	6	6	7	8
X_{34}	4	5	6	7

（1）耦合分析

利用信息熵理论对南部新城交通规划与推动机制之间的耦合性进行分析。首先对各个测度指标数据根据 0—1 准则进行标准化处理，如表 3-4 所示。

表 3-4　南部新城交通规划与推进机制耦合指标标准值

取值区间	2010 年	2013 年	2014 年	2020 年
X_{11}	0.00	0.20	0.40	1.00
X_{12}	0.00	0.00	0.33	1.00
X_{13}	0.00	0.33	0.67	1.00
X_{14}	0.00	0.25	0.50	1.00
X_{21}	0.00	0.33	0.33	1.00
X_{22}	0.00	0.25	0.25	1.00
X_{23}	0.00	0.33	0.67	1.00
X_{24}	0.00	0.50	1.00	1.00
X_{31}	0.00	0.00	0.50	1.00
X_{32}	0.00	0.33	0.67	1.00
X_{33}	0.00	0.00	0.50	1.00
X_{34}	0.00	0.33	0.67	1.00

根据指标标准化之后的数据计算各指标的信息熵和相关权值，具体见表 3-5 所示。

表 3-5　基于信息熵的交通规划和推进机制耦合指标变化权值

指标	X_{11}	X_{12}	X_{13}	X_{14}	X_{21}	X_{22}
信息熵	0.771	0.590	0.821	0.795	0.794	0.215
变化权重	0.092	0.071	0.098	0.095	0.095	0.026
指标	X_{23}	X_{24}	X_{31}	X_{32}	X_{33}	X_{34}

（续表）

指标	X_{11}	X_{12}	X_{13}	X_{14}	X_{21}	X_{22}
信息熵	0.814	0.618	0.646	0.821	0.646	0.814
变化权重	0.098	0.074	0.077	0.098	0.077	0.098

为进一步对南部新城交通规划和推进机制的耦合性进行分析，将指标划分为交通规划类指标和推进机制类指标两类，其中 X_{12}、X_{13}、X_{21}、X_{22}、X_{33}、X_{34} 等六个为交通规划类耦合指标，其余指标为推进机制类耦合指标。根据上表中指标的变化权重分别对南部新城的交通规划和推进机制进行综合评估值计算，如图 3-7 所示。

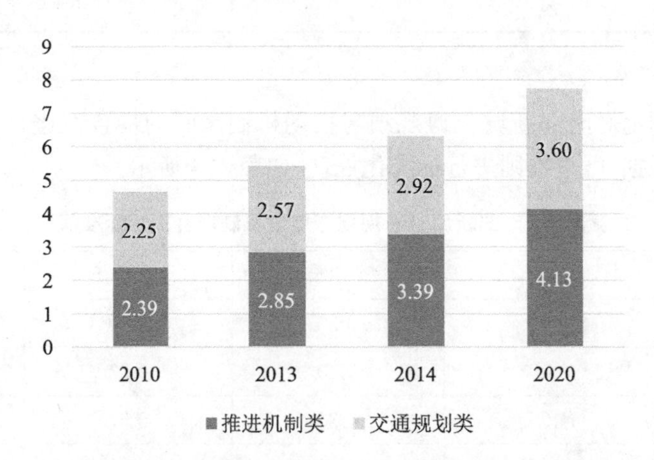

图 3-7　基于信息熵的南部新城交通规划和推进机制评估指标综合得分

最后计算南部新城交通规划和推进机制的耦合度得分如图 3-8 所示。

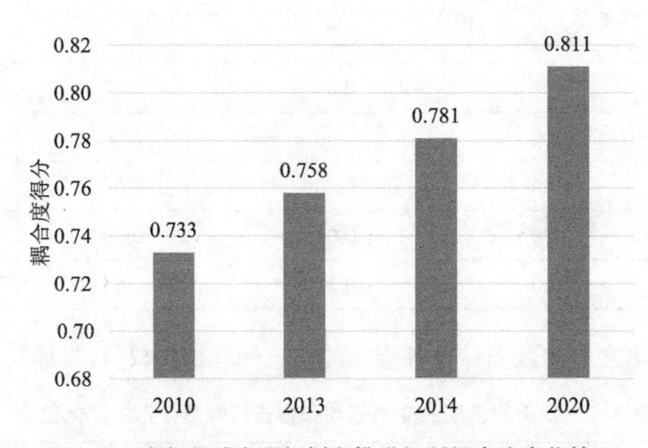

图 3-8　南部新城交通规划和推进机制耦合度变化情况

(2) 结果讨论

通过以上计算结果分析，南部新城的交通规划和推进机制耦合分析指标综合得分从 2010 的 4.64 上升到 2020 年的 7.73，说明总体上交通规划和推进机制都得到有效促进，即从南部新城的规划水平方面看，得到较大的提升。南部新城的交通规划类指标的综合得分从

2.25上升到3.60,推进机制类指标的综合得分从2.39上升到4.13,可见南部新城的推进机制成长速度优于交通规划水平,这主要是由于南部新城的一系列管理体制改革和相关规范的出台。从南部新城交通规划和推进机制的耦合度变化情况来看,2010年的耦合度为0.733,而到了2020年的耦合度水平提高为0.811,说明南部新城的交通规划与推进机制之间的趋同程度越来越好。

需要说明的是,耦合度指标在评估时只是作为相对判别指标,即它表征的是南部新城当前发展状况下交通规划水平和推进机制之间的同步性。结合交通规划类综合得分和推进机制类综合得分的分析可得出结论:南部新城2010—2020年区间,交通规划水平和推进机制的完善程度都得到较大提升,并且两者的发展同步性越来越高,新城整体规划协调能力越来越强。模型验证分析表明,本模型方法能够较好地反映交通规划与推进机制之间的耦合关系和趋同程度。

3.5　本章小结

本章梳理了新城交通规划与推进机制的构成与特征,其中将新城交通规划分为规划编制与规划实施(设计、建设、管理)两个阶段,将新城交通规划推进机制分为组织实施和保障机制两大部分;从规划编制、设计、建设与管理的角度提出新城交通规划总体要求,并通过剖析内部关联关系,分别阐述新城交通规划对组织实施和保障机制的要求;结合新城交通规划各个阶段的定位和功能,分析推进机制对交通总体性规划、控制性规划、实施性规划以及交通规划实施的具体作用;通过研究交通规划与推进机制的相互作用机理,构建交通规划与推进机制耦合作用模型,以南部新城为案例,对其交通规划与推进机制之间的演变关系进行定性和定量分析。

第4章 新城交通规划编制体系

4.1 新城交通规划体系建构的基础

4.1.1 新城交通规划编制体系界定

本书将新城交通规划编制体系建构的内涵界定为在国土空间规划体系框架下，以规划协同理念为指导，分析各层次交通规划与各层次国土空间规划的关系，着重考虑交通规划与国土空间规划相互反馈的作用力，以战略指导、系统规划、设施落地为主线，层层推进，上下衔接，构建一个与新城发展相适应的交通规划编制体系。

交通规划编制体系建构可分为四个模块：第一个模块是新的理念切入，即在规划协同和绿色发展理念指导下，促进规划体系的调整，突出交通规划在城市规划中的地位和作用；第二个模块是新城交通规划编制体系本身，打破传统的重规划、轻实施的现状，重新梳理交通规划内部政策、系统、设施的关系，面向规划推进，界定各规划的定位、目标、任务和要求等，这也是重构的核心所在；第三个模块是以技术为支撑，从规划编制方法和规划保障技术等方面为落实规划理念、推进规划编制提供全方位的技术和政策保障；第四个模块是实施管理，作为规划推进过程中重要的一环，能够为交通规划的编制和实施提供重要保障。

4.1.2 交通规划编制体系构建协同关系

1. 与国土空间规划相协调

2018年5月中央印发的《关于统一规划体系更好发挥国家发展规划战略导向作用的意见》(以下简称《意见》)提出发展规划要明确空间战略格局、空间结构优化方向以及重大生产力布局安排，为国家空间规划留出接口。为加快形成统一的规划体系，《意见》进一步明确了各规划的定位，强调规划在编制、实施中的协调，推动规划体系协同发展。而交通规划既是国土空间规划编制和用途管制的重要内容，也是国家战略实施和国土空间治理的重要工具，在建构国土空间规划体系的背景下，交通战略、交通格局、新城交通规划编制体系、交通空间管控等是新时代交通规划的重要议题[72]。

建立分级分类的新城交通规划编制体系，包括国家、省、市县的分级以及“1＋N”的分类。其中，“1”是指综合交通规划，体现战略性、体系性、协调性，应与同级国土空间总体规划同步编制；“N”是若干分项规划，落实、细化国土空间总体规划、综合交通规划的要求，并将涉及空间开发保护利用的内容纳入详细规划。各层次规划最终要落到详细规划中，划定各类设施控制线，确保落地。

新城交通规划编制需要适应国土空间规划中交通用地空间刚性管控、交通设施类型逐级传导等新要求，优化形成与之相匹配的新城交通规划编制体系，以支撑新城交通与城市发展的持续协同与互促。新城交通规划强化统筹平衡、指导实施，应与国土空间规划同步编制。交通分项规划要深化系统、细化布局，结合各部门职责，按照谁编制、谁组织实施的相关要求来开展规划的编制工作。交通详细规划与国土空间规划中的详细规划相对应，是对编制单元内交通设施及用地等做出实施性安排，其成果纳入新城详细规划，为交通建设项目的实施提供规划许可依据。

2. 合理划分规划层次和阶段及相应的编制内容

新城交通规划从战略政策制定、系统构建、设施规划设计，从综合交通系统到各子系统以及交通个体，包括多层次、多阶段的内容。科学合理划分交通规划的推进阶段，确定各阶段规划编制的目标、重点和内容，形成有机衔接、层次合理的完整规划编制体系，并注重体系的阶段性、层次性和衔接性，能够避免规划定位模糊、内容重复和深度不一等问题，有效发挥各层次规划作用，真正指导规划推进工作，提高规划推进的效率。

交通规划内涵和内容不断得到丰富，范畴正在向更深更广的方向发展。尤其是一系列新的规划类型或专项，包括 TOD 规划、交通枢纽规划、交通衔接性规划等等，说明规划已经向更细、更深的方向发展。因此，新城交通规划编制体系建构应充分体现交通规划编制体系的系统性和包容性。

3. 与交通规划技术转型需求相协调

在规划同步编制的要求下，规划技术与方法应更加注重交通规划与城市规划之间的互动反馈，尤其是交通与用地、空间、产业之间的协调关系。新城交通规划编制体系与国土空间规划体系的融合，要求交通规划的技术方法要突破以往单一的城市交通规划领域，加强与城市规划、交通规划以及产业规划等其他多专业的协调。空间、产业和交通一直是交通规划的核心思想和要素，统筹协调三要素的关系，加强在规划编制过程中三要素的互动分析，是新城交通规划技术转型的重点。因此，新城交通规划编制体系的建构应响应规划技术转型的要求。

4. 与规划实施及管理相协调

新城交通规划的组织编制与实施管理主要归属于政府规划主管部门。从管理主体的角度，交通规划管理体系应坚持招标、编制、审批和实施各阶段相分离的基本原则，以“政府主导、市区联动、统一规划、统一审批、依法实施和动态调整”为指导，实现新城交通规划编制与实施管理一体化衔接的目标。按照规划实施管理的职能划分、运行机制设置相应的规划层次，面向不同的实施管理要求，界定规划目标、重点和内容。最终构建一套科学完善的规划编制体系以及相应的审批程序、监督评估机制。

4.2 新城交通规划编制体系的建构

4.2.1 国土空间规划背景下的新城交通规划编制体系

与原有的主体功能区规划、土地利用规划和城乡规划等空间类规划相比，新的国土空间规划体系更加注重落实新发展理念，促进高质量发展，致力于提高空间治理体系和治理能力现代化。在国土空间规划的基础上，结合新城发展要求和规划实践，可以将新城规划工作分为新城单元规划、新城控制性详细规划和新城实施性规划三个阶段。新城单元规划是新城发展的纲领以及各类型规划编制的法定依据，其编制工作内容为明确新城空间发展战略、空间架构、土地利用总体布局以及各专项规划的总体思路和重点；新城控制性详细规划主要根据总体阶段确定的分区控制导则，编制地区分单元控制细则，划定规划管理单元，对管理单元分别提出具体的法定性要求和指导文件；新城实施性规划直接指导规划实施和具体的建设活动，是落实总体阶段目标和详细阶段的具体手段和措施。

新城交通规划编制一方面要在国土空间规划体系框架内，重新梳理新城各层次交通规划与各层次空间规划的关系，突出交通规划与用地规划的相互反馈，加强各专业规划成果的对接，尤其是总体规划与土地利用规划的完全对接；另一方面应充分协调编制体系中的各专项规划，确保"一个交通规划蓝图"。以新城交通总体性规划、控制性规划、实施性规划为主线，层层推进，上下衔接，构建一个与新城发展相适应的新城交通规划编制体系[73]。

根据新城国土空间规划体系，新城交通规划可以划分为对应的三个阶段，分别为交通总体性规划、交通控制性规划和交通实施性规划。三个阶段依次推进，相互衔接，两者对应关系如图 4-1 所示。在总体阶段，交通总体性规划可以视为综合交通体系规划，编制对应于国土空间规划总体规划和新城单元规划，三者同步编制，相互反馈，以支撑与引导城市空间结构和产业布局为主要任务，重点关注交通发展导向、交通政策、重大交通基础设施选址布局等，成果纳入到总体规划中予以法定化。在详细阶段，交通控制性规划对应于新城控

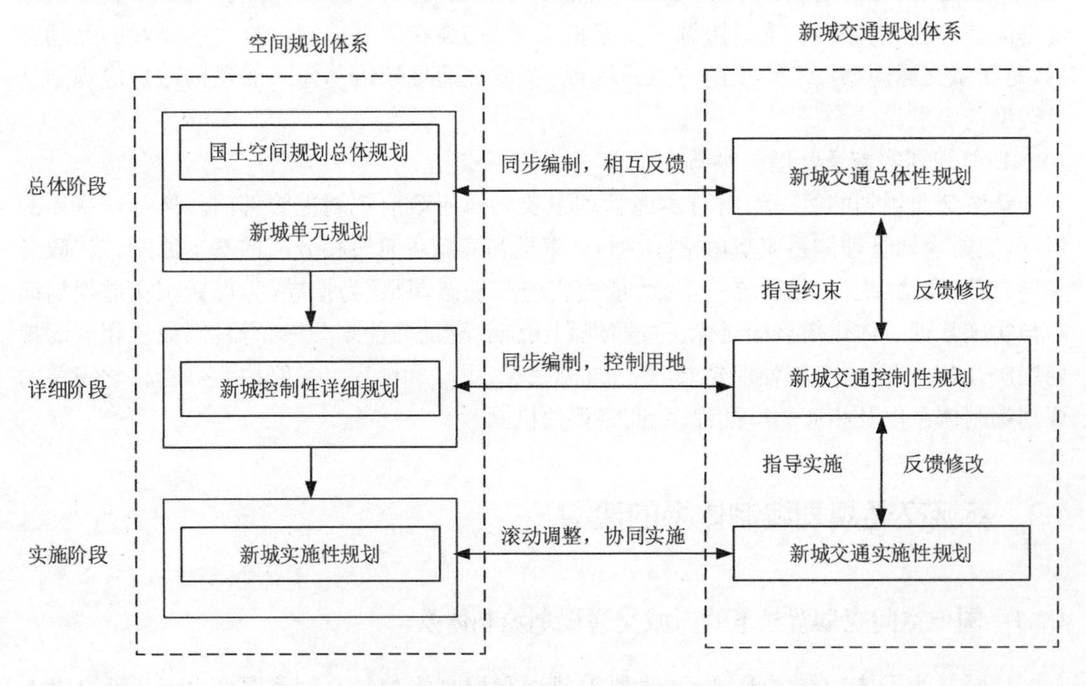

图 4-1　国土空间规划背景下新城交通规划编制体系

制性详细规划，以用地控制和落实为主，是对总体阶段规划的深化，具体表现为各交通子系统的交通设施控制规划，要求与控制性详细规划同步编制，落实用地控制要求，成果纳入控制性详细规划中予以法定化。在实施阶段，交通实施性规划则以面向具体的项目实施为主，是交通建设项目实施的主要指南，编制应在控制性规划的要求下，制定明确的建设计划，并与新城实施性规划保持一致，滚动调整，协同实施。上述体系能够更好地体现政策指导、规划引导、项目落地的交通规划推进思想。

4.2.2　新城交通规划编制体系架构

1. 总体和详细阶段交通规划要点

1）总体阶段

在总体阶段，新城交通规划主要包括交通发展战略规划和交通系统规划。战略规划注重战略性和方向性，最终形成新城交通发展战略报告或上升提炼为交通白皮书；系统规划注重系统性和综合性，在交通发展战略的指导下进行，同时作为交通专项规划的上层规划，注重传承性和衔接性。

（1）交通发展战略规划

新城交通系统有其自身的发展规律，同时作为新城大系统的有机组成部分，与外部环境（社会经济形态、社会发展水平、城市规模、土地利用布局、城市综合管理水平及交通政策等）之间有较强的互动反馈关系。因此，新城交通规划应基于自身的内在机制及其与外部环境之间的相互作用，首先进行新城交通发展战略规划，作为指导后续规划的基础。

战略规划层面一般进行新城交通发展战略规划，即在研究新城交通现状、新城社会经济发展与用地布局的基础上，展望新城交通发展的优势、劣势、机遇和挑战，确定交通系统整体发展趋势，重点研究新城交通发展理念、交通发展目标、交通发展策略以及重大基础设施的规模、选址与布局等问题。

（2）交通系统规划

新城交通系统是由若干不同功能的子系统组成，每一个子系统又包含若干构成要素。子系统之间、子系统内各要素之间是一种相互依存与相互制约的关系，而且每一个子系统同时又作为另一个子系统的外部环境条件而存在。因此，需要将各系统作为具有密切关联的组合体进行系统规划，强调交通系统的整合与协作，在交通系统整体环境下谋划各子系统的发展。

交通系统规划是交通战略规划的深化和细化，是协调对外交通系统、城市道路系统、公共交通系统、城市慢行交通系统、客运枢纽、城市停车系统、货运系统以及交通管理与信息系统间关系的综合性交通规划，着眼于整个交通网络中各种线路、设施的定位、规模和布局以及重大项目的建设时序等。与战略规划相比，成果更具宏观指导意义。表 4-1 是总体阶段新城交通规划的要点。

表 4-1　总体阶段新城交通规划的要点

规划主体	规划要点
对外交通	统筹对外交通系统网络和区域交通设施布局、重大设施用地控制
轨道交通	研究远期新城轨道交通网络总体架构及建设时序
道路网络	研究中远期新城道路网络功能、结构、布局和规模
公共交通	统筹规划公共交通系统设施安排和网络布局
慢行交通	原则上明确非机动车路网、人行道、步行过街设施规划控制要求
客运枢纽	枢纽布局、用地控制和配套设施安排
停车系统	确定停车发展策略
货运系统	确定新城货运枢纽、场站的规划布局、功能和规模
交通管理与信息系统	合理确定交通管理和交通信息化发展对策及设施规划原则

2）详细阶段

详细阶段主要任务是确定新城土地使用性质和开发强度。对应于新城控制性详细规划需要完善交通设施规划，要求反映交通设施的布局要求与落实具体布局方案，实现城市土地利用与交通系统的一体化发展。

交通设施规划涉及新城道路网规划、新城轨道交通规划、新城公共交通设施规划、新城停车设施规划、慢行交通设施规划、货运系统规划、近期交通建设计划以及局部地区交通规划等。它侧重于各子系统本身的发展目标、需求分析、设施规模、布局方案、近期建设计划、运营管理、效益评价等。设施规划层面要求交通规划方案具有可实施性。控制性详细规划阶段交通规划要点见表 4-2。

表 4-2　详细规划阶段新城交通规划要点

规划主体	规划要点
道路网络	研究近中期路网所要达到的功能、结构、布局与相应的建设计划
轨道交通	确定轨道交通网络模式、进行客流预测、线路规划、交通衔接、场站布局等
公共交通	在客流预测的基础上，确定公共交通方式、车辆数、线路网络、换乘枢纽和场站设施用地等，形成合理的城市公共交通结构
停车设施	提出建筑物停车配建标准，确定路外公共停车场刚性和半刚性布局方案，以及路内停车泊位的近期布设方案，对总规阶段确定的供给结构进行校核和反馈
慢行交通	明确非机动车、人行道宽度对各级道路断面的控制要求，非机动车停车设施规划，不同用地情况下步行过街设施控制要求
物流设施	构建信息平台，落实基础设施布局（包括场站和通道）以及相关政策保障

2. 新城交通规划架构

在三阶段体系的协调框架下，考虑新城交通规划工作阶段的划分，为更好地明确各阶段的目标、编制内容、重点和深度要求，对新城交通规划编制体系内部作进一步的界定和完善。交通总体性规划主要包括交通发展战略规划、交通系统规划和交通设施规划，侧重于总体的战略和政策制定、交通系统定位以及重大交通设施的布局，以及系统功能组织与设计，并对交通设施规划和用地规划提出总体规模与布局要求。交通控制性规划则主要是各类交通设施的深化研究、规划控制和落实要求，是在综合性规划指导下侧重于各类交通设施的规模、布局、结构等控制性要求，明确建设的计划，强调规划的用地保障与设施规划的可实施性。另外，该阶段将交通影响评估作为必备专项纳入控制性规划体系中，体现了交通与用地互动反馈的特征，同时要求根据交通影响评估建议修改调整控规内容。交通实施性规划通过近期实施计划、交通设计、交通影响分析等规划内容，进一步深化控规中的用地规划，完善地区交通配套，并对单个地块用地和建筑方案进行反馈。与传统的规划体系衔接关系相比，新城三阶段交通规划编制体系进一步明确了各阶段规划与城市规划的关系和要求，也增强了规划推进的过程管控和实施效果。

体系中需要说明的是，交通总体性规划中的设施规划与交通控制性规划中单独进行的交通专项规划不是一个层次，成果深度要求也不同。前者更强调在综合交通系统内部各系统对应的设施之间的整合与协调，成果侧重于系统发展的指导性。后者是在前者指导下，侧重于各子系统本身的发展，尤其是落实交通系统规划中对各子系统的定位和要求，在控规要求下形成具体的方案并具有较强的可实施性。各个阶段内的不同规划之间也存在一定的层次关系，尤其是上下衔接关系。规划衔接中的核心是交通设施规划的衔接问题，应通过体系的构建，强化各阶段交通设施规划间的衔接，这也是响应各阶段规划之间存在相似规划但深度和成果要求不同的问题。

在以“三阶段”为主线的新城交通规划编制体系的基础上，以面向设施的用地控制与落实为目标，以不同阶段间设施规划的衔接为结合点，提出各阶段间的衔接性规划层。交通总体性规划与控制性规划之间以设施规划为衔接点，以用地控制为主，提出控制性衔接层，促进系统规划到设施规划的过渡。控制性衔接层融合了总体性规划阶段的交通设施规划和控制性规划阶段交通影响评价。该层次规划主要按照两个阶段规划的内容与深度要求，实行衔接，保证系统到设施的转换，既体现了系统对设施的指导，又能更好地保障用地控制与设施的进一步落地。交通控制性规划与实施性规划之间以面向规划实施为目标，提出实施性衔接层。该层次通过整合第二阶段的近期建设规划、第三阶段的近期实施计划和复合开发地块交通影响评价，按照控规的法定要求和建设规划的思路，进一步深化实施计划，保证衔接与反馈。

按照各阶段规划的要求和各类型规划的定位，形成“以交通发展战略规划为导向，系统规划为主线，设施规划为支撑”的新城交通规划编制体系，即在交通发展战略与政策导向下，明确以交通系统规划为推进的主线，强化交通设施规划的支撑和用地保障，确定设施建设行动计划与实施序列，并对各阶段各类型规划提供交通规划技术方法的支持。新城交通规划编制体系架构如图4-2所示。

在规划编制过程中，总体上仍以三阶段为主开展编制工作，控制性衔接层和实施性衔接层中的新增规划，根据所处层次和衔接阶段，以方便工作开展为原则，按照专项规划形式开展。为规范该体系下的新城交通规划编制，应研究不同阶段规划的主要内容和编制要求，以便更好地区分不同阶段规划的定位与关系。

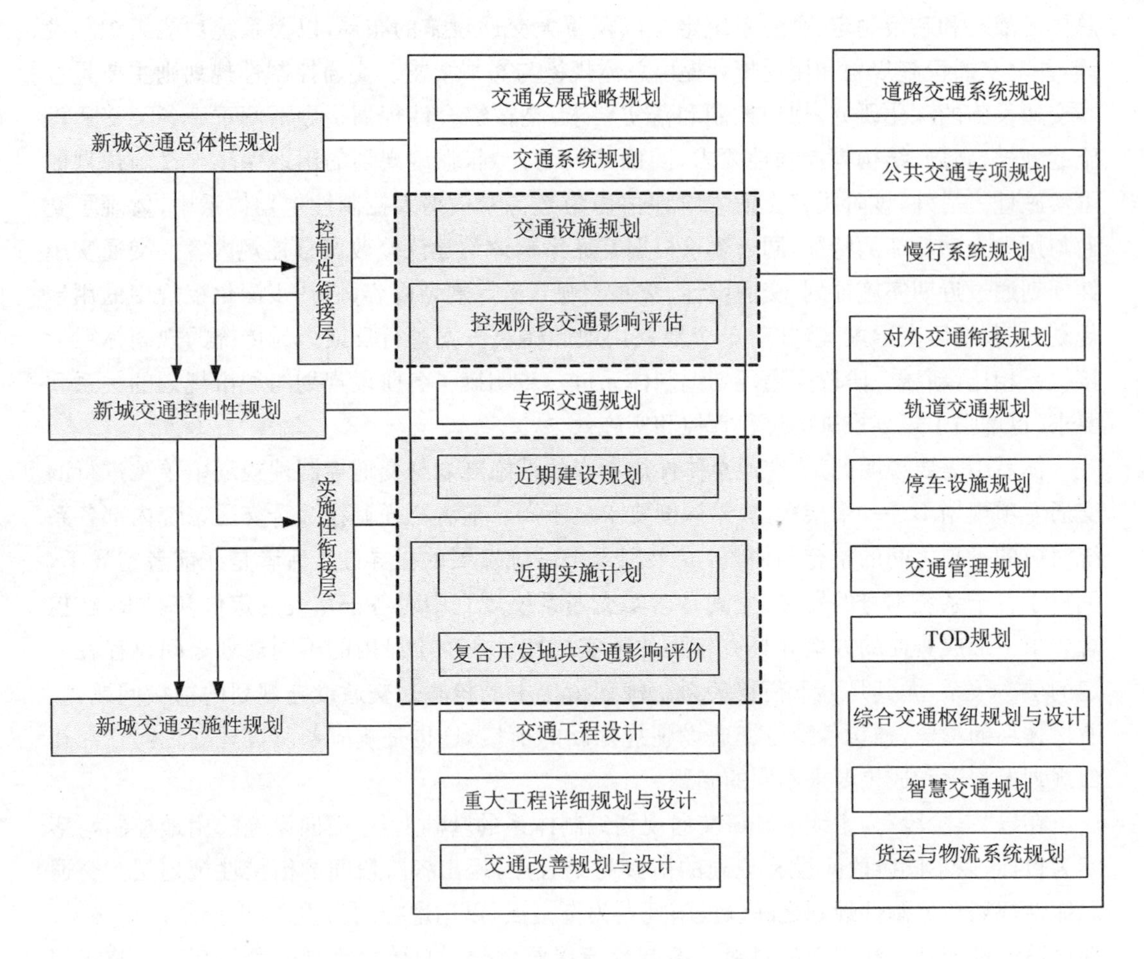

图 4-2　新城交通规划编制体系架构

4.2.3　新城交通规划要素及传导机制

一张蓝图绘到底是国土空间规划空间管控与传导的终极目标。新城交通规划编制体系如何实现一张蓝图绘到底，各类交通设施要素在不同层级规划中的表达形式至关重要。国土空间规划适宜表达的交通要素主要应为面向对新城外交流以及跨市内行政区的设施，包括城市轨道交通、高(快)速路、干线性主干路等重大交通廊道，以及机场、港口、铁路客站、长途汽车站、口岸、公交综合车场、轨道交通车辆段及枢纽站点、货运枢纽及转运中心等重大交通设施。详细阶段除落实总体规划阶段要素以外，还需表达承担辖区内出行需求的中低运量轨道交通、普通主次干路等交通廊道要素以及轨道交通站点、公共汽车首末站、公共停车场、加油加气站、公共充电站等交通设施要素。实施阶段层面则需落实总体阶段及详细阶段确定的各类交通廊道、交通设施要素，还需表达新城支路等未在上层次空间规划表达的交通要素(见图 4-3)。

在传导要求上，总体阶段宜以定线、定位为主明确各类重大交通廊道及交通设施布局、规模、用地控制范围或边界要求，能够明确设施红线的如机场、港口、口岸等设施，尽量按照红线范围严格向下传导。不能明确红线范围的，如轨道交通网、道路网等线性要素，宜给详细阶段的调整留有一定弹性。详细阶段层面，落实总体阶段的重大交通廊道的控制线、道路中心线及用地边界（若能落实用地红线，则表达设施红线，下同），明确轨道交通敷设方式、确定立交节点位置，落实总体阶段交通设施的用地边界（红线）。总体阶段设施结合辖区内用地布局可在保持线位走向、控制宽度以及设施总体规模不变的前提下进行布局方案的调整，并需反馈至市级规划。确定详细阶段内新城普通主、次干路走向以及独立占地的区级交通设施（轨道交通站点、公共汽车首末站、公共停车场、加油加气站、公共充电站等）建设规模、用地位置或用地边界（红线）。实施阶段则需要明确所有交通要素的空间坐标及规划控制要求。

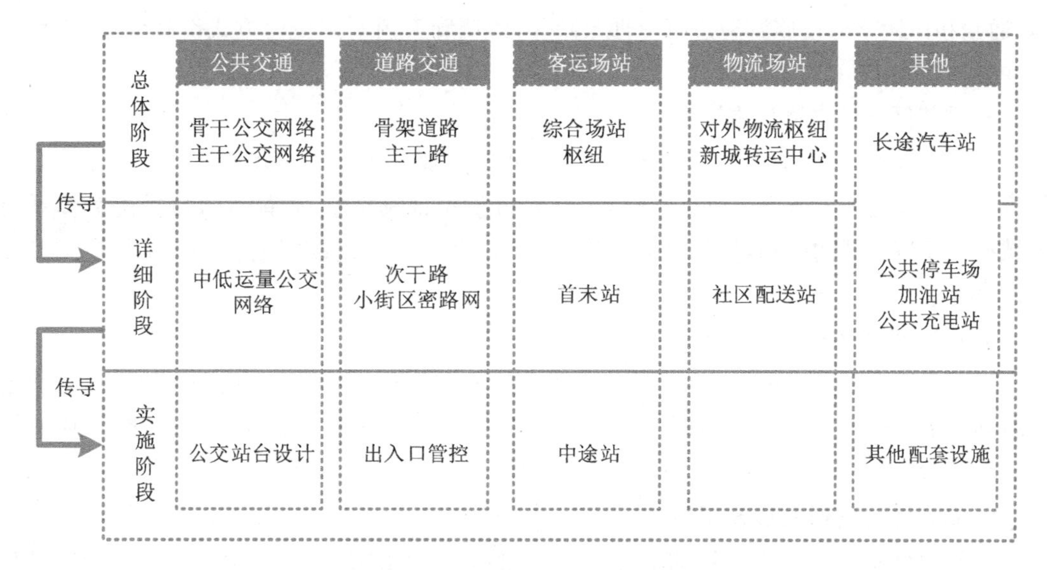

图 4-3　交通要素分级表达示意图

4.3　新城交通规划编制内容

4.3.1　交通总体性规划

交通总体性规划是指导新城综合交通科学决策、有序建设和可持续发展的纲领性政策文件，编制目的为科学制定交通发展战略与政策，合理配置交通资源，发展绿色交通，统筹协调各子系统关系，形成支撑新城可持续发展的综合交通体系。因此，必须充分体现交通引导和绿色交通的双重要求。

“交通引导”是在资源和环境的多重制约下，建立符合发展需求的综合交通体系，为实现新城社会经济发展诉求寻找可行的发展之路。“绿色交通”要求新城交通总体性规划以建设安全、高效、绿色、公平的交通系统为目标，提升交通整体效率，促进节能减排、社会公平、城乡协调发展和自然与文化资源的保护。因此，应贯彻绿色交通战略，落实公交优先措施，建立公共交通为主导的综合交通体系，形成公交为导向的新城土地利用开发模式。

新城交通总体性规划阶段的主要工作任务和重点如下：

1. 制定新城交通发展战略

根据国家宏观经济发展政策、上位规划以及民生改善需求，结合新城的交通区位、功能定位、产业空间组织，确定交通发展与土地利用的关系，结合城市交通发展态势，研判新城交通发展趋势和面临挑战，提出新城交通发展战略目标、战略任务、发展策略和重大政策。

2. 明确交通运输廊道布局

根据新城在中心城区及区域城镇体系中的区位，结合高速公路、轨道交通、航道和管道等区域重大基础设施现状，整合相关区域交通设施规划，对过境交通与城际交通、客运和货运、通勤和休闲交通设施廊道进行梳理与归并，协调廊道内不同交通方式设施要求，避免相互冲突。

3. 推荐区域性交通设施选址

对客货运交通枢纽场站、通用航空机场、港口或规模化码头、物流园区、大型互通立交等重大交通设施开展研究，必要时通过多情景分析论证其选址、功能等级以及配套体系对新城社会经济发展的影响，根据推荐方案，对点状设施提出建设用地预控以及相应的集疏运体系要求。

4. 推荐区域性交通设施选址

结合新城对外交通体系和空间发展轴线，重点明确新城“双快”体系（即，快速公共交通体系和城市快速道路体系）发展规模和布局形态，前者包含各种制式的轨道交通、快速公交，后者主要指城市快速路和交通性主干路。

5. 制定综合交通发展政策

在明确交通发展模式的基础上，制定推动目标实现的支持与保障政策。围绕战略目标，对各种交通方式发展的资源配置目标、发展路径和总体布局提出发展要求，明确冲突处理的基本规则。提出交通项目建设的保障机制，确保交通设施规划落地。针对全交通方式的总体性规划主要以综合交通发展白皮书、交通发展战略研究以及综合交通体系规划和设施规划为载体，相关前瞻性研究建议与新城总体规划同步开展。针对单一交通方式或组合交通方式的总体性规划主要以专项系统规划为载体。相关研究可与城市空间或产业发展规划同步开展，亦可在全方式总体性规划的指导下独立开展。具体分为交通发展战略规划、系统规划和设施规划。

(1) 交通发展战略规划

结合国家宏观政策分析以及上位规划解读，分析新城在城市带、都市圈、点状空间等全省城镇空间格局中的定位和区位，及其对城市交通发展的总体要求和影响。结合新城发展阶段、城市规模、空间布局及地形地貌，分析不同交通模式的空间资源占用（包括动态和静态）、能源消耗和尾气排放等及其与城市资源供给、节能减排、环境保护及其他可持续发展目标政策的适应性，确定新城交通发展模式。

交通发展战略是交通控制性规划、交通实施性规划等编制的依据和指导，战略的制定将明确新城交通发展的方向、目标、战略、策略和措施方案等。新城交通发展战略的研究应当遵循问题引导和目标引导协调统一的原则。

(2) 交通系统规划

新城交通系统规划是交通战略规划的深化和细化，是调控交通资源，倡导绿色交通，促进道路交通、公共交通、慢行、停车等子系统的协调发展，支撑新城经济与社会发展的战略综合性规划，着眼于整个交通网络中各种线路、设施的定位、规模和布局，规划成果更具指导意义。交通系统功能组织是系统规划的核心内容。一方面是以机动车为核心的骨干运输系统，主要包括城市快速路系统、主干路系统等，适应新城与城市其他组团快速衔接及远距离出行需求；另一方面是以规划片区为单元的集散交通组织，服务于地块出行和向运输系统输送客流，主要包括次干路和支路系统。

(3) 交通设施规划

该阶段交通设施规划包括 TOD 规划、重要交通走廊规划、综合枢纽规划等的用地控制规划以及各子系统骨干交通设施的布局规划。总体性规划阶段的交通设施规划与交通专项规划融合为控制性衔接层，旨在结合两者的内容和深度要求，上下衔接，协调一致。

4.3.2　交通控制性规划

交通控制性规划是对交通总体性规划方案和政策的细化，是对交通专项总体性规划发展目标的细化、控制内容的扩充和方案实施的预判。规划层次上应承上启下，尤其是对实施性规划提供全面的规划依据和指导。控制性规划的编制目标必须更具有针对性和可控性，要结合新城特点更加注重与发展现状、政策环境、建设时序和工程技术发展阶段的结合。在推荐具体控制性方案时，需要提高定量分析的比重。

1. 交通控制性规划重点任务

1) 细化专项方案

对总体性控制方案进行深化研究，说明铁路、公路、航空、港口与城市道路的关系及保护控制要求。制定交通规划导则，结合规划编制单元，细化交通体系和设施布局安排。比如将道路等级细化到支路网络层级，明确道路网络密度、道路红线宽度、道路横断面方案、重要交叉口的控制边界等；对大中运量公共交通通道、站点、常规公交首末站、公共停车设施用地边界提出控制要求等，必要时落实针对性的交通组织优化设计。

2) 量化控制要求

综合实施经济性、城市空间形态、节能减排等方面的要求，运用定量化的交通分析方法和技术，开展地区交通承载力评估和交通适应性分析，优化交通设施的功能划分和能力供给，反馈用地开发，从而建立起交通规划与用地规划之间的协调反馈机制。重点关注核心地区的交通承载力和设施规划的同步研究。量化研究旨在构建一套支撑新城交通与用地规划的交通支撑体系。

3) 协调工程设计

由于区域性重大交通设施、城市综合交通枢纽、道路立体互通以及骨架道路出入口方案对局部地块性质、道路网络布局和公交接驳体系等可能存在较大制约作用，为了充分提高交通性控制规划的可操作性，必要时可以联合工程设计单位和交通运营管理单位，为规划策略的制定、规划建设方案的优化，提供交流协商的操作机制，争取在最大范围内形成共识。结合工作任务，该阶段规划的内容应包括常规的交通专项规划，以及参考控制性详细规划深度开展的新专项控制性规划类型，如城市道路控制性详细规划、自行车交通体系详细规划、公共停车设施详细规划等。

规划编制需要明确四个方面的内容：对上位交通总体性规划的继承和进一步落实总体性规划的内容；独立系统地研究新城内部的综合交通问题；通过交通影响评估反馈用地开发；通过实施性规划推进资源配置的控制性要求。

2. 交通控制性规划内容

1）交通专项规划

交通控制性规划中单独进行的交通专项规划与交通总体性规划中的设施规划存在层次和成果深度要求的区别，交通控制性规划中的专项规划应在交通总体性规划中的设施规划指导下，侧重于各子系统本身的发展，尤其是落实交通系统规划中对各子系统的定位和要求，在控规要求下形成具体的方案并具有较强的可实施性。

交通专项规划是新城控制性交通规划的组成部分，也是最为重要的内容。随着交通系统发展的不断深入和交通建设要求的提高，各级主管部门对该类型规划的编制要求明显提高。交通专项规划主要包括 7 个专项内容：公共交通系统规划、道路网系统规划、慢行系统规划、停车设施规划、货运与物流系统规划、交通管理规划、智慧交通规划。交通专项规划侧重于各子系统本身的发展目标、需求分析、设施规模、布局、近期建设计划、运营管理、效益评价等。具体内容如表 4-3 所示。

表 4-3　控规阶段专项交通规划的主要内容

专项规划类型	主要内容
TOD 规划	确定 TOD 规划策略、TOD 类型和分区，以及 TOD 模式下的用地性质和开发强度，并重点强化公共交通系统的模式、设施配置标准，注重用地与公共交通的一体化、公共交通内部及与其他方式的一体化；注重在 TOD 单元内的规划落地
公共交通专项规划	明确新城公共交通模式构成，重点提出线网规划原则及控制要求，以及停保场布局和用地规模控制建议；控详阶段重点研究与轨道站点的衔接线网、辅助公交线网及港湾式公交站台的布局和设置标准，以及新城内部微循环与定制公交规划方案
道路系统规划	面向公交优先和慢行友好，开展与新城相适应的“小街区、密路网”规划方案，提出“小街区、密路网”结构体系、规划指标和布局方案
慢行系统规划	结合新城道路、公共空间、各级绿道与滨水空间、公交枢纽等确定步行、自行车交通系统规划指标、规划策略、布局方案；确定行人、自行车过街设施设置的基本要求；从空间、网络、设施、环境分别确定慢行系统方案，提出无障碍设施的规划原则和基本要求；确定新城自行车停车设施规划布局原则
停车设施规划	根据新城总体停车调控策略，依据停车需求预测，确定机动车停车分区和不同类型停车需求的供给目标；提出新城机动车公共停车场规划布局原则、方案和具体用地要求；提出新城配建停车的强制性标准；提出新能源车辆充电设施的配建标准及规划布局原则

（续表）

专项规划类型	主要内容
货运与物流系统规划	确定货运枢纽、场站的布局、规模和用地控制指标；确定新城货运道路集疏运网络规划；提出新城范围内物流配送中心的结构、选址和规模
交通管理规划	确定交通管理基础设施规划、布局和建设要求；提出交通组织管理的具体对策与措施；提出交通需求管理政策
智慧交通规划	确定智慧交通系统结构、框架和应用范围；确定初近远期智慧交通系统建立、实施计划

2）近期建设规划

近期建设规划是在交通系统规划和交通专项规划的基础上，根据社会经济的发展趋势和交通需求状况，对短期内建设目标、发展布局和主要建设项目的实施所作的安排，确定近期交通发展策略和主要道路交通设施的建设计划，一般年限为1～5年。近期建设规划以解决新城交通近期发展存在的问题为导向，结合新城开发时序，逐步推进。规划以构建重大项目库为手段，强化建设规划的可操作性与可实施性。依据新城总体性规划，明确新城近期发展重点、人口规模、空间布局、建设时序；安排新城重要建设项目，提出生态环境、自然与历史文化环境保护措施等。

新城近期建设规划是新城总体性规划的分阶段实施安排和行动计划，是落实新城总体性规划的重要步骤。只有通过新城近期建设规划，才能实事求是地安排时序和主要建设项目，使新城总体性规划有效落实。近期建设规划是近期土地出让和开发建设的重要依据。土地储备、分年度计划的空间落实和各项近期建设项目的布局和建设时序，都必须符合近期建设规划，保证新城发展和建设健康有序进行。适时强调组织编制近期建设规划的必要性，是十分重要的。

4.3.3　交通实施性规划

1. 实施性规划定位

交通实施性规划是落实城市规划中实施性规划的重要内容和关于新城交通近期建设项目的工作安排，是新城近期建设项目安排的重要依据。该阶段规划必须以总体性规划为指导，以控制性规划为约束，依据新城总规、产业规划以及关于地区发展的方针政策，协调新城近期空间发展、土地利用以及更新计划，制定新城交通发展行动计划和年度计划，为招商引资、土地出让、资金安排提供统筹管理依据。根据新城开发的模式与土地出让的计划，制定并规范重大建设项目交通影响评价制度，作为项目实施的前置条件予以审核。

为了确保新城交通规划理念在实施阶段的全面落实，需要通过交通实施性规划将规划阶段工作和施工实施阶段无缝衔接，其核心思路是从道路功能出发，以各种交通方式的组织协调和交通与用地的协调为核心，通过详细设计进行统筹并与相关规划进行协调，确保方案落实，进而分析不同建设项目的交通影响，反馈于实施性规划方案。新城交通实施性规划旨在在法定规划中预留实现上位交通规划方案所需的交通设施空间，并在预留的空间内将交通设施的详细方案进行具体化，是对上位规划确定的各类交通基础设施进行必要的优化调整和深化落实。

1）新城交通实施性规划的作用

（1）衔接宏观规划与微观设计

交通规划通常从交通系统、网络等中宏观层面提出交通建设要求，重点解决战略性、全局性和框架性的问题，而施工图设计需要根据每条道路周边用地开发、景观环境等实际情况从空间尺寸上逐一提供微观详细的布局方案。为了使交通总体性规划与控制性规划理念在施工图设计中得到更好的落实，需要通过实施性规划来完善、深化上位规划意图，引导制约后续建设施工，进一步提高交通规划和施工图设计之间的传导效率，协调交通设计与实际场地条件，确保交通设计与实际交通需求相匹配[74]。因此，交通实施性规划作为宏观规划与微观设计之间的衔接工具，在新城交通规划编制体系中不可或缺，向上承接规划理念，向下指导设计方案，实现规划与设计的互动反馈。

（2）传导交通规划中的先进理念

新城规划体系中，由控制性详细规划对新城总体规划的内容进行细化和落实，部分地块和重点开发项目需要编制修建性详细规划，从而形成“总规—控规—修详—设计—施工”的多层级规划理念落实机制。但是在传统交通规划设计体系中，尽管交通规划已对“小街区、密路网”、绿色交通、公交优先等先进理念进行落实，但是原设计规范应对不充分，需要类似修详一类的能够将各类方案关键点以图则方式落实的技术管理手段[75]。此外，各类交通规划都不属于法定规划范畴，自身并没有强制执行的要求，因此交通规划中的先进理念和方案传导效率低，需要交通实施性规划这一新的衔接工具，解决诸如“小街区、密路网”下的交通组织、有限的道路空间内各种交通方式间的协调、干路上机动车通行效率的保证等问题。

（3）满足新时代新城交通品质要求

作为众多新城专项规划中的一类，交通规划和其他专项规划之间的工作内容有着明确的界限和区别。正因如此，传统交通规划与设计的工作重点往往仅局限于道路红线范围之内，对红线之外的街道空间和景观环境缺少统筹协调。尽管许多新城红线内部的道路设计较为完善，但是与红线以外的市政设施、绿色景观和街道小品等关联性和协调性不足，造成道路内外设施功能冲突、风格不统一等问题。为了满足新时代新城交通高质量发展的要求，在进行交通实施性规划时，不能仅拘泥于规划的道路红线，可以引入街道 U 形空间的设计理念。由道路、路侧绿地、街道两侧建筑退距和建筑界面所共同围合成的立体“U 形空间”，通过一体化打造和管理，有助塑造安全、绿色、活力、智慧的高品质街道。

2）交通实施性规划与规划设计的关系

作为新城交通规划编制体系的重要组成部分，交通实施性规划是既有上位交通规划与设计工作的有益补充和衔接手段，是基于新城与交通规划的理念和成果，系统性地解决现实或规划中面临的中微观层面交通问题的关键环节。在新城交通规划编制体系中，交通实施性规划向上承接新城交通总体性规划、新城规划设计和交通控制性规划，向下指导初步道路设计和施工图设计。以一条道路的横断面设计为例，在交通规划阶段，通常只设计一个标准化的横断面；到了交通实施性规划阶段，在交通系统空间设计的调整优化中，会将一条道路的横断面精细化为多个不同的方案；而施工图设计阶段则会实现横断面的平面化与实施化。

交通实施性规划以“以人为本”为核心，以注重细节、面向实施为导向，以全局统筹、多专业融合为技术特征。相对于宏观交通总体性规划与中观交通控制性规划重点关注整体交通设施网络与对新城总体空间布局的支撑，交通实施性规划则更多从交通的实际参与者角度出发，平等地考虑交通的各类参与者，包括行人、非机动车骑行者、机动车驾乘者等的实际通行感受[76]。交通实施性规划应承接上位规划要求、回应现实交通诉求和考虑各类约束因素，形成最优解决方案，并和工程实施紧密衔接，注重包括道路转弯半径、宽度等设计细节，确保方案的可操作性。此外，交通实施性规划应统筹考虑路网功能、交通组织、道路空间、公交、步行及自行车、景观环境、交通信号等各类设计要素，统筹考虑交通设施的通行功能与生活服务、新城交往、景观生态等多方面的功能要求，并通过建设项目交通影响评价，研判项目影响范围内规划方案是否存在问题，进行互动反馈与优化调整。

2. 实施性规划的工作任务和重点

1）研判近期建设需求

从新城应对区域交通发展环境的变化和现状交通存在问题的角度，综合分析新城交通设施建设需求。分析新城近期社会经济发展状况和未来发展趋势，按照差异性策略，对相对成熟区域采用功能和服务提升策略，新发展区域明确空间拓展的方向与实施策略，从而提出重大交通设施的建设需求，为新城动态发展提供基础。针对现状交通存在的问题，分析交通发展趋势，提出相应的交通改善设施的建设需求。

2）提出具体建设项目

根据交通控制性规划中的近期建设计划，初步明确具体的建设项目。结合新城近期建设需求的分析，针对新城具体地区和建设需求，分别提出道路、桥梁、公交场站、停车场地等各类交通建设项目。这些项目应在近期交通发展策略的指导下，协同实施，以保证作用的发挥，解决具体问题，引导近期发展。

3）统筹建设项目实施计划

交通建设项目以政府投资为主，在近期建设项目的基础上，建立具体的项目库。在政府财政资金平衡安排下，综合考虑项目性质、规模等级、建设周期、建设需求、投资估算、建设方式等影响因素，系统安排项目的实施序列，整体规划、分步实施、有序建设，保证建设项目真正具有可操作性。实施性规划主要面向设施落地，内容相对微观、具体，包含的形式也相对丰富，包括重大交通项目的详细规划与设计、近期实施计划以及具体项目的交通工程设计等。

（1）重大工程详细规划与设计

交通规划实施最后的抓手是具体的交通建设项目。重大交通工程事关新城发展，也是投资最大的部分。因此，每个项目必须经过立项、审批到实施等严谨的工作环节和手续。为保证项目建设的质量与效率，将重大交通建设项目从规划到实施的工作阶段划分为可行性研究、初步设计和施工图设计阶段，交通规划与设计工作也贯穿于这三个阶段。

（2）近期实施计划

在新城交通建设中，需先进行建设项目可行性分析，结合新城开发建设的实际情况，在项目库内对待建项目进行一定的选择和建设时序安排，更有效的去实施近期建设规划，实施计划是近期建设规划的具体行动方案。建议参照加拿大基础设施改进计划，采用公众参与方法，进行项目评分和排序。其中优先安排涉及公众利益和政府主导的项目，其他的按照各种标准进行安排。

（3）交通改善与交通设计

交通改善与设计主要包括道路、交叉口、停车设施等交通设施的改善规划以及相应的交通组织改善。以道路改善为例，其主要任务为：进行道路交通的功能分析、交通运行状况分析、组织和设施总体方案，道路、交叉口、出入口改善方案等。

主要技术方法包括区域、路段、节点交通组织设计和微观仿真软件的使用。区域交通组织设计：单行交通、交叉口流向禁限、车种禁限、临时与长久性区域交通组织等方法；路段交通组织设计：人行横道设计、路段进出交通组织设计、公交组织设计、路边停车设计、出租车临时停靠点设置等；节点交通组织设计：交叉口放行方法、交叉口进、出口到设计、非机动车处理、交叉口内部渠化设计、信号等控制、特殊平交的交通组织设计等。

（4）交通工程设计

规划阶段引入交通工程设计，旨在从源头上缓解交通压力，也是将规划向实施推进的具体性措施，更能全面落实规划的目标意图，并为交通管理提供良好的基础，实现规划设计、建设与管理的一体化目标。交通工程设计通过运用各种交通系统管理的工程措施和技术手段，分析新城地区的交通特点以及与全市交通的关系，对道路交通设施本身进行时空资源配置的具体设计，组织各种交通参与要素在道路交通系统内的运行空间和使用权，科学合理的分时、分路、分车种、分流向地使用道路。新城交通工程设计应保证各交通方式合理的路权，并优先向公共交通与慢行交通倾斜。

4.3.4 交通衔接性规划

由于传统交通规划从属于同层次的空间规划，以配合土地利用规划为主要任务，难以体现交通设施布局、承载能力和可持续运营对土地利用的要求，导致城市人口、就业岗位分布与交通体系的发展脱节，引发空间低效蔓延、交通拥堵、环境危机等一系列问题。根据交通与用地发展的经验，特定的用地模式形成相应的交通模式。因此，在规划编制过程中建立交通与土地利用的协调反馈机制显得尤为必要。该阶段交通规划的重点应体现以下三个方面：

（1）规划实施评估

在上层次交通规划实施过程中或实施结束后，对其交通规划目标、执行过程、效益、作用和影响等进行系统、客观分析，评价规划预期目标是否达到，规划的主要任务是否落实。通过评估，及时发现上层次规划编制存在的问题，找出原因，提出解决的方法，为确定或调整下层次规划的规划目标、资源配置和设施布局提供更有针对性的建议。同时也为上层次规划及时调整规划的相关内容，保障规划的有效实施提供动态的改进意见，避免因发展环境变化造成规划与实施差距加大而失去指导意义。

(2) 控规交通影响评估

控规的科学性直接影响新城城市建设的实际效果。在传统的规划体系中，交通规划多停留在总规阶段。控规阶段交通影响评估的引入保证了控规编制的科学性，保障用地与交通协调发展，进一步落实交通总体性规划的各项政策与措施。控规阶段本身包含的交通规划部分无法反映地区开发建设对道路交通带来的影响，由此会带来潜在的交通问题。

交通控制性规划阶段的交通影响评估指在区域开发建设前，单独开展的交通规划咨询工作。交通影响评估需要重点解决几个问题：评估对象和范围、评估内容、评估技术与方法、针对评估结果反馈控规的意见与建议。评估范围各有不同，但为了保证评估的准确性，建议将单个评估范围控制在 10 km^2 以内，超过该范围大小的，应划分单元分别进行。评估内容主要对给定的土地性质、开发强度和开发时序，分析地区交通需求，提出区域内交通设施建设容量、类型与布局等建议，以及交通组织与改善设计方案，以提升地区交通承载力，尤其是公共交通承载能力。主要从交通承载能力角度提出用地反馈，确定城市土地使用性质和开发强度，更全面、更具体地反映交通设施布局的要求，落实相关交通设施的布局，实现城市规划与交通规划的融合，促进城市用地布局与交通的协调发展。控规交通影响评估应作为控制性详细规划编制的重要支撑，以必备专项纳入法定要求。

(3) 复合开发地块交通影响评价

与控规交通影响评估不同，实施性衔接规划阶段的复合开发地块交通影响评价的主要工作是在区域用地开发过程中，明确土地开发强度，配套交通设施的规模控制指标，对已完成的用地在建设前进行交通影响评价。评估和分析建设项目建成投入使用后，新增和诱增的交通需求对周边地区交通环境产生影响的范围和程度，在满足一定服务水平的前提下提出具体的改善对策，缓解项目产生的交通流量对周围道路交通的压力，优化项目规划设计建设方案，尤其是项目基地的出入口设置、配建停车建设以及交通组织与设计。

(4) 反馈空间规划

衔接性规划集中体现了综合交通体系对土地利用规划和建设的反馈，需要积极把握交通设施建设与土地利用开发的契机，以占地、能耗、环境保护要求为约束，确定未来新城交通发展模式，然后围绕交通模式目标平衡各种交通方式资源的供给总量和分布，从而引导新城用地布局和空间结构优化，形成高效集约、布局紧凑的土地利用模式。比如，公交导向发展模式下，新城交通走廊形成会大幅度改善沿线周围土地的可达性，以交通枢纽为核心的 TOD 开发和交通规划有利于提高土地利用的集约化和交通的一体化。

(5) 协调用地开发

根据交通规划提出的交通发展目标和交通设施资源配置方法，对中观层面土地利用性质和微观层面的开发强度提出明确的要求。比如快速路、交通性主干路两侧不应布置大型商业设施和密集居民区，而在新城公共交通枢纽特别是大容量轨道交通站点周边，则积极要求缩小地块面积、提高用地开发强度和用地功能的多样性等。从总体性规划到实施性规划，衔接性规划对协调用地开发的要求越来越具体和明确，必要时需要借助交通分析技术进行仿真模拟，将确定性的内容作为强制性管理内容纳入相应层次的新城用地规划成果。

衔接性规划有弥补上下层次交通规划目标、指标脱节的作用，也有简化传统规划内容与层次不对应、内容庞杂的目的，更主要的是将交通与土地利用一体化的理念转变为可实施的规划编制体系内容。因此，衔接性规划的主要内容相对开放，既有关于交通规划实施的评估，也有针对交通具体指标的系统性研究；既有多种交通规划成果的统筹这类传统内容，也有关于交通引导发展理念落实的新内容。对于承载绿色发展使命的新城，TOD 走廊规划、轨道交通沿线土地利用规划、综合交通枢纽及周边土地规划等都是可以积极尝试的内容，包括总体性规划和控制性规划。

新城交通规划编制体系中不同阶段对应的规划编制要求不同，规划技术方法也有所不同，研究科学的新城交通规划方法对于指导新城各类交通规划编制具有十分重要的意义。由于研究提出的规划编制体系涉及的规划和内容体系庞大，本书主要根据各类交通规划对新城的重要性、开展技术和方法研究，包括交通需求分析方法、交通系统规划指标体系构建和道路网规划方法。

4.4 新城交通规划编制实施

新城交通规划编制，按照三阶段交通规划编制体系，主要经历交通总体性规划、控制性规划、实施性规划和衔接性规划。规划从任务书拟定到具体的实施计划这一过程正是规划编制的实施过程，其关键环节是将规划成果转化成可以实施的具体项目计划。从实施主体进行实施管理的角度，规划编制组织实施主要经历拟定任务书（提出规划设计要点）、招标（方案征集与评选）、交通规划编制、实施性计划的制定以及对应规划的审批报批等环节，逐步深化、层层推进并最终落地。

4.4.1 规划编制的主体

规划编制单位是具体规划方案编制的研究者，是受编制主体委托承担规划编制的受委托方。对于新城交通规划而言，规划编制单位对新城实际情况的了解、新城发展定位、规划的理念、技术方法等关乎规划编制成果的好坏。因此，编制主体在选择规划设计单位时，一般会通过方案征集和评估方式对规划设计单位进行资质筛选、相关类似项目业绩考核、项目构思、规划理念、内容及重点评估等，确定最终的规划编制单位作为规划编制的承担者。规划编制单位需要全过程参与规划的编制，并对后期规划实施进行跟踪，为实施主体提供相应的服务。工程设计单位的选择与责任与规划编制单位雷同，实施程序与规划编制相似。

协调部门主要是新城交通规划与建设涉及到的相关政府部门，包括国土局、交通局、交管局、建委以及市政、城管、新城所处区一级政府等相关管理部门。在规划编制过程中，这些部门需要从各自单位管理的角度提出相应的要求和建议，融入到规划方案中，以保证后期能够有效地实施。一般在实际操作过程中，由于利益的不同和信息的不对称，各部门相互之间很难形成较好的合作机制，对于不是自己牵头的工作，往往带着事不关己的态度，这就为后期的实施带来了很多的障碍。这也是过去很多规划编制完成之后难以实施的重要原因之一。因此，通过一个统一的实施平台系统整合编制主体和相关配合部门的关系，将是促进交通规划顺利实施的重要保障。

此外，应该从公众参与的角度，提出社会组织、市民代表等作为最广大群众利益的代表参与到规划编制与实施过程中。这些代表从群众的切身利益出发，提出对交通规划的诉求。规划成果只有切实落实公众意见才能在审批环节通过。尽管我国在公众参与机制建设方面做了不少工作，取得了很大的进步，如许多城市成立了市民代表参与的规划委员会作为规划审议的最高决策组织，规划成果必须面向社会公示才能予以生效等，但目前更多的是形式大于内容，公众参与没有真正发挥作用。因此，新城交通规划需要进一步加强公众参与机制的建设。

4.4.2 规划编制的实施过程

1. 规划设计任务书拟定

任务书拟定是规划编制主体部门即新城开发主管部门联合市政府规划主管部门为交通规划编制面向社会公开征集设计单位。任务书主要为方案征集工作明确规划目标、规划原则、规划框架和重点等，为编制主体明确规划设计要点。任务书是交通规划实施的第一个环节，其产生程序为：首先，由新城开发主管部门向规划局提出编制交通规划需求，规划局牵头组织国土局、建委、交通局、市政局以及相关区县政府等部门，联合商议，各部门提出设想，在满足各方利益的基础上，确定规划要点和条件，也是规划设计单位进行规划方案编制的依据。将确定好的规划设计任务书以招投标形式面向社会公布，公开召集设计单位和方案构思。

工作要求上，新城开发主管部门负责编制规划设计项目需求文件，拟定项目简介、技术要求、服务要求、报价要求、管理要求、评分条件等内容，并报财务审计部门备审。财务审计部门报规划主管部门审查，新城根据审查意见进一步修改完善项目需求文件。规划主管部门或者招投标采购管理中心负责将审查通过的规划设计任务书挂网公示。

2. 方案征集和评选

为确定最合适的规划设计单位和方案构思，新城开发主管部门会通过方案征集与评选的路径进行选择。尤其是定位较高的新城，为制定高标准、高水平的规划设计方案，都会采用方案征集和评选方式面向全球公开征集。以南京南部新城为例，其城市设计就是采取这一模式开展的。

方案征集与评选的操作流程一般是邀请多家单位参加，经过多次协商，明确参与方案征集的规划设计单位。在实际选择设计单位过程中，规划主管部门会综合考虑对地方实际情况了解程度以及后期实施跟踪评估方面的便利性，一般会选择一家本地的规划设计单位进行合作，以保证方案的可操作性和可实施性。在方案征集过程中，编制主体特别注重与设计单位的交流，进行多轮沟通，以表述对规划设计的核心观点和诉求，为规划设计单位方案构思提供指导，把握设计方向，以保障后期规划方案编制的针对性、科学性和可操作性。在规定的期限内，各规划设计单位提交方案征集文件，并由编制主体组织相关专业部门、专家按照原先设定好的评估标准对方案进行评议和讨论。经过方案评估，专家投票决定最终入选的规划设计单位作为本次中标单位进入下一轮规划方案的编制。方案征集结果通过官方渠道向社会公示。

3. 规划编制

经过方案征集和评选这一阶段的工作，交通规划推进工作进入核心的一环——规划方案编制。规划方案编制事关新城交通、空间和产业发展，同时关系到各部门、各相关群体的利益，包括政府部门、社会组织和大众。因此，编制过程中必须全面征求各方意见，这就对规划编制提出了更多更高的要求，尤其是规划编制机制。

规划设计单位在编制主体要求下，按照规划设计任务书要求开展工作。在编制过程中，首先需要确定一个合理的规划编制组织。这个组织应该是以新城开发主管部门牵头，规划局、交通局、市政局、社会公众等群体参与的多部门协同机构。需要强调的是，为保障规划有效实施，建议规划编制主体与实施主体共同参与规划编制，保证在规划编制阶段形成共识。交通规划编制过程需要经历多轮沟通和讨论，一般包括工作大纲汇报、纲要成果汇报、中期成果汇报和最终成果评审等环节。交通总体性规划、交通控制性规划和实施规划编制的内容和侧重点不同，并且规划每个环节的沟通重点都不一样，但都要求各部门全面参与，尤其是纲要成果和最终成果两个环节，要重视公众参与的作用。

4. 规划审批

规划编制结束之后，即进入规划报批和审批环节。规划审批是任何一项规划被赋予法律效力的过程，也是规划实施之前必经的阶段，因此，规划审批被政府视为一项非常重要的工作。

随着政府对规划重视程度的提高，规划审批工作及机制正在逐步完善，各地政府都有自己的一套规划审批机制。新城交通规划编制按照阶段划分，其审批也存在对应的两种形式。总规阶段交通规划审批程序一般经过专家评审和对外公示环节之后，由市规划部门内部先召开审批会，通过之后报市政府，由市政府组织市规划委员会进行审批，通过后由市政府发批复文件，予以实施。控规阶段的交通专项规划相对交通总体性规划较简单一些，主要由市规划部门组织各相关部门进行内部审批，并颁发批复文件，即可生效予以实施。

5. 实施计划制定

到规划审批公示结束为止，交通规划编制组织结束，进入规划成果实施阶段。常规的规划编制标准成果形式是文本和图纸，但是这种形式无法付诸实施。交通规划编制成果中的近期建设规划内容难以指导规划实施，必须将规划成果转化成具体的实施计划，实施主体才能切实的落地。实施计划制定主要根据交通规划编制成果，按照轻重缓急制定出切实可行的实施项目序列和建设计划。实施计划内容包括实施策略、建设项目序列、实施主体、配合部门以及投融资政策等。

4.4.3 规划编制的实施框架

新城交通规划编制实施流程设计的根本目的是保障交通规划编制整个推进过程的连续性，因此需要分析交通规划编制推进发生过程的各要素，根据要素之间的关系融合处理。交通规划编制的组织实施是新城交通规划实施的第一阶段，包括各阶段交通规划的编制，每一阶段规划又分为规划编制前期、方案制定和成果形成等环节，在明确编制主体、协同配合部门的前提下，完成从规划编制任务书拟定、方案征集与评选、方案审查和公示等一整套流程。因此，这一系列的要素需要通过内部的梳理和相互之间的整合，形成一个相互联系和反馈的统一过程。

由于各规划编制阶段内部的纵向推进过程以及相互之间的横向关联整合，研究其融合关系主要也从这两个维度进行。纵向推进指规划编制，按照交通总体性规划、控制性规划和实施性规划，依次推进，由综合性的交通发展战略与政策、交通系统构建、重大交通设施选址布局到交通设施规划，再到具体的可操作性实施性计划，实现战略层到系统层再到设施层的依次推进，最终落地。对应不同阶段规划编制所需的主管部门规划管理工作，横向维度即规划管理部门进行相应的编制组织、规划审批和实施。两者之间通过规划编制、实施的多轮沟通、协商和论证形成一致的最终方案，并落实到具体的项目实施方案中予以实现。

基于纵向与横向相融合的融合模式，综合考虑新城交通规划编制推进的规划编制体系、编制组织、多方参与等要素间的关系，以具体的实施计划为落脚点，本章提出了新城交通规划编制的实施流程设计，如图 4-4 所示。这一流程纵向梳理了交通规划编制的组织，横向整合了组织编制及其实现过程，并明确融合的关键环节，确立了最终的落脚点即具体建设项目的实施方案。

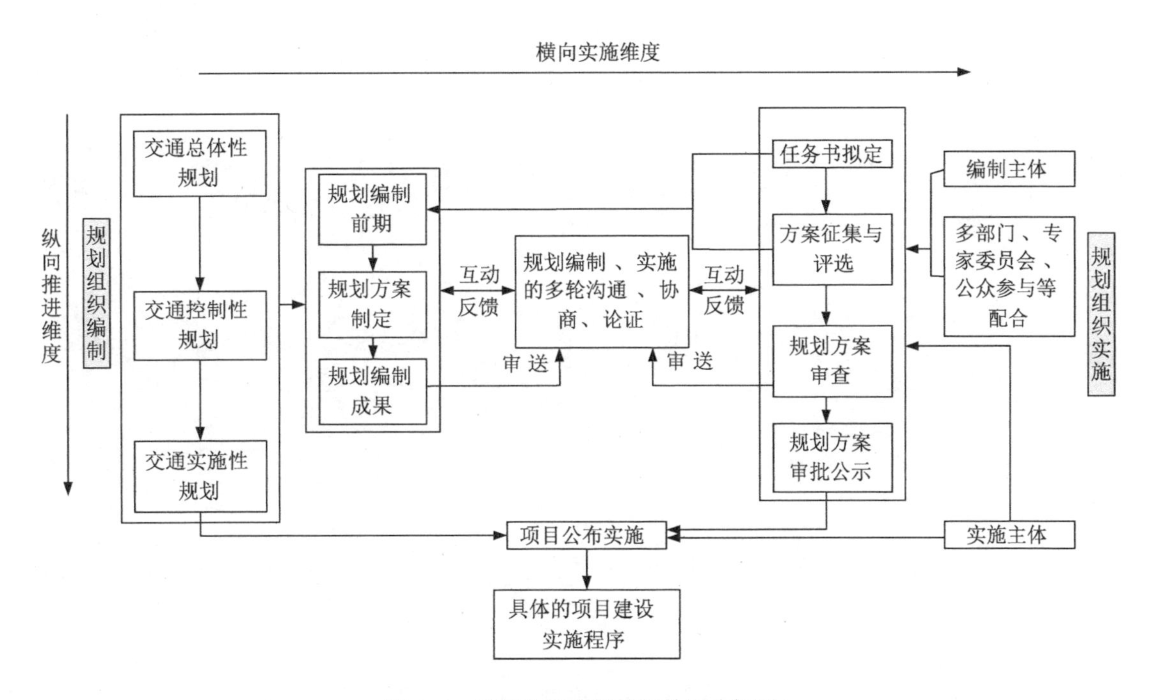

图 4-4　新城交通规划编制的实施框架

该流程具体为，在新城交通规划启动时，主管部门按纵向维度将规划的编制分为交通总体性规划、交通控制性规划与交通实施性规划三个阶段。具体到每个阶段的规划编制时，按照规划编制前期工作（包括任务书拟定、方案征集等）、规划方案制定和成果形成三个阶段进行组织，其中方案制定与成果形成都需要经过多轮沟通、协商和论证，以确定最终的成果。横向维度根据规划编制的环节，组织相应的任务书拟定、方案征集与评选、规划方案审查、方案审批公示等，这一过程中，规划管理部门组织相关的部门、专家及公众代表参与到整个规划编制的实施过程中。两个维度的实施最终通过具体的实施方案提交给实施主体，作为规划实施过程结束的落脚点。

4.5 本章小结

本章主要对新城交通规划编制体系进行了界定，分析了新城交通规划编制体系构建的协同关系；结合新城国土空间规划的总体规划、专项规划和详细规划构建了“三阶段五层次”的新城交通规划编制体系；在“交通引导发展”和绿色交通的理念引导下，界定了新城交通总体性规划、交通控制性规划、交通实施性规划和交通衔接性规划的内容，并提出了国土空间框架下新城交通的要素及传导机制；从编制主体、实施过程和框架等方面明确了新城交通规划的编制。

第 5 章　新城交通服务体系设计

5.1　新城交通系统建设条件与特征

5.1.1　新城发展导向与要求

空间结构上，新城需与中心城有良好的互动，能有效引导城市外围空间合理开发，引导空间向“精明增长”模式发展，完善市域城镇体系。土地利用上，新城倡导 TOD 发展模式，加强土地混合利用程度，同时加大生态用地比重，控制建设用地规模。新城的可塑性为实现土地有序开发，集约利用创造了良好的环境。产业布局上，新城依靠产业的发展，作为牵引人口的动力。与卫星城单一的产业结构不同，新城产业广泛，规模较大，可以支撑新城的城市化水平不断上升。

根据新城的内涵和基本特征，提出其发展的三大目标：空间结构紧凑有序、土地利用集约高效、产业布局优化循环。

1. 空间结构紧凑有序

从各种类型的新城和新区的发展规律看，特定阶段环境下追求量的快速发展是主要前提。为提高发展效率，城市被分片割裂发展，通过激烈的竞争和相对独立的管理模式促进超常规的发展。尽管这种模式和过程达到了规模上的快速扩张效果，但是也带来了诸如土地的低效开发、空间结构松散等问题。

新城作为城市空间拓展的重要路径，在推动城市整体空间结构优化的过程中发挥着重要的作用。根据紧凑有序的城市空间结构要求，注重新城与主城及其他新城间有序开发，形成“多心、多核”的空间结构，遏止可能出现的郊区化无序蔓延现象。

2. 土地利用集约高效

发展 TOD 模式，围绕轨道交通等大型交通走廊和站点进行新城开发，土地混合利用，增加短路径出行，是土地利用集约高效的重要体现。

新城 TOD 开发模式最重要的特点是并非根据其主导产业类型，而是根据公共交通这一主导交通模式来定位的。新城在规划建设中，利用 TOD 理论和设计原则，以公共交通为主导，有发达的大中运量公共交通系统沿着客流走廊从中心城区向外辐射，联系新城与城市中心区以缩短交通时间，吸引中心城市部分功能转移，达到分散城市中心区人口密度的作用。沿线的土地开发与公共交通的建设整合在一起，大多数公共建筑和高密度的住宅区集中在公共交通车站周围，沿站点向外的开发强度逐渐降低，有完善的步行和自行车设施与公交系统相结合，新城的居民能够方便地利用公共交通出行。

有意识地调整交通模式，以公共交通引导新城布局和功能组织，形成城市发展与公共交通的良性互动，引导中心城人口、职能的疏解和新城的土地利用、功能布局。大中运量公交方式是新城与中心城联系的最主要方式，能够方便有效地服务沿线地区。大中运量公交站点作为重点发展的集散中心，地块的开发要考虑到其在公交系统中的区位来决定项目的发展策略，在具体的设计上实现与公交系统更好的衔接，站点周边核心区由商业用地、行政办公用地等组成，鼓励高密度的混合开发，而沿线土地开发也要创造出一个适合乘坐公交的环境，形成公交优先的用地形态，为公交系统提供足够的客流。

在实施 TOD 模式时，不仅要重视公共交通的发展，还要建立良性的公共交通发展机制，面向公共交通进行不同交通方式间的整合。包括公共交通在内的任何交通方式都不是孤立存在的，都是整个城市交通系统的组成部分，这就要求通过对不同交通方式的整合来提高公共交通的服务水平和竞争力，保证 TOD 的成功实施。

由于大中运量公共交通本身不能直接提供“点对点”的出行服务，有效地提高大中运量公共交通车站的可达性就显得非常重要。集中在车站周围的土地开发使得大中运量公共交通覆盖了新城大量的活动区域，通过完善的步行和自行车路网系统方便非机动化交通出行，同时提高大中运量公共交通的可达性，在大中运量公共交通车站附近设置常规公交支线车站，可以将更大范围内的出行者汇集到大中运量公共交通系统。

3. 产业布局优化循环

产业是新城经济社会发展的根本。产业布局的形态会引导新城空间结构的形成，不同类型的产业在空间上的落实会形成不同性质和规模的新城功能体。各种功能体的有机组合对于稳定的新城空间结构形成具有重要的促进作用。例如以信息化为核心的现代服务业有助于形成商务聚集区，而以资本为核心的劳动密集型产业将形成生产制造业聚集区。合理的空间结构对产业的集聚、人流的活动，同样具有明显的促进作用。这种集聚作用也会推动交通设施的整合和强化交通设施的功能，反过来进一步对产业和人流产生更强的吸引和集聚作用。产业与交通的相互关系如图 5-1 所示。

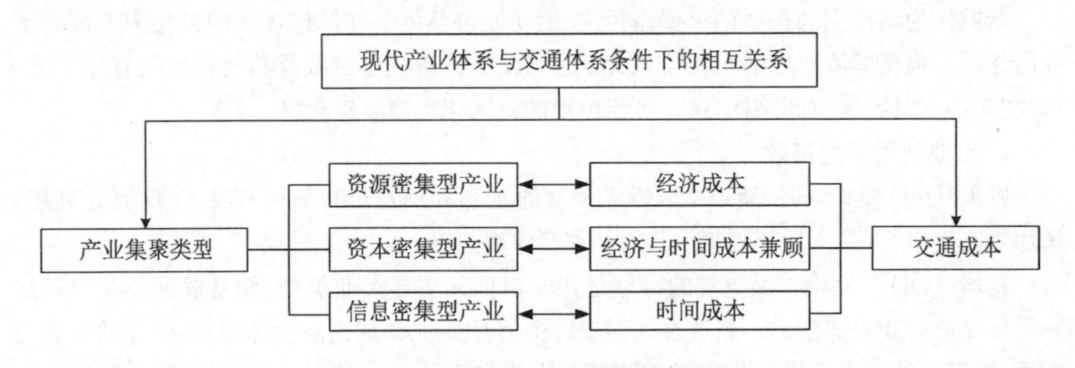

图 5-1　产业与交通的相互关系

新城应当确立以现代服务业等第三产业为主的高水准产业结构。发展高端商务商贸服务、文化等产业，是各种类型新城的必然选择。新城的产业体系体现两个理念，集约高效和绿色低碳，这也是产业转型发展的必然要求。这样的产业类型，也必将带来大量的人流出行，从而需要交通体系强有力的支撑。发展集约高效和绿色低碳的综合交通体系成为新城发展的重要内容。

5.1.2　新城交通与土地利用一体化

1. 土地利用与交通系统的互动关系

新城居民的日常出行整体上受到土地利用模式和开发强度的影响，用地结构中涉及的产业布局、职住关系等与居民的出行次数、出行距离、出行方式选择息息相关。不合理的土地利用模式，如功能单一的用地结构以及粗放低效的用地开发，会造成严重的职住分离，继而衍生大量长距离的通勤需求。

土地利用与交通系统存在着相互作用关系，土地利用决定交通需求，影响交通系统的构成与模式，交通系统又对新城结构的形成和改变产生强大的影响和引导作用。在新城规划中，交通与土地一体化规划相较于传统规划方法注重交通系统主动引导新城空间紧凑化布局、土地集约化利用，统筹规划交通设施，合理调控交通需求。

新城交通与土地利用一体化的核心体现在交通与用地相互反馈。在一体化规划中，应强调规划的反馈与调整过程，引导新城用地布局和优化新城空间结构，形成集约紧凑的土地利用模式，实现交通与用地的协调平衡。新城交通与土地利用一体化规划具体体现在三个方面：宏观层面交通与土地利用的互动反馈和调整，中观层面交通与土地利用相协调，微观层面交通与土地空间相契合。

宏观层面，土地利用与交通系统互动发展，通过供需双控的交通需求分析，不断反馈与调整新城的土地利用规划，反映为土地利用、交通需求和交通系统的动态循环发展。中观层面，TOD 开发是支撑绿色交通生命力的核心模式，在公共交通沿线合理拓展用地，以获得便捷绿色交通服务与用地集约的叠加效应。微观层面，在新城站点周边布置大量商业和居住用地，用地结构呈现出小尺度、功能混合的特征，并在站点至最终目的地设置便捷舒适的步行通道和自行车道。

2. 交通与土地利用宏观层面反馈与调整

宏观互动反馈与调整阶段的主要任务是利用供需平衡理论，从交通系统的角度对城市结构和土地利用进行评价、反馈和调整。基于新城 TOD 发展导向，考虑到新城土地利用与交通系统的协调关系以及新城自身特点，在传统交通需求四阶段分析方法基础上，从交通需求与供给的关系出发，基于供需双控模式的交通需求分析方法进行交通需求特性分析，评估新城结构与土地利用，从而对土地利用规划调整做出优化反馈，建立以公交为导向的土地精明增长格局。

供需双控的交通需求分析分为总量平衡和结构平衡分析，总量平衡主要基于新城的用地性质与开发强度，预测交通需求总量。根据交通网络方案，对新城交通承载能力进行测算，将预测的需求总量和测算的综合交通承载能力进行平衡性分析，根据分析结果反馈用地或交通设施规模，彼此循环反馈，直至供需达到平衡。结构平衡是在总量平衡基础上，通过对新城交通方式结构预测，建立新城交通生成-分布模型。分别对小汽车交通与公共交通客流进行配流分析，提出公共交通网络布局及用地指标的调整策略，并进入下个循环，直至交通供需关系达到合理水平。

3. 交通与土地利用中观层面互动与协调

交通与土地利用相协调是公共交通导向下新城发展的基本要求，两者相互依存、相互强化。主要任务是解决综合交通系统对新城结构和土地利用规划的支撑以及对给定的新城结构和土地利用条件下交通需求的满足问题。

1）交通与土地利用相协调规划原则

新城空间布局以交通走廊为依托，交通走廊的确定要在空间发展战略的基础上，考虑交通现状；发展高质量公共交通，例如轨道交通、中运量 BRT 或有轨电车，提高公共交通吸引力，保证公共交通的主导地位；土地利用规划考虑交通设施相容性，根据相容性确定用地性质；新城土地功能混合利用，减少出行距离，优化职住平衡；将差异化的交通规划措施，应用到不同交通分区规划中，构建差异化路网；提高道路网密度，减少道路间距，提高公交覆盖率，节约出行时间；根据公交容量确定城市密度，防止密度过高造成拥堵。

2）交通与土地利用相协调规划方法

不同的功能性地区需要对适应其功能布局的差异化路网进行支持，为不同功能性地区营造应有的内部环境，提高交通和土地的使用效率。大力推行绿色交通理念，建立独立、完善的新城慢行系统，对新城路网进行加密，以适应高端服务业的发展要求。居住区四周的新城道路平直，保证与其他功能区直接的便捷联系，内部道路弯曲以避免新城交通穿过邻里单位内部，以保持内部安全与安静和低交通量的居住气氛。工业园区的路网具有非均质化的特点，考虑到产品快速运输的需要，道路应尽量平直，道路间距也比居住区大。

4. 交通与土地利用微观层面契合

1）混合用地与开放空间规划

结合土地利用功能分区，规划特色街巷，引导居民出行，进行社区层面即新城内部的TOD 片区规划。混合使用街区，促进社区活力，减少出行距离，保障公共交通稳定充足的客流；设计适宜步行的街道和人行尺度的街区，鼓励步行，减少对小汽车交通的依赖性，支持公共交通，凝聚社区活力。倡导汽车和行人的融合，致力于创造一个支持步行、自行车、公交和小汽车的建成环境。实现邻里单位的职住平衡，将街区、街道和建筑物在社区中有机连接，为居民提供更便捷高效、以人为本的更多可供选择的绿色交通出行方式。以精细化的道路设计引导居民的出行方式。开放街道的布置原则为综合考虑用地类型、开发强度、公共交通设施布局、景观资源、机动车交通组织等因素，如图 5-2 所示。

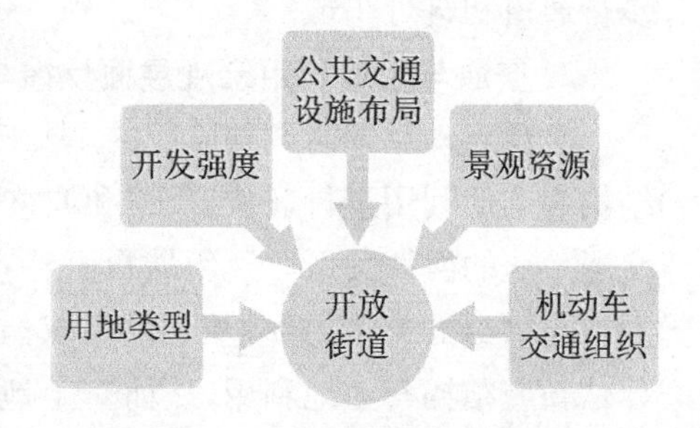

图 5-2　开放街道布置原则

2）道路出入口与用地协调原则

结合地块属性与交通组织方式，管控道路出入口。道路出入口应根据用地类型进行设置，不同用地类型的出入口设置原则如表 5-1 所示。

表 5-1　新城各类用地出入口设置原则

<table>
<tr><th colspan="2">用地类型</th><th>规范要求的出入口数量</th><th>规范要求的出入口方向</th><th>南部新城建议机动车出入口数量</th></tr>
<tr><td colspan="2">居住</td><td>≥2 个</td><td>≥2 个</td><td>≥2 个</td></tr>
<tr><td colspan="2">大型商业、商办、文化设施①</td><td>≥2 个</td><td>≥2 个</td><td>≥2 个</td></tr>
<tr><td colspan="2">非大型商业、商办、文化设施</td><td>未做规定</td><td>未做规定</td><td>1 个②</td></tr>
<tr><td colspan="2">幼儿园</td><td>≥1 个</td><td>未做规定</td><td>1 个</td></tr>
<tr><td colspan="2">小学、初中</td><td>≥2 个</td><td>未做规定</td><td>2 个</td></tr>
<tr><td colspan="2">高中</td><td>≥2 个</td><td>未做规定</td><td>≥2 个</td></tr>
<tr><td colspan="2">医院</td><td>≥2 个</td><td>未做规定</td><td>≥3 个③</td></tr>
<tr><td colspan="2">公交首末站</td><td>≥2 个(出入口各一个)</td><td>未做规定</td><td>2 个(出入口各一个)</td></tr>
<tr><td colspan="2">市政设施</td><td>未做规定</td><td>未做规定</td><td>1 个</td></tr>
<tr><td colspan="2">基层社区中心④</td><td>未做规定</td><td>未做规定</td><td>1 个</td></tr>
<tr><td colspan="2">公园绿地</td><td>≥2 个</td><td>未做规定</td><td>≥2 个</td></tr>
<tr><td rowspan="2">街旁绿地
防护绿地</td><td>设置停车场</td><td>≥2 个</td><td>未做规定</td><td>≥1 个⑤</td></tr>
<tr><td>无停车场</td><td>≥2 个</td><td>未做规定</td><td>可不设</td></tr>
</table>

注：① 满足任何一项称为大型公共建筑：层数≥25 层；建筑物高度≥100 m；单跨跨度≥30 m；单体建筑面积≥30 000 m^2；

② 非大型商业文化设施无明文规定，考虑机动车和人流出入的需求，设置 1 个出入口即可；

③ 考虑到医院除了就医人员和内部职工外，尚有急救需求，为保证急救通道的畅通，建议至少设置 3 个出入口；

④ 基层社区中心面积普遍较小，且已地块内只有一栋楼，从实际出行情况出发，建议设置 1 个出入口即可；

⑤ 从已建成的街旁绿地来看，其出入口都是供绿地内的停车设施使用，建议此类有停车场的街旁绿地及防护绿地设置 1 个机动车出入口即可，无停车场的街旁绿地、防护绿地，可不设置出入口。

5.1.3　新城交通设施一体化

1. 公交优先慢行友好的新城道路网一体化

新城道路系统是发展公共交通和慢行交通的重要设施载体，建立与主导交通模式相协调的新城道路网络系统，坚持公交与慢行导向开展路网规划建设，已经成为新城路网规划的基本要求。新城道路网络一体化目标是构建一个结构合理、功能完善、容量足够、以公共交通为主导的道路系统，体现公交优先与慢行友好理念，为各种交通方式提供多种路径选择，并尽可能为慢行和公交提供便捷的出行路径，形成高连通度的网状路网衔接模式。

1）基于“小街区、密路网”的道路网布局模式

新城路网布局应首先明确小街区、密路网的布局模式，考虑各种交通方式在交通系统中的定位，体现“公交优先、慢行友好”的思想，预先考虑公交优先对道路设施配置的要求，为构建一体化高品质休闲慢行网络打下基础。公交优先的实现要求具有较高的可达性和覆盖率。对于常规公交而言，道路网是基础。高密度路网不仅能够提高公交的覆盖率，还可以通过高密度路网提高公交车站的可达性。慢行交通作为新城出行的主要方式，也是公

共交通的重要衔接方式，慢行交通系统的品质不仅影响到慢行出行者的方式选择，也间接影响到公共交通的发展。高密度的路网系统不仅能够为慢行出行者提供多种出行路径，还能控制机动车的速度，为出行者创造了相对安全舒适的出行环境，同时也为衔接公共交通创造了便捷的条件。

2）道路网布局规划要点

为了获得"公交优先、慢行友好"的路网规划合理方案，处理道路网系统与其他交通网络之间的关系，使得道路网系统能够为其他交通方式更好的服务，各种交通方式相互协调，提供更好的出行服务，新城路网布局规划注意以下三个要点：

道路网系统与轨道交通系统之间的互补关系。规划时避免两个网络的重合，但由于轨道交通线路布设以客流走廊为基础，道路是客流走廊的基本载体，因此，考虑规划实施的阶段性，在以道路为载体的客流走廊上允许重合。

道路网系统与常规公交网络的依托关系。常规公交网络依托于道路网系统。路网规划既要与轨道网络相协调，还要考虑常规公共交通网络的布设。路网规划不仅在道路设施上满足常规公交网络需求，还要满足公交车站和运行服务的要求。

道路网系统中公共交通与慢行交通的一体化衔接关系。路网规划在保证公交站点覆盖率等基本要求外，提供慢行—公共交通组合出行方式的合理路径也应很好地体现在路网方案中，尤其是次干路和支路网慢行交通优先。

3）道路网与公交线网协同规划

道路网规划是公交线网规划的前提，协调公交规划与道路网规划应以统一的道路网规划标准为载体，面向公交运行需求的道路设施建设标准与规模需求是确定路网合理密度和间距的基础。结合公交优先发展要求与新城交通发展目标，通过确定适宜的公交站点覆盖率指标，提出新城干路网平均间距的建议值。尽管新城可塑性较强，可以按照规划意图和方案实施建设，但由于不同新城在功能性定位、空间尺度、土地利用、产业类型与结构等方面存在差异，干路网间距应具有适度的弹性适应性，以保证规划的可实施性。为确保规划具有一定的弹性空间，以及适应各地新城自身的特点，根据《国务院关于城市优先发展公共交通的指导意见(国发〔2012〕64 号)》提出公共交通站点覆盖率应实现中心城区 500 m 全覆盖以及"公交优先"战略提出的公交站点覆盖率目标。建议以 350～400 m 作为新城干路网间距推荐值，指导道路网规划。在规划编制时，先根据公交覆盖率等指标要求制定路面公共交通规划方案和轨道交通规划方案，在此基础上根据提出的干路网平均间距建议值，制定公交导向的路网规划方案，再依次完善非公交优先的干道网规划方案和其他路网规划方案。

2. 多模式多层次的新城公共交通网络一体化

新城与城市中心区之间的交通联系是新城交通服务的重要内容，即使新城的功能相对完善，职住实现平衡，其与城市中心区的交通需求也比较大。因此构建新城公共交通一体化网络需要着重注意与城市中心之间的出行以及与周边组团之间的出行。构建一体化新城公交网络，需要促进新城公交系统内部各方式之间的经营整合与运行整合，建立新城综合公共交通体系，以轨道交通为网络骨干，满足新城与城市中心之间的出行以及与周边组团之间的出行；以地面常规公交为网络主体，满足新城内部的交通需求；其他交通方式为补充，提升交通可达性，消除公共交通的服务盲区，最终形成结构合理、运能与需求相匹配的一体化公共交通网络，为出行者提供快速、便捷的新城公共交通和换乘接驳系统。

1）新城公共交通网络一体化思路

由于新城轨道交通线路和站点规划由城市上位规划确定，在此只讨论常规公交线网规划。常规公交、轨道交通、快速公交等公共交通方式共同构成了城市公共交通系统。在新城中，由于轨道交通的影响，常规公交主要起到集散客流和接驳轨道交通的作用；在轨道交通未覆盖的新城社区之间，常规公交发挥着公交主干线的作用。根据常规公交在新城公共交通系统中所发挥的功能和线路上客流的特征，将其分为主干线、次干线和支线三类。在拥有轨道交通线网的新城中，次干线和支线应以承担中短距离出行为目的，主干线和轨道交通既竞争又合作。常规公交线路布设的基本思路为：先主后次、逐级布设、优化成网。

2）依托功能的公共交通枢纽分级

根据功能、接驳方式及服务范围的不同，将公共交通枢纽分为一级客运换乘中心和二级客运换乘站两类，如表 5-2 所示。

表 5-2　公共交通枢纽分级

枢纽等级	功能	接驳方式	合理服务范围
一级客运换乘中心	为周边范围内的客流提供集散和其他各级枢纽之间的直达和中转换乘功能	衔接轨道、常规公共交通、自行车及步行等多种交通方式	以枢纽为中心、半径为 3～5 km 的圆形区域
二级客运换乘站	作为常规公共交通场站功能和为市级、区级交通枢纽提供客流集散的功能	衔接自行车、步行等交通方式	以枢纽为中心、半径约为 1.5 km 的圆形区域

3）新城公共交通网络一体化规划流程

主干线适应于客流较大的组团内部，主要连接轨道交通站点和组团内的枢纽。公交主干线一方面为轨道交通分担交通压力，同时又与轨道交通相互竞争、相互促进、相互补充。

次干线和支线作为新城社区内部或者邻里社区之间的主要客运线路，是新城公交网络中最基本的线路；其主要承担中短距离的乘客出行，同时也作为新城大容量交通的接运公交，承担地铁、主干线以及公路等站点的接驳。在布设时，需要与大容量交通相匹配。

常规公交中的补充线路主要是为了满足新城中公交空白区域或者线网稀疏社区居民的出行，以及满足有特殊需求的居民的出行，为居民提供更加人性化的服务。在确定好公交主干线之后再进行次干线和支线的布设，最后用补充线路填补空白区域，接驳短距离的出行。

3. 绿色便捷的新城慢行交通网络一体化

新城需结合地区发展规划特点，提出该地区慢行系统的概念，以“绿色环保、无缝换乘”为发展目标，依托其优势条件，融合丰富的自然文化资源，服务于地区通勤出行、休闲活动、交往健身等活动目的，建立能满足新城环境、经济和社会发展需要的生态型慢行交通系统。新城慢行交通网络一体化的主要目标是：构建合理衔接慢行交通与公共交通的慢行交通一体化网络，构建高可达性和连通性的慢行网络，尤其是通往各种公共服务设施、交通枢纽和活动中心的交通网络，以满足居民交流、强身健体等日常需求，改善新城居民精神面貌，从而营造舒适、安全、便捷、富有活力的新城环境。

1）慢行交通网络规划流程

新城慢行交通网络规划利用绿地、沿河慢行网络和慢行特色街巷，构建“点-线-面”的一体化高品质休闲慢行网络。以“绿色环保、无缝换乘”为理念，规划新城慢行交通的出行吸引节点——慢行核（通常以轨道站点、公共中心为核心，配套换乘停车场和自行车租赁点等，大小约 500 m，内部 15 min 可达）。围绕“公交优先＋慢行友好”的发展战略，打造绿色低碳、慢行友好、公交优先、景观融合、空间共享的可持续生态慢行交通系统。

（1）科学布设慢行交通道路

根据新城不同用地、道路功能定位，依托道路、绿地、河道、慢行街巷，设置慢行廊道、慢行集散道、慢行连接道等慢行通道。在“点”和“线”的基础上，根据新城道路网规划，结合路网密度条件，合理布设慢行交通网络。

（2）优化慢行网络布设

慢行道路建设优先考虑学校附近，公园绿地等休闲性质的公共空间，图书馆、博物馆等公共文化场所，到已有非机动车道、轨道、公交站点的连接线。

（3）注重慢行系统与城市公共空间的一体化开发

严格控制已有的非机动车交通空间，尽量利用原有机动车道路的富裕空间，在主干道沿线的规划保留地和中小学校附近设置非机动车专用路；与公共交通站点紧密、合理衔接，充分发挥公共交通在长距离方面和慢行在“门到门”服务方面的优势。

慢行交通网络规划流程如图 5-3 所示。

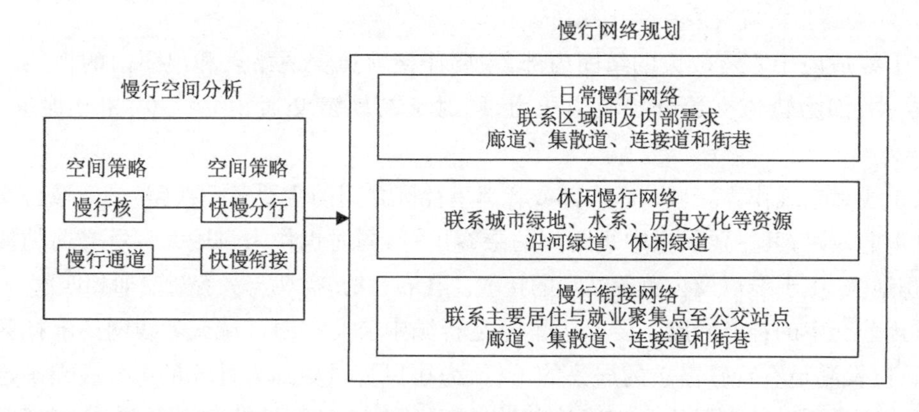

图 5-3　慢行交通网络规划流程

2）依托功能的慢行网络分级

根据慢行系统的交通功能和非交通功能，构建日常性慢行网络、休闲性慢行网络和慢行衔接网络三网合一的一体化慢行网络。一方面对于区域内出行，日常性慢行网络与休闲性慢行网络是连接区域内各功能要素的主体，完善的区域慢行系统能使人们方便快捷地完成日常所需并提供邻里社会交往场所和氛围；另一个方面，对于区域间交通来说，慢行衔接网络能使人们从一个区域内的某一点，使用慢行系统到达公共交通接驳点，从而使用公共交通到达目标站点，通过慢行系统进行换乘或者通过慢行系统到达目的地，完成出行。

（1）日常性慢行网络

日常性慢行网络主要包括廊道、集散道、连接道和街巷四个层次。区域间的联系需求通过集散道实现，区域内的主要慢行活动集中在廊道上，通过四个层次逐级分担。其中廊道线路贯通，沿线分布连续的居住、办公、学校或商业用地，慢行需求强度大，机动车干扰可控；集散道负责主要交通流向，联系一定规模的居住地与就业、就学点，慢行需求量与机动车交通量均较大；连接道主要为慢行廊道、集散道提供服务，线路较短，负责路网微循环中的"达"的部分。

（2）休闲性慢行网络

休闲性慢行网络组织应根据城市绿地、水系、历史文化等资源的分布特征，由滨湖、沿江区域沿河流水系向区内带状绿地渗透，并联系主要的高等院校区、生活区和公共服务区，形成连续可达、覆盖广泛、使用便捷的网络化慢行休闲交通体系。

（3）慢行衔接网络

在慢行衔接网络的组织中，需要关注步行分区内的公交线路与站点的现状分布情况，尤其是一些公交枢纽站点，以及主要的居住与就业聚集点至公交站点是否有便捷的慢行网络。通过慢行衔接网络将社区中心、社区公园、中小学联系在一起，以满足居民的出行需要。

5.2　新城交通系统构成与功能组织

5.2.1　新城交通系统构成与出行结构

1. 新城交通系统构成

新城交通系统将新城的生产生活活动相连接，支撑新城的城市布局、发展规模以及生产生活方式，是一个由多种交通方式组合而成的系统。同时，新城交通系统是一个具有综合性、交叉性、整体性的复杂、开放系统，具备一定的自适应性和系统整体协同性，还具备包括开放性、不均衡性、不确定性等一系列特征，包含多个层次结构。新城交通系统由若干不同功能的子系统组成，每一个子系统又包含若干构成要素。子系统之间、子系统内各要素之间相互依存、相互制约。

1）新城道路交通系统

公共交通导向的新城要求交通模式以公共交通为导向，实施公交优先战略。为了确保公交优先，实现公共交通的可达性和高覆盖，公共交通导向的新城对道路需求更多。高密度路网不仅能够提高公交的覆盖率，并且通过相互连通的道路网使居民步行所达的公交车站距离减小，使得公共交通能够吸引大量乘客。对于新城而言，内部交通中步行交通和自行车交通将成为出行主体，若道路网密度和连通性较低，人们到达目的地不得不走弯路，增加了出行距离。若弯路过长，超出步行交通和自行车交通的可达范围，就会刺激个体机动交通工具的使用，同时容易造成骨架道路上非机动车交通的集中从而增加骨架道路的交通压力。在一个相互连通、可渗透的路网体系中，由于路径选择的多样性，使步行交通、自行车交通成为出行中最为便捷、经济的方式，可以削弱私人机动车的诱惑力。路径的多样还可以使这些交通不必集中于骨架道路，减少骨架道路压力也使自身出行距离和时间减少。高密度的城市路网系统鼓励步行交通、自行车交通，支持公共交通，降低对个体机动车的依赖，从而降低交通量，净化空气，改善生活环境。连通性高的网状路网在防灾功能方面优于其他布局模式，在遭遇各种自然灾害时可以提供多种防灾避灾疏散通道。高密度与高连通性的网状路网与新城交通模式相适应，为建立可持续发展的绿色交通体系提供保证。

新城的交通出行可以分为过境交通、对外交通和内部交通。不同类型的交通出行对于出行时间、出行速度、出行成本的要求存在差异，这导致承担不同交通出行的道路也将存在异同。明确不同交通出行的承担者，对于有序组织、管理有积极意义。综合以上分析将新城道路网分级，以《城市综合交通体系规划标准》的四级分级体系为基准，分为快速路、主干路、次干路、支路。在功能设定上，快速路主要承担过境交通以及新城地区长距离出入境交通；主干路主要承担中距离出入境交通与新城内部跨圈层出行交通；次干路主要承担新城内部出行交通；支路主要承担新城内片区出行交通。

道路通过区域在空间上分为两个层次，第一个层次是新城之外的市域空间，第二层次为新城范围。按出行跨越空间，本文将新城道路分为Ⅰ、Ⅱ、Ⅲ、Ⅳ种类型。Ⅰ型道路的里程最长，主要为通过性运输，服务过境交通和出入境交通，其交通流的承担者为快速路、主干路；Ⅱ型道路为城市片区际道路，服务出入境交通，其交通流的承担者以主干路为主、次干路为辅；Ⅲ型和Ⅳ型道路为新城范围道路，服务新城内部交通，Ⅲ型道路的交通流承担者以主干路和次干路为主、支路辅助，Ⅳ型道路的交通流由支路承担，如图 5-4 所示。

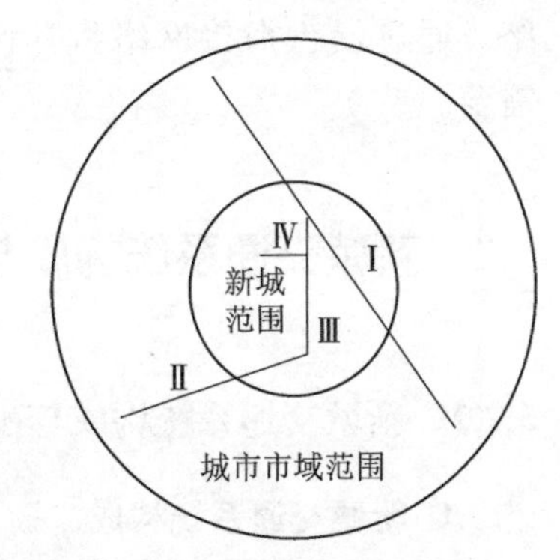

图 5-4　道路通过空间地域划分

由于新城周边不可避免会有大量城市过境交通，应在新城边缘通过快速路或快速路+主干路或主干路构建保护环，避免过境交通对新城的干扰。同时，新城路网应与周边地区主次干路衔接顺畅，保证新城各个方向至少有两条对外道路，一方面可以增强新城与其他地区联系，另一方面可以使路网流量均衡，提高路网可靠性、安全性[31]。

2）新城公共交通系统

新城具有建设条件相对较好的优势。在进行公共交通系统规划时，应当考虑公共交通系统与道路网等交通子系统之间的相互协调关系；在进行道路网等子系统的规划和建设时，也必须考虑为公共交通系统提供和预留充足的条件和发展空间，以避免出现许多发展已经成熟的城市所面临的难以为“公交优先”提供必备条件的局面。此外，还应当研究制定适合新城的交通发展政策，通过合理引导小汽车使用、积极倡导步行和自行车交通方式等，促进公共交通系统的优先发展。

(1) 公交线网

新城公共交通系统应提倡多样化的公共交通方式并存，即城市铁路、地铁、轻轨等轨道交通方式和有轨电车、普通地面公交车等多种公共交通方式并存的模式。在公交线网的层次上，新城公交线网可分为新城内部公交线网系统及新城对外公交线网系统两个层次。新城内部公交线网主要服务于新城内部的客流运输和集散；新城对外公交线网则服务于新城与中心城以及新城与周围其他地区之间的客流运输与集散。由于快速轨道交通具有运量大、速度快、准点率高等优点，非常适合于中、长距离的客运服务，新城应构建以快速轨道交通为骨干的复合交通走廊，以轨道交通站点为基础发展新城，形成"葡萄串"式的新城空间发展模式。在新城与中心城之间公共交通联系的强度定位上，建议新城与中心城之间，以及新城与周围其他地区之间采用以快速轨道交通和大容量地面快速公共交通为主导的公共交通发展模式。

新城公共交通线网系统应采用分级的网络模式，由轨道交通线网与地面常规公共交通线网共同构成，即用不同级别的公交线路来分别承担不同区域和不同距离的公交客运需求服务，以充分发挥公交设施的系统优势，取长补短，相互协调，共同实现"公交优先"的发展战略。

(2) 公交换乘枢纽

① 建立分区分级的公交换乘枢纽

公交换乘枢纽是不同线路的公交车、轨道交通、自行车及步行等各种交通方式之间实现客流中转、换乘的载体和平台。公交换乘枢纽所在的地理位置、换乘设施的便利程度等，直接决定着换乘效率，进而影响着人们对公共交通方式的选择。为了全面落实"公交优先"发展战略，公交换乘枢纽应注重为出行者提供良好的换乘环境，以提高公交系统的吸引力，使更多的人选择公共交通方式完成出行活动。新城可根据城市形态和用地布局等情况，建立分区分级的公交换乘枢纽体系，即不同区域分别由不同级别的换乘枢纽来承担公交客流的集散与换乘，以达到城市用地与交通系统之间紧密结合并相互协调，实现TOD模式的城市发展战略目标。

② 建立方便、高效的"零距离"换乘系统

在规划和建设新城各级公交换乘枢纽时，应充分考虑各级公交线路之间，以及各种交通方式之间的便捷衔接，应有利于实现对外交通、组团之间交通以及组团内部交通之间的高效转换。在条件允许的情况下，力求实现"零距离"换乘。"零距离"换乘的理念和原则，是从人的角度出发，体现"以人为本"规划理念的重要举措。"零距离"换乘意味着轨道交通车站、地面常规公交车站在各级换乘枢纽处的"无缝衔接"，这就要求公交换乘枢纽的选址应与轨道交通车站以及地面常规公交车站的布局相互协调，注重与各种公交车站紧密衔接。

3) 新城慢行交通系统

(1) 自行车网络

倡导自行车作为出行和休闲健身的一种交通方式，根据就业、居住、公共空间地规划分布，结合绿道系统规划，利用城市道路和公共绿地内通道形成不同类型的自行车通道。自行车网络层次包括自行车专用道、自行车主通道和自行车一般道。

自行车专用道为地面或高架形式，采用与道路系统完全分离的独立系统，主要结合绿道系统、公共绿地等建设。自行车专用道可进一步分为通勤专用道（自行车高速路）、游憩专用道，前者主要满足组团内、组团间的通勤出行，后者满足游憩、休闲功能的自行车出行。自行车主通道为地面的机非物理隔离形式，结合道路系统及其功能定位，构建自行车快速通道，满足自行车和电动自行车的使用需求。自行车一般道为地面的机非标线隔离形式，主要是依托新城支路和街巷打造的骑行通道。

（2）步行网络

重点考虑公共服务设施、蓝绿空间资源、历史文化遗迹、商业商务区、学校等因素，构建步行网络包括步行专用道、步行特色道、通学优先道和步行一般道。步行专用道选取购物休闲、文化旅游等重点片区，或商业文化氛围浓厚、具备较大步行需求的街道，采用与道路系统完全分离的独立系统，仅供步行使用。通学优先道则是针对小学周边道路进行严格控制，利用减速带、立体设施等保障宽阔、安全、独立的空间，提升通学安全。步行特色道为针对沿线生活服务、购物休闲、交通集散及游憩健身功能突出的城市道路及街巷，结合道路、建筑、建筑退距等设计，满足各类慢行需求。步行一般道主要分布在交通性干路、人流活动较少的区域。

从新城发展历程及其所承担的作用来看，新城与中心城之间在人口、产业、职能等方面存在着内在的交流和互动，新城的发育与中心城休戚相关，这和一般意义上的城市发展在源动力上就不同。新城的交通系统必然不同于一般独立的城市，需要结合其出行特征选择合适的交通方式支持和交通设施布局。

2. 新城交通出行结构

不同类型的新城交通出行方式结构有所区别，并且呈现动态变化的特性。在建设初期，由于新城公共交通基础设施尚不完善，居民出行更多依靠个体出行方式。尤其是私人小汽车，无论是通勤出行还是弹性出行，都扮演着十分重要的角色。但发展后期，公共交通基础设施逐渐完善，尤其是轨道交通的建成，部分居民开始转向依靠轨道交通出行，公共交通出行比例逐渐上升；随着地区内部公共配套服务的完善，很多短距离出行都可以依靠慢行交通方式完成，带来了慢行方式出行比例的增加。在新城发展成熟之后，公共交通与慢行交通逐渐成为主要出行方式。

新城交通出行结构的形成与交通发展战略具有十分重要的关系，当前我国新城交通应注重公共交通为主导的发展模式，引导形成以公共交通和慢行交通为主、私人小汽车为辅的交通出行方式结构。

国内部分已建新城的调查数据表明（见表 5-3 和表 5-4），新城发展背景不同，交通出行特征差异也较为明显。由于新城的居民属性、地区定位和发展阶段、空间与用地特征、产业结构等的不同，居民交通出行强度也有较大的差异。通过分析这些已建新城的交通出行数据，总体上呈现以下几个共性特征：交通方式结构能够反映出行者对交通方式选择的倾向性；交通方式选择中，个体机动化交通方式比例较高，并高于公共交通方式，慢行方式仍为出行主体，尤其是新城内部出行。

表 5-3　2010 年上海市新城、中心城及全市出行方式结构　　单位：%

交通方式	宝山新城	城桥新城	嘉定新城	金山新城	临港新城	闵行新城	南桥新城	青浦新城	松江新城	中心城区	全市
公共交通	15	9	8	6	7	15	9	8	9	34	25
慢行交通	64	71	68	66	68	65	69	63	67	49	56
个体交通	21	20	24	28	26	20	22	29	24	18	20
合计	100	100	100	100	100	100	100	100	100	100	100

表 5-4　2019 年上海市新城及中心城出行方式结构　　单位：%

交通方式	嘉定新城	青浦新城	松江新城	奉贤新城	南汇新城	中心城区
公共交通	18.2	18.7	20.0	12.8	11.4	39.5
慢行交通	47.7	51.3	49.5	56.9	61.7	40.0
个体交通	34.1	30	30.6	30.3	26.9	20.5
合计	100	100	100	100	100	100

根据新城交通需求特征的分析，新城交通需求随着新城的发展而动态变化，无论是需求总量还是需求结构都呈现出明显的阶段性特征。新城作为新的发展区域，具有较强的可塑性和规划引导性。作为交通规划方案制定的基础，在借鉴国内外相关新城发展经验基础上，应合理确定新城未来交通发展导向，科学规划新城交通系统。

5.2.2　新城交通系统组织模式分析

1. 交通组织模式

交通组织模式研究是优化交通系统的核心内容之一。从新城空间与新城交通的相互作用机制分析，新城各种功能区划与场所的分布是城市交通需求产生的根源，决定着新城人流、物流的流量大小和流向分布，这就从客观上决定了新城交通组织的功能层次；而新城交通组织决定的交通可达性反过来会影响新城功能空间和场所的区位选择，进而影响新城功能的空间分布，甚至在一定程度上对新城功能分布起着决定性的作用。推进交通组织模式与新城空间结构及功能分布的协调发展，对促进新城可持续发展具有重要的意义。交通组织模式是新城交通系统形态和内部结构的顶层设计，不仅关系到交通系统本身功能和效率的发挥，还影响到新城空间结构形态和拓展。无论对于整个新城交通系统还是新城局部区域的交通体系，交通组织模式都是关系其发展的重要内容。从新城发展历程分析，交通引导城市发展的思想已经形成广泛共识，这也说明了科学合理的交通组织模式的重要性。

交通组织模式的制定不仅涉及到宏观新城空间和功能分布层面的内容，还涉及到交通设施与交通空间、交通组织等层面的内容。从交通系统功能组织层次分析，应包括交通模式的选择、交通工具的使用、交通服务体系的设计、道路交通设施的配置与交通空间设计、交通流的时空组织等。从交通系统控制角度，就是运用系统化的思想和方法对交通组织模式涉及的每项内容进行整合，系统设计。交通组织模式的制定应遵循以下要求：保持地区活力和保护地区环境；提高地区和局部地块交通可达性；协调各种交通方式之间的矛盾和冲突，促进交通方式更多地向公共交通等集约化方式转换；应创造更好的公交与慢行交通环境，保障公交优先和慢行友好的实现；应尽量分离车行交通与慢行交通，减少相互干扰与冲突。

交通组织模式的制定与选择涉及新城和交通系统的不同层面，不但与交通系统本身有关，还与新城经济、文化、交通发展政策及发展要求等因素有关。根据交通组织模式的分层结构组成特征，影响因素包括宏观层面的城市与地区发展及土地利用、中观层面的交通系统、微观层面的具体道路设计与交通组织。如果改变其中任何一个因素，交通组织模式都将发生改变，例如交通系统配置时以机动车为主，则助长机动车的肆意发展，将形成以小汽车为主的交通模式；但如果交通设施配置时以公交优先为导向，则有助于公交的发展，将形成以公共交通为主体的交通模式。

从目前世界各大城市交通发展历程来看，不同类型的新城形成了各自适应的交通组织模式，而不同的交通模式是在不断地探索与发展中形成的。目前，根据在交通方式构成上的典型特征（见表 5-5），可以将其归纳为三种主要模式：小汽车模式、小汽车与公共交通并重模式和公共交通模式。

表 5-5　三种典型交通模式方式构成及特征比较

类型	公共交通比重(%)	个体机动比重(%)	慢行交通比重(%)	与城市形态及用地关系	代表性城市
小汽车模式	<10	>50	10～20	这种交通模式与弱中心、低密度的城市用地布局，高标准、高密度的城市道路网络，相对滞后的公共交通服务网络密切相关	洛杉矶、费城、底特律等
小汽车与公共交通并重模式	30～40	30～40	30	这种交通模式与强中心、有序拓展的城市用地布局，发达的城市道路网络和发达的公共交通服务网络密切相关	伦敦、慕尼黑、巴黎、马德里等
公共交通模式	>50	<20	20～30	这种交通模式与强中心、密集的城市用地布局、高度发达的公共交通服务网络、通达的城市道路网络密切相关	东京、香港、新加坡等

2. 新城交通系统组织模式

新城作为城市整体空间布局中的一个组团结构，按照服务出行类型的角度，其交通系统服务主要分为三类：一是与城市中心之间的出行，二是新城内部交通出行，三是与周边组团之间的出行。同时新城作为一个具有相对独立空间范畴的区域，其交通系统构成可分为内部交通、出入境交通和过境交通。内部交通出行起讫点都在新城内，出入交通出行起讫点分别在新城内部和新城外部，过境交通与新城交通生成无关，但也是新城交通构成中的重要部分。在进行交通需求分析时，过境交通量需要进行叠加。新城交通系统构成如图 5-5 所示。

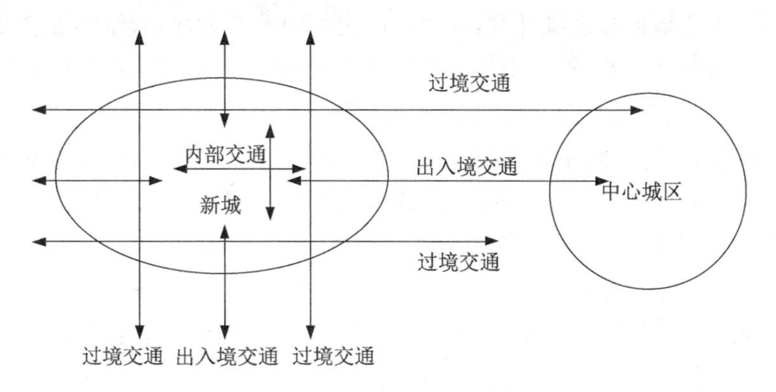

图 5-5　新城交通出行构成示意图

交通系统对新城的建设发展具有重要的保障、支撑和引领作用，将按照“对外强化、站城融合、内部提升、特色差异”原则，一城一策，远近结合，从内部、对外和过境三维度构建新城交通体系。城市新城在发展时，一般以内部出行为主体，对外出行主要以与中心城联系为主，可根据出行需求的差异选择不同交通系统组织模式。

1) 内部交通组织

(1) 新城内部出行需求

新城内部的交通需求是新城交通系统自我发展与服务的重要内容。其交通需求特征与自身的功能定位和土地利用具有较强的关系。居住型新城，内部交通需求特点必然以地区主要的对外交通枢纽或对外出入口为节点，形成通勤性集散交通，且高峰期十分明显；产业新城或园区内部交通需求与居住型新城类似，但高峰期的集散特性相反。这两类新城交通出行的主体都是通勤者，弹性出行相对较少，且工作时间地区内部出行量较低，新城内部交通服务主要以满足高峰期集散交通出行为目的。

对于综合性新城，由于内部职住相对均衡关系，内部交通需求相对较为复杂。交通出行的主体仍然是通勤交通，随着配套设施的逐渐完善，内部弹性交通需求逐渐增加。总体上逐渐呈现出与城市老城区相似的交通需求特征。

(2) 内部交通组织模式

内部交通层面，位于郊区的新城主要从新城行政辖区整体出发，建立新城—重点镇—一般镇—行政村的城乡一体交通服务体系，通过完善行政区内公路网络，完善城乡公共交通体系建设，全面实现城乡交通一体化；从新城多组团出发，一方面建立各组团之间快速、便捷的联络通道，以构建新城内公交网络体系为着眼点，加快公交枢纽站、中心站、保养厂等各类场站设施建设，同时，完善新城道路网络布局和结构，为新城内公交线路布设创造条件，建立新城内部完善的综合交通体系。另一方面构建各组团内部安宁、舒适的交通环境，构建与片区特征相适应的新城交通体系，积极鼓励步行和自行车交通出行，以步行、自行车为主导，建立新城组团内部安全、舒适的步行自行车环境。贯彻“绿色出行”理念，采取“点—线—面”相结合的规划建设思路，为步行、自行车交通创造连续、有效的通行空间，保障步行、自行车交通良好、舒适的通行环境，改善步行、自行车交通与其他出行方式的衔接条件，大力发展“自行车＋公共交通”出行模式[78]。

对于大城市中心地区高密度开发，规划人口达到中等至大城市规模，在拓展空间有限、人口压力较大的情况下的新城，其内部应强调TOD开发布局模式，注重土地开发与交通设施建设的协同性，建立以公共交通为纽带的城市布局及土地利用模式，促进新城理性增长。坚持公交优先理念，围绕大运量轨道交通（市域线、市区线）站点，构建新城局域线（含中运量等骨干公交）网络，优化新城公交网络，形成多层次公交服务。加快优化新城内部路网结构，不断完善新城内部的主次干路和支小道路网络，打通断头路，提高路网密度，提升新城路网通行效率。以“连续成网、空间复合、便捷接驳、特色彰显”为目标，构建安全、连续、品质的慢行交通系统，提升新城内部交通品质。完善新城货运和配套体系，加强智慧交通和绿色交通的推广应用，完善综合交通治理体系。

2）出入境交通组织

（1）出入境出行需求

新城对外交通需求主要在新城和中心城之间以及新城与其他新城、新城与区域重大功能区的交通联系。新城吸引中心城的人口、产业转移，形成与中心城的职能互补。新城与中心城的交通联系呈现为长距离出行，以商务办公为主的通勤出行一般是当日往返，出行相对集中且联系频度较高。这种交通需求特点要求以大容量的快速公共交通来支撑，才能保障一定规模的人流便捷地在新城和中心城之间活动。

新城与城市中心区之间的交通联系是其交通服务的重要内容，交通需求的强弱及交通服务的完善程度表明了新城发展的阶段特征。新城的功能定位及职住规模是新城与城市中心联系强度的决定性因素。以居住功能为主的居住新城，其居住人口规模将远超于就业岗位数量，大量的居民出行呈现出典型的往返于新城与城市中心区之间的潮汐式通勤出行特点。以产业为主的产业新城，由于就业岗位数量多于居住人口规模，其交通出行特点与居住新城恰恰相反。还有一类综合性新城区，按照发展定位，这类新城应具有居住、就业、公共服务、商业娱乐等综合性功能，未来基本能够实现内部职住的相对平衡，与城市中心之间的交通需求强度相对较弱，潮汐交通特征并不明显。但是新城的开发建设和功能完善是一个长期的过程，尤其是公共服务配套设施的完善工作不可能在短时间内完整。在这一长期发展的过程中，其与城市中心的交通联系仍然会比较大。

新城除了与城市中心之间具有较强的交通联系外，与周边组团之间也存在一定的出行需求。两者之间的交通需求特征主要与新城和周边组团的功能定位相关，同时不同的发展阶段需求特征也有所不同。在新城及外围组团建设初期，由于各自的功能都不完善，对外没有吸引力，决定了两者之间的交通需求较小。在各自的发展过程中，交通需求强度逐渐增加，当发展成熟之后，新城与周边组团的交通需求强度基本稳定。相对于新城与城市中心区之间的交通需求，新城与周边组团的交通需求强度要小很多。

对于以重大交通枢纽为支撑形成的新城，其交通需求还有与其他新城显著区别的特征。以南京南部新城为例，新城内南京南站枢纽是南京市乃至华东地区重要的综合性交通枢纽，对周边辐射地区具有十分重要的客流吸引力，其交通需求分析还需要着重把握枢纽集散性交通需求的特征。

(2) 出入境交通组织模式

对外交通层面,主要从新城与中心城及周边其他新城、周围其他城市的联系出发,构建多模式交通走廊,扩展新城的对外开放度。初期一般以机动化交通为主,位于城市边缘的田园新城、边缘新城、TOD新城、产业新城、航空枢纽新城、高铁新城等在建设发展初期一般选择小汽车模式以满足新城居与市中心的联系,随着新城的建设与发展,将逐步过渡到小汽车与公共交通并重、公共交通模式上去。

而位于城市中心的新城,存在土地资源稀缺、人口压力巨大的发展现实,一般在规划之初即选择公共交通模式,以满足新城内居民的通勤等多项出行需求。此类新城应采取以公共交通,特别是轨道交通为主导的至中心城交通发展模式。参照东京地区的新城发展经验,大容量、快速度的轨道交通系统(包括铁路等)应是满足新城与中心城之间相对较高强度、较大规模、较高频率客流联系的首要选择。依据差别化的发展策略,新城发展应不仅提供简单的交通设施,更应注重提供高品质、多样化、多层次的交通服务,适当缩短新城至中心城的行程时间,尽可能提高通勤交通服务水平。有条件建设轨道交通的,应加快推进轨道交通建设,确立轨道交通在新城对外公共客运体系中的骨干地位,同时,配合轨道线路的开通,建立P+R(Park and Ride)等衔接换乘设施,方便轨道、公交、小汽车、自行车等不同交通方式之间的顺畅接驳。在大力推进轨道交通建设之余,应同步注重完善地面公共交通规划,在轨道交通无法拓宽通道的情形下努力发展地面快速公交,最终在新城与中心城之间形成公共交通主导的集约型、高效型、复合型交通走廊[79]。

同时新城应利用市郊铁路、轨道交通、高速公路、国省道等建立新城多层次、多通道对外交通走廊,强化新城与中心城及其他新城的对外联系。新城应加速融入国铁干线网络,提升新城与周边城市互联互通水平,增强新城与门户枢纽、相邻新城的联系效率。优化枢纽布局,提升枢纽能级;依托国铁干线,增强铁路与新城的联系;构建城际线、市域线、市区线等多层次轨道交通网络;扩容改造新城对外高速公路和国省干线,加快构建新城快速路体系,优化新城高速公路对外出入口布局。

3) 过境交通组织

(1) 过境交通需求

过境交通指的是起讫点不在新城范围内,但通过新城的交通,过境交通会较大程度上影响新城的内部交通。新城过境交通的特点主要是车辆行驶的距离相对较长,货车占比较高,车辆起讫点对于有些新城存在一定的规律。新城过境交通应尽量避免穿城而过,尽可能地选择绕行。新城过境交通对新城交通以及新城环境具有一定的影响,主要包括以下几个问题点:过境交通车辆占用新城道路空间,降低新城交通的通行能力;车辆驾驶员容易疲劳驾驶影响安全;黄牌货车对新城空气污染较严重,会降低城市居民的生活品质。

(2) 过境交通组织模式

主城中心区对外放射性国省道、高速公路、铁路等穿越新城时,应遵循“近城而不进城”原则从外围绕行,分流新城过境交通。对于国省道穿越规划区的情形,可规划未来改造为下穿通道或上跨高架,也可规划直接改为内部干线道路,外围新增过境通道。对于高速公路、铁路等严重分割地块的交通线路,路网规划布局时要避免小角度交叉,形成尖角地块或不规则插花地块;同时与之近距离范围内谨慎规划快速路、主干路等,避免形成不易开发的封闭地块,浪费土地资源。

对于过境交通组织的问题,一定要考虑环路的作用。环路规划建设一般遵循国际上的普遍规律。环路的作用一般优于放射线。其主要功能是承担过境交通。新城大小不同,对过境交通的处理也不同。数万人口的小城,如果只有一条或两条过境道路干线,可以直接从城市外围通过去。50 万人口以上的中等新城,与城市中心区和其他周边组团或城市交通运输往来比较多,可以在新城外围设置公路环,担负过境交通的运输问题。也有的在新城外围布置井字形公路,这种布局形式也起环路作用。

部分新城依托港口码头、火车站、机场等货运枢纽发展而来,路网布局时应重点考虑集疏运道路。对于集疏运主通道,应规划快速路或主干路从核心区外围绕行,与外部高速公路互通等节点直接连接,同时配合交通管制措施,减少都市之间的货运交通与跨区域物流系统对内部生活性交通的干扰。

5.3 新城交通服务体系构建与功能分析

5.3.1 新城交通服务体系内涵与构成要素

1. 新城交通服务体系内涵

随着城市化进程加快和新城经济社会快速发展,人们对于出行品质的要求日益提升,为了满足交通运输方式多样化、多层次的需求,有必要建立多层次、一体化、集约高效的新城交通服务体系。

新城交通服务体系是一个综合系统,为新城所有交通方式提供流通所需的运输服务。新城交通服务体系指导道路交通资源分配与设施使用,保障新城交通运输高效性、一体化和集约化。随着新城客货运量稳步增长,将会对新城客货枢纽场站设施、运输服务所提出更高需求,新城应立足于经济社会发展和定位,从客货运枢纽、运输方式衔接、运输组织模式等方面进行系统优化,通过推进区域综合运输集约化、城市内外交通协同化、客货运输高效化,构建与新城发展相适应的交通服务体系。

根据新城对交通服务的基本要求和新城交通系统的构成,推动建设新城交通服务体系。其核心涵义为:根据新城空间结构、土地利用特征与产业发展要求,针对新城交通需求特征、交通设施资源供给进行交通方式、交通设施的规划、建设和管理,确定适应新城交通需求的交通方式结构和与之协调的道路交通设施,建设新城交通运输系统与衔接转换系统,强调公共交通方式优先发展,增强公共交通和慢行交通的竞争优势,优化交通结构,缓解主城区交通压力,加强新城之间连通性。

交通服务完善程度不仅影响新城交通运行,也会影响新城发展。受管理体制和发展基础等因素的影响,我国许多新城交通服务并未形成体系,普遍面临交通服务体系构建或优化的任务。

2. 新城交通服务体系构成要素

新城交通服务体系是由交通参与者、交通工具、交通设施、交通环境相互关联形成的协调统一的有机整体。新城交通服务体系构成的要素主要包括出行主体、交通工具和交通环境。

1) 交通出行主体

对于交通出行主体的划分,认识比较统一的是交通参与者——人,这是构成交通系统的最基本要素之一,是交通活动发生的主动性因素。对于交通出行主体,很少进行深入细致地研究,大多数相对较为宽泛。广义的交通参与者主要有交通出行者、交通管理者、交通服务者等。针对新城中的交通出行者,其地域属性决定了交通出行者属性,进而决定了交通系统属性。新城不同区域内不同出行主体由于个体社会经济属性不同,其交通需求各异,从而产生了交通需求结构的多样化,从而影响交通服务体系设计的多样化功能。

2) 交通出行客体

交通出行主体是人,自然交通出行客体就是承载和完成主体出行的交通工具和交通设施。这两者都是交通系统重要的组成要素。

交通工具对应的是交通方式,交通方式的有机组合形成了交通方式结构。交通方式结构是城市交通系统供应的重要内容,决定了地区可能形成的交通模式。交通模式不同,不同交通方式承担的功能也就不同,交通服务体系设计的目标和系统结构也有所区别,交通设施的配置也存在差异。交通工具的使用是交通系统的重要方面,对交通工具使用的合理调控是交通服务体系设计的主要任务之一。

交通设施包括道路网设施、公交设施、停车设施、管理设施等。交通设施是容纳交通出行者出行活动的时间和空间资源,对于一个特定的区域范围,具有明显的有限性。新城交通设施不仅在时空资源总量上存在有限性,而且设施结构上也有其自身的特性与约束。这样的特征要求交通方式使用时应注重提高利用效率和运输效率。

3) 交通环境

交通环境是交通活动完成的外界客观环境,具体可分为交通自然环境、交通社会环境、交通文化环境等。交通自然环境是承载交通系统运行的硬环境,具有明确的承载能力,具体用交通环境承载力作为衡量指标,交通运行对环境的侵占必须在交通环境承载力范围之内。交通社会环境和交通文化环境是一种反映具体社会经济和文化特征的软环境。这两种软环境对交通发展的影响非常大,如具体涉及的交通制度与政策、人的思想观念、价值取向以及道德文化,都对交通发展具有深远的影响。交通环境是保证交通服务体系健康运转和目标实现的重要保障。

3. 新城交通服务体系构成的三个系统及特征

从服务交通出行过程的角度,交通服务体系有交通运输系统、交通设施系统与交通管理系统三个方面。交通运输系统是交通服务体系设计的上层结构,交通设施系统是下层结构,交通管理系统是双层结构体系的辅助和保障结构。交通运输系统指导交通设施系统建设,交通设施系统支撑交通运输系统运行,交通管理系统保障交通运输系统和交通设施系统的功能实现。

1）交通运输系统

新城的城市活动是按照交通系统的机动性和可达性分布来组织的，交通系统的任何改善都会影响到交通机动性和可达性，并通过城市活动的影响传递到新城空间和土地利用布局上，即新城空间、土地利用布局的依据也是交通机动性和可达性的分布。

从客流运输全过程分析，一次运输可分为运输、集散和转换，对应的交通运输系统分为运输系统、集散系统和转换系统。每个系统要求相应的交通基础设施的支撑，对应地承担不同的交通功能。

交通运输系统划分重点是从交通系统功能组织上进行层次划分，一方面是以机动化为核心的骨干运输系统，包括骨干道路系统、骨干公交系统，承担的是长距离、大运量运输需求；另一方面是以片区为单元的集散交通组织，服务于地块出行和向骨干运输系统输送客流，主要包括次干路和支路系统以及常规公共交通次干线、支线以及特色公交系统。在客流运输从集散系统向运输系统转换以及运输系统内部转换的过程中，衔接系统实现中转功能，主要包括不同层级的公交枢纽和重要的道路节点。

新城交通运输系统一方面应确立以骨干公交为主体的骨干运输系统，另一方面构建以面向片区集散出行服务需求的集散系统和转换系统。

2）交通设施系统

交通运输系统的构成要求相应的交通设施支撑，交通设施的有机组合构成了交通设施系统。从基本构成上，交通设施系统包括道路设施子系统、公交设施子系统、停车设施子系统和管理设施子系统；从运输服务上，分为运输设施子系统、集散设施子系统和换乘设施子系统。从支撑运输系统、满足运输服务需求的角度，交通设施系统不是简单的设施组合，是在一定的交通组织模式和交通服务体系要求下的各类交通设施的合理构成。

3）交通管理系统

交通管理面向交通服务体系建成之后的使用阶段，是交通服务体系实现的保障。交通管理在新城交通中发挥着至关重要的作用，它关系到交通设施系统的使用效率和交通运输系统的运输效率。交通管理系统包括各类硬件管理设施和交通管理制度及措施，这些管理设施与管理环境直接保证了交通系统的有序运转。

5.3.2 新城交通服务体系构建原则与要求

1. 新城服务体系构建原则

构建新城多模式、一体化的可持续交通服务体系应当以社会公平、运输系统和交通资源配置高效、地区可持续发展为目标，以社会公平、系统高效和可持续发展为基本原则。

1）社会公平

新城居民都应有平等享受城市交通资源和交通运输服务的权利，有要求满足自身交通需求的权利。新城出行者中有各种各样的出行群体，对出行方式的选择及交通系统服务水平的要求各异。因为任何一种交通方式都不可能满足所有出行者的出行需求，每个人都会根据自身的属性和要求选择合适的交通方式。新城交通服务体系应保证每个出行者能够到达新城以及城市的任何地方。出行机会和交通利益应在社会成员间均衡分配;应保证交通系统考虑不同群体支付能力和需求的差异性,保障弱势群体不承担过多的额外出行成本,及为其提供可支付的交通方式;考虑交通需求和能力,交通系统应满足不同的出行需求,如为无障碍需求的出行者提供人性化服务和设施。交通服务体系的构建应在充分掌握不同出行主体出行需求的基础上,首先保障所有出行者的基本交通权利,并向弱势出行者和绿色交通方式出行者给予充分的优先,以体现真正的社会公平。

2) 集约高效

从交通运输服务的角度,高效性是新城交通服务体系构建的最重要目标。交通服务体系的高效性分为交通运输高效性、交通设施配置的高效性和交通运行的高效性。经济社会发展依赖于社会分工和专业化程度的不断提高,但社会分工和专业化发展需要更多的人员流动,即社会经济的发展很大程度上依赖于交通的畅通和运输服务的高效率。效率低下的交通服务体系不仅会抑制新城经济的发展,还会造成严重的交通拥堵问题,构建高效的交通服务体系对新城显得尤为重要。

3) 可持续发展

新城发展的最终目标是保证城市经济、环境和社会的可持续发展,其中环境的可持续性是前提条件,是经济与社会可持续发展的重要保障。新城环境可持续发展包括历史环境的可持续性和生态环境的可持续性。历史环境的可持续性要求交通系统的建设不破坏原先的历史风貌和空间环境;生态环境的可持续性要求交通系统的建设与运行不以超过生态环境承载极限为控制指标。可持续的新城交通服务体系要求选择能源消耗少、环境污染小的交通方式,优化利用有限的城市道路交通资源,提高交通系统的运行效率,实现社会、经济、环境与交通均衡发展。

不断提高新城道路交通的服务水平,体现以人为本的可持续发展观。道路交通服务水平是衡量道路为驾驶员、乘客提供服务质量的指标,主要内容包括人们对于道路交通服务的速度、舒适、方便、满意度的最高水平以及对拥挤、堵塞能够接受和忍耐的最低水平。为了交通环境能够得到更好的改善,在可持续发展的规划理念下,应当注重在道路建设中将环境景观和道路景观结合,做到新城交通与自然环境的协调发展。

2. 新城交通服务发展要求

根据新城空间与产业发展要求的分析,紧凑化、集约化的空间布局和绿色低碳的产业发展,都离不开综合交通体系的支撑。这也正好体现了三要素的协同关系。绿色畅达的交通发展指构建以公共交通和慢行交通为主导的城市交通模式,引导个体机动交通有序发展,充分运用节能减排新技术,减轻交通对环境的污染,实现交通与新城的健康可持续发展。从发展目标、不同层次交通功能需求分析新城交通系统发展的需求。

新城交通系统发展的总体目标可分为三个层次:一是减少交通污染物和温室气体排放,支撑新城绿色发展,实现交通与新城的协调可持续发展。二是构建以绿色交通方式为主的新城交通模式,包括交通方式结构的优化、绿色出行习惯的培养等;并且注重节能减排新技术和信息技术的运用。三是实现公共交通设施服务改善,显著提升吸引力;慢行交通品质提升;个体机动交通有序发展。通过优化调节各种交通方式的功能定位,构建绿色可持续交通服务体系。作为服务新城发展和满足居民出行的交通体系，新城交通服务体系应从新城具体的发展要求和居民的出行需求出发，既适应地区特征，又具有一定超前性，能够引导地区发展。为了实现上述目标，新城交通服务体系应满足以下基本要求：

1）和谐绿色交通体系

绿色低碳是新城发展的基本前提。在这一前提下，新城的发展需要合理的交通服务体系支撑，进行与之相协调的道路交通设施配置。绿色低碳要求避免过多的个体机动化交通使用，采用与之相适应的绿色交通方式（公交＋慢行）。在新城绿色低碳的发展目标下，新城必须建立绿色健康的交通服务体系。

2）集约高效交通体系

在交通资源使用时，有限性的特征要求必须充分合理利用道路交通资源，实现资源利用率最大化的目标；多样性的特征要满足不同的出行群体的出行要求以及控制和引导低效、高占有率的交通方式。这就体现了交通服务体系的两大特征：集约化和高效化，对应的途径为“公交优先＋慢行友好”，提高公共交通承担率和重视慢行交通出行，从而控制和减少个体机动化出行，同时对外交通应满足快速化。新城作为一个城市的重要组团、副中心，其经济效益、社会效益的发挥，一定程度上依赖于高效的对外交通系统。高效的对外交通系统，可以保障新城与中心城区、周边组团、重要设施的信息流、物质流、资金流的交换和交流，保证新城的有效运转。

3）多层次一体化交通体系

高效是出行效率的体现，即运输系统、集散系统的效率。一方面应满足以出行效率最优的运输要求，提供多模式多层次的交通服务；另一方面要提供便捷的交通衔接转换系统，即高效应具备多层次一体化的交通服务体系。新城的交通服务应是多层次、高效集约、和谐绿色的交通服务体系。该服务体系的构建需对运输系统、集散系统和衔接系统三大交通系统作规划响应。运输系统应强调服务水平，保证客流运输效率和机动性。主干路以及联系主城或其他组团的快速路的路网容量、大中运量公共交通或公交干线运能应当有所提高，运输系统与新城发展轴线的拟合程度要高。集散系统应强调对其周边地区的服务，保障足够的交通基础设施密度和可达性。应当给予公共交通以及慢行交通充足的路权，公交设施规模应满足公共交通高度可达性。衔接系统应当强调中转效率与便捷性，新城交通与整个城市公共交通系统应做到无缝衔接，重点满足居民“自行车＋公交”和“步行＋公交”出行的衔接换乘需求。

5.3.3 新城交通服务指标设计

根据指标体系与规划的关系分析，从新城交通规划制定的目标出发，指标体系应以“绿色低碳、公交优先、慢行友好、景观融合、空间共享”为系统功能要求，以指标的引导性和控制性要求为落脚点，融功能需求、供需配置和运行调控为一体。对上衔接战略导向，体现交通发展战略与政策的引导性，对下指导设施规划，为设施落地提供参照标准。

通过分析国内外诸如伦敦、纽约、东京、汉堡等城市交通发展目标和指标体系，北京、上海、深圳等城市交通发展政策纲领文件，中新天津生态城、深圳光明新区、昆山花桥商务城等新城交通指标体系，根据新城交通发展的总体目标以及指标要求，制定了新城交通系统规划指标体系。指标体系的制定要满足地区总体发展定位和绿色交通发展要求，还要结合用地性质，按照新城功能分区体现分区差异性。

指标体系按照两个层次搭建，第一层次以实现新城绿色交通系统的功能需求为目标，衡量新城交通系统是否满足“绿色交通”的要求，制定相应的指标体系。第二层次根据系统对需求的影响、系统设施的配置以及系统服务三个方面，提出相应的指标体系。形成以功能为指导，需求调控、设施响应、服务评估相衔接的系统规划指标体系。指标说明如表5-6所示。

表 5-6　新城交通服务指标体系说明

层次	指标	作用
第一层次	功能性指标	其功能主要体现交通对环境的影响，也是判别交通系统是否“绿色”的标准
第二层次	交通需求指标	体现协调交通与用地，管理交通需求，优化方式结构的目标
	交通设施指标	体现绿色导向的设施规划建设理念，引导绿色出行
	交通服务指标	体现通过提高交通系统运行效率和服务水平，提升节能减排水平和交通出行品质

第一层次的功能性指标设置以新城绿色交通发展的基本功能需求为导向，以评判地区交通对环境影响为准则，也是判别交通系统是否“绿色”的标准。该层次指标的目标层设定为“环境友好”和“资源节约”，以此提出相应的指标。

第二层次中，交通需求调控指标以交通方式结构优化和交通模式选择是否符合绿色交通要求为标准，核心目标为公交优先和慢行主导。新城交通方式结构应按照地区对外和地区内部两类分别确定。对外交通出行中，出行距离相对较长，出行目的以通勤交通为主，应以强化公共客运交通等集约化方式为主。如主干道等对外通道上公共交通占机动车出行的比例应比小汽车更具主导性，建议比例为 60%～70%，区域对外交通（公路和铁路）中铁路出行占比建议进一步提升，尤其是高速铁路和城际铁路，逐步分担公路运输的压力，降低单位客运周转量的能耗和排放。地区内部交通出行中，应提倡公共交通为主导，慢行交通为主体的交通模式，公共交通出行比例建议不小于 30%，慢行交通比例不小于 50%。从出行目的分析，提倡通勤交通集约化、绿色化，鼓励采用公共交通和慢行交通方式出行，建议二者比例不低于 90%；而弹性出行指标可适当放宽要求，满足居民多元化诉求和舒适性需求。

交通设施规划建设的导向性直接影响到方式选择和交通方式结构。设施配置指标应响应功能指标和需求调控指标要求，落实设施规划建设的绿色理念，从设施上保障绿色交通系统的形成。道路网规划应坚持公交优先和慢行友好为导向，从功能配置、空间分配上向公共交通和慢行交通倾斜，优先保障这两种方式的通行权和优先权。公共交通系统规划中要强化场站布局、线网规划和车辆配置，从公交自身的服务上提高吸引力。车辆配置中应提高新能源汽车的比例。另外，交通环境设施、公共配套设施应按照要求设置，尤其是慢行环境的塑造。

交通运行与服务指标以体现新城绿色交通系统“安全、舒适、易达、高效”为目标。安全应作为绿色交通系统服务的第一要求，舒适和高效体现交通服务的质量，易达是针对交通网络的可达性提出的，重点是强调慢行交通的可达性、公共交通的覆盖率。

根据各层次指标在目标设置、指标分解和要求的分析，提出了新城交通系统规划指标体系，相关指标需明确指标实施部门，保障指标要求的落实，如表 5-7 所示。

表 5-7　新城交通规划指标体系

	目标层	准则层	指标层	指标建议	指标类型	落实要求
功能性指标	环境友好	气体排放	机动车尾气排放达标率	100%	控制型	总体性规划提要求，规划部门落实
		碳排放	单位 GDP 碳排放强度	贡献度 25%下降率	控制型	
		噪声	道路交通噪声	<70 dB	控制型	
	资源节约	能源消耗	单位运输周转量的能耗	下降 20%～25%	引导型	
			机动车百公里油耗	下降 10%～15%	引导型	
		道路用地	道路面积率	15%～18%	控制型	
需求调控指标	结构优化	地区内部交通	公共交通出行比重	>30%	引导型	总体性规划提要求，建设单位负责实施
			慢行交通出行比重	>50%	引导型	
		主干道交通	公共交通占机动化出行比重	60%～70%	引导型	
		对外交通	铁路方式比重	比现状提升 20%	引导型	
		通勤交通	公共交通＋慢行出行比重	>90%	引导型	
	强度调控	出行距离	平均出行距离	<10%	引导型	
		出行时间	平均出行时间	<20 min	引导型	
		出行次数	平均出行次数	合理范围内减少不必要出行	引导型	
	私车引导	私家车拥有水平	私家车千人拥有率	引导性，政策储备研究	引导型	
		私家车使用强度	私家车日均车公里	下降 25%	引导型	
			私家车日平均出行次数	1.2 次/d	引导型	
设施配置指标	路网提升	路网规模	道路网密度	8～10 km/km²	控制型	总体性规划提控制要求，控制性规划落实
			支路网密度	4～6 km/km²	控制型	
		路网布局	道路间距	200～300 m	控制型	
			中心地区街区长度	150～200 m	控制型	
		慢行导向	慢行道网络密度	>10 km/km²	控制型	
			慢行专用道密度	3.5～4.5 km/km²	控制型	

（续表）

	目标层	准则层	指标层	指标建议	指标类型	落实要求
		公交优先	公交专用道规模	建议所有六车道，有条件的四车道设置公交专用道	控制型	
	公交强化	车辆规模	公交车万人拥有率	12～15 pcu	控制型	总体性规划提要求，交通部门落实
		新能源公交车	年新增或更新公交车中的新能源车辆比例	60%以上（国务院文件要求）	引导型	
		场站规模	公交停保场规模	150～200 m^2/veh	控制型	控制性规划落实
		线网规模	公交线网密度	>3.5 km/km^2	控制型	
		公共自行车布局	公共自行车租赁点 150 m 覆盖率	100%	控制型	
	环境完善	机非隔离	机非车道物理分隔率	>50%	控制型	控制性规划提控制要求，并由建设部门实施
		无障碍设施	无障碍设施设置率	100%	控制型	
		绿化	慢行道绿化遮阳率	90%（全路幅 60%）	控制型	
		交通安宁化措施	车辆运行速度	<30 km/h	引导型	
		慢行环境服务设施[1]	300 m 覆盖率	>90%	引导型	
运行服务指标	安全	交通事故	全年交通万车死亡率	比现状下降 25%	控制型	总体性规划提要求，控制性规划落实
		公交事故	公交车责任事故	比现状下降 25%	控制型	
	舒适	公交车拥挤状况	公交车辆高峰满载率	≤90%	控制型	
	高效	公交车载客效率	公交车单车运输强度	500 人次/d	引导型	
		公交车运行车速	高峰拥挤路段公交专用道车速	≥20 km/h	引导型	
	易达	公共交通可达性	公交站点 300 m 半径覆盖率	>70%	控制型	控制性规划提控制要求，规划部门写落实，并由建设部门实施
			公交站点 300 m 半径人口与岗位覆盖率	70%～80%	控制型	
			公交站点 150 m 半径覆盖率	>50%	控制型	
			轨道交通换乘可达性	<10 min	控制型	
			便民圈[2]慢行可达性	5～8 min	控制型	

（续表）

	目标层	准则层	指标层	指标建议	指标类型	落实要求
		慢行交通可达性	生活圈③慢行可达性	8～10 min	控制型	
			通勤圈④慢行可达性	<15 min	控制型	
			公共绿地慢行可达性	3～5 min	控制型	
			公交站点慢行可达性	5～10 min	控制型	

注：① 为塑造良好慢行出行环境而设置的各种公共服务设施、座椅小品设施以及便民设施等；
② 便民圈：到达公交站点、社区中心、文体活动中心等社区公共服务设施时间；
③ 生活圈：到达大型体育中心、轨道站点、活动广场、菜市场、医院、中小学（区别）等时间；
④ 通勤圈：达到对外公交枢纽、换乘节点时间。

针对新城提出的交通规划指标体系，涵盖了对新城发展定位、绿色交通发展目标、交通设施与用地布局等的响应。在具体规划指标设置时，应根据新城地区规模、空间结构等特征，适当差异化设置规划指标体系，以更好地体现交通与用地的协调发展。

5.3.4 新城交通服务体系设计

1. 新城交通服务体系

新城交通服务体系设计以公平、高效、可持续为价值导向，保障新城规划理念与方案有效落实。新城交通服务体系结构设计中，要确立公共交通服务体系的主导地位，保障交通运输服务的顺利运行和交通设施建设的合理有序。对每种服务体系进一步分析功能定位、服务对象和服务模式，并在资源分配和运行组织等方面进行相应的配置。

以公共交通为主导的新城交通服务体系，要求设计合理、高效的公共交通服务体系。根据公交运输、集散和转换功能将公共交通服务体系分为公交结构组成体系和公交线网及接驳体系。公交结构体系就是采用轨道、有轨电车、地面常规公交、社区公交以及包括公共自行车在内的特色公交组成的多模式公交体系，每种公交方式合理布局、相互衔接；公交线网及接驳体系则是以交通换乘和衔接点为核心形成的多层次线网及主要服务设施。

慢行交通服务体系主要服务新城内大量的步行和自行车交通出行方式，以创造安全、舒适、便捷、连续的慢行交通环境为主要目标。

机动车交通是新城内严格限制的方式，其服务体系以满足不可替代性个体机动化交通为主。其运行区域受到一定的限制，运行速度也有相应的要求。具体交通方式服务体系结构如表 5-8 所示。

表 5-8　新城交通服务体系结构

结构组成	功能定位	服务对象	服务模式	资源分配	运行组织
公交服务体系	主导交通服务体系，服务大多数交通出行	公交走廊区、公交优先区和交通宁静区内的公共交通方式出行者，以出入交通、区内中长距离出行者为主	骨干公交为主体，支线公交和社区公交补充，特色公交服务旅游、换乘出行	公交导向的道路设施配置和功能分级，优先设置公交专用道、专用路和港湾停靠站，增加支路规模设置公交支线等，设置停车换乘系统	交叉口公交信号优先、设置公交优先通行区域和公交微循环区域等

（续表）

结构组成	功能定位	服务对象	服务模式	资源分配	运行组织
慢行交通体系	友好的交通服务体系	公交走廊区、公交优先区和交通宁静区内的慢行交通方式出行者，以区内短距离出行者和公交换乘出行者为主	交通宁静区内慢行优先，步行专用区内步行专用	构建独立的非机动车交通系统，设置连续宜人的步行空间	机非分流、交通宁静化
机动车交通服务体系	必要的严格控制的交通服务体系，满足一定的机动化要求	公交走廊区、公交优先区和交通宁静区内的不可替代性个体机动化出行者，以出入交通为主	有限的通行区域和停车区域，高昂的出行费用	建设必要的机动车通行空间，路权使用严格控制	构建层次化的机动车微循环系统，实行速度控制，部分区域实行慢速化

2. 新城公交服务体系

1）公交结构体系设计

（1）公共交通服务体系内涵及组成

多模式、一体化的新城交通服务体系的核心在于确立以公共交通服务体系为主体，其他交通服务体系为辅的结构，其服务效果的好坏在于公交服务体系的合理性。公共交通作为调节机动化需求的重要方式，直接关系到新城合理交通方式结构的形成；同时作为道路交通设施配置面向的主要对象，其结构的合理性及与新城的匹配性也影响资源分配和利用的效率。

公共交通服务体系从服务出行的角度，既包括“硬”的设施服务，也包括“软”的管理服务，其结构组成关系到公共交通的功能。“硬”的公交服务体系主要包括公交结构体系、公交线网和接驳换乘体系三个部分；“软”的公交服务体系则主要包括与公交服务的舒适性、合理性相关的信息化、人性化服务、运行管理体系等。从对上衔接交通组织模式，对下指导交通设施配置出发，本节主要研究公共交通“硬”服务体系的设计。

新城发展初期公交系统服务质量较低，主要原因有公交系统结构本身有待完善、公交线网布设存在盲区、缺乏较好的公交接驳体系。新城公共交通服务体系设计的主要任务是：确立满足多样化需求的多元公交结构、层次化的公交线网结构和便捷高效的公交接驳换乘体系，形成多元公交为主体，换乘枢纽为核心，结构合理、互为补充、转换高效、平衡发展的多模式、一体化公共交通服务体系。

建立多模式公交服务体系，主要为实现以下目的：强调运输方式的多重性、平等性和包容性，满足不同属性居民多样化出行需求；各运输方式结构比例随需求结构变化趋于一致，保持动态平衡；强调多方式联合运输，追求各层次公交线网和设施的衔接与整合，实现运输过程的连续性、无缝性和全程性；充分发挥不同运输方式各自优势，合理利用，互为补充。

（2）公共交通结构体系构建

公交结构体系主要指由不同公共交通方式有机组合而成的整体。常规的公共交通方式按运行模式主要划分为轨道(轻轨)交通、快速公交(BRT)、地面常规公交和出租车等，常规公交按线路功能又分为公交主干线、公交次干线和公交支线；按服务特性划分为固定线路服务、多样化线路服务、合同租用服务和需求响应服务四类；按服务等级划分为城市级公交、地区级公交和社区级公交。划分模式尽管不同，但是说明了新城公交体系的多模式、多层次属性。

新城特定的多样化出行需求和道路空间结构特征，要求合理选择适用的公交方式，明确不同公交方式的功能定位和服务模式。如大城市包括特大城市新城应以轨道交通方式为骨干，常规公交为主体，承担主要的客流出行，而对于常规公交线路很难延伸和覆盖的地区，可采用社区公交服务地区的集散出行。新城应根据城市规模和经济发展水平，构建包括轨道交通(轻轨)、有轨电车或快速公交、常规公交为主体、社区公交为补充、特色公交和出租车为响应性需求的多模式公共交通结构体系。

多模式公交结构体系如图 5-6 所示。

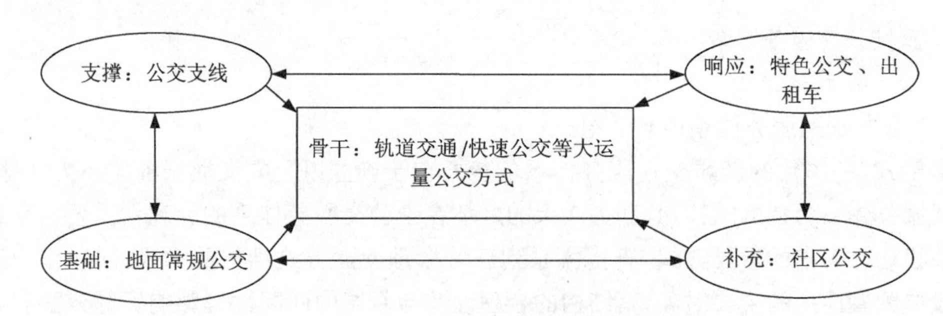

图 5-6 新城多模式公交结构体系组成

公交结构模式与服务特性、服务等级的对应关系如图 5-7 所示。

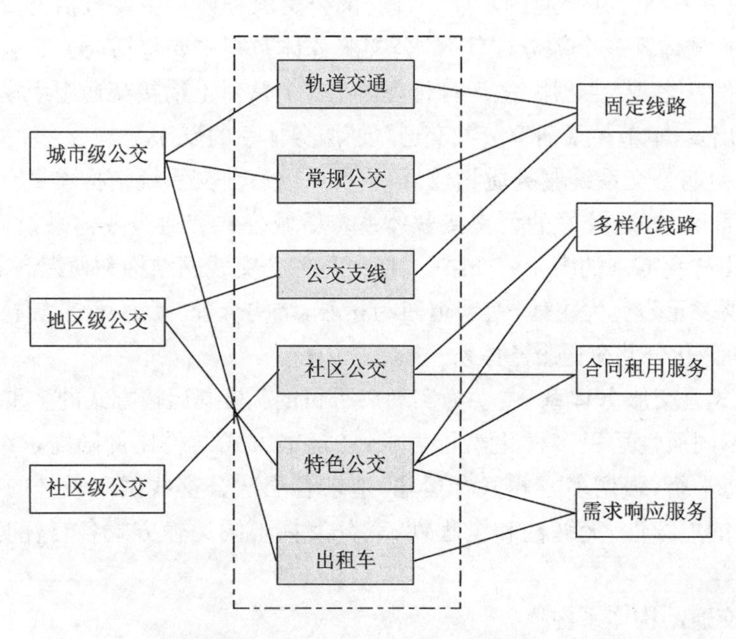

图 5-7 新城多模式公交结构体系与服务特性、服务等级对应关系

2）公交网络整合设计

公交线网布设与衔接换乘体系设置都是在多模式公交结构体系指导下进行的。对于公交线网结构的设计，应结合不同公共交通方式的功能定位、服务区域、服务模式等具体特征进行研究，而公交换乘体系应在线网结构中起到核心的作用。

公交网络层次主要划分为骨架网、主体网、辅助网和特殊网。骨架网承担主要客流走廊的交通需求，联系主要组团中心，是公交线网的结构；主体网承担主要的公交出行需求，是公交线网结构的主体；辅助网是骨架网和主体网的补充，以提高公交覆盖率为主，提供辅助公交服务；特殊网以满足特殊条件下的交通出行需求，是特色公交服务。

公交线网结构设计应依据公交结构体系确立层次化公交线网的组成结构，明确各层次公交线网的功能、服务对象和服务区域，在此基础上以换乘枢纽为核心，对各层次线网及不同层次线网之间进行整合衔接，形成互为补充、结构合理的运行高效、衔接顺畅的一体化公交网络。

公交换乘体系是实现公交运行连续性、无缝性的关键。公共交通要实现一体化，必须通过换乘枢纽，充分发挥各自优势，使各种交通方式合理衔接，形成有机整体。公交换乘体系也包括停车换乘，重点是以轨道为核心的衔接换乘体系。

新城多模式公交服务体系的合理配置需要明确不同公交方式的功能定位、服务对象、服务区域、服务模式，具体见表5-9所示。

表5-9 新城多模式公共交通服务体系配置

公交方式	功能定位	服务对象	服务区域	服务模式
轨道交通/快速公交	公共交通骨干组成，公交线网的骨干网，公交优先的主要体现	跨区长距离出行	新城附近客流通道、公共交通走廊区	在新城内部及周边设置轨道枢纽站点，结合换乘枢纽联合使用，与主体网、辅助网及特殊网形成良好衔接
常规公交	公共交通的基本主体，公交线网的主体网	新城对外交通出行及内部中长距离出行	公共交通走廊区及公交优先区	以公交走廊为基础，公交枢纽为核心，提倡多层次、衔接顺畅的公交服务，优先建立包括公交专用道在内的公优先系统
公交支线	公共交通的支撑模式，公交线网的辅助网	新城内部中、短距离出行或换乘出行	公交优先区、交通宁静区	高线路密度、高站点密度和灵活车辆类型提供高水平公交服务
社区公交	弥补常规公交无法延伸和覆盖的区域，提供居民集散出行服务的辅助网	区内集散出行	公交优先区、交通宁静区	小型公交车辆、灵活的站台设置和停靠服务，与轨道和干线公交良好衔接
特色公交	满足新城旅客游玩、休闲为目的的出行和内部换乘出行的特殊网	旅游客流为主体，新城内部出行为辅	旅游区、公交优先区、交通宁静区	电瓶车或公共自行车提供灵活的需求响应服务

5.4 新城交通服务体系配置策略

5.4.1 新城交通系统资源差异化配置

1. 新城交通分区

新城交通分区具有层次性，分为交通方式分区和交通设施分区两个层次。

交通分区在分区精度方面表现为分级细化，交通方式分区可以相对较粗，一般按照较大范围的组团来划分。交通设施分区应与交通方式分区一致或更为细化，一般结合主导的用地性质按照片区来划分。在制定交通策略方面表现为梯次推进，上层分区为下层分区策略的基础，下层分区要响应上层分区策略。例如苏州工业园区根据不同片区的主导产业不同，其城市功能对交通需求的差异化特征，划分了金鸡湖中央商务区、阳澄半岛旅游度假区、独墅湖科教创新区、高端制造与国际贸易区四个区，如图 5-8 所示。

图 5-8 苏州工业园区分区

交通分区边界线选取时应尽可能以山脉、河流等自然分隔和铁路、道路等设施作为交通分区的边界，应满足唯一性和完整性要求。唯一性准则要求同一分区有主导的交通策略，并要求下层交通分区对应唯一的上层分区。完整性要求保障对研究空间范围的全覆盖，没有遗漏和空缺。交通分区的小区划分规模应满足“疏密结合”原则，对于用地功能相对单一、开发强度低的地区，交通需求相对简明，分区可相对较粗，而用地混合程度高、开发强度高的地区，交通需求格局复杂，交通分区应加以细化。

2. 交通方式分区

交通方式分区服务于大范围片区或组团，引导各类交通方式在不同片区充分发挥优势与效用，公平分担社会成本，主要研究内容包括不同分区的差异化交通方式发展策略、并提出预期的出行结构分布目标、机动化交通方式的可达性总体要求、重大交通基础设施的战略部署和对新城空间结构的反馈。新城总体格局以及交通需求和供给总体特征是交通方式分区的重要依据。交通方式分区具体分为慢行优先区（或公交优先区）、公交引导区以及协调发展区。

慢行优先区主要集中在以慢行交通为绝对主导出行方式的区域。此类区域特征是用地难以深度二次开发，机动车交通与慢行交通矛盾冲突大，交通设施扩容有限，是交通问题最为突出的区域。应以营造良好的慢行出行环境为首要原则，以强化公共交通优先发展政策，加强大中运量公共交通设施建设，严格控制小汽车交通出行为主要发展原则。

公交引导区主要集中在近中期新城主要集中开发的商业、居住或大学城等片区，此类区域也可称为TOD区域。此类区域一般现状用地功能相对单一，配套功能不完善、交通需求量较小，有足够的交通扩容空间，应充分考虑未来城市配套功能完善，人口迁移完成后的交通需求高速增长，交通政策的提出应围绕TOD指导原则和重大交通基础设施用地弹性预留来开展。

协调引导区主要集中在工业区以及高新技术产业区。此类区域一般用地功能单一，开发强度较低，慢行交通和公共交通出行需求相对较少，对个体机动化交通依赖较强，交通扩容空间充足，应以公共交通和私人交通共同引导片区发展，以协调发挥不同交通方式优势引导片区开发为主要原则，以中低强度的公共交通优先和私家车限制为主要发展政策。

3. 交通设施分区

新城空间布局呈现“分区分块”的特征，交通设施配置需要响应不同用地类型要求，交通设施需要结合具体用地类型和交通需求特征进行差异化配置。交通设施分区主要面向片区开发层面，应在全面落实交通分区政策基础上，重点解决不同片区交通设施空间规模控制问题，针对不同片区分别提出交通基础设施规划交通指引。主要研究两方面内容，首先明确分区的不同方式可达性要求，对不同分区的联系通道、不同分区公交线路站点覆盖率以及线路等级提出要求。制定片区内部道路网设施、停车设施、公共交通设施和慢行设施规模控制要求。主要为分区路网总体密度和支路网密度等控制性指标；公共交通线网密度、首末站、公交枢纽站布设；机动车和非机动车的停车设施供给规模与布局选址；慢行专用道（区）规模方面提出要求。

为保障交通设施规划与运输系统优化相衔接以及与土地利用相协调，以交通方式分区、用地类型和初步交通出行需求分析以及交通设施供应水平作为交通设施分区的重要依据。用地类型和交通需求分析为主要分区依据，设施供给水平为参考依据，同时交通设施分区应在用地类型的基础上按照新城所隶属的城市区位判断区域属性，以确定交通设施分区。交通设施分区的土地和交通一般特性如表5-10所示。

表 5-10 不同用地类型交通资源配置要求

用地类型	用地特征	交通特征	交通资源配置要求
公交走廊区域	支撑型走廊沿线公建开发强度高，就业集中，以居住、商业和办公用地为主，穿越片区中心，与客运枢纽衔接	交通发生吸引集中，客流高度密集，慢行交通需求大	以轨道交通强化走廊，引导用地开发，控制停车泊位，优化步行环境
对外枢纽区域	周边用地开发强度高，土地混合程度较高，用地类型以居住、商务和商业为主	交通需求量大且复杂，换乘需求量大，慢行交通需求相对较高	采用小间距高密度路网，整合公共交通网络，控制停车泊位
商业金融用地	土地开发强度极大，建筑密集，用地混合程度较高，就业岗位集中，旧城商业区范围较大，新城范围较小	商业商务活动显著，交通吸发性极强，商业区内部出行以步行交通为主要交通方式	采用小间距高密度路网，以公交引导商业用地开发，控制停车泊位，优化步行环境
居住用地	旧城开发强度相对较高，用地混合程度较高，就业岗位较多，新城居住区开发程度中等，用地功能相对单一	旧城居住区高峰期出行高度集中，新城居住区潮汐交通较为明显，高峰出行集中	充分保障慢行交通运行环境，采用中等密度路网，注重公交场站的设施，满足停车需求
工业用地	开发强度中等，用地一般混有居住和商业功能	潮汐性交通现象，货物运输量大	路网密度可适当降低，通过高等级道路系统引导开发，增设货车停车泊位，满足停车需求
旅游资源用地	占地面积较大，闭合性较强，周边中小型商业开发较多	季节性交通较为明显，客流在景区间转换频繁	建设旅游公交枢纽，开辟旅游公交专线，提升支路网密度

5.4.2 新城交通方式衔接

1. 公交枢纽分级与功能定位

新城交通运输系统中，多种交通方式并存、交通可达性和机动性分层，交通衔接成为整体出行环节运行效率损失最大环节。公共交通枢纽是交通方式无缝衔接的关键环节，通过交通衔接系统将各种交通方式内部、各种交通方式之间、私人交通与公共交通、新城内部交通与对外交通有效衔接，发挥交通系统的整体效益。

面向交通功能组织的公共交通枢纽主要服务于新城内部以公共交通为主体的各种客运交通方式之间的换乘，同时集散新城与主城区或其他组团之间的交通需求。根据交通衔接系统包括运输系统间中转以及运输系统与集散系统间的中转，新城公交换乘枢纽也可再分为两类，一类是以运输系统中转为主要功能的轨道交通（或 BRT）公交枢纽，以轨道交通（或 BRT）为中转对象，有 2 条以上轨道线路相交或结合的客流集散点，实现轨道交通、公交车、出租车、社会车及非机动车的衔接和换乘，服务于多个片区的客流。另一类是运输系统与集散系统间衔接的换乘枢纽，主要实现轨道交通、常规公交之间的换乘衔接，服务于片区内的客流。具体如表 5-11 所示。

表5-11　新城公共交通枢纽分级标准及功能

分类	交通功能	交通设施配置
综合公交运输枢纽	运输系统中转设施，为多个片区服务	轨道交通、P＋R、B＋R、出租车站点、常规公交
一般公交运输枢纽	集散系统与运输系统中转设施，服务于特定片区	常规公交

2. 对外交通与新城交通衔接

对外交通设施是新城对外交通的门户，代表了新城交通的形象。便利、快捷、安全的内外交通衔接系统有利于新城内外人流物流的输送和运转，保证新城生产和生活的正常进行。内外交通衔接在规划布局上应保证新城内部交通设施与对外交通出入口之间具有较短的换乘距离。

新城所在各区充分践行TOD理念，建设以轨道换乘站为新城综合交通枢纽，作为新城对外辐射的门户枢纽，同时兼顾与中心城及其他新城间快速联系。

新城要锚固交通枢纽，突出轨道交通和骨干路网的支撑作用，针对部分新城对外枢纽功能不强、与区域广泛联系的城际轨道网络尚未建立以及骨干路网系统性不足等问题，重点强化市域线融入都市圈城际线网络，强化新城交通枢纽在网络中的节点作用，并加强新城骨干道路与区域路网衔接。加快推进"一城一枢纽"规划建设，规划建设"内外衔接""站城一体"的对外综合交通枢纽，促进对外交通与新城内部交通的快速链接，推进枢纽及周边区域不同功能集聚和综合设置。同时加强站城融合，优化枢纽布局，提升枢纽能级，通过枢纽整合新城交通方式，提升内外交通转换水平，围绕枢纽开展综合开发，充分践行TOD理念，加快推动站城融合和交通引导城市发展。

3. 公共交通系统衔接

公共交通间的整合要求各功能不同的线网之间能够形成层次清晰、功能明确的公共交通系统，既满足居民出行需求的多样性，又能够通过常规公共交通间的一体化发挥整体效应，实现资源的合理利用。在发展轨道交通或BRT的新城，公共交通运输组织应以大中运量公共交通设施为基础，基于大中运量公共交通线网形成不同功能层次的地面公交线网。

轨道交通设施(或BRT)作为城市重大交通基础设施，一经投资建设，其线路很难调整，轨道交通与常规公交功能整合大多通过调整常规公共交通线路与轨道交通走廊主动衔接，一般来说，常规公交可以有三种线网组织方式与轨道交通衔接，具体如图5-9所示。

常规公交是轨道交通或BRT的互补型次干线路。由于轨道交通站间距较大，服务的可达性较差，轨道交通的客流走廊上仍然需要一些与其平行的公交线路。这些线路站距离很短，平均站距一般不超过轨道交通平均站距的一半，主要为轨道交通客流走廊沿线提供短途出行服务，以弥补轨道交通功能上的不足。这些线路还能为轨道交通的运能发挥补充作用，一旦出现大客流，轨道交通运能不足时，这些线路可以通过组织大站快车形式为轨道交通实施分流。此类常规公交与轨道交通衔接主要考虑常规公交对轨道交通覆盖范围的加密，一般采用常规公交与轨道交通并联的方式，或布设在同一条道路上，但此种方式容易形成两种公共交通方式间的竞争，平行路段不宜过长，具体如图 5-9 所示。或布设在两条相近的平行道路上，平行段可以保持相对较长的距离，但应尽可能保证常规公交与轨道交通可以形成多处换乘。

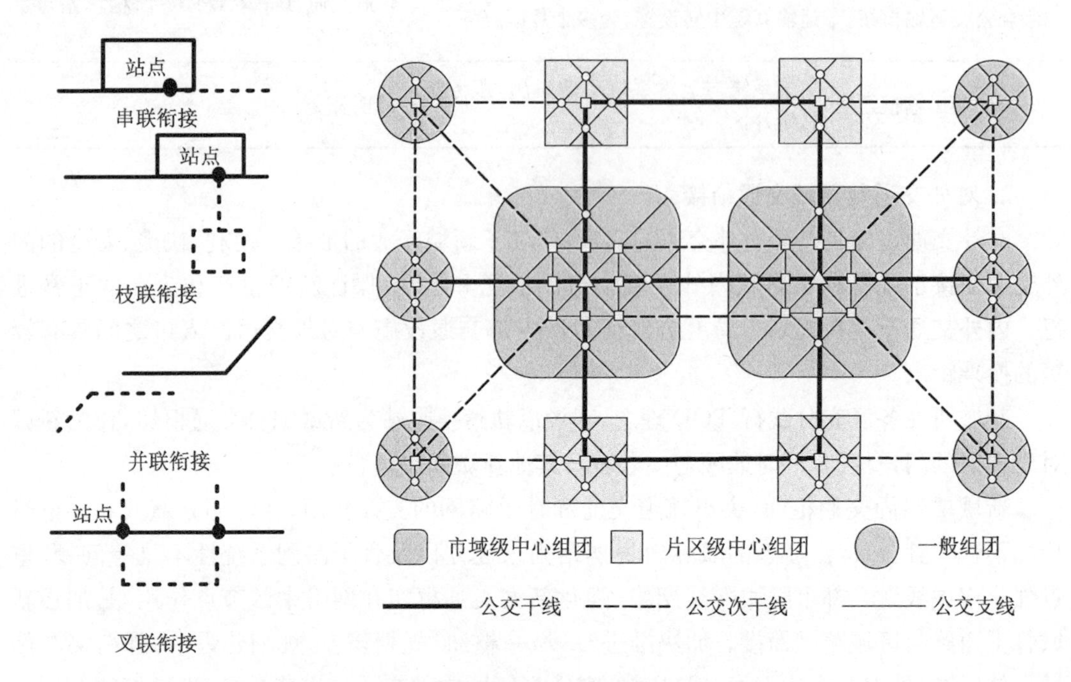

图 5-9　不同等级公共交通线路功能整合方式

常规公交作为轨道交通或 BRT 填补型骨干线路时主要针对轨道交通线网覆盖比较薄弱的区域，一般为处于在城市外围区的新城。此类新城仍然需要骨干型的地面公交线路服务。该类新城一般在轨道交通终端处引入常规公共交通，作为新城内部的骨架线路，弥补轨道交通网络的空白，服务于新城内部未被轨道交通覆盖区域的出行。此类常规公交与轨道交通的衔接主要是面向站点两侧的客流，公交支线作为公交干线服务的延伸，一般采用串联的方式，轨道交通与常规公交有一个共同的站点作为联系，不同层次线路相连结在一条线上。常规公交作为轨道交通接驳线型支线时，接驳型的公交线路，主要是为轨道交通车站接驳服务，为轨道交通车站"喂给"客流。接驳型公交线路主要分布于轨道交通线网密度较低的区域，重点为大型居住区、工业园区、开发区等提供至就近轨道交通车站的短途接驳服务，同时也为区域内短途出行提供服务。此类公共交通与轨道交通衔接一般采用开行环线的方式，形成轨道交通一个"分枝"。

4. 公共交通与小汽车交通衔接

公共交通与小汽车交通衔接的核心内容是停车换乘规划，停车换乘应坚持区域差别化的原则，即针对新城的地理区位，如核心区、主城区和外围区等不同区域范围内对 P+R 设施的功能要求差异进行灵活设置。具体如表 5-12 所示。

位于核心区的新城，通常在组团中心区或重点区域的周边设置 P+R 设施，通常也是停车供给与停车需求矛盾最大的地区。这类设施的规划目的就是要将中心区内多余的停车需求转换为公共交通。P+R作为一类特殊的换乘设施，兼有公共停车场和换乘停车场的功能，如何确定核心区边缘需求量在一定程度上反映了边缘P+R设施的性质。当需求量完全按照实际的供需差额来确定时，核心区边缘P+R设施从功能上承担了中心区公共停车场的功能，作用仅仅只是使中心区的停车需求转移到边缘地区。当采取缩小供需缺口、控制停车需求的策略确定需求量时，边缘P+R设施才真正起到停车换乘的功能。但无论采取何种策略，一旦这类设施的需求量确定之后，理论上全部需求都必须得到满足，否则可能加剧中心区的交通拥挤，造成路边违章停放等不良现象。

表5-12　不同区域P+R设施功能定位

设施类型	停车换乘设施主要功能
核心区边缘P+R停车场	适当弥补区域内停车设施不足，改善停车矛盾集中，保持中心区活力
	截断车流，限制进入城市中心区
主城区近程P+R停车场	截断车流，限制车流进入城市中心区
	引导通勤出行向公共交通转变，抑制小汽车进城需求
外围区中远程P+R停车场	截断车流，限制车流进入城市中心区
	引导通勤出行向公共交通转变，优化出行方式结构
	减少小汽车长距离出行，减少污染，保护环境

位于主城区的新城，其近程停车换乘点主要位于城市边缘区以外的轨道交通站点，其周围地区在站点建设前开发程度不高，附近开发的用地大多为居住用地，其功能主要是为站点附近的居民通勤交通服务。轨道交通在此类区域站距一般较长，大多数交通属于组团间或城镇间长距离出行，停车换乘主要结合轨道交通站点来布设，主要目的是引导小汽车方式在其出行早期便完成向轨道交通方式的转换。

位于外围区的新城，中远程P+R设施主要服务对象为到中心区就业者，主要目标是配合中长期城乡公交一体化规划布局体系，为城乡公交线路集散客流。从功能上看，将是今后促进居民出行方式转换的主要设施，此类设施与主城区近程P+R设施布设较为类似，结合轨道交通站点来布设，引导小汽车方式在交通结构成型前期向轨道交通转换。

5. 自行车交通与公共交通整合

自行车停车换乘实施需要有高质量的公共交通服务为前提。考虑到目前常规公交服务质量难以达到较高的标准，自行车与常规公交换乘联合优势无法体现出来。如果常规公交能提高服务水平，仍将是自行车换乘对象的重要组成部分。城市轨道交通在单位运能、运输速度和舒适性上比其他公共交通工具更具优势，轨道交通是自行车停车换乘的最佳选择。实现自行车与轨道交通换乘衔接，必须在整个换乘系统的构建上形成一套完整而有效的方案。新城快速轨道交通与自行车换乘衔接要从点、线、面三个层次考虑。在“点”上，要求换乘方便、衔接紧密；在“线”上，要求线路通畅、连续；在“面”上，要求层次清晰，与新城发展协调一致。

轨道交通站点是乘客乘降的场所，是出行的出发、换乘与终止点。轨道交通换乘站点为轨道交通与其他交通方式相联系的纽带，自行车与轨道交通的换乘要在换乘站点完成。当换乘车辆从站点吸引范围内的各处集聚到换乘站点时，换乘站点主要完成两个功能：换乘与停车，换乘就是在一次出行期间不同交通工具间的连接或不同交通线路间的连接，本文即指来自吸引范围内各个方向的自行车在站点处改换为轨道交通方式继续出行；停车是指换乘站点为集聚而来的自行车提供安全、方便的停车场所。对于换乘站点的规划，是整个自行车与轨道交通换乘系统的关键。

在换乘过程中，遍布在吸引范围内各个方向的线路在换乘站点处交汇，将换乘的自行车交通通过这些线路快速的集散。换乘自行车需要道路有一定的连续性与衔接性，以保证快速、安全的抵达换乘站点。在站点吸引范围内的道路等级不同，道路上分布的各种交通流，对换乘自行车交通都会产生干扰，需要对联系吸引范围内居住区与换乘站点的道路进行优化改造，形成不同等级的自行车道路，提高衔接道路的连续性，保障衔接道路上自行车交通的通行权与先行权实现换乘的自行车交通快速的集散，最大程度地提高新城整体客运运输效率。

轨道交通站点和站点吸引范围内各条与站点衔接的线路，共同组成了一个区域范围的换乘体系。对于自行车换乘轨道交通，需要在“面”的层面协调规划，形成规模恰当、布局合理的自行车专用道路网。

5.4.3 新城道路功能结构配置

在公交优先前提下，无论是道路功能划分，还是空间资源配置，都应优先考虑公交优先的落实。公交优先在道路网规划中的实现，除了交通功能上应以满足公共交通运行外，更要重视公交优先路权的落实。尤其在控制性详细规划这一法定规划阶段，着重推进公交优先在道路设施上的落地。保障公交优先的落实，道路网规划方案中不仅需要满足公交覆盖率要求的密度和间距外，合理的功能结构体系能更好地体现公交优先，指导道路空间配置向公共交通倾斜。

新城道路功能和空间配置除了需要优先满足公交发展的需求，还需要处理好交通空间与公共空间、市政空间的关系。交通空间上，优先满足公共交通运行所需的空间资源配置，保证慢行交通出行的需求，兼顾机动车通行空间的需要；公共空间上，重点保障慢行空间、居民公共活动空间的需求，尤其是完整街道的布设；市政空间上，应综合市政综合管廊建设的需求，充分预留和合理布设市政综合管廊设施。在新城道路功能结构体系配置上，应综合红线控制、断面设置等要素，提出相应的配置体系。

1. 公交优先对道路分级的要求

新城多模式公共交通服务体系下的公交线网主要由轨道、快速公交、地面常规公交以及特色公交四个层次的线路组成。各层次线网之间必须保持相互配合，紧密衔接，才能发挥共公共交通系统的整体效益。综合考虑新城公交线路分级及服务对象，将新城公交线路分为轨道、有轨电车(或轻轨、BRT)、公交直达快线、地面公交干线、支线和特色公交六类，各类线路对道路设施的配置要求如表 5-13 所示。

表 5-13　新城公交线路分级配置

配置要求	轨道	有轨电车/BRT	公交快线	公交干线	公交支线	特色公交线
线路功能	大运量骨架线路	大中运量骨架线路	中运量骨架线路	公交骨干线网	补充线网	公交网络的集散线路及需求响应型线路
线路性质	长距离跨区出行、公交客流主通道		区间客流出行，主要客流廊道	区间客流出行，新城客流主要集散通道	中短距离客流出行，区内出行为主，加密公交线网	区内集散和转换客流出行，公交网络的补充形式，提供换乘
运营速度(km/h)	35～40	20～35	20～30	15～20	15	12～15
运行道路	—	快速路、主干路	快速路、主干路	主干路、次干路	次干路、支路	次干路、支路
场站	公交枢纽站	港湾式车站	公交枢纽站	港湾式车站	港湾站/直线式车站	直线式车站
公交专用道类型	—	专用路权	公交专用道	公交专用道	公交专用道/无	无
断面要求	—	硬隔离专用道路	划线/软隔离	划线/软隔离	划线隔离	专用路/无

根据表 5-13 所示，分级公交线路的运行需要相应的等级道路提供载体，尤其断面型式、公交专用道布设、公交专用路设置、场站设施设置等需要相应的道路空间予以保障。

为满足不同等级公交线路对新城道路的要求，道路功能结构配置应在功能匹配性、红线宽度、断面型式、交叉口设置等指标上与公交线路分级保持协调。如表 5-14 所示。

表 5-14　公交线路与城市道路分级匹配关系

配置要求	地铁	有轨电车/BRT	公交快线	公交干线	公交支线	特色公交线
与道路等级匹配	主干路	主干路、次干路	快速路、主干路	主干路、次干路	次干路、支路	次干路、支路
道路红线(m)	35～45	35～50	45～55	30～45	12～40	4～24
双向机动车道数	—	6/8	6/8	4/6	2/4	1/2/4
交叉口设置	分离	专用进口道/立交分离	立交分离	专用进口道/无优先	无优先	无优先
道路横断面型式	四块板	四块板	四块板	三块板	一块板/三块板	一块板

2. 公共空间与新城道路空间配置

道路空间除服务于交通出行的交通性空间外,公共空间也是其重要的功能要求,包括公共交往空间、景观空间等。不同等级道路上的公共空间配置要求也有所不同,高等级道路由于以快速通过性机动化交通功能为主,不适宜布设过多的公共空间,而以集散、生活性为主的道路,为提升地区活力,应注重公共空间在这些道路上的配置。为适应公共空间在新城道路上的配置,在道路等级划分基础上,更应侧重道路本身功能的强化,尤其在道路红线控制上,需结合功能要求提出红线标准,如支路的红线宽度必须控制在 16 m 以下。

在倡导空间共享要求下,新城道路交通空间与公共空间的融合已经成为发展趋势。原先以交通功能为主的新城道路已经开始逐步转向交通与公共活动功能融合的“完整街道”转变(见表 5-15 和表 5-16)。国内外城市已有典型的实践经验,并积极开展了交通空间与公共空间的发展研究,积极探索通过街道活化提升街区活力,制定了完整街道规划与设计导则,取得了显著成效。如巴黎的共享空间计划提倡慢行优先,人车共享;英国的稳静化设计;美国丹佛 16 街改造等。

表 5-15 传统街道设计与完整街道设计比较

指标	传统街道	完整街道
交通功能	机动性——运输工具的移动(主要指机动车出行)	通达性——人们获得期望的服务和进行活动的能力(主要指人的出行活动)
设计目标	出行速度最大化	总体通达性最大化
性能指标	道路服务水平、平均车速、交通延误等	多方式服务水平、不同人群获得服务或进行活动所需的时间与费用
路网结构	低密度、大尺度街区路网	高密度、小街区路网
优先设计考虑内容	车辆行驶速度、交通流量	容纳多种交通方式
设计速度(km/h)	50～80	30～40
道路网连接程度	道路网连接程度较低	道路网连接程度较高且包含人行道
街道活力	行人活动空间受限,活力充足	行人活动空间充分,活力充足
设计要素优先顺序	机动车＞公交＞慢行	慢行＞公交＞机动车

表 5-16 完整道路横断面规划配置原则性要求

规划内容	指标	强制性要求	控制性要求	建议性要求
空间范畴	完整空间	道路红线、绿线范围	办公、商业建筑至建筑退线	所有临街建筑至建筑退线
	交通空间	机动车道在道路红线内	人行道、自行车道在道路绿线内	人行道与建筑前区协同
	公共空间	建筑退让前 3 m 内	绿带与建筑前区协同	人行道、绿带、建筑前区协同

（续表）

规划内容	指标	强制性要求	控制性要求	建议性要求
公交专用车道	公交专用道	双向6车道及以上道路	双向4车道及以上道路	支路满足公交通行
	公交专用道允许车辆	公共汽车、定制公交、班车、校车	旅游巴士、紧急车辆	HOV、出租车
	公交车站	同时设计过街设施	紧邻交叉口	紧邻交叉口或立体过街设施
自行车道	路权保障	双向6车道及以上道路	双向4车道及以上道路	所有道路
	自行车与机动车隔离	双向6车道及以上道路	所有道路划线隔离	所有道路绿化隔离
	自行车与人行道隔离	合计宽度6 m以下高差分离	所有道路高差分离	所有道路绿化隔离
人行道	路侧人行道	有效宽度2.5 m以上	利用道路绿带	与道路绿带、建筑前区协同
	步行空间连续	建筑前区与人行道连接	建筑前区与人行道连续	建筑全区与人行道完整
	无障碍设施	盲道安全连续	缘石坡道设计满足轮椅出行	满足视力、听力、肢体障碍者出行
紧急车道	路权保障	其他车辆避让应急车辆	双向6车道及以上道路明确标注	双向4车道及以上道路明确标注
	允许车辆	消防车、救护车	警车、抢险工程车	
机动车道与交通稳静化	车道宽度	≤3.5 m	≤3.25 m	≤3.0 m
	交叉口拓宽	非交通干路不拓宽	所有道路不拓宽	交叉口缩窄
	交叉口转弯半径	采用规范要求低值	半径10 m	半径6 m
路侧停车	机动车道停车	根据拥堵情况划线	配套管理措施	严格停车管理措施
	建筑前区停车	保障人行道、建筑前区步行连续	建筑前区停车与红线空间置换	建筑地下停车代替

在街道理念下，公共空间对新城道路空间配置的要求应采取以下策略：倡导“慢行＋公交”的主导模式，提升街道通行效率；明确道路功能类型与断面形式，保障慢行路权，倡导慢行友好；采用新型交通设施，规范不同交通方式出行，保障街道安全；挖掘街道特色，赋予主题，通过系统规划和精细化设计，提升街道活力。

3. 市政空间与新城道路结构配置

市政设施布设是新城道路的另一功能，市政空间是新城道路空间的重要组成。国内的各级城市道路规划与设计规范中都明确了对市政设施布设空间的要求。传统的市政管线布设、排水设施布设，对新城道路红线、横断面型式都有具体的要求。在倡导集约化、综合布设市政管线综合设施背景下，提出了综合管廊的布设方式。

综合管廊指地下城市管道综合走廊，即在城市地下建造一个隧道空间，将电力、通讯，燃气、供热、给排水等各种工程管线集于一体，设有专门的检修口、吊装口和监测系统，实施统一规划、统一设计、统一建设和管理，是保障城市运行的重要基础设施和"生命线"。地下综合管廊不仅有利于市政管线设施的集中布设，节约道路空间资源，同时还有利于缓解交通拥堵问题，在新城建设中得到了较为广泛的应用。

按照相关规范，综合管廊划分为干线、支线和缆线三个等级，不同等级的综合管廊对道路等级、道路空间也具有不同的要求。根据《城市综合管廊工程技术规范》(GB 50838—2015)，当遇到下列情况之一时，宜采用综合管廊布设方式：交通运输或地下管线较多的城市主干道以及配合轨道交通、地下道路、城市地下综合体等建设工程地段；城市核心区、中央商务区、地下空间高强度成片集中开发区、重要广场、主要道路交叉口、道路与铁路或河流的交叉处、过江隧道等；道路宽度难以满足直埋敷设多种管线的路段；重要的公共空间；不宜开挖路面的路段。《规范》(GB 50838—2015)对综合管廊的布设位置也提出了明确的要求：综合管廊位置应根据道路横断面、地下管线和地下空间利用情况等确定；干线综合管廊宜设置在机动车道、道路绿化带下；支线综合管廊宜设置在道路绿化带、人行道或非机动车道下；缆线管廊宜设置在人行道下等。新城道路等级、横断面和各类型道路空间的设置标准应充分考虑综合管廊设置要求。

4. 新城道路分级与功能综合配置体系

综合考虑公交优先主导模式对新城道路分级的要求，协调公共空间、市政空间与交通空间的关系，需要在新城道路网规划、设计和使用各个环节完善道路分级配置，响应新城公交优先对新城道路分级的要求。本文按照新城交通出行构成，将区域内道路分为四个等级，7 个类别，分别从道路功能、服务对象、服务区域和交通规制等方面进行界定，具体分级配置如表 5-17 所示。

表 5-17　新城道路功能分级与空间配置

<table>
<tr><th>道路等级</th><th>道路类型</th><th>道路功能</th><th>服务对象</th><th>服务区域</th><th>交通规制</th><th>红线宽度(m)</th><th>断面形式</th><th>公交站台形式</th></tr>
<tr><td>快速路</td><td>Ⅰ</td><td>跨新城地区出行</td><td>过境交通</td><td>城市</td><td>机动车交通专用</td><td>50～70</td><td>—</td><td>—</td></tr>
<tr><td rowspan="2">主干路</td><td>Ⅱ</td><td>地区干道，沟通新城内外</td><td>对外交通</td><td>新城</td><td>机动交通优先</td><td>40～60</td><td>四块板，双向 6 车道</td><td>港湾式公交站</td></tr>
<tr><td>Ⅲ</td><td>公交走廊，沟通新城内外</td><td>公共交通
对外交通</td><td>新城</td><td>公交优先，兼顾社会车辆出入交通</td><td>35～50</td><td>三块板/四块板，双向 6 车道</td><td>港湾式公交站</td></tr>
</table>

（续表）

道路等级	道路类型	道路功能	服务对象	服务区域	交通规制	红线宽度（m）	断面形式	公交站台形式
次干路	Ⅳ	分流主干路，服务于新城内部中长距离出行，集散支路进出机动车流	内部交通出入交通	新城及社区单元之间	以机动交通为主，以慢行交通为辅，实现机非分流	24～40	一块板/三块板/四块板，双向4/6车道	港湾式公交站/直线式公交站
支路	Ⅴ—交通性支路	为主、次干路集散与分流交通，组织单向交通与微循环交通	集散性交通	社区单元之间及其内部	以慢行交通为主、机动交通为辅	16～26	一块板，双向2/4车道	直线式公交站/港湾式公交站
	Ⅵ—集散性支路	服务于区内短距离出行	内部交通小区集散交通	社区内部	慢行交通优先，兼顾机动交通	12～16	一块板，双向2车道	直线式公交站
	Ⅶ—生活性支路	区内商业、休憩、公共活动空间，步行专用道路	生活性交通	社区内部及街坊	限制机动车进入	7～12	一块板，单向1车道或双向2车道	简易直线式公交站

5.5　本章小结

本章通过分析新城对土地利用的要求、交通与土地利用的互动关系以及新城交通系统一体化的需求，研究了新城交通系统的结构组成与功能组织。根据新城交通系统组织模式与特征，分析了新城交通服务体系构建原则与要求，构建了新城交通指标体系与服务体系。提出了新城交通系统资源差异化配置、方式衔接、功能结构配置等服务体系配置策略，保障新城交通服务体系的顺利实施。

第 6 章　新城交通需求分析方法

6.1　新城供需双控式交通需求分析技术

6.1.1　供需双控模式内涵

当斯定律分析了高峰期交通拥堵以及交通拥堵与交通平衡理论之间的关系，提出“高峰期交通拥堵法则”(Law of Peak-Hour Expressway Congestion)：道路上的车辆行驶里程相对于道路的车道里程变化的弹性系数接近 1，随着道路的车道里程不断增加其道路行驶里程的需求也不断增加。

当道路上的交通流量超过其通行能力时会出现交通拥堵现象，通勤者会选择①在该道路的非高峰期驾车通行；②在高峰期选择其他线路通过；③在高峰期选择公共交通出行。当拥堵的道路得到扩建或改善后，又将会吸引更多的通勤者①在高峰期驾车通过这些道路；②从其他线路转移到这些道路；③在高峰期放弃乘坐公共交通而自己驾车，从而再次诱发道路交通拥堵。故在对城市交通不进行有效管制和控制的情况下，新建的道路设施会诱发新的交通需求，而交通需求总是倾向于超过交通供给。

当斯基于此提出缓解道路交通拥堵的四项基本策略：扩展道路通行能力；扩展公共交通的载运能力；提高道路使用的时间成本；对有限的道路空间进行定量供应，向道路使用者收费。

解决交通问题的思路由“单纯地增加道路供给”向“设施供给与调控交通需求并重”的方向转变[80]。供需双控模式就是通过交通供给与交通需求的双向调控策略来平衡供需关系，基于交通系统及交通出行需求的特征，在有限的交通资源供给约束下，重新审视交通供给与交通需求的关系[30]。交通供给方面，道路与公共交通设施是社会经济发展的基础，是维持城市或地区正常运转必不可少的载体；交通需求方面，交通运输是随社会经济发展产生的派生性需求，与土地开发强度和社会经济活动强弱有关。协调能力有限的交通供给与交通需求之间的平衡关系是保证新城良性发展的重要因素。应采取交通供给与需求并重的调控模式和相应的交通政策，从不同层面、不同阶段系统地解决新城交通问题，主动引导交通系统健康发展。

6.1.2　新城交通供给与交通需求的相互作用机理

交通最根本的目的是通过交通供给实现人和物移动的需求。当供应资源非常丰富时，传统四阶段预测的过程是有效的，它在一定程度上反映了社会系统发展对交通供应的要求。需求的发展超过了与供应资源的平衡点时，系统的失衡将导致系统的服务水平下降。交通资源的有限性决定不能仅仅以交通需求来确定交通供给。

交通供给与交通需求是城市交通系统结构的两个方面，他们相互刺激、相互制约，在不断地相互作用中循环反馈，呈现出供过于求、供求平衡、供不应求三种状态[81]。而作为一个健康的城市交通系统，供需之间的关系应该是一种稳定的平衡状态。

交通供需平衡分为总量平衡和结构平衡。总量平衡体现为整体交通承载能力能够满足交通需求总量的要求；结构平衡则主要体现在不同道路交通和公共交通的设施布局结构及功能等级结构对应的需求结构，即交通方式结构产生的不同方式出行量能够满足相应道路交通和公共交通设施的需求。只有供需总量平衡和供需结构平衡都得到实现，城市交通供需才能真正地平衡。

针对供需失衡问题，仅仅调控某一方面往往不能达到最佳效果，必须实行供需两方面的调控。对交通供给的调控主要是优化供给结构，即通过增加地铁、有轨电车等大中运量公共交通服务的供给、优化路网布局、改善道路功能结构等来实现供给总量的提高；对交通需求的调控主要是调整地块开发强度，优化需求结构，控制不必要的交通出行，降低需求总量；采用合理的交通组织模式（公交优先、慢行优先等），方便各种交通模式之间的衔接与转换；对私人交通采取适度的需求管理，提高运输效率高的交通方式的使用比例，从而提高交通承载力对交通单元的容纳能力。新城作为新开发地区，具有较好的可塑性和较强的弹性适应性，可通过供需双控模式对供需两个方面进行调控与优化，实现交通供给与需求的稳态平衡。

1. 供需双控模式对新城发展的影响

供需双控交通需求分析最终实现的目标是构筑一个多模式、高效集约、与土地开发相匹配的可持续交通体系。根据供需双控模式的内涵可知，供需双控式交通需求分析的对象是交通设施供给与交通需求，通过双向调控，实现相互依存、相互促进，并通过循环反馈，在一定条件下达到稳定平衡状态。供需双控区别于交通需求调控或者供给满足需求的交通发展模式，是通过交通设施的合理供给控制和调节交通需求，实现高效集约的可持续交通系统与城市土地开发的有机融合互动。

新城与城市中心区之间的交通联系是其交通服务的重要内容，即使是综合性新城，与城市中心的交通联系仍然较大。新城与城市中心之间的联系通道是交通压力最大、对土地开发影响最为直接的交通骨架。一方面，不解决交通通道的问题会限制新城的发展；另一方面，强化新城与中心城的联系通道，又会刺激通道沿线和新城的土地开发，引发更大的交通需求，进一步加强新城对中心城的依赖，使出行距离更远，交通问题更加复杂。供需双控模式从供需出发，在交通资源有限性和出行需求多样性下构建集约高效交通体系，合理优化土地利用模式，引导新城空间的紧凑布局与用地的集约开发，保证就业岗位和居住容量的平衡，一方面减少或缩短职住之间的出行距离，另一方面还要适当保证地区混合用地，保持地区活力。

由于新城一般存在高档商品房和拆迁安置房两类住宅类型，两类住宅中不同类型的居民对交通系统的要求存在差异。高收入、强时间观念的居民对交通系统服务水平要求较高,而内部生活的大量低收入、弱时间观念的居民则对交通系统不会有太高要求。合理引导交通需求和调控交通供给,构建新城交通多元化的交通服务体系并适度满足不同出行主体的出行需求十分必要,尤其需要注重低收入者享受交通服务的公平性。

2. 新城规划中交通供需双控模式的应用

交通拥堵、土地资源浪费等已经成为大城市普遍面临的问题,新城在未来发展中如何规避这些问题,已经是摆在交通规划面前的重要任务。城市土地资源、能源、环境等的约束,也要求新城交通体系必须具备高效集约、绿色低碳的特点。只有对城市日益增长的交通需求进行合理的引导,通过交通供给调控交通需求,才能应对城市发展带来的影响。新城这样一类新开发地区正是最佳的选择。

现阶段开展的新城交通规划中,新城交通需求分析仍然沿用传统四阶段预测,根据交通需求来确定交通供给。这一方法主要存在两方面问题:(1)缺乏有效的定量的交通需求分析方法指导新城用地布局、开发强度及交通系统规划。在规划阶段,新城的土地开发和交通系统建设的约束条件很少。通过交通供给与交通需求的平衡分析,可以构筑土地利用和交通设施布局更加匹配的一体化空间布局,为新城规划提供支撑。(2)传统四阶段方法适用于系统自平衡的城市交通系统分析,新城的交通出行构成与中心城市有很大的区别。

深入研究新城交通特征及发展要求,在传统城市交通需求四阶段分析的基础上,从交通需求和供给的关系出发,提出新城供需双控式交通需求分析方法,其目的是通过交通供给与交通需求的双向调控策略与方法来平衡供需关系,即引导新城开发形成与交通发展协调的城市空间结构,起到控制城市蔓延、疏解大城市人口的作用,同时增加土地的可达性和机动性,形成有吸引力的可居性社区,采取交通供给与需求并重的调控模式和相应的交通政策,从交通战略、交通系统、交通设施规划等不同层面、不同阶段的交通规划系统地解决新城交通问题,主动引导交通系统健康发展,最终实现一个多模式、高效集约的可持续交通服务体系,体现公交优先、慢行友好、职住平衡等要求。

6.1.3 新城供需双控式交通需求分析模型

新城供需双控式交通需求分析模型按照总量平衡和结构平衡分为自上而下的两个循环过程,实现新城的城市空间和交通设施布局规划的强反馈。

总量平衡根据新城规划空间结构方案及拟定的总体开发强度,测算新城总体交通需求;根据大中运量公共交通网络及道路交通系统的初步方案,考虑新城不同交通需求管理政策措施对新城交通模式的影响,对不同交通模式下交通系统的承载能力(即交通供给)进行测算,包括道路交通设施和公共交通设施两个方面;校核交通需求与交通设施承载能力比值,根据结果调整用地开发强度或者交通设施规模,并再次进行校核,直至交通需求总量与交通设施承载能力达到平衡。

在完成总量平衡的基础上,根据新城空间结构方案进行地块的用地类型和开发强度规划。从新城全方式出行生成和出行分布预测着手,建立新城交通生成-分布模型;应用两阶段方式选择模型进行交通方式划分，得到规划年组合公共交通及道路交通的交通需求。应用广义出行时间成本函数进行公交客流分配，采用用户最优分配模型进行小汽车车流分配，对分配结果进行评估。提出大中运量公共交通网络布局及用地规划的各项控制性指标的调整优化策略，进入下一个循环，重新计算交通需求，直到交通负荷处于合理水平。整体模型结构如图 6-1 所示。

6.2 新城交通供需总量平衡模型

6.2.1 基于开发强度的交通需求分析

不同的土地利用开发模式对应的是一系列不同的城市发展策略。如何协调土地开发模式和交通之间的关系在很大程度上关系着新城的运转效率。土地开发强度是城市土地利用的主要控制指标。反映土地利用强度的指标可用营业面积、营业额（产值）、职工岗位数、容积率等表示，从城市规模和控制的角度，通常以建筑密度和容积率来表示。故以容积率作为开发强度的研究对象。

容积率指城市用地的地块上允许修建的总建筑面积与地块面积之比，是表述用地开发强度的核心指标。容积率是我国新城新区规划建设的重要决策指标，其合理确定直接关系到地方政府的基础设施投入产出回报以及未来本地的交通运行效率。容积率在我国的城市规划建设中作为土地出让的法定依据具有强制性。容积率的确定在定性层面基本达成共识，即城市应适应不同规划阶段，分层次确定总平均容积率进行宏观调控，理性评估开发的外部性影响，从空间形态、环境效益与经济效益等方面分析综合确定容积率。但现实中对容积率的有效控制和实施仍然受到诸多挑战，容积率的确定与多种因素相关，如政府每年的城市投资及土地收益、环境容量、交通承载力等，太高或太低的容积率都会产生严重的不良后果。

新城作为城市中相对独立的空间单元，仅运用传统的容积率定量技术无法应对其开发容积率确定的要求。新城的容积率高低会影响人口密度与岗位密度，对交通需求会产生影响。在不同的开发强度情况下，应设置不同的公共交通主导模式。交通基础设施，特别是公共交通系统的选型与布局对容积率也存在较大的影响[82-84]。

根据《城市用地分类与规划建设用地标准》，城市用地可分为居住用地、公共管理与公共服务用地、商业服务业设施用地、工业用地、物流仓储用地、交通设施用地、公用设施用地、绿地 8 大类，44 小类。对于新城，从就业岗位和交通出行角度分类，占地面积比例大、产生主要的交通吸引量和发生量的用地类型主要包括居住用地、行政办公用地、工业用地和商业用地。在规划初期需拟定每种用地占地面积和平均容积率，参照《交通出行率手册》及新城所在城市出行率地方标准或经验值，估计各种用地高峰小时出行率，各地块面积、容积率与出行率的乘积之和即为新城总体出行需求。根据新城交通方式结构的分析从总体上确定各交通方式分担比例，基于新城总体出行需求估计新城公共交通和小汽车出行的需求，得到公共交通和小汽车的高峰小时出行需求。

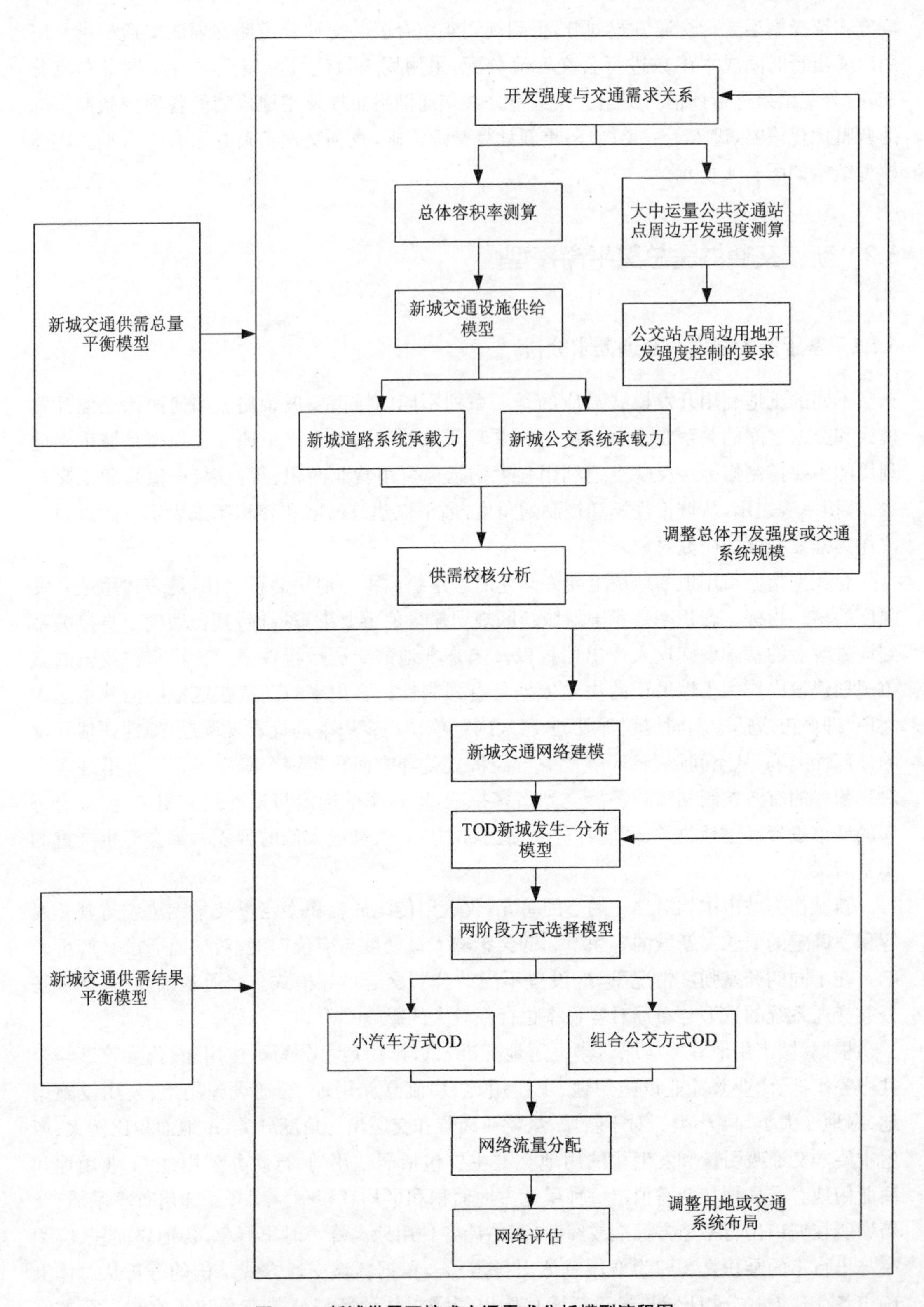

图 6-1　新城供需双控式交通需求分析模型流程图

在选择某种大中运量公共交通方式后，如何为车站周围土地确定一个合理开发强度和性质是一个非常关键的问题，关系到大中运量公共交通方式的健康运营以及新城的开发效果。轨道交通、现代有轨电车和快速公交等大中运量公共交通方式都有其各自的运输能力和特征，需要区别考虑其适合的站点周边土地开发强度。公交站点周边开发强度最低，但需足以支撑高频率的公共交通，防止出现土地开发强度与公共交通运输能力不匹配的现象，并且可以形成一个有活力的，步行友好的社区。另一方面，开发强度也不能超过这一公共交通运输方式的运输能力，造成公交服务水平的大幅下降。

针对轨道交通、现代有轨电车和快速公交，分别根据其各自的运输能力限制，定量推算站点周边的 TOD 开发强度。大中运量公共交通设施站点周边的土地开发强度应在影响范围内按照与站点之间的距离差异化设置。大中运量公共交通站点对周边区域的影响范围一般由步行合理区来确定，即乘客合理步行时间内所达到的距离。根据行人的步行速度、体力等多种因素以及中国目前的实际情况，认为步行时间 10 min、步行距离 500 m 是大多数乘客到达公共交通站点所能接受的最大步行距离。按照大中运量公共交通的影响范围，将大中运量公共交通站点周边 500 m 范围进行差异化分区，划分为 200 m 以内、200～500 m 及大于 500 m 三个圈层。

根据相关研究，土地开发强度对大城市轨道交通车站客流量的影响有一定的规律性，以车站为中心的 500 m 半径范围作为车站的影响范围，车站周边建筑容积率≤2.3 时，单位建筑面积产生的日均上下客流量指标可取 450～500 人次/(d・万 m^2)左右；2.3＜车站周边建筑容积率＜4.0 时，单位建筑面积产生的日均上下客流量取 600～650 人次/(d・万 m^2)左右；车站周边建筑容积率≥4.0 时，单位建筑面积产生的日均上下客流量取1 000～1 100 人次/(d・万 m^2)左右[85-86]。同时大型商场等消费娱乐设施对客流的集聚作用远高于一般性商业、办公及居住用地，当车站影响范围内规划布置大型商场等消费娱乐设施时，必须要对这类设施吸引的客流单独计算并迭加。站点日均上下客流量即可参照上述取值，根据站点 500 m 影响范围平均容积率计算。容积率取不同值时站点日均上下客流量计算值如 6-1 表所示。

表 6-1　站点日均上下客流量计算值　　单位：万人次/d

车站影响范围容积率	0.5	1	1.5	2	2.5	3	3.5	4	4.5	5	5.5	6
站点日均上下客流量	1.8	3.5	5.3	7.1	11.8	14.1	16.5	31.4	35.3	39.3	43.2	47.1

由表 6-1 可见，车站影响范围容积率达到 3 时，站点日均上下客流量就会达到 14.1 万人次/d。所有站点均进行高强度开发是不合适的，在进行 TOD 站点开发时需要对开发强度进行差异化考虑。快速公交和有轨电车相对于轨道交通，由于其自身属性限制，其对客流的吸引力会有一定程度的下降，粗略估计下降约 50%。快速公交和有轨电车的运输能力分别约为轨道交通的 1/4 和 1/3，则所能支持合适的 TOD 站点上下客流量也为轨道交通的 1/4 和 1/3。考虑两方面因素，快速公交模式和有轨电车模式的站点周边开发强度宜为轨道站点的 1/2 和 2/3。

不同站点处于新城的不同区位，周边地块开发强度会呈现较大差异。根据不同类型站点的特征确定适宜的开发总量规模和总体强度；依据梯度递减的原则进行开发规模分配。将新城站点分为新城中心站点、社区中心站点、枢纽地区站点和产业园区站点等四类，每条线建议设置1～2个新城中心站，1个枢纽地区站点，其余为社区中心站点和产业园区站点。

新城中心站点地区，适宜采取最高集约化的土地利用。站点地区内部空间布局，紧邻站点出入口可布置公共广场，兼具交通广场的交通组织和换乘的功能。公共设施用地可围绕公共广场布置，包括大型商业服务设施、商业性办公设施、文化娱乐设施等。社区中心站点地区，适宜进行以居住和配套性服务设施为主的中强度开发。围绕站点的社区中心，包括商业设施、文化娱乐设施、学校、公共绿地，将居民的公共活动、出行、购物活动集中化，站点地区成为新城的公共活动中心节点，适宜中高强度开发。枢纽地区站点，站点附近有对外交通或大型交通换乘枢纽等，站点与城市大型交通设施结合布置，同时考虑多种交通方式的换乘与衔接。紧邻站点的交通设施用地，开发强度相对较低，外围则为中高强度开发，以居住、商业和办公为主的土地开发。产业园区站点地区，适宜进行以商办、商住等混合用地为主的中强度开发，具体开发强度结合产业用地开发类型确定。

综合以上分析，提出公交站点周边用地开发强度控制的要求，如6-2表所示。这一开发强度和提出的各类型站点数量可与各类大中运量公共交通运输能力基本匹配。

表6-2　站点周边用地开发强度控制　　单位：容积率

站点类型	公共交通模式	200 m圈层	500 m圈层	>500 m圈层
新城中心站点	地铁	5～6	3.5～4	2.5～3
	有轨电车	3.5～4	2.5～3	2～2.5
	快速公交	3～3.5	2～2.5	1.5～2
社区中心站点	地铁	2～2.5	1.5～2	1.3～1.5
	有轨电车	1.5～2	1～1.5	0.9～1.2
	快速公交	1.2～1.6	1～1.2	0.8～1.2
枢纽地区站点	地铁	3.5～4	2.5～3	1.5～2
	有轨电车	2.5～3	1.8～2	1～1.5
	快速公交	2～2.5	1.5～2	0.8～1
产业园区站点	地铁	2～2.5	1.5～2	1.5～2
	有轨电车	1.5～2	1～1.5	1～1.5
	快速公交	1.2～1.6	1～1.2	0.8～1

6.2.2　基于需求管理的交通供给分析

在交通需求管理理念下，政府制定交通需求管理措施引导人们采取科学的交通行为、理智地使用道路交通设施及其有限资源。这些交通需求管理措施引导人们改变出行方式，通过公交系统优先、发展轨道交通、开辟"大容量车辆车道"等提高公共交通服务水平，配以拥挤收费、污染收费、停车管理、车辆配额、小汽车共乘等政策措施，推行 TOD 土地开发模式，引导人们把小汽车过度使用改为小汽车换乘轨道交通，选择公共交通、自行车、短途步行等低碳、绿色、环保的出行方式。新城由于其发展阶段、人口规模和功能定位的区别，制定了不同的交通需求管理措施，形成了新城不同的出行结构，主要以通勤目的出行为主，其他目的出行比例则主要跟新城类型有关，出行方式则以公共交通为主导模式，引导形成了以公共交通和慢行交通为主的交通出行方式结构。

新城交通供给分析可用新城交通承载力来衡量，即在研究范围和研究时段内，在一定的交通需求管理措施、交通时空资源调控和交通环境约束下，新城交通系统能实现的交通单元的最大移动量，表示为给定约束条件下不同交通出行方式结构可利用交通时空资源的函数。新城承载力的特征和大小可用表征变量来反映，主要包括新城道路系统承载力、新城公共交通承载力和新城交通环境承载力。这三者之间相互关系为：道路系统承载力和公共交通承载力是基础条件，构成了新城资源承载力，交通环境承载力是约束条件。

新城道路系统承载力指在研究范围和研究时段内，给定交通需求管理措施下道路网络设施所能服务的最大交通客流。新城道路系统承载力主要研究对象可分为机动车交通承载力和公共交通承载力。

1. 机动车交通设施承载力

以高峰小时各等级路网的道路有效运营长度，并考虑实际中的道路折减因素及公交车的影响，来确定路网的时空总供给资源，以路网周转率和车密度表示交通个体时空消耗资源，进而计算新城规划路网在高峰小时所能服务的最大机动车车辆数，通过平均载客数计算出高峰小时机动车交通设施系统所承载客流量。

1）*新城机动化道路有效时空总资源*

根据时空消耗理论，在一定时期内城市道路设施资源是有限的，并且在一定时期时空资源是相对稳定的。新城机动车交通设施时空总资源 TR_s 为：

$$TR_s = L \times T \tag{6-1}$$

式中：TR_s—— 新城道路设施时空总资源(km · h)；

L—— 新城道路网络机动车道总长度(km)；

T—— 新城道路网络单位服务时间，取高峰小时(h)。

新城控详阶段规划道路网的快速路、主干路、次干路及支路的长度分别为 l_1、l_2、l_3、l_4，则城市道路有效时空总资源为：

$$TR_{se} = \sum_{i=1}^{4} (l_i \times \eta_{1i} \times \eta_{2i} \times \eta_{3i}) \cdot T \tag{6-2}$$

式中：TR_{se}—— 新城道路有效时空总资源(km · h)；

$\eta_{1i}(i=1, 2, 3, 4)$—— 新城各等级道路有效长度系数；

$\eta_{2i}(i=1, 2, 3, 4)$—— 新城各等级道路交叉口利用系数；

$\eta_{3i}(i=1, 2, 3, 4)$——新城各等级道路机动车有效车道数，以新城控详阶段道路横断面规划为依据。

城市道路(高架路、快速路除外)应当为所有的交通方式服务。新城道路路网整体效能受机动车、非机动车和行人相互干扰而大大降低。道路有效长度系数 η_{1i} 必须考虑非机动车、行人及对向机动车的干扰。参考相关文献，各等级道路有效长度系数 η_{1i} 推荐值如表 6-3 所示，当机动车、非机动车专用系统发达时取高值，反之取低值。

表 6-3　各类城市道路有效长度系数 η_{1i} 推荐值

类别	快速路	主干路	次干道	支路	路网
符号	η_{11}	η_{12}	η_{13}	η_{14}	η_{1}
有效长度系数	1	0.85～0.95	0.8～0.9	0.7～0.75	0.7～0.9

城市的交通拥堵主要发生在交叉口，交叉口的服务水平制约着路段和路网的服务水平，交叉口时间资源的利用限制了路段空间资源的利用。新城各等级道路交叉口利用系数与交叉口控制方式、相交道路等级及路网等级结构等因素有关，参考相关文献，各类道路交叉口利用系数 η_{2i} 见表 6-4。

表 6-4　各类城市道路交叉口利用系数 η_{2i} 推荐值

类别	快速路	主干路	次干道	支路	路网
符号	η_{21}	η_{22}	η_{23}	η_{24}	η_{2}
交叉口利用系数	1	0.55～0.6	0.45～0.5	0.35～0.4	0.4～0.5

2) 新城不同类别机动车交通的动态时空消耗

根据机动车道路安全净空理论，车辆行驶过程是动态的、连续的，每辆机动车使用的道路资源可以被其他机动车重复利用。通过模型转换将高峰小时期间当量小汽车的时空消耗变为流量与行驶距离的函数，高峰小时当量小汽车时空消耗 TR_{dc} 为：

$$TR_{dc}=\sum_{i}h_{i}\times t_{i}=\sum_{i}\frac{1}{K_{i}}\times\frac{len_{i}}{v_{i}}=\sum_{i}\frac{len_{i}}{q_{i}} \tag{6-3}$$

式中：TR_{dc}—— 高峰小时当量小汽车时空消耗(km・h/pcu)；

$h_i(i=1, 2, 3, 4)$—— 车辆行驶过程中在各等级道路的平均车头间距(km/pcu)；

$t_i(i=1, 2, 3, 4)$—— 车辆在各等级道路的平均出行时间(h)；

$K_i(i=1, 2, 3, 4)$—— 各等级道路的平均车流密度(pcu/km)；

$v_i(i=1, 2, 3, 4)$—— 各等级道路的平均车速(km/h)；

$len_i(i=1, 2, 3, 4)$—— 车辆在新城中各等级道路的平均出行距离(km)；

$q_i(i=1, 2, 3, 4)$—— 各等级道路的单车道平均流量(pcu/h)。

常规公交车运营特征对道路交通流有影响，应将公交车单独考虑，从而使模型更符合城市道路交通流的实际情况。在测算交通需求时采用小汽车出行方式，在道路系统承载力部分应相应排除常规公交车能够供给小汽车的承载力。

设公交车在各等级道路的行程车速为 v_{bi}、出行时间为t_{bi} 则公交车平均出行距离为 $len_i = v_{bi} \times t_{bi}$，因此新城公交车的动态时空消耗为 TR_{db}：

$$TR_{db} = \sum_i \frac{k_b \times len_i}{q_i} = \sum_i \frac{k_b \times v_{bi} \times t_{bi}}{q_i} \tag{6-4}$$

式中：TR_{db}—— 新城公交车动态时空消耗(km·h/pcu)；

k_b ——公交车换算为小汽车的换算系数。

3）常规公交车高峰小时占用有效时空总资源

预测新城内常规公交车高峰小时在路车辆数为 q_b，可根据万人保有率和新城规划人口进行估计。公交车占用的有效时空总资源为：

$$TR_{sb} = TR_{db} \times q_b \tag{6-5}$$

式中：TR_{sb}—— 公交车占用的有效时空总资源(km·h)；

4）新城高峰小时机动车交通设施承载力

根据上述不同类别机动车占用的时空资源的分析，去除常规公交车辆占用道路总资源，可求出高峰小时道路系统承载小汽车为：

$$C_{car} = \frac{TR_{se} - TR_{sb}}{TR_{dc}} \tag{6-6}$$

为了计算道路系统承载客流能力，引入当量小汽车平均载客数，可以计算得高峰小时机动车交通设施承载力：

$$C_R = \left(\frac{TR_{se} - TR_{sb}}{TR_{dc}}\right) \times \alpha = \left(\frac{TR_{se}}{TR_{dc}} - \frac{TR_{sb}}{TR_{dc}}\right) \times \alpha \tag{6-7}$$

式中：C_R—— 机动车高峰小时交通设施承载力(人)；

α ——高峰小时当量小汽车的平均载客数(人/pcu)，其他符号意义同前。

5）新城高峰小时公共交通系统承载力

新城高峰小时公共交通承载力为公共交通系统在高峰小时内所能运输的最大乘客数。公共交通种类有地铁、有轨电车、快速公交和常规公交，新城的公共交通资源是有限的，每一位公交乘客在新城中的移动都要占据一定的运输资源。新城高峰小时公共交通系统承载力与公共交通系统总运输能力及个体乘客出行距离有关。

根据高峰小时路网的各种公共交通方式的营运里程及营运车辆数，计算各种公共交通方式高峰小时的运输能力：

$$TR_{itransit} = \frac{2C_i \times S_i}{t_i / 60} \times T \tag{6-8}$$

式中：$TR_{itransit}$—— 第 i 类公共交通方式运输能力(人次·km)；

$i = 1, 2, 3, 4$—— 地铁、有轨电车、快速公交和常规公交；

C_i—— 第 i 类公交方式的单车最大载客人数(人);

S_i—— 第 i 类公交方式在新城的运营总里程(km);

t_i—— 第 i 类公交方式的高峰小时发车间隔(min);

由公共交通系统总运输能力和个体乘客时空资源消耗可求出公共交通系统承载力为:

$$C_{\text{transit}} = \sum_{i=1}^{4} TR_{\text{itransit}} / l_{\text{itransit}} = \sum_{i=1}^{4} \frac{2C_i \times S_i \times T}{t_i / 60} / l_{\text{itransit}} \tag{6-9}$$

式中:C_{transit}—— 公共交通系统承载力(人);

l_{itransit}—— 第 i 类公交方式的乘客在新城平均出行距离(km),根据国内几种公共交通方式的经验值,地铁可取 8 km,有轨电车 7 km,快速公交 6 km,常规公交 5 km。

3. 交通环境承载力

新城交通环境承载力(Traffic Environmental Carrying Capacity, TECC)是指在一定时期和一定区域范围内,现实和特定的交通结构在交通环境系统的功能与结构不向恶性方向转变的条件下,交通环境所能承受的交通系统的最大发展规模,即交通系统的最大容量。根据上述定义,交通环境承载力可由两种交通环境承载力分量组成:交通环境资源承载力(Traffic Environmental Resourcing Carrying Capacity, TERCC)和交通环境污染承载力(Traffic Environmental Polluting Carrying Capacity, TEPCC)。

1) 交通环境污染承载力

根据交通环境承载力的概念,交通环境污染承载力(TEPCC)的定义为一定时期和一定地域范围内,在特定交通方式结构条件下,满足一定服务水平和环境质量标准要求下,在不超过环境系统自我维持和自我恢复能力范围内,环境系统容纳交通系统排放污染物达到最大量时,所支持的交通系统的最大发展规模。

环境系统所能容纳的污染物中有一部分是交通系统排放的,确定交通系统所排放的污染物数量占环境污染容量的比重,对交通环境污染承载力的计算至关重要。交通环境污染承载力(TEPCC)可用以下函数关系表示:

$$TEPCC_m = \min APC_m \tag{6-10}$$

式中:APC—— 大气污染承载力;

$m=1, 2$ 分别表示道路系统与公共交通系统。

2) 交通环境资源承载力

交通环境资源承载力(TERCC)是交通环境承载力的支持条件,交通系统的正常运行必须建立在对自然资源利用的基础上,主要用于交通系统的自然资源包括土地、能源和矿产资源。TERCC 定义为一定时期和一定地域范围内,特定交通结构条件下,不超过生态环境系统的自我恢复和自我维持的极限,交通环境系统所能支持的交通系统的最大发展规模[87]。

根据木桶理论,交通环境资源承载力应是下述三个资源承载力中的最小值:

$$TERCC_m = \min(\alpha_{\text{L}} LCC_m, \alpha_{\text{E}} ECC_m, \alpha_{\text{M}} MCC_m) \tag{6-11}$$

式中：LCC—— 土地资源承载力；

ECC—— 能源资源承载力；

MCC—— 矿产资源承载力；

α_L、α_E、α_M——LCC、ECC、MCC 的相对权重；

$m=1, 2$ 分别表示道路系统与公共交通系统。

从理论上讲，交通环境承载力应等于上述分项的最小值即：

$$TECC=\min(TERCC_m, TEPCC_m) \tag{6-12}$$

前文中计算得到的新城道路系统交通承载力中包括机动化承载力，而在机动化承载力固定的前提下，除机动化交通承担的出行需求外，其他出行应向公共交通甚至是轨道交通转移和承担。对交通承载力界定时以“人/h”为计量单位，此处计算新城交通承载力应以高峰小时系统最大运输量进行：

$$\begin{aligned} V_R &= C_{\text{road}} + C_{\text{transit}} \\ &= \sum_{i=1}^{4}(len_i \times \eta_{1i} \times \eta_{2i} \times \eta_{3i}) \times T \times \frac{q_i}{len_i} \times \alpha - \\ &\quad \frac{k_b \times v_b}{len_i} \times T \times q_b \times \alpha + \sum_{i=1}^{4} \frac{2C_i \cdot S_i}{t_i/60} / l_{\text{itransit}} \end{aligned} \tag{6-13}$$

式中：V_R—— 高峰小时新城交通承载力(人)；

T—— 城市道路单位服务时间，此处取高峰小时(h)；

α—— 高峰小时当量小汽车的平均载客数(人 /pcu)；

q_b—— 新城内公交车高峰小时在路车辆数，可根据万人保有率和新城规划人口进行估计；

$len_i(i=1, 2, 3, 4)$—— 规划新城道路网的快速路、主干路、次干路及支路的长度(km)；

$C_i(i=1, 2, 3, 4)$—— 地铁、有轨电车、快速公交和常规公交的单车最大载客人数；

$S_i(i=1, 2, 3, 4)$—— 地铁、有轨电车、快速公交和常规公交在新城运营总里程(km)；

$t_i(i=1, 2, 3, 4)$—— 地铁、有轨电车、快速公交和常规公交的高峰小时发车间隔(min)。

新城交通承载力的确定应充分考虑交通环境承载力、交通方式结构约束的影响，为此建立约束条件

$$\begin{cases} \sum_{i=1}^{n} k_{i\text{CO}} Q x_i L_i \leqslant E_{\text{CO}} \\ \sum_{i=1}^{n} k_{i\text{NO}_x} Q x_i L_i \leqslant E_{\text{NO}_x} \\ \sum_{i=1}^{n} k_{i\text{SO}_x} Q x_i L_i \leqslant E_{\text{SO}_x} \\ x_{i\min} \leqslant x_i \leqslant x_{i\max} \end{cases} \tag{6-14}$$

式中：k_{iCO}、k_{iNO_x}—— 分别为第 i 种交通方式单位里程 CO、NO_x、SO_x 的排放量(g/km)；

Q—— 交通出行总量(次)；

x_i—— 第 i 种交通方式承担交通出行量的比例(%)；

L_i—— 第 i 种交通方式在新城内的平均出行距离(km)；

E_{CO}，E_{NO_x}—— 分别为新城 CO、NO_x 污染使用的上限(g)。

$x_{i\min}$—— 第 i 种交通方式承担客运需求总量比例的下限(%)；

$x_{i\max}$——第 i 种交通方式承担客运需求总量比例的上限(%)。

6.2.3 供需总量平衡校核分析

在一定的道路系统承载力和公交系统承载力下，不同的开发强度产生的交通需求强度会使交通呈现不同的状态。道路交通状态用道路交通负荷比表示，即实际发生的小汽车需求强度与理想道路系统承载力之比。同理，公共交通状态用公共交通负荷比表示，即实际发生的公共交通需求强度与理想公交系统承载力之比。不同的交通负荷比会导致不同的交通运行状态，比如道路的畅通和拥堵、公交的乘坐率等。

新城道路交通负荷比 $\lambda_{小汽车}$ 计算公式如下：

$$\lambda_{小汽车}=\frac{D_{小汽车}/\delta}{C_{car}} \tag{6-15}$$

式中：$\lambda_{小汽车}$—— 新城道路交通负荷比；

δ—— 小汽车车均载客人数(人 /veh)；

$D_{小汽车}$—— 小汽车高峰小时出行需求(人)；

C_{car} ——个体小汽车道路系统承载力(veh)。

新城公共交通负荷比 $\lambda_{公交}$ 计算公式如下：

$$\lambda_{公交}=\frac{D_{公交}}{C_{transit}} \tag{6-16}$$

式中：$\lambda_{公交}$—— 新城公共交通负荷比；

$D_{公交}$—— 公共交通高峰小时出行需求(人)。

相关研究认为，认为当城市道路交通负荷比为 1 时，此时对应的城市路网仍有序运行，车速 60 km/h。当道路交通负荷比>1 时，运行车速逐渐下降。制定校核分析标准，当新城道路/公交系统负荷比在 0.8～1 之间时，表明新城规划道路/公交网络的供需关系适当；当新城道路/公交系统负荷比<0.8 时，表明道路/公交资源供给存在一定富余，可考虑增加用地开发强度或适当缩减道路长度/公交线路；当负荷比>1 时，表明道路/公交资源供给存在不足，可考虑降低用地开发强度或适当增加道路长度/公交线路。对用地开发强度或道路/公交资源配置进行修改后，重复进行总体交通需求及新城道路/公交系统承载力的测算并进行校核，直至满足负荷比要求为止。通过这一过程，得到较为合理的新城居住用地、行政办公用地、工业用地和商业用地的面积与总体容积率，以及道路/公交资源供给总量。

6.3　新城交通供需结构平衡模型

6.3.1　交通需求预测基础

如果城市有较为完善的整个市区范围的城市交通模型，则可以在此基础上建立新城交通模型，同时应注意协调两者之间的关系。新城交通模型是在城市交通模型研究的基础上，利用城市交通模型的研究成果以及新城规划区的边界条件为输入，以新城的交通流分析结果为输出的模型。

城市交通模型主要是用以制定宏观层面的、具有战略意义的城市交通长远发展政策与目标以及实现这些政策与目标所必须采取的行动。城市交通模型在分析未来出行需求时，借用高度抽象化的网络标识道路交通和公交系统。由于其高度的复杂性，城市交通模型往往不得不忽略网络的细部结构。对于新城模型而言，其研究目标是新城对外以及新城内部的道路交通和公共交通的细节分析，相对于整个城市的交通模型，其强调微观性，需要深入细致地研究用地开发项目周边的细部道路结构和交通条件，从而给出相对可靠的交通预测依据。

新城交通模型作为城市交通模型的深度细化和有益补充，弥补了对新城地区的分析不够深入的问题。其与全市的交通需求模型不同主要体现在：①该模型是在全市需求模型的基础上，利用新城的开发需求与全市背景需求的叠加而获得的；②城市交通模型更加关注通道出行，新城交通模型更加关注新城内部的出行以及新城对外的出行；③新城交通模型对新城规划区进行细化，根据详细的规划资料划分更多的小区，深入分析与设置交通需求参数和交通系统参数，研究更加深入。

在新城居住用地、行政办公用地、工业用地、商业用地的用地面积、平均容积率，以及道路/公交资源供给总量的基础上，在新城的总体规划和新城综合交通规划同步编制中，确定新城总体空间用地布局以及轨道、快速公交、有轨电车等大中运量公共交通系统走向及站点布置方案。考虑大中运量公共交通站点周边开发强度控制要求，初步确定各种类型用地的布局及地块容积率。并在交通分区后结合小区区位及各类用地建筑面积等各因素确定各小区的居住人口和就业岗位数量。

新城的职居平衡比例对于新城的交通设施配置及未来的交通状况有着显著的影响。而这与城市的总体区域发展定位，各新城分工等密切相关，仍采取定性分析的方法，由规划人员结合相关新城案例经验，考虑社会经济产业等多方面因素提出新城的职居平衡比例，主要包括以下几部分出行主体：①新城居民（新城内部工作者、新城外部工作者、无业及退休者）；②新城外部居民（新城内部工作者、新城内部娱乐购物者、过境中转者）。

在城市交通需求预测分区原则的基础上，结合新城交通模型需求，提出如下新城交通分区原则：

（1）新城规划范围按照新城规划功能分区及用地布局进行交通分区；

（2）一般以行政分区、人工构筑物、自然疆界及道路作为交通区界；

(3) 为提高模型分析准确性，在条件允许的情况下，可以以道路分隔的地块作为交通小区；

(4) 考虑大中运量公共交通走向及站点 TOD 开发；

(5) 新城外部分区可按照城市总体规划的组团和功能区划分进行交通分区；新城外围乡镇可按照乡镇行政界线进行划分。

新城交通模型网络应能够适应预测条件的变化，新城交通模型网络分为道路网络和公共交通网络两个部分。

1. 道路网络建模

参照规划成果，在模型中设置新城道路设施布局方案、道路等级、车道数、通行能力等基础数据。

行车速度标准根据《城市道路设计规范》(CJJ37—2012)确定。除快速路外，每类道路按照所在城市的规模、设计交通量、地形等分为Ⅰ、Ⅱ、Ⅲ级。新城依托大城市建立，应采用各类道路中的Ⅰ级标准。行车速度采用道路中的Ⅰ级标准，依据道路等级规范一般按照上限标定，部分道路根据道路长度、道路条件、交叉口状况等道路信息选择下限标定或中间值标定。各类各级道路行车速度分类见表 6-5 所示。

表 6-5　各类各级道路行车速度分类

道路类别	快速路	主干路	次干路	支路
行车速度(km/h)	80，60	60，50	50，40	40，30

路段的实际通行能力指考虑到道路和交通条件的影响，并对基本通行能力进行修正后得到的通行能力，实际上指道路所能承担的最大交通量。修正公式为：

$$C_P = C_B \times K_1 \times K_2 \times K_3 \tag{6-17}$$

式中：C_P—— 实际通行能力(pcu/h)；

C_B—— 基本通行能力(pcu/h)；

K_1—— 车道宽度修正系数；

K_2—— 多车道修正系数；

K_3——机非混行修正系数。

表 6-6 列出建议采用的修正系数以及由这些修正系数算得的实际通行能力。

表 6-6　道路网络实际通行能力

道路类型	快速路	主干路	次干路	支路
设计行车速度(km/h)	80	50	40	30
基本通行能力(pcu/h)	1 800	1 000	800	600
车道宽度修正系数 K_1	1.00	1.00	0.95	0.90
多车道修正系数 K_2	0.9	0.9	0.95	1
机非混行修正系数 K_3	1	1	1	0.8

2. 公共交通网络建模

以道路网络为基础，对公共交通网络建模。公共交通网络由公交线路、公交站点、公交站台、乘客上下线路的行为表示等多种元素构成，包含大中运量公共交通与常规公交两类公交。

1）公共交通网络基本元素

公交站台指供乘客候车及上下车的场所，公交站点指公交线路的停靠点，一个公交站台可以有多个公交站点。公交站台有道路方向，并且服务于不同公交线路的多个停靠点，而公交站点必须在有公交站台的地方设置。

公交线路是公交路网的骨架，指在某两个公交站点间行驶的一组车辆的集合。公交线路主要有线路走向、发车频率和车辆容量三个特征。公交线路的容量取决于该公交线路上运营的公交车辆的容量和发车频率。

公交路段指公交线路上某两相邻站点间的供公交车运行的路段。公交路段的两个端点分别对应两个公交站点。发车频率指一条公交线路在对应的运行方向，单位时间发出的公交车辆的数量，发车频率和发车间隔成反比关系。服务时间指一条公交线路上的公交车在经过某公交站点时的停车时间，为乘客上下车及换乘服务。

2）公共交通网络的基本设计

将节点集合表示为 N，连接集合中所有节点的公交线路集合表示为 A，则公交网络可表示为 $G=(N, A)$。利用这种表示方法来表示一个由 A、B、C 三个节点和 L_1、L_2、L_3 三个公交线路组成的公交网络，如下图所示。图 6-2 中清晰的表达了公交网络的各种信息，L_1 始发于 A，终于 C，在 B 点不停；L_2 始发于 A，途径 B，终于 C，在 B 点停靠；L_3 始发于 B，终于 C。

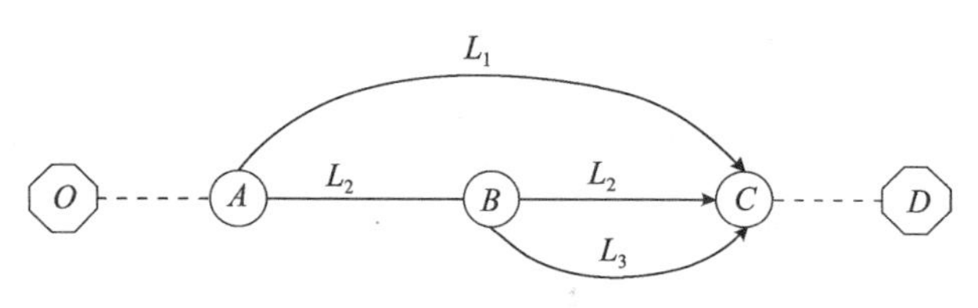

图 6-2　公交网络

6.3.2　交通生成-分布模型

新城规划与现状土地利用相比可能会存在巨大的变化，无法直接根据新城规划区范围内的现状数据建立模型，故采用原单位法进行交通生成预测。原单位法的预测方法是，确定新城各种交通出行目的生成原单位，乘以新城的规划人口为新城的出行总量。将各交通小区的规划指标乘以发生、吸引原单位得到各交通小区的发生、吸引比例，并按该比例将规划区各出行目的的产生总量分配到每个交通小区，再算出各个交通小区各种出行目的的出行量。

原单位法有如下特征：

（1）原单位法的模型结构较为简单，而且易于与其他新城进行比较和验证；

（2）由于新城的新开发地区的既有土地利用将发生很大的变化，按以往数据得出的模型会有局限性。

1. 各种交通目的出行生成量的设定

1）各种交通目的出行生成量的预测方法

出行生成量的预测是由日各出行目的人均出行次数(生成原单位)乘以新城的规划人口。生成原单位分为上班、上学、弹性和回程四类。

2）各种交通出行目的生成原单位的分析

原单位的取值要充分考虑新城居民的出行特征。由于经济发展使社会活动活跃化,新城的生成原单位会在一定的时期内呈现上升倾向;由于少子化和高龄化以及生活方式的改变,生成原单位将基本不变或呈现下降的趋势。新城各交通出行目的生成原单位设定的影响因素如表6-7表所示。

表6-7　新城各交通出行目的生成原单位设定的影响因素

交通出行目的	未来变化动向
上班	规划年就业率比例不会发生大的变化,新兴职业的灵活出行所占比例将有一定程度的提高,但与信息化、老龄化带来的出行次数减少相抵消,同时有增大和减小的因素作用,认为上班出行原单位不会有大的变化。
上学	上学是由占总人口的学生数比例决定的原单位,通常原单位比较稳定,不会有太大变化。
弹性	随着经济的发展、收入水平提高,新城大中运量公共交通方式的建设也将提高新城居民出行的便捷度,此类原单位将会出现较大幅度的提高。
回程	取决于上班、上学和弹性出行原单位的变化。

注:弹性包括生活购物、探亲访友、文娱体育、公务、其他。

依据现状城市居民出行调查的各种出行目的的生成原单位,结合新城规划特点,借鉴周边新城出行原单位值,确定规划年新城各出行目的的出行原单位[次/(人·d)],乘以新城的规划人口,得到新城居民各出行目的日出行总量。

2. 发生、吸引原单位的设定

1）说明指标的选择

在规划中易于设定的发生、吸引原单位的说明指标有常住人口和就业岗位等,在定性判断的基础上,应选择具有说服力的指标作为交通出行目的的说明指标。

上班出行发生量可用常住人口进行说明,而吸引量可用就业岗位进行说明。中小学校大多规划在居住区附近,布局与居住区基本一致,上学出行发生、吸引量均可用常住人口进行说明。弹性出行从大多发生在居住地、集中于商场等设施的特点出发,发生量可用常住人口进行说明,而吸引量可用常住人口与就业岗位之和进行说明。发生和吸引原单位的说明指标见表6-8。

表6-8　发生和吸引原单位的说明指标

目的	发生	吸引
上班	常住人口	就业岗位
上学	常住人口	常住人口
弹性	常住人口	常住人口＋就业岗位

2）发生、吸引原单位的设定

分析各交通小区的常住上班、常住上学、常住弹性三种出行目的发生吸引的原单位差异性。根据土地的利用状况，将新城用地按照用地类型及土地开发强度进行区分，分别设定小区发生吸引原单位。

3. 各小区发生吸引比例计算

各交通小区的发生、吸引比例如下式计算：

$$G_{in}=U_{in}\times Q_{in} \tag{6-18}$$

$$A_{jn}=U_{jn}\times Q_{jn} \tag{6-19}$$

式中：G_{in}——第 n 个小区的发生比例；

A_{jn}——第 n 个小区吸引比例；

U_{in}——第 n 个小区各目的发生原单位；

U_{jn}——第 n 个小区各目的吸引原单位；

Q_{in}——第 n 个小区发生说明指标；

Q_{jn}——第 n 个小区吸引说明指标。

4. 交通小区的发生量和吸引量计算

由(6.18)、(6.19)式得出的新城各出行目的总的出行生成量与各交通小区的发生、吸引比例，得到各小区分出行目的的发生量和吸引量。

$$\text{小区分交通出行目的发生量}=\text{新城分目的总交通出行生成量}\times G_i/\sum_n G_{in} \tag{6-20}$$

$$\text{小区分交通出行目的吸引量}=\text{新城分目的总交通出行生成量}\times A_j/\sum_n A_{jn} \tag{6-21}$$

根据新城交通特征，新城的通勤交通早高峰将是新城交通压力最大的时段。解决好早高峰通勤交通，其余时段交通运行基本可得以保障。结合新城特点，参考相关新城经验及新城所在中心城市调查数据，确定各出行目的的早高峰小时出行占全日出行的比例。

6.3.3　两阶段交通方式选择模型

对道路交通系统和公共交通系统进行交通分配和评价，方式选择的目的为得到小汽车方式车流OD矩阵和公共交通方式的客流 *OD* 矩阵。

公共交通包含多种不同模式，相对复杂。规划年的新城公共交通客流主要包括两部分，一部分是趋势客流量，按正常公共交通发展趋势得到的未来的公共交通客流量；一部分是转移客流，指的是大中运量公共交通建设后，非机动车、小汽车等交通方式向大中运量公共交通和常规公交组合交通方式的客流转移量。

交通方式的选择受到多种因素影响，包括出行方式本身特点、拥有条件、居民出行目的、出行距离、对出行服务水平要求等。非集计方法以出行者个体为研究对象，研究个体的出行选择行为，相较于集计方法，非集计方法能够充分利用出行调查数据，精度高，有很好的可移植性和可扩展性。应用基于 Logit 模型的两阶段方式划分模型，进行规划年交通方式结构预测。

从大中运量公共交通和常规公交组合交通方式的角度出发，建立规划年各交通方式向大中运量公共交通和常规公交组合交通方式的客流转移模型，预测规划年的公共交通 OD，能较好地考虑大中运量公共交通与常规公交换乘衔接的问题。

在建立客流转移模型时，考虑换乘次数影响的问题，以时间、费用、大中运量公共交通和常规公交组合交通方式的换乘次数为影响因素，建立效用函数及客流转移模型。由于大中运量公共交通与步行的适应范围不同，步行向大中运量公共交通和常规公交组合交通方式转移的量较小，可不考虑。

未引入大中运量公共交通情况下的预测，是假定规划年有步行、非机动车、小汽车和常规公交四种基本交通方式的情况下的预测，根据其趋势建立分担率模型。采用转移曲线法进行该阶段的预测。采用逐步剥离的方法拟合分担率曲线。首先拟合步行的转移率曲线，在减去步行的客流量里拟合小汽车的分担率曲线，在减去步行和小汽车的客流量里拟合非机动车的分担率曲线，即得到公共交通客流。利用各交通小区之间的距离阻抗矩阵通过各交通方式的转移率曲线结合各交通小区间的交通分布 OD 量求得未引入大中运量公共交通方式情况下各交通方式的客流分担结构。通过不同出行目的各种交通方式的分担比例与出行距离之间的关系进行参数标定。

未引入大中运量公共交通情况下的预测，是假定规划年有步行、非机动车、小汽车和常规公交四种基本交通方式的情况下的预测。根据其趋势建立分担率模型，分担模型如下。

步行和利用交通工具的分担模型：

$$y_1 = 1/(1 + a \times e^{bx}) \tag{6-22}$$

式中：y_1—— 步行交通量占总交通量的比例；

x—— 出行距离(km)；

a、b ——参数。

小汽车和公交、非机动车的分担模型：

$$y_2 = a \cdot xb \tag{6-23}$$

式中：y_2—— 小汽车占利用交通工具的交通量的比例。

公交和非机动车的分担模型：

$$y_3 = a \times x^b \tag{6-24}$$

式中：y_3——公交占利用公交和非机动车总交通量的比例。

1. 基于 MNL 模型的公共交通客流转移模型

采用多项 Logit 模型对各交通方式向大中运量公共交通建成后的公交组合交通方式的转移进行预测。

采用线性函数作为效用函数的表达形式，选取出行时间、出行费用和组合公交交通方式的换乘次数作为效用函数的特性变量，分不同出行目的建立各现有交通方式向组合公交交通方式的交通量转移模型，其中出行时间和出行费用是大中运量公共交通和常规公交组合交通方式的公共变量，换乘次数是大中运量公共交通和常规公交组合交通方式的特有变量。

$$\begin{cases} P_i = e^{V_r}/(e^{V_r} + e^{V_i}) \\ V_r = a_1 time_r + a_2 fee_r + a_3 n \\ V_i = a_1 time_i + a_2 fee_i + c \end{cases} \tag{6-25}$$

即

$$P_i = 1/(1 + e^{a_1(time_i - time_r) + a_2(fee_i - fee_r) - a_3 n + c}) \tag{6-26}$$

式中：P_i—— 现有交通方式 i 向大中运量公共交通和常规公交组合交通方式的转移概率；

V_r—— 组合公交交通方式的效用；

V_i—— 现有交通方式 i 的效用；

a_1，a_2，a_3，c—— 模型参数；

$time_r$，fee_r—— 组合公交交通方式所需的出行时间、出行费用；

n—— 组合公交交通方式的换乘次数；

$time_i$，fee_i—— 现有交通方式 i 所需的出行时间、出行距离。

由于需要考虑大中运量公共交通的影响，无法采用现有数据直接预测，需要通过 SP 调查数据对模型进行标定。未来人们的时间价值也会提高，需要通过对未来时间价值的分析对参数进行相应的调整。

在以往的方式划分与交通分配联合模型中，乘客的出行成本往往只考虑时间和费用的影响，但考虑实际情况，换乘次数对人们的出行选择有很重要的影响，在其他条件相同的情况下，出行者倾向于选择换乘次数较少的出行路线。故在考虑乘客出行成本的时候，通过换乘惩罚时间，考虑换乘次数对人们出行的影响。可通过 SP 调查，对时间价值和换乘惩罚时间进行标定。

时间价值可由(6-27)求得：

$$VOT = a_1/a_2 \tag{6-27}$$

换乘惩罚时间 r_n 可由(6-28)求得：

$$r_n = a_3/a_1 \tag{6-28}$$

2. 客流转移模型参数标定

采用极大似然估计法对客流转移模型进行参数标定。模型标定的过程可以通过 t 检验进行检验,从而确定模型中的特性变量是否都是影响决策的主要因素。

完成参数标定后,通过第一阶段交通方式客流分担结构和客流转移模型,结合各小区间各交通方式的平均出行时间和平均出行费用可以求出规划年公共组合交通方式客流 OD 矩阵,也得到向公交组合交通方式转移后的小汽车客流 OD 矩阵。

6.3.4 网络流量分配与评估

公交分配模型一般可分为两类:第一类是基于频率的公交分配模型,属于集计模型,利用公交服务的平均频率进行分析;第二类是基于时刻表的公交分配模型,属于非集计模型,利用时刻表信息进行分析,对每个班次的车辆运行进行模拟。由于一般在大中运量公共交通规划时,尚无时刻表数据,故采用基于频率的公交分配模型进行客流分配。

公交网络客流分配,就是在已知公交线路及其运输能力、发车频率和车间距分布等情况下,根据预测出的 OD 需求,通过对乘客出行行为的模拟,从而得到公交线网上的客流分布。

在基于频率的公交分配模型中,涉及共线和策略两个概念。共线问题是指:若在公交线网的两个节点之间存在多条可行公交线路,乘客在选择公交线路时,通常只考虑其中部分线路,这部分公交线路是对乘客具有吸引力线路的集合,乘客将搭乘这部分线路中最先到达的线路,这部分线路称之为共线。

策略是共线概念在网络中的推广,策略是指乘客在出行过程中在一定的规则下可供选择路径的集合,并且乘客在它的作用影响下到达目的地。在公交网络中,若乘客在每个可能到达的车站都使用策略使得所选择的吸引线路集合的期望出行时间最少,这种出行策略就是最优出行策略。

在非拥挤状态下,乘客选择公交路径的过程可描述如下:

(1) 从起始节点出发,选择下一步的换乘节点或者目的地;

(2) 从吸引线集中选择第一辆到达的车辆上车;

(3) 若到达目的地,路径选择过程终止;否则,把到达的节点当作起始节点,转到第(1)步。

一次完整的公交出行可以拆分为以下过程进行考虑:由出发地至公交站台、等候公交车辆到达、上车、乘坐公交、下车、在两公交站台间步行换乘、从公交站台至目的地。通常用在特定站点等待特定线路首车到达时间的统计分布来量化等待车辆的过程,用非负的时间或者费用来量化其他过程。

基于频率的公交分配模型等价于解决以下问题:

$$
\begin{aligned}
& \min \sum_{a \in A} c_a v_a + \sum_{i \in I} \omega_i \\
& \text{s.t} \quad \sum_{a \in A_i^+} v_a - \sum_{a \in A_i^-} v_a = g_i, \quad i \in I, \\
& \qquad v_a \leqslant f_a \omega_i, \ a \in A_i^+, \quad i \in I, \\
& \qquad v_a \geqslant 0, \qquad a \in A
\end{aligned}
\tag{6-29}
$$

式中：c_a—— 公交路段 a 的在途时间(h/veh)；

v_a—— 公交路段 a 上的总流量(veh)；

ω_i—— 在站点 i 所有出行的总候车时间(h)；

A_I^+—— 由站点 i 发出的公交线段；

A_I^-—— 汇聚至站点 i 的公交线段；

g_i—— 站点 i 的交通出行量(veh)；

f_a—— 公交路段 a 的发车频率；

I—— 公交网络中所有节点集合；

A ——公交网络中所有路段集合。

对组合公共交通客流分配时，建立广义出行时间成本函数，并在综合公交网络中进行设置，利用公交客流分配模型进行配流。在公共交通OD的基础上，基于最大效用理论，在进行路径选择时，比较不同公共交通方式的各种可行路径，在选择路径的同时完成对公共交通方式的选择，得到大中运量公共交通和常规公交的客流分配量。人们在考虑出行的方式和路径时，常常考虑一些组合交通方式，如轨道与公交之间的换乘、轨道与快速公交之间的换乘等等，将方式选择和路径选择同时考虑，采用联合模型可更好的反应人的出行行为。

广义出行时间成本函数指乘客在公共交通网络中的出行成本，可根据网络结构分为节点成本和弧段成本，也可根据成本类型分为出行时间成本、出行拥挤成本、出行费用成本、换乘次数成本四类。将各部分的出行成本叠加起来，就能够得到出行者在综合网络中的出行总成本。对于网络中的任意路径 k，其广义时间成本函数可表示为：

$$T_k=\sum_{i\in I}(r_{\mathrm{d}}t_{i\mathrm{d}}C_{i1}(x)+t_{i\mathrm{b}})+\sum_{j\in J}r_{\mathrm{v}}t_jC_{j2}(x)+p_k/VOT+r_n\times n_k \tag{6-30}$$

式中：T_k—— 用时间表示的路径 k 的总费用；

i—— 路径 k 通过的某个站点；

I—— 路径 k 通过的站点集合；

j—— 路径 k 通过的某个路段；

J—— 路径 k 通过的路段集合；

r_{d}—— 等车时间权重因子；

$t_{i\mathrm{d}}$—— 乘客在站点 i 的等车时间(min)；

$C_{i1}(x)$—— 节点 i 的拥挤导致的额外等待时间系数；

$t_{i\mathrm{b}}$—— 节点 i 的站内步行时间(min)；

r_{v}—— 车内时间权重因子；

t_j—— 路段 j 的通过时间(min)；

$C_{j2}(x)$—— 路段 j 上由于车辆的拥挤导致的额外等待时间系数；

VOT—— 时间价值，一个单位时间的等效费用；

p_k—— 路径 k 的费用成本；

r_n—— 换乘惩罚时间(min)，换乘一次的时间价值；

n_k——组合公共交通方式的换乘次数。

结合新城特征,估计小汽车车均载客人数,将小汽车客流 OD 转化为车流 OD,采用用户最优分配模型将小汽车车流 OD 在道路交通网络进行交通分配,得到各条道路的高峰小时机动车交通量及饱和度。用户最优分配模型算法如式(6-31)所示。

$$\begin{aligned} &\min \sum \int_0^{v_a} t_a(x)dx, \\ \text{s.t.}\quad &V_a = \sum_r \sum_i \sum_j \delta_{ar}(i,j) X_r(i,j), \\ &\sum_r X_r(i,j) = T(i,j), \\ &X_r(i,j) \geqslant 0. \end{aligned} \tag{6-31}$$

式中:V_a——a 路段的车辆数(pcu/h);

$t_a(i,j)$——a 路段的广义出行时间(h),它取决于交通量 V_a;

$X_r(i,j)$——从 i 到 j 的车辆经过第 r 条路径时的车辆数(pcu/h);

$T(i,j)$——从 i 到 j 的出行量(pcu/h);

$\delta_{ar}(i,j)$——系数。

在路阻函数选择时由于 BPR 函数提出是基于公路网的连续流规划,未考虑因交叉口存在而产生的延误。因此在城市交通模型的应用中存在问题。根据城市道路网络特点,路阻函数采用 Akcelik 延误函数。

$$R = R_0 + D_0 + 0.25T\left[(x-1) + \sqrt{\left((x-1)^2 + \frac{16J \times X \times L^2}{T^2}\right)}\right] \tag{6-32}$$

式中:R——路段实际通行时间;

R_0——自由流条件下路段初始时间;

D_0——无交通量下交叉口延误;

T——需求期望时段;

x——路段交通量;

J——待标定参数;

X——路段饱和度;

L——路段长度。

新城交通需求分配得到新城内部出行和出入境出行的公交客流量与道路交通量。基于城市背景交通量的过境公交客流量过境的公交客流量和道路交通量有条件的可采用城市交通模型分析结果,或者基于交通调查,在现状新城的道路与公交过境交通量的基础上按照增长系数法进行分析计算。将过境交通量与分配交通量进行叠加,得到新城最终的公共交通客流量和道路交通车流量分配结果。

参考国内较通用的道路服务水平分级标准,按照路段交通量饱和度将服务水平分为六级,如表 6-9 所示。

表 6-9　道路服务水平分级

服务水平等级	A	B	C	D	E	F
饱和度	<0.4	0.4～0.6	0.6～0.75	0.75～0.9	0.9～1	>1

对机动车流分配得到的各等级道路的机动车流量及饱和度进行分析，根据结果针对性对道路网进行调整，如对于服务水平达到F级的道路，需要重点考虑周边路网的分流策略或者适当降低拥堵点区域的用地开发强度，其他调整措施有改变道路等级、增减车道数、增加分流道路、调整路线走向等。

对公共客流分配得出的各条大中运量公共交通方式和常规公交线路客运量及饱和度进行分析。

(1) 若大中运量公共交通客运量和饱和度普遍偏高，应考虑适当提高其运输能力，反之降低；

(2) 若大中运量公共交通部分线路饱和度过高，部分线路又过低，应该对不均匀线路的线路走向及周边用地布局进行调整；

(3) 若常规公交部分线路客运量过高/过低，可通过在这些线路周边增加常规公交线路/对周边公交线路进行合并进行调整。

在对规划用地、公共交通及路网方案进行调整后，重新按照供需结构平衡模型进行计算，直到公共交通客流量和道路交通车流量均处于一个适当的范围。此时新城交通系统既能高效地完成交通运输任务，又不会因修建过多的交通设施造成大量闲置和浪费。

6.4　本章小结

本章分析了供需双控模式的概念、内涵及其与新城的相互作用，建立了新城供需双控式交通需求分析框架；在总量平衡层面，考虑开发强度的交通需求，以及需求管理理念的交通方式结构约束与交通环境承载力，形成总量平衡计算模型；在结构平衡层面，划分了新城居民出行模式类型，构建了新城出行者的交通方式选择模型以及网络流量分布模型。

第 7 章　新城交通总体性规划

7.1　新城交通总体性规划基本要求

7.1.1　规划理念

在开展新一轮的城市交通规划理论研究与编制工作时，新城交通总体性规划应结合新城交通发展导向和目标需求，引入交通引导发展、绿色低碳可持续交通、多规协同等规划理念。

1. 交通引导发展理念

交通发展在城市发展中的作用和地位越来越高，交通引导城市发展的理念也已发展成熟，交通规划的地位达到了前所未有的高度，尤其是在新城区域，交通引导发展已经得到广泛的认可。交通规划理念应由引导城市交通结构向资源节约、环境友好的方向转变，向低消耗、低污染和高利用率的模式转变。作为政府调控与引导新城发展的重要指引，交通引导土地开发、居民交通绿色出行，倡导交通出行服务均等化等已经成为交通规划关注的核心内容。“交通引导发展”理念指出交通系统不仅要支撑新城发展，更要充分利用交通与用地的相互作用，引导新城发展。根据土地利用与交通的相互作用关系，土地利用决定了交通需求，影响了交通系统的构成与模式，交通系统又对新城结构的形成和改变具有强大的影响和引导作用。通过引导新城空间和功能合理布局，完善新城交通体系和功能，交通系统可以主动引导新城空间紧凑化布局、土地集约化利用，统筹规划交通设施，合理调控交通需求。

2. 绿色低碳可持续交通理念

绿色交通既是理念，也是交通规划建设的指导思想与原则。新城交通系统的绿色交通理念体现在安全、舒适、通达、有序、低能耗、低污染六个方面的完整统一结合。从社会角度看，发展新城绿色交通是为了缓解交通拥挤、降低环境污染、促进社会公平、节省建设维护费用，发展有利于新城环境的低污染、多元化新城交通运输系统。从能耗角度看，新城绿色交通是客货运输中，按人均或单位货物计算，占用交通资源和消耗能源较少，且污染物和温室气体排放水平较低的交通活动或交通方式。从方式角度看，绿色交通包含公共汽车、地铁等公共交通方式和步行、自行车等非机动化交通方式，还包含清洁能源汽车、合乘等节能环保的交通方式。实现绿色交通的根本途径就是建立公共交通为主导，慢行交通友好的新城综合交通体系。新城发展绿色交通，应注重与生态环境相协调，与土地利用模式相匹配，强调多种交通方式并存。

低碳生态发展理念，重点在引导新城功能与生活方式的发展转型。以快速交通为导向的用地开发模式应向倡导低碳生态理念的公共交通和慢行交通为导向的用地模式转变，以快速交通为导向的新城空间结构应向人性化的综合交通空间形态转化。无论是发展理念，还是体系构建和网络形态，都需要在交通规划中进行响应。新城交通规划必须响应这一要求，做好交通规划编制本身的转型发展。

可持续交通发展的总体目标可分为三个层次：最终目标是为了减少交通污染物和温室气体排放，支撑新城绿色发展，实现交通与新城的协调可持续发展；最关键的是构建以绿色交通方式为主的新城交通模式，包括交通方式结构的优化、绿色出行习惯的培养等，并且注重节能减排新技术和信息技术的运用；实现公共交通设施服务改善，吸引力显著提升，慢行交通品质提升，个体机动交通有序发展。通过优化调节各种交通方式的功能定位，构建绿色可持续交通服务体系。

绿色交通与低碳、可持续等发展理念相通，本质是建立维持新城可持续发展的交通体系，强调新城交通的“绿色性”，即提高交通资源利用效率，减少交通拥堵，降低资源消耗，促进环境友好，保障社会公平。

7.1.2　规划内容

新城交通总体性规划是确定新城综合交通可持续发展、有序合理建设的纲领，主要包括制定新城交通发展战略，科学合理配置交通资源，落实发展绿色交通等理念，统筹协调交通各子系统关系，形成支撑新城可持续发展的综合交通体系，为后续规划提供指导。

1. 新城交通发展战略

中国已进入以城市群为主体形态的城镇化发展阶段。新城交通发展应置于城市群、都市圈发展环境，以都市圈而不仅仅是行政区划城市的交通服务要求，确定新城交通的功能定位、发展目标、建设方式、交通结构和管理政策等，通过比较、反思寻求转变和突破。

根据国家宏观经济发展政策、上位城市规划以及民生改善需求，结合新城的交通区位、功能定位、产业空间组织，确定交通发展与土地利用的关系，结合新城交通现状态势，研判新城交通发展趋势和面临挑战，遵循问题引导和目标引导协调统一的原则，提出新城交通发展战略目标、控制指标与发展策略，生成新城交通发展战略方案。交通网络是国土空间的骨架和血脉，这一方面表征了交通系统的重要地位，另一方面反映出对交通系统的功能要求。新城交通总体性规划并非简单地满足空间流动需求，更为重要的是将各种用途的土地开发活动组织成为有机整体，协调新城建设、区域发展、社会进步等与自然生态环境的关系。同时，交通设施又是对自然生态环境影响巨大的人工建造物，交通活动是对社会和经济系统影响巨大的空间流动。各种空间使用之间的关系、矛盾与冲突，往往通过交通拥堵、交通污染等表现出来。在国土空间高质量发展阶段，港口建设与海岸生态保护的关系，港-城矛盾，高速公路与城市路网的衔接方式等，均是要认真处理的空间属性。从国土空间组织角度对新城交通总体性规划的重新审视，有助于将交通与用地、综合交通网络与城市及产业区之间关系的整合优化。但这并非是规划文本修饰中的“穿衣戴帽”，而是从产业空间、社会空间组织角度，深入分析对综合交通网络空间连通所产生的需求，并评估交通系统所产生的贡献及负面影响后，制定的具有实际效应的行动。

新城交通发展战略是新城交通控制性规划、交通实施性规划等编制的依据和指导。结合国家宏观政策分析以及上位规划解读，分析新城在城市群、都市圈、点状空间等全省城镇空间格局中的定位和区位，及其对新城交通发展的总体要求和影响。结合新城发展阶段、规模、空间布局及地形地貌，分析不同交通模式的空间资源占用(包括动态和静态)、能源消耗和尾气排放等及其与城市资源供给、节能减排、环境保护及其他可持续发展目标政策的适应性，确定新城交通发展模式。在明确交通发展模式的基础上，制定推动目标实现的支持与保障政策。围绕战略目标，对各种交通方式发展的资源配置目标、发展路径和总体布局提出发展要求，明确冲突处理的基本规则。提出交通项目建设的保障机制，确保交通规划落地。

2. 新城多模式公交系统规划

新城公共交通系统对新城各种活动有重要影响，包括居住、工业、商业、服务等，与土地规划、城市形态、区域特性及生活方式有密切关系。公共交通系统的构建需要规划支持，以满足新城发展需求，并协调与其他交通系统的关系，以保障公共交通系统的建设和运行。

新城公交系统构成指根据新城特征和发展目标，规划公交系统的规模和主导模式，各公交子系统的功能、服务定位和运行目标，预测各子系统的客运量，作为规划、建设各类公共交通基础设施的依据。公交系统一般由公共汽车、快速公交、地铁、轻轨和出租车等交通方式构成。各新城应结合新城空间结构、用地布局、公交客流特征研究与新城发展适应的公共交通系统构成。对于拥有轨道交通、快速公交等大容量公交系统的新城，构建以轨道交通(快速公交)线路为骨架，常规公交线路为主体，分工明确、功能互补、换乘便捷的多层次、一体化的多模式公交系统。对于只有常规公交线路的新城应以发展常规公交系统为核心，构建城乡公交与城市公交合理衔接的一体化大公交网络模式。

不同于常规公交(地面公共汽车)与新城的其他交通方式共同使用道路空间，新城骨干公交(含快速公交和轨道交通)要求相对独立的通行空间，且各类子系统的基础设施如轨道(车道)、车站等均为专用，其形式的选择、规模的确定、设施的布局，须通过专项规划进行控制。由于客流强度与基础设施条件的差异，新城公交系统主要有三种模式：以轨道交通为主导、以轨道交通和快速公交共同主导和以快速公交主导。究竟采取何种模式，应由实际交通情况决定，主要考虑交通量和走廊内的出行特征这两个因素。在交通压力大的区域，高峰小时单向断面流量大于 3 万人次/h，走廊内客流出行距离较长或者道路用地高度紧张，地铁是最佳选择；如果单向断面客流量小于 2.5 万人次/h，综合考虑投入和系统的实际效能，快速公交在诸多方面都要优于轨道交通。快速公交与轨道交通一样需要较大的资金投入，须有充足的客流保证其正常运营。

3. 新城骨架交通网络规划

1) 城市级交通运输廊道布局

根据新城在中心城区及区域城镇体系中的区位，结合高快速路、轨道交通、航道等城市、区域重大基础设施现状，整合相关区域交通设施规划，对过境交通和城际交通、客运和货运、通勤和休闲交通设施廊道进行梳理与归并，协调廊道内不同交通方式设施要求，避免相互冲突。

2）区域性交通设施选址

对客货运交通枢纽场站、大型互通立交等重大交通设施开展研究，必要时通过多情景分析论证其选址、功能等级以及配套体系对新城经济发展的影响，根据推荐方案，对点状设施提出建设用地预控以及相应的外围交通条件要求。

3）新城骨架交通设施布局

结合城市对外交通体系和空间发展轴线，重点明确城市“双快”体系发展规模和布局形态。“双快”包括快速公共交通体系和城市快速道路体系，前者包含各种制式的轨道交通、快速公交，后者主要指城市快速路和交通性主干路。

交通设施规划侧重于各子系统本身的发展目标，通过交通需求分析，确定相应的设施规模、结构和布局方案，结合近远期发展需求，制定近期建设计划。设施规划要求交通规划方案具有可实施性。在编制交通设施规划过程中，需要统筹对外交通系统网络、区域交通设施布局和重大设施用地控制；构建近期新城轨道交通网络总体架构及制定建设时序；明确近期新城道路网络功能、结构、布局和规模；具体规划公共交通系统设施安排和网络布局；明确非机动车路网、人行道、步行过街设施规划控制要求，推进相关文本的落地，提高实施可操作性；考虑用地控制和配套设施，明确新城客货运枢纽、场站的规划布局、功能和规模。

新城设施规划在充分肯定前期交通建设所发挥作用的同时，也必须指出部分交通设施使用效益存在的问题。相当部分市域铁路客流密度不高，城市地铁规模效益低下，常规公交客流呈现下降趋势等问题的存在，都造成了系统和行业可持续发展的隐患。交通系统的系统功能与空间流动需求特点是否契合，是新城交通总体性规划中需要关注的重要问题。另外，新城交通总体性规划的着力点，不但需要关注重点项目，而且需要认真研究对运营效益产生重要影响的配套工程与措施，以充分发挥已建设施的功能。例如，增强地铁与周边用地衔接紧密的车站出口，调节港口集装箱车辆交通脉冲式波动的停蓄车场地等。通过修复系统瓶颈的方式，释放前期建设项目的潜能。与沿线土地开发的不协调，往往是轨道交通客流上升缓慢的重要原因，新城交通总体性规划中的项目安排，要充分利用国土空间规划正在编制的条件，吸取以往经验教训，考虑交通建设与土地开发在推进节奏上的协调，既要避免滞后，也要避免过于超前。

7.1.3 规划编制

国土空间规划强化了“多规合一”的原则，从全局上对空间资源使用以及相互间关系进行统筹安排，实质上形成了整个规划体系的调整期，产生了一个对各种中长期规划调整协调的政策窗口。充分利用这一政策窗口，新城交通总体性规划可以重新审视处于上位规划位置的行业中长期规划的适应性，利用国土空间规划平台对原有方案进行必要的调整优化，并争取相应的资源配置。这种调整并非是对中长期规划严肃性的破坏，而是充分利用上位综合性规划（国土空间规划）的协调机制。不过需要注意的问题是，为了正确使用上位综合规划的协调机制，新城交通总体性规划要从空间组织、产业组织和生态保护角度来讨论交通项目的功能定位和空间布局。

从相关规划工作安排来看，基本同步推进的还有“综合立体交通网络规划”。这也是一个具有顶层设计定位的行业专项规划。从规划管理工作角度来看，相关协调工作一方面需要明确“综合立体交通网络”与综合交通十四五发展规划所涉及的“综合交通网络”的关系，避免规划之间的冲突和脱节；另一方面也需要明确“综合立体交通网络规划”与国土空间规划协同的任务分工，以促使综合交通十四五规划与两者的良好衔接。

结合新城国土空间规划开展的形式和新城交通总体性规划的特点，新城交通总体性规划以同步编制和独立编制两类形式开展。如需重点解决交通与土地利用等其他专业之间相互协同的交通发展战略问题，建议采用同步编制的形式。如需重点解决交通各系统及设施布局科学合理性的交通体系规划和设施规划问题，建议在交通发展战略及土地利用布局方案基本稳定后采用独立编制的形式。全交通方式的新城交通总体性规划主要以综合交通发展白皮书、交通发展战略研究以及综合交通体系规划和设施规划为载体，相关前瞻性研究建议与新城国土空间规划同步开展。单一交通方式或组合交通方式的新城交通总体性规划主要以专项系统规划为载体，相关研究可与新城空间或产业发展规划同步开展，亦可在针对全方式的新城交通总体性规划的指导下独立开展。

7.2 新城交通发展战略制定方法

7.2.1 战略目标

新城交通发展战略目标是新城远期交通发展所达到的总体水平，交通发展战略目标应是一个多维空间，需要从不同的层次、不同的视角进行设计。新城交通发展目标既要有质的要求，又要有量的要求。

1. 新城交通发展战略目标

新城总体发展战略是新城交通发展战略总体目标设计的根本依据和前提。新城总体发展战略是从总体上保证新城长期、稳步、协调、可持续发展的纲领。在新城交通发展战略目标设计之前，必须明确新城总体发展战略的指导思想、战略目标、战略措施和战略重点。新城交通发展战略目标是新城交通发展乃至新城发展的愿景，关乎新城未来的发展水平。目标的制定需要结合新城空间、产业发展和交通发展要求，积极配合和支撑新城整体发展，以高效集约、绿色低碳为导向，在统筹产业、空间和交通的基础上，制定科学合理、切实可行的目标体系。

新城交通发展战略目标设计应坚决贯彻以人为本和健康可持续发展的观念，强调交通发展人性化。考虑交通出行权及交通投资效益享受权的平等，注重交通安全的同时，更需将交通与城市环境保护政策相统一，将国家经济安全与地方经济发展、地方居民社区生活相协调。交通发展战略目标设计需要坚持支持社会经济发展与改善居民生活质量并重的原则，支持经济快速增长的同时，注重支持经济健康、持续发展。交通发展战略目标设计还应保障因地因时制宜与整体统筹协调原则，分析地方的经济发展水平、特点、特色，强调“提供合适的交通基础设施和服务”。交通发展战略目标的拟定要有系统工程的观点，新城交通是一个复杂的巨大系统，必须从全局和整体的观念出发，将新城交通视为一个相互联系的有机整体，进行全面的综合分析，从系统上进行宏观控制。

新城交通发展战略目标应全面围绕“公交优先＋慢行友好”的发展战略，充分考虑低碳生态发展、公共交通优先、慢行环境友好、城市景观塑造、公共空间连通的需求，构建公共交通为主导，慢行交通友好，个体机动化交通适度发展的集约高效、多模式一体化的交通系统，引导新城空间的优化布局和土地的高效集约化开发，为居民提供高标准、高品质的出行环境与出行服务。从目标设置分析，公共交通为主导的发展目标着重体现公交优先的发展要求，同时公共交通服务体系应体现多模式、一体化的特征，多模式表现为轨道交通、常规公交以及辅助公交的组合，尤其是新城应以轨道交通作为公共交通的骨干系统，强化轨道交通对新城空间的引导作用；慢行交通友好强调对步行和自行车两种绿色交通方式的倡导，对交通弱势群体的关怀，强化了环保型交通方式的回归；个体机动化交通适度发展强调了对私人小汽车交通方式的交通需求管理对策。

新城交通发展战略目标应全面落实绿色交通理念。绿色交通发展强调构建以公共交通、步行、自行车等绿色交通为主导的新城综合交通系统，提高绿色交通出行分担率。城镇化正朝着“高质量、以人为本、绿色发展”的目标转型，在此背景下，根据不同发展阶段的特点，制定合理的绿色交通综合发展战略目标以形成多模式和多层次的绿色交通系统，以及土地利用与绿色交通一体化的模式，是绿色交通发展的长期任务(表7-1)。

表7-1　新城交通不同发展阶段主要目标

新城交通发展阶段	城镇化与机动化发展特征	新城交通发展阶段目标	重点发展城市
初期阶段	城镇化快速推进期	目标1：基础设施大骨架初步建设完成，初步形成“公共交通＋慢性交通＋清洁能源汽车”的多模式体系； 目标2：土地利用规划和绿色交通规划内容、形式整合； 目标3：通过有效的需求管理措施实现小汽车增长速度的限制	部分大城市及多数中小城市
中期阶段	城镇化发展趋缓，机动化发展水平趋于稳定	目标1：形成完善的多模式、多层次绿色交通系统； 目标2：绿色交通系统与用地系统相互引领和促进，实现初步协同； 目标3：形成完善的绿色交通智能化信息平台和公众一体化出行平台	超大城市、特大城市
后期阶段	城镇化率饱和，机动化发展达到平衡和稳定	目标1：形成更加包容、安全、公正、平衡的健康绿色交通系统； 目标2：实现用地与绿色交通系统的布局协同、开发时序协同、开发模式协同； 目标3：形成全民参与、全域信息覆盖的精细化绿色交通系统	—

初期阶段为绿色交通方式整合期和绿色交通基础设施建设期，针对现存的绿色交通方式缺乏整合和层级扁平化问题，应当重视步行和自行车在绿色交通系统中的定位，明确新城绿色交通方式的优先顺序，通过对绿色交通系统与用地的综合一体规划，初步建成层级明晰、富有弹性的绿色交通网络。中期阶段为绿色交通方式主导期和绿色交通基础设施完善期，主要针对城镇化率高、机动化发展趋缓及绿色交通设施建设较为领先的超大和特大城市，需要不断完善公共交通和慢行交通线路，优化出行环境和出行服务，以满足人们日益增长的高品质出行需求。后期阶段为绿色交通综合发展期，此时绿色交通设施建设已趋于成熟，主要目标为形成包容、安全、公正和平衡的绿色交通系统。通过统筹不同发展阶段绿色交通的发展目标，不但能够使公众公平地获取绿色交通服务实现出行目的，而且残疾人和弱势群体的特殊需求能够得到照顾，出行环境和服务更为人性化。

2. 新城交通发展控制指标

新城交通发展控制指标是对特定新城交通战略目标的深化和细化。新城历史人文、自然山水和地理区位特征，以及不同社会经济发展阶段和政策环境对交通发展所需基础条件的支撑力度各异，新城的交通特征和对交通发展要求具有一定的地方性特点，为对交通现状或规划做出客观准确的评判，交通控制指标标准的制定应做到因地制宜。

控制指标选择应符合新城国民社会经济发展要求。交通作为城市社会经济发展的派生物，社会经济系统本身就会对交通发展提出适应外部环境的要求。如在经济快速发展阶段，社会活动交流更加频繁，居民对交通快捷化要求将更加严格。控制指标选择要对新城性质有所响应，如宜居城市的功能定位需要让交通对新城景观和居住环境以及出行便捷性等方面提出较高的要求。从单中心蔓延式扩张，到城市功能结构调整，再到中心城和都市圈体系的构建是城市空间演化的一般进程，对应的新城空间发展阶段，表现出的交通特征和交通发展趋势具有一定的相似性，交通控制指标不可能完全超越此种阶段性特征。

交通发展所提控制指标的完全落实，很大程度依赖于新城政策来实现，是否具备相应的政策手段决定了所设计战略目标的可行性。这些政策手段的可行性和运用这些手段的成本都必须在交通控制指标制定时加以分析和判断，使交通控制指标符合现实。任何新城交通发展都必须要有相应的资源投入作为支撑，包括资金、基础设施以及土地等有形资源，也包括科技、制度和文化等无形资源。不同新城交通战略控制指标选择对资源条件要求的程度各不相同，如交通基础设施建设需要巨额的资金投入和土地资源占用，新城交通在规划年限内是否能完成预期战略目标的资金投入，是否能够为大规模的交通基础设施建设提供充足的空间，都应在交通发展控制指标中考虑。

由于新城发展与交通相互关联的复杂性和多目标性，表 7-2 所提出的交通战略目标所对应的指标体系有一定程度的重复，具体应用时应加以优选，注意结合新城个性特征对战略目标和指标体系进行侧重点分析和考核标准定位。对于空间快速扩张型的城市，应更加侧重交通对新城空间结构优化支撑作用，指标体系考虑突出新城通道的公交与道路运输能力和服务水平以及交通枢纽等重要交通节点布局合理性，对于以生态、宜居为主要功能定位的新城，侧重于交通与生活环境间的协调，对于宁静化、公交优先和节能减排等措施指标体系应给予突出。

表7-2　交通战略目标与控制指标

总体目标	具体战略目标	指标体系	
		服务状态	规划响应
社会公平	提供给不同阶层居民相对舒适便捷和高效的出行服务	慢行空间独立性，公交步行到站时间，运行车速，不同等级道路行车速度，不同出行方式出行成本和时耗，居民对交通服务满意度	慢行空间面积率，公交线网密度和站点覆盖率，公交车保有量和发车频率，道路网密度，公交信息化水平，道路交通运行信息化水平
	合理消耗能源和环境资源	出行结构方式，车平均每公里排放与能耗，节能减排车辆应用和清洁燃料使用比例，主要道路和交叉口尾气排放是否符合国家标准	公交系统构成，有无的明确车辆节能减排管理政策，有无完善的公共交通优先措施和公交运营补贴机制，公交场站用地是否充足，是否具有因地制宜的私家车需求管理政策体系
	继承交通历史出行格局	慢行、公交出行者对规划方案的满意度	规划对既有交通基础设施的利用程度，是否压缩了慢行空间、减少了公交路权，规划引发的新交通矛盾是否给予考虑
社会发展	优化新城空间结构，满足不同片区对交通可达性要求	片区不同交通方式可达性，新城通道公交与道路服务水平	大中运量公共交通密度，是否制定差异化停车收费制度，运输系统与重要交通运输节点布局与新区开发和旧城改造是否同步
	彰显新城历史文化风貌特色，保护新城文化风貌	交通基础设施建设与新城产业发展和山水文化协调程度，交通基础设施与历史文化资源协调程度	是否针对山水特征进行道路断面设计，是否进行针对新城主要产业进行配套交通投资，是否针对历史文化片区进行交通发展策略和交通设施配置研究
	支撑社会经济发展	新城客流运输满足程度，主要道路平均延误，是否考虑未来客流增长趋势，对外交通基础设施和自然资源对城市分隔影响	道路网、公交线网和停车设施容量与交通需求匹配性，交通投资是否具有适度超前性，跨河流、铁路通道容量
宜居环境	降低交通对生活环境的影响	交通流分配是否均衡，居住区道路机动车车流量和流速是否得以控制以及人车冲突是否明显	交通管制措施是否完善，居住区宁静化措施应用情况，商业区步行区或步行街配置，自行车休闲通道数量
	降低交通对新城景观的影响	交通对公共活动空间和绿地的影响程度	高架和地下交通空间的比例，核心区域大型互通立交数量，交通设施对绿地占用比例，运输系统布局与新城公共活动空间关系的合理性

7.2.2 远期需求分析

新城交通发展远期需求分析是新城交通发展战略制定的前期基础性工作。从交通网络、道路设施、人口经济、土地利用、环境能源等方面,对新城交通发展进行详尽的分析与研究,找到存在的问题,在此基础上预测新城远期交通需求,以此分析与判断新城未来可能采取的发展策略和方向,制定新城交通发展战略方案。

1. 新城交通发展基础分析

1) 新城交通

通过现场踏勘和对相关部门调研,对新城范围的交通设施及运行情况进行详细了解,并从交通技术上进行问题分析及原因查找。分析包括道路设施、轨道设施、公交设施和重要交通设施等。

2) 市域交通

通过对相关资料的研究和对相关部门调研,对新城所在城市的市区及更大范围的交通进行历史发展和现状的研究。分析包括道路网络、公路网络、铁路网络、轨道网络、公交、大型交通枢纽等,还包括一些大分割的跨河交通等。从设施规模、布局结构、运行特征、发展趋势等角度进行分析,公共交通方面还包括网络发展情况、公共汽车数量等情况。

3) 社会经济和区域发展

通过对统计资料的研究和对相关部门调研,对城市的人口、经济、居民平均收入等进行分析,为交通基础设施的建设、机动车拥有及使用、职住关系等的分析形成基础。

4) 土地利用发展

土地利用与交通之间有强烈的相互作用关系,土地利用决定交通需求,影响交通系统的构成与模式;交通系统又对新城结构的形成和改变具有引导作用,可见土地利用分析对研究交通非常重要。交通战略规划阶段的土地利用侧重对土地利用的总规模、土地利用的结构、城市中心体系、城市岗位居住关系等方面的研究。

5) 环境和能源的约束

据测算,中国城市 60%的 CO,50%的 NO_x 和 30%的 HC 污染来自机动车。在交通拥堵的状况下,机动车的噪音水平是正常行驶时的 7 倍,严重恶化了城市的公共环境。构建集约高效、绿色低碳的综合交通体系是新时代新城交通发展的特征,需要对新城所在城市的环境和能源方面的现状进行分析。交通战略规划阶段主要对与交通相关的空气环境、交通噪音和振动等进行分析。交通基础设施的建设也会导致生态破坏,需要对新城范围内的地形、地貌、水体、文化遗产等予以关注。交通是能源消耗的大户,能源方面的分析包括能源结构、能源利用效率、交通能源消耗、清洁能源的使用情况等。

2. 新城远期交通需求分析方法

新城远期交通需求分析是为新城交通发展战略规划提供研究基础的工作,一般采用简化的四阶段交通预测分析方法,体现在交通分区、建模方法、预测详细度等方面的简化,侧重于宏观的数据分析。新城远期交通供需分析的交通分析区划分应与新城用地布局规划相衔接、相协调,以新城主要功能区的分布为依据,以有利于主流向分析和走廊交通分析为原则。一般每个交通分析区面积以 4～8 km²，人口以 6 万～15 万人为宜。交通分析区的面积可以随土地利用强度或建筑面积系数等值的减少而增大，一般在中心区宜小些，在郊区或附近郊县可大些，交通分析区分界也应尽可能利用行政区划的分界线，以利于相关基础资料收集工作的开展。

1）新城远期出行生成

新城客运需求总量是指新城区域范围内每天发生的客流总量，即总的一日 OD 客流量。新城客运需求总量预测可采用总体预测法以及类比法等简化的方法进行。总体预测方法如公式(7-1)所示。

$$Q=(1+\eta)\alpha\beta P \tag{7-1}$$

式中：α—— 居民日平均出行次数(次 /(d・人)；

β—— 大于 6 岁人口占总人口的百分率(%)；

$1+\eta$—— 流动人口修正系数，η 即为流动人口的百分率；

P—— 常住人口(万人)；

Q—— 新城一日客流总量(万人次 /d)。

类比法是参考其他性质、地理条件和交通条件等较为相似新城的总体客流量预测值，再根据两新城人口比值按正比例近似估算，如式(7-2)所示。

$$\frac{Q_1}{Q_2}=\frac{P_1}{P_2} \tag{7-2}$$

式中：P_i—— 新城 i 建成人口(万人)，$i=1,2,\cdots$；

Q_i—— 新城 i 总流量(万人次 /d)，$i=1,2,\cdots$。

2）新城远期出行分布

交通发展战略规划的交通分布预测主要采用重力模型，常用的有乌尔希斯重力模型，即出行发生约束重力模型。此模型满足式(7-3)，其表达式为：

$$q_{ij}=O_iD_i\frac{f(d_{ij})}{\sum\limits_j D_j f(d_{ij})} \tag{7-3}$$

式中：$f(d_{ij})$—— 交通阻抗函数，常用形式为 $f(d_{ij})=d_{ij}^{-\gamma}$；

γ ——待定系数。

待定系数 γ 反映了人们对交通阻抗的敏感程度，在各交通区的交通发生、吸引总量已定的情况下，它与平均出行距离一一对应。若新城平均出行距离已知，则 γ 值可由它唯一确定。γ 可以根据现状 OD 调查资料拟合确定，一般可采用试算法，以某一指标作为控制目标，通过用模型计算和实际调查所得指标的误差比较确定。具体过程为，先假定一个 γ 值，利用现状 OD统计资料所得的 O_i、D_j 以及 d_{ij} 带入式(7-3) 的模型进行计算，求得在该 γ 值下的交通分布 q_{ij}，则这种分布下的平均出行距离为：

$$D'=\frac{\sum\limits_i\sum\limits_j q_{ij}d_{ij}}{\sum\limits_i\sum\limits_j q_{ij}} \tag{7-4}$$

比较 D' 与实际平均出行距离 D 的大小，计算相对误差 $|D'-D|/D'$，对假设的 γ 值进行修正，γ 的调整方法为如果该分布的 D' 大于现状分布的 D，则增大 γ，反之减小。接着重新进行以上计算，直到求得合适的 γ 使得该平均相对误差不大于某一定值(常用 3%) 时，结束计算，并求得此 γ 值下的交通分布。新城的平均出行距离与新城规模有关，实际平均出行距离 D 可由新城规模推算。对部分新城的平均出行距离和新城规模进行回归分析，可得新城的出行距离与新城人口之间的关系如公式(7-5)所示。

$$D = K\sqrt{S} \tag{7-5}$$

式中：D—— 平均出行距离(m)；

S—— 新城人口(人)；

K—— 不同类型新城出行距离修正系数，K 按表 7-3 取值。

表 7-3　不同类型新城出行距离修正系数 K

新城类型	团状	稍不紧凑	不紧凑	明显不紧凑	典型带状
K	0.68	0.75	0.81	0.87	0.93

3) 新城远期交通方式结构

影响客运交通结构的因素很多，社会、经济、政策、新城布局、交通基础设施水平、地理环境及生活水平等均从不同方面影响新城交通结构。随着国民经济稳步高速发展，快速城市化、机动化使得这些因素在一定时期内变得不稳定，演变规律很难用单一的数学模型来描述，传统的转移曲线法或概率选择法很难适用。就新城远期交通结构分析而言，应该综合考虑新城交通政策、未来布局特征及规划意图、规模和性质、自然条件、交通设施建设水平等方面的因素，预估新城远期客运交通结构的可能取值范围。

(1) 新城交通政策

新城交通政策决定了新城未来长期交通设施建设投资趋向、规模、建设水平、网络布局与结构，以及新城交通工具发展方向、交通系统运行管理策略等方面。这些政策的确定和实施，将直接影响甚至决定了新城未来整体的交通需求格局、客运交通发展特征、客运交通结构发展趋势和水平。

(2) 新城用地布局特征及规划意图

新城用地布局及规划意图是新城客运交通方式划分预测重要因素。新城土地利用布局是新城社会经济活动在不同区位上的投影，决定了新城的人口分布、就业岗位分布，从而决定了新城客流分布、居民出行距离和时间，也对居民出行交通方式选择有着重要的影响。

(3) 新城规模和性质

新城的规模和性质对交通方式的结构有着一定的影响，万人拥有公共电汽车的水平越高，居民出行距离越长，公交线网密度越高，居民采用公交车出行比例也越高。从新城性质来看，功能单一性的新城自行车出行比例要高于综合性质的新城，而一些旅游新城采用出租车出行的比例要明显高于其他新城。

(4) 新城自然条件

新城自然条件指新城所处的地理位置，城区内的地势，平面形状与新城被海湾、河流、铁路等阻断的状况以及气候条件等，这些外部条件对新城居民出行行为选择有重要影响。

(5) 新城交通设施建设水平

新城交通设施建设水平和布局形态是影响新城交通结构的重要因素。通过对道路交通设施的规划改造，增加投入，重点加强公共交通基础设施建设，可以在不同程度上改变人们出行行为的选择，改变新城客运交通结构。

7.2.3　新城交通发展策略

新城交通发展策略是新城交通系统构建和交通模式制定的指引。为引导新城空间与产业发展，构建集约高效、绿色低碳的综合交通体系，必须在新的理念下调整交通发展策略，指导交通系统构建和设施规划建设。

1. 绿色交通引导策略

绿色交通体现了新城绿色低碳发展的本质需求，突出了慢行交通与公共交通在新城交通系统中的主导地位和绝对优势。根据国内外新城交通体系建设经验，新城发展绿色交通主要有以下做法：构建轨道交通、BRT、常规公交等构成的新城多模式一体化公共交通服务体系，发展高质量公共交通，促进公交优先政策的落实，实现新城绿色出行；建设网络化慢行体系，提升慢行品质，慢行线路、慢行设施设置应充分利用新城区可建设用地、湿地、水系、绿地等自然条件，创造舒适宜人的慢行环境；建立立体综合换乘枢纽，方便市民换乘，分层布置轨道站点、公交首末站、公共自行车租赁点、电动车充电站、机动车停车场等设施，核心在于实现一体化衔接；改善交通稳静化，构建慢行安宁区，对新城的集散道路、小区道路、重要慢行节点实施必要和合理的稳静化改善措施，减少机动化交通对居民生活的影响。

新城的重大交通设施一般在城市级上位规划中确定，而新城的用地功能、路网布局与各个道路的红线在控制性详细规划中基本确定。在此规划基础上，新城的绿色交通规划一般针对五个方向，采取相应的规划策略(见表7-4)。

表7-4　新城绿色交通规划目标与规划策略

主要方向	相应策略
响应交通发展模式，构建绿色交通导向的综合交通体系	构建多层次、全覆盖、高品质、易换乘的公共交通系统；构建完整、连续、稳静化、慢生活的步行与非机动车交通系统
依托生态新城规划的交通设施框架，优化并增强交通设施的服务绿色性	在道路网络的基础上，实施低依赖小汽车、对步行和骑行更加友好的交通组织模式 实行精细化、绿色化的道路空间分配，形成对步行与非机动车交通友好的街道环境
合理调控、科学引导，实现生态新城的小汽车出行减量	实行低供给停车配建，设置停车配建上限，实行差异化价格引导停车行为；不独立设置路外公共停车设施，严控路内停车

（续表）

主要方向	相应策略
合理协调土地利用与交通空间，从规划伊始引导居民绿色化出行行为	构建TOD导向的新区布局，将高容积率地块、公共性地块集中于轨道交通车站附近 构建TOD导向的公交社区，将各级社区活动中心与公共交通换乘设施紧密结合 构建TOD导向的公交楼宇，规划部分居住用地配置底商，形成混合用地与开放街道，提升居民步行意愿
实现绿色交通规划方案的真正落地	形成可考核的绿色交通指标体系；将规划成果形成可操作、可管控的交通图则；将规划成果纳入新城相关专业的设计导则

新建城区的绿色交通规划不仅要考虑公共交通、步行和非机动车交通等绿色交通方式的设施配置与优化提升，也要考虑机动车的科学调控与管理引导，平衡绿色交通方式与其他交通方式的关系。不仅要考虑交通系统本身的规划整合，也要考虑交通与其他专业的协调，特别是土地空间绿色开发模式的营造，才能成功构建完整的绿色交通体系，实现绿色交通规划的真正目标。

新城实施绿色交通发展战略重点包括：交通方式发展战略、交通设施配置战略、交通组织管理战略。表7-5给出了新城绿色交通发展战略及措施。

表7-5　新城绿色交通体系的发展战略及措施

分项	战略	战略措施
交通方式发展战略	对外交通	优先发展集约化运输方式
		增强铁路服务地区对外客运的功能，主要对外通道上形成骨干功能，公路运输填补铁路服务空白，与铁路相衔接，扩展铁路服务面
	公共交通	全面实施公交优先，提升公交吸引力和竞争力
		坚持以公共交通引导用地开发
		加大公交基础设施建设投资力度，切实保障规划公交枢纽场站设施用地
		加强轨道交通站点配套交通设施（公交车站、出租车停靠、停车换乘P+R、非机动车停放等）的同步规划、建设、运营
		保障公交运行路权优先，建设具有一定规模的网络化的公交专用道，加强公交专用道监管
		保障公共交通资金投入、完善法制保障
		加强出租车管理，优化出租车运营模式，降低出租车空驶率
	小汽车交通	使用管理为主，引导合理使用，储备拥有调控
		以停车泊位供给和收费调控小汽车出行
		以道路资源分配调控小汽车出行
		不断提高机动车排放标准，鼓励新能源和清洁能源小汽车发展

（续表）

分项	战略	战略措施
交通方式发展战略	慢行交通	保障道路空间，提升出行品质，增强可达性
		加强步行和自行车道设施规划、建设和管理
		打造安宁社区、步行街区、慢行活动广场、自行车道网络等
		因地制宜的适度发展公共租赁自行车
		正确引导电动自行车发展
	货运交通	既要保障生产生活需要，又要减少对新城干扰
		加强货运车辆管理，规划货运车辆通道，并加强通道管理
交通设施配置战略	道路设施	重构路网功能，优先保障公交和慢行的通行需要
		增加路网规模，提高路网密度，完善路网级配，增加道路面积率，提高路网可达性
		扩大公交专用道规模，根据客流特征和道路条件，科学设置公交专用道
		尽可能设置公交港湾式停靠站，减少车辆停站时对车流影响
		以“机非分流”为原则，因地制宜设置自行车专用道或专用路，完善自行车道微循环网络，保持自行车道连续性，加强与公共交通的换乘，鼓励B+R换乘
		以“人车分离”为原则，营造优质步行环境，增强至公共交通的可达性
		重点在居住区试点实施交通稳静化措施
	停车设施	差异化管理，以静调动
		以配建停车为主，公共停车为辅，适度开辟路内停车
		差异化建设停车设施，基本满足居住区停车需求，控制商业、办公区停车需求；停车价格差异化
	管理设施	突出信息化、智能化
		试点并逐步推广干线或区域信号协调控制技术，推广公交优先信号控制
		推广设置道路信息可变情报板和停车诱导信息板
		尽可能减少机非混行，机非混行路段对机动车要有约束措施
交通组织管理战略	—	优先保障绿色交通方式的通行权，保障交通运行安全、有序、通达
		加强交叉口渠化和信号配时优化，减少冲突点，效率与安全并重
		因地制宜设置非机动车专用信号、公交专用信号
		行人过街信号灯配时体现“以人为本”
		加强交通执法管理和交通文明建设，对违章行为严格处理，保持良好交通秩序

2. 公共交通引导策略

为突破新城发展所面临的土地资源、能源及环境容量的制约，必须构筑土地资源集约、生态环境友好、交通系统高效、以公共交通为导向的发展模式(TOD发展模式)。

结合新城的城乡空间布局，在宏观层面提出TOD的总体发展目标、策略建议。在新城总体规划、新城综合立体交通规划、新城综合交通规划等的基础上，确立以公共交通为导向的总体发展模式，在宏观层面制定新城TOD发展目标及策略。总体发展目标的确定主要包括两个步骤：一是协调新城总体规划和综合交通规划的总体发展目标，寻找二者的契合点，其中重点关注新城总体规划确定的新城发展模式和土地利用模式以及综合交通规划确定的新城绿色交通发展模式。二是协调新城土地空间发展战略和绿色交通发展战略，引导二者双赢、互动发展。

依托"城市-组团-社区"三级公共服务设施体系建设，在中观层面通过分区和片区发展指引，制定分区TOD发展策略。围绕新城总体规划、综合交通体系规划及公共交通专项规划等分区规划的编制，从片区发展所依托的"城市-组团-社区"三级公共服务设施体系，对片区内TOD规划发展策略进行深度分析，制定适应于新城主要片区TOD发展的规划策略；同时将片区内TOD重点发展区进一步细化分区，为制定各类型TOD的微观规划设计要点、指导片区TOD规划设计奠定基础。

依据"社区—邻里—街坊"三级生活圈建设要求，在微观层面，制定新区TOD规划设计指引，纳入法定规划，指导TOD开发策划。提出不同TOD类型的规划标准和准则建议，为新城控制性详细规划(法定图则)及片区交通详细规划提供依据；在新城用地规划标准中，按照土地-公交协调规划要求，详细制定交通枢纽周边公交走廊沿线新城土地利用规划技术指标。

1) 交通设施建设引导新城空间拓展

利用TOD理论和设计原则，以公共交通为主导，发达的大中运量公共交通系统沿着客流走廊从中心片区向外辐射，便捷联系新城与主城，达到疏解主城功能、缓解人口与就业压力的作用。重点突出新城干道系统和大中运量公共交通系统对新城空间的引导，以交通走廊引导和支撑新城区空间结构拓展。构筑个性化的交通系统，充分发挥各种交通运输方式优势，通过与主城区轨道交通和高等级道路交通系统的共建共享，为主城区和新城区之间的快速、便捷的联系提供保障。图7-1为轨道交通走廊沿线用地开发模式与引导作用示意图。

2) 重大交通设施沿线高密度开发

将沿线的土地开发与公共交通的建设整合在一起，大多数公共建筑和高密度的住宅区集中在公共交通车站周围，沿站点向外的开发强度逐渐降低，新城的居民能够方便地利用公共交通出行，步行和自行车设施与公交系统完美结合。加强交通引导土地开发，适当调整轨道交通站点周边用地性质，提高开发强度，避免卧城的形成。建议提高站点商业、办公用地比例，并提高开发强度，以平衡用地、增强新城对人口的吸纳能力，避免出现卧城现象。

基于TOD的新城开发应充分考虑用地强度的差异性，采取级差密度控制的理论进行。土地利用的级差密度强调TOD实施区域，按照影响范围的大小实施差异性开发。该理论认为以站点为核心，用地开发强度与影响范围呈现负相关，即站点核心区域，容积率最高，

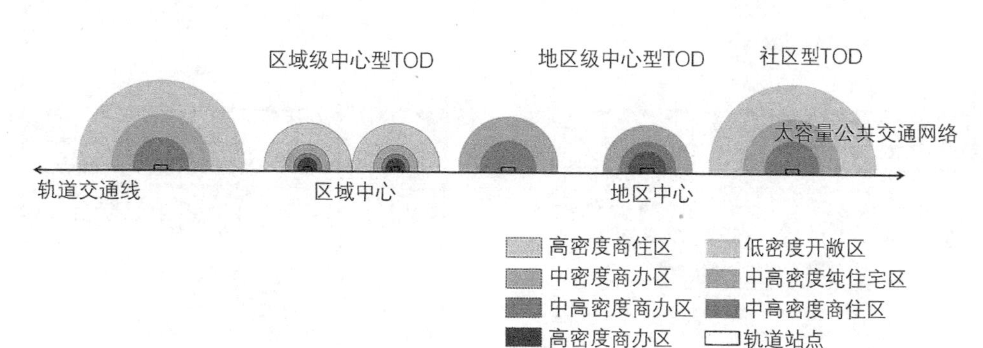

图 7-1　轨道交通走廊沿线用地开发模式与引导作用示意图

随着与站点核心范围距离的增加，用地的容积率逐渐降低，如图 7-2 所示。这一理论为新城公共交通引导用地开发提供了基础。

3）新城 TOD 社区建设模式

TOD 社区是指进行高强度商住混合用地开发的公交站点周围步行可达的范围，是公共交通发展模式的具体对象，主要用地功能结构组成包括：公交站点、核心商业区、办公就业区、居住区、次级区、公共开敞空间等。对于新城开发而言，可以将 TOD 社区分为“城市型 TOD”和“社区型 TOD”两种模式，这两种 TOD 模式均以公交站点为核心，组织人们日常的商业、办公，提供多层次的住宅。两者在区位、功能、范围上存在差异，详见表 7-6。

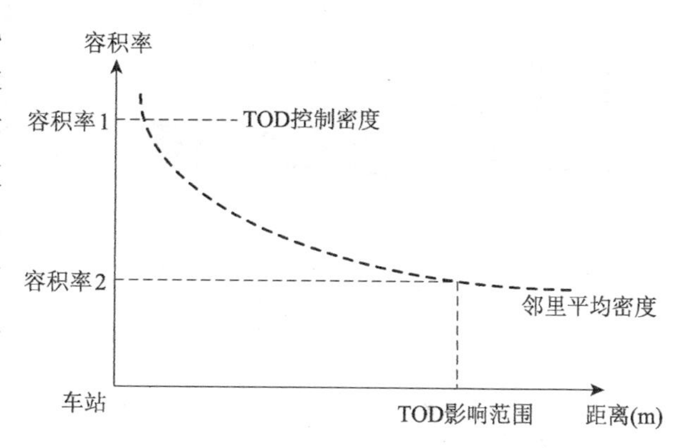

图 7-2　TOD 级差密度示意图

表 7-6　新城 TOD 社区类型特征对比

类型	城市型 TOD	社区型 TOD
区位	位于新城公共交通主干线周边，例如轨道交通、BRT	位于新城公共交通网络支线上，距离公交主干线不超过 5 km
功能	商业用地、人口和就业岗位的聚集程度高，居住密度在中等以上	居住用地的开发，社区内提供相应的零售、娱乐、餐饮和市政公用设施以满足居民日常需求
范围	800 m	400 m

新城区域应构建“城市型 TOD＋社区型 TOD”两级组织结构。具体而言，就是组织大中运量公交网络为公交社区区域服务，沿其站点布设“城市型”公交社区；与大中运量连接的常规公交、站点联络线等新城公交系统支线作为二级组织网络，沿站点布设“社区型”公交社区，距离大中运量公交干线不超过 5 km，如图 7-3 所示。图 7-4 是公共交通导向的新城 TOD 社区区域建设模式示意图。

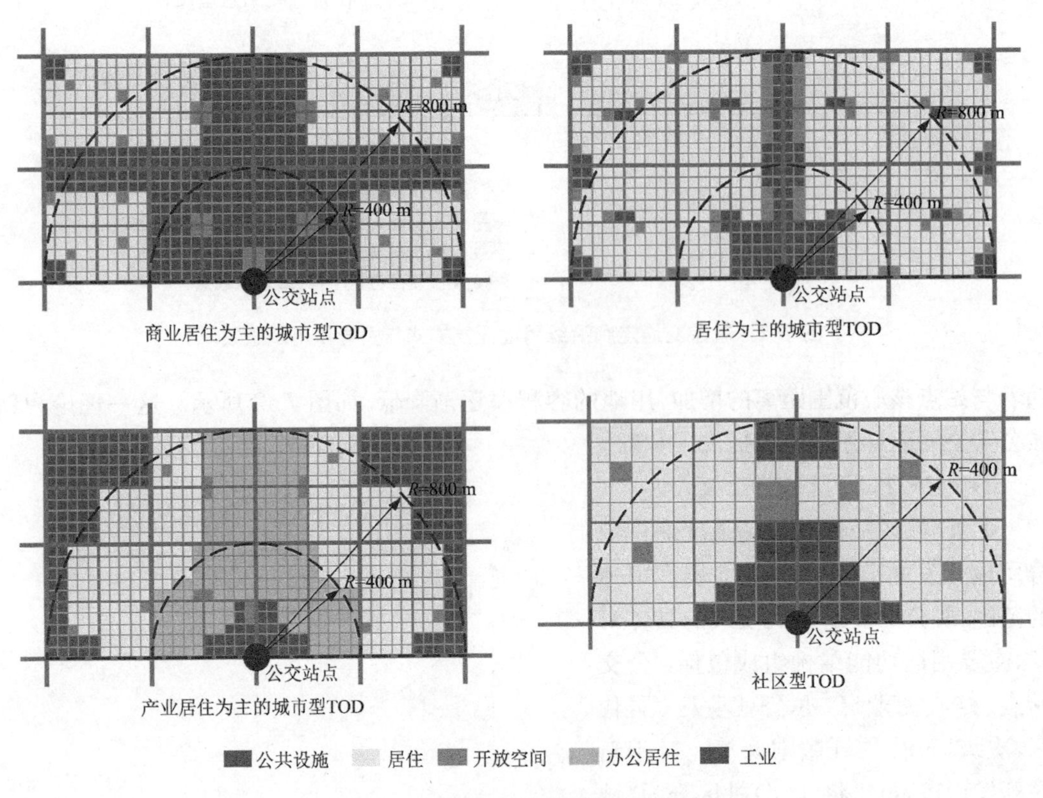

图 7-3　各类 TOD 社区用地布局示意图

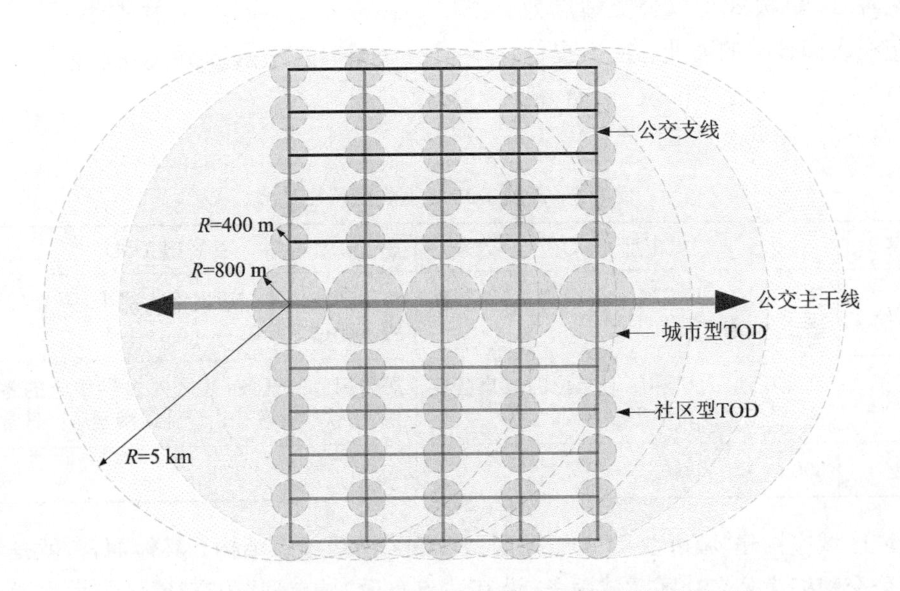

图 7-4　公共交通导向的新城 TOD 社区区域建设模式示意图

7.2.4　战略方案生成

交通发展战略涉及的因素很多，相关的战略要素可分为基础战略因素、核心战略因素与支撑战略因素。基础战略因素是指能够形成基础网络框架、客货出行需求的背景因素，包括现有交通网络、相关规划、人口岗位布局情况等。核心战略因素是指能够影响到整个战略方向的因素，包括道路运输网络、公交运输网络和新城交通政策。支持战略因素是指不影响主体战略选择，且能帮助实现核心战略的因素，如 ITS、静态交通和交通管理等，对它们的细化有助于专项交通战略的制定。

交通发展战略生成的过程就是在基础战略因素的背景下，结合不同情境下的新城空间形态发展情境，分别分析不同类型的以运输网络和交通方式发展政策为主的核心要素战略方案，并提出配套的支持要素的战略方案。在战略方案生成过程中的关键是对基础战略要素进行分析和生成，对备选战略方案的测试同样也是以核心战略因素为主体。

结合不同的新城空间发展情境，制定骨架路网方案、公交运输网络方案、并拟定相关交通政策，形成若干比选方案。具体战略方案生成方法可采用 SWOT 分析方法。交通发展优势(S)和劣势(W)主要指现阶段已经取得的一些交通建设进展和交通存在的问题，主要针对交通系统自身的条件分析，交通发展机遇(O)与挑战(T)主要指宏观社会经济环境为未来交通合理发展带来的有利条件和制约因素，主要针对交通系统外部环境的分析。一般包括发展环境分析、因素影响力度分析、类型确定和发展战略确定四个环节。

1. 发展环境分析

对新城交通战略目标所涉及的影响因素划分为内部因素和外部因素两个方面，进一步明确所面临的优势、劣势、机遇和挑战，制定 SWOT 分析表格。通过调查与分析，确定各要素的权重及强度，并通过层次分析或数理统计方法计算各影响因素的影响力度，如表7-7所示。

表 7-7　SWOT 发展环境分析

<table>
<tr><td rowspan="8">内部因素</td><td>优势分析</td><td>权重</td><td rowspan="8">外部因素</td><td>机遇分析</td><td>权重</td></tr>
<tr><td>S_1</td><td>K_{S1}</td><td>O_1</td><td>K_{O1}</td></tr>
<tr><td>S_2</td><td>K_{S2}</td><td>O_2</td><td>K_{O2}</td></tr>
<tr><td>…</td><td>$K_{S\cdots}$</td><td>…</td><td>$K_{O\cdots}$</td></tr>
<tr><td>劣势分析</td><td>权重</td><td>挑战分析</td><td>权重</td></tr>
<tr><td>W_1</td><td>K_{W1}</td><td>T_1</td><td>K_{T1}</td></tr>
<tr><td>W_2</td><td>K_{W2}</td><td>T_2</td><td>K_{T2}</td></tr>
<tr><td>…</td><td>$K_{W\cdots}$</td><td>…</td><td>$K_{T\cdots}$</td></tr>
</table>

2. 因素影响力度分析

将影响优势、劣势、机遇及威胁发挥作用的各因素 j 的实际水平定义为强度，按照 1～9 标定，采用专家打分法对各因素的强度进行打分。将专家评估表的同一因素强度值进行加权平均，作为各因素对应平均强度值。对于优势和限制来说，某一影响因素的影响力度等于权重评价分数;对于机遇和挑战来说,某一影响因素的影响力度等于出现的概率评价分数。将 SWOT 各要素分别求和可得到 SWOT 力度,如表 7-8 所示。

表 7-8　因素影响力度评价矩阵

内部因素——优势	权重	强度	综合评价值	合计
S_1	K_{S1}	A_{S1}	B_{S1}	M_S
S_2	K_{S2}	A_{S2}	B_{S2}	
…	$K_{S\cdots}$	$A_{S\cdots}$	$B_{S\cdots}$	
内部因素——劣势	权重	强度	综合评价值	合计
W_1	K_{W1}	A_{W1}	B_{W1}	M_W
W_2	K_{W2}	A_{W2}	B_{W2}	
…	$K_{W\cdots}$	$A_{W\cdots}$	$B_{W\cdots}$	
外部因素——机遇	权重	强度	综合评价值	合计
O_1	K_{O1}	A_{O1}	B_{O1}	M_O
O_2	K_{O2}	A_{O2}	B_{O2}	
…	$K_{O\cdots}$	$A_{O\cdots}$	$B_{O\cdots}$	
外部因素——威胁	权重	强度	综合评价值	合计
T_1	K_{T1}	A_{T1}	B_{T1}	M_T
T_2	K_{T2}	A_{T2}	B_{T2}	
…	$K_{T\cdots}$	$A_{T\cdots}$	$B_{T\cdots}$	

3. 类型确定

建立 SWOT 要素坐标系,在 S 轴、W 轴、O 轴和 T 轴上分别标注已经计算出的各要素的力度值,连接各坐标轴的力度值形成四边形。四边形的重心坐标 $P=(X,Y)=\left(\sum_{i=1}^{4}\frac{x_i}{4},\sum_{i=1}^{4}\frac{y_i}{4}\right)$,所在的象限决定类型。引入方位变量区分方位类型,设 α 表示方位角,$\tan\alpha=Y/X$,其中 $0\leqslant\alpha<2\pi$,根据 α 的大小选择具体类型。具体如图 7-5 所示。

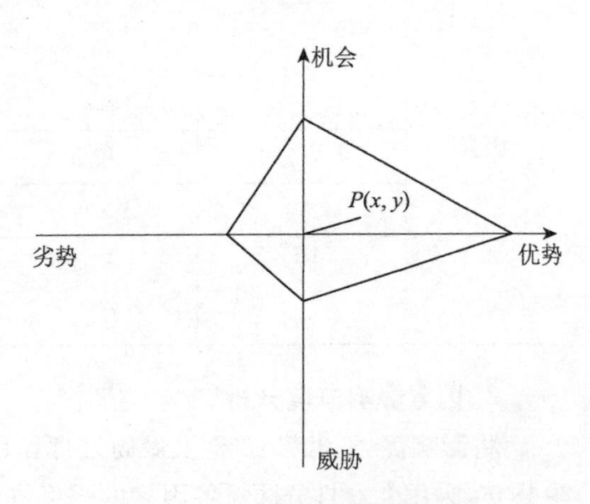

图 7-5　四边形分析示意图

四个象限将四边形分成 4 个区域,对应 4 种类型,如表 7-9 所示。

表 7-9　交通发展战略类型与方位关系

第一象限		第二象限		第三象限		第四象限	
开拓型战略区		争取型战略区		保守型战略区		抗争型战略区	
类型	方位域	类型	方位域	类型	方位域	类型	方位域
实力	$0, \pi/4$	争取	$\pi/2, 3\pi/4$	退却	$\pi, 5\pi/4$	调整	$3\pi/2, 7\pi/4$
机会	$\pi/4, \pi/2$	调整	$3\pi/4, \pi$	回避	$5\pi/4, 3\pi/2$	进取	$7\pi/4, 2\pi$

4. 交通战略方案生成

SWOT 分析法在要素本身和要素间进行分析和交叉分析,归纳生成相应的战略。新城交通系统自身的优势和限制,以及所面临的外部的机遇和挑战,进行单要素的归纳,可以得出初步交通发展战略,再通过各要素间的交叉分析,同时通过复合要素的“碰撞”,制定出不同类型的交通发展战略。具体如图 7-6 所示。

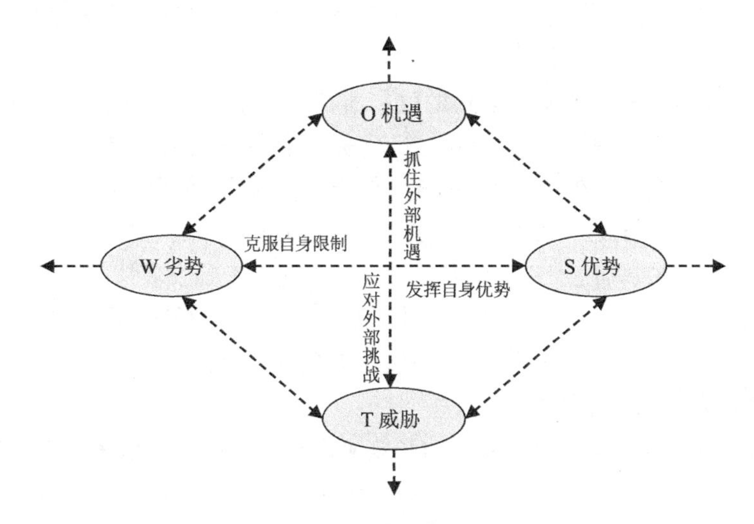

图 7-6　SWOT 要素归纳分析示意图

交通备选战略方案一般可按照交通方式发展导向来分类,形成小汽车交通导向战略方案、轨道交通导向方案、常规公交导向方案以及公共交通与小汽车交通协调发展导向方案等。也可按照对某种交通方式发展导向分类,形成高强度公交优先方案、中等强度公交优先方案和低强度公交优先方案,或高强度小汽车控制方案、中等强度小汽车控制方案和低强度小汽车控制方案。或按照基础设施投资水平来分类,形成高强度投资方案、中等强度投资方案和低强度投资方案。

7.2.5　新城交通战略方案评估

1. 交通战略评估对象

交通发展战略优选的过程就是对不同备选交通战略方案评估的过程,主要衡量交通战略对新城社会、经济、交通系统等各个方面产生的影响的综合效益。交通战略评估的对象主要包括对交通发展战略实施可行性评估、效果评估、效应评估以及效率评估等四方面的评估。

交通发展战略可行性评估主要考虑交通发展战略与国家或地方政策的协调性、可接受性、公平性及交通政策的执行难度等。交通发展战略与国家、地方政策的协调性主要分析所形成的交通发展战略是否符合国家和地方的交通发展政策，如有矛盾，是否可以进行协调。公平性主要分析交通战略采取的政策在交通资源分配上是否照顾到新城的各个阶层、各种收入居民的利益。可接受性主要分析交通政策的实施是否符合居民交通出行的意愿，能否为新城居民所接受。执行难度主要考虑政策实施过程中的技术和社会问题解决的难度，和对管理部门素质提高的要求。

交通发展战略效果评估主要是对交通战略实施后对交通系统和出行者两方面可能产生的影响，比如出行方式结构，交通机动车总拥有量等，评价以定量分析为主，一般结合交通发展战略模型进行测试。效应评估主要针对交通发展战略应用后对新城、社会和经济所引起的反响，评价对象以定性为主，一般采用专家打分方法进行，比如交通对环境的影响程度，与新城空间布局发展的协调性等。交通战略的效果评估和效应评估标准应主要结合新城交通战略目标设计的要求而制定。

交通战略效率评估是衡量战略取得的效果所耗费的外部资源的数量，它通常表现为投入与效果之间的比例。效率评估与效果评估和效应评估既有区别，又有联系。效果和效应关心的是是否有效执行战略，达到预定目标，效率标准关心的是如何以最小的投入得到最大的产出。交通战略效率评估与效果与效应评估之间有时并不统一。战略的效率必须建立在交通战略的效果与效应评估的基础上。效率评估阶段的重点是对交通发展战略实施成本进行分析，交通发展战略的成本主要从交通基础设施建设成本和交通运行成本开展分析，前者主要包括道路和骨架公共交通线路的建设成本，后者主要包括出行距离和时间成本。

2. 交通战略方案综合评估方法

交通战略评估方法主要针对效果评估和效应评估两方面。一般采用“前-后”交通战略评估法和“有-无”交通战略评估方法。“前-后”交通战略评估法，就是将交通战略在实施前可以衡量出的状态与接受交通战略作用后可以衡量出的新状态之间进行对比，从中得出交通战略效果，进而据此对交通战略的价值做出判断。图 7-7 中 A1 代表交通战略执行前的效果，A2 代表交通战略执行后的效果，(A2-A1)表示交通战略实际效果。该方法的优点是操作简单，不足之处是它无法将被评估战略的“纯效果”与该项政策以外的因素所产生的效果分离出来。

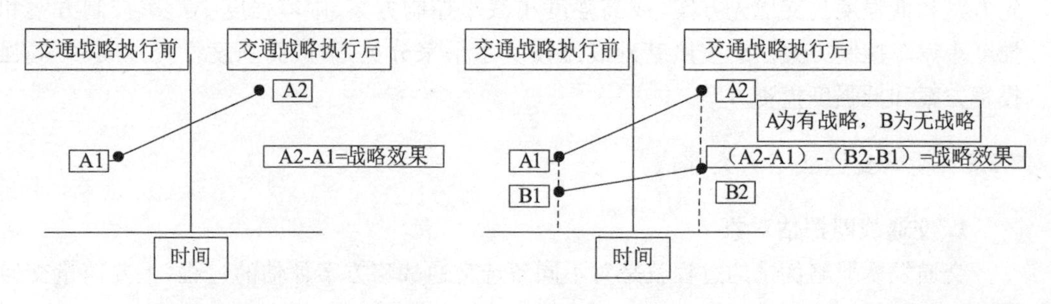

图 7-7 “前-后”交通战略评估法示意图　　**图 7-8 “有-无”交通战略评估法示意图**

"有-无"交通战略评估方法是在交通战略执行前和执行后这两个时间点上，分别就采取交通战略和不采取交通战略两种情况进行前后对比，然后再对两次对比结果进行比较，以确定被评估的交通战略的效果。图 7-8 中，A1 和 B1 分别代表现状有无交通战略两种情况，A2 和 B2 分别是未来有无交通战略的两种情况。(A2-A1)为有交通战略条件下的变化结果，(B2-B1)为无交通战略条件下的变化结果。(A2-A1)—(B2-B1)便是交通战略的实际效果。这种方法需要补充大量的现状分析数据，操作便捷性较"前-后"对比法相对较差，但能够比较有效地将被评估交通战略的"纯效果"从战略执行后产生的总效果中分离出来，降低外界因素的干扰。

7.3 新城多模式公交系统规划方法

7.3.1 新城多模式公交发展策略

1. 多模式公共交通体系构建

为贯彻落实新发展理念，深入实施公交优先发展战略，加快构建以大运量城市轨道交通为骨干、多层次常规公交为主体的新城公共交通系统，要树立"公共交通＋慢行交通"为主体的新城交通方式结构目标，发展轨道交通和快速公交，适度发展小汽车交通。新城公交发展应紧密围绕铁路枢纽站，建立以大中运量公交为骨架、基本公交为主体、多元公交为辅助、出租车为补充、慢行系统为延伸的"多模式、高品质、高效率、一体化"公共交通系统。

首先结合新城发展状态重新定位常规公交，常规公交无法满足大尺度的新城空间需求，新城可能需要构建新的多元公共交通体系，来满足未来发展需求，对常规公交需要重新定位，寻找到适合常规公交持续发展，也能满足新城交通出行需求的新定位；编制新城公共交通网络规划，综合考虑城市群公交网络、大都市区公交快速干线网络、城市公交网络、公交支线网络四个层面公共交通网络的构建，综合相关要素的考虑，编制新城公共交通网络综合规划；构建大都市区公共交通快速干线网络，建设衔接重大交通枢纽、产业园区、商业区的快速公共交通干线，有利于促进新城发展；提高快速公交(BRT)作用，科学制定 BRT 运营服务标准，优化沿线公交线路，政府相关部门要按照运营服务标准，落实路权、信号、相关设施等公交优先的措施，对 BRT 干线运行效率进行评估，使公交线网在干线上能做到车速快、班次多、时间准、综合效益高；规划建设换乘系统，实现"五位一体"多种公交方式之间换乘，实施"一卡换乘""一票换乘"和优惠换乘的票制，鼓励换乘，加快换乘枢纽建设，落实换乘枢纽用地、建设规划；建设公交专用道，公交专用道应按照公交线网规划设置，干线网应该全部实施专用道运行，确保政府提供的新城公共服务产品的质量，重要的支线应按照条件进行设置，同时实施路口信号优先，保障公交运行能按照公交服务标准时刻表运行，配合路段换乘枢纽设置公交专用道，具备条件的支路可以设置公交专用道，禁止小车驶入。

2. 以公共交通为导向的新城土地开发模式

加快公共交通的建设,以 TOD 导向、"P+R"模式引导新城集约开发,而不是以小汽车为导向蔓延发展。引导城镇空间集聚,促进交通节能减排,轨道交通站点地区核心圈层以公共广场、商业和服务设施等形成站区中心,将集中大量人流的新城功能集中在步行距离以及外围支线公交服务范围之内。

在空间引导方面,从区域—城市—廊道—站点核心区—站点地区五个层次展开,构建面、线、点相结合,宏观到微观全覆盖的新城空间引导体系。区域—城市层面强调宏观格局引导,包括公交引导新城与市中心及其他组团紧密联系;以公共交通为导向的新城总体格局引导;新城总体格局对公交系统的反馈引导;公共交通对新城用地开发的分区引导。廊道层面强调中宏观骨架格局引导,包括公交线路总体功能定位、线路与站点位置优化、沿线用地布局引导以及线路分段控制引导。站点核心区层面强调中微观土地利用引导,包括站点核心区范围界定、差异化分类引导,形成覆盖新城全域的站点核心区控制体系,并构建空间差异化的控制引导指标与条例。站点层面强调微观要素控制,分别从站点开发模式与业态、地下空间开发、交通衔接、步行系统、景观与开敞空间以及市政管线等方面,按照不同站点类型和地区特征,提出差异化控制引导要求。

3. 立体化公共交通站点开发

建设网络化低碳的道路系统,通过合理选用区域交通线位资源、集约复合利用交通空间、充分发挥地下和立体空间资源等方式实现交通的立体化,立体化的交通模式不仅能缓解重要交通节点地区拥挤的现象,还能创造集约复合的新城空间,如利用地铁周边地下空间的综合开发、利用高架桥的空间进行新城绿地和广场的建设,通过绿化的建设来实现新城的低碳发展。

立体化开发需要从业态上,合理规划内部产品,集合购物、办公、住宅等多种业态,形成一站式复合生态社区;空间上,集中设置多级退台、下沉广场、空中连廊等公共空间节点,营造多首层、高价值的垂直空间体系,容纳更多潮玩空间;交通上,地上通过空中建筑体量的连接,将两个地块连接为一个整体。二层与新城公共平台连接,创造多首层空间联系。地下充分连通地铁,在基地内建立起完善的地下步行系统,从地铁方向来的人流可以自由到达办公、购物中心、酒店等多重目的地。新城需提前谋划站点周边地上地下一体化设计、做好轨道交通红线范围与新城开发地块的衔接,预留轨道站点出入口,为日后周边交通组织和新城高质量运营做好充分准备。

7.3.2 新城多模式公交系统构成

新城多模式公共交通网络由新城道路公共交通、新城轨道交通等不同载客工具类型的公交线网组成。由于公交乘客的出行频率、出行时间与空间分布、出行距离等出行特征的差异性,多模式公共交通网络内在的客流形态也表现出不同的客流强度和时空分布特征,在多模式公共交通网络规划与设计阶段需要确定各种公共交通方式的发展目标和功能定位,区分不同类型公交线网的功能分工和服务水平,通过不同功能层次公交线网的协调运作达到满足差异化、多样化公交客流需求的目的。结合现有的新城公交线网功能层次划分方法，根据公交线路的公交系统形式、交通工具类型、客运能力、服务水平、服务对象等技术特性，将多模式公共交通网络划分为骨干公交网络、主干公交网络和地区公交网络三个功能层次。表 7-10 显示了多模式公共交通网络中不同功能层次的公交系统在客运能力、服务水平等技术指标上具有明显的差异。

表 7-10　多模式公交网络功能层次划分

功能层次	服务对象	系统形式	车型	客运能力（万人次/h）	服务水平（km/h）	路权形式
骨干网络	不同辖区之间的长距离出行	地铁	A 型、B 型	2.5～7.0	35～40	全封闭
		轻轨	C 型、D 型	1.0～3.0	25～35	全封闭
		BRT	特大型、大型公共汽车	0.5～1.5	20～25	全封闭或半封闭
		有轨电车	有轨电车	0.5～1.0	15～25	半封闭或不封闭
主干网络	在辖区内不同片区之间的中短距离出行	公共汽车	中型公共汽车	0.1～0.3	15～25	不封闭
地区网络	中长距离出行的末端出行，在新城内不同社区之间的短距离出行	公共汽车	小型公共汽车	＜0.1	15～25	不封闭

注：客运能力是指单向高峰小时断面客流量的最大值；服务水平是指平均运行速度，也即旅行速度或运送速度。

1. 骨干公交网络

快速城镇化进程中，城市的急剧扩张催生了城镇居民对快速、舒适、直达的长距离出行需求。新城骨干公交系统因为其较高的客运能力和服务水平，在满足上述出行需求、构筑新城空间结构、促进新城人口转移等方面发挥着至关重要的作用。新城骨干公交系统往往不仅服务于新城区域，还贯穿中心城区、服务城区内不同辖区之间的长距离出行，采用全封闭或半封闭的城市轨道交通系统或快速公共汽车系统作为服务形式，由于系统路权得到保障，车辆运行速度和运行可靠性较高，能够发挥大中运量的乘客运输能力。

2. 主干公交网络

新城主干公交网络往往采用传统的公共汽车系统服务形式，满足辖区内不同片区之间的中短距离出行需求。主干公交线路多连接人口密集的新城片区，采用中型公共汽车以发挥中低运量的客运能力，因为其车型限制和运行速度要求，主干公交线路主要布设于主干路、次干路等级的道路上。

3. 地区公交网络

地区公交网络具备缩短中长距离出行中步行接入公交站点的距离、扩大公共交通系统的吸引范围、服务新城内不同社区之间的短距离出行的服务功能。为了深入乘客的出行起终点，地区公交线网使用小型或者中型公共汽车，布设于次干路和支路上，串联居住社区、工业园区等人口和岗位密集的区域。

层次清晰、结构合理的新城公交网络，对于公交运营商来讲，可以更大限度、更为高效地发挥公交系统的运输能力；对于出行者而言，这样的公交线网更具有辨识度，能够帮助出行者更快速地熟悉网络结构、方便他们进行路径识别和选择，以及距离和方向的定位和推断。

7.3.3 新城轨道交通网络规划

新城轨道交通网络规划是指根据新城规模和性质、经济、社会发展目标，确定轨道交通网络线路走向、站点布局，合理利用土地，协调交通空间功能布局及进行各项建设的综合部署和全面安排的交通规划活动。轨道交通建设投资大、工期长、涉及行业部门多、系统复杂，是新城建设中最庞大的工程之一，对新城的发展建设也起着巨大的作用。

1. 新城轨道交通网络规划原则

1）与新城总体规划发展相统一

新城轨道交通网络规划属新城总体性规划中的一项交通专项规划，应与新城总体性规划发展紧密结合，其交通网络形态与新城形态相适应协调，其规划应具有一定的超前性，在理论性、科学性、前瞻性、整体性、协同性、动态性、可操作性和经济性等原则指导下，引导新城可持续发展。

2）与新城其他交通方式相配合

新城轨道交通作为新城交通系统中一个最重要的分支，应该与其他交通方式相互协调配合，真正成为综合交通的骨干力量。

新城轨道交通自身应该协调好线路敷设方式、换乘节点、建设顺序、联络线分布、与其他交通方式衔接、路网建设经济性、资源共享等环节，实现降低系统投资成本。其次新城轨道交通网络与公共交通网络衔接配合好，充分发挥各自的优势，为乘客提供优质服务。新城的交通规划，一定要发展以快速轨道交通为骨干，常规公共交通为主体，辅以其他交通方式，构成多层次立体的新城交通一体化，使其互为补充，不争客流。

3）与周围环境相协调

新城轨道交通应该满足新城和自身的可持续发展，尽量减少交通资源的占用，注重轨道线路、站点与周围环境的协调。

4）与经济发展实例相适应

影响新城轨道交通网络合理规模的因素有很多，线网规模是首要因素，而新城的经济发展水平和趋势是进行新城轨道交通网络规划必须考虑关键因素。科学评估新城可用于轨道交通网络建设的投资能力，合理持续安排适当的投资强度。

5）与土地利用相结合

在项目规划中，新城轨道交通建设应把轨道交通与沿线土地开发一体规划，利用轨道交通可以有效提高区域的可达性的特点，充分发挥轨道交通建设与土地开发的相互促进作用，优化新城基础设施投资效果。

2. 新城轨道交通线网规划方法

1）“点、线、面”要素层次分析法

“点、线、面”要素层次分析法是以新城结构形态和客流需求的特征为基本条件，对基本的客流集散点、主要的客流分布，重要的对外辐射的方向及线网结构形态，进行分层研究，充分注意应定性分析与定量分析相结合，快速轨道工程学与交通测试相结合，静态与动态相结合，近期与远景相结合，经多方案比较而成。

2）功能层次分析法

这种方法根据新城结构层次和区域的划分，将整个新城的轨道交通网按功能分作三个层次，即骨干层、扩展层、充实层。骨干层与新城基本结构形态吻合，是基本线网骨架，扩展层在骨干层基础上向外围扩展，充实层是为了增加线网密度，提高服务水平。

3）逐线规划扩充法

这种方法是以原有的快速轨道交通线网为基础，进行线网规模扩充，以适应城市发展。为此，必须稳定已建的线路，改善其他未建线路，扩充新的线路，以逐条线路规划将每条线的线路规划纳入线网后，对原线网进行局部调整，形成新的线网。

3. 新城轨道交通网络规划流程

新城控规层面轨道交通网络规划流程如图 7-9 所示。

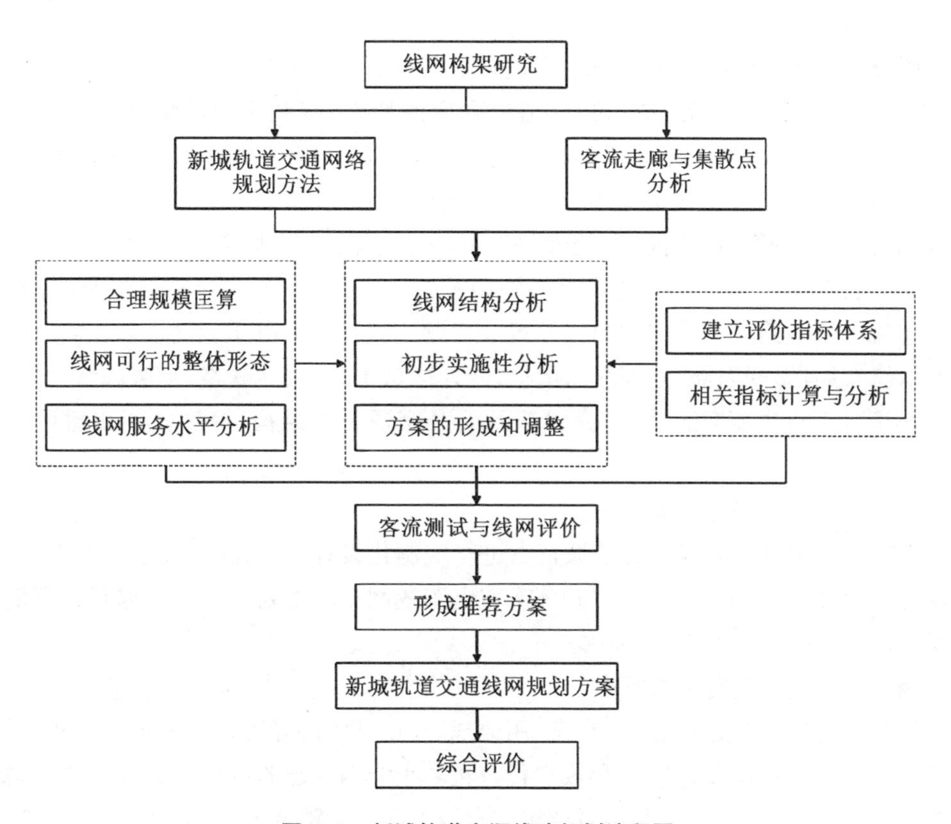

图 7-9　新城轨道交通线路规划流程图

7.3.4　新城有轨电车网络规划

1. 新城有轨电车线网布局原则

现代有轨电车处于新城公共交通系统的中间层次，是新城快速轨道交通和常规公交之间的有效补充，构建现代有轨电车线网有利于完善公共交通系统结构，提高公共交通服务水平和运营效率，在现代有轨电车线网布局规划中应遵循以下原则。

1）符合国土空间总体规划等上位规划

新城现代有轨电车线网规划应在国土空间总体规划、城市综合交通体系规划、城市轨道交通建设规划等上位规划的导向和约束下进行，与新城总体规划保持一致。

2）明确功能定位和应用模式

现代有轨电车系统在公共交通系统的功能定位应随着新城综合交通规划及不同区域结构形态进行调整。如在规划了快速轨道交通为公共交通骨干网络的新城，现代有轨电车系统作为加密和延伸线发挥补充功能，并与快速轨道交通系统共同承担公共交通骨干功能；而在尚未规划快速轨道交通的新城，现代有轨电车线网独立发挥公共交通骨干功能。

在新城公共交通体系中，现代有轨电车系统具有不同的功能定位和应用模式，产生相应的规模和布局形态。

3）与新城公共交通体系有机融合

按照公共交通主导新城发展模式，现代有轨电车系统作为中低运量的地面轨道交通方式，具有运量适中、生态环保、快速准点、造价合理的特性，有利于提高新城公共交通的服务水平，有利于引导线网及站点周边的土地利用，提高土地开发强度。现代有轨电车线网布局应结合其在新城公共交通系统中的功能层次和角色定位，合理规划科学布局，在实现线网规划功能和目标的同时，处理好与新城快速轨道交通、常规公交及出租车和公共自行车等公共交通方式在线网层面的协调关系，实现新城公共交通网络有机融合，避免产生客流竞争线路或网络之间衔接不畅等问题。现代有轨电车线网规划还需要结合新城客运枢纽布局，做好内部、外部交通衔接，融入高铁干线、城际铁路、市域铁路、城市轨道交通“四网融合”的轨道交通体系，完善新城公共交通系统结构，提高公共交通系统的吸引力。

4）关注旅游和新城形象需要

现代有轨电车外观可以结合新城特点进行定制化设计，与新城环境景观有机融合，形成新城流动的景观，提高新城品位。现代有轨电车线网布局规划时必须考虑新城环境和景观的需要，使之符合可持续发展的要求。

2. 新城有轨电车线网布局模式

现代有轨电车线路受新城空间形态、用地规划、建设条件等因素的影响，线路间相互组合形成了特定的线网形态结构，在形成现代有轨电车线网形态的过程中要考虑线网编织的合理性。高效的现代有轨电车线网既要满足出行方向的多种选择，亦需降低乘客出行中的换乘量，而任意一种线网形态很难同时满足这两方面的要求。由于新城不同区域功能结构复杂，现代有轨电车线网通常是几种形态的组合体。目前，现代有轨电车的线网布局主要有如下三种模式。

1）补充型线网

对于建设相对成熟的新城，快速轨道交通往往已经建成通车，拥有多层次的公共交通体系，现代有轨电车作为中低运量的地面轨道交通系统，主要承担快速轨道交通线网的加密、补充或延伸功能。这种情况下，现代有轨电车系统通常与既有的新城快速轨道交通系统之间容易形成良好的接驳关系，现代有轨电车系统不仅可以覆盖由于客流不足而没有建设地铁的区域，而且可以承担衔接快速轨道交通系统的末端客流，发挥补充或延伸功能。

该区域的线网形态以快速轨道交通线网为主，现代有轨电车配合快速轨道交通，形成更加完善的公共交通骨干网络体系。在该类新城中，现代有轨电车线网通常表现为非连续的环形与放射形。较为典型的实例是法国的城市里昂，如图 7-10 所示。里昂城市轨道交通网络中有四条现代有轨电车线路，其编号分别为 T_1、T_2、T_3、T_4，其中 T_1 全线和 T_4 的部分重合线路为快速轨道交通系统的加密线，定位为里昂的公交骨干线路。T_2、T_3 和部分 T_4 线路作为里昂郊区的支线，主要是定位为快速轨道交通的重要补充、延伸，T_2、T_3 和部分 T_4 线路没有在地铁线网密集的西部与北部区域建设，而是主要向里昂的东南部和南部郊区延伸。这种线网布局模式可以充分体现出现代有轨电车系统适应性灵活的优势，能够在同一城市中承担主干或延伸线路等不同的交通功能。

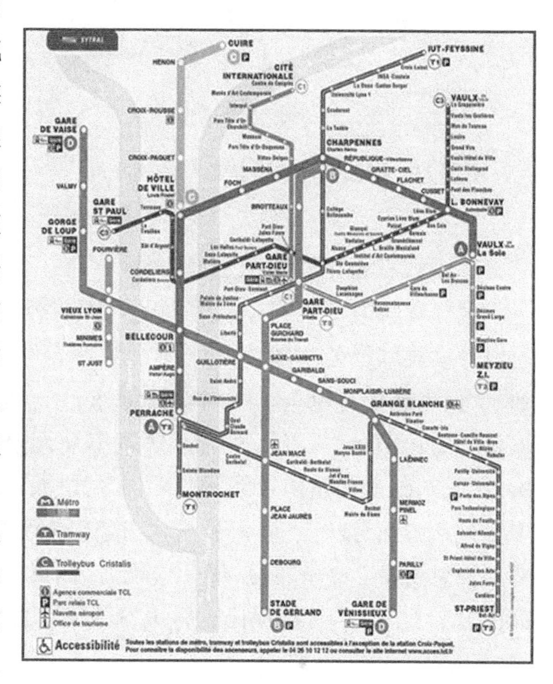

图 7-10　里昂轨道交通线网

2）骨干型线网

在客流不足以支撑城市快速轨道交通建设的新城，现代有轨电车线网可以覆盖主要客流走廊，定位为新城公共交通的骨干网络，同时与新城内部的常规公交系统及铁路、机场等对外交通形成良好的接驳关系，共同构建新城多层次公共交通体系。

在现代有轨电车作为新城公共交通骨干线网时，现代有轨电车线网形态与新城空间结构和用地布局相呼应，通常会采用网格、放射状或环形放射状，或者是基本路网形态的组合。例如：蒙彼利埃市的现代有轨电车线网主要承担该市的快速客运功能，其线网布局呈现出小规模的环＋放射形，如图 7-11 所示。

3）特色型线网

具有历史文化背景或者特殊景观需求的部分新城在规划现代有轨电车线网时，会考虑将现代有轨电车系统定位于特色公共交通服务线网。国外比较典型的案例是波尔多市的现代有轨电车系统，波尔多市的现代有轨电车系统不仅承担着城市内部的主要客流，同时也作为特色的公共交通服务于中心城区，其线网布局呈现出小规模的环＋放射形，如图 7-12 所示。

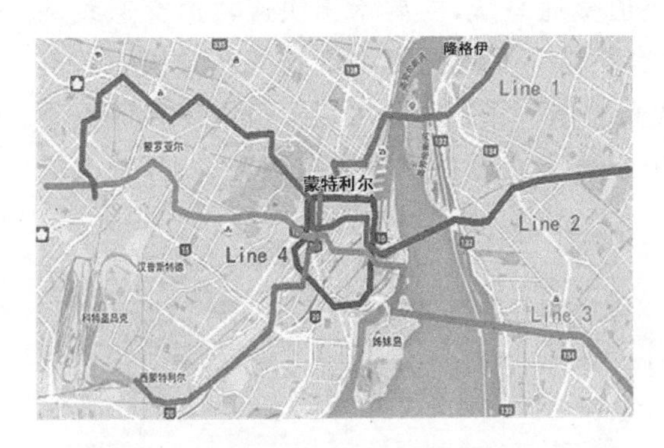

图 7-11　蒙彼利埃市有轨电车线网布局

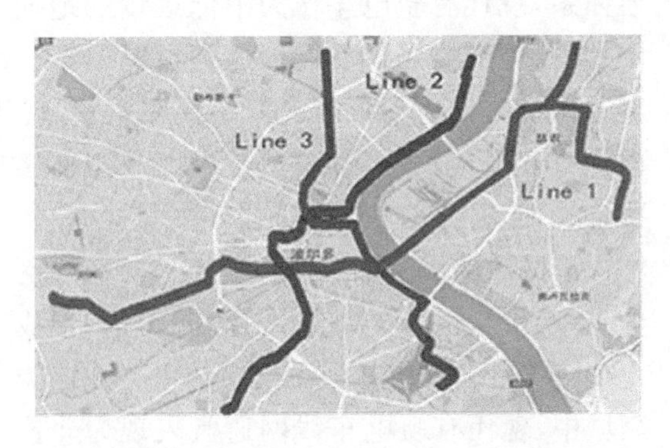

图 7-12　波尔多市现代有轨电车线网布局

3. 现代有轨电车线网生成方法

现代有轨电车线网布局规划的合理与否，直接影响着新城空间结构、土地利用、居民交通出行模式以及公共基础设施项目的社会经济效益。在交通调查和资料收集与分析的基础上，预测现代有轨电车线网客流需求；结合新城公共交通体系的基本架构和现代有轨电车系统的功能定位，测算现代有轨电车线网合理规模；研究确定现代有轨电车线网基本结构，在此基础上构建初始线网。目前在规划实践层面应用较多、相对成熟的线网规划方法主要包括："面、线、点"要素分析法、最优路径搜索法和逐线规划扩充法等等，这些方法的基本规划思路是：逐条布设、优化成网，最后形成备选方案，运用综合评价方法，反复优选确定最优方案。图 7-13 是现代有轨电车线网生成的基本流程。

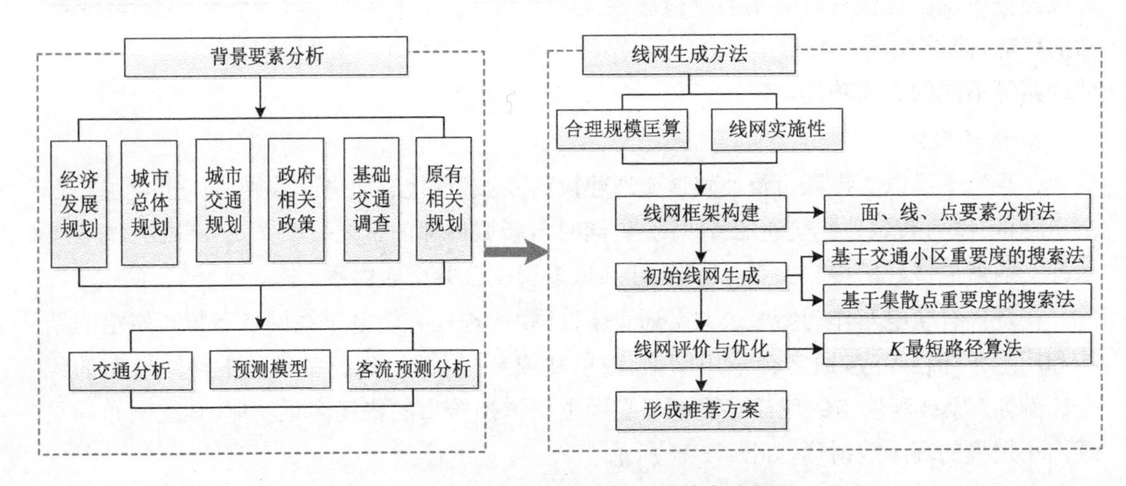

图 7-13　现代有轨电车线网生成基本流程图

现代有轨电车线网规划既要体现整体性又要反映差别化，在布局规划中考虑不同层次公共交通方式的技术特性、功能定位和布局特点，同时要综合分析各层次网络在整体组合的状态下，客流相互影响、线路通道衔接和运行组织协调等方面问题，统筹考虑整体网络的体系构成、功能层次和衔接换乘方式。

现代有轨电车线网布局与新城空间结构、用地形态、道路网络、客流走廊以及客流集散点等要素有关，这些要素可以分别归为“面、线、点”三个层次，这三个不同层次的要素基本表征了新城整体和局部、宏观与微观、系统与个体之间的相关关系。其中“面”层要素制约现代有轨电车线网的结构与形态，主要是指现代有轨电车线网与新城空间结构、用地布局、地形地貌以及新城发展规划等的吻合关系；“线”层要素控制现代有轨电车线路的走向与路径选择，主要涵盖对客流走廊以及交通通道的分析；“点”层要素控制线网路径局部走向与站点设置，包括新城核心区、交通枢纽、行政中心等大型客流集散点。

1）“面”层控制要素

“面”层要素控制现代有轨电车线网整体结构与形态，明确现代有轨电车线网系统构成和功能层次，形成现代有轨电车线网基本架构，作为预选线网方案的基础。“面”层要素主要包括四个方面：

（1）新城社会经济及土地利用

包括人口规模、国民生产总值、就业岗位分布等。通过该类要素分析，把握新城发展阶段、发展水平和发展趋势，是现代有轨电车线网规划必要性与可行性分析、线网合理规模判定以及线网建设时序安排的基础。

（2）新城总体规划

包括新城发展战略定位、新城空间结构形态、土地利用布局、核心区域架构以及环境和文化保护等方面的规划意图与成果；新城总体规划是现代有轨电车线网规划最重要的基础控制要素之一，是确定现代有轨电车线网功能层次、网络结构形态、线网密度的基本依据，也是需求分析与线网评价的基础。

（3）新城交通总体性规划

包括新城的交通发展战略以及各专项规划中确定的新城交通发展目标、发展模式、道路网络、交通枢纽、新城公共交通结构体系、网络结构等。新城交通总体性规划控制要素是现代有轨电车线网规划发展目标、线网合理规模、现代有轨电车线路引入空间和线网客流需求预测等方面的基础。

（4）相关政策

包括新城和交通发展相关政策，比如公交优先、机动车需求管理和交通投资等国家与地方相关规定和政策。政策要素是现代有轨电车线网规划必要性与可行性、发展战略与目标、功能层次体系构建等方面分析的依据。

2）“线”层控制要素

“线”层要素用于控制现代有轨电车线网的功能定位、布局方向和具体路径。“线”层要素主要包括两个方面：客流廊道和引入空间。

客流廊道是基于对新城居民出行空间分布特征分析，结合道路网布局、客流要求及集散点分布特征，构建出能够反映新城客流分布特征，并衔接新城内主要客流集散点的虚拟路径，根据客流规模可以分为主廊道和次廊道。客流廊道是现代有轨电车线网功能层次、线网构架和线路基本走向的基本判定要素。

引入空间是基于新城道路的实体路径，用以分析现代有轨电车线网中路径敷设的工程实施条件。现代有轨电车线网路径的选择需要具备良好敷设条件的实体空间，包括道路空间、工程地质、土地性质、文物保护等方面。

3）“点”层控制要素

“点”层要素是指新城主要客流集散点，是确定现代有轨电车线网路由和站点布局的主要依据。各类客流集散点由于其地理位置和集散规模的差异，在功能定位和服务范围上存在较大的差异，不同用地性质的客流集散点，客流需求强度和集散特征也存在非常大的差别。新城现代有轨电车规划线网是否合理，很大程度取决于串联的节点是否合理，大型客流集散点是研究现代有轨电车线网规划的基础，在线网布局规划中必须对这些客流集散点的规模等级、建设顺序和客流特征进行分析，形成现代有轨电车线网架构的控制点。

7.4 新城骨架交通网规划方法

7.4.1 新城骨架交通网络布局

1. 新城路网布局模式

城市路网布局模式按照功能分区与用地格局可分为“宽马路-大街区-稀路网”“高密度城市格网系统”和“低密度树枝状尽端路系统”三种形式，如图 7-14 所示。不同的路网布局模式适用于不同的功能区域和用地类型。从路网模式与新城的关系角度研究适合于新城的路网布局模式。

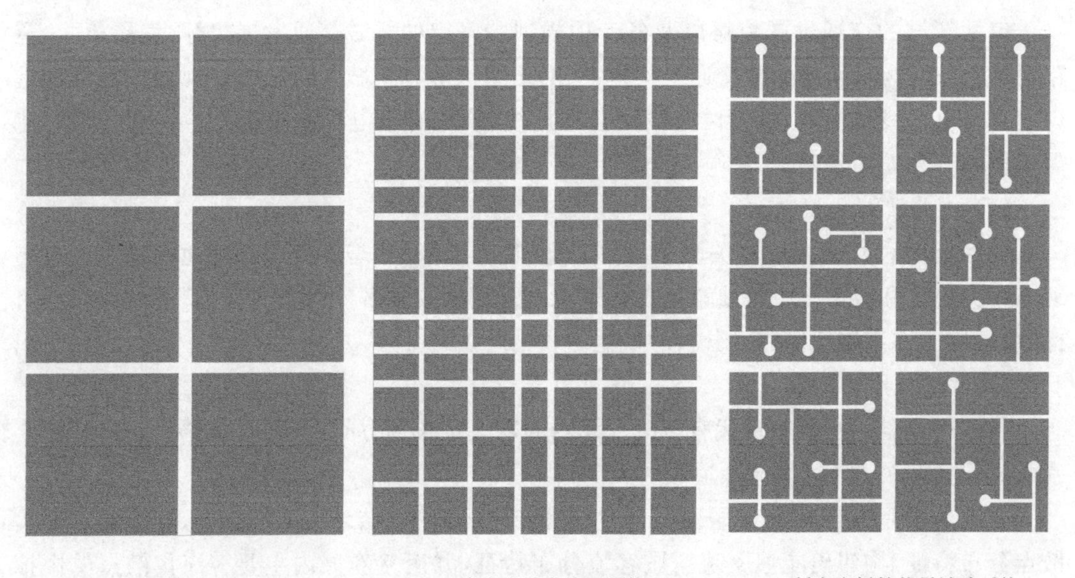

(a) 低密度超大街区系统　(b) 高密度城市格网系统　(c) 低密度树枝状尽端路系统

图 7-14　道路网布局模式

2. 新城路网布局模式选择影响因素

1）交通功能需求

在路网结构中，主次干道构成的骨架路网相当于人体的动脉网络，承担着快速大容量运输的功能，支路网则类似于人体的毛细血管，承担着向干道系统集散交通的功能，支路网是否畅通直接影响整个路网功能的实现。以上三种路网布局模式中，宽而稀（低密度超大街区系统和低密度树枝状尽端路系统）的路网结构虽然实现了道路的骨架功能，却缺少毛细血管功能，容易导致道路功能紊乱，造成部分骨架道路功能难以发挥。

与高密度格网系统相比，低密度超大街区系统路网的连通性低，不能满足出行路径选择多样性，易导致交通流无法有效疏散；低密度树枝状尽端路系统路网将地方街道的交通流汇集到主干路上，造成交通压力过大。这两种路网结构都容易造成交通拥堵，从而带来道路加宽的必然后果，而道路加宽又会诱发更多的个体交通出行，从而形成低效率的道路结构。另外高密度格网系统道路相互连通，提供连续的行人、非机动车、机动车分流系统，形成出行路径选择的多元化，使交通流均衡分布在道路网。

2）与新城交通模式适应性

新城交通倡导以公共交通为主导，公交优先为主要战略。公交优先的实现要求具有较高的可达性和覆盖率。对于常规公交而言，道路网是基础，高密度路网不仅能够提高公交的覆盖率，还可以提高公交车站的可达性。

随着新城的建设与发展，慢行交通将成为新城出行的主要方式。作为公共交通的重要衔接方式，慢行交通系统的品质不仅影响到慢行出行者的方式选择，也间接影响到公共交通的发展。高密度的路网系统不仅能够为慢行出行者提供多种出行路径，还能控制机动车的速度，为出行者创造了相对安全舒适的出行环境，同时也为衔接公共交通创造了便捷的条件。

高密度的格网系统是适用于公共交通与慢行交通的路网模式，促进了公共交通与慢行交通的发展，有利于新城交通的绿色、集约化发展，同时也改善了生活环境。高密度与高连通性的网状路网与新城交通模式的要求相适应，为建立可持续发展的绿色交通体系提供了基础。

3）新城公共空间需求

邻里交往非常重要，街道是否成功依赖于通过各种活动来制造生机，通过增加街道活力来支撑社会活动和经济活动成为新城是否具有活力的核心体现。

街道公共空间功能的发挥与路网布局合理与否息息相关。宽而稀的路网使街道往往成为机动交通的通道，影响人们步行愉悦性，抑制人们在街道上交流、驻足的欲望，步行吸引力逐步丧失。只有当步行交通、自行车交通被尊重和选择时，人行道和非机动车道才能成为主角。高密度的格网系统的街道网络连通性佳、街段小型，保护以人为本的步行环境，从而容易集聚人气，提升社区活力。

虽然路径选择的多样性会分散步行、非机动车交通流，但这并不意味着街道人气降低。由于减少了拥堵和人迹罕至的死巷，提高了路网的连通性，人们更愿意步行出门活动，碰面机会反而增加，从而在保持便捷性的同时增加街道活力，塑造有机、安全、友善、活力、生态、宜人、公平的邻里社区。

4）宜居生活品质需求

路网布局模式是路网密度和道路宽度的表现形式，两者相互影响。路网密度降低意味着可使用的道路数量减少，少数道路承担多数交通流，必然需要加宽道路宽度；而道路宽度的加大增加了道路间距，因为可用于道路建设的面积有限，不可能在小范围内修建多条道路，道路间距增大使得路网密度降低。街道通过两侧建筑形成围合空间，如果道路宽度超过一定限度，就会形成空荡荡的视野，降低人们在街道上的舒适感，人与街道空间以及建筑之间的连接尺度被破坏，也就缺乏了尺度感。

适宜居住是新城发展对生活品质的追求，尺度感的形成就是适宜居住理论中不可缺少的重点。简雅各布斯指出由短街区、窄街道组成的社区尺度宜人，非常适合步行，适合生活居住，具有人类尺度。高密度的格网系统形成短街区、窄街道，符合新城宜居生活品质的追求。

3. 新城路网布局模式选择

与宽而稀的路网系统相比，高密度路网系统具有以下优点：高密度网络分散交通流至许多路线，减少了大多数街道的交通流量和人行横穿距离；万一发生拥堵或紧急情况，交通能轻易转换至替代路线；具有更频繁的十字路口和更短的过街人行横道，行人拥有更短、更安全的路线；道路断面尺度小，使公交通达性得到改善；小的街区划分使得城市形态更具有适应性、功能布局更为灵活；紧急车辆拥有多条路径选择。高密度路网可以获得改善交通、减少延滞、提高步行和自行车的出行频率、增强各类交通出行的安全性、建设更加节能环保的系统、减少能源消耗和温室气体排放、增加地块可建设面积等。

相比之下，高密度、相互连通的格网布局更适合新城，有利于道路功能的实现，满足了新城的发展要求、交通模式、对公共空间功能的期望需求，是新城最佳路网布局模式。

7.4.2 新城骨架交通网络规划

1. 新城骨架路网间距确定

公交线路依附于道路网存在，协调公交规划与道路网规划需要以统一的道路网规划标准为载体，而公交优先发展中提到的道路设施建设标准与规模需求是确定公交优先下新城道路网合理密度和间距的基础。干路网是新城公交线路布设的集中道路，考虑到新城高密度路网特征，按照传统的道路等级标准不能适应新城的需求，将新城干路网组成界定为主干路、次干路和重要的交通性支路。为确保公交优先的实施，在道路网中就要确定符合一定公交站点覆盖率要求的间距。本节结合公交优先发展要求与新城交通发展目标，通过确定适宜的公交站点覆盖率指标，提出新城干路网平均间距的建议值。

1）公交站点覆盖率指标确定

《国务院关于城市优先发展公共交通的指导意见（国发〔2012〕64 号）》提出公共交通站点覆盖率应实现中心城区 500 m 全覆盖。“公交优先”战略提出了公交站点覆盖率目标，新城应适当提高，即在人口密度比较高的地区，公交站点覆盖率还应进一步提高，或者调整公交站点覆盖率衡量标准。

新城公共交通的多元化发展，多模式的公共交通服务体系是发展的必然趋势，上述指标尽管已经进行了调整，但是仍然不能满足高密度路网条件下的新城公共交通发展需求。在多层次的公交体系下，不同层级的公交方式有不同的站点服务覆盖率分析口径，新城轨道交通站点服务半径一般选取 600 m 或 800 m，低等级的支线公交，站点服务半径更不宜过大。从干支结合、最大限度吸引公交乘客的角度，结合高密度小街区路网间距一般为 150～200 m 的特征，新城公交站点覆盖率选取半径 150 m 站点覆盖率不小于 50%和半径 300 m 站点覆盖率为不小于 70%作为衡量标准较为适宜。

2) 新城干路网平均间距研究

根据推荐的公交站点覆盖率指标，建立公交站点覆盖率与干路网间距的定量化关系，计算满足要求的干路网平均间距值。新城公交站点覆盖率示意图如图 7-15 所示。在分析干路网间距前，做如下假设说明：

为有利于线路转换与衔接换乘，假设公交站点布置在交叉口处；

结合道路功能，假设公交线路主要布设于干路上。

图中 R 为公交站点服务半径(m)，L 为干路网平均间距(m)，S 为公交站点服务半径下未能覆盖区域(m^2)，$S=L^2-\pi R^2$。

(1) $R=150$ m 站点覆盖率大于 50%

服务半径 150 m 覆盖率不小于 50%，按照图中计算方法，计算可得干路网间距应小于 376 m。

(2) $R=300$ m 站点覆盖率大于 70%

按照同样的计算方法，服务半径 300 m 站点覆盖率大于 70%条件下，计算可得干路网间距不应大于 636 m。

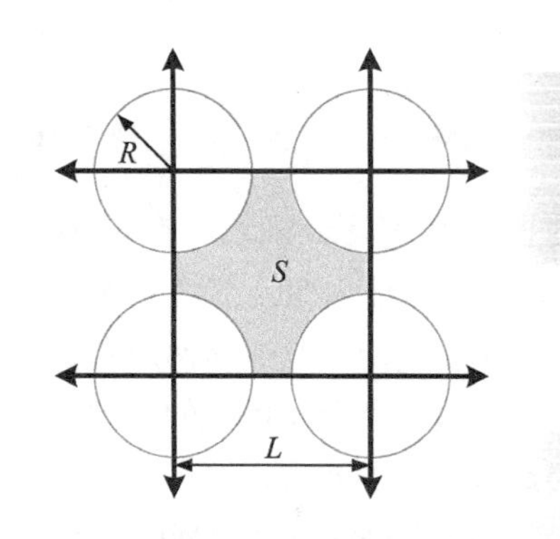

图 7-15　新城公交站点覆盖率示意图

在上述假设条件下，满足公交站点 150 m 覆盖率达到 50%和 300 m 覆盖率达到 70%的干路间距应小于 376 m。

(3) 干路网间距推荐值

新城尽管可塑性较强，可以按照规划意图和方案实施建设，但由于不同的新城定位、空间尺度、土地利用的差异性，干路网间距应具有适度的弹性适应性，以保证规划的可实施性。为保证规划具有一定的弹性空间，以及适应各地新城自身的特点，建议以 350～400 m 作为新城干路网间距推荐值。

2. 新城骨架路网规划

新城路网布局首先应明确体现公交优先的思想，道路网规划阶段预先考虑公交优先的要求。在道路网络层面，确保道路网络间距能满足公交覆盖率要求。在道路设施上，确定需要实施公交优先道路以及相应的要求，并反映在路网规划方案中，规划框架如图 7-16 所示。

为获得路网规划的合理方案，需要着重处理好以下三个问题：

(1) 处理好公交优先下的路网规划方案与轨道交通规划方案的关系。一般应避免二者

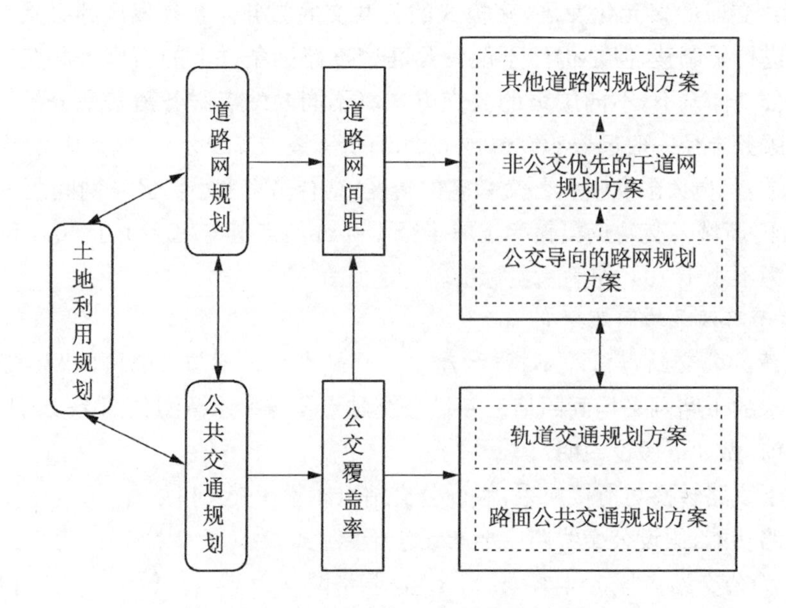

图 7-16 公交导向的新城路网规划框架图

的重合，但考虑到规划实施的时间差异，二者在不同时间可以重叠于同一走廊。

(2) 关注面向公交优先的路网规划方案与其他路网规划方案之间的关系。公交优先下的路网规划应当是道路网规划的一部分，该网络既与轨道网相协调，也与骨干道路网相协调。只是各类公交优先的要求反映在道路断面和交叉口等道路设施中，公交车站设施和公交运营方面的要求也体现在路网规划之中。

(3) 安排好路网规划中公共交通与慢行交通的一体化衔接关系。公交优先下的路网规划在保证公交站点覆盖率等基本要求外，提供慢行与公共交通组合出行方式的合理路径也应很好地体现在路网方案中，尤其是在次干路和支路网中对慢行交通的优先。

7.5 本章小结

本章研究的新城交通总体性规划主要包含新城交通发展战略制定、新城多模式公交系统规划和新城骨架交通网规划。制定了含以人为本、可持续发展、公交优先和绿色交通的新城交通发展战略目标，并通过对应控制指标落实，利用简约的"四阶段法"预测新城交通发展远期需求，结合新城交通发展策略，利用 SWOT 分析法生成了新城交通发展战略方案。构建了新城多模式公共交通系统，在新城交通总体性规划阶段，规划新城公交骨干网络，包含新城轨道交通网络规划和新城有轨电车网络规划。在新城骨架交通网规划中，深入落实"公交优先"战略，以公交覆盖率要求确定新城骨架路网的平均间距，并进行功能结构配置。

第 8 章　新城交通控制性规划

8.1　新城交通控制性规划基本要求

8.1.1　规划理念

新城交通控制性规划主要以交通设施用地控制和落实为主，也是对新城交通总体性规划的深化和细化。作为“承上启下”的规划，新城交通控制性规划是协调上位规划、衔接专项规划的重要平台和规划技术调控与法律效力的集中体现。从城市用地及交通一体化角度来看，新城交通控制性规划编制阶段是促进新城交通运行与土地开发建设的互动良性发展，并解决其间矛盾及冲突问题最为关键的规划编制层次。其主要作用有以下三点：落实上位交通总体规划的要求，同时进一步深化和完善上位规划中的原则性内容；建立完善的交通专项编制体系，对现有控规交通专项体系进行补充和深化；为新城用地规划提供交通理论支撑并指导交通影响评价的编制。新城交通控制性规划的主要理念除了要遵循新城地区交通发展总体理念之外，结合该阶段规划要求和特点，还应坚持以下几个方面的理念。

1. 土地利用与城市交通互馈

从我国土地利用与交通规划编制体系来看，两者在观念上、体制上和专业上长期分离，会导致土地利用与城市交通规划流程在实践中的分离。实际上二者是相互影响、相互制约的，即土地利用与城市交通是一体化的，其演变也体现了城市的演变[88]。在控规阶段就有必要考虑两者的互馈关系，而不是在土地利用规划布局后再研究交通的适用性。控规交通影响评价以区域为控制单元，综合评价区域土地开发带来的聚合效应，并预测在一定的道路设施条件下，规划年区域内地块可能的开发组合和开发余量，为建设项目的审批提供有预见性的指导意见，并对内部交通设施布局改善、交通组织优化和服务水平提升等提出针对性的方案。根据土地利用与交通的相互作用关系，土地利用决定交通需求，影响交通系统的构成与模式，交通系统又对城市结构的形成和改变产生强大的影响和引导作用。

2. 多元统筹

新城交通控制性规划编制阶段需要建立完善的交通专项编制体系。多元统筹本质上指的是不孤立考虑某一个交通问题，而是要求关注道路交通、城市用地等方面因素，实现多专业融合、多功能统筹，这也是由于交通自身强调个体机动车、公交、慢行等多方式融合的特点决定的。交通专项编制中有一项为道路网系统规划，例如“小街区、密路网”的道路网发展模式，这种道路发展模式集交通、用地、空间、景观、市政、建筑以及城市运行管理为一体，即是多元统筹理念在此模式中的体现。

3. 部门主体协同

新城交通的发展呈现出交错影响和综合演进的特征，各类要素之间的关系及影响机制难以界定清楚，众多的因素实际上分属于不同的政府管理机构和部门，导致部门之间的协作存在一定困难，需要将各职能部门纳入到规划编制和实施的决策结构中。通过目标分解明确权责，重视各职能部门在规划编制和实施过程中的主体性，充分调动各部门积极性，而非简单地强调部门协作，来共同推动规划的编制和实施。控规阶段目标的落实必须借助政府实际的运行机制，从控规实施角度来说，必须搭建一个各部门、各主体协同的机制，协同推进规划编制的实施。

8.1.2 规划内容

新城交通控制性规划是对新城交通总体性规划方案和政策的深化落实，是对交通发展目标的细化、控制内容的扩充和方案实施的预判。规划应承上启下，尤其需要对实施性规划提供全面的规划依据和指导。

1. 新城“小街区、密路网”规划

大尺度街区的出发点是“以车为本”，此种规划模式不能从根本上解决城市交通问题。新建道路、拓宽街道、交叉口改善等方法不能满足居民的出行需求，反而导致街区尺度越来越大、城市道路越来越宽，城市发展陷入恶性循环。功能单一的大尺度街区使得发生在街道公共空间中的交流与活动逐渐消失，居民也习惯了汽车出行。这种现代主义主导的发展模式强调的分割与汽车主导是一种建立在资源高消耗基础上的粗放型城市，城市发展转型势在必行。新城的绿色交通规划要求实施低依赖小汽车、对步行和骑行更加友好的发展模式，因此，“小街区、密路网”规划模式能使新城得以长远发展。

“小街区、密路网”空间模式是一种紧凑的空间发展模式，它较为符合新城市主义的理念。在城市空间尺度利用以及土地利用层面，“小街区”模式倾向于精细化的空间发展模式，小尺度街区、小尺度地块以及小尺度的城市空间有别于“大马路”“单位大院”“超级街区”为代表的较为粗放的空间发展模式。道路系统专项规划介绍“小街区、密路网”模式界定及内涵，并对“小街区、密路网”的规划布局模式进行了解析和必要性分析。针对路网规划的主题与关键内容，提出基于功能导向的“小街区、密路网”的功能结构等级配置体系，构建路网规划的微观技术支撑体系。确定“小街区、密路网”的规划指标，包括路网密度、道路间距及两者间的关系。最后对布局要求、布局模式、布局流程进行介绍。

2. 新城公共交通专项规划

新城的设立将会带来全新的交通出行特征和交通需求，公共交通的供给模式和方式选择尤其值得关注。新城公共交通的通达性既是衡量公共交通系统服务能力的一项重要指标，也是影响出行者选择公共交通方式的一项重要因素。在轨道交通网络高密度成熟发展的条件下，公交的“通”基本实现，为了实现公交的“达”，需要构建涵盖快线公交、主干线公交、次干线公交、支线公交以及特色公交的公共交通服务体系，以落实公交优先战略。

公共交通专项规划需要明确公共交通模式构成，重点提出线网规划原则及控制要求，以及停车场布局和用地规模控制建议；确定公交专用道设置原则和技术要求，规划公交专用道网络布局方案，提出公交站点的设置形式和规划建议，重点研究与轨道站点的衔接线网、辅助公交线网及港湾式公交站台的布局和设置标准。

3. 新城慢行系统规划方法

广义的慢行系统主要包括慢行系统的规划设计、建设、管理及与之相关的活动。狭义的慢行系统包括为慢行活动提供的场所、活动在其中的人和进行着的活动。慢行空间是慢行系统的形态要素，慢行主体是慢行系统的实施者和服务者要素，慢行行为是系统的动态要素，从组成要素上看，慢行系统主要由上述要素构成。常用的慢行系统主要是包括城市步行、非机动车系统及其相关配套的软硬件设施的总称。一般用慢行系统的概念可简述城市中这一相对独立、但又与城市各系统紧密联系的特殊事物。

城市生态新区慢行交通的发展，应围绕“公交优先＋慢行友好”的发展战略，充分考虑生态发展要求、慢行出行环境、公共交通衔接换乘、城市景观塑造、公共空间连通的需求，构建绿色低碳、慢行友好、公交优先、景观融合、空间共享的可持续生态慢行交通系统，让慢行回归生活，增强城市活力，促进宜居宜人的高品质城市的建设。

8.1.3　技术方法

当前的交通规划方法对于城市交通系统规划有较好的适应性，但新城的交通特性与中心城区截然不同，未来的交通需求也可以通过规划来引导，现有规划方法的思路并不十分契合新城交通系统规划的需要。由于新城的发展主要处于建设阶段，未来变化趋势难以通过现状调查进行推测，利用四阶段法进行需求预测会出现一定的偏差。同时，传统的交通规划中，道路网络各项规划控制指标和路网布局已成定局，作为一种补偿性质的规划，进行交通规划的目的是为了匹配各类土地利用的交通需求。但是，新城路网的各项指标具有相当大的弹性和可变性，可以通过交通系统规划来引导和控制交通需求，实现新城交通系统效率和土地利用效益的双赢。因此，充分发挥交通规划的引导和反馈作用，是避免新城未来交通供需不均、使新城协调发展的新思路和方向。

控规层面土地利用与交通系统之间的相互关系，集中体现在控规中的容积率和路网规划中的承载力上。基于这二者之间的互动反馈，在传统四阶段法基础上，发挥交通规划的引导和反馈作用。通过四阶段法规划方案后，分析规划方案路网的极限承载能力，并以此构建逆向需求控制规划方案，分析土地利用与交通系统的契合程度。这种规划方法强调土地利用与交通系统之间的互动反馈关系，通过二者不断调整协调的过程，达到土地利用与交通系统的最优协调。该规划方法的思路如图 8-1 所示。

为实现控规层面交通规划，需要重点关注以下技术关键点：

1. 交通策略和指标体系

由于交通系统的复杂性，交通策略不能仅仅从交通设施的合理布局着眼，而是涵盖交通政策、交通规划、建设和管理多个层面协同运作的策略体系。对于控规层面的交通规划，只有从策略角度进行全面分析，才能准确地把握规划控制要素的系统定位。控规层面的交通策略的研究应采用系统方法，遵守三个原则：把握规划地区的区位、功能、人口特征，不同

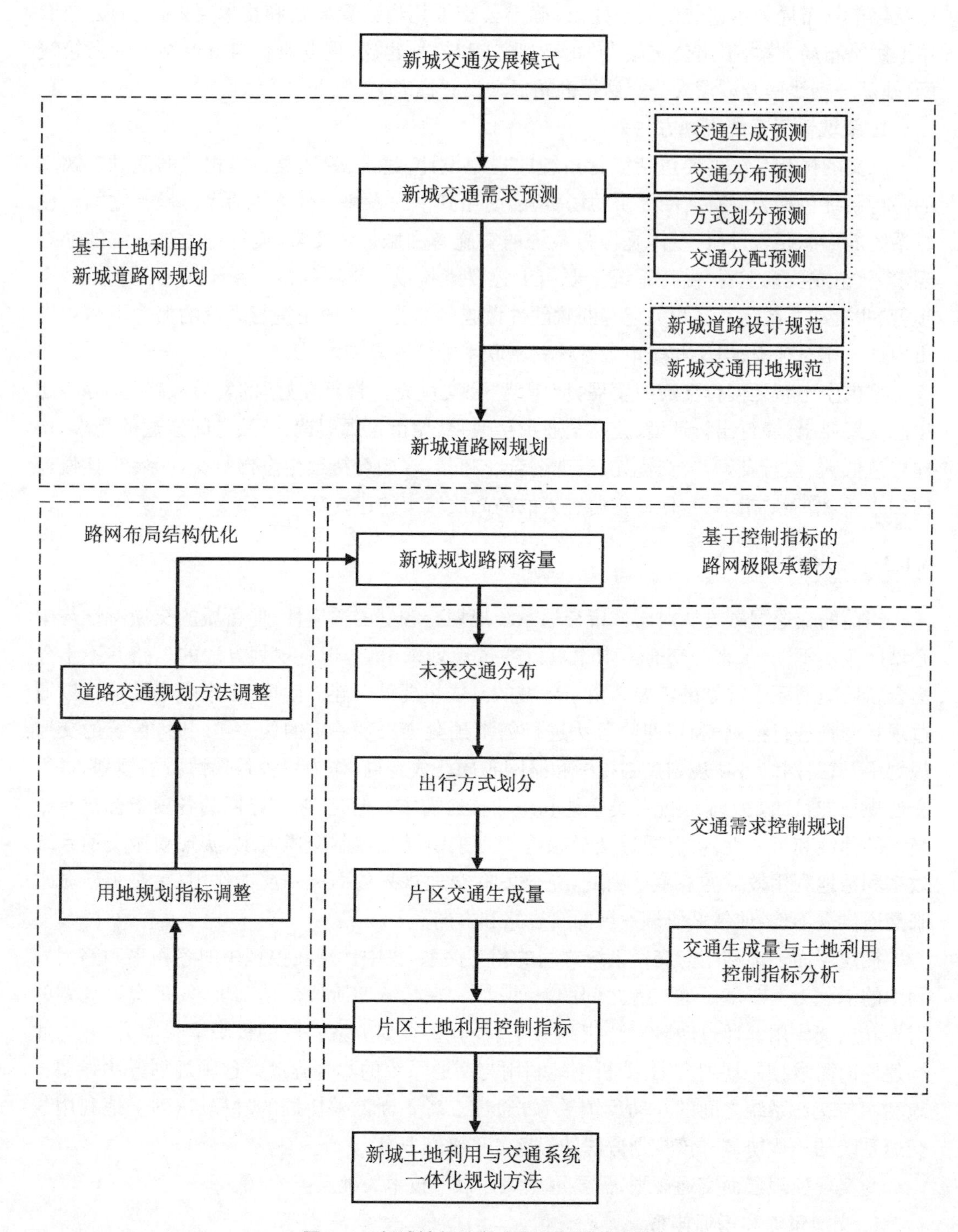

图 8-1　新城控规阶段交通规划技术路线

的区位条件、用地模式、人口特征，会导致地区迥异的交通出行特性；制定分类分区域的规划指标体系，辅助规划决策；体现规划理念的延续性和策略的系统性，既要落实区域交通政策、体现上位规划所提出的交通理念，同时又要为微观设计提供建议和指导。

2. 土地与交通协调分析技术

在控规阶段协调土地使用和交通的关系,从综合交通论证的角度提出开发业态和规模的建议十分重要。传统的以四阶段模型为主体的交通分析技术广泛应用在各类交通专项规划中(包括交通影响评价),这种传统的交通分析技术应用在控规阶段存在两方面的问题。一是交通分析手段与规划过程的分离,四阶段模型建立在土地使用规划方案明确的基础上,根据规划方案来进行一系列的预测,这种操作方式与规划程序相分离,也难以实现土地利用与交通互馈。二是传统的交通分析技术过于强调道路的机动性,以道路拥堵与否作为规划方案的评价指标,从机动性的角度来对规划进行评判,对于道路狭窄、高密度开发的方案普遍持有排斥意见。事实上,采用了土地混合使用、强调人行交通的高密度开发区域,具有很高的目的地可达性,往往成为城市最富有活力的地区。另外,仅从交通的角度确定用地性质和开发规模存在局限性,还需要结合经济性、城市空间形态等方面的要求对规划进行评估。因此,应当探索更加切合规划需求的分析技术。

地区发展条件的不同,对交通分析的要求是有所区分的。对于新开发区域,应重点研究区域道路交通设施的总体承载能力,由此对区域总体开发规模和人口予以论证,并根据重要交通设施的可达性(快速路出入口、轨道站点、公交枢纽等)提出开发强度布局的建议,解决开发总量和分布两个方面的问题;对于城市更新区,由于地区的开发动态较为明确,新改建项目一般集中在若干个节点上,因此应主要对关键节点从选址和开发规模角度提出建议,可考虑采用交通影响评价的技术方法。

3. 数据平台的一致性

依托现代交通规划技术,进行定量化的交通预测分析评估是控规层面交通规划的必要手段。为保证规划的客观和公正,建立一个统一、权威的交通规划数据平台,制定交通评估规范和技术标准尤为重要。交通规划数据平台的应用可扩展到规划的各个层面,成为支撑整个体系的交通规划的决策支持系统[89]。

8.2 新城“小街区、密路网”规划方法

8.2.1 小街区、密路网模式的特征与适用性

1. “小街区、密路网”模式的界定

“小街区、密路网”是一种基于密集街道网络的城市土地利用模式,是主要侧重于从交通和城市空间组织形态角度开展的一种规划模式,如图 8-2 所示。该模式在充分体现“以人为本、慢行优先”理念的基础上,通过交通系统要素的整合、高密度路网的设计、公交和慢行优先的空间与路权分配、高效的路网交通组织等技术手段,注重多个环节协同发展,为城市活力、街区安全注入新活力,构建城市交通可持续发展的出行结构体系。

“小街区、密路网”是指城市主干道围合、中小街区分割、路网密度较高、土地功能复合、公共交通完善、公共服务设施就近配套的开放街区模式。由于城市的空间结构、地理环境以及开发规模不同,“小街区、密路网”模式的各项指标不同。从街区形式及尺度、路网密度

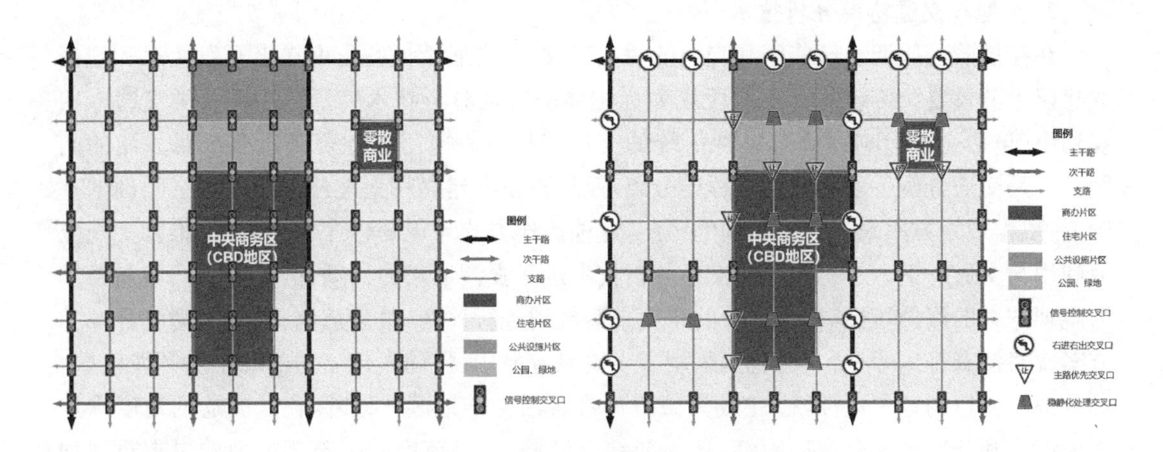

图 8-2 “小街区、密路网”模式

对“小街区、密路网”模式加以界定。

(1) 街区形式及尺度

新建小区全面推广街区制，不再建设封闭小区，并逐步打开老旧小区，实现内部道路公共化，形成小尺度、公共空间开放的街区格局。参考《成都市“小街区”规划建设技术指导》规范，从街区用地性质对街区尺度做出要求。以商业商务为主导功能的街区尺度应控制在 0.8～1.5 hm，不宜超过 2.0 hm。以居住为主导功能的街区应控制在 2～3 hm，不宜超过 4.0 hm。

(2) 路网密度

根据《城市综合交通体系规划标准》对路网密度的要求，建议“小街区、密路网”模式应用地区，整体片区路网密度不宜小于 8 km/km^2，高强度开发核心区域路网密度不应低于 10 km/km^2。

2. “小街区、密路网”模式的内涵

传统道路的等级、服务水平、设计参数是以车辆行驶特性为主要依据的，而“小街区、密路网”的目的是倡导回归步行交通，更注重步行体验。在“小街区、密路网”模式下，不仅要考虑传统的道路等级因素，更要统筹好道路的城市公共空间与公共活动功能，体现以人为本的道路设计理念。

“小街区、密路网”不是一个孤立的路网或交通问题，而是一个集交通、用地、空间、景观、市政、建筑以及城市运行管理的配套体系。一方面，交通本身需要强调多方式融合，包括个体机动车、公交、慢行、路内停车等。另一方面，需要多专业融合，强调道路交通顺畅、用地布局紧凑、街道空间场所感、街道景观和谐等。“小街区、密路网”要求从关注道路交通到关注城市街区发展，综合制定多专业融合、多功能统筹的设计方案。

“小街区、密路网”模式不仅考虑平面统筹问题，更强调地面与地上的综合协调控制。地面的控制包括两方面，一是常规道路交通红线范围内的路权设计等，二是建筑沿街退后空间的综合利用，实现道路设计由红线范围内到建筑退后空间的范围的转变，统筹居民活动公共空间。

综合考虑目前道路网络的发展阶段和人们的出行行为习惯，在具体的实施过程中，一方面通过设计和管理的方式合理衔接小街区与外部交通的转换；另一方面，需要制定有效的建设计划，有序引导，为小街区发展预留空间，便于逐步实施。

3.“小街区、密路网”模式特点

1）边界开放

开放性住区与封闭住区最显而易见的不同就是边界开放与否。开放性住区的边界往往呈现出一种“无边界”的状态，也就是对城市开放、融入城市的状态。对于城市而言，边界开放意味着边界开口、边界打破，甚至无边界，形成视线可通透的内外空间，从而形成相对连续的丰富的城市界面。对于街道而言，边界的开放意味着边界的柔性处理，使得建筑与街道之间有了更多的连接，建筑内与街道上的人们也有了更多互动的可能性，从而有助于营造有活力的街道。

2）路网密集

从路网组织层面来讲，新建住区采取密集的、网络状的路网组织方式。而对于已建成的住区，通过住区内部道路公共化，从而增加城市支路，畅通城市路网微循环，提高城市交通效率。路网的加密增加了居民出行路线的多样性，同时也拉近了人们与公交站点间的距离，减少对机动车的依赖，鼓励绿色出行。

3）功能混合

相比于封闭住区而言，开放性住区有更多、更小的街区单元。因此，更多的沿街面利于各种功能、各种活动的开展。大量的“临街面＋低租金”的出租方式，能够促进街区商业活力，吸引人流，从而激发出更加多元化的业态。功能混合的住区，因不同功能的高峰使用时间不同，反而能够保证各时间段人流的交错，从而催生出活跃安全的街道，创造充满生气的宜居环境。新城市主义理念也强调了功能混合的重要性，其不仅能提供更多的就业机会，也能缩短人们日常生活的通勤时间，从而促进土地高效开发，提升土地价值。但随着不同功能的混合居住的安静及私密性将会受到一定影响。因此，如何平衡好住区各功能，是设计者需要思考的问题。

4）局部封闭

开放性住区同时也必须满足居民居住的基本需求，即居住私密性的需求，因此不可能完全开放。住区具有局部封闭的特性，从而需要维持居住区开放性与私密性的平衡。局部封闭是通过规划手段和管理措施来实现，使某些区域具有相对私密性。

5）资源共享

开放性住区内的公共道路、公共服务设施、公共活动空间、景观绿化等各类资源在不同程度上得以被共享。资源利用方式的改变，有助于资源更加灵活地适应市场需求，从而提高资源利用率。

6）融合发展

开放性住区与城市共同形成一个有机结合的整体。通过边界打开，住区道路与城市道路网连接，住区内各类资源重新整合并与城市居民共享，住区的开放意味着接纳城市、接纳城市生活，真正与城市融合发展。

图 8-3 为昆明呈贡低碳示范区传统“大街区”和规划后的“小街区”路网方案对比图，从图中可以发现“小街区、密路网”模式的优势。

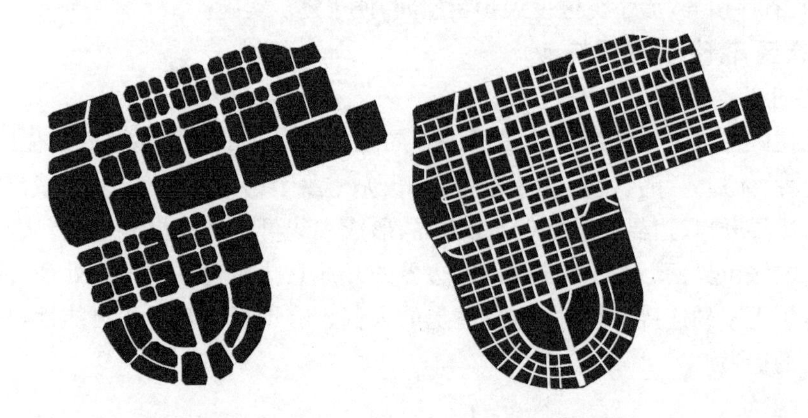

图 8-3　昆明呈贡低碳示范区传统“大街区”和规划后的“小街区”路网对比

4. “小街区、密路网”供给特征

1）路网形态特征

（1）路网密度

路网密度是衡量研究范围内道路网密集程度和交通可达性的指标，是指研究范围内所有道路的总长度与区域总面积的比值。“小街区、密路网”模式下的路网具有较高的路网密度。

地块可达性方面，“大街区、宽路网”模式因其大街区导致内部道路封闭管理，道路连通度降低，容易产生大量绕行交通，引起交通量的集中，造成交通拥堵。而“小街区、密路网”模式下的高密度路网，使得道路具有较好的连通性，出行路径选择更加多样化，可以降低居民出行过程中非必要的绕行，有效提高出行的可达性及便捷性，有利于引导居民出行方式的转变、促进慢行交通的发展。

交通组织特点和优势方面，“大街区、宽路网”实施单行交通，会导致机动车绕行距离过大，公交换乘极其不便，出行效率大大降低，并降低居民慢行出行的意愿。然而，“小街区、密路网”模式下高密度的道路网结构，更有利于实施单向交通组织，进而减少交叉口冲突点，提高交叉口的通行效率。

街道环境和活力方面，高路网密度及较窄的道路横断面更便于行人过街，从而促进道路两侧用地的联系，提升街道活力。但是，由于受断面空间的限制，道路的各要素并不能完全体现，易出现小汽车占道行驶、非法停车等乱象。应根据道路功能等级及服务对象合理布置道路要素，提高道路的承载能力，同时也需要在道路分隔型式、绿化空间等方面进行人性化考量。

（2）间距尺度

短间距主要是指合理的、尺度较小的城市道路间距。不同的用地类型对于路网间距有着不同的要求，从用地功能对用地规模影响的角度出发，按照用地功能可以将街区划分为商业商务型街区和居住型街区两类研究。一般而言，居住型街区的规模较商业商务型街区规模略大。商业商务街区指集合了商业和办公的聚集区，包括：综合服务中心、商业商务中心(不含体育馆、博物馆的公共活动中心)等。居住型街区指符合以居住功能为主导的街区，以居住组团模式为主。

对比国内外商业商务型街区的案例可知，国内外采用街区制的城市，街区尺度存在一定差异。总体来说，国外城市街区尺度相对较小，国内城市街区尺度相对较大。调研城市平均街区规模介于 0.3～1.5 hm² 之间，其中国内城市平均街区规模介于 0.7～1.5 hm² 之间；所有调研城市中平均街区规模 0.8 hm² 以上的城市占 74%，如图 8-4 所示。

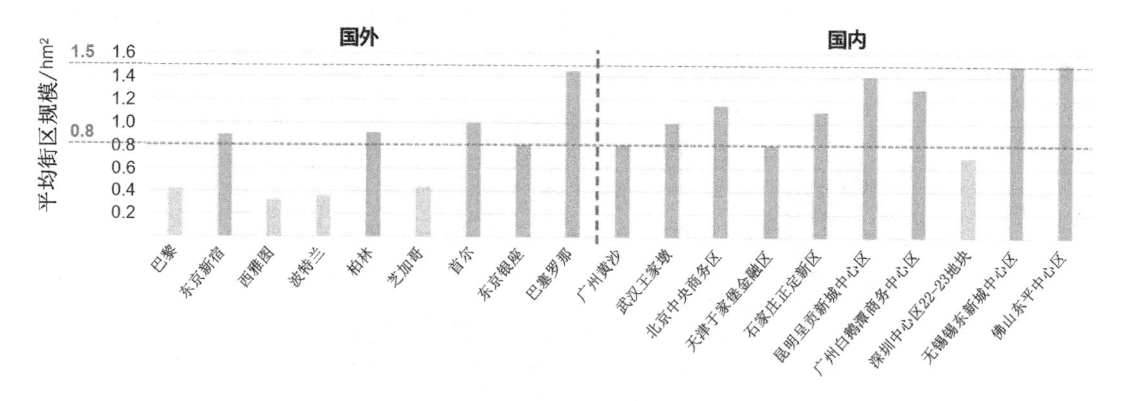

图 8-4　商业商务型街区案例数据统计

通过对图 8-4 中数据的分析，商业商务型街区平均尺度宜控制在 0.8～1.5 hm²，最大不宜超过 2 hm²，间距应为 140 m。

对于居住生活型的街区，根据国内外规划学者研究成果以及基于人视觉尺度的研究，较适宜的街区间距宜控制在约 140～200 m，用地规模约 2 hm²～4 hm²。如图 8-5 所示，对国内尺度控制较好的居住生活街区进行分析可知，城市居住生活型街区的平均街区规模介于 1.5 hm²～6.0 hm² 之间，其中平均街区规模 2.0 hm²～4.0 hm² 的城市占 70%，平均街区规模 2.0 hm²～5.0 hm² 的城市占 85%。通过对图 8-5 中数据的分析，居住生活型街区平均尺度宜控制在 2.0 hm²～4.0 hm²，最大不宜超过 5 hm²，间距为 225 m。

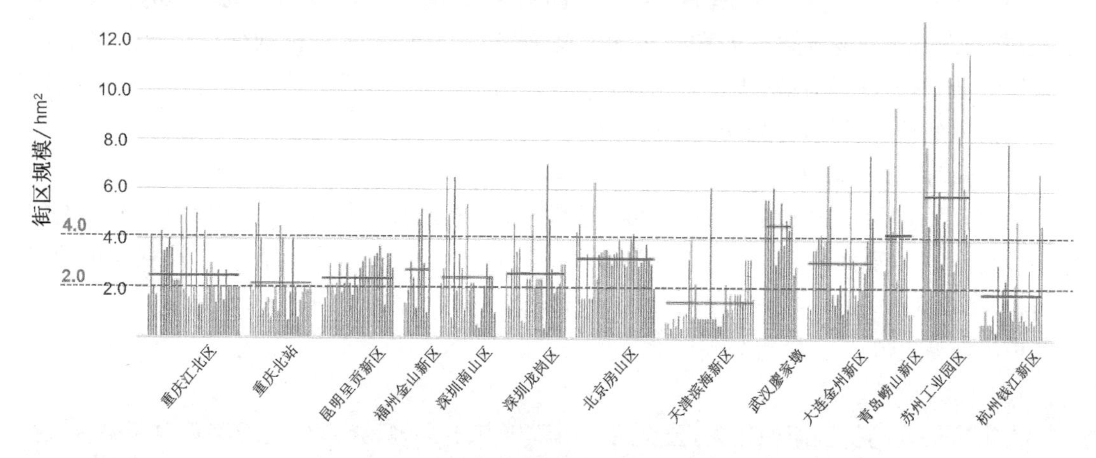

图 8-5　居住生活型街区案例数据统计

(3) 路网结构

由于城市长期重视高等级道路的建设,而城市次干路、支路比例较低,路网级配结构严重失衡。"小街区、密路网"模式以其高密度的次支路网体系,有利于形成金字塔道路级配结构,便于均衡交通流时空分布,构建便捷通畅的集疏运体系。总体来说,国外的干路网占道路总长20%左右,支路占比80%,而国内部分城市干道长度约占道路总长的40%~60%。

因此,为形成"小街区、密路网"模式的路网结构,应该对区域内部道路进行均质化改造,形成功能统一、尺度一致的均质网络,利用外围交通对外部交通和过境交通进行快速疏散。通过对路网结构的调整,可以有效地减小街区尺寸、高效分散交通流,同时增加机动车行驶路径的选择,如图8-6所示。

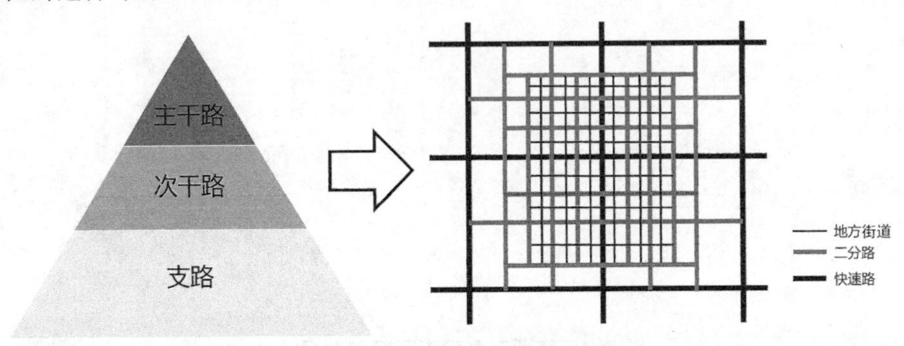

图8-6 "小街区、密路网"路网模式结构转变

(4) 路网容量

密集的道路网,使出行者可选取多种出行路径,交通流量越发分散,也为机动车和非机动车分流和交通管制提供物理条件。高密度路网能有效缓解主要道路上的交通压力,均衡分配交通流量至道路网络上,最终促使道路总容量提升。同时"小街区、密路网"模式可以有效协调好城市路网与环境之间的关系,从而形成完善和谐的城市生态。

2) 交通设施特征

(1) 慢行交通设施

小尺度街区、发达支路体系、高连续性空间的模式,有利于步行和非机动车的发展。狭窄、间断的人行道容易导致行人和非机动车交通发生交通事故,且机动化产生的过境交通涌入街道会干扰人们的日常生活。因此,"小街区、密路网"模式下的慢行交通设施必须树立以人为本的理念,保障弱势交通享受同等路权。

(2) 机动车交通设施

"小街区、密路网"模式的次支路较多,交通流量被疏解到次支路上,能够缓解干路节点的拥堵,使道路级配更加分明、功能更加明确、路权分配更为合理。对于生活性支路,保留机动车通行权,降低机动车速度和非必要出行,有助于营造安全的慢行交通环境,有效缓解尾气排放和噪声污染等问题。

(3) 公共交通设施

大街区模式的街区面积较大,公交站点布置极其不合理,导致公交线路重复系数高,区域拥堵现象严重。"小街区、密路网"模式支路网稠密,公交线路的布置可延伸至次支路甚至可以到地块出入口。因此，“小街区、密路网”模式可以提升公交站点的覆盖区域，提高公交的便捷性，减少小汽车的使用频率，提高道路的通行效率。

3）交通承载力分析

交通承载力主要包括道路承载力和公交承载力，其中道路承载力又包含机动车承载力和非机动车承载力。

道路交通承载力受到道路设施的约束，与路网的结构和规模息息相关。快速路作为机动车专用道路，其目的是提高区域间的联系效率；主干路服务于区域内部各组团之间的出行；次干路服务于内部中距离的出行；支路则是服务于内部以非机动车为主的短距离出行。对于各自不同功能等级的道路，需协调不同道路的功能，有效组织提高其运行效率，最终提高道路承载力。“小街区、密路网”模式的路网结构以次支路为主，干路为辅，路网密度较大，有利于分流交通流，提高道路总体的承载力，同时交叉口较多，需要加强道路的组织管理。在“小街区、密路网”路网组织过程中，由于非机动车是重要的出行方式，因此在路权分配中需要优先保障非机动车的通行空间，保障非机动车的交通承载力。

“小街区、密路网”模式高强度的开发模式，需要构建与之相匹配的交通运输方式，而公共交通作为高运量的交通运输工具，必然是其重要的运输载体。公共交通的承载力很大程度决定了片区的交通承载力。公共交通包括地铁、轻轨、有轨电车、快速公交(BRT)、常规公交等模式。根据交通模式确定地面公交在交通运输方式的地位和作用，配置相应的地面公共交通服务设施。

5.“小街区、密路网”模式的适用性

1）“小街区、密路网”用地模式的适用性

“小街区、密路网”适用的城区类型多样，除交通供需矛盾最为突出的历史城区外，对于待开发或正在开发的新城、新区同样适用。“小街区、密路网”能够创造舒适自由的交流空间，增强其活力，同时也汇集人气；丰富的临街商铺，方便了人们的日常的生活消费；社区布局进入高度连通的街道网格中，根本上提升了行人的出行环境，生活中的所有日常目的地都能通过短时间步行达到，人行道成为社区最主要的公共场所，安全并且适宜的人行道和街道又导致居民选择使用公共交通出行，因为无论换乘常规公交或轨道交通都是始于步行；便捷通达的公交网络，方便了居民的日常出行；道路网络通达性高，交通使用者有更多样灵活的出行路径选择；窄路密网降低了因某一局部线路的中断而造成整个道路网瘫痪的风险；对于同一个节点可能有更多路径与之相连，可能产生更多通过型或到达型交通需求，从而提高节点活力。因此，功能复合的新区、新城最适宜“小街区、密路网”的开发模式。

2）“小街区、密路网”模式的空间形态

城市发展模式及路网布局模式决定了城市的空间结构，进而影响城市空间形态。在“小街区、密路网”高强度紧凑开发的城市空间形态和窄路密网的路网布局模式，区域会形成一条明显的发展边界，边界内部路网密度较高，街区尺度较小，建筑高度及开发强度较高，边界以外相应地减小。

相较于“大街区、疏路网”模式而言，“小街区、密路网”模式拥有更高的功能混合度。一方面，更高的功能混合度可以在较小出行距离满足出行者更多元的需求，另一方面，丰富的功能混合可以产生多样化的城市空间，有利于丰富城市形象；“小街区、密路网”模式更契合交通“紧凑城市”的发展理念，对城市土地资源利用更紧凑充分，城市空间也更经济、更集约。因此，“小街区、密路网”模式适合需要长远精细化发展的新城。

3）“小街区、密路网”模式的产业结构

新城新区实施“小街区、密路网”模式，应考虑产业的形式，避免产城分离、职住分离的大功能分区式布局模式，应实现职住平衡、产城融合，并明确各功能发展用地性质。“小街区、密路网”模式规划中应强化土地的混合使用，明确混合利用的控制要求，如功能类型、混合比例、功能之间的布局等。规划应充分结合区位、产业基础、发展资源等条件要素，强化片区发展特色产业，打造特色街道和特色街巷。

“小街区、密路网”核心区域由于高密度的路网和高强度的土地开发，配置高聚集人群的产业应以商业办公等高价值产业为主。同时公共服务产业和住宅也需要建在“小街区、密路网”实施区域，劳动密集型工业则不应建在“小街区、密路网”模式实施区域。

4）“小街区、密路网”交通模式的适应性

土地利用性质及强度决定了交通需求特征，交通需求引导着交通设施的供给。同时，交通设施服务于不同方式的交通工具，为出行者提供交通选择，交通方式选择直接影响总体交通需求。土地利用强度及形态决定了城市的时空特性，出行主体的交通出行结构特性决定道路网的基本骨架和形态。道路网络服务于不同出行方式的交通工具，因此道路网络结构特性决定着人们的出行选择，进而引导人们出行方式的选择，从而决定交通发展模式。

“小街区、密路网”模式稀疏的干路网、稠密的次支路网，导致道路的宽度较窄、交叉口较多，机动车的通行速度相对较低，运行效率较差。稠密的次支路网和狭窄的道路使得过街更加方便，给非机动车和慢行出行者提供了便利。高可达性的道路网使公交线路可延伸到支路、街巷，公交站点可布置在临近地块出入口，公交站点的覆盖率更高，有利于提高人们公交出行的意愿。因此，“小街区、密路网”应实施公交主导、慢行优先的交通发展模式。

8.2.2 “小街区、密路网”结构体系规划

路网等级结构体系通常以机动车为主体，根据道路的车速、流量、功能进行划分，我国将其划分为快速路、主干路、次干路和支路。本章节针对路网规划的主题与关键内容，提出以“小街区、密路网”为功能导向的功能结构等级配置体系，构建路网规划的微观技术支撑体系。

1. “小街区、密路网”功能体系

路网功能结构与布局结构间存在相互促进、相互制约的关系。在开展路网结构特征分析时，应综合三者之间的相互关系，结合实际路网交通供需关系，对不同模式下道路的功能结构、等级配置和布局形式进行一体化规划设计。三者关系如图 8-7 所示。

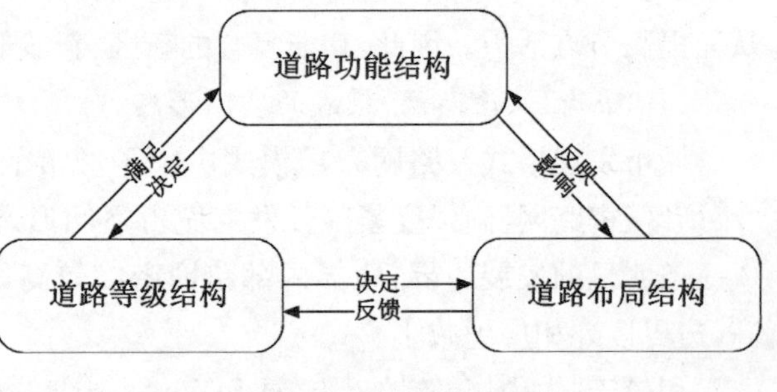

图 8-7　路网结构体系的相互关系

按照交通服务目的可以分为三个层次：第一层次为对外通道，负责片区对外联系，第二层次为片区内部组团间出行的道路，第三层次为内部连接道。根据《城市综合交通体系规划标准》和道路所承担的城市活动特征，可将城市道路分为干线道路、支线道路以及联系两者的集散道路。其中干线道路承担城市中、长距离联系交通，集散道路和支线道路共同承担城市中、长距离联系交通的集散和城市中、短距离交通的组织。

在"小街区、密路网"模式中，道路主要以支线道路和集散道路为主。干线道路通常服务以小汽车为主的区域对外联系，形成内部组团间出行的道路是以"公交＋慢行"为主导的道路，内部连接道通常服务于步行和非机动车出行。因此，在"小街区、密路网"模式中需要在断面设计中合理配置相应的交通基础设施。

城市道路根据服务功能可划分为交通性干道、生活性道路和集散性道路。其中，交通性干道主要服务城市快速机动化交通和主要客货运输。生活性道路是以服务沿线地块进出交通为主的道路，机动车行驶速度较慢、流量较低，沿线车辆进出或行人过街频繁。集散性道路则实现生活性道路与交通性干道之间的衔接与转换。

2. "小街区、密路网"模式的道路分级体系构建

城市道路的交通服务功能和沿线用地与建筑之间的功能组合关系是道路的基本属性。街道上各种商业及居民出行活动与沿街建筑及使用功能有高相关性，因此，在保障城市交通通行需求的基本前提下，应充分考虑道路两侧沿街建筑的使用、行人的通行以及街道活力提升的需求。在道路设计时，可采取差异化设计方法进行空间的分配。以上海市为例，综合考虑交通功能、沿街景观空间、出行活动和网络连续性等要素，将城市街道划分成以下五种类型：交通性街道、生活性街道、商业型街道、景观道和综合性街道，如表8-1所示。

表8-1 上海市街道功能划分

街道类型	功能属性
交通性街道	以非开放使用形式为主，交通功能较强
生活性街道	服务本地居民中短距离生活出行，以零散商业和公共服务设施为主
商业型街道	沿线以商业为主，具有一定的服务功能和业态特色
景观道	以滨水、景观和历史风貌为主题设置的供休闲活动为主的街道设施，也是城市景观空间的重要组成部分
综合性街道	街道功能复合性强，具有两种及以上功能类型的街道

按照《南京市街道设计导则》和沿线用地与建筑的功能关系，城市街道分为生活性街道、交通性街道、综合性街道和服务性街道。沿线地块用地性质、交通组织、建筑及底层的使用功能和建筑界面特征等要素对沿街活动具有决定性影响，是街道设计不可忽略的因素。

从各类道路空间使用者的角度，结合划分路权类型和用地规划标注方法，为道路路权控制性规划提供参考。路权可分为：机动车道、公交专用道、人行道、非机动车道、步行街、混合、设施、绿化及其他。机动车道、公交专用道、人行道、非机动车道和步行街为相对独立的交通方式路权，如表 8-2 所示。混合类设置条件是在保障相对弱势路权使用者权益的前提下，固定设施和绿化道路的空间。

表 8-2　不同类型道路路权划分

交通属性	干线道路				集散道路		支线道路		街巷
道路等级	快速路		主干路		次干路		支路		特色街巷
	Ⅰ级		Ⅰ级	Ⅱ级	Ⅰ级	Ⅱ级	Ⅰ级	Ⅱ级	Ⅰ级
道路功能	对外通道			组团连接通道		组团内连通道			
街道属性	交通性		生活性			商业性	景观性	休闲性	
路权类型	机动车道	公交专用道	人行道	非机动车道	步行街	混合	设施	绿化	其他

8.2.3　“小街区、密路网”规划指标

1. 路网密度与道路间距的关系

道路间距和路网密度两者紧密相连，在理想的方格网结构中，街坊面积与街道间距呈正相关关系，道路面积比例和街网密度与街道间距呈反比。如图 8-8 所示，较小的道路间距下，即使地块面积的变化不太明显，道路面积比例和街网密度也将呈指数型变化。因此，过度追求小街区可能会导致道路面积占比的快速提升，而道路面积占比过高意味着非交通功能的可开发用地的减少。因此路网密度值的确定必须和交通方式相匹配、与区域功能定位相协调，如图 8-9 所示。

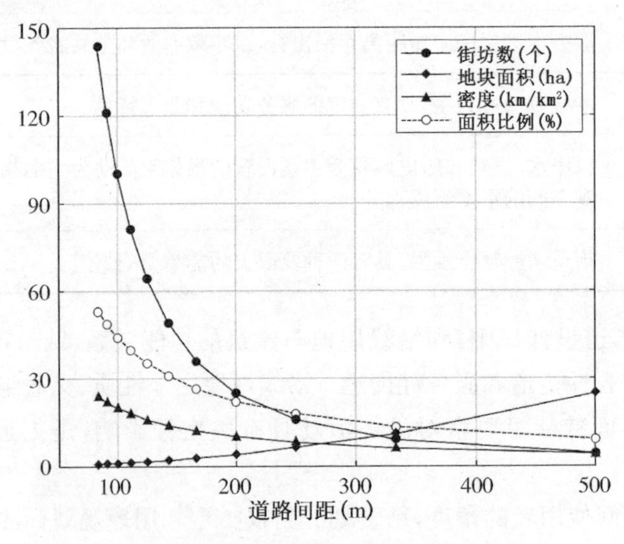

图 8-8　道路间距、路网密度与道路面积率之间的关系

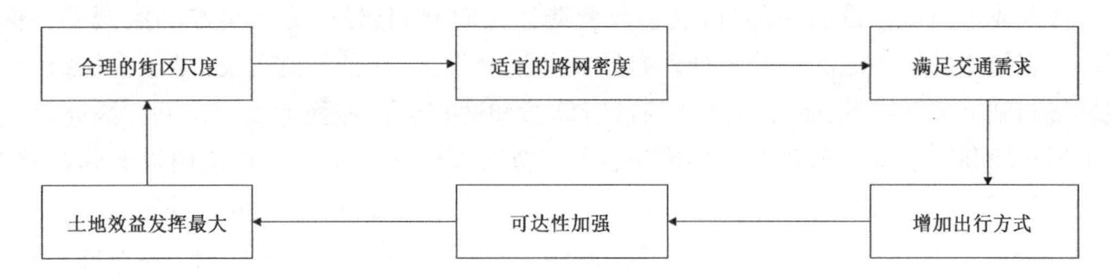

图 8-9　街区尺度与路网密度相互相应的关系

2. 路网密度与路网间距的估算

在“小街区、密路网”模式下，道路没有明显的等级、宽度较窄，密集的道路网增加了步行的可达性，给交通出行者提供快捷灵活的出行路径，引导人们慢行出行。“小街区、密路网”模式的目的是引导人们绿色出行，因此需充分调动居民的步行出行意愿。5 min 的步行时间通常被认为是居民步行可接受的时长，因此 200 m 左右的城市路网间距最适宜步行出行。单一的街区尺度不能满足现代城市各种的功能需求，结合我国道路交通的实际情况，道路间距以 100～200 m 较为适宜，路网密度为 10～16 km/km^2 较为适宜。

8.2.4　“小街区、密路网”布局规划

1. 布局要求

1）网络状分级的道路系统

网络状的道路系统是“密路网”下开放性住区建设的基础，以此畅通城市路网微循环，促进住区与城市融合发展。在建设中需要注意以下几点：①与城市路网融合，延续城市肌理。通过延续城市肌理，将城市道路自然地引入到住区内，与城市保持良好的衔接；②在“密路网”模式下，建设适宜的路网结构。“密路网”所划分的街区尺度更小，有着更高的交通效率。宜结合区位及周边环境，以网格状路网布局形式为主，结合放射状和对角线道路等，形成适宜的网络状路网结构；③道路分级分类，分级分类的道路组织体系能够很好地分解人流，从而保障道路安全。

2）合理开放街区道路

开放性街区内的道路并不要求或者并不必要完全对城市开放，应根据所处地理位置、功能定位和周边交通状况等条件，有选择性地开放道路使之与城市道路有机融合。在保证品质的前提下，既为城市分担交通压力，又为街区带来更多的经济效益与便捷生活。

3）以“人行”为主的道路安全措施

开放性街区在合理开放道路的前提下，应采取以“人行”为主的道路管理措施，从而鼓励绿色出行。具体可采取以下措施来保障道路安全：①“通而不畅”的道路组织规划，通过对道路进行弯折，来对过境车辆进行减速，从而保障道路安全；②局部道路可采取单向交通组织方式，减少道路交叉口冲突，从而降低道路安全隐患；③通过减速装置、铺地材质、绿化隔离以及清晰的标识等方式对车辆进行减速和降噪，保障人行安全。

4）营造适宜交往的生活性街道

生活性街道是为居民开展日常生活的街道，是富有生活气息的街道，塑造生活性街道

已经逐渐成为街道建设的一部分,这也是营造让人们有归属感、有人情味的家园的关键。营造适宜交往的生活性街道需要合理布局公共配套设施、规范管理停车、塑造多层级的景观环境和城市天际线,从而打造舒适的慢行体验和适宜交往停留的街道空间。因此,生活性街道空间利用上应采用以下策略措施:①规范管理停车。生活性街道内设有临时停车位,宜规范管理停车,可设置分时共享停车,在白天限停,保证行人漫步街道的安全和行走体验;夜晚提供停车服务,缓解停车不足的问题;②塑造多层级的景观环境。良好的景观环境不仅能够美化街道环境,为街道空间带来层次变化,还能带来更好的步行体验。生活性街道结合绿树绿篱、沿街小店、广场空间和公园绿地等,可以为居民带来舒适的交往环境;③丰富的城市天际线和生活性街道两侧增添街道吸引力的建筑也是不可忽视的,尤其是建筑的首层。通过建筑高度变化、建筑的凹凸变化以及建筑色彩与材质的多样,为居民带来丰富的城市天际线。同时,打造通透的建筑首层界面,设置雨棚、路灯等设施,能够增添街道的吸引力,从而提升步行质量。

2. 布局模式

根据干路网和支路网的疏密程度,将路网布局模式细分为:密干—疏支、疏干—疏支、密干—密支、疏干—密支四种模式,如图 8-10 所示。

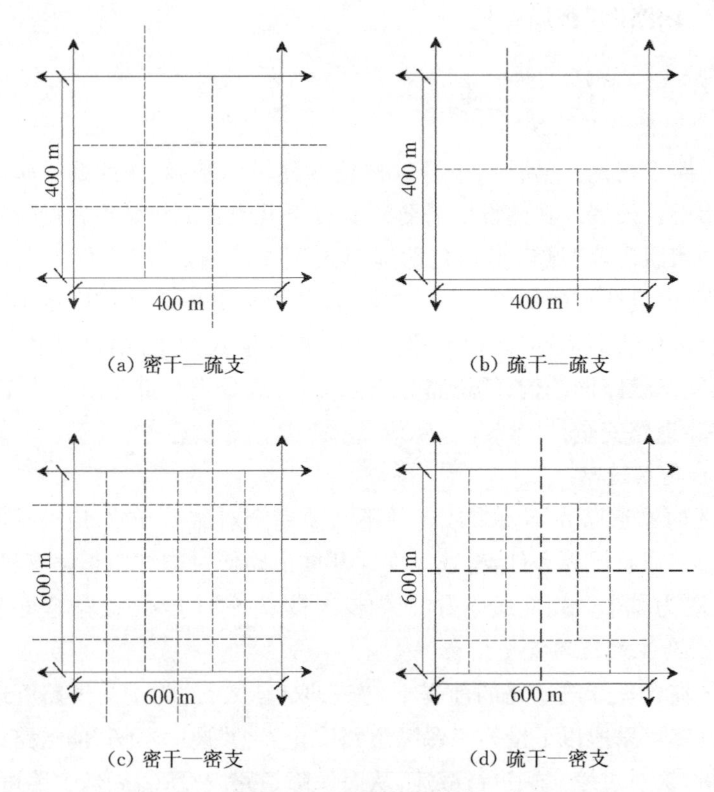

图 8-10　路网布局模式

路网布局模式直接影响路网总长度、路网密度和道路面积率等指标,如表 8-3 所示密干—密支路网的典型城市香港的路网密度达到了 23.903 km/km²;密干—疏支路网典型城市大连的路网密度达到了 16.50 km/km²,道路面积率也达到 15.49%;疏干—密支路网的典型城市东京的道路网密度为35.3%;疏干—疏支典型城市上海的道路面积率达11%。

表8-3　路网布局模式及其特征分析

指标			道路总长(km)	道路密度(km/km²)	车道密度(km/km²)	平均车道数	道路面积率
密干密支	香港	干路	5.30	8.42	43.70	5.19	15.14%
		支路	9.75	15.483	32.10	2.07	7.30%
密干疏支	大连	干路	3.33	6.40	38.29	5.98	11.83%
		支路	5.25	10.10	20.27	2.01	3.66%
疏干密支	东京	干路	4.33	5.41	21.35	3.94	7.43%
		支路	23.91	29.89	49.83	1.67	10.63%
疏干疏支	上海	干路	3.53	4.77	25.62	5.37	10.03%
		支路	7.10	9.60	17.97	1.87	0.95%

密干—疏支的路网布局模式与我国现状的“宽马路、稀路网”具有相似性。密集的干路网络导致交通汇集在干道系统,缺乏支路网络进行集散分流,且会造成行人过街不便,减少人们非机动化的出行。相反,稀疏的路网布局不能满足高强度地块开发的需求,道路未能延伸至地块的出入口,也会降低居民非机动化出行的意愿。密干—密支的路网结构下交叉口较多,道路网密度和道路面积率较大,不利于地块的开发。疏干—密支的路网布局结构交通可达性较强,道路面积率和道路网密度适宜,最适合“小街区、密路网”模式。

3. 布局流程

基于确定的道路网空间布局形式,进行道路网系统性分析和布局的调整优化。工作流程上,应先进行干路网规划,后进行支路网和街巷系统规划。

1) 道路网空间布局形式

在社会经济、自然地理等条件的制约下,城市道路系统有自身的发展演变形态。进行道路网布局模式的选择时,应尊重路网的历史格局,在既有道路与新建道路组成的综合性网络中,充分考虑城市地形地貌特征、空间布局形态、客运走廊和机动车走廊分布等因素。

2) 道路网系统性分析

道路网系统性主要分析城市各相邻组团间和跨组团的交通联系、道路与沿线用地匹配和路网自身不同类型道路间衔接转换的便捷性等。从功能定位和等级结构分析道路网结构的合理性,实现交通流的逐级疏导、分层集散。

3) 路网布局调整与优化

结合整体交通需求分析和用地开发之间的匹配性校核,对制订的路网初始方案进行评估。根据评估结果,提出路网布局方案的调整与优化措施,形成最终布局方案。

4. 路网布局的内容与技术要点

1）干路网布局规划

城市中干线道路网的形式不仅影响着城市的空间拓展方向，对城市布局形态的形成也有着重要的支撑作用。干路网是路网系统的骨架，联系组团之间的交通出行以及组团内部重要的交通走廊，并具有划分城市片区及交通区块的作用，也是城市中重要的疏通性道路。干路的主要服务对象是汽车交通，服务于城市之间的交通和市内主要交通等较长距离的出行。

2）支路网加密

在已初步形成的干道网中，充分考虑周边用地的性质，参照合理路网间距加密支路网络，最终形成间距合理、结构合理的道路路网结构。通过有效的路网布局，充分挖掘路网潜能，均衡路网交通流的时空分布。一方面加密的支路系统能够有效分流干道的交通负荷，保证干道交通的畅通；另一方面也能够提升部分地块的机动车可达性，并为公共交通和慢行交通提供更为便捷的通行环境。

8.3 新城公共交通专项规划

8.3.1 新城公交体系构成

新城的设立将会带来全新的交通出行特征和交通需求，公共交通的供给模式和方式选择尤其值得关注。新城的交通发展需求呈现明显的阶段性特征，具体可以分为三个阶段，如图 8-11 所示。

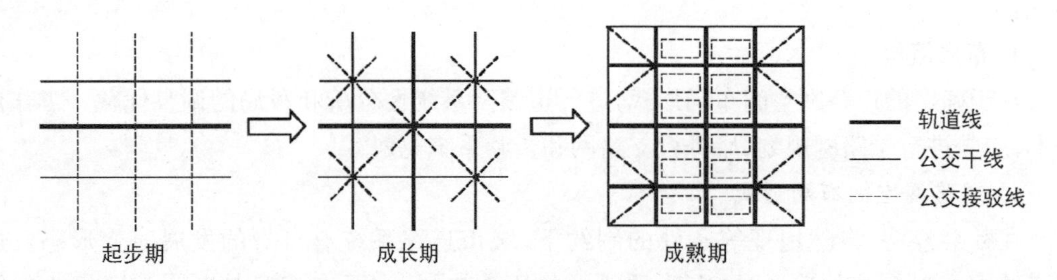

图 8-11 新城控规阶段近期建设规划框架

第一阶段为起步期，这一阶段新城处于缓慢发展的过程。城市功能不完善，需要与主城紧密联系以满足居民生产生活的需要，交通流潮汐性明显，新城内部客流量小并且呈点状分散布局。这一阶段公交基础薄弱，设施服务水平总体较差，存在较大的公交供需矛盾，个体机动车占据较大的竞争优势。

第二阶段为成长期，这一阶段新城处于快速发展的过程。随着新城的用地开发和经济发展，人口流动性不断增强，出行距离和出行目的均呈现多样化特征。这一阶段是提升公交服务的关键时期，公共交通与个体机动车出行存在明显的竞争关系，更加强调公共交通的覆盖深度和广度。

第三阶段为成熟期，这一阶段新城处于平稳发展的过程。新城综合功能逐步完善，可以满足人们日常生活、工作、娱乐的需求，职住关系得到均衡的发展。大量对外出行转化为内部出行，需要有针对性地提供多元化的公交服务，满足不同层次、不同需求的交通出行，更加强调公共交通的服务质量和效率。

新城公共交通的通达性既是衡量公共交通系统服务能力的一项重要指标，也是影响出行者选择公共交通方式的一项重要因素。在轨道交通网络高密度成熟发展的条件下，公交的“通”基本实现，为了实现公交的“达”，需要构建涵盖快线公交、主干线公交、次干线公交、支线公交以及特色公交的公共交通服务体系，以落实公交优先战略。

1. 快线公交

快线公交是整合了轨道交通系统服务特性和常规公交灵活性的交通方式，可为乘客提供快速、可靠的出行服务。与轨道交通相比，快线公交建设周期短、建设成本低，即具有易实施性。快线公交的系统构成要素可以根据新城的需求和具体条件来选择，同时不受行驶轨道的限制，可以根据运行期间的客流变化灵活调整线路走向、延伸或缩短线路长度，即具有灵活性。

快线公交的服务能力与服务质量应明显优于地面常规公共汽车，接近并能够相当于轻轨系统，快线公交线路可以成为新城公共交通的主干线路。在已有轨道交通线路运行并规划形成公交骨干系统的城市，快线公交可以作为轨道交通网络的补充(轨道交通覆盖方向和运力的补充)、延伸(外围轨道交通线路的服务延伸)、衔接(连接轨道交通线路)和过渡(远期轨道交通线路的过渡)。

为适用于新城起步期与中心城区之间有大量通勤交通出行的情况，针对通勤客流潮汐性特征，重点考虑新城与中心城区之间的长距离公交快线联系。公交快线衔接新城主要的人口聚集区和主城主要的枢纽节点、大型商业居住中心等人口聚集区域，以便于及时快速的集散客流。

2. 主干线公交

在有轨道交通系统的城市，干线公交作为轨道交通的补充，承担部分中长距离的客流。为了保证运营车速，主干线公通应尽量设置在公共汽车专用道上，要求有相对独立的道路空间、配套的信号控制优化系统和车辆运行监控系统，运营车速达到 20 km/h 以上。主干线公交的主要功能是满足新城乘客到中心城区或者其他区域的出行需求，以达到提高地面公共交通服务的可靠性与竞争力的作用。

新城发展成长期公交资源配置往往尚存在一定空白区或运力缺口，需要较为频繁地进行增补或调整，公交主干线和公交次干线可以弥补新城运力不足的问题。

3. 次干线公交

次干线公交连通轨道交通和干线交通，构成地面交通的主体。

在新城成长期阶段人口加速聚集，产业也有一定规模的发展，交通出行的目标有一定的多样性。跨区域的中长交通出行比重呈现下降趋势，新城内部的出行比重上升。公共交通的供给策略由重外部通勤公交供给向多样化公共交通服务转变。由于新城交通走廊沿线的用地已经呈现连绵式发展态势，既有的公交快线的覆盖效率明显下降。需要规划次干线公交以提高线网密度及站点覆盖率，提高公交系统服务水平。

4. 支线公交

支线公交为地面干线公交和轨道交通提供接驳服务，可以设置在大型住宅区或公共活动中心，承担零星客流的收集并驳运到最近的区域公交枢纽或轨道交通站；支线公交包含微循环公交，可以深入到生活居住区、学校、商业区和公共活动中心，提供短距离出行客流服务。

新城发展成熟期土地已基本开发完成，新城人口分布广泛，支线公交具有减少步行到站距离和改善公共交通服务质量的作用，可以满足乘客在新城内部组团之间的出行需求以及加强新城内部组团与轨道站点的联系，实现点到点直达，并随着新城的开发及时延伸。

5. 特色公交

特色公交是介于传统公共交通和私家小汽车之间灵活、高品质的公交，是新城多模式公交体系中重要的组成部分。特色公交本质上是定制公交，以满足特殊群体出行的交通需求为目的，与其他线路共同构成完整的线网体系，为市民提供形式多样、功能齐全的公交服务，提升公交的吸引力。

新城发展起步期新城内部人口分散、功能分散、混合度低。从公交服务的供给上来讲，单纯通过集约化的常规公交来解决新城内部出行问题是不经济的，特色公交可以提供个性化、灵活、分散的交通服务，适用于新城起步期的内部公交出行。新城发展成熟期，城市功能和公交客流更加集聚，需求更加均衡化，总体上适应集约化的交通方式。此阶段应建设集约化公交体系，强化大中运量公交和常规公交，特色公交起到辅助作用。

8.3.2 新城公交规划目标与策略

1. 新城公交规划目标

新城公交系统的规划目标为提供便捷、多样、准点、舒适的公交服务，打造全域、全程、全民覆盖公共交通系统，为绿色低碳新城提供支撑。新城公交需要提供高品质出行服务，满足新城任意点之间门到门的出行需求，并且便于乘客辨识和选择；新城公交需要做到时间、空间全覆盖，以高空间覆盖减少居民步行接驳至目的地的时间，高时间覆盖确保较短的等候和换乘时间；新城公交需要保障车内行程时间与普通机动车基本相当，并具有一定的成本优势和可靠性。

2. 新城公交规划策略

1）推动新城全域 TOD 模式

TOD 模式作为以公共交通为主导的土地开发模式，不但阻止了城市土地的无序蔓延，而且是一种面向公交的土地混合利用社区模式。我国新城的 TOD 要从新城的总体规划与交通规划一体化的角度出发，实现土地利用与新城交通系统的有效整合。具体来说，是构建集约化的新城结构与土地利用方式，即提高轨道线路、站点和公交干线、站点或者枢纽周边地块的容积率，在易于居民步行的范围内进行高强度的土地开发；提高轨道线路和站点周边地块的公共性，做到社区中心与轨道站点精密协调布置，强调居住、办公、商业、娱乐等公共基础设施于一体，引导新城空间有序扩增。通过复合开发和集约化的交通换乘中心，多通道与周边地块连通，实现城站一体化开发，即通过公交场站综合开发实现土地集约化利用，通过构筑完整街道实现地块与公交站点连通。

2）推动交通设施空间再分配，促进道路交通公交化

打造便捷、安全、绿色、智能的交通体系，是规划新城的明确要求。响应高峰时段公共交通出行占机动化全方式出行比例不小于70%、高峰时段公共交通+慢行交通出行比例占全方式不少于80%，即“70/80”出行目标。如图8-12所示，新城道路须合理分级分类，各级道路均可为公交提供优先路权。推动新城在“小街区、密路网”模式下，以公交站点300 m服务半径配置公交服务，促进道路交通公交化。

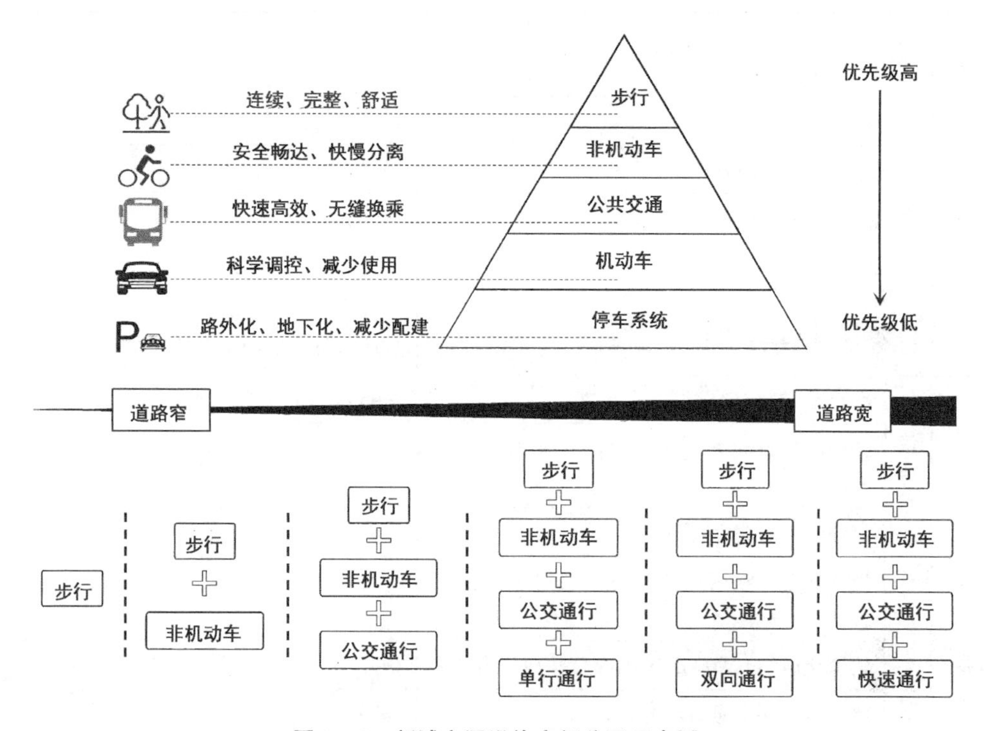

图8-12 新城交通设施空间分配示意图

3）加强小汽车出行的引导与控制

在交通组织与设计方面，落实低依赖机动车的交通组织和精细化的交通设计，例如组织单向交通或小转弯半径的路缘石设计等；在机动车控制与使用方面，落实科学控制拥有与使用政策，例如在设施供应规划时降低公建设施等的机动车配建标准，机动车路权不优先，实施收取高额的机动车停车费用等措施。

4）构建新城全域公交体系与服务，倡导全程、全民公交出行选择

新城的公共交通出行做到全域覆盖、全程覆盖及全民覆盖。全域覆盖是指针对不同出行距离的广覆盖、高可达性的公交服务，做到全域覆盖需要构建多模式公交体系，涵盖公交快线（服务于新城重要枢纽、节点）、公交主干线（服务于新城临近组团）、公交次干线（服务于新城内部组团）、公交支线（服务于周边街区）以及特色公交（根据实际服务对象确定）；全程覆盖是指面向出行全过程的一站式、一体化公交服务，从有关部门角度，要求多元出行方式做好一体化衔接，从乘客角度，可使用MaaS系统预约出行；全民覆盖是指面向不同出行

人群的多元化、品质化的公交服务，不同类型公交需要实现的不同功能，主干线公交要求高频、快速，次干线公交要求灵活、高可达性，支线公交要求舒适、门到门，定制公交要求个性、高品质。通过区域、全程、全民三个角度的覆盖，可促使新城居民更倾向于选择公交出行。

3. 新城公交规划指标

基于新城公交规划策略及目标，从系统供给和乘客体验两方面提出规划指标，如表8-4所示。

表8-4　新城公交系统规划指标体系

指标类型		指标	指标要求
系统供给		新能源公交车辆占比	100%
		公交站点 300 m 覆盖率	100%
		常规公交线网密度	≥3 km/km^2
		首末站、枢纽站面积	150～180 m^2/pcu
		公交专用道(应当设置)	道路单向公交客流量大于 6 000 人次/h 同时道路单向机动车道数 3 车道及以上
乘客体验	快捷性	准点率	≥95%
		相同起终点间公交运行时间与小汽车运行时间	不超过小汽车运行时间的 50%
		定制公交的响应时间	≤5 min
	方便性	地铁站点 600 m+常规公交站点 300 m 覆盖率	100%
		轨道交通站点 200 m 范围内公共地块直通率	100%
		慢行至公共交通站点的时间	≤5 min
		轨道-公交-慢行之间的换乘距离	≤100 m
		乘客满意度	≥90%
		公交站牌预估的到站时间误差	≤1 min
	舒适性	公交干线、支线车内满载率	≤70%
		公交室外候车时间	≤3 min

8.3.3　新城公交枢纽规划

1. 新城客运枢纽体系

新城客运枢纽包括新城对外客运系统和新城内部交通系统，是以公路和铁路为代表的新城公交对外客运结点和以新城轨道、公交等新城内部交通结点之间有效衔接的场所。新城各个对外客运枢纽应合理分工，互相协作，共同构筑高效、便捷的新城对外客运枢纽体系，体系构成如图 8-13 所示。

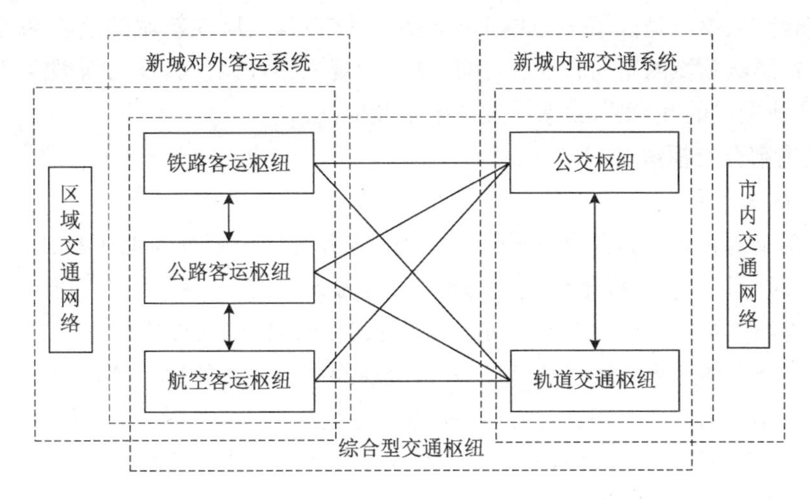

图 8-13　新城对外交通枢纽体系的构成

新城交通枢纽的分类是新城对外交通枢纽体系的整体梳理，对指导新城内枢纽的规划、枢纽功能的合理分工和优化设计均具有重要意义。如表 8-5。

表 8-5　新城交通枢纽体系结构

名称		说明
对外	铁路客运枢纽	市际铁路客运站与新城内其他客运方式的衔接换乘枢纽，主要服务于铁路旅客换乘各种新城内客运方式
	公路客运枢纽	公路客运枢纽作为城市对外客运交通系统中的重要节点，具有联系城市对外交通和市内客运交通、公共交通与私人交通，以及在公共交通内部中转换乘的作用
	航空客运枢纽	航空客运枢纽是在航空运输网络中具有重要旅客中转功能和组织功能的大型航空客运站
对内	轨道交通枢纽	轨道交通枢纽是指若干轨道交通线路相交汇，进行换乘的地点和设施，通常有大量乘客集散和换乘
	公共交通枢纽	城市公共体系的关键节点，城市公共交通枢纽站关乎人民群众日常出行的便捷性、舒适性、品质性，是推动基础设施运输服务提质升级的重要内容

在交通枢纽规划中，综合交通枢纽可以提高交通运输整体效率和服务水平、优化运输结构，是集约利用资源、节能环保的客观要求，要解决现阶段我国综合交通枢纽规划设计不统一、建设时序不同步、运营管理不协调、方式衔接不顺畅等问题，构建便捷、安全、高效的综合交通运输体系。综合交通枢纽的一体化主要表现在三个方面：设施平衡，在保持轨道和道路快速平衡发展的同时，重视换乘、停车和管理设施的建设；运行协调，所有交通运输方式彼此协调，紧密衔接，安全运行；管理统一，相关各方协同运作，共享信息资源，实现高效管理。枢纽所在区域的交通需求具有集中化和多样化的特点，要求将各种不同的交通运输方式整合在一起，形成综合性强、效率高、能为居民提供多种选择的一体化交通，以优质、高效、整合的交通体系确保其所在区域的运行效率。

大型综合交通枢纽是区域中心城市的集疏运核心和其所在新城的重要基础设施。不仅它自身直接影响新城的布局和发展，而且良好的规划还可以使其成为新城经济发展和空间、交通与产业发展的“触媒”，给新城发展带来契机。

2. 新城内部公交枢纽

1）内部枢纽体系

新城内部交通枢纽可以按照不同功能特征、服务范围等划分为地区级、组团级和社区级三个层次，对于相应各层级枢纽，其换乘方式所需具备的公交线路层级也有所差异。新城内部公交枢纽体系构成如表 8-6 所示。地区级公交枢纽的功能定位是服务于市级中心全域辐射和商务区的客流集散，是以市内公共交通换乘为主体的综合交通换乘枢纽。组团级公交枢纽根据不同的用地特征，为片区中心的客流集散提供服务，如片区主要用地性质为居住用地则公交枢纽服务居住，是以单纯常规公交换乘站点为主体的枢纽。社区级公交枢纽服务于各社区组团的客流集散。

表 8-6　新城内部交通枢纽的分类

<table>
<tr><th>公交枢纽体系</th><th>地区级</th><th>组团级</th><th>社区级</th></tr>
<tr><td rowspan="2">功能特征</td><td rowspan="2">多条轨道换乘且集聚商业商办</td><td rowspan="2">一般轨道站点</td><td>一般公交首末站</td></tr>
<tr><td>一般有轨电车站</td></tr>
<tr><td rowspan="2">服务范围</td><td>市级中心全域辐射</td><td rowspan="2">片区中心客流集散</td><td rowspan="2">片区公交首末站客流集散</td></tr>
<tr><td>商务区客流集散</td></tr>
<tr><td rowspan="2">换乘方式</td><td>轨道</td><td>轨道</td><td rowspan="2">干线、支线、特色公交</td></tr>
<tr><td>快线、干线公交为主，支线、特色公交为补充</td><td>干线、支线、特色公交</td></tr>
<tr><td>换乘要求</td><td colspan="3">轨道-公交-慢行之间的换乘距离最长不超过 100 m</td></tr>
</table>

2）轨道交通枢纽设施配置优化原则

轨道交通枢纽具有方式多层次、客流多方向和流量大而发散的特征。其自身交通功能的完善和发展势必带来周边区域交通状况的改善，便捷的交通与大量的客流使得轨道交通枢纽及其周边区域具有巨大的商业价值，随着轨道交通枢纽的设置，在其周边区域内必然形成高密度的商业区和办公区。因此对轨道交通枢纽进行优化非常重要，优化原则主要有以下几点：提高轨道站点周边用地出让时的公共性及功能复合性要求；增加轨道交通站点出入口，提升其对公交体系的服务；要求轨道交通站点出入口直接连通进入公共地块内部；结合地块进出交通组织，重新审视轨道交通站点周边换乘设施配置与布局。

3）公共交通枢纽规划原则

新城公共交通枢纽布局要符合新城总体规划的要求，应与新城其他运输设施合理配合和衔接，最大限度地方便乘客的同时也要尽量减少对新城的干扰和影响。

(1) 与新城发展方向和用地功能布局相一致。新城公共交通枢纽是新城总体规划中综合交通运输体系的一部分，交通枢纽的布置应当符合新城总体规划要求；

(2) 充分考虑各交通方式衔接与换乘。交通枢纽应将新城各片区有机衔接，并有利于各种交通方式的衔接与整合，有利于新城对外交通、轨道交通与常规公交等交通方式的换乘；

(3) 交通连续性和便利性。公交枢纽的位置应为换乘提供方便，在保障行人出行便利的基础上保障机动车出行的连续和通畅；

(4) 近远期结合原则。公交枢纽布局充分考虑轨道交通的建设时序，在轨道交通建成前，重点研究建设地面公交换乘枢纽，为构建功能等级分明的公交线网体系提供基础；

(5) 定量原则。公共交通枢纽规划要有定量分析，在交通集散中心和乘客换乘集中地，根据新城具体情况，经定量分析后设置公交枢纽。

公交枢纽的合理选择不仅包括城市新区内部交通公交枢纽的选取，还包括布设能够将新城和城市各区域有机结合起来的公交枢纽点，建设完整的城市公交网络。新城公交网络的公交枢纽点选择，应将交通需求和土地利用性质两个方面结合考虑，以尽量减少换乘给乘客带来的不便为前提，以最大限度地满足乘客的出行为目标，在乘客目的地或出发地集中的交通网络节点中，优先考虑具备较好易达性和中心性特征的节点作为公交枢纽。公交枢纽站的选址及平面布局对枢纽站周边道路交通、建筑、景观和城市人流来向等有一定的要求，因此枢纽站要求周边道路通达、站场实现围挡式建设管理并且周边客流需求达到规划指标。在确定公交枢纽位置后，应该合理结合站点周边及站点自身状况，选择功能合理的平面布局。

4) 公交场站

(1) 公交场站规模布局

公交场站的合理规模应取决于新城未来公交客运需求。依据未来公交客运量需求的预测，分析公交车辆运力需求；按照《城市道路公共交通站、场、厂工程设计规范(CJJ/T15—2011)》中的相关标准(单位运力的场站面积)，计算得到公交场站总体需求规模。考虑现有公交场站设施后，得到规划新增公交场站规模，总体流程如图 8-14 所示。

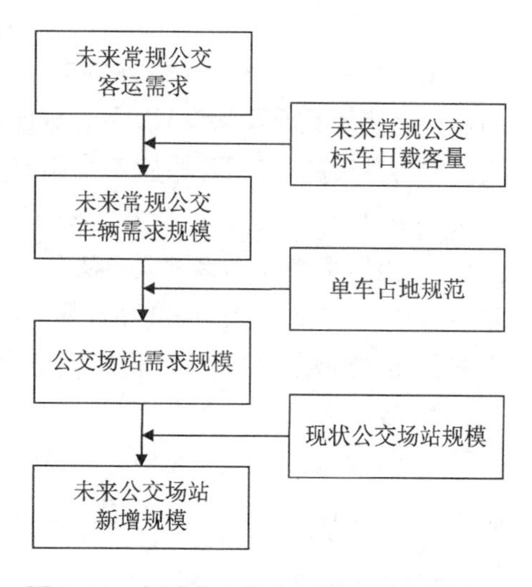

图 8-14　新城公交场站规模预测流程图

公交场站规模是指场站的使用面积。本着集约化用地原则，既要考虑保证公交使用需求，同时又应尽可能减少对土地的占用。新城公交场站鼓励采用立体综合开发模式，减少公交场站的附属设施(包括车队办公用地、生活性或生产性用地)的独立占地面积，加强其与非公交建筑的一体化建设。此外，对于行车道的设置建议借助建筑物四周道路或邻近街巷。因此，参考国家规范，结合国内相关城市经验对场站用地进行规划控制相关指标见表 8-7，以保障公共交通的发展。

表 8-7　公交场站规划面积标准　　单位：m^2/pcu

场站类型	国家规范	深圳	宁波	杭州湾新区
首末站、枢纽站	150～180	80～120	100～120	150～180
综合车场及调度中心	130	70～110	130	130
修理厂	30	30	30	30

（2）规划原则

① 公交场站应邻近公共客运交通走廊，应便于与其他客运交通方式换乘；

② 公交场站应设置在居住区、商业区或文体中心等主要客流集散点附近；

③ 换乘枢纽衔接点上，宜设置多条线路共用的公交场站；

④ 0.7～3.0 万人的居住小区宜设置公交场站，3 万人以上的居住区应设置公交场站；

⑤ 公交场站应向公共交通枢纽站、轨道站集中，向城市周边地区集中。

（3）交通组织建议

公交场站的交通组织不仅要考虑外部，同时不能忽视内部。外部交通组织需要结合周边用地、道路条件明确出入口布局及公交起终点站布局，减少对城市交通干扰；内部交通组织需要在明确出入口布局的基础上，进一步明确地块各类功能布局与规模以及交通组织流线，减少内部不同功能车流间的相互干扰。

3. 新城公交站点

公交站点是公交乘客最常使用且直接影响乘客对公交印象的设施，因此，它的规划建设必须在道路建设使用中优先考虑。常规公交站点应按照站距、站点选址、站台长度、型式和设施几方面原则实施规划：

1）站距

以尽量缩短乘客到达站点的走行距离、能够吸引沿线更多出行者选择公交为准则，随周边土地使用状况灵活设置，中心城区尽量加大站点密度，提高公交可达性。新城以多模式公交为发展趋势，需要构建不同层级的常规公交，不同层级的公交方式有不同的站点服务覆盖率分析半径：公交快线一般选取 600 m 或 800 m 作为半径分析覆盖率，而低等级的支线，站点服务半径不宜过大。从干支结合和最大限度吸引公交乘客的角度以及公交支线站距 300～500 m 出发，公交站点服务半径可取 250 m（核心区 200 m）为半径，此服务半径下的公交站点覆盖率指标应借鉴城市中心区的要求。

2）站点选址

应尽量靠近居住区、大型公共设施、对外交通枢纽和各类市场出入口，换乘或到发距离不大于 100 m。交叉口附近设置中途站点时，在不造成交通拥堵的前提下，可尽量靠近交叉口布设。

3）站台长度

应结合停靠线路及高峰可能同时停靠的车辆数来布置。对车站候客人数多，或布设公交线路数较多（5 条以上或高峰时同时停靠车辆数达 5 辆以上），或所需车站长度超过

100 m的公交站点，同一站址可设两处停靠站，站间距不超过50 m。港湾式车站站台长度一般在30～40 m，多线并站的站台长度也应设置为停靠至少3辆公交车的长度。

4）站台形式

在道路交通流量较大的路段上，建议设置常规公交站台。港湾式站台在流量过大的道路上设置往往会导致公交车难以进出，因此这种形式的站台要慎重选用。站台设置应保证不对其他交通流造成负面影响，尤其不得过分侵占非机动车和步行交通空间，破坏其交通连续性。

5）站台设施

同一停靠站应采用同一站名，同时应配置遮雨遮阳亭、座椅及标准化公交站牌，并根据智能化交通发展要求配置公交运营信息的电子站牌等。

8.3.4　新城公交线网规划

新城用地性质以居住、商业、办公、教育和文化设施为主，不同用地类型会有不同类型的出行需求生成，不同的出行类型有不同的出行特征、出行强度以及公交服务要求，如表8-8所示。

表8-8　不同公交出行类型及服务要求

出行类型	出行圈层	出行特征	出行强度	公交服务要求
通勤	区外为主 部分区外	高峰明显 时间准点程度要求高	高峰时强度高 平峰时强度较低	便捷、可靠、 大容量
生活 购物	区内为主	高峰不明显	除特殊节假日外， 出行强度相对不高	灵活、舒适、 高可达
文化 休闲	区内区外兼有	高峰不明显	除重大活动时段外， 出行强度相对较弱	舒适、直达
商务 对外	全市各大商务功能区 全市各大对外交通枢纽	高峰不明显	出行强度相对较弱	快捷、舒适、 个性化
通学	区内、临近片区为主 少量区外	高峰明显	高峰时强度高 平峰时强度很低	便捷、可靠、 点到点

新城公交线网规划的总体目标为构建层次分明、覆盖全面、换乘便捷的一体化公共交通线网，提高公共交通系统运行效率以吸引更多的市民采用公共交通方式出行。综合考虑各种因素，将常规公交线网规划的原则归纳如下：

① 线网组织模式：提出“快、干、次干、支、特”分层次公交线网架构，对公交线网组织模式进行优化，明确公交发展方向。不同层级公交线网特性见表8-9。

② 与用地相结合：常规公交系统有关方案的制定应与新城土地利用密切结合，注重对周边居住区、就业区和商业圈的服务，并支撑重点发展地区建设。

③ 满足公交需求：常规公交系统有关方案的制定应在公交需求分布预测的基础上进

行，力求满足不同地区公交出行需求，使公交线路及场站规模布局与公交出行需求一致。

④ 加强与其他交通方式的衔接：紧密结合轨道和中运量公交的建设，优化调整轨道及中运量公交沿线常规公交线网的布局。

⑤ 全面落实公交优先：全面落实公交优先战略，在规划、路权、用地和财政补贴等多方面保障公交优先。

表 8-9　不同层级公交线网特性

公交层次	快线	主干线	次干线	支线	特色公交
功能定位	弥补轨道服务不足 服务重要枢纽、 片区中心的直达服务	临近组团直达 服务跨区出行 服务	增加线网 覆盖率	服务于公交薄弱地区实现与轨道交通、公交快线接驳	多样化定制服务：商务、通勤、旅游、校巴、大型活动巴士
服务要求	快速直达 达到轨道品质	准时准点 高可达	内部加密	接驳 代步	舒适 直达、点到点
所经道路等级	快速路主路 快速路辅路 结构性主干路	快速路辅路 主干路	次干路	支路	根据实际服务对象确定
串联城市组团	3 个及以上	1～3 个	1～2 个	单个组团内部	根据实际服务对象确定
运送速度(km/h)	≥30	≥20	12～18	10～15	根据实际服务对象确定
线路总长度(km)	20～30	15～25	12～15	5～10	根据实际服务对象确定
平均站间距(m)	1 200～2 000	500～800	300～500	200～300	—
步行到站距离(m)	＜800	＜600	＜400	＜300	—
车型	大型	大型	中小型	小型	根据实际服务对象确定
票制	多级计价	多级计价	一票制	一票制	根据实际服务对象确定
公交优先设施	允许进入城市快速路运行，城市快速路和公交专用道对全线的覆盖率在 50%以上	公交优先通道的覆盖率在 30%以上	在经过公交密集的地区和通道设置公交优先通道	不设置优先设施要求	不设置优先设施要求

为满足不同等级公交线路对新城道路的要求，道路功能结构配置应在所设公交专用道类型、道路等级、隔离设施和交叉口进口道设施上与公交线路分级保持协调，具体内容如表8-10所示。

表8-10　公交线路分级配置

公交线路类型	公交快线	公交主干线	公交次干线	公交支线	特色公交
公交专用道类型	专有路权	高等级公交专用道	普通专用道/无	普通专用道/无	无
道路类型	快速路 主干路	主干路 次干路	次干路 支路	次干路 支路	支路
隔离设施	硬设施隔离	划线/软隔离	划线隔离	划线隔离/无	无
交叉口进口道设施	专用进口道	专用进口道	专用进口道，部分交叉口可混行	部分交叉口混行	混行

具体到公交线网规划的要素而言，服务标准(包括规模和覆盖率等)及所需数据如表8-11所示。

表8-11　公交线网规划要素及所需数据

指标	所需数据
线路长度	平均运行时间；出行距离
站距	人口密度；服务类型；某个既有站点的乘客数
线路开行方向	平均运行时间；出行距离；乘客OD计数
区间车	站的平均乘客数
线路覆盖范围	人口数据；土地利用数据；公众意见
重叠线路(重复系数)	—
线网结构	平均乘客OD数；人口数据；公众意见
线路连通性	线路网和合理的换乘点
服务时长	单线和区域时刻表
载客量(拥挤度)	站点或最大断面平均乘客数
最大发车间隔	平均乘客数；公交企业和政府规定
最小发车间隔	平均乘客数；可用车辆数
换乘	平均乘客数；换乘次数；等待时间
候车亭	站点平均上车乘客数；老年人和残疾人数量
准点率	发车和到站时间的车载计时
同步换乘	某个时刻乘客OD数；行车时刻表
乘客安全	基于平均乘客数和行驶里程的事故统计

1. 公交快线

1）功能定位

从全市层面来说公交快线的主要功能是为城市组团间长距离公交出行提供快速、直达服务，尤其是市级中心组团对外围新城新市镇的覆盖；次要功能是作为轨道建设中期过渡和建成后的复合通道及有力补充。

2）布设方法

在快线公交通道上布线时，首先应立足于单线式线路，在此基础上考虑有无可能设置复线式线路。如果通道上满足条件，就可以围绕换乘枢纽来优化网络，设置复线式线路时必须考虑通道的最大容量（最多能容纳的线路条数或单位时间内通道断面上允许通过的最大车辆数）。公交快线布设的整个流程如图 8-15 所示。

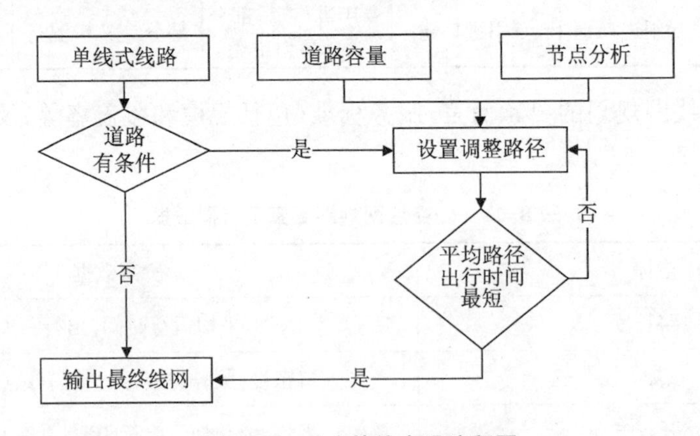

图 8-15　公交快线布设流程图

（1）布设单线式线路

布设单线式线路时可能也会有多种方案，但总的原则是尽量使每条线路都保持顺直，以利于快线公交车行驶和在交叉口实现信号优先。具体操作时可以先拟定不同的方案，然后将客流 OD 在快线公交网络中分配，以出行时间最少的方案为最佳选择。另外，需注意检验每条线路上的运行车速是否能够达到要求，如不满足可调整线路走向。

（2）选取可以设置路径的通道

通道的容量约束条件对复线式线路的布设有着重大的影响。容量约束包含两方面的含义：第一是指通道的物理条件，布设复线式线路要求至少站点处有超车道，双向四车道最佳，如果道路条件不允许，仍应按单线式布设线路；第二是指在服务水平确定的前提下，单位时间内通道断面上所能通过的车辆数是有限制的。

先分析各个通道处的路段条件，将具备超车条件的通道筛选出来。然后根据这些通道上布设单线所承担的客流来测算可能的发车频率，由单位时间内通道断面允许通过的最大车辆数来判断是否还能增加线路。将两次筛选后得到的通道称为路径通道，路径通道应尽可能形成网络。

（3）选取换乘节点

任意两条线路相交就会产生一个物理意义上的节点，在节点处不同线路上的客流可以换乘，因此称之为换乘节点。客流介数是反映网络中节点重要程度的指标。节点的介数为网络中所有的最短路径中经过该节点的数量比例其反映了相应的节点或者边在整个网络中的作用和影响力。这里将公交快线网络中换乘节点 i 的客流介数定义为：

$$J_i = \frac{V_i}{V} \tag{8-1}$$

式中：J_i—— 换乘节点 i 的客流介数；

V_i—— 经过换乘节点 i 的客流量(人次)；

V—— 出行客流总量(人次)。

通过客流 OD 在网络中的最短路分配可以计算得到各个换乘节点的客流介数，客流介数值越大说明节点越重要。定义客流换乘比例系数 δ 为在节点处换乘人数占经过该节点总人数的比例，以此判断换乘节点的效率。

单线式线路布设完毕后，通过客流测试，得到各个换乘节点的客流介数和客流换乘比例系数这两个指标。根据指标的大小，筛选出需要路径连接的换乘节点。应注意所有路径通道上都必须有被选出的换乘节点。

(4) 设置路径

路径除了连接换乘节点外，还可以连接线路的首末站，由于这两种节点是可以事先确定的，所以称为固定节点。另外，路径还可能连接首末站与换乘节点之间的客流量较大的中途站，路径连接中途站的个数需要综合考虑。因为连接的中途站位置事先不能确定，将除首末站与换乘节点之外的路径连接的站点称为非固定节点。将每两个固定节点之间的路径通道称为一个单元。在每个单元里，路径有若干个非固定节点可以连接，当众多单元整合在一起时，整个网络里路径连接节点形式的数量就可能是成千上万。必须利用近似寻优的方法求解，一般可以采用遗传算法，具体在此不详细论述。对于一般的城市来说，可能绝大部分快线公交通道都是双向两车道，此时在通道上设置两条线路即可结束。对于个别开辟双向四车道的通道来说，还有可能再设置线路。

3) 快线配置要求及建议指标

公交快线强调直达、快速、大站距，主要用于串联主要集散点，相较于轨道交通和中运量交通设置更为灵活。车辆类型鼓励采用符合城市客车高一级及以上技术、配置与性能要求的车辆(设计速度超过 70 km/h)。公共汽车车辆等级划分见表 8-12。

表 8-12　《公共汽车类型划分及等级评定》车辆等级划分

类型	特大型			大型			中型		小型	
等级	高二级	高一级	普通级	高二级	高一级	普通级	高一级	普通级	高一级	普通级

公交快线的长度根据设置区域确定，近郊片区沟通主城内主要集散点，建议线路长度在 20 km 左右；远郊片区利用公交枢纽便捷换乘，建议线路长度在 30 km 左右。新城公交快线设置建议指标见表 8-13。

表 8-13　新城公交快线设置建议指标

设置要求	站间距	线路长度	运送速度	路权保障
公交快线	1.2～2 km	20～10 km	≥30 km/h	专用道路使用率 50%

2. 公交主干线

1）功能定位

主干线路是新城公交网络中的骨架线路，主要承担新城与中心城区之间的联系、新城与各外围组团之间的联系及新城内的主要客运走廊。主干线公交主要沿公交专用道以及新城主干路行驶，主要承担中长距离的居民出行。

2）布设方法

公交主干线路服务于长距离的大型集散点之间和各功能区之间的联系，流量大、速度快、发车频率高，可以享用一定的特权，如开设公交专用通道、交叉口设置公交专用进口道和公交专用相位等。常规公交主干线布设在快速路和主干道上，分为大站快车线和普通线两种类型。具体布设方法如下：

根据交通大区公交出行 OD 矩阵、城市路网和公交枢纽等，结合经验或实际调查，确定主干线开线标准，设定各种约束条件的初始值；将各 OD 对按客流量从大到小排序，对于 OD 量大于主干线开线标准的起终点，检查现有线路中是否有直达线路，有则保留，否则考虑布设新线；在起终点间按蚁群算法寻找最佳路径，布设线路；进行配流检验，并看其是否满足干线直达运送标准，是否满足约束条件，若满足则该线路为公交主干线层中的第一条线路；对剩下的起终点对，重复上述过程，直到剩余乘客 OD 量低于主干线开线标准；重复线系数修正。一条公交线路确定后，为尽可能避免在以后布设线路时与此重复，应引进重复线系数，重复线路条数过多，会造成其他的公交服务盲区，使单条线路断面流量降低，从而影响公交线路的效率。

3. 公交次干线

1）功能定位

次干线路是新城公交网络中的基本线路，是对主干线路的补充和完善，主要承担新城内的次要客运走廊和各组团内部的主要客运走廊运输服务于中短距离的居民出行，并承担与主干线路、地铁、公路及铁路等枢纽点的衔接换乘。在其设置上，应依据主干线路设置，并以良好的换乘相匹配。

2）布设方法

以交通中区公交客流 OD 矩阵为基础，应用"逐条布设，优化成网"方法确定次干线路，所产生的公交线路中可能有与主干线路重复的线路，因此，要对生成的公交次干线路进行检查，删除与公交主干线路完全重复的线路。公交次干线主要承担相邻组团之间，市中心与片区中心之间的中距离出行，一般布设在城市主干道和次干道上。公交次干线的布设方法如下：

根据交通中区公交出行 OD 矩阵、城市路网和公交枢纽等，结合经验或实际调查，确定次干线路开线标准，设定各种约束条件的初始值；将交通中区 OD 对按客流量从大到小排序，对于 OD 量大于次干线开线标准的起终点，检查线路中是否有直达或换乘 1 次的线路，有则保留，否则考虑布设新线；取 OD 量较大的起终点对，确定起终点间的换乘点，起点与换乘点之间、换乘点与终点之间采用蚁群算法寻找最佳路径，布设线路；进行配流检验，并看其是否满足次干线直达运送标准，是否满足约束条件，若满足，则该线路为公交次干线层中的第一条线路；对剩下的起终点对，重复上述过程，直到剩余乘客 OD 量低于次干线开线标准；重复线系数修正，方法与主干线重复线修正方法相同。布设过程中，若线路大部分被主干线路覆盖，则该条线路不予保留。

4. 公交支线(含微循环公交)

1) 功能定位

支线公交的线路布设于贴近社区的次、支道路上，充分利用“小街区、密路网”运行微循环公交，与支线公交结合扩大公共交通覆盖率。主要服务人群为短距离出行者，其站点多与社区、地铁站等人流密集区相连，为出行者提供快捷的最后一公里服务。图 8-16 展示了围绕轨道站、枢纽站的中心化微循环公交、支线公交体系。

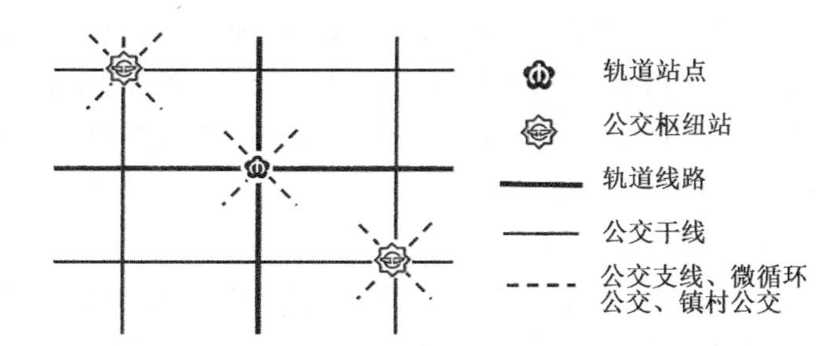

图 8-16　围绕轨道站、枢纽站的中心化微循环公交、支线公交体系

2) 规划方法

公交支线一般布设到中小街道公交空白区，最大限度地接近居住和就业地点。支线布设方法与次干线布设方法相同，仅仅换乘次数限制上有所区别，次干线换乘次数不超过 1 次，支线换乘次数不超过 2 次，在布线过程中应尽量减少与上一级线路重复。公交支线是为了提高公交系统的覆盖率和服务质量，提高公交吸引力。对已经生成的主干线网和次干线网进行检查，对照小区公交 OD 矩阵、公交线网密度以及公交站点覆盖率等评价指标，填补公交空白区域，加密公交线网[90]。

5. 特色公交

1) 功能定位

特色公交也叫定制需求响应式公交。与常规公交相比，其特殊性就在于“定制”二字，体现在从组织规划到运营的全过程中。定制公交作为一种新型的公共交通服务方式，它主要通过合乘的方式为具有相近出行时间、起终点和出行需求的群体提供精细化的服务。定制公交功能定位主要可分为通勤线路、客流集散线路以及商务线路 3 类：

(1) 通勤线路：通勤线路主要为城市居民早晚上班、上学等长期规律性出行提供服务，如快速公交干线、定制校车、商务班车等。一般采用一站直达或者大站停靠的运营模式，具有快速便捷、稳定可靠的特点。

（2）客流集散线路：客流集散线路主要为铁路客运站和机场等重要交通枢纽人流密集地区提供服务，定制公交通过一站直达或快速摆渡等服务形式，如定制社区巴士、航空巴士和高铁专线等为乘客集散换乘提供出行服务。

（3）商务线路：商务线路是为满足乘客商务活动以及旅游娱乐而开通设计的定制公交线路，通常来往于市域商务区、酒店、医院和旅游景点等出行目标点，如休闲旅游专线、节假日专线和集体出行线路等。运营模式也会因应现实需求而变得更为多元化。

2）规划原则

定制公交线路规划则与常规公交不同，主要体现在定制公交基于交通 OD 出行需求进行大数据挖掘居民出行热点，从而制定符合居民出行特性的定制化公交线路。因此，定制公交线路规划更加灵活，能够满足居民个性化出行的需求。由于定制公交是针对已知居民出行特性进行站点选址和路线规划，因此具有前瞻性和可预测性，能最大程度的保障上座率并规划出相对最短路径，避免线路绕行。定制公交线路规划需要遵循的主要原则有：

（1）从乘客角度出发，定制公交需要满足乘客的出行需求以及提高出行体验。乘客需求是随时间波动的不稳定输入，因此定制公交的站点和线路也需要及时更新调整。站点位置保证具备短时间停靠条件；利用公交专用道等有利条件开行线路，缩短线路行程时长。

（2）从定制公交运营商的角度考虑，为了保障经营效益，通过控制投入的车辆和人员规模、有效整合乘客需求以设置合理的站点和线路、合理配置车型、提高车辆满载率、减少绕行等措施尽可能减小运营成本。

（3）从城市交通发展来看，定制公交面临着政府、社会的要求和监督管理。政府一般对公共交通建设有所扶助，社会则希望有更多更好的出行选择，因此定制公交线路规划承担着一定的社会责任，需要考虑完善的统筹安排和顶层设计。

3）规划方法

目前开通的定制开通公交主要有三种方式，即点对点的定制，区域对点的定制和区域对区域的定制。点对点的定制在某种程度上是最优的方案，但是出行乘客分散的起讫点使得不具备开通优势。相较于区域对点的定制，区域对区域更能够兼顾更大的出行范围，符合城市居民的通勤流向。因此，“多对多”的开行模式更适用于新城与中心城区之间的定制公交。相比于常规公交线路开通的流程，定制公交线路的运营规划过程更加科学精细。

（1）乘客出行需求采集。填写个人信息，选择出行起讫点、期望出发时间及到达时间、可接受出发时间及最晚到达时间等信息，提交给运营平台。

（2）线路招募。在完成乘客出行需求信息调查后，定制公交服务系统将对采集到的个人信息、上下车区域和时间需求等资料进行统计分析，达到规定的最低预定率后，具有相似出行起讫点和出行时间的乘客将有可能被安排至同一开通的线路中，达到开行条件后，就完成这一线路的招募。

（3）票价制定。常见的票价订制法有基于距离定价法、基于时间定价法和一票制等方法。

（4）乘客招募。有乘坐定制公交意向的乘客现在可以通过手机相关 APP 等移动端方式轻松地进行注册、查询、预约、购票等功能操作，定制公交后台自动对乘客数据进行整理分析，以决定是否开通某一定制公交线路。

(5) 车辆排班时刻表编制及司机排班。

具体定制公交线路规划流程如图 8-17 所示。

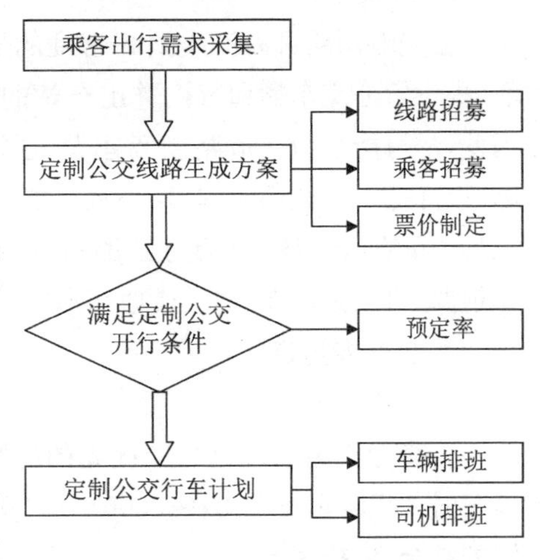

图 8-17　定制公交线路规划流程图

8.3.5　新城公交路权规划

路权分配的伦理价值应体现"人本取向、人文关怀"，机动车道路的路权分配应优先保证公共交通车辆的行驶。

1. 公交路权优先类型

根据路权的专用程度可将公交路权大致分为四个类型：绝对专用路权、独立与专用路权、选择性专用路权以及相容性专用路权。公交路权优先形式的选择需要根据城市公共交通客流的实际情况和道路交通状况确定，不同公交路权优先形式的特点与适用范围如表 8-14 所示。

表 8-14　公交路权优先形式特点

类型	特点	代表模式	使用
绝对专用路权	空间、时间上的路权绝对专用，通行空间与其他交通方式完全分离	地铁	适合长距离运输，特别是特大城市客流流量大的主要客流走廊
		轻轨 高架快速公交	适合长距离运输，特别是特大城市的主要和次要客流走廊
独立与专用路权	公共交通与其他交通方面存在平面交叉	公交专用路 有轨电车	中远距离运输，适用于大城市次要客流走廊或中等城市主要客流走廊；也可利用支路设置公交专用路，引导居民出行方式
选择性专用路权	部分情况允许其他社会车辆通行	公交专用车道	中远距离运输，适用各类城市公交客流较大的道路
相容性专用路权	高乘载车道(HOV 车道)	HOV 车道	适合交通拥堵地区的特殊路段

2. 公交专用路

1) 功能定位

公交专用路是只为公交车辆行驶的专用道路，如联系市区与郊区之间的高架道路，或平行于高速公路旁的新建道路，其特点是公交具有绝对专用路权，利用匝道控制进入。公交专用路主要应用于快速公交干线运营，以达到快速行驶和减少交通干扰的目的。

2) 布设条件

公交专用路的设置有两个条件：一是道路交通拥堵严重，既有道路路宽有限，通过路面优先选择权无法有效提高公交速度；二是端点交通需求较强，如郊区与市区之间或市区与对外交通枢纽之间交通需求明显的走廊地带。

3）布设方式

公交专用路可以深入到高密度的居住区和商业区，横穿城市中心和主要商业活动中心，提供给公交车辆和行人进出车站的便捷路径。建设公交专用路受到土地的制约较大。因此，尽可能沿快速道路侧旁建设，这样能够节约利用土地，还可利用已经废弃的铁路线路，以降低土地征用成本、减小社会影响和缩短建设时间。公交专用路的设置方式主要有三种：在快速道路一侧新建道路；在快速道路上设置物理分隔的车道；在市区与郊区之间新建道路，可以是高架、隧道或地面形式。

3. 公交专用道

1）功能定位

公交专用道系统是公交优先的的重要载体，服务于常规公交客流比较集中的走廊，高峰小时承担客运量平均在5 000～7 000人/h。主要功能定位如下：远近结合——近远期方案的结合；依托客流——与公交客流走廊相一致；系统完善——形成完善的整体网络；运管并重——与公交运营和交通管理相协调；紧密衔接——加强与轨道交通、快速公交的衔接。

2）规划原则

（1）与常规公交出行需求的匹配，覆盖主要客运走廊

公交专用道网络布局应与常规公交需求相匹配，根据交通需求分布，分析除未来中运量公交需求以外的公交需求分布，识别城市常规公交需求走廊。同时综合考虑核心区、湿地等城市重要地区的开发和公交枢纽、长途客运等交通枢纽的建设使用，对公交专用道网络进行布局规划，提升常规公交的服务水平和运营效率。

（2）注重与轨道和中运量公交的衔接，形成一体化公交网络

加强公交专用道与中运量公交的衔接，发挥常规公交网络密集、集散能力强的优势，实现常规公交与上层次骨干公交系统的无缝衔接，形成功能明确、层次清晰、结构合理的一体化公交网络。

（3）保障可实施性

在公交客流规模和道路设施条件满足标准的情况下，规划设置公交专用道，使网络具备可实施性。在满足公交系统对道路系统要求的同时，兼顾社会车辆通行质量，使道路资源得到最合理的分配和利用。

3）布设条件

公交专用道不仅要结合用地布局及需求走廊来设置，也需考虑城市道路的通行条件。根据公安部颁布实施的《GA/T 507—2004 公交专用车道设置》行业规范，相应的公交专用道布设条件也有所不同。具体设置条件如表8-15。

表8-15　城市主干道上公交专用道布设的基本条件

设置要求	客流量	道路几何条件
应当设置（需要同时满足）	道路单向公交客流量大于6 000人次/h，或公交车流量大于150辆/h；路段平均每车道断面流量大于500 pcu/h	道路单向机动车道数3车道以上（含3条），或单向路幅宽度9 m以上；

（续表）

设置要求	客流量	道路几何条件
宜设置（满足任意一行）	路段单向机动车道 4 车道以上（含 4 车道）	断面单向高峰公交流流量大于 90 辆/高峰小时
	路段单向机动车道 3 车道以上（含 3 车道）	单向公交客运量大于 4 000 人次/h，且公交流量大于 100 辆/高峰小时
	路段单向机动车道 2 车道以上（含 2 车道）	单向公交客运量大于 6 000 人次/h，且公交流量大于 150 辆/高峰小时

综合现有的研究和行业标准规定可以看出，公交专用道设置与否关键是要确定以下三个指标：

（1）道路的基本条件

公交专用道的设置至少要占用一条车道，在考虑公交优先的同时，也要考虑到其他社会车辆通行的需要，避免长距离的绕行以增加的道路交通量。因此，一般说来，设置公交专用道的道路单向至少应拥有两条机动车道，最好是三条以上车道，其中一条作为公交专用车道，其余车道供社会车辆使用。而且车道数越少，对公交客运量或公交车流量的要求越高，目的就是为了尽量降低实施公交专用道对社会车辆的不利影响。公交专用车道的设置形式及不同类型道路公交路权设置要求与形式分别见图 8-18 及表 8-16。

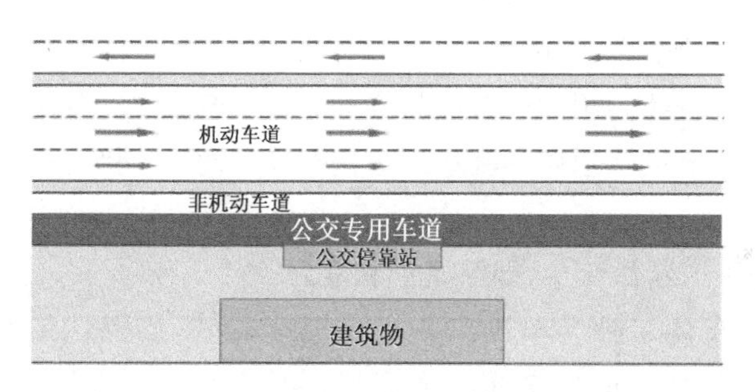

（a）慢车道式

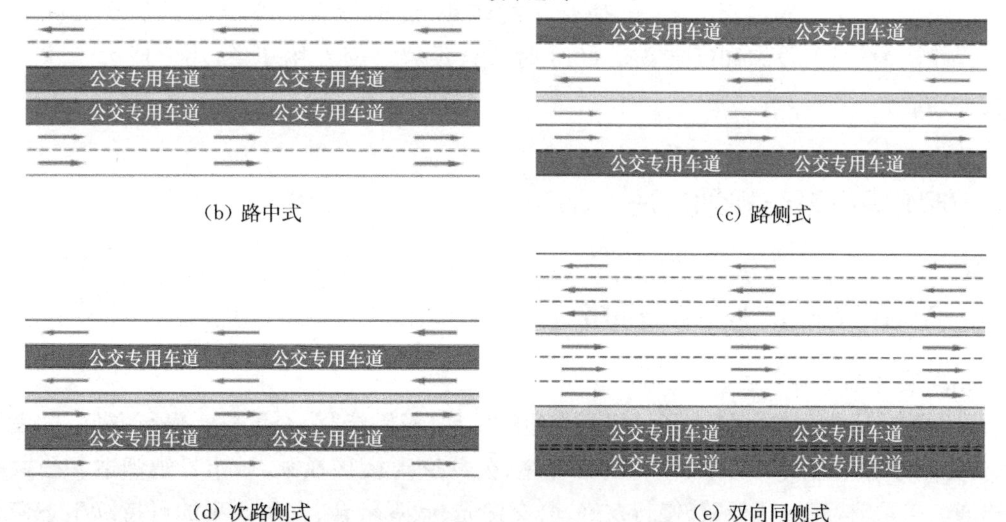

图 8-18　公交专用车道的设置形式示意图

表 8-16　不同类型道路公交路权的设置要求、设置形式

<table>
<tr><th>道路类型</th><th>快速路</th><th>主干路</th><th>次干路</th><th>支路</th></tr>
<tr><td>设置要求</td><td colspan="2">双向行驶道路一般为双向 6 车道以上道路(机动车道宽度 20 m 以上);道路净空要满足公交车辆通行要求。部分双向 4 车道道路,公交需求较大,无轨道线路覆盖时也应考虑设置公交专用车道。</td><td colspan="2">—</td></tr>
<tr><td rowspan="2">设置形式</td><td>公交专用道
(快车道式)</td><td>公交专用道
(快车道式/
慢车道式)</td><td>公交专用道
(快车道式)</td><td>公交专用路</td></tr>
<tr><td colspan="3">慢车道式(图 8-18(a)):适用于三块板断面,非机动车流量较小情况;
快车道式:路中式(图 8-18(b))适用于道路两侧建筑进出车辆较多,道路路幅宽度较宽或者易于拓宽改造的道路;路侧式(图 8-18(c))适用于沿线用地开发较弱的道路;次路侧式(图 8-18(d))适宜设置在沿线开发强度不太高的路段。同时要求道路机动车道或非机动车道较宽;双向同侧式(图 8-18(e))适用于单线式快速公交,沿河流、公园一侧的道路,或土地使用主要分布在道路一侧的情况。</td><td>适用于道路条件有限,路段沿线到达性车流很少的路段,且通过性交通可通过邻近平行道路疏解</td></tr>
</table>

(2) 路段的公交客运量或公交车流量

当今城市道路资源普遍极其紧张,实施公交专用道路段的公交客流量应该比较大,以确保公交专用道对道路资源占用的经济性与合理性。一般认为,当路段单向平均公交车的客流量到达 3 000 人次/h 或当道路高峰小时单向公交车数达到 90～150 辆时,可考虑设置公交专用道。

(3) 路段平均每车道断面流量(即路段饱和度)

道路交通中公交车辆与社会车辆在各车道混合行驶,当路段饱和度较高时,设置公交专用车道可能导致其余车道的交通过度拥挤甚至瘫痪;当路段饱和度较低时,道路服务水平较高,公交车辆的运行顺畅,所受干扰较小,此时设置公交专用道的意义就不大了。一般认为,当路段饱和度在 0.5～0.8 时适合设置公交专用车道,小于或大于这一范围就不合适。

8.4　新城慢行系统规划方法

8.4.1　新城慢行交通发展目标与策略

1. 发展目标

以绿色交通为导向的城市新城慢行交通的发展,应围绕“公交优先＋慢行友好”的发展战略,充分考虑生态发展要求、慢行出行环境、公共交通衔接换乘、城市景观塑造和公共空间连通的需求,构建绿色低碳、慢行友好、公交优先、景观融合、空间共享的可持续生态慢行交通系统,让慢行回归生活,增强城市活力,促进宜居宜人的高品质城市的建设[91]。

2. 发展策略

1) 实施慢行友好与公交优先,引导绿色低碳出行方式

积极响应国家、省市关于建设低碳生态新城要求,按照绿色交通的优先次序,明确提出步行和自行车是主导出行方式,公共交通是主要出行方式,小汽车作为严格控制对象。在红花机场地区范围内首先整体推进公交优先发展策略,大力建设多模式公共交通服务体系;按照分区定位和功能特征,合理化推进慢行友好策略,在慢行单元内部实施慢行优先;公共交通的发展离不开慢行系统的衔接,步行、自行车出行、步行+公共交通、自行车交通+公共交通等出行模式已经成为绿色低碳出行的主要模式。因此,慢行友好与公交优先应作为一项组合策略实施,以优化交通出行结构,更好地引导地区绿色交通系统的形成和绿色低碳出行。

2) 提倡慢行和公交导向模式土地利用开发

慢行交通的发展不仅需要从系统自身进行完善,更主要的应与城市用地开发结合起来。从城市空间形态和交通模式的角度,世界先进国家的发展模式无不以公共交通为导向(TOD),对于低碳生态城市更应强调 TOD 的发展理念。对于慢行为主导、公共交通为主体的地区,应因地制宜的实施合理的土地利用开发模式。在地区骨架空间和轨道沿线,实施 TOD 导向的用地开发模式,而在居住区内部、商业区内部以及风景旅游区内部实施不同强度的慢行导向(POD/BOD)的开发模式。城市 TOD 社区发展模式如图 8-19 所示。

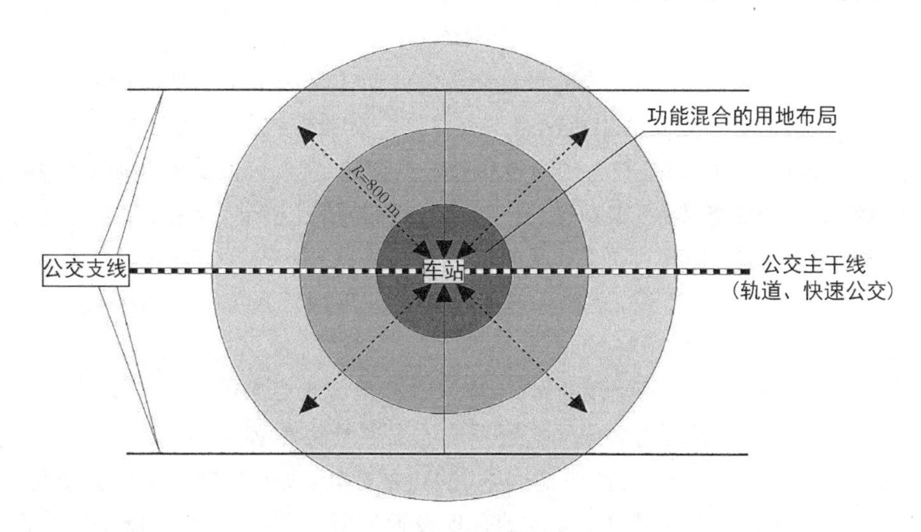

图 8-19 城市 TOD 社区发展模式

3) 以自然生态和人文资源为特色,构建网络化绿色开放连续慢行空间

立足于地区自然环境资源和历史人文资源,建立地区与外部资源的公共开放空间连接,以生态网络传承自然生态,以绿色公共空间为载体结合建筑空间营造新城的开放空间,将地区融入大的自然生态体系中,为市民提供更多有机的、适合交往互动的空间,提升城市活力。

在开发建设中控制好生态网络系统与公共开放空间系统,为市民保留人文交往的活力场所。一方面主要通过将公共开放空间与绿道系统结合,注重步行范围内空间节点的设置,形成公共空间网络,使其更具开放性和渗透力。另一方面加强街区公共空间、商业步行

街空间和景观空间的相互渗透和交流沟通，使居民可以便利地享受城市的公共景观资源，创造生活活力。

开放空间根据不同级别和功能需求，划分为慢行地区级开放空间和慢行社区级开放空间，由公共开放空间到半公共半私密性空间再到私密空间。不同性质空间有机结合，综合考虑慢行空间在其中的设置和衔接，通过以点带面，构筑高品质的慢行空间。

4）充分利用地下空间资源，构建四通八达的地下步行网络系统

发展地下公共空间将成为城市生态新区未来空间拓展和资源开发的重点方向。借鉴国内外城市（蒙特利尔地下城、上海虹桥商务城等）的规划和建设实践，充分利用地下公共空间，在城市中心和主要轴线上发展地下连续步行街，结合周边基地建筑的地下空间，通过构建四通八达的地下步道系统进行沟通，形成城市的地下城，主要从以下几个方面实施：

（1）系统编制地区地下公共空间规划，对地下空间统一进行高强度规划，统一实现同质化开发。不仅要对街区单体地下空间利用有严格标准，而且各街区间地下空间应全部联通，配以地下交通和公共设施，加上空中连廊等地面以上步行体系，形成地下、地面、空中三位一体的立体街区网络。

（2）采取以轨道站点为核心的空间拓展策略，提升轨道站点地下连通的步行覆盖范围。

（3）合理设置地下空间与地面建筑的出口联系。

5）完善公共交通、慢行一体化交通出行网络

以慢行为主导、公共交通为主体的绿色交通发展模式是城市生态新区的主要交通发展模式，公共交通、慢行一体化交通出行网络是支撑这一交通模式的关键载体，主要从以下几个方面展开：完善包括轨道交通、大中运量快速公共交通、常规公共交通和辅助公共交通在内的多模式公共交通服务体系；根据慢行出行的合理半径，加密公交线路和公交站点，严格控制公交站点覆盖范围；构建高效、合理的慢行衔接系统，提高与公共交通的衔接换乘效率，重点是结合轨道交通的建设，规划合理的公共自行车租赁系统与步行衔接路径及改善步行环境。

6）打造安全、高效、公平的快慢分行、人车分离的慢行交通系统

快慢分行、人车分离是慢行导向的交通系统的发展趋势和必然要求。对于区域交通性主干道和跨区连通干道，为了维持“快行网络”的正常运转，需要在“快行导向”下保障慢行交通的安全需求，规划重点一是过街设施的合理设置与型式选择，二是实施快慢分行、人车分离，通过设置专用道和机非物理分离等措施保障慢行交通的通行权、优先权和专有权。从“高效”的需求出发，机非分离网络应保证连续。

对于慢行区和慢行社区内，应采取“慢行导向”的发展策略，强化内部慢行道路通行条件，通过交通稳静化技术控制机动车的通行，为慢行出行创造更多安全、舒适、便捷的环境。

3. 慢行分区

根据新城控制性详细规划成果，结合慢行需求特征，可以划分为 4 类慢行分区，公共服务核心区、生态居住区、商住混合开发区及预留发展慢行区，以便有针对性地制定交通引导和规划指引。慢行分区策略见表 8-17。

表 8-17　慢行分区策略

类型	交通设施供应及组织策略	慢行交通特征	规划策略与要求
公共服务核心区	交通设施供应：区内路网密度较高，可提供便利的慢行廊道等慢行设施；加强区内外公交设施与慢行交通设施的衔接 交通组织策略：保障慢行优先；实施机动车和慢行交通运行空间的分离；鼓励慢行方式以及公交和慢行组合方式出行；便捷枢纽内部以及和外部的换乘衔接	内部用地以商业、居住、行政办公、医疗卫生、文化娱乐为主，是市级的综合服务中心；公共服务及商业类慢行出行量大，慢行过街需求强，对慢行环境要求高	总体：以慢行为主导，处理好核心区小汽车停车与慢行空间的矛盾；注重商业慢行环境品质的提升以及慢行交通和公共交通的有序衔接；做好慢行对铁路客流的接洽 步行：加密步行过街设施，打通步行路径，提升商业步行街街区品质 非机动车：提高非机动车公共租赁点覆盖率，规范非机动车停车
生态居住区	交通设施供应：区内路网密度较高，可提供便利的慢行廊道等慢行设施；沿河流、湖泊、公园绿地及绿化带设置慢行景观休闲道；加强区内外公交设施与慢行交通设施的衔接 交通组织策略：促进快慢分行；主要廊道实施机动车和慢行的分离；鼓励慢行方式以及公交和慢行组合方式出行；提供良好的休闲慢行出行条件	以居住、商业和行政办公为主，通勤及休闲慢行需求较大，安全与交通稳静化要求较高	总体：强调快慢分离，以减少慢行与机动车的冲突为主，注重立体化慢行设施的规划建设；做好慢行与公共交通、小汽车交通的接驳；注重商业慢行环境品质的提升：构建景观慢行网络 步行：考虑步行与商业设施布局、公共建筑连廊的协调，提升区域的商业活力；步行与机动车交通的立体分离；注重步行环境品质，营造环境优美、安静舒适的步行环境，疏通特色步行廊道 非机动车：统筹考虑通勤、旅游及休闲非机动车交通需求
商住混合开发区	交通设施供应：区内提供较高密度的路网和便利的慢行设施；与区外提供便捷的慢行廊道；加强区内外公交与慢行交通设施的衔接以及跨河通道建设；沿河流设置慢行景观休闲道 交通组织策略：促进快慢分行；主要廊道实施机动车和慢行的分离；鼓励慢行方式以及公交和慢行组合方式出行；提供良好的休闲慢行出行条件	以居住功能为主，兼有商业、公共服务等功能。通勤及休闲慢行需求较大，安全与交通稳静化要求较高	总体：强调快慢分离，保障慢行空间，处理好小汽车停车与慢行空间的矛盾 步行：强化步行与公交站点的衔接；重视居住小区和公共中心、周边商业设施的步行距离控制 非机动车：形成等级匹配良好的非机动车网络；非机动车公共租赁点与居住小区、公共服务中心等结合设置 步行：构建轨道站点周边与商业区步行网络，考虑上下班时的人流疏散 非机动车：非机动车公共租赁点与就业场所、公交枢纽站点结合设置
预留发展慢行区	预留发展区，未来变化较大	待定	待定

8.4.2 新城慢行道路等级划分与功能分析

慢行交通空间是城市道路空间必不可少的组成部分，城市道路断面设置时必须要考虑步行道和非机动车道要求。新城道路功能分级配置应适当地强化慢行交通功能和空间要求[92]。

1. 非机动车道设置对道路分级的要求

城市道路上非机动车道设置有明确要求，除快速路外，其他等级城市道路必须设置非机动车道。不同等级道路，非机动车道宽度设置要求各异，但是单条非机动车道宽度有相应的技术标准[93]。

据《交通工程手册》规定，自行车骑行时左右摆动各为 0.2 m，而自行车的外廓最大尺寸为：长 1.9 m、宽 0.6 m，则横向净空应为横向安全间隔(0.6 m)加上车辆运行时两侧摆动值各 0.2 m，故总的一条自行车道的宽度为 1.0 m。若有路缘石，其侧的 0.25 m 路缘带骑行者难以利用，故在车道总宽度中需加上 0.5 m，即一条车道应为 1.5 m，两条车道为 2.5 m，以此类推。

根据已有研究成果提出了新城区不同等级自行车道在不同类型城市道路上的设置要求如表 8-18 及表 8-19 所示。

表 8-18　自行车道宽度范围　　单位：m

道路等级	机非物理分隔自行车路宽度	机非标线分隔自行车道宽度	人非共板的宽度	机非混行道路宽度
市级自行车通道	5～8	—	5～10	—
区级自行车干道	4～6	3～5	4～8	—
区内自行车集散道	—	2.5～4	3～6	5～9
绿色自行车休闲道	5～10	—	6～12	—

注：“—”表示该类型自行车道路没有对应的道路断面形式及自行车道宽度，因此不作界定。

表 8-19　自行车通道、干道宽度推荐值　　单位：m

	机非物理分隔自行车路宽度	机非标线分隔自行车道宽度	人非共板道路宽度	机非混行道路宽度	布设道路等级
自行车通道	4～6	2.5～4	4～8	—	次干路、支路
自行车干道	2.5～4	1.5～2.5	3～6	5～9	主干路、次干路、支路及街巷

2. 步行道对道路分级配置的要求

城市步行交通系统是指城市中所有可对公众开放的所有步行空间连接在一起，形成一个以人为本、和谐舒适的步行交通系统。

该系统由居住区、商贸区等各级道路上的人行道，以及城市次要道路交叉口的人行横道线、城市主要干道上的高架人行天桥、地下人行隧道、商业地面步行街、地下步行街、城市街心花园、街边绿地和商场过街楼等城市要素联合组成。

人行道是步行系统中最基本的组成部分。正确地规划、设计、建设人行道对行人的移动性、可达性和安全性是十分重要的，对老人、儿童和残疾人尤其如此。

人行道宽度取决于道路功能、沿街建筑性质、人流交通量以及在人行道上设置地上杆柱和绿化带等附属设施的要求。我国《城市道路设计规范》规定人行道宽度必须满足行人通行安全和顺畅，并不得小于表8-20的数值。

表8-20　不同人行道最小宽度

项目		各级道路	商业或文化中心区	火车站、码头附近	长途汽车站附近
人行道最小宽度(m)	大城市	3	5	5	4
	中、小城市	2	3	4	4

两人并排行走的时候，每人需0.65 m的宽度，走路时因身体摇摆，身体会有接触；比这个距离还要小的侧向距离，一般是在拥挤的情况下才出现。因此考虑人的动态和心理缓冲空间的需求，为了避免行人间相互超越的干扰，每人至少应有0.75 m的人行带宽度，因此人行道最小有效宽度应为1.5 m。

人行道还是城市道路上各种设施布设的空间，不同的设施占用宽度有效值见表8-21。

表8-21　人行道占用宽度值

障碍物	宽度近似值(m)
街道设备	
灯杆	0.8～1.1
交通信号和机柜	0.9～1.2
火警箱	0.8～1.1
消防栓	0.8～0.9
交通信号	0.6～0.8
信箱(0.5 m×0.5 m)	1.0～1.1
电话亭(0.8 m×0.8 m)	1.2
垃圾箱	1.9
长椅	1.5
地铁入口	
地铁楼梯	1.7～2.1
地铁通风栅(高起的)	1.8＋
变压器通风栅(高起的)	1.5
景观	

(续表)

障碍物	宽度近似值(m)
树木	0.6～1.2
花池	1.5
商业用	
报亭	1.2～1.4
商亭(广告)	变化
商店橱窗	变化
街边餐馆(两排桌子)	2.1
建筑物突出部分	
柱子	0.8～0.9
游廊	0.6～1.8
地下室门	1.5～2.1
竖管	0.3
遮阳篷杆	0.8
货车突出部位	变化
车库入口(车道)	变化

注：摘自《美国道路通行能力手册》(2000)。

8.4.3 新城慢行网络规划方法

1. 交通组织

1) 慢行区之间的交通组织

慢行区由城市干道或自然屏障分隔开来，并通过干道及区际慢行道相联系，依附于城市道路的慢行道表现为非机动车道和人行道形式。鼓励慢行区间的长距离出行采用“慢行＋公交”的方式，短距离出行则通过城市道路旁的慢行道进行疏解。

2) 慢行区内的交通组织

慢行核是慢行区内的主要交通吸引点，需具备良好的可达性，包括慢行交通、公共交通及个体机动化交通等，而如城市商业中心慢行核，由于用地紧张，停车设施难以配套全面等情况，给机动化交通使用者带来了不便。公共自行车的引入，正好弥补了这方面的缺陷，可将一部分机动化出行转化为慢行交通出行。

3) 慢行核内的交通组织

慢行核的建设，由于相对独立，内部道路可考虑“人车分流”并倡导慢行优先，建设非机动车与人行专用道路，实现空间分离，同时，内部的支路网系统配合非机动车路网与干道网规划，对机动车交通采取一定的限制；并解决好机动车与非机动车的静态交通问题，才能合理组织慢行核内的交通，同时也保护特色区域内部的和谐环境。

4）慢行交通与其他交通方式的关系

慢行交通可作为轨道交通或其他公共交通方式的接入和输出端，因此，慢行交通系统规划应考虑好其与城市其他交通方式的换乘，特别是在城市居民密集区、商业中心、交通枢纽及旅游景点等人流量及出行需求较大的地段。①与城市公共交通的关系：在轨道交通站点或公共交通站点周边设立非机动车停车场，并建立良好的通道及信息诱导设施，可提高城市轨道交通站点的可达性，扩大公共交通的服务范围。与水上交通线路相匹配，水上巴士站点设立在可达性强的地块，加强多种交通方式转换的可能性；②与个体机动化交通的关系：侧重建设城市边缘区及中心区的慢行停车设施及公共自行车租赁点，将部分个体的机动化交通转化为慢行与公交结合的方式，节约用地资源，减少环境污染。

2. 慢行系统规划原则

在低碳生态理念下慢行交通系统的规划是为慢行交通者提供使用的空间，从而提高整个城市运行使用率，降低碳排放，促进地区绿色生态发展，凸显地区活力。因此，在规划时要注意以下原则：

1）低碳生态理念原则

作为在低碳生态理念下的城市慢行交通系统规划，其首要的原则就是要从低碳生态的角度出发来进行规划，在慢行系统的设计上要结合低碳生态理念，创造良好的慢行空间和慢行环境，满足慢行者的使用需求。

2）以人为本原则

强调人在城市中的重要地位。在城市总体规划、控制性详细规划、交通发展战略制定城市道路规划建设、慢行空间设计、各种服务设施设计及慢行系统建设过程中，都应以人为出发点，以人的需要为目的。在满足人的生理、心理的需要下，进行慢行空间的设施、尺度、形式、色彩等设计。同时还要考虑到残疾人的使用，要做到无障碍设计，保证空间使用的公平性。在慢行交通系统规划中，应考虑不同居民的不同要求，保证慢行者的安全使用，不受到其他交通的干扰。在和其他交通方式发生冲突的地点，通过交通组织赋予慢行交通独立的通行权保障使用者的安全。

3）整体性原则

城市慢行交通系统的研究应贯穿于城市规划和城市交通规划的各个阶段和层面。在城市总体规划阶段，划定城市的慢行区域，并结合城市景观规划系统，确定联系不同慢行区的通道。在城市详细规划阶段，进一步落实总体规划阶段确定的慢行区和生活广场用地，并在分区中心和居住区等区域进一步规划次一级规模步行区和城市广场。在城市设计阶段，应按照“以人为本”要求，规划设计好城市步行空间。通过慢行网络及慢行设施建设，保障城市步行系统的连续性，使步行者有一个不间断的、安全的、不受机动车干扰的、真正自由自在的慢行空间。

4）个性化、因地制宜原则

在低碳生态理念指导下的城市慢行交通系统规划应突出城市自身的形象特征。由于每个城市在历史文化、自然地理以及气候上的不同，导致城市居民在风俗习惯和生活上的也不同，所以在慢行交通规划设计时要能充分体现这个城市的个性，通过慢行系统规划建设体现城市品位和特色。城市慢行空间的设计应充分考虑城市的自身特点，协调周围的环境之间的关系，结合城市的历史文化、风土人情等特点，使慢行空间能够独具特色。

5）功能美学原则

在规划设计时，将慢行空间内的各种物质要素按照功能要求和美学原则组织起来，在满足居民出行需求和心理需求的前提下，结合慢行空间功能的多样性，根据美学原则，为市民创造一个环境优美舒适的慢行空间，使慢行交通者能够舒畅的完成自己出行的目的。

3. 慢行通道规划

慢行通道供分区居民通勤通学等日常出行使用，主要依托城市主干路和重要次干路的慢行道构成。慢行通道空间构成包括非机动车道及人行道，要求机动车道与非机动车道物理隔离率100%，慢行道绿化覆盖率达到90%以上。慢行通道联络规划区内各慢行分区，也向外延伸与规划区外城市组团进行连接。

城市道路的人行道，应在满足规范要求的基础上，结合城市道路等级和不同用地功能对慢行交通的要求，确定依托城市道路的步行道宽度要求。道路等级越低、土地类型越趋近生活化，机动化优先程度越低，步行空间应当优先保证。

依托城市干路建设的非机动车通道，贯穿城市主要的居住区、就业区，承担通勤通学为目的的非机动车出行，具有非机动车交通快速、干扰小、通行能力大的特点，其设置应具有连续性和贯通性，为非机动车提供相对舒适、安全的通行空间。需处理好非机动车与机动车之间的冲突，廊道路段应结合人行横道设置非机动车过街空间，交叉口设计时应考虑非机动车的优先通行。

4. 慢行连接道规划

慢行连接道主要承担单元内居住区与学校、轨道站点或公交枢纽间的短途出行及接驳交通，以及向主廊道集散的慢行交通。慢行连接道空间构成包括非机动车道及人行道，要求机动车道与非机动车道物理隔离率100%，慢行道绿化覆盖率达到90%。慢行通道联络规划区内各慢行分区，与慢行通道连接。

慢行区内连通各慢行通道的次级非机动车道，具有分流和汇集通道上的非机动车交通流的作用。其线路贯通性、车道宽度及隔离设施等建设标准均低于廊道。

5. 社区慢行生活网络规划

社区慢行生活网络主要以社区绿道建设为主，满足社区日常生活步行需求。社区慢行生活网络规划建设应遵循以下原则：

(1) 围绕城市绿道，形成地区完整的社区慢行生活网络系统，应以区域绿道（省立）和城市绿道为主线，围绕主线进行选线，成网成环，尽可能覆盖城市生活区、风景名胜区与自然历史文化保护区，共同构建地区绿道网络体系。

(2) 注重可达性与贯通性。社区慢行生活网络的选线应贴近生活区，避开城市交通性干道，连接生活区与城市公园、小区绿地、广场、滨水岸线和步行街等公共空间，以居民5 min可达为标准，并保证整体上的贯通性。社区慢行生活网络应按照统一技术标准和标识体系建设。

(3) 社区慢行生活网络服务点应合理布局，与公共交通站点统筹考虑。社区慢行生活网络应结合已有公共设施设置简易服务设施和基础设施设备，保证完备的功能。

6. 自行车通道规划

城市新区自行车通道根据其功能定位、服务对象的不同，可以划分为自行车廊道、自行车连通道和自行车休闲道三个等级。

自行车廊道：构成城市新区自行车道网络的主骨架，能连续、贯通，为自行车提供相对宽敞、安全的通行空间进而吸引自行车交通，缓解主干道的压力，服务对象以通勤交通为主。

自行车连通道：平行主干道或联系廊道的次级非机动车道，分流廊道的非机动车流，但贯通性、车道宽度与路权等建设标准低于廊道，兼顾通勤交通和休闲交通。

自行车休闲道：主要是连接景区绿地公园、滨河的弱交通性非机动车道，以休闲功能为主。主要由滨河慢行系统中的集散道和绿地景观慢行系统中的集散道组成。

根据自行车通道的功能分类及特征分析，建议廊道、连通道、休闲道应遵循表8-22规划原则。

表8-22　新城自行车道规划原则

空间组织		设计要求
自行车廊道	与城市新区自行车交通主流向吻合； 具有良好的顺直性、连续性、可骑性； 考虑到地块出入口一般朝次干路及支路开设，路径一般选择在次干路和主要支路上，从而引导快慢交通分离； 连接规划换乘枢纽及公共自行车中心站，便于换乘，引导"B+R"出行	设置形式以专用道（依托原有城市道路）为主，专用路为辅； 干道的机动车和自行车之间必须有严格隔离设施，支路可采用划线分隔。隔离设施必须满足安全要求； 自行车不宜与行人共板，隔离设施必须满足安全要求； 路面可在色彩或材质上予以区分，并对路面标线予以强化； 单向自行车道宽度不应小于3.5 m，双向自行车道宽度不应小于5 m
自行车连通道	连接日常性的居住、就业、就学、公共服务、交通节点、休闲购物、旅游景点等交通源，应具有良好的连接性和通达性； 结合支路、居住区等规划，构建密度达标的自行车连通道网络	连通城市新区慢行单元内各主要交通源； 次干路及以上等级道路的自行车道应与机动车道绿化分隔或物理分隔； 支路路权分配应优先考虑行人和自行车交通需求； 自行车连通道应与人行道相分隔； 单向自行车道宽度不应小于3 m，双向自行车道宽度不应小于5 m
自行车休闲道	专用路为主，尽量与城市道路空间分离，培养健康、休闲出行方式，并作为城市道路慢行系统交通功能的辅助； 非直线系数要求不高，但网络要求通达； 串联各单元景观节点、景观轴，形成空气、环境较好的线路。重点在河道骨架沿线区域布局； 滨河慢行系统结合河道两侧宽度大于10 m的绿化带中设置；景区慢行系统结合景区道路及沿山沿路绿化带设置	设置形式以专用路为主，专用道为辅（少量利用城市道路）； 路面材质上应体现生态性，与环境协调。并对路面标线予以强化； 单向非机动车道宽度一般控制在2.5 m，双向非机动车道宽度控制在3.5 m； 通道服务对象以非机动车为主，节点以步行服务为主，禁止电动车通行

7. 步行通道规划

1）日常性步行道

（1）确保人行道系统的连续性和完整性，对人行道缺失或侵占人行道路权的地段进行整改。

（2）大型封闭式街区和居住区的内部主要道路应向行人开放并纳入城市步行道网络；对步行交通量大、单边长度超过 500 m 的街区应增加步行通道。

（3）对地块出入口宜采取出入口平面几何设计、步行道无障碍设计、交通组织管理等措施，降低对步行道网络的影响。

2）休闲性步行道

通常沿河滨、溪谷、绿地等景观地带设置，连接主要公园、自然保护区、风景名胜区、水系、历史古迹、开敞空间和居住区等，有利于更好地保护和利用自然及历史文化资源。

3）步行街

（1）应结合城市中心体系、用地类型和步行交通强度，分析步行街设置的必要性，明确步行街的布局方案。

（2）对于历史文化街区和经济较为发达的商业中心区，可以设置全天候或分时段的步行街。其周边应有便捷的行人出入口，并能与周边功能区建立便捷安全的步行联系，实现与公交、自行车交通的良好接驳，在外围分流机动车交通，并合理设置停车设施。

8.4.4 新城慢行衔接与协调规划

1. 与城市土地利用和公共服务设施的衔接

城市土地利用主要包括商业区、居民区、工业区、学校区、旅游区等具有专用特点的土地利用属性。城市土地利用规划是城市规划中的一个重要部分，科学合理的土地利用将能有效地缩短道路使用者的出行距离和时间。土地利用规划的核心是合理布局不同土地利用属性的区域，使交通出行的距离和时间尽可能地优化，由此达到减少城市道路上的交通需求，同时尽可能让短距离出行由慢行交通来实现。因此，在城市规划时，要科学合理地规划土地利用，实现不同土地利用属性的区域之间的交通通道网络达到优化。

按照便民圈慢行可达性 5～8 min（社区及基层形心为中心），生活圈慢行可达性 8～10 min（以社区生活服务配套设施形心为中心），公共绿地系统慢行可达性 3～5 min（以绿地形心为中心），轨道交通站点慢行可达性 5～10 min，对地区土地利用进行规划校核和对接，后期反馈至控制性详细规划修编工作中。

2. 与城市景观环境的衔接

慢行系统规划应与城市景观、绿地系统、社区界面、街道退让及街道功能合理衔接，慢行道景观界面与城市景观相互渗透。传统的道路断面中，慢行者是与城市道路景观界面的亲密接触者。以慢行为主导功能的道路（如生活型支路、步行街等）沿街界面，其建筑和绿化等应从构成整体景观的连续性和协调性来考虑，避免过于生硬和突兀；建筑高度与道路宽度的比例应注重慢行者的心理感受。

慢行系统的建立对城市大范围的景观要素如山体、湖泊、公园等有一定的延伸作用，通过慢行道及慢行设施的建立完善，使得自然景观向城市内部渗透，与城市内部的特色慢行空间成为系统，形成城市的生态网络格局。以新加坡的“公园绿带网”计划为例，该计划的主要内容是以系列公园和绿带串联全岛的所有主要公园，同时连接居民中心区和城市，并与地铁枢纽站和公共交通枢纽站以及学校相连，人们漫步林荫下游遍新加坡的公园，并几乎可以走遍新加坡的每一个角落。

依附于城市道路的慢行通道的景观设计。就其本身而言，应力求做到道路线形、坡道、与机动车道的分隔、绿化等软、硬质景观具有连续性与平滑性，自然且通视效果好，与周边环境景观要素兼容、协调。沿途的景观给运动者的印象应力求轮廓清晰、醒目、错落有致、色彩协调、风格统一。

以休闲、健身等为主导功能的慢行运动线路的景观设计。重点则应放在“形”的刻画与处理上。如道路本身的形态形象设计、绿化植物选择与造型、道路构筑物的形态与色彩等。

慢行与其他交通方式节点的景观设计。应注重交通建筑与地方建筑风格的协调，构建具有可识别性和记忆性的场所等，并通过精心设计的道路铺装、台阶、路缘石及无障碍设施，为慢行交通使用者提供抵御一些恶劣气候条件的空间维护结构等细节体现对慢行者的关怀。

城市慢行的运动线路串联起可供暂时停留的院落和广场，哥本哈根城市公共空间体系中的城市广场群便是良好的示例，能加强人与人之间的相互交往、逗留和聚集。互相联系的慢行系统使整个城市的空间结构变得更加清晰易辨，这样既有利于人们的出行，又满足人们的交往。

3. 与城市其他交通系统的衔接

慢行交通是交通出行链中一个重要的环节，是多交通模式出行中一个必不可少的交通模式。安全、可靠、便捷、舒适的转乘系统将是确保慢行交通有效出行的关键因素，也是鼓励更多以小汽车出行的出行者改为慢行出行的有利因素之一。慢行交通系统与其他交通系统的衔接涉及到多方面，包括安全性、自行车和助动车的停车和寄存、慢行距离、与公共交通系统时间和班次衔接、转乘手续、超重行李携带方便性及转乘经济因素等。在制定城市慢行交通系统规划时，要侧重考虑慢行交通系统与其他交通系统的衔接转乘的安全性、可靠性、便捷性和舒适性，同时在设计时更要确保以上提及因素的体现和实施。

城市公共交通系统可以为慢行交通出行者长距离出行提供快速通达的支持，安全、可靠、便捷、舒适的公共交通系统将有助于慢行交通出行需求的提高。在规划和实施城市公共交通系统时，要侧重考虑以下因素：公共交通系统线路和车站的布局及路网覆盖率；慢行交通与之衔接的综合考虑因素；公共交通系统到站时间安排和准点率；公共交通系统的安全性和舒适性；公共交通系统价格因素；公共交通系统信息化和智能化。为使公共交通交通系统为道路弱势使用者出行提供合格的服务，地方政府必须在财政上提供必要的支持，以确保公共交通系统在财政亏损的状态下都能提供良好的运营服务。目前国际上超大城市公共交通系统大多是在地方政府财政支持下，在财政亏损的情况，仍然能在经济上有能力为大众出行提供良好的运营服务。

4. 地块出入口设置衔接

1）地区路权分配

通过对地区道路网的路权分析，明确机动车通道与慢行通道，城市地块慢行交通出入口应尽量设置与公交通道及慢行通道上，可与地区商业相衔接，地块机动车出入口应设置于机动车通道上，做到快慢分离。

以机动车交通为主的道路：连接规划区与其他地区及规划区内部主要交通流向道路，交通通行能力强，一般车道数不少于双向四车道，有侧分带或中分带，对道路沿线地块有明显的分隔作用。部分组团内部支路也承担相应机动车进出功能。

以慢行交通为主的道路：服务地块内部交通的道路，以次干路和支路为主，车速相对慢，机动车交通通行能力弱，以衔接慢行交通和公共交通为主。

2）地块出入口设置建议

（1）避免在交通型道路上设置机动车出入口；

（2）居住用地慢行交通出入口应结合公交、轨道及生活配套设施设置；

（3）大地块增设多个出入口方便进出交通；

（4）地块出入口应满足道路禁开口要求，主干路路口外侧 50 m、次干路路口外侧 30 m、支路路口外侧 15 m 范围为禁止开口段落；

（5）通过梳理支路功能，将公共设施、绿地和沿街商铺设置于社区绿道；将小区机动车开口设置于其他支路，形成合理有序的街道界面。

8.4.5 新城慢行空间与环境设计

1. 用地功能混合

慢行交通规划理念在用地层面上体现为建设多功能社区，集商业、娱乐、餐饮等多种功能，可在源头上减少长距离出行，居民在社区内部即可完成大部分的活动需求，提倡建设和谐的慢行社区，是对新城市主义所倡导的传统的邻里开发模式（TND 模式）的继承。图 8-20 展示了用地功能混合利用的街区。慢行交通的发展离不开良好的公共交通系统的支撑，以公共交通为导向的开发模式（TOD 模式）不仅可被用于社区建设，对城市慢行核的建设也有着深刻的指导意义。

图 8-20　用地功能混合示意图

2. 分级公共服务设施

在慢行区内加强慢行核的建设有着一定的必要性，尤其是次级的城市商业中心和公园等休闲娱乐场所，并形成“市级公共服务设施核—次级城市公共服务设施核—社区核”等层次。在相应规模的居住区内，集中设置邻里中心，以满足居民的日常生活需求。以居住为主体功能的慢行区内的慢行吸引点，邻里中心的建设亦可结合社区的公共绿地、学校等设置，为居民提供更为丰富多彩的城市生活。

3. 景观设计

慢行交通系统的景观设计应包含自然的景物、人造的景物、人与文化三个方面的内容。每一种运动方式有着不同的速度，运动主体有着不同的身份、不同的视点和视野、不同的环境和限制。城市慢行交通系统的景观设计，应以慢行者的视觉要求特性为主。低速的慢行运动通道，慢行使用者的视觉特性应作为其景观规划设计的出发点。

提倡慢行生活方式是以更优质的享受城市生活为出发点的，因此，在慢行运动的基础上，城市需要为慢行活动提供一定的停驻空间，让人们的脚步慢下来，能静心观察周围景物等，如图 8-21 所示。可结合城市广场、公园、滨水区和步行街区等场所形成城市特色慢行空间。在这类空间中，慢行成为主要的活动方式，需要以慢行动态交通和静态交通为主考虑交通组织以及配套相应的停车设施，并对地面铺装、建筑墙面、商店橱窗、标志、绿化种植以及建筑小品等所组成的空间质感则要求处理细致，并选择适合人的尺度，适应慢行者视觉特点。

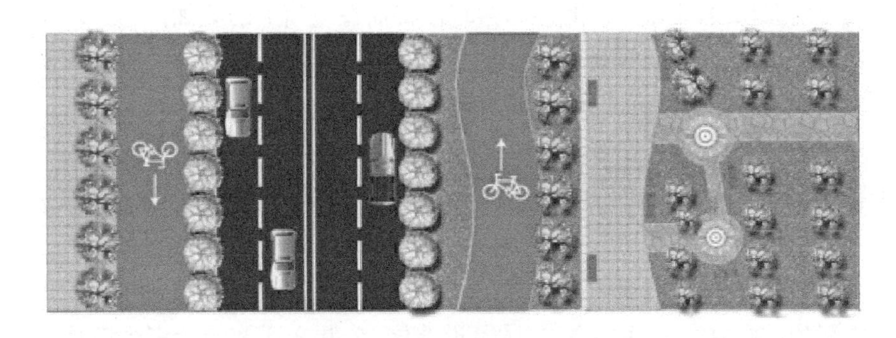

图 8-21　慢行空间景观设计示意图

4. 行为感知

慢行交通系统是城市交通系统向城市生活系统的延续，没有其他任何一种交通方式能像慢行一样把触角延伸到城市和居民生活中的每一个角落。因此，对城市慢行交通系统的使用感受，是规划设计时关注的侧重点之一。

慢行交通系统规划，要强调景观享受的慢行，将城市良好的山水、绿化景观与慢行交通结合起来，使慢行出行成为具有吸引力的活动。强调慢行过程中人的视觉感受，人们在慢行环境当中的景观需求和休憩交往等更高层次的需求应成为规划者重点关注的问题，要注意慢行空间的舒适性和安全性。在丰富空间的同时，也需要为慢行者提供一些能够抵御恶劣天气的空间维护结构，针对天气的不同制定不同的策略，如现在很多城市在夏天在道路交叉口为等候红灯的非机动车使用者设立的遮阳棚，国外有些城市在冬天提供的加热座椅等。

针对慢行交通的主体偏向老年人、青少年等社会弱势群体的特点，在重要的慢行交通节点应加强对慢行者的指示，增加透明度，这也是适应老龄化社会与多元化城市生活的需求。

5. 特色塑造

建设具有独特魅力的城市慢行交通系统，也可形成城市生活名片，对城市的生活品质和城市魅力的提升有着促进作用。

1）慢行城市的文化认同

慢行城市的物质实体构建主要以城市规划决策者为主导，通过一种自上而下的方式单方面地对城市慢行系统的推进发生作用。慢行城市是一个全面、开放、持续的建设理念，鼓励城市中每一个人以一种自下而上，有机、多样、可持续的方式共同建立和维持城市中宝贵的慢行空间。这就需要在人们的内心树立起慢行的理念，将慢行文化融进人们的生活中。

2）慢行空间情境的营造

城市空间情境，是指城市在特定时间和空间中，所呈现的物质和社会环境。城市慢行系统的研究、规划和建设目标，就是要为市民创造一个有利于人们各项社会活动的展开，能容纳多元化心理需求的城市空间情境场所小汽车的出现和不断发展，使得道路设计越来越偏重于通道功能，而城市街道原本所承载的丰富的步行活动及街道生活则不断弱化。大量的具有特定历史意义的街道为了满足日益增长的交通量而不断拓宽，首当其冲的就是逐渐被削弱直至消失的人行道，城市街道的类同化发展使得城市特色丧失。

中国传统的街巷格局、环境风貌和肌理特征是居民的生活方式、习俗和地域文化在城市空间上的投射和积淀，是城市历时性和共时性特征在空间上的叠加。通过城市慢行交通系统的重塑，在慢行系统中延续传统的街道格局和空间形态，可以帮助居民在现代城市中寻找正在或已经失去的传统空间，延续城市的空间文脉和记忆。

8.5 本章小结

本章介绍了新城交通控制性规划的理念、内容及技术方法。交通专项规划作为新城控制性交通规划的重要内容，本章主要探讨了道路网、公共交通及慢行三个专项。道路网方面，分析了“小街区、密路网”模式的特征及适用性，探讨了“小街区、密路网”规划指标及布局规划；公交方面，分析了新城公交体系构成，提出规划策略与指标，从枢纽、线网、路权三方面规划新城快速、主干、次干、支、特色公交的多层次公交；慢行方面，探究了新城慢行交通的发展目标与策略，划分道路等级，提出慢行网络规划方法，并研究慢行的衔接与协调规划，最后针对慢行空间与环境设计提出建议。

第 9 章　新城交通实施性规划

9.1　新城交通实施性规划基本要求

9.1.1　规划内容

新城交通实施性规划是承上启下的重要控制点，既有深化、完善前期规划的意图和目标，又有有效引导施工图设计，并提出约束性内容，确保从规划到实施目标统一、信息如一的作用。交通实施性规划的主要内容包括以下两个方面：

1. 新城交通系统空间设计

新城交通系统空间设计是在新城整个空间范围内对各种交通需求进行功能、空间协调，在具体路段、路口上进行空间布局统筹，形成落实以人为本、交通顺畅等理念的具体设计方案，同时对上位交通规划进行评价反馈。其设计重点为各交通系统的组织协调、交通空间的优化协调和交通空间要素的落地，设计对象包括道路横断面、慢行交通、公共交通等。新城交通实施性规划需要根据控制性规划中的总体交通组织策略，制定详细的交通空间设计要求，这些空间设计要素也是在施工图设计阶段需要重点工程协调的方面。

根据交通方式的不同，可以将新城交通系统空间设计的内容分为机动车、公交车以及慢行交通组织，且不同地区有不同的重点。机动车交通组织在对路网特征分析的基础上，根据服务范围及功能制定各路段、交叉口的交通组织方案，控制路段机动车开口位置；公共交通组织对公交专用道、公交站点提出详细的布局方案；慢行（包括非机动车和步行）交通组织提出步行系统的构成、功能、布局及指标，并规划设计非机动车及行人在路段和交叉口的过街方案。

2. 新城交通节点详细设计

新城交通节点的详细规划设计方案应更多关注细节，确保节点处各类要素和细节问题与总体交通组织策略相匹配。在开展节点交通设计时，需要从整体层面进行统筹，深化对交通功能和交通特征的认识与理解，保持道路、轨道、公交、慢行与交叉口、地块出入口设计方案的一致性，并且详细落实各类交通要素的控制要求，以指导下一阶段的施工图设计。

以“小街区、密路网”的布局理念为指导，新城交通实施性规划对新城交叉口空间设计提出了更高的要求。新城交叉口详细设计主要针对交叉口的物理空间、交通组织及附属设施，从交叉口渠化设计、信号控制和稳静化措施等方面进行优化设计，进而有效利用交叉口的空间资源、减少冲突点，优先保障步行与非机动车的交通安全，提高交叉口的可识别性。

地块出入口设置的合理性关系到新城交通系统运行效率和用地开发效益，在倡导精细化城市治理和新城绿色低碳发展背景下，加强新城地块出入口管控十分必要。通过探讨新城地块出入口设置要求，提出基于全要素、全过程和精细化管理理念的新城地块出入口管控目标与策略，构建出入口管控体系与流程，并从交通系统整合设计、道路沿线机动车出入口布局模式与要求、不同类型地块出入口宽度设置标准、与其他交通市政设施融合设计等方面提出管控技术方法。

新城交通实施性规划的具体流程如图 9-1 所示。

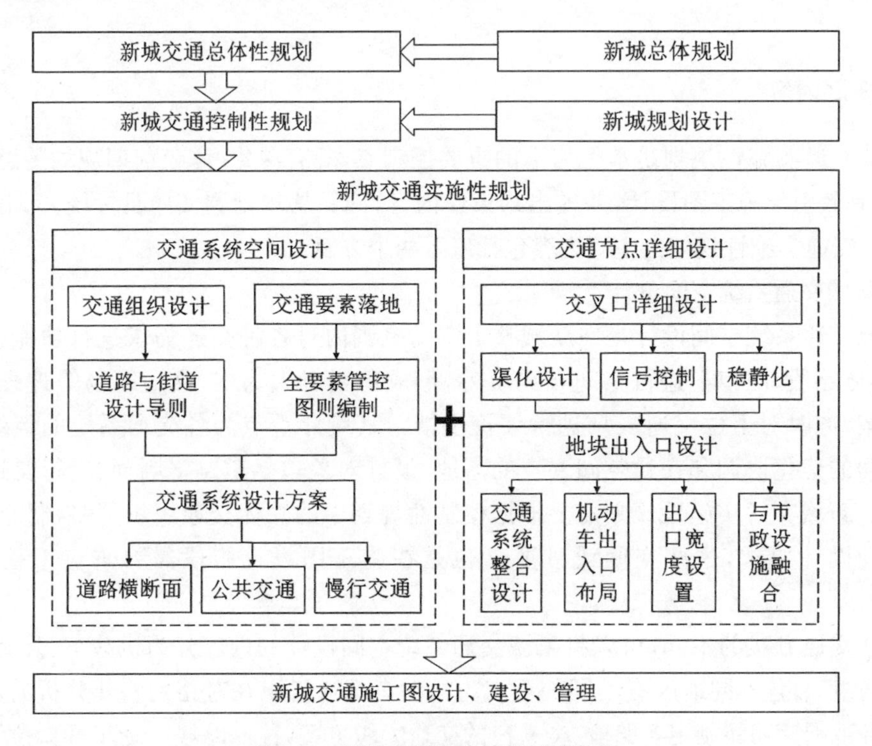

图 9-1　新城交通实施性规划流程图

9.1.2　规划落实策略

为确保人性化、绿色交通、公交优先等理念与交通规划方案的落地，实现规划对新城交通工程设计、建设乃至后期运营的有效引导支撑，需形成可落地、可操作的交通实施性规划成果，指引下一步的交通设计、建设和规划管控，提出以下几点落实策略：

1. 差异化道路设计

在进行交通实施性规划之前，应综合考虑新城出行需求，综合确定道路功能，从功能出发，以出行者的需求为基本，进行道路的差异化设计。交通路权分配的基本原则是基于新城交通所有使用者的需求来确定的，但交通现状表明传统的道路设计忽略了道路除交通以外的其他功能，也忽略了人作为交通主体在出行中所需的权利，公共交通和慢行交通得不到重视。为了给新城带来更多的安全和舒适，需要将路权公平分给每一个交通参与者，重视道路的沟通交流、商业往来、休闲娱乐等功能，从人的自身需求出发，结合道路特色，灵活设置各种交通附属设施。根据道路功能进行分类，交通性质的道路要重点提高行走效率和机动性，增强交通的运行能动性；生活性质的道路则要重点考虑其可达性和舒适性，提升整个道路的生机，也要加强新城的宜居程度。

2. 精细化交通设计

精细化交通设计的主旨思想是在新城交通实施性规划中更多地关注细节问题，对新城交通微观层面的问题进行改善。其向上承接上位规划，向下指导施工图设计，旨在根据道路功能，在交通系统资源相关约束条件下确定交通组织、管理及各类设施布局等的最佳实施方案，全面挖掘新城已有道路交通潜能，消除交通安全隐患，尽量减少机动车、非机动车与行人交通之间的相互干扰，保证交通的有序和畅通，充分发挥路网功能，改善交通拥堵。

交通系统空间设计主要关注协调道路空间与建筑前灰空间的关系，以提高道路空间的合理性、可实施性和可控性为目标。交通系统空间设计的研究范围应从红线内部拓展到包含两侧建筑前的部分。注重交通空间与交往空间的和谐共生，增加行人活动空间及停驻空间，明确车行空间与人本空间的界线及管控要求。注重道路环境的人性化设计，设计内容不局限于道路绿化本身，而是结合人的游憩和情感需求，强化道路环境的整体性、可识别性、可适应性和可持续性，强化道路空间的交往特性。通过精细化、全要素的空间设计，帮助规划主管部门据此核发更详细的道路设计条件，以控制指导道路工程设计。

3. 完整街道设计

完整街道设计打破了新城道路交通功能的封闭性，注重将街道作为新城生活的一部分空间，还可以与周边的土地利用和公共场所的功能相互配合，实现道路功能的多样化。完整街道设计的目的是通过满足不同的出行者需求，改善人与车之间的关系，缓解交通问题，开敞空间、绿化心情，增加街道的吸引力，吸引出行者参与到更多的街区活动中，提升新城街道的活力。同时，完整街道设计还可以带动街道周边的土地开发，提升街道商业价值，增进邻里关系，带动绿色环保的慢行交通的发展改善，为居民的出行带来便利，成为一个具有多种功能的街道体系。此外，完整街道设计还可以融合景观设计，通过附属设施活化新城道路功能，利用绿化、铺装、照明等手段，将需求功能统一考虑，增加新城道路的多样性和吸引力，丰富道路的功能和定位。

完整街道设计有助于提高公共交通、慢行交通对塑造新城空间的影响。对于有较大影响力的交通基础设施的精细化设计要从宏观的交通组织、中观的综合交通设计到微观的详细设计这一动态程序从上而下的指导和从下到上的反馈。具有全局观念，从系统最优、可持续发展角度出发，将公共交通、慢行交通和基础设施等部分整合成为一个整体，协同发展。新城道路红线不应将新城的整体功能分割开来，虽然权属和责任不同，但是要将红线内外的功能和空间整体考虑，推进不同部门的沟通合作，提升新城的整体生活品质。已有部分新城在交通实施性规划中引入街道 U 形空间的规划理念，由道路、路侧绿地、街道两侧建筑退距和建筑界面所共同围合成的立体 U 形空间，通过一体化打造和管理，有助于塑造安全、绿色、活力、智慧的高品质街道。

4. 交通系统整合设计

新城交通实施性规划本着“多系统、一张图——承上启下,交通与土地利用协同”的原则,在规划的过程中,结合不同的土地利用特征与道路服务功能特征,将道路横断面、交通组织、公共汽车站、步行和非机动车交通设施、地块出入口等各类交通设施协调整合,形成片区的交通设施布置原则图。以此为根基形成交通设计与交通设施布局一张图,以顶层设计战略引领具体的道路设计与建设,如图 9-2 所示。

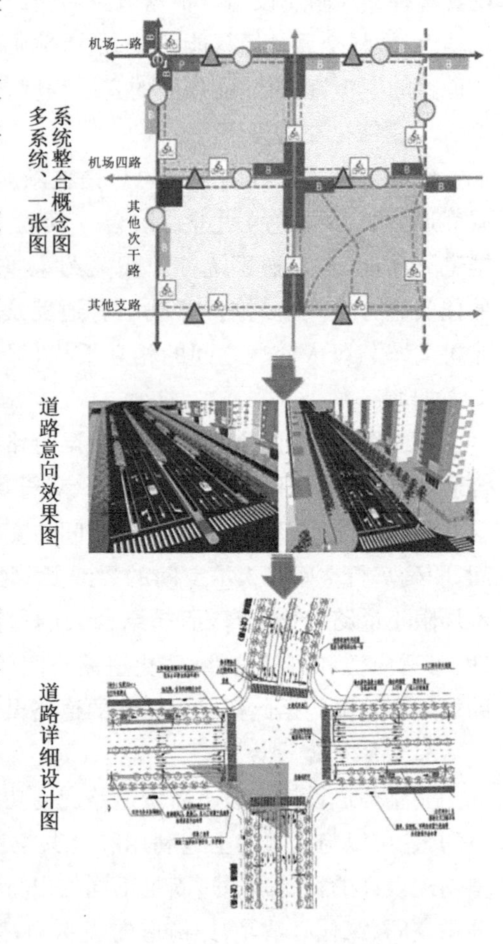

图 9-2 新城交通系统整合设计

目前,多数新城会制定适用于自身片区的道路设计导则、街道设计导则、景观设计导则等,以便指导下一阶段各个系统的设计、建设。为了落实交通实施性规划的理念和方案,需对道路空间各要素进行分析,将其与新城各个系统的设计导则深入融合,把土地空间和各个交通子系统等方面的规划要素纳入导则之中,并在下一阶段的设计建设中严格执行。

为了进一步提升交通实施性规划的落地性和可操作性,还需将规划成果形成交通规划图则与绿色控规图则,将规划目标转化为可量化考核的刚性管控图则,使其纳入更多的设施元素与操作指引,使得规划设计成果可以直接指导规划管控、土地出让和公共项目建设,确保项目成果能够真正落地,规划约束能得到刚性执行。

9.2 新城交通系统空间设计

9.2.1 新城道路横断面设计

1. 道路横断面设计要求

1) 道路空间分配要求

在现有道路资源供给相对紧缺的条件下,依照道路功能和路权分级体系,结合物理分配方式,确定各道路类型主体的优先使用权和专有权。以“功能主导路权”的道路功能分级体系为指引,对公交专用道、公交站点、路内停车设置及慢行交通设施等进行协调配置,如表 9-1 所示。

表 9-1　空间分配要点

分配策略	主要设计要点
弱化机动车通行空间	减少机动车道宽度(例如取消路边低速车道),提高步行和非机动车空间
强化运输功能和优先秩序	设置公共交通优先通行带(例如公共交通专用道、优先道)和保障行人与特定车辆的道路使用权
拓展慢行空间	自行车流量大的道路上,压缩机动车道以设置独立的自行车道和保障步行空间网络连续性
减少停车空间	机动车流量大的干道上配合停车管理措施和利用景观隔离带设置专门停车泊位通行

2) 道路功能要素要求

完整道路横断面规划应体现对不同交通功能要素的保护和控制。

公交专用车道：为落实公交优先政策,应在道路规划阶段提出设计要求,避免公交线路规划滞后,造成私人小汽车出行成为居民习惯难以调整的后果。应在 4 条机动车道及以上的主次干路严格预留公交专用车道。公交专用车道除允许公共汽车运行外,尚可讨论允许班车、旅游巴士、校车、高乘载率车辆(HOV)等运行,以提高道路利用效率,鼓励公交出行。

自行车道：自行车道的恢复与保障对新城交通可持续发展至关重要。除了在 4 条机动车道及以上道路应设置隔离的自行车道外,还应保障双向 2 车道支路的自行车路权。支路是出行链的首末段,对交通方式选择影响较大,其路权的模糊极大降低了居民的自行车出行意愿,因此至少应划线分离自行车道。

步行空间与路侧停车：步行空间的设计除需实现完整街道对于无障碍设计和交通稳静化的要求外,更需重点解决与建筑前区停车的冲突,保障行人空间安全、完整、连续。在新城规划中,停车应该由建筑地下车位解决,路侧停车仅允许临时停车。

小汽车车道：小汽车设计优先权由首位降至最低,是新城道路横断面设计理念的重要转变。现阶段建议广泛采用交通稳静化措施,降低小汽车车速,纠正交叉口拓宽等设计方法。

3) 道路空间设计原则

新城道路空间布局使用三种程度的交通控制原则,用于规划道路横断面和审批道路横断面规划设计方案(见表 9-2)。强制性原则为横断面规划中必须遵循与体现的内容;控制性原则为征求规划行政主管部门意见,可适度放宽的内容;建议性原则为未作控制,但规划中应主动体现的内容,用以比选道路横断面规划方案。

表 9-2　新城道路空间布局中的交通控制原则

项目		强制性原则	控制性原则	建议性原则
空间范畴	完整空间	道路红线、绿线范围	办公、商业建筑至建筑退线	所有临街建筑至建筑退线
	交通空间	机动车道在道路红线内	人行道、自行车道在道路绿线内	人行道与建筑前区协同
	活动空间	建筑退线前 3 m 内	绿带与建筑前区协同	人行道、绿带、建筑前区协同

（续表）

项目		强制性原则	控制性原则	建议性原则
公交专用车道	公交专用车道	双向6车道及以上道路	双向4车道及以上道路	支路满足公交通行
	公交专用车道允许车辆	公共汽车、定制公交、班车、校车	旅游巴士、紧急车辆	HOV、出租汽车
	公交车站	同时设计过街设施	紧邻交叉口	紧邻交叉口或立体过街设施
自行车道	路权保障	双向6车道及以上道路	双向4车道及以上道路	所有道路
	自行车与机动车隔离	双向6车道及以上道路	所有道路划线隔离	所有道路绿化隔离
	自行车与人行道隔离	合计宽度6 m以下高差分离	所有道路高差分离	所有道路绿化隔离
人行道	路侧人行道	有效宽度2.5 m以上	利用道路绿带	与道路绿带、建筑前区协同
	步行空间连续	建筑前区与人行道连接	建筑前区与人行道连续	建筑前区与人行道完整
	无障碍设施	盲道安全连续	缘石坡道设计满足轮椅出行	满足视力、听力、肢体障碍者出行
紧急车道	路权保障	其他车辆避让应急车辆	双向6车道及以上道路明确标注	双向4车道及以上道路明确标注
	允许车辆	消防车、救护车	警车、抢险工程车	—
机动车道	车道宽度	3.5 m以内	3.25 m以内	3.0 m以内
	交叉口拓宽	非交通干路不拓宽	所有道路不拓宽	交叉口缩窄
	交叉口转弯半径	采用规范要求低值	半径10 m	半径6 m
路侧停车	机动车道停车	根据拥堵情况明确划线	配套管理措施	严格停车管理措施
	建筑前区停车	保障人行道、建筑前区步行连续	建筑前区停车与红线空间置换	建筑地下停车代替

2. 道路横断面设计方法

1）路权分配优化

新城道路路权的合理分配，就是要打破以往的偏重机动车的设计原则，将更多的道路空间资源赋予慢行交通，保障慢行交通、公共交通和一些特殊车辆优先级别，引导新城交通架构向绿色出行方式转变。在设计新城道路时，当道路空间不能满足需求时，应优先确保慢行交通和公共交通的出行空间。

在完整街道设计理念的指导下，应将新城街道内外空间和沿街的建筑空间共同纳入

“完整街道空间”，进行综合设计。由步行道、绿化空间和建筑空间打造的和谐一体的慢行交通空间，使空间和功能实现有效整合，形成一个有机体。发展临街立面的商业、娱乐、休闲功能，有效地把店铺和街道的空间融合，保证空间的合理利用与规划，形成连续、统一的街道空间，提升新城道路的活力和吸引力。

根据上述分析，在新城道路空间范围内，结合重新定位的道路功能，应对不同等级道路的路权分配进行分类引导，明确人行道、非机动车道、公交专用道、绿化覆盖等空间要求。如表 9-3 所示。

表 9-3　路权分配技术指引

<table>
<tr><td colspan="2" rowspan="4">基于公共服务功能的道路分类</td><td colspan="8">基于机动车通行的道路等级</td></tr>
<tr><td colspan="3">干线道路</td><td colspan="2">集散道路</td><td colspan="2">支线道路</td><td>街巷</td></tr>
<tr><td>快速路</td><td colspan="2">主干路</td><td colspan="2">次干路</td><td colspan="2">支路</td><td rowspan="2">特色街巷</td></tr>
<tr><td>Ⅰ级</td><td>Ⅰ级</td><td>Ⅱ级</td><td>Ⅰ级</td><td>Ⅱ级</td><td>Ⅰ级</td><td>Ⅱ级</td></tr>
<tr><td rowspan="4">交通主导类</td><td>步行通行区</td><td rowspan="4">设计速度60～100；双向车道数 4 ～ 8 条</td><td colspan="3">≥3 m</td><td></td><td colspan="2" rowspan="2">—</td><td rowspan="2">—</td></tr>
<tr><td>非机动车道</td><td colspan="4">≥2.5 m，宜采取机非物理隔离</td></tr>
<tr><td>公交专用道</td><td colspan="4">公交专用道</td><td>—</td><td>—</td><td>—</td></tr>
<tr><td>绿化覆盖率</td><td colspan="3">15%</td><td>10%</td><td>10%</td><td>10%</td><td></td></tr>
<tr><td rowspan="4">生活服务类</td><td>步行通行区</td><td rowspan="4">—</td><td>≥4.5 m</td><td colspan="3">≥3.0 m</td><td colspan="2">≥2 m</td><td>≥1.5 m</td></tr>
<tr><td>非机动车道</td><td colspan="2">≥3.0 m，宜采取机非物理隔离</td><td colspan="2">≥3.0 m，采用步行与自行车共板形式</td><td colspan="3">独立设置时≥1.5 m，采取机非混行形式</td></tr>
<tr><td>公交专用道</td><td colspan="3">高峰时段公交专用道</td><td>—</td><td colspan="2">—</td><td>—</td></tr>
<tr><td>绿化覆盖率</td><td>20%</td><td colspan="3">15%</td><td colspan="2">10%</td><td>10%</td></tr>
<tr><td rowspan="4">商业类</td><td>步行通行区</td><td rowspan="4">—</td><td colspan="3">≥5 m</td><td>≥3.5 m</td><td colspan="3">≥2.5 m</td></tr>
<tr><td>非机动车道</td><td colspan="4">≥3.0 m，采取机非物理隔离形式</td><td colspan="3">≥2.5 m，采取步行与自行车共板形式</td></tr>
<tr><td>公交专用道</td><td colspan="4">高峰时段公交专用道</td><td colspan="3">—</td></tr>
<tr><td>绿化覆盖率</td><td>20%</td><td colspan="3">15%</td><td colspan="3">10%</td></tr>
<tr><td rowspan="4">景观休闲类</td><td>步行通行区</td><td rowspan="4">—</td><td colspan="2" rowspan="4">—</td><td colspan="2">≥3.5 m</td><td colspan="2">≥2 m</td><td>≥1.5 m</td></tr>
<tr><td>非机动车道</td><td colspan="2">≥2.5 m，采用步行与自信车共板形式</td><td colspan="2">≥2 m，可采取步行与自行车共板形式</td><td>可采取混行形式</td></tr>
<tr><td>公交专用道</td><td colspan="2">—</td><td colspan="3">—</td></tr>
<tr><td>绿化覆盖率</td><td colspan="2">20%</td><td colspan="2">15%</td><td>15%</td></tr>
</table>

2）*道路形式设置*

新城道路的形式应强调合适的尺度和综合功能性。道路宽度包括红线宽度和沿街建筑物后退红线的距离。从土地的节约利用和道路的综合功能角度来说，为设计出紧凑、适宜的人行空间，在满足现有交通需求的前提下，适当的缩减机动车车道数和车道宽度，形成适合人车共同出行的交通环境和适宜连续的街道立面是十分必要的。

我国现行规范中规定的机动车道宽度取值一般高于其他国家和地区。车道宽度的高标准不仅会引起车辆抢道的安全隐患，还造成土地和工程投资浪费。而从国内外经验来看，适当地减小车道宽度不但不会影响交通顺畅，还会在一定程度上让驾驶员集中注意力，也因此提高慢行交通方式的舒适程度，对于提高新城综合交通系统的效率、加大土地利用的比例和弱化主干道对新城的分隔作用有较强的可操作性。

根据新城每条道路的交通需求、功能分类和服务对象，在控制性详细规划规定的道路红线的基础上，结合每条道路两侧的土地利用情况，规划新城各个等级道路的路段横断面以及其与各个等级道路相交时交叉口所采用的断面形式，如表 9-4 所示。

表 9-4　新城道路横断面形式

道路等级	控详的红线宽度(m)	机动车流方向	路段车道数	红线内人行道宽度(m)	加上退界后的最小人行道宽度(m)	非机动车道宽度(m)
主干路	45	双向	3+3	4.5	7.5	3.5
次干路	45	双向	3+3	4.5	6.5	3.5
	40	双向	3+3	3.5	6.5	3.5
	33	双向	2+2	3	5	3.5
	26	双向	2+2	3	5	2.5
支路	24	单向	3+1(公交专用道)	3.5	5.5	2.5
	22	单向	3	3.5	5.5	2.5
	22	双向	1+1	3.5	5.5	4
	16	双向	1+1	3.5	5.5	2.5

3) 道路横断面空间设计

新城道路横断面通常由车行道、人行道、绿道和分车带组成，道路横断面布置需要考虑道路功能相协调、路权相匹配以及道路两侧建筑的性质。基于各交通方式车道数和车道宽度，实现各交通方式占用空间资源之间的协调，注重景观绿化空间与新城交往空间在道路红线内的布置，具体表现为步行和活动空间设计。结合路权类型对道路断面空间进行设计，从而达到道路功能与设施相匹配的目的，具体如图 9-3 至图 9-7 所示。

机动车道路权型：道路红线较宽，机动车道数较多，车道宽度较大，道路断面形式一般为四幅路，道路两侧开发较低，能够有效地保障机动车的通行速度。

公交专用道路权型：道路中设有公交专用道，道路红线宽度适中，一般在 28～35 m 之间，道路两侧应有大量高强度的开发。

非机动车路权型：道路是以服务非机动车为主，路段中非机动车的出行比例应最高，道路两侧一般配有中度的开发，一般在住区附近。

特色街巷仅允许人行走，禁止车辆通行，从而保证公共空间的品质，人们交流的舒适。

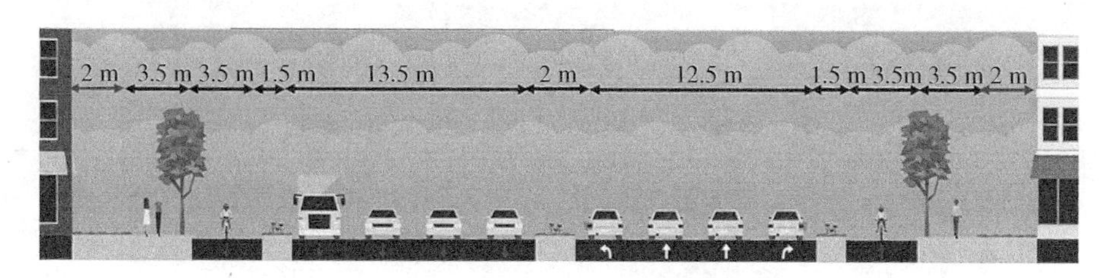

图 9-3　机动车路权型图

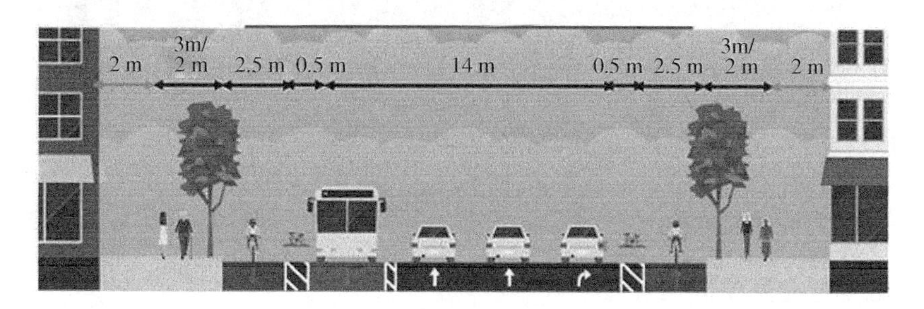

图 9-4　公交专用道路权型图

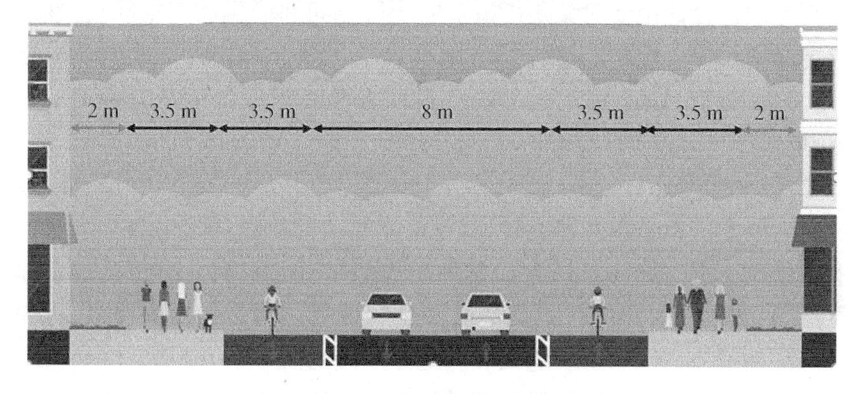

图 9-5　非机动车道路权型图

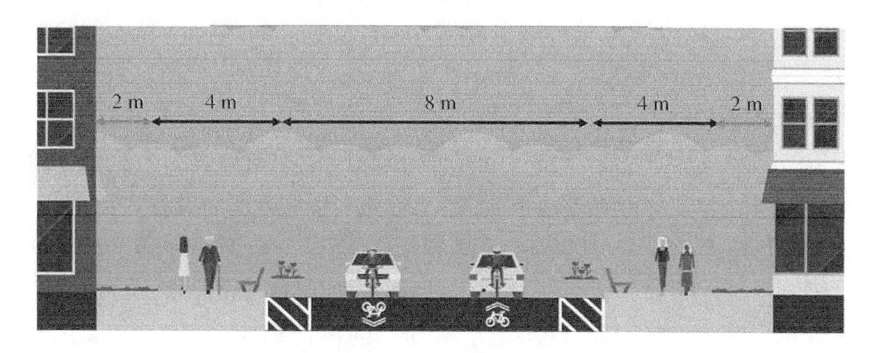

图 9-6　人行道路权型

图 9-7　街巷空间

9.2.2　新城慢行交通空间设计

1. 慢行交通空间设计原则

新城慢行空间设计的主要对象是街道上的步行空间和非机动车空间，旨在通过设计保障街道的慢行交通需求。但是新城慢行空间设计不仅要考虑行人与非机动车出行者的需求，也要统筹考虑街道中其他用户的需求，因此需要从街道设计的范畴给出新城慢行交通空间设计原则。

1）街道使用者优先级

街道使用者的空间诉求存在冲突时，需要根据街道使用者的优先级在有限的街道空间中平衡所有的使用诉求。行人是最为优先的街道使用者，因为相比于行人，其他所有交通方式速度更高，更有可能在路网中被灵活的调整和安排。在行人的群体中，优先级最高的是需要特殊照顾的行人，包括儿童、老人和有身体不便的人。

私人小汽车停车者是优先级最低的街道使用者。原则上来说，牺牲其他街道使用者的空间提供路边停车实际上是对私人小汽车交通的鼓励。因此在街道设计和管理中最后满足路边停车需求，并对路边停车进行限制和收费，通过较高的路边停车收费鼓励短时间的停车，提高停车位的使用效率。

2）行驶速度分层隔离

新城街道需要对机动车空间和慢行空间进行划分，这种划分表面上是简单地将机动车与非机动车、行人隔离，实质上则是依据行驶（或行走）速度对于交通方式的差异进行划分。在同一空间内混行速度差异非常大的交通流会带来交通安全隐患和降低通行效率。新城街道设计时需要将速度差异大的交通方式分隔开，只有速度差异非常小的交通方式才能共享同一街道空间。道路等级的划分（决定了机动车的设计车速）和街道空间的划分都是旨在划分速度层次，进而使交通方式间的速度冲突最小化。

3）慢行活动强度

新城慢行空间设计需要考虑街道慢行活动的强度。根据街道周边土地使用情况，确定步行活动的类型、数量和分布。居住用地是居民生活的主要空间，临街居住用地的街道慢行活动强度较高，老幼出行者多，需要考虑休闲、健身目的的出行对慢行空间的高要求，包括提供休息交往和儿童玩耍的空间。而临街工业用地的街道慢行活动强度较低，尽管以考虑机动车需求为主，但仍然需要保障行人与非机动车对慢行安全性和舒适性的基本需求。

在确定街道使用者优先级、对不同速度的交通方式分层隔离和考虑街道慢行活动强度的基础上，对慢行交通空间设计的两个主要组成部分分别提出如下要求：

(1) 步行空间设计

步行空间设计主要涉及路侧人行道、人行横道、中央安全岛、无障碍设施和交叉口缩窄设施等内容。设计原则包括：人行道应该是安全的、友好的，适合所有年龄和身体机能的人使用；步行环境应很容易被理解和使用；步行环境无缝连接出行起点与出行目的地，其应该是连续、完整和精心设计的人行道；考虑无障碍设施和人行过街设施。

(2) 非机动车空间设计

非机动车空间设计主要涉及自行车专用车道、隔离式自行车道、划线式自行车道、社区绿道和自行车停车设施等内容。设计原则包括：骑车人应享有安全、方便和舒适的通道到达所有目的地；街道的设计应适合所有类型、层次和年龄段的骑车人使用；自行车道在车少、低速道路上可以和机动车道共用，在车多、速度较快道路上应与机动车道分开；由于大多数骑车人出行距离较短，一个完整的自行车网络宜由约 800 m×800 m 的道路格网组成。

2. 慢行交通空间设计方法

1) 路网密度规划

本书第八章指出，“小街区、密路网”具有适宜慢行的街区尺度和街道尺度，相比于其他路网模式具有较高的慢行连续性和空间渗透性。较大的路网密度能为居民出行提供了更直接的线路选择；由于路网密度高、街区尺度小，大部分街区边长较短，大大提升各类服务设施的可达性；随着道路宽度降低，行人过街难度减小，安全性增加；路网密度的增加利于开放较大街区的内部道路，使交通流迅速分散到周边多条新城道路上，缓解交通拥堵，为营造健康良好的慢行环境提供宏观保障。

新城街区尺度的划分应综合分析街区慢行行为特征和容纳的新城功能。在慢行行为特征方面，当人们站在道路中间可以看到两端的人和活动时可以认为空间有着较强的连续性，由人的 70～100 m 的基本可视距离可以推算 70～200 m 是可以保证视线连续的路网间距；根据典型新城的形态演变分析结果，50～70 m 的路网间距利于步行并激发空间活力，80～110 m 的路网间距能够同时满足车行与步行共享街道。从需要容纳新城功能的角度来看，70 m×70 m 的街区可以容纳基本的新城功能。结合我国《新城道路交通规划设计规范》中所提次干道和支路宜形成 1∶2～1∶4 的长方格街块，本书认为适宜慢行的街区尺度宜设为 70 m×150 m，但是街区尺度不能过于僵化，应根据所容纳的新城功能适当调整，否则将无法适应现代新城的功能需求。

构建服务设施齐全、安全便捷的社区生活圈，可结合新城步行最佳出行半径 400 m 的尺度标准，创造以 400～500 m 为边长，包含居住、公共空间、公共服务设施和社区商业等功能混合的“基本居住单元”(图 9-8),形成“基本居住单元”—“居住组团”—“新城片区”的宜居生活空间体系;其中,生活所需的商业、医疗和教育等相应公共服务设施布局应结合慢行系统,减少日常出行对于小汽车的依赖。该措施可减少靠近居住用地周边道路所承载的交通量,提高道路的可步行性,减少尾气排放。国内已有新城街区在 500 m 半径内设置专门的步行道和自行车专用道连接学校,学生可以独自步行或骑自行车上下学,在锻炼身体的同时减少因家长接送而产生的交通量,利于营造健康的新城环境。

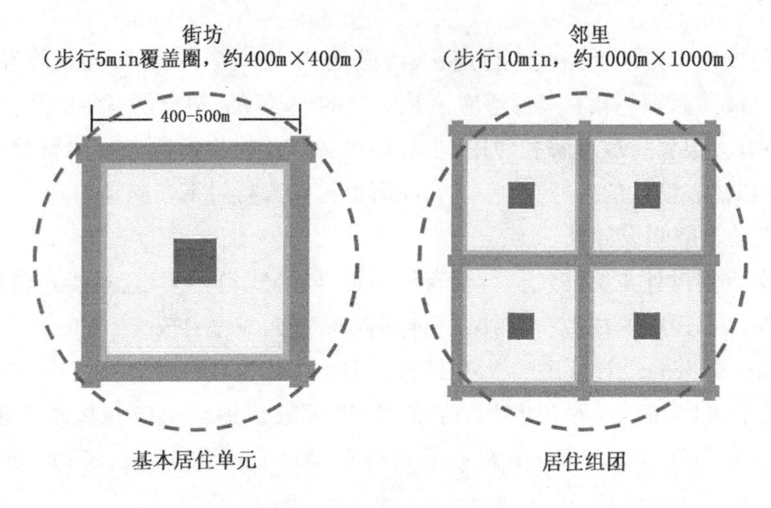

图 9-8　社区步行生活圈

2) 沿街界面塑造

新城慢行空间设计的一个重要内容是利用多样的界面要素塑造复杂的沿街界面和丰富的空间层次,激发新城慢行空间活力,吸引市民健康出行。完整的慢行环境是通行空间、节点空间与限定界面有机联系形成的整体空间环境,除长度、面积、角度等比例外,要注意空间层次和限定界面所形成的空间感受;层次清晰丰富,界面有序又充满变化形成的有趣味的慢行环境,会吸引行人经过、增加停留和发生活动的机会,也易形成明晰的空间感知。沿街界面既包括由路面、铺装、设施带和店前空间等水平界面要素,也包括由建筑立面、行道树、围墙、栏杆、街灯、广告和标志物等垂直界面要素,通过这些界面要素不同的组合方式可以为人们传达适当的信息和展现特定的空间情境,从而强化新城慢行空间的意向性和丰富度,有助于营造街头差异化的空间氛围,满足人群对慢行空间的复杂需求。

生活性街道的步行空间作为居民日常生活的线性运动空间,应在满足健康需求的要求下,提供持续的心理应激以唤醒步行者的愉悦情绪,增加其活动时长。在街道截面划分中,一般将步行空间分为建筑退界空间、人行道和设施带三部分(图 9-9),并制定相应设计要求以保障街道空间满足各类功能需求。此外,新城慢行空间设计应避免僵化的水平分界,应根据空间尺度整合水平界面,弱化道路红线,整体调整设施带和建筑前区边界,适当植入活动场所,打造点线结合、曲折相宜的线性活动空间。从空间整体形态来讲,曲折相宜的街道空间不拘一格,能给人持久的兴奋,随着街道的曲折变化,令人期待每个转角的展开能带来未知的景象。

图 9-9　新城街道水平界面

在新城慢行空间设计中，还会采用地面铺装实现美化底面形态、交通引导、空间划分和氛围营造等功能。因此，应利用不同尺度、形状、色彩、材质和图案的铺装给人带来的不同视觉感受来进行步行氛围的营造。在步行路径上，可利用不同的材质和纹理来进行承载不同活动类型的空间界定；在过渡空间处，可利用指向明确的铺装图案，引导行人进入空间，参与健康活动；在活动场地中，又可利用鲜明的色彩和有趣的图案来营造青春活力的空间氛围。

3）无障碍设施保障

慢行空间的无障碍设施包括无障碍坡道、盲道、路缘石坡道、引导标识、候车座椅等。连续、舒适的无障碍设计是弱势群体参与健康活动的重要保障，可以增加空间共享的概率，是社会公平的重要体现。在新城慢行空间中，无障碍设施存在的主要问题是不连续、不便捷，所以在设计新城慢行空间时，除满足相关设计规范外，无障碍设施的衔接设计显得格外重要，主要体现在以下两个方面：

慢行空间与车行空间交叉时的衔接处理。当沿街车辆出入口与人行道交叉时，应强调慢行优先，可采用有较大摩擦力的不同铺装或拱形坡以实现人行道的平坡连接，而车行道利用抬高的路面或拱形坡提醒降低车速，保障行人安全；当车行道路与慢行道路交叉时，人行横道两侧应设置无高差设计的警示砖与防撞柱，道路缘石采用无高差设计方便轮椅使用者轻松顺利地通过，同时依据车行道路等级考虑交通信号灯的设置。

建筑与公交站点的衔接处理，即人从建筑出入口到路边公交车站之间的无障碍系统设计。从建筑出口处设置无障碍通道指示标志和无障碍通道指示牌开始，通过坡道和无高差设计辅助，过渡到采用不同形式的空间限定，如特殊色彩的铺装或带有顶棚的连廊的无障碍步行道，逐步引导人群直接到达公交站点（图 9-10）。

图 9-10　慢行空间中的无障碍衔接处理

9.2.3 新城公共交通空间设计

1. 新城公共交通体系设计

新城公共交通体系在既有的轨道交通线网规划方案的基础上，以公交快线覆盖新城主干路和交通性次干路，以常规公交覆盖生活性次干路，以公共自行车覆盖生活性次干路和支路，最终实现轨道交通站点 600 m 半径能覆盖相邻公交次走廊，公交站点 300 m 半径能覆盖相邻公交次走廊，各个能级公交走廊能够实现差异化的公交模式全覆盖。在进行新城公共交通体系设计时，两个关键问题是体系规模与内部分担率的确定以及不同公共交通方式间的换乘衔接设计。

1）体系规模与内部分担率

在新城交通规划层面需要确定公共交通体系的规模，即所涉及到的公共交通在新城交通中需要承担的比例。这就需要根据不同新城交通需求结构的特点，结合新城各种交通资源（如道路资源等）的供给能力，科学合理地预测各种公共交通方式的分担率，并尽量达到供需平衡。

新城公共交通体系规模与内部方式分担率需要研究以下关键问题：合理预测新城公共交通需求，为综合公共交通体系供给能力和规模的确定提供依据；科学划分片区，并结合需求预测合理分配公共交通供给能力；科学合理地规划公共交通网络，预测各种公共交通方式的分担率；检验公交体系供给，尽量达到供需平衡。

根据上述关键问题，新城公共交通体系设计的主要任务如图 9-11 所示，包括：根据新城交通需求预测的结果，设定一定的服务水平指标，在满足服务水平约束的前提下，对不同公共交通方式分区域进行方式划分，确定各自的分担率；校核新方式划分结果能否满足各种交通方式在片区之间的衔接要求；计算新的方式划分结果的供给能力，并进行供需平衡校核和调整；根据不同的方式划分预测结果对不同的公共交通方式进行规划布局。这要求不同公交方式之间的换乘枢纽必须达到一定的规模和能力要求。

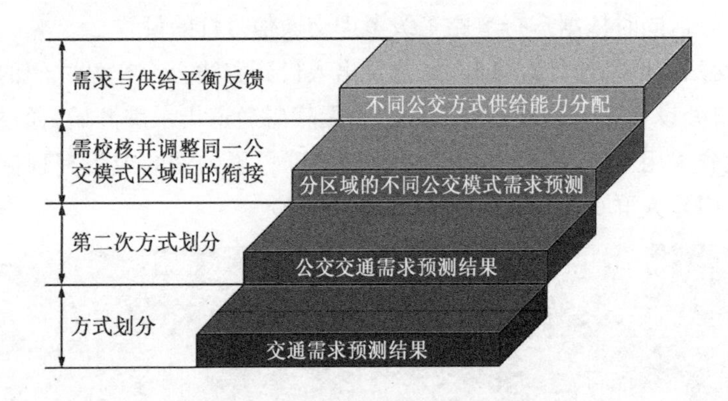

图 9-11　新城公共交通供给分配

2）不同公共交通方式间的换乘衔接

从系统运行的角度来看，各种公共交通方式的有效合作需要有设计合理的路网和站点作为系统运行的基础。在实施性规划阶段就必须对公共交通走廊、专用道/路、枢纽站点等基础设施进行科学合理的规划设计，通过实现不同交通方式、交通线路的零换乘，以期最大程度地发挥整个公共交通体系的客运能力，使交通效率得到更大地提高。各种公共交通方式之间的衔接设计具体包括以下关键问题：根据不同方式的交通需求预测进行公共交通线路布设，并避免资源不合理配置；公共交通换乘枢纽的布设、枢纽规模设计等；基于枢纽的不同公共交通方式调度研究，优化系统性能。

具体而言，根据新城路网结构、客流结构特征和公交客流预测，在公共交通分担率高的走向可以依次设置公交优先路段、公交专用道和公交专用路等公交优先设施；在公共交通分担率低的走向也需要布设必要的线路，以保证公共交通的可达性；在道路资源紧张而客运需求大的区域（如 CBD 地区），可以考虑通过交通控制手段抑制私人小汽车的出现，这就要求在这种区域要保证公共交通的可达性与便捷性，因此必须建设具有一定容量的换乘枢纽，保证这些区域内能够快速实现客流集散和不同公共交通方式、线路之间的快速换乘。

交通枢纽详细设计是公共交通体系设计的重要部分，其具体思路为：在枢纽网络规划的基础上，结合周边土地利用详细规划，进行枢纽内部、对外接驳与换乘交通分析，确定枢纽建设的各项交通设计指标、交通设施空间布局以及各类交通组织方案，并对周边地区道路交通网络、公共汽车交通等各类设施提出改善建议。充分利用建设交通枢纽的契机，紧密结合枢纽交通功能与新城交通功能，构筑以轨道交通和常规公交为接驳主体，换乘高效、舒适便捷的现代化交通枢纽，促进整个交通系统的高效。

2. 轨道交通空间设计方法

1）轨道交通与道路交通的协调

轨道交通的路权形式（线路敷设方式）包括地下线、地面线、高架线和敞开式线路，其中地面线要求道路红线宽度不小于 60 m，高架线要求道路红线宽度不小于 40 m，并符合桥下道路的净空要求。

轨道站点应为乘客提供上下车和换乘的便利条件，与步行道良好衔接，最大限度地吸引客流。站点周边应采用以公共交通为导向的土地利用和开发模式，站点与周边交通设施和建筑应进行“一体化”设计，保证各交通方式之间无缝换乘。

为了实现轨道交通与道路交通的协调，需校核、优化和落实轨道交通站点出入口、步行廊道连接口及其通道的位置、形式和规模。出入口及通道宽度，根据疏散预测客流大小进行校核，一般取 3～6 m，若同时承担过街功能，应适当加宽。出入口应尽量与沿街建筑出入口结合，避免占用街道空间；出入口避免设置在沿线穿越人流大的主街，尽量设在侧街。轨道站点与周边主要开发地块及换乘场站应有独立、便捷和连续的步行联系，步行到站（至轨道站点出入口）的换乘时间应控制在 10 min 以内。轨道站点周边自行车道网络应与步行系统同步设计，并结合新城公共自行车系统、绿道系统等形成连续的自行车交通系统。自行车换乘量大的轨道站点，可因地制宜开辟自行车专用道系统。暴露在地面上的轨道交通配套设施不得设置在行人和自行车有效通行带上，不得不占用行人和自行车通行带时，道路红线应局部拓宽，保障行人和自行车的有效通行宽度。

2）轨道站点换乘设施要求

轨道站点应尽可能兼顾行人过街的功能，结合轨道站点设计，设置人行道、人行横道、人行天桥或人行地道等过街设施。地面公交换乘设施距轨道站点出入口不宜大于 100 m。

自行车换乘停车场的布局应根据用地条件，采用分散与集中相结合的原则在轨道站点出入口处就近布设，并尽可能结合周边建筑设置。自行车换乘停车场宜距轨道站点出入口 30 m 以内，困难条件下应在 50 m 以内。

机动车换乘停车场距离轨道站点出入口的距离不宜超过 400 m，大型换乘停车场宜适当拆分、分散布置，减少交通集聚，避免影响景观。

为更好地完善公共交通一体化，充分发挥轨道交通在新城中的骨干运输作用，扩大其吸引客流的范围，提高轨道交通与其他出行方式以及各交通方式之间的换乘效率，新城应围绕轨道交通站点设置综合换乘枢纽。换乘枢纽可以划分为三类，即公共中心型换乘枢纽、交通换乘型换乘枢纽和一般型换乘枢纽。各轨道站点换乘设施配置标准见表 9-5。

表 9-5　新城轨道站点换乘设施配置准则

<table>
<tr><th colspan="3">车站类型</th><th>市级综合客运枢纽</th><th>公共中心型换乘枢纽</th><th>交通换乘型换乘枢纽</th><th>一般型换乘枢纽</th></tr>
<tr><td rowspan="7">换乘设施类型</td><td colspan="2">步行接驳设施</td><td rowspan="7">由综合交通枢纽设计统一考虑</td><td>★</td><td>★</td><td>★</td></tr>
<tr><td rowspan="2">上下车站台</td><td>公交车</td><td>★</td><td>★</td><td>★</td></tr>
<tr><td>临停接送</td><td>☆</td><td>★</td><td>☆</td></tr>
<tr><td rowspan="4">停车场</td><td>公交车</td><td>☆</td><td>★</td><td>☆</td></tr>
<tr><td>非机动车</td><td>★</td><td>★</td><td>★</td></tr>
<tr><td>临时接送</td><td>☆</td><td>☆</td><td>☆</td></tr>
<tr><td>小汽车</td><td>╳</td><td>╳</td><td>—</td></tr>
</table>

注：★表示必须设置，☆表示尽可能设置，—表示可设置，╳表示不单独设置。

3. 常规公交空间设计方法

1) 常规公交专用道设计

公交专用车道的设置应按照公交客流实际需求，重点设在公交运行服务水平低的路段，双向四车道的道路可设置公交专用车道。常规公交专用车道的宽度在路段上应为3.5 m以上，在交叉口处宜为 3.25 m，空间受限时应不小于 3.0 m。

(1) 路段公交专用车道设计

综合考虑高峰和平峰的公交客流需求、道路条件等因素，合理确定公交专用车道的设置形式和设置时间(如全天候或限时段公交专用车道)。

采用路侧式公交专用车道时，应妥善处理沿线地块机动车出入口进出交通对公交运行和公交停靠的干扰。宜通过道钉、侧石、栅栏等硬质分隔和沿线设置违法监控设备等措施保障公交专用车道的路权。公交专用车道起点处应配合醒目的公交专用车道标志标线。

(2) 交叉口公交专用车道设计

当在路段设置公交专用车道时，在交叉口不得取消公交专用进口车道。当路段无条件设置公交专用车道时，如交叉口进口道公交车服务水平较低，可设置公交专用进口车道。对设置公交专用进口道的交叉口，可采用禁止交叉口转向、设公交优先信号灯或公交专用信号灯等措施，增加公交专用进口道的绿灯相位时间。

对路侧式公交专用车道，在交叉口进口的设置应根据道路条件、与右转社会车辆的协调、公交流量流向等因素确定，具体有以下三种模式(如图 9-12)。

模式一：在交叉口社会车辆右转流量和公交车流量均非常大时，公交专用进口道宜设置在最外侧，并在交叉口设置右转方向指示灯控制社会车辆右转，以避免公交视距遮挡引发的安全问题。

模式二：在交叉口社会车辆右转流量和公交车流量均较大时，公交专用进口道设置在最外侧的直行车道上时，应从交叉口渠化渐变段起点处设置不小于 30 m 的交织段，仅允许右转社会车辆从该区域穿越公交专用车道。

模式三：当交叉口空间受限，右转车辆需借用公交专用车道转向时，应在导向车道线上游设置不小于 30 m 的交织段，仅允许右转社会车辆从该区域进入公交专用车道借道右转。

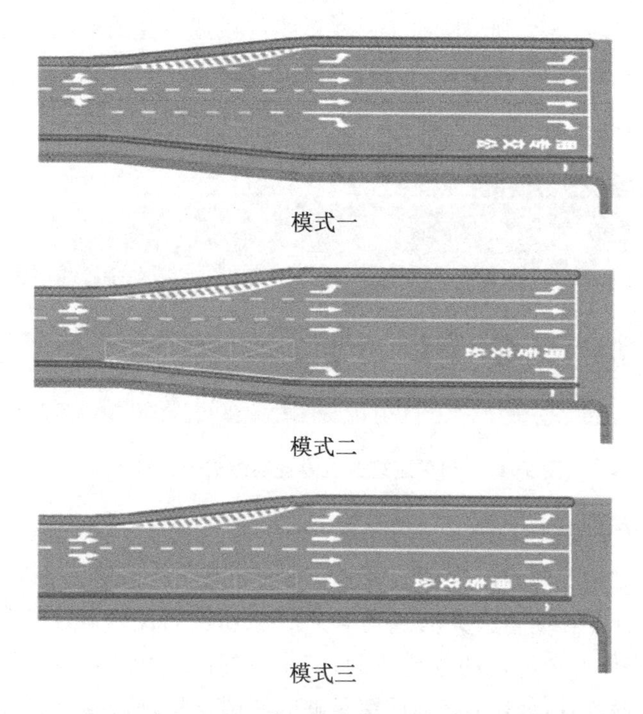

模式一

模式二

模式三

图 9-12　交叉口公交专用进口道的三种布置模式

2) 常规公交停靠站设计

(1) 公交停靠站形式与尺寸

新城对公交站台的形式、长宽、途经线路条数以及不同类型公交枢纽的换乘设施设置提出了要求。新城主干路上的公交站点结合交叉口渠化被设计为港湾式站台，次干路或支路上的公交站点若无条件也可采用直线式站台。站台高度宜为 15～20 cm；站台宽度应为 2.0 m 以上，条件受限时应不小于 1.5 m；站台面积应能够满足高峰期间乘客候车需求；站台长度应为 30 m 以上，但不应超过同时停靠 4 辆公交车的长度；停靠站的停靠车道宽度一般为 3.5 m，条件受限时应不小于 3 m。新城公交站台长度、宽度及形式受停靠线路条数的影响，具体的设计参数见表 9-6。

表 9-6 新城公交站台规模与形式

线路条数(条)	公交站台长度(m)	公交站台宽度(m)	站台形式
4～5	45	≥2.0	港湾式
2～3	30	≥1.5	港湾式
1	30	≥1.5	直停式

在新城干路和交通流量较大的支路上，应设置港湾式公交停靠站。当公交停靠站的线路数过多，造成公交停靠排队过长、乘客寻找公交车辆不便时，可通过调整公交线路、设置路外小型公交枢纽等方法进行缓解。红线受限时，可通过压缩车道宽度、与路侧空间一体化设计等方法设置港湾式公交停靠站。公交车站的长度至少从车头到后车门，并有 1.5 m 的富余。为了保障乘客乘降便捷，站台与踏板应保持同一水平高度，在候车乘客与往来交通间应有隔离设施保障安全。此外，对于一些道路红线或者建筑红线具备一定富余空间的路段来说，建设港湾式公交停靠站台的过程中，可以将建筑进行适当的退线，空余部分作为非机动车道，具体的设计如图 9-13 所示。

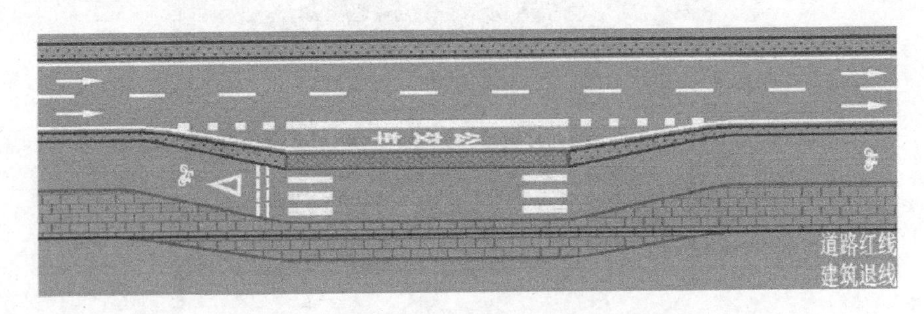

图 9-13 利用建筑退线设置港湾式公交停靠站

(2) 站台等候空间设计

乘客在公交停靠站等待的经历对于乘客感知的公交出行服务水平有非常大的影响，良好的公交停靠站设计能够使得公共交通更容易吸引新城居民。良好的公交停靠站应该容易识别，并且能够提供安全舒适的等待空间、安全有序的自行车停放场所。公交停靠站站台的设置形式应因地制宜，如：站牌前保留足够的阅读空间，岛式站台应满足设置候车亭和乘客上下车的空间要求，不设置候车亭时宽度一般不小于 1.5 m，设置候车亭时宽度一般不小于 2.5 m。

候车亭应满足通透性要求，候车亭地面应采用防滑材质铺装。顶棚设计应人性化，高度不宜过高，顶棚不宜过小并适当向停靠区延伸，以免排队上车的乘客在雨天被淋湿。在公交停靠站可设置"智能公交信息屏"，实时提供公交线路、到站时间、到站距离以及延误等信息。

(3) 公交停靠站与交叉口、路段的协调设计

平面交叉口处的公交停靠站应优先设在交叉口出口一侧。在无信号控制交叉口，公交停靠站的站台范围应设置在视距三角区以外。当出口道外侧设有展宽段时，公交停靠站的站台范围应距停止线 20 m 以上，并与出口道展宽段进行一体化设计；当出口道无展宽时，干路上的停靠站应距停止线 50 m 以上，支路上的停靠站应距停止线 30 m 以上。

公交停靠站设置在交叉口上游时，停靠站设计应满足以下要求：当进口有展宽段时，公交停靠站应设在展宽车道分岔点之后至少 20 m 处，并在展宽车道长度之上增加站台长度，将站台与展宽车道作一体化设计。当进口无展宽时，公交停靠站的站台范围应在最外侧车道的最大排队长度上游 20 m 处。设于新建交叉口进口的直线式公交停靠站，应按道路等级确定公交停靠站距停止线的距离，主干路上应不小于 100 m，次干路上应不小于 70 m，支路上应不小于 50 m。

当公交停靠站间距过大，交叉口不具备设站条件，或路段上有大型人流集散点时，宜将公交停靠站设置在路段上。路段公交停靠站的选址应考虑附近的交通状况和道路两侧地块机动车出入口分布，避免在公交车进出站时与其他车辆发生交织、冲突或滞行。当道路两侧均设置公交停靠站时，停靠站宜设置成背向错开形式，错开距离宜为 30～50 m。

(4) 公交与步行、自行车交通的协调设计

在公交停靠站后方设置人行横道线时，人行横道线应距站台上游 30 m 以上。如道路两侧均设置公交停靠站，停靠站下游端应错开 30～50 m。当条件限制，人行横道线不得不设在停靠站下游时，应设置在站台下游 30 m 以外，并同时设置人行横道信号灯。

公交停靠站的设置不得影响步行和自行车交通安全、有序地通行。应避免公交车停靠与自行车交织混行。对路侧式停靠站，宜将公交停靠区设在机动车道上，避免占用自行车道。

(5) 公交换乘衔接设计

新城轨道站点、快速公交停靠站和常规公交停靠站之间应合理衔接，方便换乘。站台之间同向换乘距离应在 50 m 以内；异向换乘距离宜在 150 m 以内，且不得大于 200 m。长途汽车客运站、火车站、客运码头和轨道站点主要出入口 50 m 范围内应设公交停靠站。公交停靠站附近应结合道路条件，设置公共自行车租赁点或自行车换乘停车设施，满足自行车与公共交通车站换乘需求。公交停靠站应与人行道、自行车道和无障碍设施等便捷衔接，方便行人到达。

9.3　新城交通节点详细设计

9.3.1　新城交叉口详细设计

1. 交叉口详细设计原则

交叉口规定了各个交通流的行驶路线，并通过交叉口的设施、绿化和周边建筑营造出良好的道路环境，提高可识别性，使其不仅成为各交通流的转折点，还成为具有特色的新城道路空间节点。中共中央、国务院在《关于进一步加强新城规划建设管理工作的若干意见》中，提出优化街区路网结构的要求[94]。以“小街区、密路网”的布局理念为指导，新城交通实施性规划对新城交叉口空间设计提出了更高的要求。首先，要保证车辆和人群能够顺利、快速、安全地通过道路交叉口，使交叉口满足任何一条道路的通行效果。其次，对道路交叉路口的设计要严格规划，针对不同区域、不同情况有针对性地进行设计，从而提高道路交叉口的通过能力。有效利用交叉口的空间资源、减少冲突点，坚持优先保障步行与非机动车

的交通安全,提高交叉口的可识别性是新城交叉口详细设计的主要内容。

在交叉口详细设计中,主要遵循以下原则:

1) 交通分离原则

不同流向、不同种类的交通流应在交通空间、时间上分离,避免发生交通冲突。在形式上,可以将其分为法规分离和物体分离两类。在内涵上,有时间分离和空间分离两种形式。空间分离靠交通标志、标线来实现,时间分离靠信号相位来完成。

2) 交通连续原则

交通连续原则即保证大多数人在交通活动过程中,在时间、空间和交通方式上不产生间断。例如在交通渠化方面,路段上的行车道要对应着路口直行导向车道,以保证直行车流不变换方向;路口进口导向车道要对应出口车道,以保证车流通过路口连续;信号灯实现绿波带,以保证车流通过整条道路时间上连续;公交站与地铁站建在一起,以保证换乘连续等。

3) 交通负荷均分原则

交通负荷均分原则指通过对交通流进行科学的调节和疏导,达到路网各点交通压力逐步趋于大体一致,不至于由于某一点压力过于集中而造成交通拥堵,这也是交通优化所追求的目标。交通优化过程实质上也是交通压力转移的过程。把路网中拥堵路口的交通压力转移一部分给非拥堵路口,即为交通负荷均分,其关键在于转移多少交通压力(即程度)和转移到哪里去合适(即作用点),这也是优化工作的重点。

4) 交通总量削减原则

交通总量削减原则指当一个路网总体交通负荷接近于饱和,已没有交通压力转移的余地时,可以采取总体禁限部分车种行驶或分时段限行等,来削减该路网的总流量。也可以采取供需互动关系来调整路网总体负荷,如停车与行车以静制动的关系,或采用道路划分功能(即过境道路、集散道路等)、交通流划分性质(即过境流、生成流、到达流等),分别分配道路流量。

5) 置右减速原则

置右减速原则指从左至右依次降低交通流速度来分配车道。这是按照交通流层流动态规律分配车道。通过这样的做法使得各交通层的层间行驶阻力最小,发生冲突的机会最少,并且层间速度差也最小,反之则会产生大量的并线变道,频繁的合流、分流,从而引起交通拥堵和事故。

6) 冲突点分离原则

冲突点分离原则采用交通渠化的方法,把随机冲突点固定下来,利用路口的导流带、导向线、导向车道以及停车线、人行横道等交通标线,缩小路口冲突范围,隔离不同车种、不同流向以及不同种类的交通流,把空间上冲突点的个数降至最低。

在此基础上,提出新城交叉口设计的具体要求:

(1) 在新城道路交叉口的设计中,对设计进行了有效的控制。根据交叉口蜘蛛网式交通规划,将道路与道路的交叉方式采用正交,这是对交叉口最安全的方法,如果因地形原因需要倾斜时,最大的交叉倾斜角度在45°或45°以上,也要注意减少交叉时的错交、多路交叉和多形状交叉。

（2）在设计交叉路口时，应根据不同区域进行不同形式的设计，按分类具体设计道路交通通行能力，掌握交通道路设计的构成、等级和车速等。

（3）道路交通平顺性是道路行驶的关键，为保证新城道路的通行能力，可在道路设计中实施高质量的车道规划、分隔带等措施。

（4）对所设计的平交路口进行实车速度计算分析，可使在平交路口范围内的车辆注意控制速度。

（5）道路交叉口处通过布设对人行、非机动车行的保护措施，保障其在交叉口处的通行安全。

（6）交叉口处的标志标线与交通设施之间要保持协调一致，确保道路使用者的安全需要。

2. 交叉口详细设计要素

新城道路交叉口的交通设计同样秉持“以人为本”的设计理念，整体研究交叉口的物理空间与交通组织，以简化的交通流线来提高交通效率，并且利用交叉口转角的公共空间对附属设施进行合理化、人性化的布设，塑造出新城交叉口的特色，为行人活动提供舒适的、具有吸引力的活动场所，可以与新城路段的交通、设施和绿化进行良好的衔接。所以交叉口的交通设计要与路段交通相互匹配、相互呼应，共同组建新城街道。新城交叉口的交通设计范围主要为交叉口的物理空间、交通组织及交叉口的附属设施三个方面，设计要素如表 9-7 所示。

表 9-7　新城交叉口详细设计要素

设计范围	主要构成要素	设计要素	设计要点
物理空间	尺度要素、功能要素、设施要素、经济要素	机动车道、非机动车道、步行及活动区、转弯半径、路缘石、建筑物、公园、广场等	安全性、便捷性、具有吸引力
交通组织	功能要素	交通流的信号灯和信号灯相位	各行其道
附属设施	环境要素、设施要素、文化要素	交通设施：标志、标线、行人过街设施、无障碍过街设施等 服务性设施：座椅、路灯、垃圾箱、照明、街道小品等 景观设施：行道树、花坛、绿地等	精细化、人性化、舒适性、协调性

3. 交叉口详细设计方法

1）交叉口渠化设计

道路平面交叉口渠化就是利用交通标志、导流线和交通岛等措施来引导交通流，确保（非）机动车、行人等互不干扰，安全有序前行。平面交叉口渠化设计过程比较复杂，主要可划分成交通调查阶段、渠化设计阶段和方案确定阶段。平面交叉口渠化设计内容如表9-8所示。

表 9-8　交叉口渠化设计内容

渠化设计阶段	渠化设计内容
交通调查阶段	几何构造调查、交通状况调查、信号配时调查
渠化设计阶段	机动车道渠化、非机动车道渠化、行人渠化
方案确定阶段	判断渠化方案是否与交通配时相协调

(1) 车道渠化设计

新城道路机动车道的渠化设计涉及进口车道、出口车道和交叉口内部渠化等内容。进口车道渠化一般是进行车道拓宽，具体措施包括外加平行车道、压缩中央分隔带等；出口车道渠化应尽可能与上游各进口道同一相位流入的最大进口车道数相匹配；平面交叉口内部渠化通常是利用白色导流线，适用于行驶条件复杂的交叉口。

新城道路非机动车道渠化方法包括设计非机动车左转专用车道、停车线前移等。在非机动车道上设置左转专用车道的标志，可以保证非机动车跟随机动车的左转车流通过交叉口，在一定程度上减轻道路交通拥挤现象；在交叉口处将非机动车道的停车线前移，能确保绿色信号灯亮时非机动车先驶进平交口，减小机非车辆在转向时的冲突碰撞。

(2) 交通岛设计

交通岛设计通过提取与分析交叉口各流向的实际轨迹，综合考虑交叉口类型、设计车型与车速和交叉口几何尺寸等因素，不同交叉口类型、转弯半径条件下交通岛关键设计参数如表 9-9 所示。交通岛的设置有助于充分发挥交通岛渠化交通及保护行人的功能，同时避免车辆撞岛的安全隐患。

表 9-9　交叉口交通岛关键设计参数

交叉口类型	转弯半径 R(m)	W_1 (m)	L (m)	W_2 (m)	信号控制方式	S_1 (m)	S_2 (m)	S_3 (m)	图示
次-次	12	5.47	5.50	6.80	单侧左转	最小值 9.85	最小值 14.3	—	
			9.90	5.40		推荐值 15.2	推荐值 21.3		
			21.0	3.50					
	20	4.85	5.50	9.95	同时左转	—	—	最小值 23.9	
			9.90	6.40				推荐值 26.3	
			25.2	3.50					
主-主	17	5.05	5.50	8.70	单侧左转	最小值 14.35	最小值 20.25	—	
			9.90	5.90					
			14.4	4.90		推荐值 15.2	推荐值 24.85		
			25.4	3.50					
	25	4.50	5.50	12.2	同时左转	—	—	最小值 27.3	
			9.90	8.05					
			21.8	4.35				推荐值 28.0	
			29.0	3.50					

实际上，交通岛的主要作用在于引导交通流，因此可不拘泥于特定形式。图 9-14 为德国某城市道路交叉口内部不同形式的交通岛，图中下方两个交通岛为转角交通岛，用于渠化右转机动车，并为行人和非机动车提供过街通道；各条道路中央设有水滴形交通岛，交叉口中央设有导流线，可很好地引导机动车交通流安全、顺畅运行。

道路平交口的行人渠化可利用二次过街设施，即在待穿越路段的中央设置安全岛，为未能直接通过人行横道的行人提供安全屏障，直到下次红绿灯信号发出。常见的行人二次过街方案如图 9-15 所示。

图 9-14　德国某城市交叉口交通岛设置

图 9-15　行人二次过街方案

（3）路缘石转弯半径减小

设计较小的路缘石半径可以有效缩短过街距离，降低车辆转弯速度。国际上几部优秀的街道设计导则中步行优先的道路交叉口均采用了较小的转弯半径，比如美国《新城街道设计指南》中为 3～4.5 m，英国《街道设计导则》中为 4 m，《阿布扎比街道设计手册》中为 2～5 m。尽管各国街道导则中的转弯半径大小不一，但与我国现行标准相比数值均偏小，具有一定的参考价值。

新城交叉口转弯半径的设计应考虑速度限制，采用比较小的路缘石转弯半径，既要满足通行车辆的转弯需求，也要尽可能实现安全、高效的行人过街功能，同时减少土地资源的占用，如表 9-10 所示。

表 9-10　新城交叉口转弯半径取值标准

道路等级	主干路	次干路		支路		特色街巷
道路功能	交通性	交通性	生活性	交通性	生活性	生活性
设计速度(km/h)	60	40、50	30、40	30	30	20
管理速度(km/h)	50	40	30	30	20	20
右转设计速度(km/h)	25	20	20	15	10	10
无非机动车道路缘石半径(m)	—	15	15	10	10	5
有非机动车道路缘石半径(m)	15	10	10	—	—	—

(4) 导流线设计

在交叉口内部施画机动车导行线、将非机动车通道进行彩色沥青铺装等也是交叉口渠化设计的重要内容。在交叉口内部为机动车施画十字导行线或Y形导行线，一方面可以规范机动车的行驶轨迹、提高驾驶的平顺性和舒适性，另一方面也可提高交叉口行车的安全性，特别是在一些复杂交叉口、畸形交叉口和有桥墩或其他障碍物导致视距不良的交叉口。进口道与出口道位置偏离的情况下，导行线可有效引导车辆行驶进入正确的车道，避免车辆因驶入错误车道导致事故发生。

(5) 近距离交叉口协调设计

单点交叉口设计对相邻交叉口之间的协调问题考虑不足，往往会产生相邻交叉口饱和度差异过大的情况，从而造成道路资源的浪费。为保证新城交叉口的交通顺畅，饱和度均匀，在渠化和管理控制上应将相邻交叉口统一考虑。

当两交叉口距离较近且又都需要偏移中心线、进行拓宽进口道的设计时，两交叉口的展宽渐变段或展宽段可能会相互重叠或在短距离内出现"二次落差"的情形，此时，应将两交叉口放在一起做协调设计，并在有条件时于渐变段中央位置设置行人过街横道，如图9-16所示。在"小街区、密路网"模式下，部分交叉口距离过近，结合公交站点设置等因素，将近距离交叉口与路段设计采用协调渠化设计。

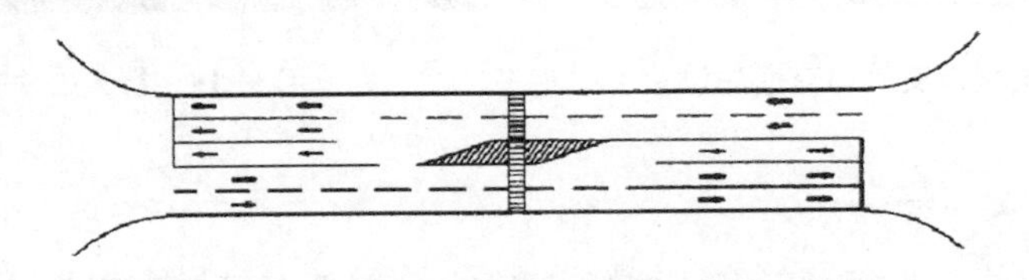

图9-16 近距离交叉口展宽后协调设计

新城布设辅路的干道在与其他道路相交时还会形成组合平面交叉口，其特点是：两个交叉口相距距离很近，交叉口主、辅路的直行交通仅需通过一个信号交叉口即可；主、辅路的左右转交通则需通过一个或两个信号交叉口；相交道路的直行交通需通过两个信号交叉口；相交道路的左、右转交通则需通过一个或两个信号交叉口。

针对组合交叉口的交通特征，其渠化方案可遵循以下原则：交叉口渠化和车道布设方案应与交通信号设计相协调和统一；尽量增设进口车道数，加大一个信号周期内通过交叉口的车流量，从而提高整个交叉口的通行能力；主路在有条件的地方设置交通渠化岛，设置右转弯进出口专用道，完全释放右转弯车辆，使其不受信号灯控制；拓宽主、辅路交叉口联结处，增加车道数，尽量减小该处的停车长度。典型组合交叉口渠化方案如图9-17所示。

2) 交叉口信号控制

新城交叉口采用信号控制时，需要依据渠化设计与放行方法进行信号相位的合理安排，依据交叉口空闲时间与冲突时间确定信号相序，依据流量状况进行信号配时的确定。两相位的信号控制通常适用于各种状况。而多相位控制则需根据不同方向的流量、渠化设计及其放行方式等进行确定。

新城交叉口信号相位设计既要考虑不同相位间的组合，又要确保相位之间有序衔接，

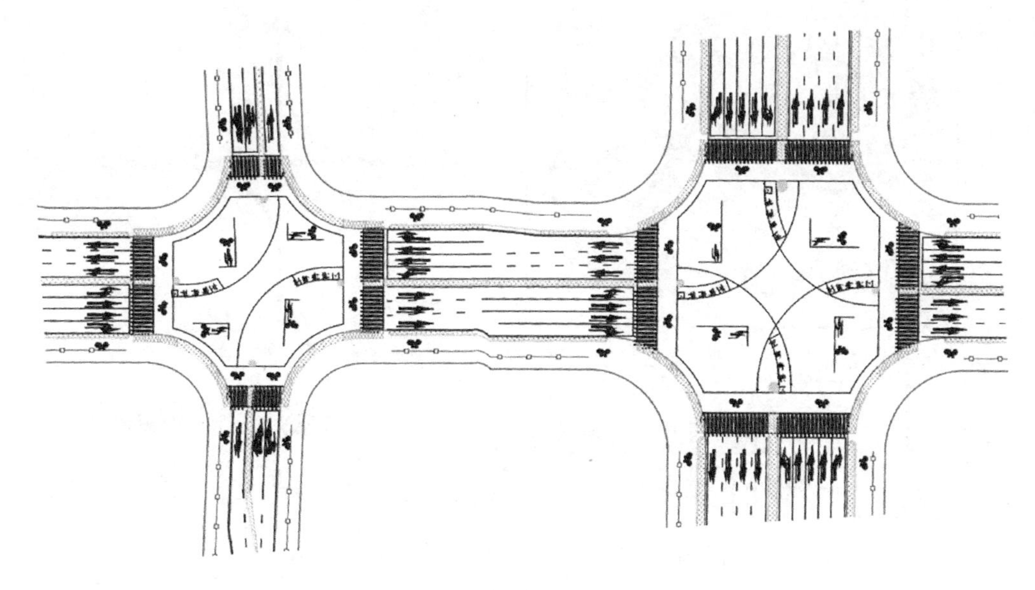

图 9-17　组合交叉口渠化方案

在设计时应尽量确保不同相位之间时间上的连续性，且直行相位和左转相位不宜与另一方向直行相位和左转相位相接。如果道路拓宽车道进口左转车辆多，宜选择先左转后直行的相序，反之宜选择先直行后左转的相序。

“小街区、密路网”模式下，单行交通组织成为新城交叉口信号控制的关键问题。单行交通组织不等于“单行交通流线组织”“路段单行交通组织”，为了提高通行效率，需对相应的信号控制进行研究。

（1）单行交通组织的交叉口信号相位设置和转向设计

“小街区、密路网”模式下的新城道路通常会存在两种不同类型的交叉口，一类是两条单行道路相交的交叉口，另一类是单行与双行道路相交的交叉口（不考虑两条双行道路相交的情况）。

第一类交叉口，只要不进行辅助单行道路“树枝式”的组织模式，依然需要设置信号灯控制以分离两个直行方向。考虑到单行方向主次的不同，有两种相位设置方法，第一种是两相位信号，适用于主次单行方向区分明显的情况，将主次单行方向通过信号控制分开。第二种是三相位信号，适用于两个单行方向区分不明显的情况，将两个单行的直行方向通过信号控制分开。这类交叉口的适用范围和两种相位设置方案如图 9-18 所示。

第二类交叉口必须要设置信号灯控制，也有两种相位设置方法。第一种是三相位信号，适用于单行支路的交通量明显小于双行主路的情况，即单行支路的直行与转向不分离。第二种是四相位信号，适用于单行支路的交通量与双行主路相差不大的情况，即单行支路上的直行和专项也用两个相位分开。这类交叉口的适用范围和两种相位的设置方案如图 9-19 所示。

（2）单行交通组织的非机动车与行人控制方式

为了避免交叉口处单行、双行混合的干扰，需要对单行道路交叉口处非机动车与行人

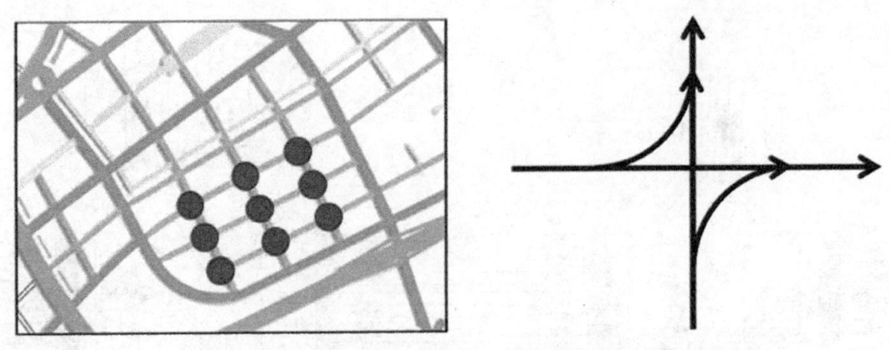

第一类交叉口的适用范围示意和交通流情况

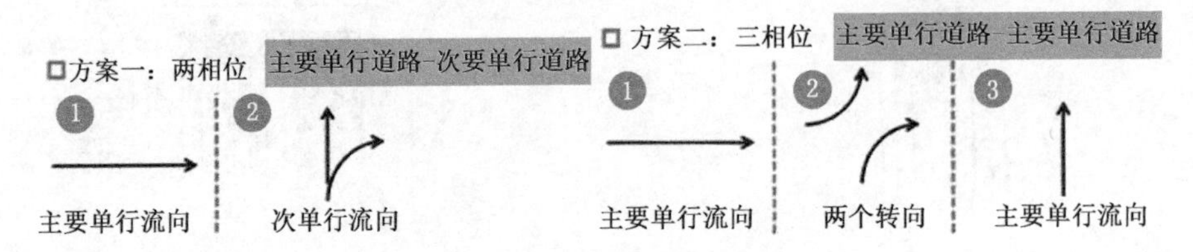

两条单行道路相交时的信控相位设置

图 9-18　第一类交叉口适用范围与相位设置

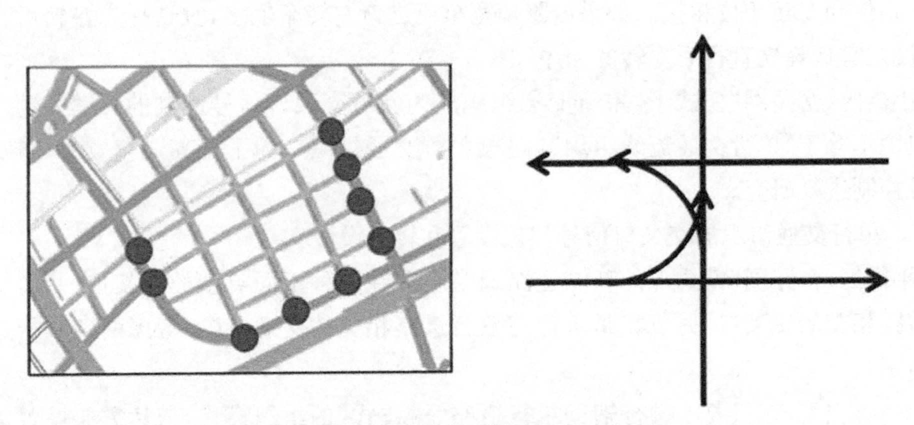

第二类交叉口的适用范围示意和交通流情况

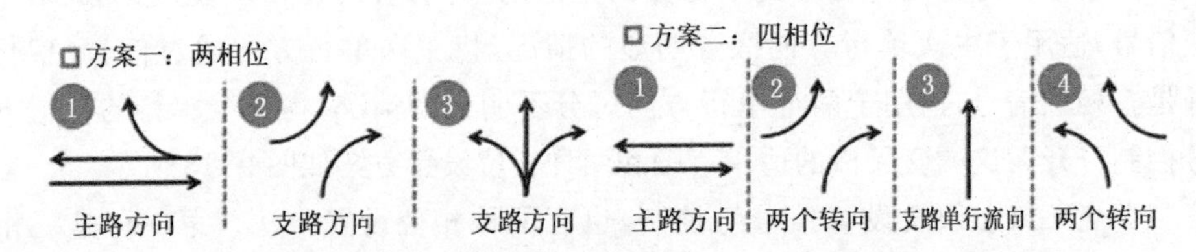

单行道路与双行道路相交时的信控相位设置

图 9-19　第二类交叉口适用范围与相位设置

过街进行控制研究，考虑到交叉口运行的实际情况，在设置不多于四相位的情况下，不可能分离所有的机动车与非机动车（行人），因此只能遵循尽量保证主要通行方向无冲突、尽可能避免机动车与非机动车流线冲突的原则进行交叉口控制方案设计。

单行-单行交叉口的非机动车(行人)控制方案如图9-20所示,其中要想保证非机动车流线无冲突,两相位方案中两个方向的非机动车的左转需要通过二次过街解决,而三相位方案中有一个方向的非机动车左转需要通过二次过街解决。由于三相位相对牺牲了机动车通行的效率,而保障了行人和非机动车的通行效率和安全,因此在高峰时期建议采用三相位方案;两相位方案中机动车通行效率相对较高,但行人和非机动车的通行相对麻烦,左转均需要通过二次过街解决,建议在平峰行人和非机动车数量较少时,采用两相位方案,保证通行效率。

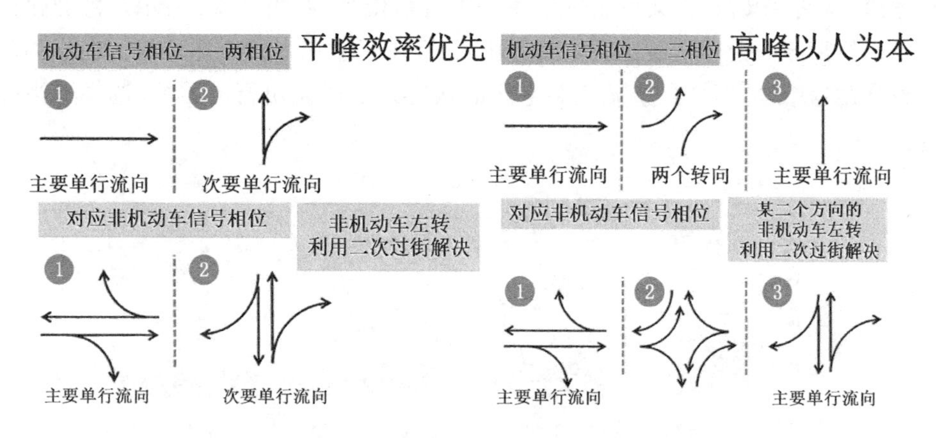

图9-20 两条单行道路相交的非机动车信控相位设置

单行-双行交叉口的非机动车(行人)控制方案如图9-21所示。其中三相位的信号方案中,支路方向的非机动车直行与左转可能会有冲突,但这属于慢速冲突,不影响整体的通行效率;四相位方案中,所有的非机动车在各个方向的通行均无冲突,但此方案的相位较多,每个相位的绿信比较少。由于单行-双行交叉口机动车多采用三相位信号,因此相应的行人与非机动车也采用三相位信号。

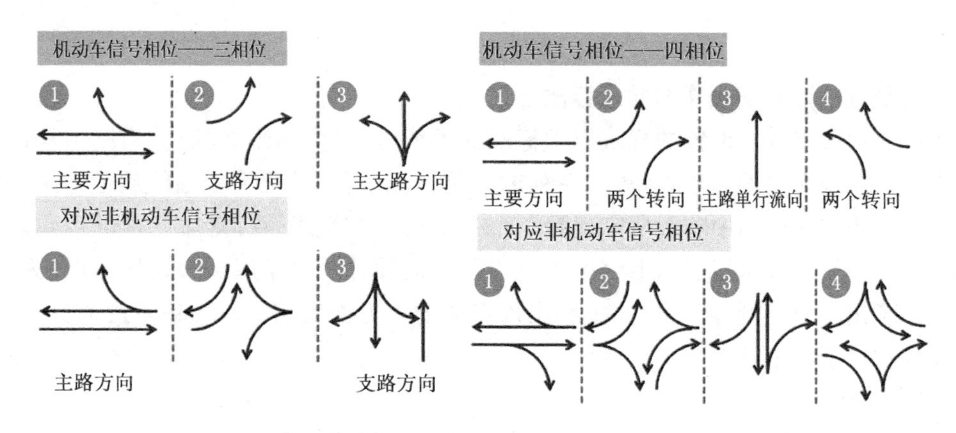

图9-21 单行道路与双行道路相交的非机动车信控相位设置

3) 交通稳静化措施

交通稳静化通常指通过使用不同的措施和方法,降低车辆行驶时产生的负面影响,改变驾驶者的行为，以及改善非机动车和步行的环境。交通稳静化的理念贯穿了慢行系统规划、设计、建设和管理的全过程。

对于交通，交通稳静化可以降低车辆速度，减少交通需求和过境交通的流量；对于安全，它可以减少交通事故的发生，增加非机动车和步行的安全；对于环境，它可以降低汽车尾气的污染，减少噪音，以及为绿化提供更多的空间。交通稳静化措施可让车速变化平稳，出行者感受优于停车让行。

常用的交通稳静化措施包括路拱、减速台、凸起型交叉口、织纹路面、街心花坛、环岛、曲线行车道、弯曲交叉口、交叉口瓶颈化和行车道窄化等，如图 9-22 所示。稳静化设计一般应用于居住街区等慢行交通比例较高的地区，旨在营造宜人的交通环境。在稳静化措施的规划设计过程中，应当结合新城道路空间的状况以及居民出行的习惯，选择适当的稳静化措施。

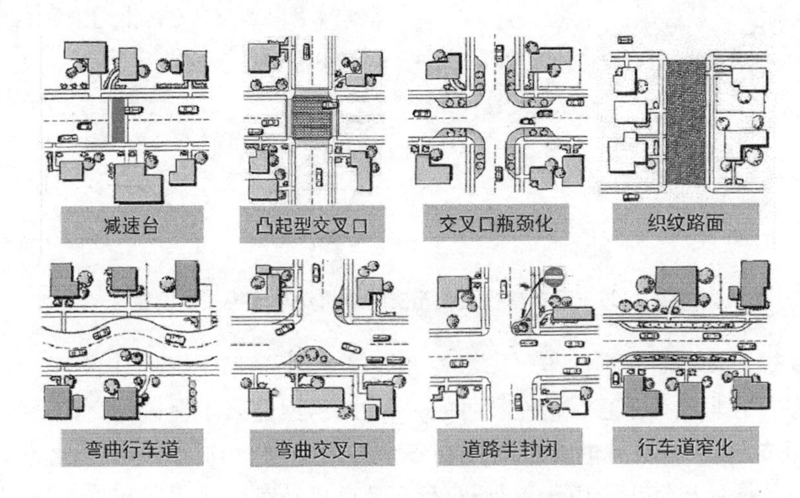

图 9-22　新城交通稳静化措施

9.3.2　新城地块出入口管控

1. 道路出入口设置要求与技术标准

国内对地块出入口设置的规范要求标准尚不统一，较多出现在《新城道路工程设计规范》《新城道路交叉口设计规程》等一系列的规范标准中，尚缺乏系统性的规范体系。各地在实际新城规划建设当中陆续研究出台了一系列的地方性规范标准，以《深圳市建设项目机动车出入口开设技术指引》《上海市建筑工程交通设计及停车库(场)设置标准》为代表，重点探讨了出入口类型、出入口间距和出入口宽度等方面要求。总结各项规范标准来看，主要体现在以下几个方面。

1）出入口间距

根据《新城道路工程设计规范》，地块出入口一般不得设置在交叉口渐变段、人行横道处、公共交通停靠站及桥隧引道处。对于地块出入口与交叉口之间的距离各规范表述差异性较大，如出入口所在道路等级距离各有不同、相同道路等级的距离各规范也不统一和计算距离的起讫点认定也存在差异性等。如表 9-11 所示。

表9-11　主要规范标准中出入口与交叉口间距设置要求

规范标准	与交叉口距离(m)			起讫点
	主干路	次干路	支路	
新城道路交叉口设计规程	≥100	≥80	与支路交叉口：≥30 与干路交叉口：≥50	交叉口停止线
民用建筑设计统一标准	≥70	—	—	道路红线交叉点
江苏省新城规划管理技术规定	≥80	≥50	—	—
建筑工程交通设计及停车库(场)设置标准(上海)	与上游交叉口：≥50 与下游交叉口：≥80	与上游交叉口：≥30 与下游交叉口：≥50	与主干路交叉口：≥50 与次干路交叉口：≥30 与支路交叉口：≥20	转角缘石
深圳市建设项目机动车出入口开设技术指引	≥100	≥80	与支路交叉口：≥30 与干路交叉口：≥50	交叉口停止线

2）出入口宽度

目前国家层面仅《民用建筑设计统一标准》对民用建筑出入口宽度作下限规定，其他消防车道、公交场站出入口在相应的行业标准中亦有下限说明，如表9-12所示。

表9-12　相关规范标准中关于出入口宽度设置的要求

规范标准	出入口宽度(m)	
	单向	双向
民用建筑设计统一标准	4	7
建筑工程交通设计及停车库(场)设置标准(上海)	5～7	7～11
深圳市建设项目机动车出入口开设技术指引	4	7

3）其他标准要求

除了出入口间距与出入口宽度外，部分地方性标准对出入口转弯半径、出入口视距、出入口道闸与路缘石间距、相邻出入口间距和出入口与公交站台间距等做了一些探讨，各地方根据当地实际情况设定标准不一，尚存在弹性控制缺失、部分控制指标不合适等问题。

2. 新城地块出入口管控策略

1）管控目标与原则

机动车出入口管控的主要目标在于，通过全要素、全过程和精细化的管控，为新城所有出行者提供更好的出行服务。涉及到道路的硬件设施和软件管理，包括道路范畴内的人行道、非机动车车道、机动车道、公交站、分隔带、照明设施和绿化设施等附属设施全要素。出入口管控应遵循以下原则：

(1) 体现以人为本，以广大人民群众出行交通服务的实际整体使用感受情况作为衡量服务的标准，充分考虑广大民众日常出行的生活舒适度、安全性和便捷性；

(2) 倡导绿色生态，以满足公共交通、步行和非机动车交通为设计优先级，促进机动车出入口与新城道路环境和谐共存；

(3) 坚持设施友好，从全年龄段使用者的需求出发，统筹出入口布局及样式，为老年人、幼儿和视力障碍人士提供便利的步行出行环境；

(4) 采用全过程管控方式，通过精细化“规划—设计—施工—管理”全过程，提升地块出入口与道路使用性能；

(5) 坚持全要素管理，有效实现出入口和其他道路公共空间内的各种公共要素功能一体化，提升了全要素的综合管理水平。

2) 管控策略与选择

结合传统机动车出入口设置存在的问题和新城地块出入口管控要求，从标准指引、规划设计和设施建设三个方面提出应对策略。

(1) 规范设计标准

现行的道路交通工程设计规范、标准和指引，在一定程度上已越来越不适用于“小街区、密路网”布局模式下的新城建设。同时现行的地块开发项目建筑设计方案更多地从自身出发，出入口布局缺乏系统思维。结合“小街区、密路网”布局模式特征，在既有的标准指引基础上，从片区整体开发角度，融入以人为本、完整街道和绿色交通等发展理念，综合道路资源、交通设施、交通组织、街道景观和市政空间等多元要素，形成适合于新城的交通系统整合设计指引。通过指引，从禁止、控制和引导三个层次对机动车出入口设置的刚性管控要求和弹性要素作出明确界定，作为后续规划设计和设施建设的前置条件，并通过交通详细设计落实到地块级图则中，如图 9-23 所示。

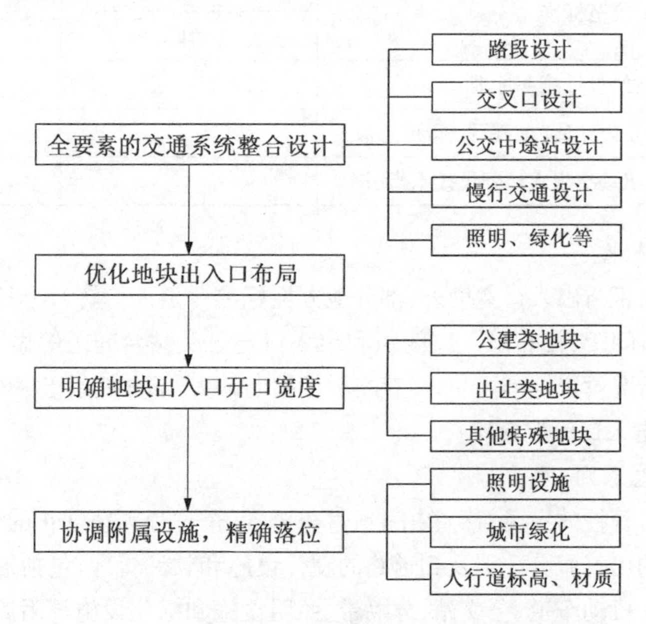

图 9-23　新城地块出入口精细化设计流程和要素图

(2) 整合规划设计

从规划角度对地块开口的系统性管控从四个方面开展，包括全要素的交通系统整合设计、地块出入口布局优化、地块出入口宽度确定和附属设施协调与出入口坐标精准落位。

通过全要素的交通系统整合设计，明确路段、交叉口、公交、慢行和附属设施的布局；考虑出入口空间布局的距离控制、与用地的协调关系和与交通组织的协调关系，确定地块的出入口布局方案；通过对各个地块按照公建类、出让类和特殊类的需求分析，确定地块开口宽度和设计形式；校核协调照明设施和新城绿化，在交通工程设计及施工图中明确出入口的精准坐标，并提出出入口与人行道标高和材质一致性的要求。

(3) 强化设施建设

交通整合设计指引和规划设计的思想到落实需要上下传导。从工作组织角度来看，由开发建设主管部门统筹出入口管控工作。交通工程设计单位在开发主管部门的指导下充分协调好自然资源规划、交通管理、交通市政和新城管理(照明设施相关)等相关部门，完成出入口精细化设计，并交由施工单位落实。施工单位按要求进行道路工程施工，同时预留各地块出入口。交通工程设计单位与施工单位将出入口的预留条件作为外部条件下发至地块开发单位，地块开发单位依据此外部条件，并结合规划主管部门的地块出让条件，完成项目地块建筑方案设计和开发利用，如图 9-24 所示。

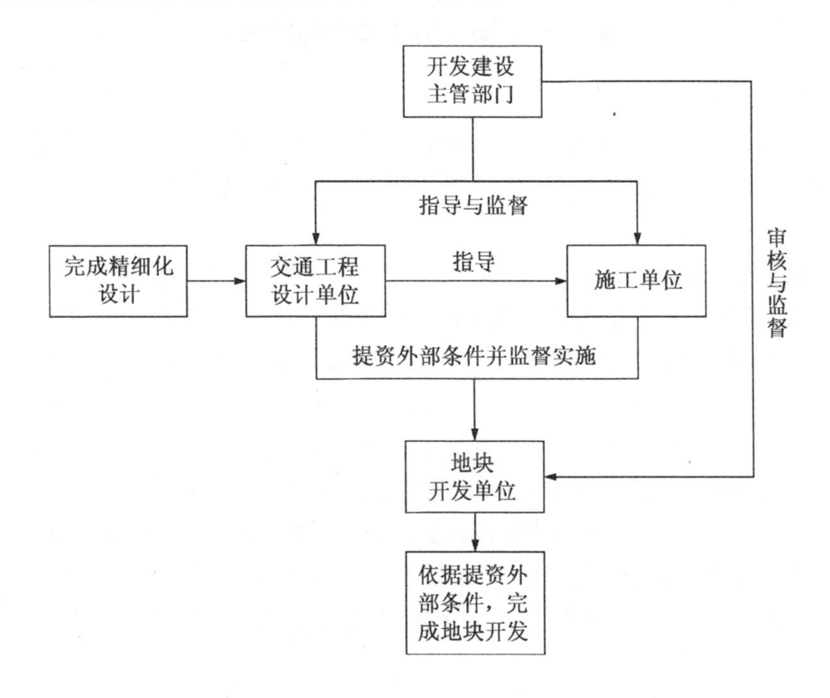

图 9-24　新城地块交通设施及出入口设置精细化实施流程

3. 新城地块机动车出入口管控技术

1) 机动车出入口管控体系与流程

开展新城地块机动车出入口管控，需要从规划技术和推进机制方面形成体系框架，其流程如图 9-25 所示。推进机制方面，由主管部门统筹出入口管控工作。

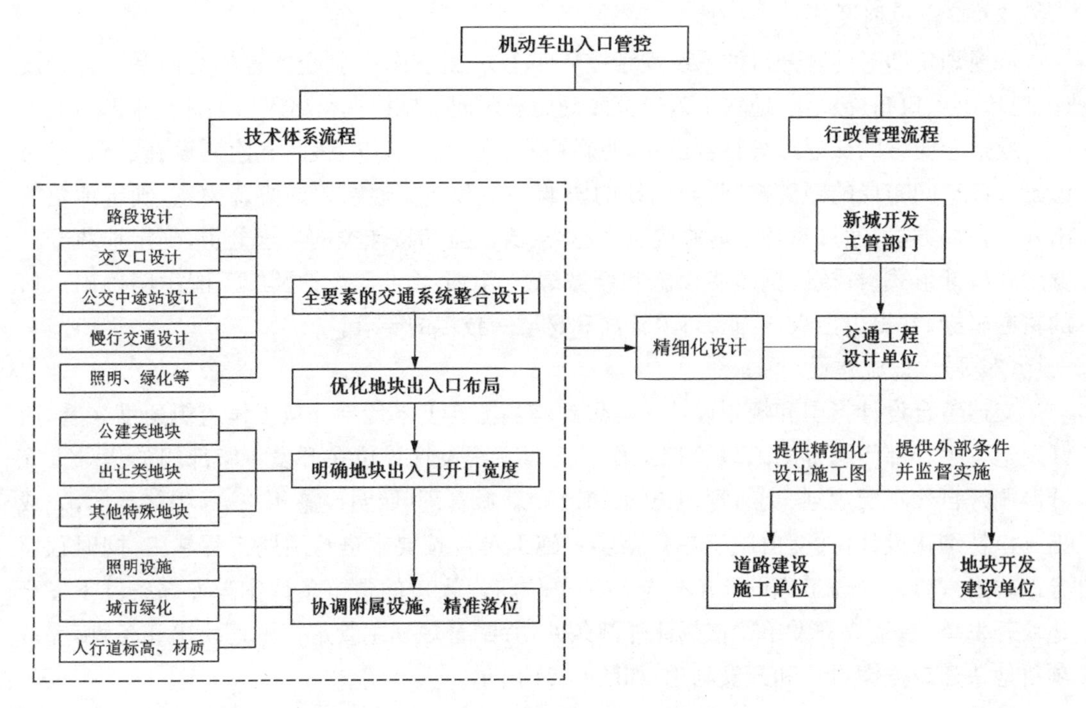

图 9-25　机动车出入口管控体系与流程

2）全要素的交通系统整合设计

为进一步保证上位规划实施落地，在新城范围内开展整片区全要素的交通系统整合设计，实现地区绿色交通规划理念和方式落地，形成可约束、管控后续设施设计与建设的整体方案。

全要素交通系统整合规划设计是地块出入口布局和开设模式等的前提。就机动车出入口布局而言，交通系统整合规划的重点在于明确新城道路上机动车、非机动车和行人等不同方式的资源分配，划定公交站点、分隔带以及其他附属设施所占用的道路空间，为道路沿线出入口布局提供全要素的底图[95]。为此，交通系统整合设计以道路为载体，全面整合各个交通子系统，实现规划成果对设计与实施的指引及设施落地的关键工作内容。具体思路包括：全方位分析道路沿线空间内所有要素，根据不同要素功能需求和指标要求，与上位规划和既有规范衔接，制定面向系统整合的交通设计导则；结合新城建设近远期计划，形成指导新城开发建设的交通系统整合设计方案；结合新城空间功能结构、用地详细规划和市政规划等相关成果，从强化刚性管控角度出发，制定面向地块级开发的全要素设计图则。如图 9-26 所示。

3）道路沿线机动车出入口布局模式及要求

在全要素的交通系统整合设计基础上，结合新城设计重点关注出入口空间布局的距离控制、与用地及交通组织的协调关系，最终明确地块的出入口布局。

（1）出入口空间布局与距离控制

目前在我国现行交通规范中，出入口与相邻交叉口的通行距离以及与相邻的出入口之间通行距离，只与新城道路的技术等级相关，但相同交通技术等级的新城道路，交通服务对

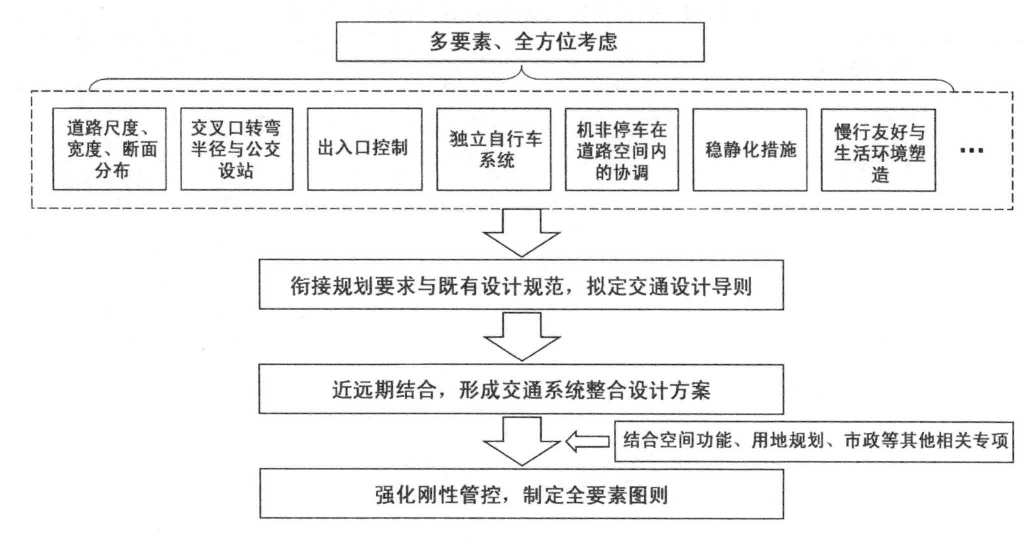

图 9-26 交通系统整合设计思路

象和交通流等属性都有本质区别。为更好地明确道路功能和区分交通流属性，除快速路之外的其他新城道路进行“交通性道路”和“生活性道路”的二元功能划分时，需明确不同类型道路沿线机动车出入口布设的控制性要求。交通性道路上的交通流以过境性交通流为主，沿线应尽量避免布局机动车出入口；生活性道路以服务道路两侧用地进出交通为主，沿线可合理布局机动车出入口。

综合分析现行规范对于出入口合理布置的相关技术要求和具体规定，提出各类道路沿线地块机动车出入口的布置及距离控制管理的基本要求，如表 9-13 所示。

表 9-13 道路沿线地块出入口布局与距离控制要求建议值

道路类型	机动车出入口设置原则	开口距交叉口距离(m)	相邻机动车开口距离(m)
交通性主干路	原则上机动车不设置开口	≥80	≥150
生活性主干路	如果有其他道路可以开口，尽量不在此类道路上开口	≥80	≥100
交通性次干路	如果有其他道路可以开口，尽量不在此类道路上开口	≥50	≥100
生活性次干路	允许机动车开口，但应满足规范	≥50	≥50
交通性支路	允许机动车开口，但应满足规范	≥30	≥30
生活性支路	允许机动车开口，同一地块在临街界面的开口建议不多于一个	≥30	≥20

(2) 出入口与用地的关系

对于不同用地类型地块应开设的机动车出入口数量，现行的标准规范中尚不够完善。为此，结合用地类型特征，细化差异化设置标准，重点对商业、办公和公共服务地块的机动车出入口布设方式进行研究，如表 9-14 所示。如居住类地块，由于居住地块的人口聚集性与私密性，为保障消防急救可靠，建议居住地块至少设置两个机动车出入口。

表 9-14　各类用地机动车出入口推荐布设原则

<table>
<tr><th>用地类型</th><th>推荐机动车出入口数量</th><th>备注</th></tr>
<tr><td>居住(R)</td><td>≥2 个</td><td rowspan="10">依据《建设项目交通影响评价技术标准》、各地块容积率、片区交通发展模式，初步测算机动车出入口数量可满足需求</td></tr>
<tr><td>行政办公(A1)</td><td>≥2 个</td></tr>
<tr><td>商业、商办及文化设施
(B1、B2、B3、A2)</td><td>≥2 个</td></tr>
<tr><td>公用设施营业网点(B4)</td><td>1 个</td></tr>
<tr><td>幼儿园(RAX)</td><td>1 个</td></tr>
<tr><td>小学、初中(A33)</td><td>≥2 个</td></tr>
<tr><td>高中(A33)</td><td>≥3 个</td></tr>
<tr><td>体育用地(A4)</td><td>建议通过交通专项研究确定出入口</td></tr>
<tr><td>医疗用地(A5)</td><td>≥3 个</td></tr>
<tr><td>公用市政设施(U)</td><td>1 个</td></tr>
<tr><td>街旁公园绿地及广场(G1、G2)</td><td>—</td><td>—</td></tr>
<tr><td>新城级公园绿地(G1)</td><td>≥1 个</td><td>—</td></tr>
<tr><td>内部有停车位的新城广场(G3)</td><td>交通专项研究依据停车场泊位数确定</td><td>—</td></tr>
<tr><td>内部无停车位的新城广场(G3)</td><td>—</td><td>—</td></tr>
<tr><td>防护绿地(G2)</td><td>—</td><td>—</td></tr>
<tr><td>预留空地</td><td>≥1 个(预留开口条件)</td><td>—</td></tr>
</table>

(3) 出入口与道路交通组织的关系

作为“小街区、密路网”模式的示范区域，为充分发挥该模式的优势，引导和方便居民绿色交通出行，提高与支路相交干线道路的通行能力，将内部支路进行单向微循环交通组织，地块出入口布局需结合“小街区、密路网”模式特点和交通组织要求，做好协调处理。在前期项目开发总体规划阶段，诸如商业、办公和医疗卫生等公共性较强的地块供外部人员进出的公共出入口应设置在双向通行道路上，否则应尽量将出入口均衡布局在配对的单向通行道路上，以保障出行方向的可靠性，如图 9-27 所示。

(4) 特殊情形下地块出入口布局方式

“小街区、密路网”模式下单个地块的用地面积较小，且可能与幼儿园、市政设施和基层社区中心等很小的公共地块复合。这类公共地块可能没有明显的临街机动车交通出入口界面，或其临近道路的部分属于禁开口段，按照规范标准无法设置机动车出入口。

此种情况下，依据地块的结构布局与功能，对于同类型各个地块(如小学和高中)，可在其边界设置一条内部集散道路供车辆双向通行即可，将出入口布设在集散道路上，通过集散道路进出新城道路。对于不同类型地块(如商办和居住区)，由于“小街区、密路网”特性，交叉口间距很小，同一路段沿线的出入口不宜分开布设，可以考虑将两者出入口并排设置，通过出入口的交通组织(如图 9-28 所示)，减少对新城道路的影响。

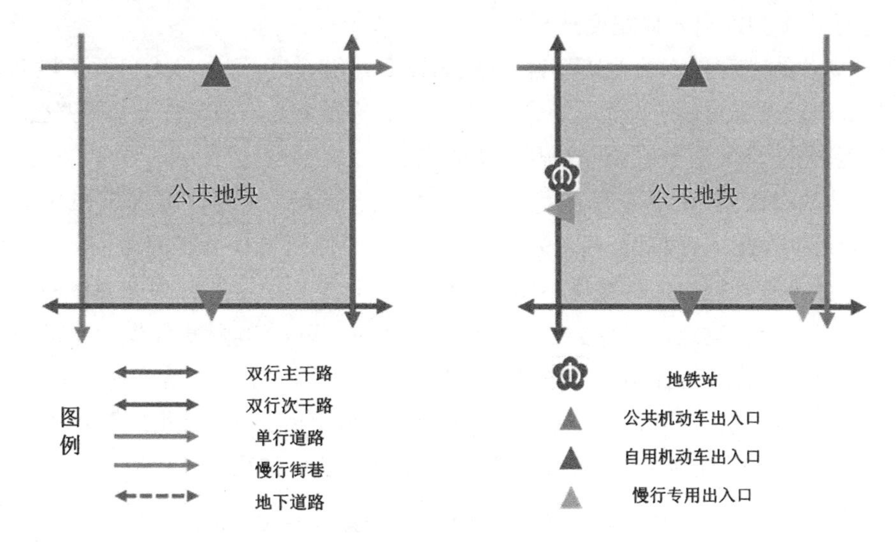

图 9-27　单向交通组织模式下的出入口布设模式

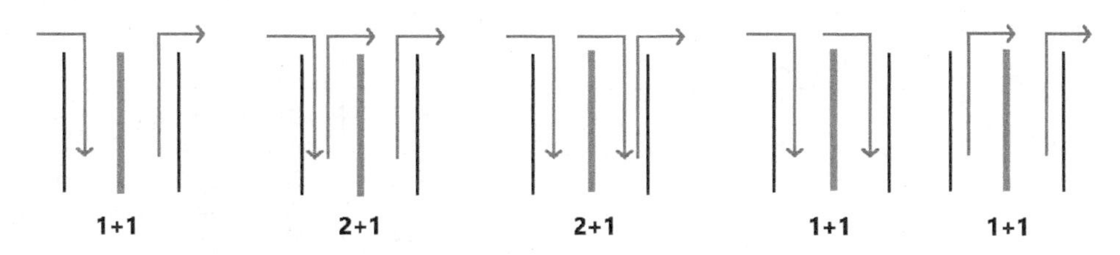

图 9-28　临近出入口的 5 种交通组织方式图

4）不同类型地块出入口宽度设置标准

（1）地块出入口服务功能

关于地块出入口宽度及转弯半径应综合考虑出入口地块的机动车需求量、机动车类型及交通组织等因素。根据《民用建筑设计通则》，单向出入口车行道宽度宜为 4 m，双向车行道宽度宜为 7 m。此外，独立的消防车道净宽不应小于 4 m。为在新城道路交通工程设计中预留地块出入口，需要结合不同类型地块和不同交通功能确定出入口宽度。一般新城地块出入口往往复合机动车和步行非机动车交通功能，主要有以下三种类型：服务于机动车交通、单侧复合步行非机动车交通和双侧复合步行非机动车交通三种情况分析，如图 9-29所示。考虑到出入口处进出闸机设置，单车道出入口宽度按照 4 m 控制。参照《车库建筑设计规范(JGJ100—2015)》及一般地块做法，出入口步行非机动车通行空间宜按照 2 m 控制。

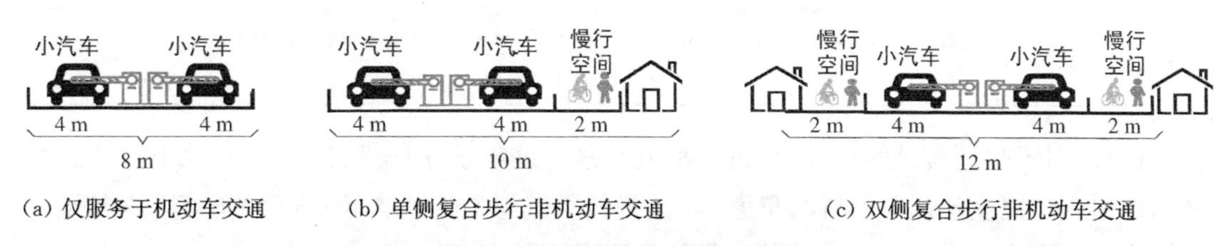

图 9-29　地块出入口服务功能

(2) 分地块类型的出入口宽度选择

对于常规功能和容积率的地块而言，建议布设 2 处出入口，每个出入口两条机动车道即可满足需求(新城开发过程中，重大综合体地块应专题研究)。在此基础上按照公建类、出让类、学校类、公交首末站类地块分别开展了研究。

公建类地块以医院、企事业单位为代表，多数包含围墙，其慢行出入口往往不单独设置，一般结合机动车出入口布设，建议采用图 9-29(b)单侧复合步行非机动车交通的出入口设置形式，因此推荐管控出入口宽度不小于 10 m。出让类地块主要分为有围墙的居住类和无围墙的商业、办公类建筑。居住类地块建议采用图 9-29(b)单侧复合步行非机动车交通的出入口布设形式，推荐管控出入口宽度不小于 10 m。商业、办公类建筑一般不设置围墙，整体地块均为开敞式空间，其出入口往往以服务机动车交通为主，因此推荐管控出入口宽度不小于 8 m。不同类型地块出入口布设形式与宽度建议值如表 9-15 所示。

表 9-15 不同类型地块出入口布设形式与宽度建议值

<table>
<tr><th colspan="2"></th><th>机动车与慢行是否分开设置</th><th>机动车道</th><th>慢行空间</th><th>合计宽度</th><th>布设方案</th><th>推荐出入口宽度</th></tr>
<tr><td colspan="2" rowspan="2">公建类地块(有围墙占多数)</td><td>分开设置</td><td>4 m×2</td><td>—</td><td>≥8 m</td><td>图 9-29(a)</td><td rowspan="2">≥10 m</td></tr>
<tr><td>合并设置(推荐)</td><td>4 m×2</td><td>≥2 m</td><td>≥10 m</td><td>推荐图 9-29(b),可选图 9-29(c)</td></tr>
<tr><td rowspan="4">出让地块</td><td rowspan="2">有围墙(如居住类)</td><td>分开设置</td><td>4 m×2</td><td>—</td><td>≥8 m</td><td>图 9-29(a)</td><td rowspan="2">≥10 m</td></tr>
<tr><td>合并设置</td><td>4 m×2</td><td>≥2 m</td><td>≥10 m</td><td>推荐图 9-29(b),可选图 9-29(c)</td></tr>
<tr><td rowspan="2">无围墙(如商业、办公类)</td><td>分开设置(推荐)</td><td>4 m×2</td><td>—</td><td>≥8 m</td><td>图 9-29(a)</td><td rowspan="2">≥8 m</td></tr>
<tr><td>合并设置</td><td>4 m×2</td><td>≥2 m</td><td>≥10 m</td><td>图 9-29(b)</td></tr>
<tr><td colspan="2" rowspan="3">学校地块</td><td>学校主入口不包含机动车通行功能</td><td colspan="3">主大门不承担机动车通行功能，道路设计无需打开侧分带</td><td>—</td><td rowspan="4">重要公建类地块需单独研究</td></tr>
<tr><td>学校主入口包含机动车通行功能</td><td colspan="3">主大门承担机动车通行功能，道路设计需要按照具体按照建筑设计方案预留</td><td>—</td></tr>
<tr><td>其他机动车出入口</td><td colspan="3">仅承担机动车通行功能，按照双向 8 m 控制</td><td>图 9-29(a)</td></tr>
<tr><td colspan="2">公交首末站</td><td colspan="5">首末站车辆出入口净宽度不小于标准车宽的 3～4 倍，建议按照 10 m 控制</td></tr>
</table>

此外，对于临近布设的出入口，机动车组织方式大多分为 1+1、2+1 情形(如图 9-28 所示)，即出入口宽度建议 2 条机动车道+1 条慢行通道与 1 条机动车道+1 条慢行通道组合，推荐出入口宽度按照 16 m 预控，侧分带打开宽度按照 26 m 预控。

9.4　本章小结

本章明确了新城交通实施性规划的基本定位与主要内容，提出道路差异化设计、精细化交通设计、完整街道设计和交通系统整合设计等落实策略；在新城整个空间范围内对各种交通需求进行功能和空间协调，在具体路段和路口上进行空间布局统筹，分别提出新城道路横断面设计、慢行交通空间设计、公共交通空间设计、交叉口详细设计与地块出入口设计的要求与方法，实现各种交通系统的组织协调、交通空间的优化协调和交通空间要素的落地。

第 10 章　新城交通衔接性规划

10.1　新城交通衔接性规划基本要求

10.1.1　规划内容

为了强化上层规划的指导性、下层规划的可实施性，应在新城交通规划三阶段的基础上增加衔接性规划类型，构建“以交通发展战略为导向、交通系统规划为主线、交通设施规划为支撑”的新城交通规划编制体系，根据不同阶段层次交通规划的目标和要求，明确相应阶段规划的内容和相互关系。新城交通衔接性规划的主要内容如下。

1. 控规交通影响评估

控规阶段交通影响评估的引入保证了控规编制的科学性，保障用地与交通协调发展，进一步落实交通总体性规划的各项政策与措施。控规阶段本身包含的交通规划部分无法反映地区开发建设对道路交通带来的影响，进行控规交通影响评估可以减少由此带来的潜在交通问题。

交通控制性规划阶段的交通影响评估指在区域开发建设前，单独开展的交通规划咨询工作。交通影响评估需要重点解决几个问题：评估对象和范围、评估内容、评估技术与方法、针对评估结果反馈控规编制。评估内容主要对给定的土地性质、开发强度和开发时序进行评估，分析地区交通需求，提出区域内交通设施建设容量、类型与布局等建议，以及优化交通组织与改善设计方案，以提升地区交通承载力，尤其是公共交通承载能力[96]。主要从交通承载能力角度提出用地反馈，确定新城土地使用性质和开发强度，更全面、更具体地反映交通设施布局的要求，落实相关交通设施的布局，实现新城规划与交通规划的融合，促进新城用地布局与交通的协调发展。控规交通影响评估能够为新城控制性详细规划提供重要支撑，应作为必备专项纳入法定要求，有效衔接新城交通控制性规划与实施性规划。

2. 复合开发地块交通影响评价

在新城规划建设中，由于地块功能复合性强、建筑群规模较大、建设周期较长，复合开发地块所诱发的交通需求往往导致地块周边乃至更大范围地区的交通供需关系发生变化，从而对该地区的动态和静态交通系统运行以及各种交通方式的出行服务水平产生显著影响。复合开发地块交通影响评价即是通过分析和评价该影响，制定相应的对策，从而把地块开发建设对交通系统的负面影响消减到可接受范围内。

作为介于实施性规划和后续设计、建设和管理之间的重要技术环节，新城复合地块交通影响评价在促进土地利用与交通系统协调发展方面发挥着重要的作用。它通过分析地块开发对周边交通系统运行的影响，提出拟建项目选址、规模和规划设计方案的合理性等方面的信息反馈，帮助相关部门在土地开发的最后一关进行交通与土地利用协调的决策[97]。

10.1.2　规划特征

1. 控规交通影响评估特征

《关于建立国土空间规划体系并监督实施的若干意见》和《关于全面开展国土空间规划工作的通知》中明确要求，本轮国土空间规划要“统筹协调、强化实施”，即要实现各级规划与上位规划的贯彻、衔接以及对下位规划的约束、指导，要确保规划的最终落地实施，同时需要进行资源环境承载能力与国土空间开发适宜性“双评价”。为了实现此目标，除了在新城土地利用层面规划与设计之外，需要在各个层次对交通系统进行规划、评估、组织和设计，与土地利用对应的各个层次交通系统的工作如图 10-1 所示。

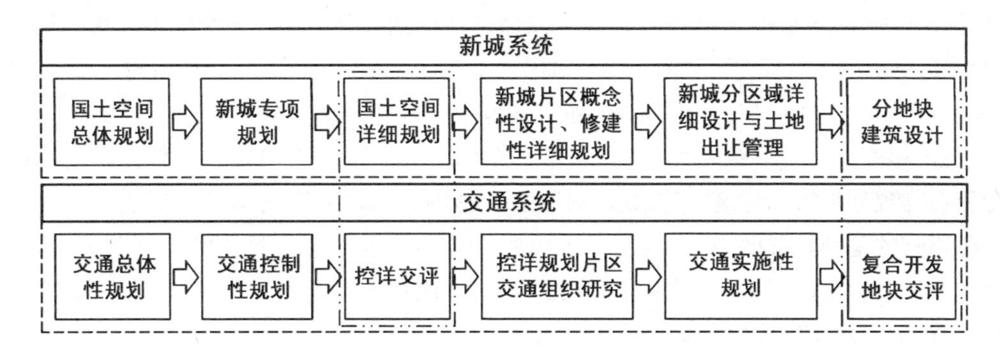

图 10-1　新城土地利用与交通系统各个层次需要的工作

在新城交通规划设计精细化趋势下，控规交通影响评估为越来越多的研究者所关注。相对于单体交评来说，控规交评是更高层次上的一种先行评价行为，重在合理控制土地性质利用和开发强度，以及合理的交通配套设施。因此，控规交评具有承上启下的作用，对新城控制性详细规划和交通规划进行总体把握，对新城交通现状、存在问题和未来可能产生的交通影响有总体的认知和判断；另外，控规交评对新城交通系统设计起到指导性作用。

控规交通影响评估并不是研究单个建设项目而是控详编制单元对交通系统的影响，属于中观层面研究，在某种程度上是交通控制性规划的深化。通常情况下，新城用地性质多样，有不同的规划定位、开发形式，还会存在独立用地的公交首末站、枢纽站、加油加气站、公共停车场等，内部道路为城市道路、景观性道路、滨水道路和慢行专用廊道等。控详交评更需着重内部交通系统与土地利用的分析和改善，包括设施布局改善、服务水平和交通组织优化。新城内外衔接往往是通过城市的重要交通通道、枢纽节点来实现，因此内外衔接交通分析广度和考虑因素较多。综上，新城控规交通影响评估的复杂程度、研究广度和深度均超过传统的建设项目交通影响评价。

将交通影响评价的成果反馈到控详中，能够及时发现交通问题，有助于推动交通规划理念和技术充分融入新城规划体系。虽然部分新城将控规交通影响评估划分至建设项目交通影响评价的范畴，但是按照研究对象及研究内容划分，该阶段的交通影响评价严格意义上应属于新城交通规划的范畴。由于国内相关项目经验较少，控规交通影响评估的编制内容和技术规范尚在研究中,因此新城规划行政主管部门组织应尽快制定控规交通影响评估的技术标准,并纳入《控制性详细规划技术准则》。

2. 复合开发地块交通影响评价特征

《建设项目交通影响评价技术标准(CJJ/T141—2010)》构建起一套适用于城镇建设项目交通影响评价的技术指标体系,包括建设项目分类、评价启动阈值、评价范围、影响程度等多项技术指标。主要是在交通调查和现状分析基础上进行交通需求预测,根据预测结果评价项目乃至区域的影响程度,针对性提出改善措施,再进行交通影响程度评价循环迭代,最后提出研究结论和实施建议。该标准对开展建设项目交评工作具有一定的指导意义。

新城多以开发混合性用地的复合地块为主,包含商业、娱乐、住宿等性质用地,在衔接性规划中开展传统的建设项目交通影响评价具有一定的局限性。为了制定适应复合地块的交通组织方案,需考虑用地类型的多样化带来交通特性的多样化,以及对交通出行生成的不同影响,构建相应的交通影响评价体系。在交通需求预测中,根据复合地块中多样化的用地性质,交通出行量可按照各类用地的高峰小时出行率进行高峰小时出行生成量预测并加权叠加。

在复合用地交通影响评价阶段,道路红线范围内各交通基础设施的空间尺寸已初步确定,并提出相应的交通组织设计方案。因此,复合用地交通影响评价主要是在建设前评价和分析在已规划地块上建筑群建成投入使用后,新增和诱增的交通需求对周边地区交通环境产生影响的范围和程度,并在满足一定服务水平的前提下提出具体的改善对策,缓解地块建筑群产生的交通流量对周围道路交通的压力,优化规划设计建设方案,尤其是地块出入口设置、配建停车建设以及交通组织与设计。

目前,国内建设项目交通影响评价已经形成了相当成熟的项目管理制度与项目体系流程,国家、省、市各级交通影响评价规范也大体成形。常用的国家建设项目交评编制依据包括《建设项目交通影响评价技术标准(CJJ/T141—2010)》《城市道路工程设计规范(GJJ37—2012)》《城市道路交叉口规划规范(GB 50647—2011)》等。在国家标准规范的基础上,新城复合开发用地交通影响评价的编制标准与技术规范有待制定,从源头上避免复合地块复杂交通问题的产生。

3. 交通衔接性规划不同阶段特征对比

由于不同规划阶段工作重点的不同,所以各阶段的交通影响评价委托部门、研究重点与研究目的也存在一定差异,如表 10-1 所示。

表 10-1 不同阶段交通影响评价的研究对象与特点

实施阶段	委托部门	研究对象	目标	优点	不足
控规交评	城乡规划行政主管部门	控规编制单元	评价土地开发与交通关系,并提出相关反馈与建议	能够对控规进行调节与反馈,协调多个开发项目	控规的评估反馈,相关设施难以落实至各地块
复合地块交评	土地开发建设单位	项目建筑方案	对项目内部交通进行组织优化及设计,并对建筑方案进行局部优化改善	评价内容与深度明确,并对内部交通组织进行优化和设计	难以调节土地开发强度,只能局部改善

在研究内容上，控规交评与复合地块交评类似，一般由项目概况、现状分析、规划解读、需求预测、交通评价、改善建议等内容组成，但控规交通影响评估的研究范围针对整个详细规划编制单元，而复合地块交通影响评价则需要针对混合性用地的复合地块[98]。在交通需求分析方面，两阶段的交通影响评价均采用四阶段法进行交通模型建立和交通需求预测。由于不同规划阶段交通影响评价工作目标的差异，各阶段交通影响评价研究内容及深度也存在不同，具体如表 10-2 所示。

表 10-2　不同阶段交通影响评价的研究内容与深度

实施阶段	控规交评	地块交评
项目概况	控规编制单元交通区位及发展定位	建设项目区位、建筑规模及功能布局
现状分析	编制单元内部及周边用地和交通系统，重点分析交通廊道、片区对外联系通道等内容	项目周边用地开发状态及既有交通设施布局、规模与运营状态分析
规划解读	片区发展定位、新城功能以及交通相关子系统在编制单元内规划设施布局及规模	项目周边地块规划开发情况及交通子系统设施规划布局
需求预测	以人口(面积)为基准，对不同的交通发展模式进行交通需求预测	以项目建筑面积与功能为基础，进行交通需求预测
交通评价	对不同交通发展模式下，区域交通系统运行水平进行评价，并给出片区开发强度与交通发展模式的建议	评价项目开发对各交通系统的影响情况是否显著
改善建议	针对特定交通发展模式，对用地布局进行反馈并就交通系统设施规模布局提出合理化控制建议	对项目布局进行局部优化，参照相关规范进行设施规模布局的优化，并给出交通组织建议方案

根据研究范围的不同，控规交评与复合地块交评在内部道路、内部公交、内部设施、内外衔接、过境交通和外部交通方面的侧重点对比如表 10-3 所示。

表 10-3　不同阶段交通影响评价内容侧重点对比

评价内容	控规交评	复合地块交评
内部道路	规划片区内道路 (一般为结构完整的市政道路)	复合地块内部交通道路 (一般为小区内部的非市政道路)
内部公交	内部可能会有多条轨道线路和轨道站，可能会有大型换乘枢纽 有多条公交线路进入公交内部	有一个或若干个轨道站在地块附近 公交线路一般不允许开进内部，只在地块周边道路设站
内部设施	存在很多独立用地的公交首末站、枢纽站、加油加气站、公共停车场等	基本不存在独立占地的公交场站、加油加气站 为了满足不同的用地功能，会设置若干公共停车场
内外衔接	所在片区的对外节点、对外通道、对外枢纽	地块出入口
过境交通	难以阻止过境性交通经过片区外围	一般不允许过境交通通过
外部交通	片区内部可能会有汽车站、高铁站等对外交通枢纽	一般复合地块内部不可能会有对外交通枢纽，除非本身是交通枢纽类地块

10.2 新城控规交通影响评估

10.2.1 控规交通影响评估的意义与目的

从新城交通规划体系来看，传统建设项目交通影响评价虽然能够在一定程度上检验交通实施性规划成果，但是存在：审查过程与城市规划编制体系不协调、执行力不强；优化内容与方案仅关注评价对象，对评价项目周边待建、新建地块的影响考虑不周等问题。为了更好地实现交通与用地的互馈优化协同，新城在交通控制性与实施性规划之间引入控规交通影响评估作为衔接环节。

新城控规交通影响评估工作主要以控制性详细规划为基础，根据评估工作的需要，匹配控制性详细规划的范围和期限，其评价结果一方面有助于优化交通控制性规划方案，另一方面可以引导交通实施性规划编制。作为处于宏观的综合交通体系规划和微观的建设项目交通影响评价之间的中观层面研究，控规交通影响评价通过交通规划和评价一体化的分析，更注重新城土地使用与交通的互动关系，分析土地开发强度对交通的影响，实现新城交通和用地的协调发展。同时，检验控制性详细规划是否按照综合交通体系规划的要求合理安排各项交通设施，以及各项设施规模指标的合理性。在道路网方面，分析支路系统的规划是否满足地块交通需求。一般情况下，对于范围较大的新城，会结合控规分片区开展，范围较小的新城（如 10 km^2 以内），可以整体性开展评估。

开展控规交通影响评估主要有三方面意义[99]：

(1) 在解决实际问题层面，控规交通影响评估有助于落实新城交通总体性与控制性规划，明确各个交通空间所应有的功能，解决土地开发与交通系统的矛盾，可以在各地块尚未建成之前，对新城交通现状、存在问题和未来可能产生的交通影响有总体的认识和判断。

(2) 在纵向层面，控规交通影响评估向上能够衔接城市总体规划和综合交通规划，贯彻上位规划和各个交通专项规划的指导思想，整合各个交通系统；向下可以指导下一步道路交通设计乃至施工图设计，引领后续工作开展。控规交通影响评估能够有效避免在地块投入使用之后，又发现交通系统与土地开发、交通需求存在较大矛盾，需要开展片区交通改善，因而陷入“被动挨打”的境地。

(3) 在横向层面，控规交通影响评估以新城控制性详细规划为平台，进一步与新城交通控制性规划、新城实施性规划和新城城市设计相协调，实现新城与交通的反馈互动，打破各个子系统之间的壁垒，协调各个子系统，促进控规合理编制与实施落地。

新城控规交通影响评估的主要目的是：分析地块开发对新城交通的影响程度，研究交通系统相对于土地开发的承载力，整合多种交通系统，为新城控详编制单元预控各类交通设施空间，为新城交通实施性规划以及后续工程设计、建设、规划管理提供基础条件。新城控规交通影响评价的分析结果和建议也将反馈到交通控制性规划中，两者互为基础，编制过程应相互反馈。

在总结已有项目经验的基础上，借鉴建设项目交通影响评价的技术规范，对比地块交评与控详交评的相同与不同点，应制定新城控规交通影响评估工作指南，用于指导和规范研究内容与成果编制[89]。

10.2.2　控规交通影响评估的理念与策略

1. 研究理念

新城控规交通影响评估应该与新城交通总体性规划、实施性规划理念保持高度一致，并遵循以下原则：

1）与交通分区政策相匹配

根据市国土空间总体规划、综合交通规划等上位规划确定的交通分区政策和规划要求，体现宏观交通政策的差别化引导。

2）交通和土地利用协调

加强综合交通体系与用地开发的互动协调，保障各类交通设施与用地开发规模、强度、结构、布局等综合平衡。

3）综合交通一体化

构建一体化的综合交通系统，包括城市轨道交通、常规公交、步行与自行车交通和其他交通方式衔接等。

4）定性和定量分析相结合

用地开发与交通设施总体规模协调程度评价、交通设施的合理规模及布局的评价等均应采用定性与定量相结合的分析方法[100]。

此外，无论是上位规划、新城发展定位、控详交通影响评估的实际工作需求，还是下位的交通详细设计，公交和慢行都应该是新城优先发展的交通模式。在新城对外交通方面，结合轨道交通、公交场站规划，以公共交通为主导；在新城内部交通方面，以公共交通为引领，重视慢行交通需求，推广鼓励区内“公交＋慢行”的出行模式。

新城控规交通影响评估同时也应当注重多种交通方式的协调，对小汽车出行进行合理的引导。在交通控制性规划阶段对各类交通系统进行资源整合与空间重构，本着公交优先、慢行友好、多元协调、空间重构等理念，推行绿色交通发展模式，进行控规交通影响评估研究的工作，应能从新城地块规划与开发的实际出发，强调操作性和落地性。

2. 工作策略

新城控规交通影响评估应按照对外、内外衔接、内部交通三个层次进行分析。控规交通影响评估的内部存在多种不同性质的土地利用和设施，内部道路为多层次多结构的市政道路网，情况远比单一项目复杂，因此控规交通影响评估更需要着重内部交通系统的分析和改善，包括设施布局的改善以及服务水平和交通组织的优化[101]。控规交通影响评估的内外衔接部分往往是城市的重要交通通道、交通枢纽节点，因此内外衔接部分的交通分析显得尤为重要。

控规交通影响评估需要在控规交通影响评估的空间内对交通系统进行整合，对上位的交通控制性规划进行反馈，评价交通设施与土地利用开发强度的匹配度，对土地使用性质和建设开发强度进行适应性调整，同时也需要指引下位的交通系统详细设计的工作[102]。

10.2.3 控规交通影响评估的内容与流程

1. 研究内容

新城控规交通影响评估的研究内容应从两个层面开展，分别是土地利用与交通系统的互适性评价和各交通子系统的影响程度评价。

1）土地利用与交通系统的互适性评价

校核上位规划交通枢纽、轨道交通、高快速路、主干路等重大交通设施落实情况；分析新城发展目标与交通发展目标的匹配性，用地开发强度与过境交通、客流走廊及车流走廊布局的匹配性，依托轨道交通站点引导周边土地利用集约高效开发的落实情况；在上位交通政策分区的指引下明确新城交通发展模式，倡导公交与慢行优先发展的绿色出行方式，并以此为基础分析新城轨道交通、地面公共交通、小汽车、非机动车及步行的交通需求，评价与片区内公交、路网、停车及慢行交通承载力的适应性；评价道路功能定位与两侧用地性质的协同性状况，交通性道路应尽量避免穿越集中布设的公共服务设施用地，生活性道路应尽量避免穿越集中布设的货运物流用地，货运通道应尽量避免穿越集中布设的居住区、商业区、医院、学校、办公区或风景旅游区，高快速路两侧应按要求设置防护绿地，并尽量少布局声敏感用地。

2）各交通子系统的影响程度评价

该部分主要校核各交通子系统是否依据已获批的相关专项规划的交通方案落实。

（1）对外交通评价

依据枢纽的功能定位，评价其集散与转换用地规模和集疏运组织；评价对外联系通道及衔接节点交通组织运行状况。

（2）道路系统评价

评价编制单元内各级道路网络密度和道路里程比例；评价路网整体服务水平，根据控规编制单元新生成交通需求加入前后路网服务水平的变化确定交通影响程度；评价重要枢纽、大型会展、大型旅游、游乐区、医院和学校等公共活动中心或高强度开发地区，其周边道路的服务水平；评价编制单元内骨架路网的红线宽度和断面空间分配。

（3）步行与自行车交通评价

校核规划方案，评价步行道网络和自行车道网络密度、过街设施、网络连接设施；评价步行和自行车道的宽度、断面形式是否满足相关规划要求。

（4）公共交通评价

评价编制单元轨道交通、中运量及常规公交叠加的公共交通系统的供应能力；评价轨道交通网络及站点密度、公交专用道、公交场站、公交站点 300 m 覆盖率、港湾式公交站设置率及公共交通专用道布局方案；评价编制单元城市轨道交通换乘设施布局及规模。

（5）停车设施评价

评价编制单元内停车供给结构与所属停车分区目标结构的符合度；评价编制单位内公共停车场是否落实上位规划；评价路外公共停车场规模与周边路网承载能力的匹配性。

（6）其他评价

对历史文化街区、加油站、充电站等特殊区域应在符合相关规划要求的基础上，依据其交通特性重点评价。

2. 评估流程

新城控规交通影响评估的主要流程包括：①确定评价范围、研究范围及评价年限；②校核及补充调查分析现状交通情况，收集相关基础资料；③解读上位规划及控规中土地利用与交通系统规划的内容；④预测交通发展趋势和需求；⑤评价土地利用与交通系统的互适性和交通运行状况的影响程度；⑥提出优化建议（如存在不互适或影响显著）；⑦提出评价结论。具体流程与技术路线分别如图 10-2 和图 10-3 所示。

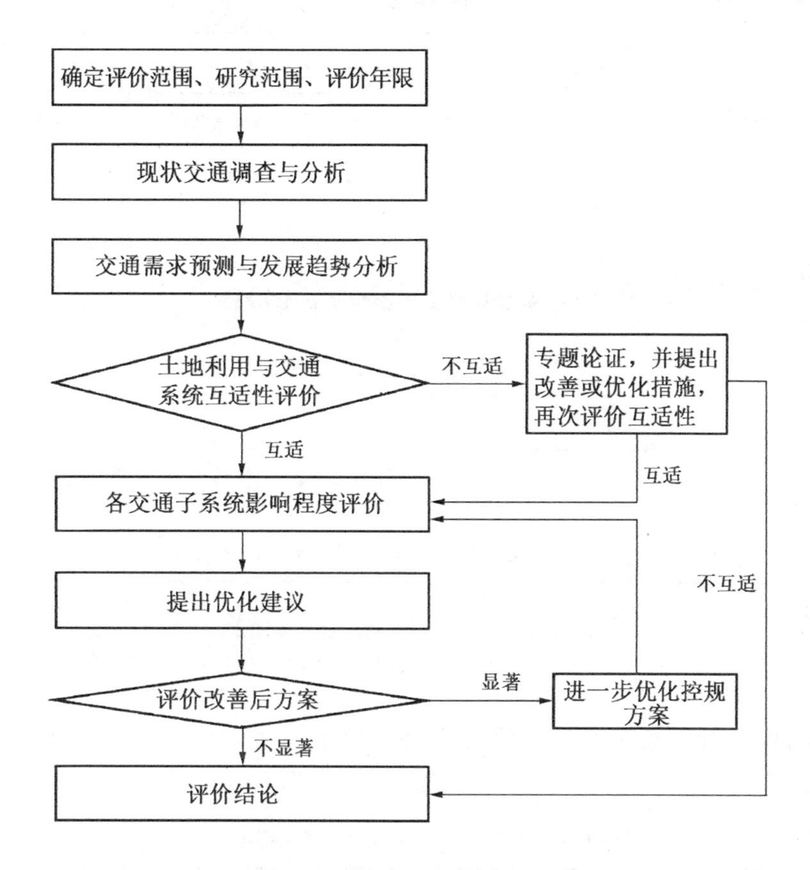

图 10-2　新城控规交通评估流程图

10.2.4　控规交通影响评估的关键指标与技术方法

1. 关键指标

1）路段/交叉口机动车服务水平

在理想条件下，最大服务交通量与基本通行能力之比，用 v/c 表示。路段和交叉口服务水平划分为 A～F 六个等级，其中 D 级为饱和状态，E 级为拥堵状态，F 级为严重拥堵状态，具体等级划分如表 10-4 和表 10-5 所示。

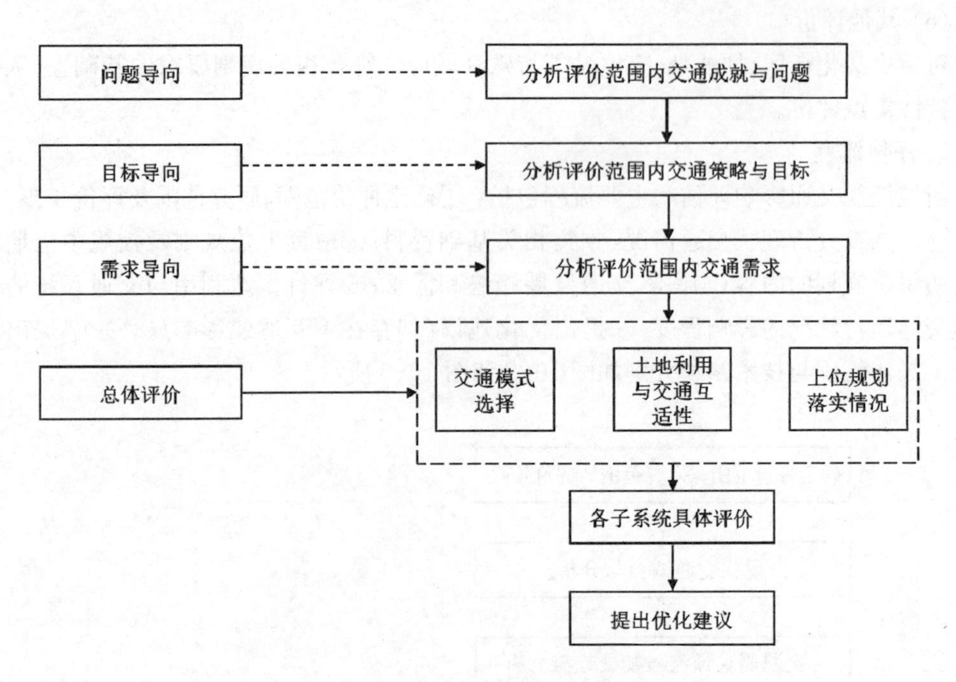

图 10-3　新城控规交通影响评估技术路线

表 10-4　路段服务水平等级划分

服务水平	A	B	C	D	E	F
v/c (S)	S≤0.40	0.40<S≤0.60	0.60<S≤0.75	0.75<S≤0.90	0.90<S≤1.0	S>1.0

表 10-5　信号交叉口服务水平等级划分

服务水平	A	B	C	D	E	F
v/c(S)	S≤0.25	0.25<S≤0.50	0.50<S≤0.70	0.70<S≤0.85	0.85<S≤0.95	S>0.95

控规编制单元新生成交通加入前后道路服务水平变化是否显著的判定标准如表 10-6 所示。

表 10-6　交通服务水平影响显著判定标准

背景交通服务水平	新生成交通加入后服务水平
A	D、E、F
B	
C	
D	E、F
E	F
F	F(饱和度指标提高)

2）道路网密度（km/km^2）

道路网密度指在一定区域内，道路网的总里程与该区域建设用地面积的比值，用km/km^2表示。

集散道路与支线道路路网密度评价依据《城市综合交通体系规划标准(2019)》12.6.3。

3）步行道网络和自行车道网络密度（km/km^2）

步行道网络主要由日常性步行道网、休闲性步行道网、步行街、步行道网络连接设施等共同构成。自行车道网络由日常性自行车道网、休闲性自行车道网以及自行车道网络连接设施共同构成。

4）公共交通分担率

公共交通机动化出行分担率指评价范围内公共交通的出行量占机动化出行总量的比例。公共交通机动化出行分担率应达到规范要求。

2. 技术方法

1）评估范围和期限的确定

新城控规交通影响评估以区域为范围，同时涉及内部交通和内外衔接交通的分析，一般应将研究范围分为两个层次，重点研究范围和扩展研究范围。重点研究范围一般是控制性详细规划编制单元的范围；扩展研究范围为控详编制单元周边的重要交通设施和交通节点，如邻近或围合控详单元的城市快速路、高速公路、大型互通立交及控详编制单元周边明显的交通瓶颈等，包括对控详编制单元与城市中心、机场、火车站等大型客运枢纽的连接通道进行评价。

由于控规交通影响评估为后续交通设施规划、交通组织设计等工作提供基础，一般结合交通需求分析等工作需要，评估年限应与对应的控制性详细规划期限保持一致。

2）交通承载力分析方法

新城交通承载力表示在受到一定交通时空资源调控和交通环境的限制时，新城交通系统能够使交通单元得到最大移动量(即不同约束下各交通方式可利用交通时空资源的函数)。

新城交通承载力分析旨在协调新城经济和社会发展与交通资源和交通环境的关系，促进经济发展和交通资源的高效利用，发现与交通需求之间的矛盾，制定解决方案，提高交通系统的运行效率。对交通系统的各个组成部分进行承载力分析，能够有效促进交通设施空间的合理配置。同时，对各出行方式提供平等道路空间，可以保证交通出行者享受平等的交通空间。新城交通承载力分析主要包括：新城道路承载力分析、新城公交承载力分析，新城道路承载力包括机动车承载力、非机动车承载力和新城道路系统承载力。

(1) 新城道路承载力分析

新城机动车交通承载力分析通过计算高峰小时各道路运行长度并考虑道路折减及公交车的影响来确定路网的时空总供给资源，其中交通个体时空消耗资源以路网周转率和车密度表示，求得高峰小时规划路网所能服务的最大机动车车辆数。

新城非机动车交通承载力分析以普通自行车作为研究对象，其他非机动车以自行车进行相应的折算。由于骑行者需要消耗大量的体力，出行距离对自行车的选择影响较大。以自行车容量模型和时空消耗的定量分析法分析非机动车道的承载力。非机动车道路面积占用可用非机动车道的最大通行能力的前后车辆间的安全净空计算。

(2) 新城公交承载力分析

新城公共交通承载力表示该公共交通方式(地铁、轻轨、快速公交、常规公交)高峰小时所能输送的最大乘客数。公共交通系统承载力与公共交通系统总运输能力及个体乘客时空资源消耗有关。

3) 交通需求分析方法

新城控规交通影响评估所需的交通需求预测与传统的交通需求预测在采用的方法上具有相似性,主要以四阶段法为主,进行交通建模和需求预测。但由于片区内部用地性质多样化,道路交通网络复杂化,内外交通衔接更为重要等,在开展交通需求分析中要求较高。

交通小区划分上,为更好地开展更加精细化的分析和支撑评估,一般在交通小区划分中力求以单一性质用地形成的单个地块为主,在交通网络上直接体现在以支路为主的交通小区边界。

路网承载力分析时,如果新城交通发展模式未定,为根据交通系统承载力确定新城未来交通发展模式,建议进行多模式的方案测试与比选。通过设定不同的交通发展模式,如绿色交通发展模式、公交优先发展模式或是小汽车主导的发展模式等,判断在控规的开发强度下,不同交通模式下的路网运行情况和承受能力。对于现状已有的快速路和骨架道路的交通需求预测结果,应当与既有的现状交通量进行校核,评估可靠性。

为保证交通影响评估的全面性和精细程度,除开展机动车交通量预测分析之外,还要增加轨道交通、常规公交和慢行的交通需求分析和评估。

交通需求预测可采用四阶段法的思路,以人口数量为基础,通过出行生成、出行分布、方式划分、交通分配的步骤,获得规划年的交通需求。在该阶段交通需求预测时,主要会生成机动车交通需求、公交客流需求、非机动车交通需求等类型的需求结果,为后续开展分类评估测试提供精细化的数据基础。具体交通需求预测流程如图 10-4 所示。

(1) 出行生成

采用原单位法对出行目的进行划分,将各交通小区的规划指标乘以发生、吸引原单位得到各交通小区的发生、吸引比例,并按该比例将规划区各目的的产生总量分配到每个交通小区,再算出各个交通小区各种目的的出行量,如式(10-1)和式(10-2)所示。

$$G_{in} = U_{in} \times Q_{in} \tag{10-1}$$

$$A_{jn} = U_{jn} \times Q_{jn} \tag{10-2}$$

式中: G_{in}—— 第 n 个小区的发生比例;

A_{jn}—— 第 n 个小区的吸引比例;

U_{in}—— 第 n 个小区各目的发生原单位;

U_{jn}—— 第 n 个小区各目的吸引原单位;

Q_{in}—— 第 n 个小区发生说明指标;

Q_{jn}—— 第 n 个小区吸引。

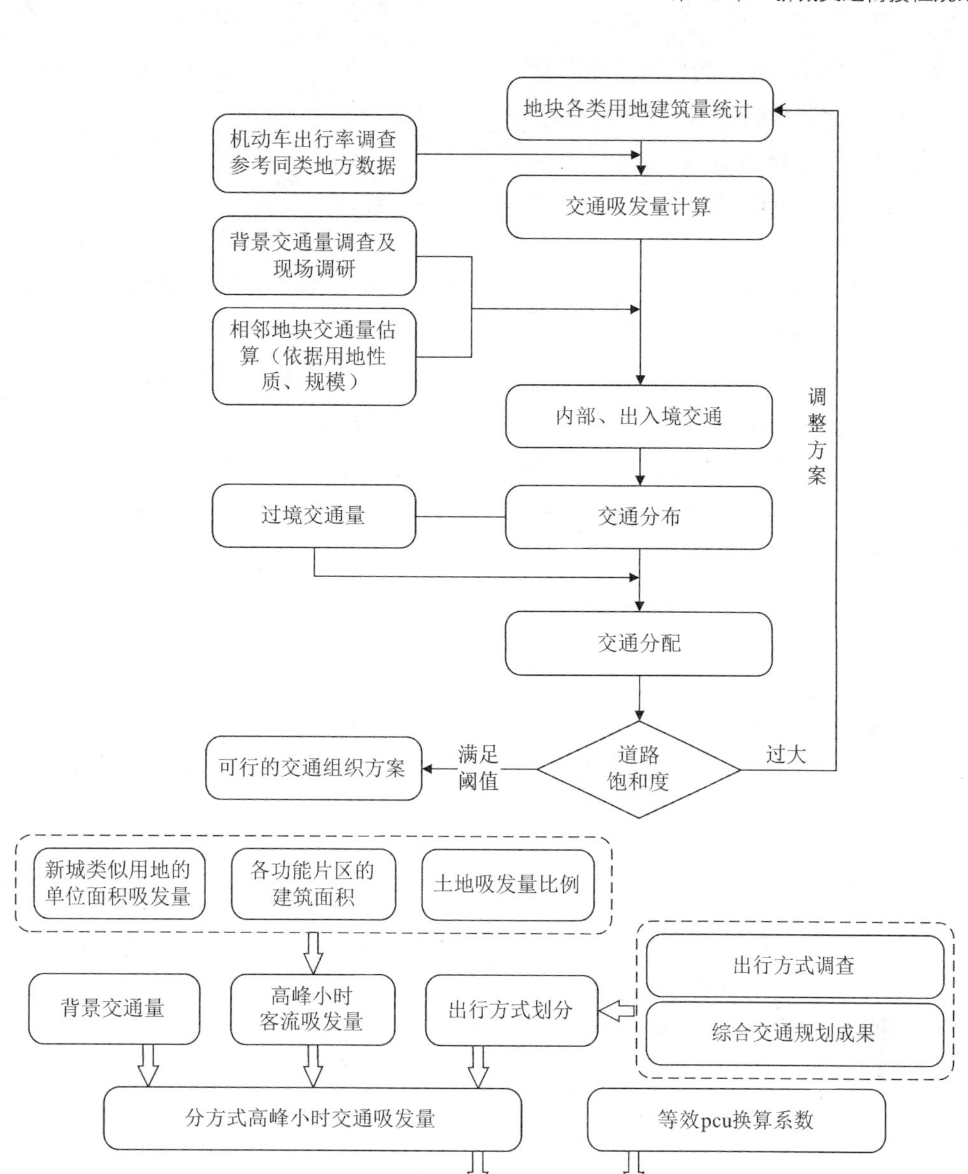

图 10-4 新城控规交通需求预测流程图

(2) 出行分布

按不同出行目的分别建立双约束重力模型，结合类似预测经验，进行重力模型参数标定，计算规划年交通小区间各出行目的的交通分布量。将各目的内部出行分布矩阵与出入境出行分布矩阵结合，得到各目的高峰小时总体出行分布矩阵。双约束重力模型形式如式(10-3)所示。

$$T_{ij}=K_iK_jP_iA_j/f(t_{ij}) \tag{10-3}$$

式中：T_{ij}—— 从交通小区 i 到 j 的出行量；

P_i—— 交通小区 i 的出行发生总量；

A_j—— 交通小区 j 的出行吸引总量；

K_i、K_j—— 平衡系数；

$f(t_{ij})$——阻抗函数。

(3) 方式划分

基于 Logit 模型的两阶段方式划分模型，进行规划年交通方式结构预测。假定规划年的交通方式为公共交通情况下的预测，采用转移曲线法进行该阶段预测。拟合步行的转移率曲线，减去步行的客流量以拟合小汽车的分担率曲线，减去步行和小汽车的客流量以拟合非机动车的分担率曲线，即得到公共交通客流。利用各交通小区之间的距离阻抗矩阵，通过各交通方式的转移率曲线，结合各交通小区间的交通分布 OD 量，对公共交通情况下各交通方式(步行、非机动车、小汽车和常规公交)的预测，建立交通方式分担率模型。根据其趋势建立分担率模型，分担率模型如式(10-4)所示。

$$y = x/a \tag{10-4}$$

式中：y ——各交通方式占利用交通工具的交通量的比例；

x ——该交通方式的出行总量；

a ——各种交通方式的出行总量。

(4) 交通分配

公交分配：若两个节点之间存在多条可行公交线路，乘客在选择公交线路时，通常只考虑其中部分线路，这部分公交线路是对乘客具有吸引力线路的集合。在非拥挤状态下，乘客选择公交路径的过程可描述如下：从起始节点出发，选择下一步的换乘节点或者目的地；从吸引线集中选择第一辆到达的车辆上车；若到达目的地，路径选择过程终止；否则，把到达的节点当作起始节点，转到第一步。基于频率的公交分配模型如式(10-5)所示。

$$\begin{aligned} &\min \sum_{a\in A} c_a v_a + \sum_{i\in I} \omega_i \\ &\text{s.t.} \quad \sum_{a\in A_i^+} v_a - \sum_{a\in A_i^-} v_a = g_i, \quad i \in I \\ &\qquad v_a \leqslant f_a \omega_i, a \in A_i^+, \quad i \in I \\ &\qquad v_a \geqslant 0, \qquad\qquad a \in A \end{aligned} \tag{10-5}$$

式中：c_a—— 公交路段 a 单位车的在途时间；

v_a—— 公交路段 a 上的总流量；

ω_i—— 在站点 i 所有出行的总候车时间；

A_i^+—— 由站点 i 发出的公交线段；

A_i^-—— 汇聚至站点 i 的公交线段；

g_i—— 站点 i 的交通出行量；

f_a—— 公交路段 a 的发车频率；

I—— 公交网络中所有节点集合；

A ——公交网络中所有路段集合。

机动车交通分配：结合路网特征，估计小汽车车均载客人数，将小汽车客流 OD 转化为车流 OD，采用用户最优分配模型将小汽车车流 OD 在道路交通网络进行交通分配，得到各条道路的高峰小时机动车交通量及饱和度。用户最优分配模型算法如式(10-6)和式(10-7)所示。

$$\begin{aligned} & \min \sum \int v_{a_0} t_a(x)dx \\ \text{s.t.} \quad & V_a = \sum_r \sum_i \sum_j \delta_{ar}(i,j) X_r(i,j) \\ & \sum_r X_r(i,j) = T(i,j) \\ & X_r(i,j) \geqslant 0 \\ & \delta_{ar}(i,j) \end{aligned} \tag{10-6}$$

$$\delta_{ar}(i,j) = \begin{cases} 1, & a \text{ 属于从 } i \rightarrow j \text{ 的路径} \\ 0, & \text{其他} \end{cases} \tag{10-7}$$

式中：V_a——a 路段的车辆数；

$t_a(i,j)$——a 路段的广义出行时间；

$X_r(i,j)$——从 i 到 j 的车辆经过第 r 条路径时的车辆数；

$T(i,j)$——从 i 到 j 的出行量；

$\delta_{ar}(i,j)$——系数。

4) 供需校核分析

供需校核是指土地使用性质、用地面积和开发强度决定的交通需求总量与交通设施承载力之间的对比，当供给不满足需求时，可适当降低土地的高强度开发，减少交通出行量，从而最终减少需求产生量。当交通系统提供的承载力与交通需求校核发现交通供需矛盾时，需调整土地利用性质，从而让交通供给与交通需求达到一个动态平衡。若在“小街区、密路网”模式下，交通供需平衡不仅是机动车交通供需的平衡，而应实现以机动车、公交、非机动车多元的供需平衡。

在一定机动车交通设施承载力、非机动车交通设施和公交系统承载力下，不同开发强度产生的交通需求强度会使交通呈现不同的状态。新城道路交通状态用道路交通负荷比表示，即实际发生的机动车需求强度与理想道路系统承载力之比。同理，公共交通状态用公共交通负荷比表示，即实际发生的公共交通需求强度与理想公交系统承载力之比。不同的交通负荷比会导致不同的交通运行状态，比如道路的畅通和拥堵、公交的乘坐率变化等。

(1) 机动车交通负荷比

机动车交通负荷比 $\lambda_{\text{机动车}}$ 计算公式如式(10-8)所示。

$$\lambda_{\text{机动车}} = \frac{D_{\text{机动车}}}{C_{\text{机动车}}} \tag{10-8}$$

式中：$\lambda_{机动车}$—— 机动车交通负荷比；

$D_{机动车}$—— 机动车高峰小时出行需求(pcu/h)；

$C_{机动车}$ ——机动车道路系统承载力(pcu/h)。

根据式(10-8)可得以下结果：当机动车交通负荷比>1 时，运行车速逐渐下降；当城市道路交通负荷比为 1 时，对应城市路网保持有序运行；当道路负荷比在 0.8～1 时，规划道路的供需关系适当；当道路负荷比<0.8 时，道路供给富余，可增加用地开发强度或缩减道路长度。

(2) 非机动车交通负荷比

非机动车交通负荷比 $\lambda_{非机动车}$ 计算公式如式(10-9)所示。

$$\lambda_{非机动车}=\frac{D_{非机动车}}{C_{非机动车}} \tag{10-9}$$

式中：$\lambda_{非机动车}$—— 非机动车道路交通负荷比；

$D_{非机动车}$—— 非机动车高峰小时出行需求(bic/h)；

$C_{非机动车}$ ——非机动车道路系统承载力(bic/h)。

根据式(10-9)可得以下结果：当非机动车交通负荷比在 0.8～1 时，非机动车交通网络供需关系适当；当非机动车交通负荷比<0.8 时，非机动车交通资源供给富余，可增加用地开发强度；当非机动车交通负荷比>1 时，非机动车交通资源供给不足，可降低用地开发强度或增加非机动车道路空间。

(3) 公共交通负荷比

公共交通负荷比 $\lambda_{公交}$ 计算公式如式(10-10)所示。

$$\lambda_{公交}=\frac{D_{公交}}{C_{公交}} \tag{10-10}$$

式中：$\lambda_{公交}$—— 公共交通负荷比；

$D_{公交}$—— 公共交通高峰小时出行需求(人次 /h)；

$C_{公交}$ ——公共交通系统承载力(人次/h)。

根据式(10-10)可得以下结果：当公交系统负荷比在 0.8～1 时，公交网络供需关系适当；当公交系统负荷比<0.8 时，公交资源供给富余，可增加用地开发强度或缩减公交线路；当公交负荷比>1 时，公交资源供给不足，可降低用地开发强度或增加公交线路。

5) 交通评估要点

由于评估范围内道路交通设施较多，交通设施与用地之间的协调关系要求更高，因此，交通设施的功能性评估是重要内容之一。功能性评估一般按照区域空间布局和土地利用特征，关注道路在交通、生活、生产和生态等方面的完整功能，提出道路的功能分类体系。

路网评价方面主要包括新城对外交通设施评估和新城内部路网评估。新城对外交通设施评估包括快速路出入口设置合理性和跨片区通道评估，主要评估这些重要通道、节点设施的服务水平和衔接转换设施与交通流的匹配性。新城内部路网评估方法与传统交评类似，主要针对路段和重要交叉口的饱和度和服务水平进行评估。

除了路网评估外，新城控规交通影响评估特别要注重对公共交通、慢行系统和停车设施的评价，包括设施的功能结构、规模和布局等是否符合规范以及新城各类交通出行的需求。具体评价要点如表 10-7 所示。

表 10-7　公共交通、慢行和停车设施主要评价要点

交通系统分类	交通设施类型	评价要素
公共交通	轨道交通线网与站点设施	线网密度、站点密度、站点覆盖率
	轨道交通换乘设施	换乘设施配置
	轨道交通运营	轨道交通服务水平
	常规公交线网	线网结构、线网密度、线网与客流走廊吻合情况、常规公交站点覆盖率、常规公交服务水平
慢行交通	完整街道	道路断面设置、步行和自行车道宽度
	过街设施	过街设施间距、交叉口二次过街、立体过街设施
停车设施	配建停车设施	是否符合配建标准、不同类型用地配建标准是否合适
	公共停车设施	停车场数量、规模和布局
	路内停车设施	路内停车设置的必要性、合理性、标准和规模

10.2.5　交通系统优化与评估结论的使用

新城控规交通影响评估作为对上反馈控制性详细规划等上位规划内容、对下为交通系统优化、实施性规划和设施建设管理等提供指导的重要环节，应提出相应的反馈和优化建议。如果评估的结论是交通系统不能满足新城片区开发的要求，应建议协调多方部门对控制性详细规划进行优化调整。根据评估提出的优化建议，优先对各个交通系统和设施配置进行优化，如果仍无法满足用地开发需求，则应考虑对规划用地性质、开发强度和空间结构进行优化调整。

土地利用与交通系统的互适性判定为不互适的，应在阐述分析存在问题及矛盾后开展专题论证。各交通子系统影响程度判定为影响显著时，应提出必要的交通优化建议，满足相应要求。

1. 土地利用与交通系统优化协调

(1) 针对交通承载能力不足情况，优化措施主要包括：优化用地结构、用地性质或开发规模；提升交通承载力，应优先提升公共交通承载力；优化交通组织，引导和平衡交通流分布等。

(2) 针对交通设施布局不合理情况，应综合考虑规划范围整体用地情况，优化路网功能，明确道路交通组织方案，调整规划道路断面设置；根据定量化测算，对部分道路交叉口的红线和渠化情况进行优化调整；结合用地性质和开发强度，调整停车配建标准。

(3) 依据重大交通设施建设计划，考虑交通与用地协调性的需要，对部分地块的位置、使用情况进行调整。

2. 各交通子系统改进优化

(1) 优化对外交通的进出通道、过境道路和内部联系道路,优化工业用地、仓储用地货运通道。

(2) 步行与自行车交通应以网络架构及设施落实为优化重点,优化步行和自行车的空间分配比例与宽度。

(3) 公共交通系统优化,应以公交场站布局、公交专用道及站点换乘设施改善为主要内容。

(4) 道路交通系统应优化路网结构、布局并对主要交叉口提出交叉口形式和渠化建议。

(5) 停车系统应优化停车供应结构、公共停车场布局等,研究学校等特殊地块的停车问题。

当提出的改善措施可行且符合下列所有要求时,新城控规交通影响评估结论为可接受:路网最大服务交通与基本通行能力之比小于 0.85;道路网规模、道路横断面等指标符合功能定位要求;公共交通服务能力满足需求量要求;停车设施符合相关规划指导思想;步行与自行车满足安全、连续、方便、舒适的要求;其他各类交通设施布局满足功能定位和交通组织的要求。

值得注意的是,对于各个交通子系统存在的关键问题提出的改善措施和建议,应尽量减少对既有新城控制性详细规划的改动幅度。如果交通设施承载力不能满足需求,应首先考虑通过交通组织方式引导和平衡交通流分布;其次考虑增加交通承载力的可能性,并且尽可能优先增加公共交通设施承载力;最后考虑调整用地开发规模、路网结构甚至是用地性质和空间布局。

10.3 新城复合开发地块交通影响评价

10.3.1 复合地块交通影响评价的意义与目的

作为控规交评的延续,地块交通影响评价可以从落实上位规划的角度,明确土地开发强度和配套交通设施的规模控制指标,为相关设施布局提供一定指导,并协调建设项目与周边地块的交通组织关系,从而成为上位规划落实与下位设计指导衔接的纽带,更好的发挥“承上启下”的作用[103]。地块交通影响评价的意义主要包括:

1. 保障新城交通系统稳定与运行效率

对地块建设项目进行交通影响评价的原因是由于其在建设时会使周边地区的交通流量上升,导致周围区域的交通现状发生改变,造成不利的影响。通过评价地块的交通影响因素,可以避免项目开发致使周边交通服务水平的降低,也能根据评价结果来尽可能地避免地块在建设时对周围区域交通流量造成的不利影响,通过改变交通需求点的位置,进而预防新城局部交通量过大的项目集中建设,导致交通需求过度聚集。

2. 引导新城用地空间合理化发展

在新城发展过程中,存在着旧城向新城延伸的区域被过度开发、新城与旧城连接点交通拥堵等问题。新城规划者可以通过交通影响评价从本质上控制被开发地区的使用程度，对建设项目的性质、规模及方案进行分析和管理，避免在拥堵区域过度开发与建设项目，从而更科学地进行新城规划工作。

3. 考虑不同类型建设项目对交通系统的长远影响

由于复合地块建设项目类型多样，且具有较长的建设与运营期，所以在对其进行评价之前，要确定具体的评价年限。不同的评价年限会影响规划者在预测项目周围区域的交通需求时的精准度，从而得到不同的评价结果。因此在评价地块建设项目对周围区域交通的影响时，规划会以长远的眼光去分析其得到的效益及造成的影响，使得评价结果更加的科学合理。

4. 地块项目建设为新城整体利益服务

新城交通系统作为新城布局的重要组成部分，展现了新城各地块之间动态的联系。通过把周边配套设施及交通设施的状况纳入地块项目建设的考虑范围中，可以充分把握建设项目对周围区域带来的不利影响，在经济发展的同时营造高品质的新城交通环境，加强不同性质用地之间的良性互动，使新城发展的总体利益达到最优。

交通影响评价能够在项目选址前或开发之前，通过评估建设项目对周边交通造成的影响，并且以城市交通为出发点，进而判断项目选址的可行性建设方案。若无显著影响，则选定项目在交通角度可以实施，如果交通影响程度产生显著性影响，则应该对建设项目进行重新的选址或调整方案设计，进而在源头上避免交通问题的产生。

10.3.2　复合地块的类型与交通特征

1. 地块类型划分

土地开发建设必然会产生相应的交通出行需求，地块交通影响评价实质是分析土地利用与交通出行的关系。一般来说，不同的土地利用性质对应着不同布局和强度，会产生不同的交通需求特征。因此，城市地块交通影响评价一般会通过分类调查，确定不同类别地块的出行率等出行参数，对地块建设项目进行个性化交通影响评价，有针对性地提出改善措施，从而更好地保证地块与区域交通协调发展。

《建设项目交通影响评价技术标准(CJJ/T141—2010)》依据用地类型和建筑物使用功能将建设项目划分为住宅、商业、服务、办公、场馆与园林、医疗、学校、交通、工业、混合与其他 11 个大类。依据该分类原则，结合停车配建标准、交通出行特征与强度、规划用地分类和民用建筑分类，制定地块交通分类标准。

确定地块类型后，可结合对城市已建成用地的调查结果以及地块项目的建设时序，确定不同功能地块的交通生成率[104]。考虑城市居民对交通污染的重视程度，居住地块相对于商业、办公等地块的客流成熟期相对较长，分年度计算交通生成时应进行相应折减。

2. 复合地块交通组织

目前，新城开发大多以开发混合性用地的复合地块为主，复合地块交通组织相对一般地块来说更加复杂，具体表现在以下三个方面：

(1) 由于复合地块中多包含商业、娱乐、住宿等性质用地，此类用地交通吸发率高，造成复合地块单位面积交通吸发量普遍较高，单位面积上的车流量、人流量均高于城市一般用地类型，如果不进行有效的交通系统设计，极易造成严重的交通拥堵。

(2) 用地类型的多样化带来交通出行方式的多样化，其中包括小汽车、出租车、网约车、非机动车、货车等多种交通流，造成复合地块与外部交通衔接节点处混行交通比例提高，复合地块内部各种交通出行方式也会冲突加剧，不同交通方式的相互干扰，降低了交通设施的通行能力和服务水平。

(3) 复合地块一般选择在新城市中心及周边商业繁华的地带，为降低成本，土地利用呈现高强度的特征，具体表现为建筑体的高密度化、高层化、高容积化。高开发强度带来大量的机动车和非机动车停车需求，同时不同用地的停车特征、顾客与职工的停车特征存在差异，使得该地块停车供需紧张，停车组织难度大。

由于复合地块交通影响评价需要考虑更加复杂的交通特征，故应有针对性地提出相应的评价体系与方法。

3. 不同类型复合地块特征

1) 建筑群复合地块

新城建筑群复合地块的主要作用是在新城核心区域降低综合商务的成本，例如将商业、办公、餐饮和其他服务场所的单户综合楼囊括在建筑群复合地块中。其特点包括：较少依赖其他配套设施，补充其自身功能，可以相互支持；能够及时有效地解决新城交通拥堵压力；多种功能的有效结合可以适当降低投资风险；建设规模大，投资额高，经济风险大；对建筑设计要求较高。

新城建筑群复合地块的交通空间是连接新城和建筑群的中间空间，同时能够服务建筑群内的不同功能，主要分为内部交通和外部交通。内部交通系统包括停车系统、内部道路系统、内部慢行系统和内部货运系统，内部运输系统确定建筑群的安全连接需求，而货物流通是内部交通的重要保障依据，通过建卸卸货场和建立快速货运通道。对外交通系统可以通过对外交通的组织与新城交通建立良好和谐的关系，对新城建筑群的正常运行起着决定性的作用，包括道路交通系统、轨道交通系统、交通位置和道路节点设置。建筑群复合地块的内外部交通组织特征分别如表 10-8 和表 10-9 所示。

表 10-8 建筑群复合地块内部交通组织特征

基本功能	内部交通内容
办公	员工上下班交通
	办公访客到离
	公司机构的业务接送交通
	进货、搬家、清洁交通
居住(公寓、旅馆、住宅等)	居住者、顾客的到离
	员工上下班交通
	业务交通
	货运交通、清洁交通

（续表）

基本功能	内部交通内容
商业(购物、餐饮、娱乐等)	商业顾客到离交通
	职工上下班交通
	货运交通、清洁交通
	业务交通(迎送、推销)
会议、展览	顾客到离
	上下班交通
	参观机构单位工作人员出入
	展品货运

表 10-9　建筑群复合地块外部交通组织特征

交通方式	进入建筑群复合地块交通方式	特征
自行车	通过新城步道进入内部	高峰时段人流大且密集
电动车	通过非机动车车道进入内部	高峰时段人流、车流密集
公交(地铁、轻轨)	通过公交站点、换乘点等连接的步行道进入内部	高峰时段人流、车流密集
私家车	进入停车场后经由广场或通过楼(电)梯进入内部	车流随机分布、人流分散
出租车	在新城道路下车或在下车点下车经步道进入内部	车流随机分布、人流分散
单位通勤车	在新城规定下车点或在下车点下车后经步道进入内部	高峰时段人流量成批次
货车	进入专用卸货区卸货后,驶离或停入停车场	较长时间占用停车卸货泊位

在对建筑群复合地块建设项目进行交通影响评价时,有必要关注以下几个方面:

(1) 安全有序地组织外部交通将是项目车辆出行和车辆吸引的关键,有序的交通组织可以方便车辆快速轻松地进出项目,提供更好的交通和舒适度;

(2) 车辆进入车库时,安全有序的内部循环和微循环组织可以快速找到停车位,车辆离开地下车库,能够快速找到出口坡道快速离开,更好的内部微循环为用户提供舒适的停车环境和使用感;

(3) 建筑群内的行人交通主要以安全和舒适为基点,通过合理的步行组织和交通设施,人们可以安全、准时、方便、舒适地到达和离开物业,保障了商业和住宅的活力,且有利于人车分流和商业人流的组织。

2) 站城一体复合地块特征

作为新城复合地块的典型类型,站城一体复合地块以公共交通为导向,通过地块空间的复合利用来协调城市发展,促进新城功能与交通功能的一体化发展,推动站城一体化进程,实现高质量与可持续融合发展。其核心在于形成以轨道交通车站为中心,以 5～10 min 步行路程为半径,建立集工作、商业、文化、教育、居住等为一体的商住用地群,达到各城市组团紧凑型开发的有机协调模式。

在站城一体复合地块开发过程中引入TOD发展模式，有助于加快站城一体化进程，对实现轨道交通与新城发展良性互动融合、打造现代化新城具有积极意义。在TOD导向下，复合地块开发布局围绕公共交通枢纽站点展开。以大容量公共交通站点（轨道交通站点、BRT站点等）为中心，在以一定距离为半径的范围内进行高强度土地开发，复合地块布局以及梯度分布利用策略，达到提高土地利用效率，提高公共交通乘坐率等目的。TOD导向下的复合地块开发在一定程度上改变了土地利用格局，从源头上使新城交通需求发生变化，影响了新城交通分布特性[105]。站城一体复合地块的客流生成分为两个部分，分别是用地开发产生的客流发生吸引量和交通换乘枢纽对客流的吸引。

得益于站城一体化的发展模式，轨道交通的便利性愈加凸显，成为人们在出行时更优先的选择。而轨道交通便利性带来的大量客流，也对其换乘设施提出更高要求。在站城一体化开发模式下，人们到达或离开轨道交通站点大多会选择慢行交通，相对普通轨道交通站点，对慢行设施的环境舒适性以及便捷性提出了更高的要求。

在对站城一体化的复合地块建设项目进行交通影响评价时，有必要关注以下几个方面：

(1) 创造更加便利舒适慢行环境，保障非机动车的停放更加便捷；

(2) 构建与客流相适应的公共交通运力系统，保障轨道站点、公交站点安全便捷联系；

(3) 进行机动车停车管理，限制小汽车停车位的数量；

(4) 优化内部的交通组织，建立更加有序高效的机动化组织。

10.3.3 复合地块交通影响评价流程与要点

1. 评价流程

复合地块建设项目交通影响评价流程为：

1) 确定研究范围和研究时间

根据国内外最新研究成果和相关技术标准，对复合地块所在区位、项目的建设周期、复合地块可能产生和吸引的交通量、复合地块交通特性和周边交通运行状况、复合地块周边路网现状和发展情况等方面进行科学分析，确定交通影响评价的研究范围、研究年限和评价时段。

2) 土地利用分析

交通和土地利用是相互关联的。从本质上讲，虽然土地利用产生了交通，但交通设施的供给使得一些地方比其他地方更具吸引力，从而影响了土地利用的发展。不同性质的用地所产生的交通量是不尽相同的。因此，分析复合地块内部及周边的土地利用情况，可以为了解现状交通出行特性，如交通出行需求、主要出行方向等提供一定的参考。

对研究范围内的现状用地及上位规划进行分析，主要有以下几个目的：①理解现状用地类型，分析项目建设前交通特征；②了解研究区域的发展目标、功能定位，便于拟定合理的交通增长率；③为确定研究范围提供客观依据；④评估周边用地对交通的影响程度，选取预测年评价模型。

3）综合交通系统分析

综合交通系统分析主要包括复合地块所在区域道路交通现状分析、现状道路交通评价和区域交通规划分析。其中，区域道路交通分析包含区域路网现状分析、行人交通设施分析和公共交通设施分析；区域交通规划分析又包括区域路网规划分析和公共交通规划分析。分析现状交通，主要有以下几点作用：①评价现状交通设施和交通组织方式；②排查交通隐患，尤其是人车冲突；③调查现状交通流量，评价主要路段及交叉口运作情况；④研究现状交通流特征。

4）交通需求预测

交通需求预测的总体思路是通过对现状复合地块内部不同类型建设项目人流量的发生、吸引情况进行调查，总结出不同类型建设项目的交通出行特征（发生/吸引率），根据不同建设项目计划的建设规模加权计算复合地块自身产生的交通量（发生/吸引量），在对地区出行结构作预测的基础上，预测规划年各地块全方式出行的交通量，并考虑各类用地出行交通量的时间分布，利用交通模型进行道路网交通量的空间分布预测。

背景交通预测、项目交通预测构成交通需求预测的结果，背景交通量为无建设项目的情况下，在该区域路网中，到预测年，基于现有交通量的一个自然增长量，对于发展比较稳定的区域，背景交通量的预测结果是比较准确的。项目交通量指项目建成后，至预测年该项目产生的交通量。

5）交通影响程度评价

交通影响程度评价是复合地块交通影响评价的关键环节，计算复合地块不同类型建设项目在评价年限内的评价范围之中的背景交通量需求，和新生成交通加入后的交通系统的运行指标相对比，确定项目建成前后服务水平的变化，据此评价建设项目交通增加对原来的交通系统的影响是否显著。

6）交通改善措施

对于复合地块建设项目交通增加对原来的交通系统的影响显著的情况，提出交通改善措施。如果可以改善，则重新进行交通预测分析，然后重复下面的步骤；如果不可以改善，则直接给出结论和建议。

7）结论及建议

提出交通影响分析结论，列出为减少交通影响需要采取的改善措施和建议，提出开发商所需要承担的交通改善责任，切实降低复合地块的交通影响，促进项目建设和交通运行良性发展。

复合地块建设项目交通影响评价流程如图10-5所示。

2. 评价要点

1）慢行交通评价

以复合地块的站城一体化开发为例，轨道交通站点与人们的居住、工作等地方的距离缩短会引发更多的慢行交通量。慢行空间是否充裕连续，慢行交通设施是否完善，慢行出行是否安全，非机动车的停放是否便捷等，这些都对慢行的质量有着很大的影响。为保证慢行交通的安全、舒适、连续、便捷，满足人们对慢行设施的需求，需要对慢行设施的服务水

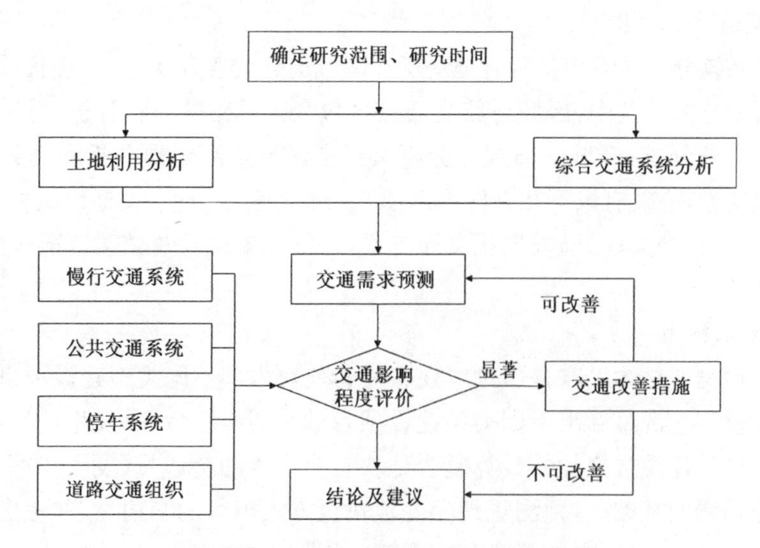

图 10-5　复合地块交通影响评估流程图

平进行评价。

2）公交运行评价

复合用地周边公交系统合理的线路布局、站点设置、发车间隔、换乘条件均会给乘客的乘坐体验带来影响。好的公交系统的线路布局、站点设置、发车间隔、换乘条件会给市民提供方便、舒适、快捷的公交乘坐环境，满足出行需求。因此，需要充分保障新城公交系统的运力，让出行者在合理的等待时间内有公交车可乘且不过分拥挤，满足其公交出行需求。此外，载运能力余量过多，会造成公交使用效率低下、资源浪费；载运能力余量过少，会造成乘客等候时间过长、车厢拥挤、乘坐难受等。一个合适的载运能力余量对复合地块的公共交通出行需求至关重要。因此需要对公交的服务水平进行评价。公交车运行情况的评价指标主要是运营车速和满载率。

3）停车设施评价

原则上复合地块建设项目新生成的停车需求应由项目自身承担，当项目产生的停车需求大于项目自身配建的停车设施容量时，容易对复合地块周边停车设施造成影响或出现违规停车现象，从而影响新城道路交通系统的稳定。因此不仅要考虑复合地块上不同类型建设项目建成后对周边的动态交通的影响，同时也要考虑对静态交通也即停车设施的影响。在分析交通需求后，计算出复合地块的综合停车设施规模，和目标年地块高峰小时停车需求相比，判断复合地块建设项目配建的停车位数量是否满足需要。最后评价停车设施的数量、规模和构成等是否符合要求。

只有将汽车使用限制在道路网络的承载水平以内，才能避免交通拥堵。高峰通勤时段通常没有必要选择小汽车出行，新城复合开发地块由于具备良好的公共交通、慢行交通出行环境，更有条件限制小汽车通行，因此需要结合具体交通条件，满足基本小汽车停车需求基础上，通过适当控制小汽车停车位的数量，进一步引导复合地块所在地区采用绿色交通方式出行。

4）道路交通评价

（1）外部路段评价

复合地块诱增的交通量也会给路段带来很大影响，因此需要对路段的通行能力和服务水平进行评价。对路段的交通状况的评价主要是通过路段饱和度和运行车速来进行评价。

（2）外部交叉口评价

复合地块上不同项目的建设将会对交叉口产生重要影响，吸引大量的交通流量，其中项目诱增交通量对机动车、行人与非机动车等的影响较大。交叉口交通流汇集，机非混合严重与交通事故频发，是路网通行能力的瓶颈和交通拥挤的敏感点。因此需要对交叉口进行服务评价，主要指标是交叉口饱和度和交叉口延误。

（3）内部交通组织评价

复合地块用地性质多样，会产生机动车、非机动车和货运等多种车流组织，可能导致内部交通组织混乱交叉。为了更好地优化车流组织，使内部机动化组织更加高效有序，做好出入口的衔接工作，需要对内部交通组织、出入口的衔接进行评价。

10.3.4　复合地块交通影响评价方法

1. 启动阈值确定

复合地块交通影响评价的启动阈值是复合地块建设项目需要进行评价的限制条件，是政府主管部门用来决定新城土地开发利用项目是否需要进行交通影响评价的依据。为了提高交通影响评价的效率，需要结合复合地块多样化的用地性质开展评价工作。

阈值依据复合地块对周围交通系统的影响程度大小而定，因此影响因素主要是复合地块交通生成和周围交通系统运行状况。复合地块交通影响评价工作中最主要的内容是评价机动车交通的影响，一般是将复合地块周边的关键道路交叉口、复合地块出入口和复合地块周边邻近路段交通服务水平的下降作为确定交通影响评价阈值的影响因素。由于在新城道路系统中，道路交叉口通行能力决定新城交通网络的服务水平，因此拟建项目所产生的交通使周围路网关键交叉口的服务水平下降到可接受的服务水平的最低值，即可作为启动阈值的确定条件。

考虑到复合地块多样化的用地性质，当新增建筑面积达到表 10-10 中任一类的启动阈值即可开展复合地块交通影响评价。

表 10-10　复合地块交通影响评价启动阈值

类别	建设项目规模/指标
住宅、公寓类	Ⅰ类区域：新增建筑面积≥5×10^4 m^2 Ⅱ类区域：新增建筑面积≥15×10^4 m^2
商业、服务、办公类	新增建筑面积≥3×10^4 m^2
学校、医疗类	24 班及以上学校、500 床及以上医院
交通设施类	客货运场站、交通枢纽、公共停车场(停车位≥150 个)
其他各种类型	新增配建机动车停车位≥150 个

2. 交通影响范围与研究年限确定

1）交通影响范围

交通影响范围一般指的是交通影响评价研究范围和复合地块的交通影响范围两个方面。复合地块上的建设项目通常会对所在道路交通或被重要道路围合的区域段产生较明显的影响。复合地块交通影响范围的确定是进行交通量预测的前提，因此是否能够合理选择影响范围将会直接影响交通需求预测的精确性，并且影响范围的大小直接关系到整个交通影响评价的工作进展及影响程度。为节约成本又能够使预测精度控制在合理的范围内，科学地确定交通影响范围是不容忽视的。

从国内外的实践经验来看，确定交通影响范围的方法有定性分析法、定量分析法两类。通过分析各评价方法的特点，可以确定各自的适用范围。

（1）定性分析法

在对拟建项目开展交评时，根据经验来确定研究范围即定性分析法。一般以项目所在地块为圆心，向周边各方向延伸至最近的快速路、干路，或者是将天然的地理屏障围合的范围作为研究区域。定性分析主观性较强，缺少必要的理论支持，不同的分析主体可能划出不同的研究范围，因而易对交评的结果产生不利的影响。

（2）定量分析法

相对于上述分析方法，定量分析法具有较高的客观性，需要依据数据的分析得到影响范围，主要包括烟羽模型法、最长时间法两种。

烟羽模型法：协同学理论是烟羽模型算法的基础。通过确定复合地块对周边路网不同影响程度下的最远距离来计算得出。它将气源对气体的影响作用，转变为地块对新增交通量的影响。

最长时间法：利用出行最长时间来划定最大影响区域。根据相同类型建设项目使用交通工具的比例以及各种交通工具的疲劳使用距离，通过类比法求得地块的平均影响距离。平均距离等于所有的交通工具使用比例乘以疲劳使用距离之和。

综上所述，最长时间法利用最长出行时间确定最大影响区域的方法虽然简单，但是很难确定合适的疲劳使用距离，尤其是考虑的因素较少，但可操作性强；烟羽模型法分析结果较精确，可适用于不同功能类型、规模和密度的新城复合地块。

2）研究年限

研究年限通常应根据建设项目的特征以及具体的实施计划来评定，一般可划分为三种研究年限即近期、中期、远期。

（1）近期

复合地块建成后3年以内可称其为近期，通常是在现状基础上依照目前的增长水平来对背景交通量进行推算。近期复合地块交通需求的预测特点是周期较短，而且路网和交通的综合结构与各小区的现状相比变化不一。

（2）中期

复合地块建成后5～10年称其为中期。该类地块开发通常要求预测准确，当背景交通量的预测呈现上升的趋势时，应考虑项目的特点和所具备的实力与建立交通规划模型时采用的数据之间的差异。复合地块的周边条件也应与交通规划模型结合起来对影响范围内的道路进行交通量预测。

(3) 远期

复合地块建成 10 年以后可称其为远期。通常来说可根据复合地块的规模及建设可行性来判别其是否为远期。

3. 交通需求预测

交通需求预测的整个过程包括以下几部分：交通生成、交通分布、交通方式划分以及最终的交通流分配等，该过程在交通影响评价中处于重要的位置，同时在预测复合地块周围各种设施运营情形、合理地提出有效的解决方案和决策中起到了核心的作用。交通需求预测主要包括背景交通量（复合地块外的交通量）预测和建设项目交通量（出行起讫点在复合地块内）预测以及停车需求预测。

1) 背景交通量预测

背景交通量预测的是在复合地块没有建设项目的情况下，预测特征年研究范围内交通量。背景交通的组成又可分为两个部分：经过研究范围，但出行起讫点均在研究范围之外的过境交通；交通出行起点或讫点在研究范围内，由研究范围内地块产生的，包括考虑业已批准的可能会在研究期末建成的规划项目。背景交通量的确定常用以下三种方法：OD 反推法、弹性系数法、叠加法。

(1) OD 反推法

该方法适用于已编制了综合交通规划的新城，可直接应用综合交通规划部分数据和指标对评价设施的交通背景负荷进行预测。

新城交通规划一般会给出主要道路的交通预测数据。这些交通预测数据可以直接作为复合地块的未来背景交通量。若难以得到复合地块交通规划的交通预测数据，采用交通仿真模型和 OD 反推理论，得到区域整体的 OD 分布，以此为基础预测未来年出行 OD 分布，并将其分配到路网，从而得到预测年的背景路段流量。

(2) 弹性系数法

弹性系数法是通过研究确定交通的增长率与国民经济发展的增长率之间的比例关系——弹性系数，根据国民经济的未来增长状况，预测交通的增长率，进而预测未来交通。

弹性系数与社会经济的发展层次、地区特点、发展战略等均有一定的关系。因此，弹性系数的确定应综合分析预测地区的历史、现状、发展趋势，通过历史现状资料分析其不同时期的弹性系数，并通过其他地区的类比分析等确定。

(3) 叠加法

将研究范围内所有已经批准和纳入规划的新开发设施或改建设施的交通产生量进行叠加，适用于预测平稳发展的区域。

2) 建设项目交通量预测

建设项目交通量预测采用传统的四阶段法进行预测，其中交通生成预测有很多种方法，包括交通产生率法、类别生成率法、回归分析法、时间序列法、弹性系数法等，最为常用的是交通产生率法，具体如式(10-11)所示。

$$N=\sum_{i}S_i\cdot x_i \tag{10-11}$$

式中：N—— 吸引或者发生量；

S_i—— 第 i 类建设项目的建筑面积；

x_i—— 第 i 类建设项目的发生吸引率。

不同类型建设项目的发生吸引率见表 10-11，由于复合地块包括多种建设项目类型，应根据项目建设规模进行加权求和。

表 10-11　不同类型建设项目发生吸引率

<table>
<tr><th>大类名称</th><th>中类名称</th><th>说明</th><th>高峰小时出行率参考值</th><th>出行率单位</th></tr>
<tr><td rowspan="5">住宅</td><td>宿舍</td><td>集体宿舍、集体公寓等</td><td>4～10</td><td>人次/hm^2建筑面积</td></tr>
<tr><td>保障型住宅</td><td>廉租房、经济适用房等</td><td>0.8～2.5</td><td rowspan="4">人次/户</td></tr>
<tr><td>普通住宅</td><td>普通商品房、居民楼等</td><td>0.8～2.5</td></tr>
<tr><td>高级公寓</td><td>—</td><td>0.5～2.0</td></tr>
<tr><td>别墅</td><td>—</td><td>0.5～2.5</td></tr>
<tr><td rowspan="3">商业</td><td>专营店</td><td>专营店、小型连锁店等</td><td>5～20</td><td rowspan="3">人次/hm^2建筑面积</td></tr>
<tr><td>综合性商业</td><td>综合型超市、百货商场、购物中心等</td><td>5～25</td></tr>
<tr><td>市场</td><td>批发或零售市场、农集贸市场、菜市场等</td><td>3～25</td></tr>
<tr><td rowspan="5">服务</td><td>娱乐</td><td>娱乐中心、俱乐部、休闲会所、活动中心、迪厅、网吧等</td><td>2.5～6.5</td><td>人次/hm^2建筑面积</td></tr>
<tr><td>餐饮</td><td>餐馆、饭店、饮食店等</td><td>5～15</td><td>人次/hm^2建筑面积</td></tr>
<tr><td rowspan="2">旅馆</td><td rowspan="2">招待所、旅馆、酒店、宾馆、度假中心等</td><td>3～6</td><td>人次/hm^2 建筑面积·高峰小时</td></tr>
<tr><td>1～3</td><td>人次/套客房·高峰小时</td></tr>
<tr><td>服务网点</td><td>邮局、电信、银行、证券、保险等对外服务的分理处或营业网点</td><td>5～15</td><td>人次/hm^2 建筑面积·高峰小时</td></tr>
<tr><td rowspan="3">办公</td><td>行政办公</td><td>党政机关、社会团体的办公楼</td><td>1.0～2.5</td><td rowspan="3">人次/hm^2建筑面积·高峰小时</td></tr>
<tr><td>科研与企事业办公</td><td>—</td><td>1.5～3.5</td></tr>
<tr><td>商业写字楼</td><td>—</td><td>2.0～5.5</td></tr>
</table>

（续表）

大类名称	中类名称	说明	高峰小时出行率参考值	出行率单位
场馆与园林	影剧院	电影院、剧场、音乐厅等	0.8～1.8	人次/座位
	文化场馆	图书馆、博物馆、美术馆、科技馆、纪念馆等	1.5～3.5	人次/hm^2 建筑面积
	会展场馆	展览馆、会展中心		
	体育场馆	比赛型/训练性/综合性体育场馆、健身中心等	0.2～0.8	人次/座位
			2～5	人次/hm^2 用地面积
	园林与广场	新城公园、休憩公园、游乐场、游乐园、旅游景区等	10～100	人次/hm^2 用地面积
医疗	社区医院	诊所、社区医疗中心、体检中心	1.5～4.0	人次/hm^2 建筑面积
	综合医院	各级各类综合医院、急救中心等	3～12	
	专科医院	专科医院	4～8	
	疗养院	疗养院、养老院、康复中心等	1～3	人次/床位
学校	高等院校	—	0.5～2.0	人次/hm^2 建筑面积
	中专及成教学校	中专、职高、特殊学校及各类成人与业余学校	2.5～5.0	
	中小学	高中、初中	6～12	
	幼、小学	小学、幼儿园、托儿所	12～25	
交通	客运场站	对外交通客运和航站楼、新城客运枢纽	依据调查数据或相关专项指标	
	货运场站	货运站、货运码头、物流中心		
	加油站	加油站		
	停车设施	社会停车场库、公共汽电车停车场库		
工业	工业	—		
其他	市政	非交通市政设施，如供水厂、供电厂、供气厂、供热厂、排渍站等		
	其他	农业建筑、军事建筑等特殊建筑		

3）停车需求预测

复合地块停车需求预测方法是根据地块高峰小时机动车吸引量、停车场利用率等变量因子进行计算，具体计算公式如式(10-12)所示。

$$P = W \times T \times \gamma / (60 \times \alpha) \tag{10-12}$$

式中：P—— 停车泊位需求量；

W—— 高峰小时吸引的机动车数；

T—— 机动车平均停车时间(min)；

γ—— 吸引机动车中非出租车车辆比例；

α ——泊位利用率，根据复合地块泊位实际利用情况取值。

4. 交通影响程度评价

复合地块交通影响程度评价通常会涉及到地块影响范围内的路网容纳能力，并需要对复合地块内各类交通设施的供应与需求做出合理的对比分析。通过对比原有与新增交通量加入后的影响程度，据此来分析新增交通对原有系统的影响是否明显；评价指标计算结果也是后续交通改善的依据，评价的基本流程如图 10-6 所示。

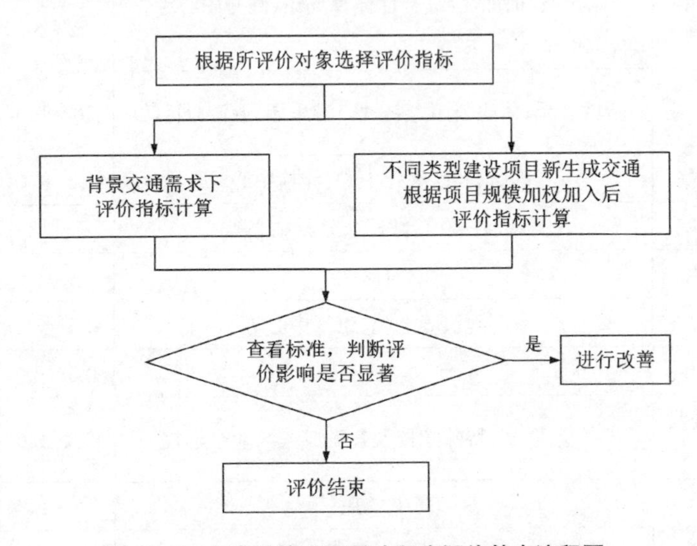

图 10-6　复合地块交通影响程度评价基本流程图

复合开发地块对影响范围内的交通影响评价还可划分为直接结果和间接结果。通常对复合地块的交通影响程度评价仅需直接量化后得出具体的结果，如整个路网交通负荷、局部路段及交叉口交通负荷等；而对间接结果则需要进行定性补充分析，如行人交通、交通安全、停车设施、公交设施及服务水平等。

1）路网交通影响评价

(1) 路段交通影响评价

交通影响评价需对影响范围内的主要路段和关键断面(瓶颈段、桥梁等)进行通行能力分析和饱和度(v/c)分析。这里需要分析的主要路段是交通量增长幅度超过 5%的路段。目前路段机动车服务水平评价标准如表 10-12 所示，一般可以接受的是 C 级服务水平。

表 10-12　路段机动车服务水平评价标准

v/c	状态	服务水平分级
$v/c \leqslant 0.40$	通常都以该路段设计车速的 90%行驶，车辆行驶完全不受阻碍	A
$0.4 < v/c \leqslant 0.60$	车辆行驶基本不受阻碍，其平均行程速度约为道路设计车速的 70%	B

（续表）

v/c	状态	服务水平分级
$0.60<v/c\leqslant 0.85$	车辆稳定行驶，驾驶性能和车道变换受到一些限值，平均行程速度约为道路设计车速的 50%	C
$0.85<v/c\leqslant 1.0$	车辆变换车道变得较为困难，平均行程速度约为道路设计车速的 40%	D
$v/c>1.0$（不稳定）	车辆行驶严重受阻，车流处于时停时行状态，平均行程速度低于道路设计车速的 1/3	E

(2) 交叉口交通影响评价

信号交叉口机动车服务水平主要通过交叉口饱和度和延误两方面进行评价，评价标准如表 10-13 所示。

表 10-13　信号交叉口服务水平评价标准

服务水平	交叉口饱和度	每车延误(s)
A	≤0.25	≤10
B	0.25～0.50	11～20
C	0.50～0.70	21～35
D	0.70～0.85	36～55
E	0.85～0.95	56～80
F	>0.95	>80

无信号交叉口机动车服务水平主要通过延误指标进行评价，评价标准如表 10-14 所示。

表 10-14　无信号交叉口服务水平评价标准

服务水平	每车延误(s)
A	≤10
B	11～15
C	16～25
D	26～35
E	36～50
F	>50

2) 地块出入口评价

(1) 地块出入口位置

根据《城市规划技术标准与准则》，机动车出入口距离道路交叉口、桥隧坡道起止线应大于 50 m；小区级主要道路出口距主干道交叉口距离，自道路红线交叉口起点不少于80 m，次干道不少于 70 m。

(2) 地块出入口数量

根据《城市规划技术标准与准则》，地块机动车出入口个数应符合表 10-15 规定。

表 10-15　地块机动车出入口个数要求

停车位数量(个)	地块机动车出入口个数
≤50	宜设 1 个
51～500	不应超过 2 个
501～1 000	不应超过 3 个
>1 000	不应超过 4 个

根据《民用建筑设计通则(GB 50352—2005)》，大型、特大型的文化娱乐、商业服务、体育、交通等人员密集建筑的地块，应至少有两个或两个以上不同方向通向道路的(包括与地块道路连接的)出口。

(3) 地块出入口宽度

根据《民用建筑设计通则(GB 50352—2005)》，单车道路宽度不应小于 4 m，双车道路不应小于 7 m。

(4) 地块出入口功能

复合地块建设项目设计方案中的机动车出入口为进出口，为减少车辆进出之间的相互干扰，应进一步优化出入口功能。

3) 公共交通设施影响评价

(1) 公交供需评价

按照《建设项目交通影响评价技术标准(CJJ/T141—2010)》，公共交通线路剩余载客容量应按式(10-13)计算：

$$P_r = \sum_i [(S_i - Q_i) \times 60 / f_i \times C_i] \tag{10-13}$$

式中：P_r—— 公共交通线路剩余载客容量；

S_i—— 线路 i 为可接受服务水平时的载客率(%)，应取额定载客量的 70%；

Q_i—— 线路 i 在地块最近公交站点的评价时段载客率(%)；

f_i—— 线路 i 评价时段发车间隔(min)；

C_i—— 线路 i 单车载客量(人)。

(2) 公交场站评价

若复合地块内包含大型居住小区、商业办公区或其他重要客流集散地，应根据规划建设配套公交场站设施，并应与主体工程同步规划、同步建设和同步使用。各类型用地的配套公交场站规模应符合表 10-16 规定。

表 10-16　不同类型用地配套公交场站要求

建筑功能	启动阈值(万 m^2)		配套要求			
	建筑面积(万 m^2)	用地面积(hm^2)	最小条数(条)	建筑面积超过启动阈值时,每增加多少万 m^2 建筑面积须增加 1 条公交线路	最小面积(m^2)	建筑面积超过启动阈值时,每增加多少万 m^2 建筑面积须增加 100 m^2 场站面积
住宅	15	3	1	15	1 000	1.5
商业	10	3	1	10	1 000	1
总建筑面积	20	3	1	27	1 000	2.7

4) 慢行交通设施影响评价

(1) 非机动车交通设施

表 10-17 用于判断非机动车道的通行能力能否满足非机动车交通需求。

表 10-17　建议的自行车车道通行能力表　　单位：bic/(h・m)

分隔情况	不受平交路口影响路段	受平交路口影响路段	交叉口进口路段
栅栏分隔	2 100	1 000～1 200	800～1 000
标线分离	1 800	800～1 000	500～1 000

非机动车停车设施主要指户外及室内的自行车停放设施,要求就近布置在公共建筑附近,以便停放;尽可能利用人流较少的街巷、附近空地或建筑物内(地面或地下)布置分散的或集中的停车场地。自行车停车场的容量通常可以按户外 1.8 m^2/bic,室内 2.0 m^2/bic 计算。每个停车场应设置 1～2 个出入口。

(2) 步行交通设施

步行交通设施的设计通行能力如表 10-18 所示。

表 10-18　步行交通设施的设计通行能力表　　单位：p/(h・m)

步道类型	折减系数(反映服务水平)			
	0.75	0.80	0.85	0.90
人行道	1 800	1 900	2 000	2 100
人行横道	2 000	2 100	2 300	2 400
人行天桥,人行地道	1 800	1 900	2 000	—
车站码头的人行天桥、地道	1 400	—	—	—

注：车站、码头的人行天桥、人行地道的一条步行带宽度应采用 0.9 m,其余均采用 0.75 m。

步行交通设施的服务水平，与道路条件、交通条件、服务设施、管理水平、交通环境等因素有密切的关系。在实际应用中，一般采用人均占有道路空间面积、可以达到的步行速度、步行者步行自由程度、超越他人与横穿人流的可能性与安全舒适程度等作为评价标准。步行交通设施服务水平分级标准见表 10-19。

表 10-19　步行交通设施服务水平等级划分

服务水平等级	A	B	C	D	E
行人占用面积（m^2/p）	＞3.0	2～3	1.2～2	0.5～1.2	＜0.5
横向间距（m）	1.0	0.9	0.8	0.7	0.6
纵向间距（m）	3.0	2.4	1.8	1.4	1.0
步行速度（m/s）	1.2	1.1	1.0	0.8	0.6
通行能力（p/h·m）	1 400	1 830	2 500	2 940	3 600
运行状态	可以完全自由行动	处于准自由状态，偶尔有降速	个人尚舒适，部分行人行动受约束	行走不便，大部分处于受约束状态	完全处于排队前进，个人无行动自由
行人自由度	有足够的空间供行人选择及超越他人，亦可横向穿越与选择行走路线	可以较自由地选择步行速度、超越他人，反向与横穿要适当减速	选择步速与超越他人受限，反向与横穿常发生冲突，有时要变更步速和行走路线	正常步速受限，有时要调整步幅、速度与线路，超越、反向、横穿均有困难，有时产生阻塞或中断	所有步行速度、方向均受限制。经常发生阻塞、中断，反向与横穿绝不可能

5）停车设施影响评价

（1）配建停车设施

停车供需分析主要看复合地块配建停车泊位能否满足停车需求。复合地块建设项目停车泊位的供给主要由建筑物的配建泊位提供，各类型建筑物配建停车泊位指标见表 10-20 和表 10-21。

表 10-20　公共建筑配建停车位建议指标

类别	单位	机动车停车位		自行车停车位	
		Ⅰ	Ⅱ	Ⅰ	Ⅱ
旅馆	每客房	0.2	0.08	—	
饭店、餐馆	每 100 m^2 营业面积	1.7		3.6	
办公楼	每 100 m^2 建筑面积	0.4	0.25	0.4	2.0
商业场所	每 100 m^2 营业面积	0.3		7.5	
体育场馆	每 100 座位	2.5	1.0	20.0	20.0
影剧院	每 100 座位	3.0	0.8	15.0	15.0

（续表）

类别	单位	机动车停车位		自行车停车位	
		Ⅰ	Ⅱ	Ⅰ	Ⅱ
展览馆	每 100m² 营业面积	0.2		1.5	
医院	每 100m² 营业面积	0.2		1.5	
火车站	高峰日每 10^3 旅客	2.0		4.0	
客运码头	高峰日每 100 旅客	2.0		2.0	

注：以上指标不包括本部门职工所需停车位。

表 10-21　公共建筑配建停车位最低控制指标

使用性质	小汽车	自行车
	车位/万 m² 建筑面积	车位/万 m² 建筑面积
行政办公	30～50	300
商业、金融、服务业、市场等	25～40	500
文化娱乐	50～60	500
医院	25～30	300

另注：地面停车车位不得小于总停车位的 20%。

(2) 停车场出入口

停车场出入口设置的主要原则如下：停车场的出入口不直接与新城快速路和主干道相连，应尽量设在次干道或支路上，并尽可能地远离交叉口；机动车停车场车位指标大于 50 个小型汽车车位时出入口不得少于 2 个，大于 500 个时出入口不得少于 3 个；机动车停车场的出入口应有良好的视野；公共建筑若设置多个出入口，出入口之间的净距须大于 10 m，出入口宽度不得小于 7 m；停车场出入口若设置在交通量很大的干道上，在高峰时间应设置信号控制或禁止停车场出入车辆左转，也可利用内部道路和周边道路形成环路，化解左转弯车辆对干道车流的影响；在临近道路和地块内部道路之间设置的连接车道，应为驶入和驶出车辆设有足够长度的排队等待区，保证驶入车辆不会排队至临近道路的行车道而影响直行车流、驶出车辆拥堵内部车流和行人的运行。

10.3.5　地块及周边交通系统优化策略

通过复合地块交通影响评价可知，项目建成后会吸引一定的交通量，增加评价范围内道路交通负荷，道路饱和度有所提高，服务水平随之降低。因此，为了保证复合地块周边交通系统运行通畅，尽可能地降低道路饱和度，提高其服务水平，应对评价范围内交通系统进行优化与改进，通常从交通组织优化、交通工程设计改善和土地利用改善等方面提出相应措施[106]。

1. 交通组织优化

1）内部交通组织

地块内部交通组织设计主要遵循以下原则：交通组织设计与停车场布局、建筑布局和功能要求相协调，并注重方便、美观和安全的原则；充分利用信号、标志、标线、天桥、地下通道等合理诱导车辆和行人，把人流与车流从时间和空间分开；重视行人、非机动车和机动车流线组织的协调，减少在建筑群内部的冲突和交织；鼓励大型公共建筑前公共场地及地面步行交通，建立联系公共交通站点、停车场、公共广场、公共建筑等节点的完善的步行系统，有条件的利用人行道路、地下走廊和空中廊道等开辟舒适的步行环境。

2）出入口交通组织

复合地块出入口交通组织主要遵循以下原则：根据地块上不同类型建设项目与周边道路的基本特性与功能要求，明确出入口处不同方式交通流的出行特征，合理组织出入口处的交通流线，做到人流、车流相互分离，不产生冲突干扰；分析复合地块上不同类型建设项目的综合功能需求，合理划分其内部使用空间与外部公共空间。通过出入口交通组织使得不同类型建设项目的内部交通流线与外部交通流线衔接顺畅，避免产生流线间相互干扰；充分考虑不同出行目的、不同车型的机动车交通特性，出入口交通组织体现交通流向布置的合理性，最大限度减少车辆在大型公共建筑内部及建筑周边道路的绕行与冲突，提高通行效率；出入口的交通组织应保证公共建筑的交通组织服从局部路网的交通要求，并以干道交通优先为首要原则，保证邻接干道交通流的连续性。

2. 交通工程设计改善

1）地块出入口改善

进行出入口交通设计改善主要考虑以下因素：出入口不直接与新城快速路和主干道相连；出入口合理划线，设置行人斑马线，必要时设置信号灯等；如果设置信号灯，应该优先让直行车流通行；满足与临近道路的视距要求，出入口处的门面房、广告牌、灯柱、标志牌等都是会造成视距受阻的因素；根据基地交通分布预测，设置相应的车道数，保证出入口有足够通行能力，尽量减少对临近道路的不利影响；地块出入车道应该与临近道路的交叉角度接近 90 度，相互交叉的车流呈直角交叉，该情况下两者的相对速度最小、视野最好；在临近道路和地块内部道路之间设置的连接车道，应为驶入和驶出车辆设有足够长度的排队等待区，保证驶入车辆不会排队至临近道路的行车道而影响直行车流，驶出车辆拥堵内部车流和行人的运行；与临近交叉口保持一定的距离；与相邻建筑的出入口保持一定的距离，一般至少为 45～75 m；建设项目若设置多个出入口，利用内部道路和周边道路形成环路，化解左转弯车辆对干道车流的影响。

常见的出入口改善措施主要包括以下几个方面：增设交通信号；增设交通标志、标线；新辟连接道路；新辟加、减速车道；限制车辆左转驶入、出；调整信号周期长度；交叉口引入多相位控制。

2）交叉口设计改善

交叉口设计改善常用的方法有如下：不改变交叉口的几何范围，通过合理划分车道、调整信号配时来改变交叉口的运行状况；限制行人流量、限制机动车左转，几何改造（拓宽交叉口、交通渠化）、信号相位的设计（延长周期、转向保护相位、机非时空组合）等；在上述两类方法均不能奏效时，修建人行天桥、地道，修建自行车过街地道、扩建交叉口和考虑立交方案等。

3. 土地利用改善措施

1）容积率

容积率是建筑总面积与建筑用地面积的比。不同类型建设项目的容积率是最重要的评价指标，它的变化直接体现到复合地块上建设项目发生、吸引交通量的变化，即与建设项目发生、吸引交通量成正比。因此，当复合地块建设项目对周边道路交通设施影响较大而采用其他措施不能有效减小其建设所带来的影响时，可采用分类降低各建设项目容积率的改善措施。

2）使用性质

在复合地块建设项目设计方案中，开发商已经根据规划要求对复合地块的使用功能进行了安排。但是，当复合地块对周边道路交通设施的影响较大时，可在不改变复合地块各类建设项目功能的前提下，对部分建筑的使用功能进行调整，通过减少建设项目发生吸引交通量来进行交通改善。

10.4　本章小结

为了实现新城交通规划体系中上下层规划有效衔接，本章提出在交通总体性、控制性和实施性规划的基础上增加衔接性规划，并重点讨论控制性衔接层的控规交通影响评估和实施性衔接层的复合开发地块交通影响评价。通过探讨在新城控规阶段开展交通影响评估的意义与目的，提出了控规交评的理念与策略、评估内容、流程、关键指标和技术方法，并针对交通系统和设施配置等方面给出反馈及优化策略；考虑到新城开发大多以开发混合性用地的复合地块为主，建立了有别于控规交评、具有新城特色的复合地块交通影响评价体系，通过分析复合地块类型及相应的交通特征，提出了交通影响评价流程、要点、技术方法及地块内部与周边交通系统优化策略。

第 11 章　新城交通规划实施保障机制

11.1　组织实施原则和要素

11.1.1　组织实施的三定原则

为保障新城建设开发工作的顺利开展，新城应组建开发建设主管机构。根据新城采用的实施模式的不同，其机构、职责及人员编制也有所不同。指挥部模式应成立开发建设指挥部，代表政府实施新城交通基础设施的规划实施与管理；公司化模式以投资公司为主体，协调相关的职能部门与规划建设主管部门，推动新城交通规划的实施；管委会模式由管委会主导交通规划的编制与审批，负责开发地区重大决策的制定；EPC 模式由 EPC 项目组统筹相关设计、代建、咨询等单位，完成新城交通规划实施工作。

下面以管委会模式为例，介绍该模式下的主要职责、内设机构和人员编制。

1. 主要职责

贯彻执行国家和省、市有关城市开发建设的方针、政策和法律、法规、规章；起草和参与制定新城地区开发建设的地方性法规、规章和政策，经批准后组织实施。

负责编制新城地区开发、建设、管理的发展战略、中长期发展规划和年度计划，并组织实施。协助拟定新城地区的区域规划、国土规划、土地利用总体规划，经批准后组织监督实施；组织区域内的分区规划、专业规划、城市设计的修编，经批准后负责组织实施。

承担组织指导、统筹协调、监督检查、综合考评新城地区开发、建设和管理工作的责任。承担规划实施、项目建设、土地利用、拆迁控违、国有资产的管理和协调，制定管理制度和规范。研究部署新城地区开发、建设和管理的重大事项，协调解决开发、建设和管理涉及的重大问题。

承担新城地区的土地开发利用和征地拆迁工作，协调制定拆迁补偿标准，参与监督征地拆迁资金使用；协助编制新城地区土地开发计划、出让计划，经批准后组织实施。

负责编制新城地区开发、建设和管理年度计划和建设资金使用计划，负责建设资金的综合平衡；承担新城地区融、投资管理。负责新城区域内市权范围规费的收取、使用和管理工作；管理、经营投资形成的国有资产；负责城市维护专项计划的管理和监督。

承担新城地区开发建设管理工作，参与新城地区地块出让条件、规划要点拟定，协调基础设施和城市配套项目的落实；参与建设项目的选址，组织开展建设项目建议书（预可行性研究）、可行性研究、初步设计审查、审核、报批工作。综合协调新城地区工程建设项目的技术、质量、安全、进度和文明施工管理工作。组织指挥部投资和建设项目的竣工验收、移交管理工作。

负责新城地区重大基础和重大公共服务型项目、市政公共设施、市容环卫、园林绿化等方面的建设与管理；组织开展新城地区招商工作；负责协调招商政策和相关措施。综合协调新城地区违章建设控制管理工作；负责指挥部机关和直属单位的组织、人才队伍、宣传、统战、纪检监察及群团工作；承办市委、市政府交办的其他事项。

2. 内设机构

根据上述职责，新城开发建设指挥部可内设 8 个内设机构。

1）办公室

协助指挥部领导组织协调部机关党务、政务、后勤等日常工作。负责学习教育、对外宣传、电子政务、信息上报、建议提案办理和组织、纪检、信访等党务工作；负责相关会务组织，文稿起草、文电运转、劳动人事、目标任务和绩效考核、对外联络、重大活动或会务的组织协调落实等政务工作；负责接待、保密、安全、印章管理、档案管理、资产管理等后勤服务工作。

2）财务管理处

负责指挥部财务管理工作，建立相关的财务管理制度；负责制定指挥部年度财务计划、组织年度财务考核；负责会计核算工作，对财务状况进行实时监管，按时完成财务分析，真实准确编制上报会计报表；负责指挥部资金管理，负责新城地区配套建设费用、土地出让金、有关规费的收支管理工作；按规定做好资金审核和拨付工作；负责资金监管工作，保障资金使用安全，参与工程资金的跟踪检查和竣工决算；负责指挥部的融资和提款工作。负责指挥部财务档案管理工作；负责监管指挥部各单位会计业务工作。

3）综合计划处

负责指挥部计划、统计、内部审计工作；负责组织编制新城地区发展战略、中长期发展规划和年度开发建设计划，并负责监督执行；负责指挥部投资管理，牵头制定投资方案，平衡建设资金；负责建设项目储备、立项、建议书、可行性研究、初步设计、开工报告、概算、成本控制等管理；负责指挥部招投标、协议和合同管理；组织建设项目的竣工决算和项目资产移交管理；负责指挥部的法律事务工作，负责工程建设制度建设。

4）规划设计处

负责组织开展新城地区规划编制工作，协调国土规划、土地利用总体规划，综合管理专业规划和专项规划的实施，组织开展城市设计编制管理工作。负责规划成果的论证、报批工作，负责经批准的规划日常管理；参与建设项目的选址、规划要点拟定和建设项目规划设计方案审查、论证。组织开展市政公用设施、园林绿化的勘察设计、方案审查工作。负责组织指挥部承担的工程建设项目规划设计、勘察设计工作，配合开展工程勘察设计招标工作；参与新城既有基础设施的审查、清理工作。

5）工程建设管理处

负责新城区域内基础设施建设，负责工程前期手续办理；负责指挥部（公司）承担的基础设施、市政配套、社会事业以及其他各类工程项目建设组织管理工作；负责建设工程预算管理；负责建设工程的施工、安全、质量、工期管理，检查监督工程监理活动；参与安全质量事故的调查处理；协调工程建设期间建设区域内的交通、市容管理；负责工程竣工验收、决算核算;建设期档案管理和归档工作;负责日常性的计量支付复核和审核报批工作。

6) 土地开发管理处

参与新城地区国土空间规划、土地利用总体规划和其他专项规划编制工作;负责编制新城地区经营性用地的土地储备规划、年度土地储备计划;负责编制新城地区国有土地出让计划;编制土地资金收支预算;负责区域范围内征地、拆迁、土地利用的报批初审工作;负责编制新城地区征地、拆迁、土地利用等开发计划,组织报批和实施工作;负责制定新城地区国有土地使用权招标、拍卖挂牌方案并组织报批和实施;负责新城地区建设项目供地方案的制定、初审报批和组织实施工作;负责新城地区土地调查、成本核算、事务委托等开发管理实施及督查工作;负责组织新城地区储备地块基础建设配套工作;负责组织新城地区土地收储、整理、出让等实施工作;负责出让地块后续协调工作;负责资金平衡测算并向市财政申请土地出让金拨款;负责组织开展区域内商品房预(销)售许可的预审和管理工作;负责协调区域内土地开发管理相关工作。

7) 发展管理处

负责指挥部招商引资工作;负责招商策划及相关政策制度建设并牵头落实;协调编制新城地区产业发展规划、中长期发展计划和年度招商计划;负责招商策划及招商宣传工作;负责指挥部招商谈判及合同签订工作;牵头开展招商服务工作。负责出让地块后续管理工作。负责控制违章建设并协调对既有违建设施审核、登记管理及违建清理工作;负责对储备土地实施临时合理利用。

8) 总工程师办公室

在总工程师领导下,组织编制新城地区开发、建设和管理科技发展、应用中长期规划和年度计划;研究、拟定新技术、新工艺、新设备、新材料在开发建设中的推广使用,扎口节能减排和生态城市、绿色建筑的建设管理工作;负责指挥部科研经费的编制、科研项目的申报和管理;负责相关科技项目的研究、鉴定、推广使用和对外交流工作;负责重大项目的技术方案拟定,并监督实施;负责调解技术争议,落实技术责任;负责国家、省和行业技术标准、规范、规程的推进使用;参与或承担地方规范、规程的编制工作;参与勘察设计方案的审查、论证。参与重大质量、安全事故调查分析。负责指挥部信息化建设与管理工作。

3. 人员编制和领导职数

新城开发建设指挥部应设置事业编制人员数名,人员经费在市属权限内统一收取的规费中列支。

领导职数一般为:指挥长1名(兼),常务副指挥长1名,副指挥长3～5名;正、副处长(主任)16名。

11.1.2 组织实施要素

新城交通规划编制的内容和实施管理的层次性及关联性,表现为相互衔接、密切结合的关系,如图11-1所示。大城市新城交通规划编制包括总规阶段交通总体性规划、控规阶段交通控制性规划以及交通实施性规划。实施阶段的建设项目工程设计实施包括项目工程可行性研究、初步设计、施工图设计、施工过程中的项目设计变更及再实施。

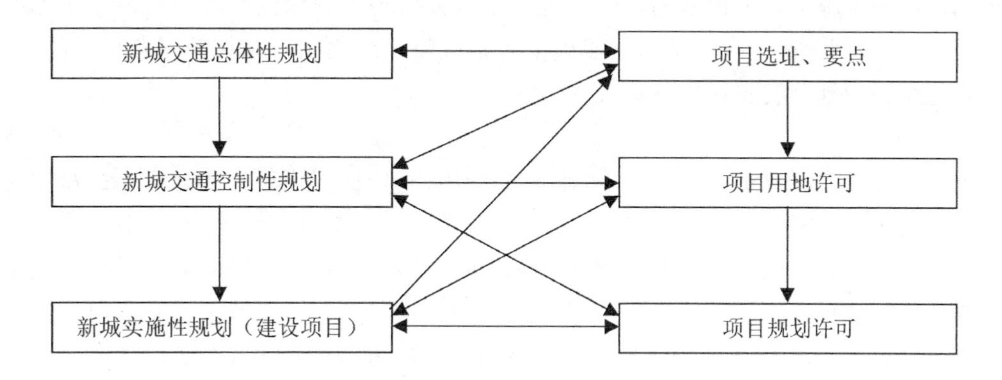

图 11-1　新城交通规划实施各阶段的内容关联性

交通规划实施是一项系统工程，涉及编制主体、规划设计单位、配合部门、参与群体、编制和实施对象、实施办法以及相关的管理及保障机制。不同的要素，由于自身的功能定位、扮演的角色不同，在实施过程中承担的责任、权利和义务也不一样。交通规划实施就是要将这些要素进行整合，形成一个协同高效的组织实施系统。

1）编制/实施主体

规划编制阶段，编制主体是组织交通规划编制的政府规划主管部门，也是规划编制的委托方。新城交通规划的编制主体根据机构设置，一般是市规划主管部门，有的城市是规划局，有的城市是交通委员会，也有的城市成立新城开发主管部门，如新城管委会或指挥部等。编制主体在规划编制过程中，起着全程管理、跟踪评估与监督的作用，是规划编制的主导方。工程设计阶段，实施主体由政府部门指定，由于新城规划管理机构的建制不同，实施主体的模式也有所不同。

2）规划编制单位

规划编制单位是具体规划方案编制的研究者，是受编制主体委托承担规划编制的受委托方。对于新城交通规划而言，规划编制单位对新城实际情况的了解、新城发展定位、规划的理念、技术方法等关乎规划编制成果的好坏。因此，编制主体在选择规划设计单位时，一般会通过方案征集和评估方式对规划设计单位进行资质筛选、相关类似项目业绩考核、项目构思、规划理念、内容及重点评估等，确定最终的规划编制单位作为规划编制的承担者。规划编制单位需要全过程参与规划的编制，并对后期规划实施进行跟踪，为实施主体提供相应的服务。工程设计单位的选择与责任与规划编制单位雷同，实施程序与规划编制相似。

3）协调部门

协调部门主要是新城交通规划与建设涉及到的相关政府部门，包括国土局、交通局、交管局、建委以及市政、城管、新城所处区一级政府等相关管理部门。在规划编制过程中，这些部门需要从各自单位管理的角度提出相应的要求和建议，融入到规划方案中，以保证后期能够有效地实施。一般在实际操作过程中，由于部门之间利益的不同和信息的不对称，相互之间很难形成较好的合作机制，对于不是自己牵头的工作，往往带着事不关己的态度，这就为后期的实施带来了很多的障碍。这也是过去很多规划编制完成之后很难实施的重要原因之一。因此，通过一个统一的实施平台系统整合编制主体和相关配合部门的关系，将是促进交通规划顺利实施的重要保障。

4）群众代表

群体代表主要是从公众参与的角度，将社会组织、市民代表等作为最广大群众利益的代表参与到规划编制与实施过程中。这些代表从群众的切身利益出发，提出对交通规划的诉求。公众的意见必须在规划成果中切实地予以落实才能在审批环节通过。尽管我国在公众参与机制建设方面做了不少工作，取得了很大的进步，如许多城市成立了市民代表参与的规划委员会作为规划审议的最高决策组织，规划成果必须面向社会公示才能予以生效等，但目前更多的是形式大于内容，公众参与没有真正发挥作用。因此，大城市新城交通规划需要进一步加强公众参与机制的建设。

5）规划编制与实施

编制与实施对象即新城交通规划，是交通规划推进的核心所在。交通规划编制的关键在于编制体系和规划方法，构建合理的编制层次体系，明确不同层次交通规划的理念、内容和重点，提出科学的规划技术方法，制定合理的规划实施计划，才能确保新城交通规划成果的科学性、合理性和可操作性。

6）实施办法

实施办法是推进新城交通规划实施采取的主要手段和措施。为保障交通规划实施，政府主管部门一般会制定一套规范化的实施办法，明确项目立项、编制流程、规划审批、规划实施等方面的要求。实施办法一般在地市一级政府予以确立，具有一定的强制性约束效力。针对新城交通规划推进的实施办法目前尚没有出台，因此，制定新城交通规划的实施办法尤为必要。

7）保障制度

保障制度是各级政府制定的包括公共政策、管理制度、法律法规、经济政策等为保证新城交通规划推进。这些保障制度在一定程度上能够较好的保证规划编制的合法性、合理性以及各种政策支持。尤其对新城这样一类新开发地区，自身管理权限的有限性、自我造血能力的不足，亟需借助各级政府和市场力量进行开发建设，而各种政策制度的保障就是重要的支撑力量。

11.2 组织实施模式

11.2.1 常用实施模式

1. 指挥部模式

根据指挥部模式的内涵与组织架构，指挥部是响应政府关于城市发展战略响应第一时间成立的开发建设管理机构，具有工作推进速度快的特征。指挥部代表政府行使新城开发建设和运营管理的主要职责和权力，是新城规划、设计、建设与管理的主体，具有组织规划编制的职能，并报上级政府或规划主管部门审批。具体项目实施时，指挥部可以获取各部门授权或成立一站式平台，统一负责所有政府投资项目。指挥部模式下新城开发的资金来源主要依靠贷款和市场参与获取开发资金。作为政府派出机构，新城开发建设项目应兼顾公益性和经济性项目，其效益也应兼顾社会效益和经济效益。

结合以上特征，指挥部模式具有将管理与服务有效衔接，实现相关职能部门和项目业主有机联动，加大项目的协调服务和加快信息流通的优势。因此，这一模式能够带来较好的社会效应和经济效益，其优势主要体现在四个方面：提高工作推进效率、促进各部门协调配合、提升各项工作质量和加强服务保障。指挥部模式下的交通规划实施，首先是联合相关职能部门成立一个规划实施牵头单位，统一负责规划范围内交通规划的协调与推进。在具体实施过程中，应结合不同阶段规划的特点、定位分层次组织。

2. 公司化模式

公司化模式属于市场主导型开发模式，新城的开发建设以投资企业为主体，在开发过程中，企业是主角，政府处于配合企业的地位。因此，开发公司在建设过程中具有较强的主动权。但是公司没有规划编制权，涉及规划编制的事务，必须经过规划主管部门审批予以执行，这在一定程度上保证了政府对地区规划和未来发展目标和方向的掌控。

开发公司在规划推进过程中，必须设置相应的职能部门与规划建设主管部门进行协调。如规划设计部在承担公司具体的规划编制与实施管理工作过程中，涉及具体的环节，必须与规划主管部门进行沟通协调。如按照规划主管部门规定的规划编制体系编制相应的规划、按照规范程序推进规划编制、审批与实施等工作。公司化模式在工作推进中，交通规划的编制速度较快，但是由于没有规划编制与审批权，规划管理方面的推进速度较慢，效率较低，经常出现规划编制计划迟迟得不到批准，规划审批需要跑多个部门，并且无法协调各个部门的关系等等。

3. 管委会模式

管委会主要负责地区开发建设的重大决策制定、规划编制组织、部分规划建设项目审批等，具有较好的决策和审批权。开发公司是在管委会领导下开展新城范围内的开发建设工作，主要职能是：从事管委会授权范围内的资产投资、经营、管理；城市基础设施、市政公用项目和社会服务配套的投资、建设、管理；资产收益管理、产权管理、资产管理、资产重组和经营管理；从事授权范围内的国有资源经营和资本运作。由于管委会作为政府部门，可以作为项目的立项主体，而且具有组织规划的编制与审批职能，其内设的一站式服务机构能大大精简立项、审查和审批的程序和时间。而开发公司能够按照管委会的决策和计划执行建设项目的实施，因此，管委会模式下的交通规划实施具有较好的优势。

根据指挥部模式、公司化模式和管委会模式下的交通规划实施过程分析，三种模式各有特点和优势，也具有自身的局限性。根据表 11-1 的三种平台模式特征比较分析可知，三种模式是在不同背景下产生的，都有各自适应的发展阶段，侧重于不同的开发需求，并没有绝对的优劣之分。因此，不同实施平台的模式选择应根据新城发展阶段和地方政府的管理体制而定。

表 11-1　指挥部、公司化、管委会三种模式的特征比较

比较要素	指挥部模式	公司化模式	管委会模式
模式类型	政府主导型	市场主导型	政府主导型
规划编制与审批职能	指挥部组织规划编制，但不具有规划审批权	政府规划部门组织编制和规划审批，公司只有执行的职能	管委会具有组织编制和规划审批职能
单位性质	事业法人，可作为立项主体	企业法人，属于公司化运作模式	政府部门，可作为立项主体
资金来源	部分依靠贷款，部门需要市场化运作获取资金	市场化，原则上不需要资金平衡	政府划拨
项目运作	承担部分公益性项目，部分市场化运作，指挥部承担规划推进职能，并对规划实施进行监督管理	完全市场化运作模式，是规划实施的主要实施主体	以公益性项目为主，由于双重架构的体系，管委会负责规划编制，公司承担项目工程设计的实施职能
推进速度	单位成立快，高位协调，工作推进较快	单位成立快，由于无行政级别，工作推进慢	单位成立慢，工作推进上采取规范化模式，内部工作效率高
实施效果	兼顾经济效益和社会效益	以经济效益为主	以社会效益为主

11.2.2　组织实施模式构建目标

从管理的角度，新城交通规划实施平台是政府主管部门为有效提升交通规划的推进与实施的效率，对相关主管部门职能机构进行一体化整合，形成一个组织合理、运行高效的规划实施管理机构。由于新城开发建设的动态特征，这样的平台机构也具有动态阶段的特征。不同阶段的平台构建的目标与要求也有所不同。

1. 平台构建的目标

1）规范化和程序化

交通规划实施平台的构建，无论是从政府管理的角度出发，还是从规划本身的有序推进来看，都是为提高规划实施的效率和合理性。作为规划主管部门，为便于对规划的实施管理，设置交通规划实施平台，明确组成与职责，规范化管理，程序化推进，提高政府部门对交通规划实施的管理和推进效率。从规划协调部门和实施主体的角度，规范化的平台更加有利于相关部门参与规划的讨论、审核与监督。而对于规划编制单位而言，这样的平台将更能保证规划编制的进展和成果的合理性、全面性。

2）统一性和协同化

任何一个主体和参与者，都希望交通规划实施能在一个统一的平台上完成各项环节的工作，而交通规划实施平台刚好能够将各环节、要素和职能都融合在一起，进行资源整合和实施协同，保障规划实施的统一性和协同性。

3）决策的科学性

根据对交通规划推进机制的分析，决策机制是其中非常重要的组成部分。对于任何一个政府管理部门而言，都有其特有的决策机制，而且决策职能是政府管理部门推进任何一项工作的核心要求。由于交通规划的实施是涉及城市发展的系统工程，需要在主管部门的主导下，制定科学的决策。规划的决策需要各部门协同决定，决策的制定需要融合各参与主体和参与者的建议，而这样一项工作需要统一的决策平台。交通规划实施平台的构建正是基于这一目标，保障规划决策的高瞻性、科学性。

2. 平台构建的要求

鉴于平台构建的目标，对交通规划实施平台的构成、运作和保障提出相应的要求。

1）职能结构的一体化

职能结构的设计是指实现组织目标所需要的各项工作的组合关系，明确各部门要素在组织系统中的作用、分工、隶属、合作关系等。平台构建是政府管理体制的重要组成部分，也是政府为提高工作效率而设置的职能服务部门。交通规划实施平台应包括规划编制主体、投资建设主体、运营管理主体、规划实施协调部门、审核审批部门等各要素，这些要素如何整合，分工如何确定，流程关系如何组织，是发挥平台功能的关键。一体化的职能结构将各要素、各职能进行有序整合、合理分工，保障各项工作在同一个平台上运作，提高效率。

2）运作机制的高效化

平台建设的最终目的是为了各项工作的运作，而运作效率是其最重要的衡量指标。高效化的运作机制即将交通规划的编制、实施、建设与运营管理各环节工作集聚起来，高效化程序运转，实现交通规划工作的有序推进。

3）保障机制的制度化

保障机制是交通规划实施平台建设的重要内容，无论是对于规范交通规划实施的程序，还是对于确保交通规划实施的各种政策支持、制度保障以及经济扶持等，都是不可忽视的。我国各级政府在建立保障机制方面做了很多的工作，也进行了大力的完善，有力地确保了政府工作的开展。交通规划实施平台是一项涉及各部门、各利益群体的系统性工作，非常需要规范化、制度化的保障机制。

11.2.3 面向全过程的新城交通规划实施模式构建

1. EPC模式下的实施模式

EPC模式的优势就是通过设计和施工两大专业高度融合来实现优势互补。EPC模式即设计-采购-建造模式，在我国又称之为“工程总承包”模式或“联合总承包”模式。在联合总承包管理模式中，“设计”和“施工”两大板块也是相辅相成，互不可缺的。在EPC模式下，项目部从班子领导到图纸设计、从施工管理到设备采购，从安健环管理到计划经营，每个专业每个部门都由设计和施工两家单位的人员共同组成，两家单位的人员共同发挥专业所长，激发优势，互补短板，以实现效能最优。

联合总承包项目充分运用“一体化”管理模式，发挥协同管理优势。在体系一体化方面，联合总承包项目部在业主的统筹下，超前划分专业管理界面，建立扁平化的管理体系网络，并通过制定体系化的管理制度，保证了项目管理制度的统一化、体系化、唯一化、均衡化、规范化和标准化。在专业管理一体化方面，联合总承包项目部基本构建了“大团队、大文化、大竞赛、大协作、大监督”的五大管理格局，实现了全场以统一的资源协调主线、统一的成本管控策略，为共同的目标努力。

设计为施工着想，施工为设计反馈，设计与施工配合发展。设计和施工融合在一起之后，需要在互相接受并适应彼此的形态后，利用有序的规则互相配合发展。联合 EPC 总承包模式通过充分发挥“设计为施工着想，施工为设计反馈”的协同管理优势，通过机构设置、制度建设等构建总承包设计管理、采购管理、施工管理和调试管理的四大专业管理能力。在联合总承包的模式下，设计单位充分发挥设计方面的优势，施工单位也可以充分发挥施工方面的特长，互相补充。在设计专业的人员编写完成技术规范书后，由工程人员根据现场实际对技术规范书进行审核补充，最终出来的设计内容，能够非常贴切地在施工中展现。通过设计和施工的无间交流，互相补位，实现施工效率最大化，避免很多资源浪费。

项目通过设计和施工的一体化组织，确保设计出图顺序和速度能够满足施工进度的需要，实现工程建设高效推进。工程师进入联合总承包项目后，可以将自己在一线积攒的施工经验传授给工程设计专业，如在设计管理部，施工一线人员能够利用他们在施工现场的经验积累指导设计优化，让图纸设计操作性更强。在针对工程上的一些难点问题，可以通过组织施工人员与设计人员现场会审，商讨出最优方案以实现缩短工期、提高效率、保证外观工艺、节省开支等目标。工期进度是每个工程都要认真考虑的问题，而图纸滞后也是很多工程都要遇到的问题，在联合总承包项目中，为了避免图纸滞后给现场进度造成更大影响，可根据工程需要将图纸分期分批出版，这样既可以节省图纸送晒和邮寄的时间，也可以保证现场施工按时进行。在设计和施工人员的共同努力下，联合总承包工程总体进度会更加可控。

设备采购师贯穿设备采购、安装到投入使用全过程。设备采购是项目前期的一项重要工作，在工程开始兴建之前，设备采购工程师主要负责施工设备的采购。随着工程的推进，现场在完成相关设备采购之后，设备的安装成为现场的主要工作。将相应的设备采购师与设备同步，转岗到工程管理部，以更好地配合设备的安装与投入使用。由于设备是设备采购师一手采购的，采购师对设备了解清楚，到了工程管理部，设备采购师可以充分利用这些优势指导现场的安装少走弯路。从采购岗位转到工程技术岗位，设备采购师迅速完成角色转化，并且凭借他在采购设备时的优势，充分保证了设备在安装时的稳定性、安全性和经济性。同时设备采购师还可以凭借着自己对采购专业的擅长和对工程进度的了解，积极与设备厂家联系沟通，保证现场的设备采购批次、催交到货能与施工进度相协调，尽可能不再因为设备的问题影响工程进度。充分发挥设备采购师的个人才能，对建设工程的快速推进具有重要作用。

2. 面向全过程的实施模式构建

基于 EPC 模式，构建“EPC＋代建＋咨询”的建设管理模式，以实现多部门的协同管理。既有的新城由各部门或各级地方政府分别进行管理，其主要问题在于更加侧重于部门和地方政府诉求，往往没有把落实国家战略意图放在最首要的位置，也较难以全局、综合、长远的视角，科学指导新城新区可持续、高质量发展。建议建立"去部门化"的管理新机制，加强各部门协同治理。为了破解项目种类多、覆盖面广和协调工作量大等难题，新城管委会应当构建以代建单位为管控主体，以 EPC 总包单位为实施主体，以咨询单位为技术支持的管理体系，发挥各参建单位的资源优势和专业优势。由新城管委会全面统筹新城地区开发、建设、管理，成立 EPC 工作领导小组，下设规划设计组、计划招标组、工程建设管理组、法务审计监督组、综合保障组五个专业组，此外项目法人、法律服务单位、代建单位、设计咨询单位、审计单位、监理单位、总承包单位等多方协作，形成"EPC＋代建＋咨询"的建设管理模式，完善 EPC 的管理层级。EPC 总包单位由施工单位牵头与设计单位形成联合体，将设计、采购、施工的过程集成优化，实现工期、质量、安全、环保等目标的统一调度。咨询单位包括设计咨询、造价咨询和法务咨询，分别从"设计监理"、投资控制和合规性审查方面，深度参与 EPC 管理，提供专业咨询意见。

代建单位充分发挥其资源优势和管理经验。代建单位代表业主，负责土地、规划、环评等前期手续报批，落实项目实施计划，进行项目建设现场管理；组织项目验收、竣工交付。管委会委托有丰富项目管理经验的代建单位负责全过程代建，配合建设单位负责项目中涉及土地、规划、环评等前期手续的具体办理；落实各项目的具体实施计划，定期向集团公司汇报进展；代表集团公司对项目建设现场进行管理，并配合集团公司做好项目各项验收、竣工交付。

咨询服务单位充分发挥其专业优势。咨询单位包括设计咨询、造价咨询和法务咨询，分别从"设计监理"、投资控制和合规性审查方面，提供专业咨询意见。招标代理机构按照管委会要求，组织实施各项招标活动，包括招标文件编制、招标公告发布、组织评标等各项具体工作；设计咨询单位按照管委会要求编制项目可行性研究报告，对项目初步设计、概算编制、施工图设计等提供咨询服务，一方面协助业主审查道路工程、桥梁涵洞工程、地下空间（包括地下综合管廊）、排水工程（包括河道、环境整治）、海绵城市、交通工程、城市照明工程、园林绿化及景观等的初步设计、施工图设计和管线综合设计的内容、深度和质量要求；另一方面对景观园林、智慧城市等专项设计或重大项目、重要节点性工程的重难点问题进行同深度技术审查（平行咨询）。审计单位按照委托业务范围开展项目跟踪审计、结算审计和决算审计等工作。法务服务单位对项目涉及的招标文件、合同、补充协议等各类法律文书进行合法性审查；对项目实施过程中涉及履约的法律解释、争议等法律事务提出咨询建议，并根据管委会的决定进行具体处理；在项目实施过程中，保障业主合法权益。

3. EPC 项目组的组建

为满足 EPC 复合型工作要求和统筹化管理的需要，新城应成立 EPC 项目组。在项目建设初期，由管委会规划设计处、计划审计处、工程建设处等职能处室组织完成规划设计导则编制、EPC 制度制定、参建单位招标、项目立项审批、前期工作推进等大量基础性工作，奠定 EPC 项目建设的实施基础。随着 EPC 工作逐步推进，各自为战、守土有责的单一处室职能已不能满足 EPC 复合型工作要求和统筹化管理的需要，此时管委会党组需要高屋建瓴、科学决策，通过组织变革、流程再造和专业集成化的管理方式，建立 EPC 项目组。进一步聚焦项目建设推动，突出建设主体作用，厘清业主、代建和参建单位职能，实施有效的项目性管理方式。集全委之力、汇全委之智集中力量来创新性解决困扰 EPC 实施的各类难题，使 EPC 项目走入规范化、加速推进的轨道。为落实 EPC 先进性理念，按照扁平化管理、专业化集成的要求，管委会需成立 EPC 项目组，作为落实 EPC 方式的直接责任处室，职责上代行建设主体的业主职责，业务上统领各代建、总包、监理、审计等参建单位，协调各相关部门便于项目整体推进，具体落实管委会的决策部署。

确立 EPC 项目组组建的目标定位，一个中心理念、三项职责、三重关系、五类任务。围绕一个中心理念：将“以人为本、海绵城市、低碳生态、智慧城市、产城融合”等新城建设的先进理念全面贯彻落实到基础设施建设中；履行三项职责：统筹、协调和服务，即统筹各片区建设项目、建设时序、建设标准和建设要求；协调各项目外部条件和要素保障；服务于 EPC 项目整体推进，信任、依托和支持参建单位开展工作；处理好三重关系：与项目审批部门、与管委会内部处室以及各片区之间的关系。聚焦五类任务：督促代建单位落实设计深化、前期报批、投资控制、施工管理和规范管理，以设计管理为核心、以投资控制为要点、以创新管理为手段，督促代建单位持续推进方案设计、前期手续办理、工程现场管理等，协调审批部门加快办理前期事项，统筹各片区的设计标准、建设规范和管理要求，为 EPC 工作科学有序全面开展奠定了坚实基础。

EPC 项目组内多专业相互融合的同时，分工明晰，责任清楚。项目组应当从与工程建设直接相关的规划、计划和工程处抽调骨干力量，结合工作实际，项目部应对应设立综合计划部、规划设计部和工程管理部。其中设计管理部负责推动前期报批工作，负责组织重大方案的研究和确定；审核 EPC 项目设计，并按照有关规定履行报批手续；负责设计变更管理。综合管理部负责项目组内部运转的组织协调和对外联系工作；负责重要活动的组织实施和检查落实；承担重要会议会务工作，负责综合性文稿的起草、公文处理、印章管理、文书档案；组织编制 EPC 项目建设计划，检查计划执行情况；负责审计工作，计量支付复核，决算审核和报批；负责协议、合同管理；负责 EPC 项目统计工作。工程管理部负责协调工地现场建设；负责建设工程施工组织方案管理；负责各片区建设工程的安全管理、质量管理、进度管理和文明工地管理；负责组织建设工程竣工验收；组织对重大安全质量事故的调查处理；负责工程建设档案管理工作。

EPC 项目组还有来自管委会各部门的强力支持。计划审计处负责 EPC 项目的计划管理，组织编制年度计划和专项计划；负责项目概算审批；负责项目建设涉及跟踪审计、结算审计等各项审计业务的管理工作，帮助协调管线迁改、供电协调等重难点事项。规划设计处负责指导设计咨询单位开展 EPC 项目可研编制工作，对工程总承包人编制完成的初步设计、施工图设计经设计咨询单位初审后，组织评审并提出批复意见；负责工程实施过程中设计变更等管理工作。工程建设处根据 EPC 项目特点，组织制定 EPC 项目建设管理办法；负责对项目建设过程的现场管理，规范项目建设行为。管委会纪检组对 EPC 全过程进行监督。各业务处室按照职责分别在征地拆迁、交地等方面给予支持。

11.2.4　组织实施模式选择模型

将新城交通规划推进目标作为综合判定准则，以各特征要素为指标，以指标的测度为判定标准，分析三种模式的适用性和选择办法。

1. 明确模式的样本空间

以指挥部、公司化、管委会和 EPC 四种模式作为计算样本空间 $X=\{x_1, x_2, x_3, x_4\}$，每个模式具有规划编制、审批能力、单位性质、资金来源、项目运作、推进速度、实施效果等 7 个模式选择特征影响指标 $I_j(j=1, 2, \cdots, 7)$，第 i 个模式的第 j 个特征影响指标值表示为 $x_{ij}(i=1, 2, 3; j=1, 2, \cdots, 7)$。定义 F 为样本空间 X 上的一个有序分割集，这里将模式选择情况分为特别合适、合适、一般合适、不合适、完全不合适等五类，则有序分割集为 $F=\{C_1, C_2, C_3, C_4, C_5\}$，其中满足 $C_1 > C_2 > C_3 > C_4 > C_5$。有序分割集是每个环境评价指标对分割类的阈值的集合，所以根据定义有序分割集可表示为式(11-1)的标准形式。

$$
\begin{array}{c} \\ I_1 \\ \vdots \\ I_7 \end{array}
\begin{array}{c} \begin{matrix} C_1 & \cdots & C_5 \end{matrix} \\ \begin{bmatrix} \alpha_{11} & \cdots & \alpha_{15} \\ \vdots & \ddots & \vdots \\ \alpha_{71} & \cdots & \alpha_{75} \end{bmatrix} \end{array}
\tag{11-1}
$$

式中：$\alpha_{ij}(i=1, 2, \cdots, 7; j=1, 2, \cdots, 5)$—— 指标 I_i 在 C_j 属性类的阈值，满足 $\alpha_{i1} > \alpha_{i1} > \alpha_{i3} > \alpha_{i4} > \alpha_{i5}$。

根据对三种模式各项指标的要求分析，通过统一的量纲赋值，得出各种模式的对象分割集。

2. 计算模式对应的样本标准属性测度值

样本属性测度值是表征某样本 X_i 的具有属性 C_k 程度的量，表示为 $u_{ik}=u(u_i \in C_k)$。其中，属性测度函数是属性识别的核心内容，测度函数的选择直接关系到属性识别结果。属性测度实质是判定指标与属性类空间相似度问题，空间距离计算常用的方法有欧式距离、明式距离、马氏距离等。其中，马氏距离计算过程最为繁复，但具有以下优点：计算不需要进行数据标准化处理；可以弱化指标之间的相关影响；在计算的过程中根据指标数据变化情况自动加权计算，通过计算指标间的协方差得出指标间空间距离。这里采用马氏距离作为属性测度函数。样本的标准属性测度值计算步骤如下：

1) 计算样本与属性类之间的马氏空间

假设已获得某样本 X_i 的模式评价指标，则样本 X_i 与属性类 C_k 之间的马氏距离为：

$$
d_{ik}=\sqrt{(X_i - C_k)\sum_{ik}^{-1}(X_i - C_k)^T}
\tag{11-2}
$$

式中：$X_i=(x_{i1}, x_{i1}, \cdots, x_{i9})$—— 第 i 个样本的模式评价指标向量；

$C_k=(\alpha_{k1}, \alpha_{k1}, \cdots, \alpha_{k9})$—— 每个模式评价指标在属性类别 k 上的分类标准向量；

$\sum_{ik}$——X_i 与 C_k 协方差矩阵：

$$\sum_{ik}=\begin{bmatrix} Cov(x_{i1},\alpha_{k1}) & Cov(x_{i1},\alpha_{k2}) & \cdots & Cov(x_{i1},\alpha_{k9}) \\ Cov(x_{i2},\alpha_{k1}) & Cov(x_{i2},\alpha_{k2}) & \cdots & Cov(x_{i2},\alpha_{k9}) \\ \cdots & \cdots & \cdots & \\ Cov(x_{i9},\alpha_{k1}) & Cov(x_{i9},\alpha_{k2}) & \cdots & Cov(x_{i9},\alpha_{k9}) \end{bmatrix} \tag{11-3}$$

协方差矩阵 $\sum_{ik}$ 如果是奇异的，可以利用 $\sum_{ik}$ 伪逆的替代 $\sum_{ik}$ 的逆。根据矩阵定理，任一秩为 r 的实对称半正定矩阵 $\sum_{ik}$ 可分解为：

$$\sum_{i} AGA^T \tag{11-4}$$

式中：G——$r\times r$ 的非奇异对角阵，由 $\sum_{i}$ 的非 0 特征值构成；

A——$r\times m$ 矩阵，由 G 中特征值所对应的特征向量构成，它组成了 $\sum_{i}$ 的非退化子空间，且 AA^T 为 $r\times r$ 的单位阵。可根据 G 的逆求 $\sum_{i}$ 的伪逆：

$$\sum_{i}^{+}=A^TG^{-1}A \tag{11-5}$$

因此，在 $\sum_{ik}$ 为非奇异矩阵的情况下也可通过式(11-5)求得该矩阵的伪逆，从而计算样本与模式类之间的马氏空间距离。

2) 样本的标准属性测度值计算

马氏空间距离越大表示样本与属性类别的相似度越小，即测度值越小。因此，令马氏空间距离的倒数作为样本与属性类别的测度值。假设已经得出某一样本 X_i 在每个属性类别 C_k 的马氏空间距离 d_{ik}，则样本 X_i 在模式类 C_k 的标准属性测度值为：

$$u_{ik}=\frac{1/d_{ik}}{\sum_{j=1}^{5}1/d_{ik}} \tag{11-6}$$

3. 模式选择结果判定

通过式(11-5)可求得某样本对某一模式类的标准属性测度值，据此可进行样本的模式类归属识别及其得分计算。属性识别中的模式类归属识别是按照置信准则进行的，即设定一个区间值 λ，若满足：

$$k_i=\min\left\{k:\sum_{l=1}^{k}u_{il}\geqslant\lambda,\ k=5,\ 4,\ 3,\ 2,\ 1\right\} \tag{11-7}$$

则可认为样本 X_i 属于模式类 C_k，一般情况下取 $0.6\leqslant\lambda\leqslant0.7$。

11.3　组织实施管理

11.3.1　管理办法

依托于国家对工程总承包方式的支持和推广，新城应开展沟通协调工作，与市发改、规划国土、环保、建设等部门沟通协调，从政策指导和审批流程上获取建议。同时管委会也要探索和形成一整套适应新城交通规划实施的管理办法。

1. 管理标准——一部导则

为了将以人为本、海绵城市、低碳生态、智慧城市、产城融合等理念贯彻到 EPC 项目建设全过程、加强对总包单位的设计管理，管委会应在新城控详和城市研究的基础上，结合绿色低碳、智慧城市等要求，组织编制道路形式、管线接口，综合管廊等相关技术导则，作为新城开发建设的统一标准，指导后续设计和审批。

2. 管理办法——一套制度

为规范对总包单位的管理，管委会应编制一部项目建设管理办法，明确组织管理、计划管理、设计管理、工程管理、投资控制、资金管理等要求，作为指导 EPC 管理的“基本法”。

一是借助“EPC＋代建＋设计咨询”管理模式，以代建单位为管控重点，发挥代建单位对外协调、专项报批和专业管理的优势；以设计咨询单位为技术支持，统筹各片区设计把关，统一各片区设计标准；充分发挥总包和设计单位的专业作用，提高设计和施工效率。

二是充分发挥项目组扁平化管理优势，履行统筹、协调和服务三项职责，即统筹各片区建设项目、建设时序、建设标准和建设要求；协调各项目外部条件和要素保障；服务于 EPC 项目整体推进，支持参建单位开展工作；处理好与项目审批部门、与管委会内部处室以及各片区之间的三重关系；重点督促落实设计深化、前期报批、投资控制、施工管理和规范管理五项任务。

三是突出流程化和制度化管理。依据管理办法，管委会在厘清责、权、利的基础上对代建单位充分赋权，明确代建单位作为合同洽谈、起草、签订的责任主体，完善廉政协议等补充合同要求；规范代建单位组织招标和代理实施招标的工作流程和报备要求；制定三方会签和由跟踪审计把关的项目合同签订流程；完善项目资金拨付要求，明确经代建、跟踪审计参与复核的资金申报流程。

3. 管理平台——智慧管理软件系统

1）实施平台构建要素

交通规划实施平台作为一系列要素及职能的一体化整合组织，必须明确梳理各构成要素及功能定位，分析各要素的相互关系，作为一体化整合的基础。各要素及功能分析如表 11-2 所示。

表 11-2　新城交通规划实施平台要素及功能

要素	要素分析	功能分析
规划实施主体	规划实施主体是面向交通实施计划之后具体项目的建设主体，指挥部模式下的规划实施主体主要是对应的项目公司，管委会模式下是下属的开发公司，而公司化模式下是负责地区开发的公司	规划实施主体应对接规划的编制，参与规划方案和实施计划的制定，并全力承担具体交通项目的建设。在平台内，规划实施主体作为交通规划实施的组成要素，具有对上衔接、对下落实的作用
实施协调者	实施协调者是配合交通规划实施的各专业管理部门，以及各利益群体，如国土部门、交通管理部门以及公众群体等	实施协调者是交通规划编制、实施过程中进行专业把关和审核、意见反馈等工作的配合者，他们从不同的角度出发提出交通规划方案的建议。在平台内实施协调者承担着各专项内容的把关审核、规划方案的评估等任务

2）实施平台功能实现

新城应注重智慧都市的建设，需从基础设施建设开始，实施信息化管理模式，如统一的智慧管理系统、BIM 系统，建立市政基础设施电子档案，从前期建设到后续管养，实行信息化、专业化、综合化、实时化管理。

EPC 项目具有投资体量大、单体工程多、协调工作量大等特点，为进一步规范管理，提高工作效率，需利用现代化的管理技术和手段服务 EPC 项目建设，不断尝试建立项目软件集成系统管控平台。新城 EPC 智慧建造管理系统以云应用为技术支撑，融合 BIM、GIS 地理信息和物联网等新技术手段，搭建项目可视化管理平台。该系统可提升各参与方项目管理的智能化水平，有效实现信息共享、管理前置，提升决策环节的及时性和科学性，并同时开发办公电脑端和移动端多端应用，使 EPC 项目管理更加高效、精细。管理系统应具有如下功能：

（1）智慧展示

模块将平台中所有管理数据进行统计，并以图表方式进行展示，同时与 GIS 地理信息模型和二维地图相结合，以电子沙盘的方式对各项目实施情况进行逐级查询。既可以从宏观上对专业管理数据进行快速定位，辅助快速决策，也可以快速追溯数据来源。

（2）智慧管理

模块涵盖工程项目管理的所有关键业务，为“智慧展示”提供数据支撑。通过对各业务成果数据的集中管理和共享，以真实的管理数据，为用户提供可靠的管理依据，更用多种图表方式展现数据统计结果，提升业务管理效率。

（3）智慧模型

模块提供所有与 BIM 模型有关的功能，对模型信息进行深入管理，并基于此展开各类 BIM 应用，例如 4D 虚拟建造、碰撞检测、场地空间布置等。为现实和虚拟之间架设桥梁。

（4）智慧监控

模块集成第三方监控系统，可以通过平台提供的 GIS 地理信息模型和二维地图，精确定位各个监控位置，快速反应现场问题，以多个维度数据作为参照，建立工程建设领域的

“天眼”体系。

(5) 移动办公

模块用户可通过移动设备进行项目管理和查询的功能，消除地域障碍，轻松管控项目。

EPC 智慧建造管理系统可实现集成共享、主动预控、管理前置、精细治理、多方联动和科学决策。

11.3.2　管理要点

新城通过“探索—研究—总结”形成 EPC 模式的管控重点。在日常管理中，经过对 EPC 模式重难点的探索、研究和总结，形成以深化设计为核心，以投资控制为要点，以计划管控为抓手，以前期手续完善为基础的整体管控思路。

1. 设计管控

在设计管控方面，新城要加强对总包设计单位和设计人员的管理，提高设计成果质量，加强设计响应速度，提升设计创新的意识；注重协同设计，明确片区排水、软基处理、重载路面、智慧城市等片区统筹建设的要求。

新城要强化规划的战略引领，严格落实“一张图”机制，保持规划的严肃性和约束性。同时注重协同设计，加强绿色、低碳和生态建设理念的落地和应用，加强对土方平衡、建渣利用和渣土固结利用的研究和推广。新城按照“一张图”工作要求，高效率地推进初步设计；以施工图审为基础，高标准推进施工图设计；以设计变更为关键，严格落实设计责任。

1) 坚持新城标准的设计理念

EPC 项目始终注重新城的创新理念在基础设施建设中的落实，要求在 EPC 项目建设中注重协同统一和持续创新，注重先进设计理念的落实。要求设计单位开展设计时，注重城市设计及交通系统设计的引导，贯彻完整街道的理念，进行交通设施与地块开发的一体化设计，做好与沿线地块出入口、公交车站、公共自行车、慢行系统等方面的整合设计，打造慢行友好、集约利用的街道环境。

(1) 统筹片区项目管理

注重协同设计和勘察测量，对软基处理、重载路面、BIM 技术、智慧城市、综合管廊建设标准、道路附属设施、排水体系、跨河桥桥型、建渣利用的技术标准和实施规范等进行专业的统筹研究。

着重抓好重难点项目设计工作，采用一张图机制，保持动态更新，强化片区整体设计。注重施工便道和施工出入口的统一安排和合理布设，统筹考虑交叉施工、施工期排水、土方平衡、建渣利用等。组建设计、施工管理、工程造价等方面的专家库，建立施工图设计及预算、施工组织设计审查制度，保证工程设计的合理性，控制工程投资。

(2) 新建新型管廊体系

遵循“密路网，密布局”理念，多专业结合，构建干、支线综合管廊为支撑，缆线管廊为建设重点的总体布局体系，并在传统的缆线管廊的基础上，创新性地采用安防监控系统、温度监测系统、智能排水及通风系统、混凝土散热材料等一系列措施，提高了缆线管廊的建设标准，建设高标准、智慧化、高效益、具有示范性质的缆线管廊。

(3) 贯彻生态环保理念

道路设计引入景观、环保理念,结合周边地块的退让绿地,融合园林景观要求,实现海绵城市的设计理念。总体集成多专业、跨行业的集成式创新,全方位引入智元素,以人为本,保留有益树木与环境相融合,人车路环境四者协同呼应,增加定制个性化元素活跃城市,实现精细化设计。

(4) 营造整体街道环境

按照"逐级疏解、分区引导、通而不畅、慢行友好"的原则,街道设计综合考虑地块性质、沿街建筑规划布局、周围道路的功能等级、交通组织方式,多因素控制出入口优化布置,使未来地块的开发,地块内机动车、慢行交通的出入与周边道路环境、公交系统布置相互协调。将交通、沿街活动、绿化、设施进行统筹考虑,对空间环境进行一体化设计。实现道路红线、绿线、建筑退线的统一完整利用,体现街道的功能、提升街道的安全性,展现街道的活力。

(5) 构建智慧城市系统

以道路、管廊、景观、海绵城市、排水系统、河道等基础市政设施的建设为依托,全面构建基础设施信息采集网络,采集道路交通信息、管廊运行信息、海绵城市设施运行信息、道路积水预警信息等,为实现智慧城市提供基础数据,也为新城建设智慧城市典范提供载体。

2) 加强设计工作管理

加强对总包设计单位的管理。督促总承包设计单位增加专业人员、加强组织管理、提高设计成果的时效性和质量,提升 EPC 设计创新的意识,要求加强设计管理。

(1) 组织管理

要求设计单位切实落实投标文件中的人员承诺要求,增加骨干技术人员,形成设计梯队。增加技术协调人和管理协调人统筹管理,对项目发展能够进行预判,出现问题前及时纠偏处理;提高设计人员工作主动性与积极性。

(2) 时效管理

提高项目设计效率。提升方案设计、初步设计、施工图等的流程节点控制管理水平,建立出图、审核、校核等"三级审核"的完善设计管理阶段流转机制,确保咨询修改意见的落地性,避免工作反复。

(3) 质量管理

设计单位形成设计内容需有总工把控,进行多方案比选的机制。项目重难点需有平行设计,要求咨询单位咨询意见刚性与弹性机制相结合,严格控制造价。

(4) 创新管理

形成系统思维,多专业统筹设计考虑,深入研究集成创新。设计方案优化的同时能够展现创新集成点,能够形成科技成果,最终以论文形式发表。

3) 加强设计审批管理

(1) 限额设计

从纵向控制和横向控制两方面做好把控。纵向控制方面,初步设计要重视方案选择,其投资要限制在设计任务书批准的投资限额内;把施工图预算严格控制在批准的概算以内。横向控制方面,要求 EPC 总承包商在设计管理方面实行经济责任制,建立考核各专业完成设计任务质量和实现限额指标情况。

(2) 初设审批

根据简政放权后管委会的权限，从初步设计审批、施工图会审等环节，加强管委会对设计工作的审批指导力度。与参建单位根据新城的建设要求及 EPC 项目特点，建立并逐步完善 EPC 项目初步设计编制及报审流程。具体流程可以为：设计单位对相应项目初步设计方案进行研究，咨询单位提供过程咨询；方案稳定后，EPC 项目组根据咨询单位提交的项目咨询报告，向管委会申请初步设计审查；由规划设计处召集各相关主管部门、专家对项目进行初步设计审查；根据初步设计专家审查意见，设计单位对初步设计进行修编，经咨询单位确认后提交报审文本；由规划设计处正式办理初步设计批复。

(3) 施工图审

在报审施工图审前，要求代建单位组织开展施工图会审，要求总包单位、咨询单位、监理单位和跟审单位共同参加。

4) 加强设计变更管理

对深化设计的具体工作内容需要进行充分评估，明确设计任务的承担者和组织管理体系。深化设计的最终结果由业主工程师审核确认。对设计变更必须进行严格控制，实行“分级控制、限额签证”的制度。

2. 投资管控

在投资控制方面，新城应规范合同签订和招投标备案要求，从源头做好控制；统一各片区工程量清单编制口径，形成标准指标和计价单价，便于总包单位在一致的项目特征和口径下编报施工图预算；严格控制投资“三超”，在方案比选中增加经济性比选的要求；加强预算控制和按月计量，确保资金拨付安全。

新城应强化投资的合理管控，严格把关建设资金的拨付使用。充分发挥设计咨询、跟踪审计、法务咨询作用，加强流程和制度的规范约束，加强对初步设计、概算审批、施工图设计、预算审核等关键节点的审核审查，严格计量支付。

新城依据总包合同对计量支付的要求和 EPC 投资控制特点，以设计把控为基础，过程控制为重点，加强日常计量和资金审核工作。

1) 重视设计阶段投资控制

设计节约是最大的节约。注重从设计阶段对图纸技术上的合理性、施工上的可行性、工程费用上的经济性进行审核，从各个不同角度对设计图纸进行全面的审核管理工作，以提高设计质量，避免因设计考虑不周或失误给施工带来变更，造成经济损失。

2) 注重投资过程的管理

(1) 加强对一类合同签订和二类合同备案的管理

按规范做好一类合同的签订，完善承包商选择、合同报审和签订流程。组织好二类合同备案，明确备案条件和流程，从源头处做好投资控制。

根据 EPC 管理制度，对于一类合同的签订，规范承包商选取流程，要求招标代理严格按规范要求开展承包商的招标工作，并请跟审和法务参与招标文件的审核。对于二类合同的签订，进一步明确代建单位作为合同承办主体的主导作用，按照代建单位的内部流程，将跟踪审计的核价意见与法务咨询的合规意见作为前置条件，完成二类合同在业主内部的备案，从合同、协议的源头处做好投资控制。

(2) 加强投资审批/审核的过程管理

① 严控初步设计概算

初步设计的关键点审查是保证工程总承包项目能够满足业主要求、确定控制目标和项目顺利实施的重要实现路径。在概算审批管理方面，项目组应制定项目初步设计概算报审流程，明确概算报审资料要求及时间要求。具体包括：总包单位上报初步设计时须同步上报概算，确保概算额不突破估算额；总包单位须于初步设计批复后尽快上报正式概算；要求总包单位上报概算前，设计咨询单位须对上报概算出具咨询意见，分析概算是否突破估算；代建单位对概算报审工作负总责，及时跟踪协调概算审核情况。

为了严控项目投资规模，一是要求初步设计概算原则上不得突破工可估算。如确因外部条件变化等原因造成初步设计概算突破工可估算的，概算编制单位须进行专项论证，并经代建单位和设计咨询单位认可后再行报审。二是管委会在项目实施过程中控制初步设计的审图权和设计概算的审批权，通过对总承包商提交的初步设计方案及对应概算进行关键点审查，使其能够满足业主对于项目功能的要求、对于投资控制的要求以及对于施工可行性的要求，从而实现项目的使用功能目标、投资控制目标以及项目价值增值。

② 严控施工图预算

要求在优化施工图设计的基础上编制施工图预算，并由跟踪审计单位审核确认，作为后续工程计价依据。由于 EPC 项目整体工期较长，新城各片区情况各异，在 EPC 总承包单位费率折扣不同，各片区项目设计完成时间和深度不一致，EPC 项目的施工进度各不相同的条件下，为避免各项目工程量清单的项目内容、项目特征、清单组价各不相同的情况，新城应规范 EPC 项目工程量清单编制原则和施工图预算报价原则：工程量清单由新城 EPC 项目招标代理单位(以下称清单编制单位)依据经审查确定的施工图等文件按清单计价规范及现行省市相关造价文件规定编制的以及由跟踪审计单位审核确定的工程量清单。

施工图预算指由 EPC 总承包单位依据清单编制单位出具的工程量清单、经审查确定的施工图、经审批的施工组织设计及施工方案、EPC 总承包合同约定的计价文件等编制的以及由监理单位、代建单位、跟踪审计单位审核的施工图预算。按月进行计量，加强落实合同要求，组织代建、跟审等单位严审计量支付条件，确保资金拨付合规安全。承包单位须于每月规定时间上报各单项工程的实际进度，代建人、监理、审计单位及承包人于每月同一时间共同核定当月形象进度。一方面核定的进度作为每月进度款支付的依据，加快进度款支付效率，保障建设项目的资金需求；另一方面，在费率合同模式下，按月计量工作确定了每月完成量，为结算时人工、材料、机械价格调整提供依据。

3) 加强审批/审核单位的管理

明确代建单位的牵头责任，根据委托代建合同，负责统筹协调各片区工程项目的投资控制。具体从以下几方面开展控制工作：要求代建单位编制各片区项目投资控制计划，按计划督促落实各项投资控制节点；在初步设计阶段对工程项目进行多方案经济比选，选择满足各项功能要求的最经济的初步设计方案；在施工图审查阶段开展施工图内审，降低施工图错、漏等情况的发生，减少变更；组织设计咨询、监理、审计等单位进行施工组织设计和施工方案审查，开展施工方案比选；对项目概算、预算及结算进行初审。同时配备专业造价审核人员具体承担投资控制工作。

明确咨询单位的技术把控职责，根据设计咨询合同，负责对概算编制依据、费率、列项的合理性等进行审查。在概算送审前咨询单位需对概算提出专业咨询意见，明确项目是否突破估算及投资变化的原因。

明确监理单位的协助审核职责，按照投资控制要求，负责工程实施阶段的投资控制工作。具体从以下几方面开展投资控制工作：在施工图内审结算阶段做好施工图审查工作；严格审查施工组织设计及施工方案，提出经济合理的施工方案；做好施工图预算初审工作；严格落实按月计量审核工作。同时要求监理单位配备专业造价审核人员负责预算审核。

明确跟审单位的审核确定职责，按照市审计局政府审计相关要求，负责工程投资情况审查。具体从以下几方面开展投资控制工作：对施工图预算进行审核（含工程量清单审核）；对施工阶段工程计量、计价、工程变更及签证情况进行审查；对竣工结算阶段建设单位报送的工程结算价格进行审核；审查项目尾工工程的工程量和预留工程价款的真实性；审查甲供材料设备价格、数量及施工单位领用情况等，对超欠供原因进行分析等。

其中施工图预算审核：为保证施工图预算准确、全面，在清单编制单位完成出具正式清单前，跟审单位先行对工程量清单进行复核；经审核单位逐级审核，最终将跟审单位报市审计局确认的预算作为资金支付的基础。

3. 计划管控

项目进度风险分布于设计、采购、施工等各个环节，且各环节依次制约、彼此交叉，任一环节控制不好都会造成总进度的滞后。而当出现进度滞后时，为保证合同总体进度目标，就不得不采取调集资源、组织赶工等方式追赶工期，以经济代价化解进度风险，从而影响项目盈利。因此，EPC 项目中的进度控制是必要且重要的。

在计划控制方面，新城应明确各片区具有决定性影响的重点任务和关键节点。统筹考虑片区对外通道、骨架路网和排水体系，兼顾考虑地铁施工、综合管线实施等外部条件影响。

新城强化计划的统筹协同，重点推动“一张表”的计划落地。按照挂图作战要求，编制 EPC 项目实施计划的“一张表”，明确详细计划和责任清单，定期梳理存在问题，做好节点计划的动态调控。加强对各参建单位的指导、考核，实施清单式、销项化管理，对出现的问题限时销号，确保计划按照进度要求严格落实。

1）明确计划管理职责

新城管委会负责项目建设计划的审批管理。新城建设集团公司负责组织参建单位，按照新城总体规划和设计导则要求，研究提出建设承包期总体工作计划及每年度各片区建设计划，做好建设方案研究和论证推进，报新城管委会审批。做好建设计划的日常管理和监督考核。代建单位负责组织各参建单位全面贯彻落实建设计划要求。

2）规范计划编制内容

注重计划统筹，做好年度计划与三年建设计划以及资金需求计划的控制，同时做好计划的预调微调，确保计划的预见性和指导性。

项目计划坚持整体编排、定期调整、动态跟踪、滚动管理。EPC 项目承包期总体建设计划是计划管理的总纲领，是年度建设计划、资金安排和年度考核的重要依据。年度建设计划是总体建设计划的细化落实。新城建设集团公司每年同参建单位对总体建设计划中的项目进行研究论证，对符合规划、建设条件的项目，经新城管委会批准后，列入当年年度计划和资金安排。续建项目应当直接列入投资项目年度计划。新开工项目应当按各年度计划实施，其投资额度应以批复的项目总概算为依据。

3）加强计划管理落实

在每周的项目例会上要求通报计划落实情况，利用周报、月报和专题简报等方式反映项目进度和问题。

（1）严格保障计划实施

年度建设及投资计划一经下达应当严格执行，不得擅自调整。确需调整和增补项目的，由新城建设集团公司提出，报新城管委会批准后实施，原则上半年集中调整一次。

（2）加强计划执行情况考核管理

列入建设计划的项目，代建单位按月将项目形象进度、资金拨付等情况报送新城建设集团公司，并抄报新城管委会。新城建设集团公司对项目计划执行情况进行监督、考核、奖惩。代建单位应当加强对参建单位的考核管理。

（3）严格执行建设项目审批程序

新城建设集团公司及各参建单位应严格依照国家及省市有关规定，办理项目建议书、工程项目可行性研究报告、初步设计及规划、国土、环保、文物、施工许可等各项建设项目审批程序。应急工程、抢险救灾类工程项目可以不依照上述项目审批管理有关程序进行报批，但需经新城管委会批准后补办相关手续。

11.3.3 管理体系

新城交通建设具有多方主体参与的特点，政府、企业（规划、建设、设计）、公众责、权、利的划分是新城建设的重点工作，需要一系列管理制度、技术标准来统领、督促、监管各参与组织，高质量、高效率的完成新城交通建设推进。建设管理包含政府主导、公众参与、规划单位、设计单位、建设企业以及相应的技术标准、管理制度和管理平台八大要素，如图 11-2所示。

在统一的技术标准和管理制度指导下，政府主导负责落实国家、市政府等发展要求，公众参与负责民主性，在统一的实施平台上对规划、设计、建设的交通基础设施推进全过程进行建设管理，管理架构如图 11-3 所示。

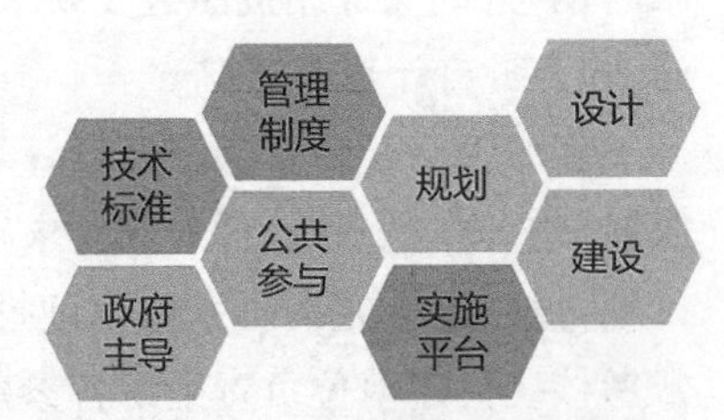

图 11-2 EPC 模式下新城交通建设管理八大要素

划分三方实施主体阶段职责。按照“共同但有区别责任”的原则，明确区分政府、企业、公众责任。政府将各项控制措施纳入政府的行政审批、过程监测、监督考核等工作中去，通过制定政策法规和技术标准体系、行政审批

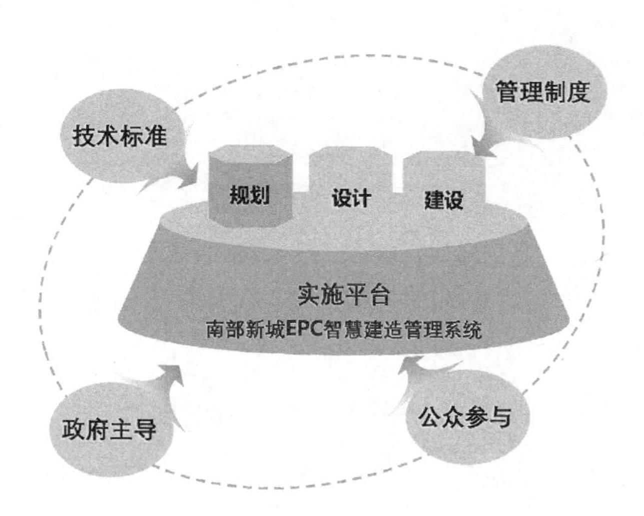

图 11-3　EPC 模式下新城交通基础设施建设管理架构

发挥主导作用;企业负责项目投资、建设和运营,落实相关标准;公众主动参与实践低碳生活、绿色消费、节能节水,成为落实新城交通基础设施建设的重要力量。在规划编制阶段,政府起主导作用;在建设阶段,企业更多地承担了公共服务设施、市政基础设施、公建及住宅、道路及交通的建设,企业执行和政府监督并重;在运营阶段,企业和公众既是政策的受益者和执行者,又反馈和影响着政策的制定,公众尤其要成为能与政府及企业在城市决策时进行对话的社会力量,形成政府、企业、公众互动的公共管理模式,促进“小政府大社会”公共管理体制的创新。

要保障新城交通建设推进工作,必须具备一个高效合理的交通建设管理平台。从组成上看,这个平台应该融合了政府主管部门、协调部门、规划单位、设计单位、建设企业、公众等相应的参与者组成的机构;从规划推进的程序上看,这个平台具体针对新城交通建设推进的一系列规范有序的操作程序和实施办法。这个平台必须突破现有的管理体制模式,具备高度的一体化整合机制。从管理的角度看,新城交通建设管理平台是政府主管部门为有效推进交通建设的推进与实施,对相关主管部门职能机构进行一体化整合,形成一个组织合理、运行高效的建设管理平台,各参与主体通过这个建设管理平台,对新城交通建设进行全过程的跟踪管理。由于新城开发建设的动态特征,这样的平台机构也具有动态阶段的特征。

在交通建设项目管理中,搭建智慧建造管理平台,可以提升项目管理水平,实现集成共享、主动预控、管理前置、精细治理、多方联动和科学决策。采用“智慧+”的模式,在 EPC 项目中,融合推进交通项目建设,重点在智慧灯杆、垃圾分类、地下空间、地下管网、公园绿地等各基础设施领域,推动交通项目建设与新基建的融合。全面实施 BIM 技术,打造 EPC 智慧建造管理系统,从项目设计、建造、运维,全周期、智能化介入,精细化分级分类管控,推动一网知数据、一屏观全局。EPC 智慧建造管理系统,为新城的交通建设推进提供了管理平台支撑。如图 11-4 所示。

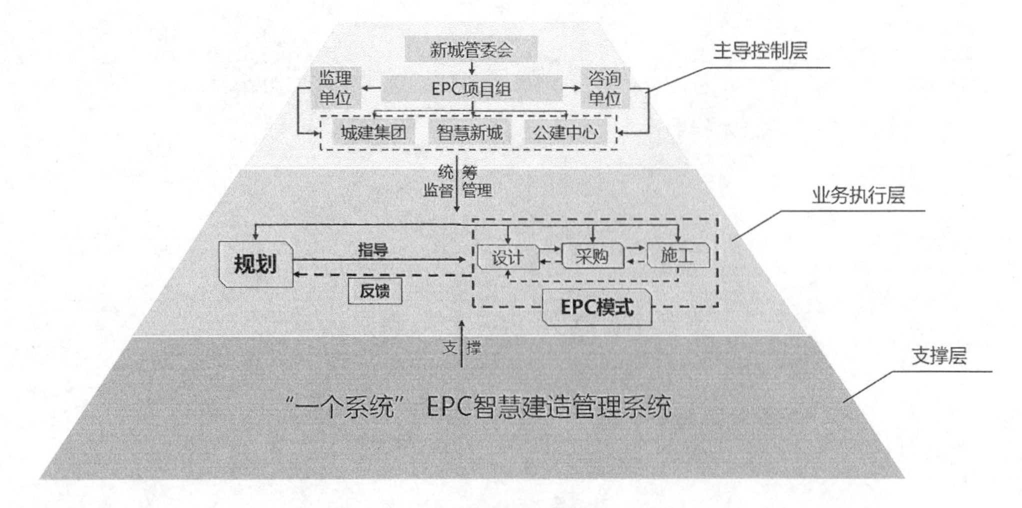

图 11-4　新城交通基础设施建设管理体系

11.4　保障机制的架构

11.4.1　制度环境分析

交通规划推进作为政府的一项重要公共职能，兼顾规范化运行、高效化推进、公平性对待面临的一系列问题和挑战。这就要求对交通规划的规划编制体系、推进主体、推进方式与内容要求、实施流程与管理等问题从制度上进行全新的认识与保障。交通规划推进不仅是一项技术行为，也属于行政性与社会性相融合的特殊行为活动，因此，代表的是全社会各群体的意志。规划成果作为地区交通发展与建设的政策指引与法定依据，交通规划推进的合理合法决定着城市交通能否可持续发展，以及不同群体的利益能否得到充分有效的保障。

为适应社会经济发展环境的转变，城市发展各类规划都在积极地调整与完善，试图建立一套普遍适应的规范标准体系以更好地指导城市各项规划的推进工作。我国规划管理人员与技术工作者们通过研究与实践，已经建构了一系列关于城市规划编制的法律法规体系，提出了覆盖各个空间范围、各层次类型的规划编制体系，制定了相应的规划编制技术指引与规范。

在城镇化快速发展过程中，诸多新城交通规划发展并没有体现出规划预期的行为效果，交通规划的地位和权威性仍经常受到各方力量的挑战，出于某种暂时利益的驱使，规划实施行为经常偏离规划设想。不仅如此，在新城发展过程中的一些城市病甚至被简单地归咎为交通规划的问题。在新城快速发展阶段，为保证交通规划对新城发展引导作用的有效发挥，必须从规划的制度环境上予以完善[107]。

新城交通规划的制度环境主要分为政府政策支持、财政经济支撑与法律法规保障三个部分。政策体系是政府部门为支持新城发展而确定的决策依据，是影响新城发展最重要的因素，也是保证规划实施的最有效的制度环境。通过制定关于新城整体发展的经济社会政策，影响甚至决定新城未来发展的主要方向，也必将深刻影响新城交通发展的战略导向。除了政府制定的宏观政策外，各职能管理部门也会制定部门或行业管理政策，同样也对交通发展有重要影响，对交通规划推进的效率、效果起着不可忽视的作用。新城交通规划确立的交通发展目标、战略与措施，都需要依靠各层次政策体系的支撑得以落实。新城政策体系的制定应以交通规划推进的导向与需求作为重要依据。

交通的规划与建设活动必须依靠政府和社会提供充分的财政与资金支持。作为行政行为，政府提供财政资金进行交通规划建设是其基本的义务，但投入资金的数量取决于政府自身的财政实力以及对地区交通建设的重视程度。因此，政府的经济支持是保证交通规划实现社会整体价值的重要支撑。随着市场化的深入，社会资金开始逐步渗透到原先由政府主导的社会行为中，对交通规划的整体价值取向产生了一定的冲击。为防止交通规划建设行为成为个别利益群体的意志，必须通过制度的保障，经济的平衡，保持主动性与引导性。以南京市六合新城为例，政府通过引入市场力量参与到新城建设，形成了政企合作的新城开发模式。在该新城的实践探索中，通过树立与城市协调发展、维持活力的土地混合使用、“景观＋服务”等规划理念，不仅能够实现政府对地区开发的意图，也能保证企业在开发过程中获得一定的利益，这种共赢的模式也促进了政企合作模式的巩固落实。

法律法规体系的制定是新城交通规划推进最为有力的法制保障。健全规划的法律法规体系，是管理的必然要求。政府在管理方面的行政管理职能逐渐法制化，这也对交通规划推进本身的行为活动提出了新的要求与挑战。交通规划法律法规体系是整个新城交通规划推进的核心，为规划行政和规划运作提供法律依据、法定程序及行为准则，并发挥保障和监督作用。住房与城乡建设部、各大城市都在积极探索城市规划编制的法制保障。深圳市在规划管理的法制化建设方面具有一定的代表性。深圳市通过探索与实践，基本形成了以“规划委员会”为决策机构、“法定图册”为法定文件的一系列规划制度保障机制，并已经取得了较为明显的成效。因此，建立健全的新城交通规划法律法规体系，提高交通规划在新城交通规划的开发建设中的法定地位和推进规范性也显得尤为必要。

11.4.2　制度架构

新城交通规划推进过程涉及的管理主体行为、相关决策主体和利益群体、参与者等，受到政策法规、资金、土地以及社会公平等因素的影响，是制度架构需要系统考虑的要素。因此，面向规划推进的制度架构也应从规划的行政行为、技术行为和社会行为三种属性出发，从强化依法行政、完善技术标准、提升社会公共效应、平衡经济保障四个方向考虑，搭建新城交通规划的制度保障体系。

新城交通规划推进保障的制度环境划分为政策法规保障、体制保障、制度保障以及经济保障四个部分。其中，政策法规保障主要指政府的公共政策导向，包括国家省市相关的宏观政策、地区内部制定的开发政策以及相关规划的法规标准体系；体制保障主要指新城开发采取的开发管理模式、管理体制以及相应的职能设置；制度保障包括法律法规、运行机制等行政依据、以及关于规划的信息公开与公众参与机制；经济保障包括财政资金使用政策、设施收费、政府拨款、土地出让以及市场行为。四个部分相互联系，互为依托，共同保障新城交通规划科学有序、合理合法地推进。

为在现有机制基础上明确制度架构的方向与策略，提出从完善政策法规、强化行政依据，健全规划体系、完善法规标准，推行公众参与、保障规划落实，重视资金平衡、拓展资金渠道四个方面健全规划保障的制度体系。这四个方面能够较好地落实制度环境四个部分的要求，并易于明确重点和方向。具体制度架构如图 11-5 所示。

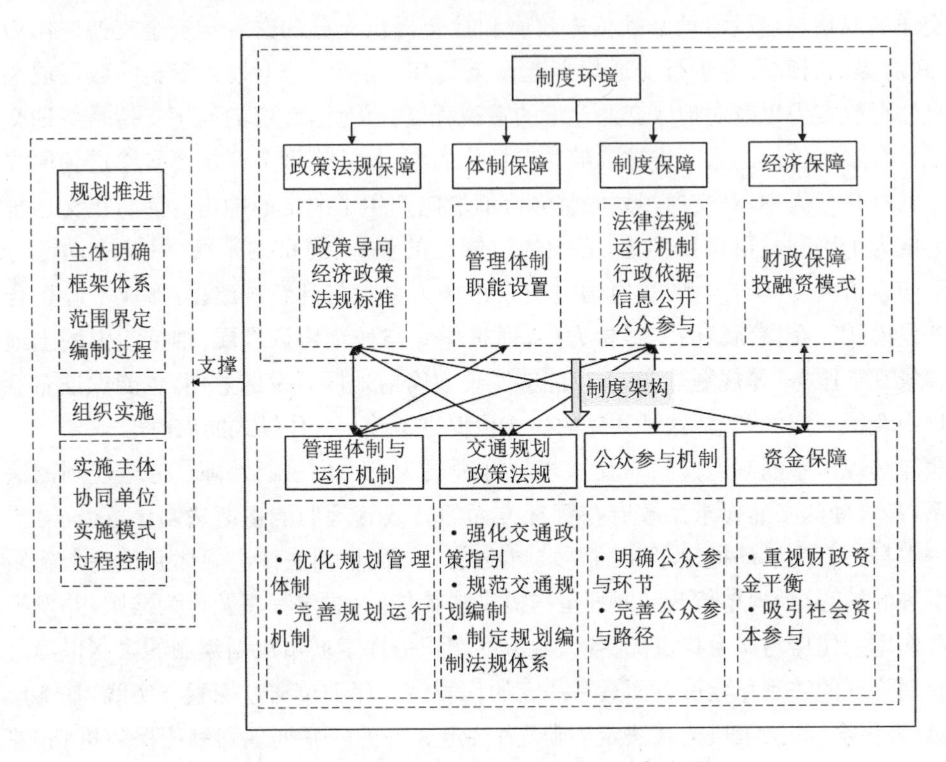

图 11-5　新城交通规划推进保障的制度框架图

11.5　保障机制的实施途径

11.5.1　规划编制法规体系规范化

1. 土地与交通相互作用的交通政策

交通政策是引导地区交通发展的顶层设计问题，关系交通规划编制、交通规划建设和交通投资等方向。交通政策体系按照不同层级确立的关于城市交通发展的宏观政策，包含国家、省市以及地区交通政策，这些政策上下衔接，一级一级往下推行与落实，同时各地区也会根据自身的实际特征，调整交通政策使其更加具有针对性和适应性。

在国家宏观政策指引下，我国新城普遍推行绿色、低碳、生态等发展理念，无论是居住新城、产业新城还是综合性新城，其发展目标都是打造低碳生态新城。因此，国家提倡的交通引导发展战略、公交优先战略、绿色交通战略等都已经在或者将在新城规划推进中予以实施。为更好地指引新城交通发展，应结合地区发展情况，在开发之初确立科学的交通政策保障体系，以指导新城交通规划的推进工作。

交通引导政策要求改变过去交通单向适应土地利用的发展与建设模式，构筑土地利用与交通相互作用的开发模式，通过轨道交通等大运量公共交通、高快速路以及综合换乘枢纽等为主的复合型交通支撑体系，引导新城土地利用和空间拓展，促进用地的集约化和交通的高效化。在该政策要求下，出台相应的城市规划与交通规划编制办法。相应的交通咨询评估强制性规定，优先安排交通规划建设资金，鼓励社会资本参与，加大交通规划建设力度，实现交通引导政策下的规划目标。

公交优先政策已经作为国家基本的交通发展政策执行，各地也先后出台了鼓励和推动公交优先发展的规定和意见，一定程度上取得了很大的进步。新城发展公交优先，具有得天独厚的优势条件，无论是政策制定，还是设施建设，都能够得到有效的保障。公交优先作为新城交通发展的重要政策，按照高效、集约化要求，建立大运量快速公共交通和换乘枢纽为核心的公共交通系统，确立公共交通在新城日常交通出行中的主导地位。新城在推进交通规划工作中，通过优先保证合理的公交场站设施用地、公交建设资金，实行公交营运政策扶持，以保证公交的高效运营和便捷换乘，提升公共交通的吸引力。尤其是严格管控公交发展用地和保证资金的投入。

对于慢行友好交通政策、区域差别化交通政策和智慧交通政策等，新城都应出台相应的规定和办法以保障政策的落实。通过新城交通政策体系和相应的保障体系的制定，巩固落实要求和强化推行力度，保障新城交通发展目标的实现。

2. 规范交通规划编制

合理的交通规划编制体系，是保障新城交通规划推进的基础。新城交通规划推进首先必须研究建立科学合理的交通规划编制体系，并予以规范化。通过制定健全的交通规划编制体系，明确各阶段、各层次交通规划的定位、编制理念、任务与要求、编制内容等，辅以相应的规范标准和法律地位，明确不同类型规划的刚性控制和弹性要求。新城结合本专著研究提出的交通规划编制体系，在交通规划推进过程中应作为严格执行的条例予以遵循，尤其是在新城交通总体性规划、控制性规划和实施性规划三个阶段中，作为新城交通规划推进的必须环节。不同新城可以根据自身的特征，在不同阶段有侧重有选择地开展相应的规划编制与实施工作。

3. 制定规划编制法规体系

提升规划管理的权威性，体现规划编制的科学性，应将规划编制上升到制度层面予以法制化，以法律法规的形式确保规划的合法地位。通过明确、严格的法规标准规范规划的推进，界定规划的自由裁量边界，明确相关部门的职权空间，减少或消除推进过程中规划的随意性。这就要求从制度和技术两个方面来提升交通规划的权威性和科学性[108]。

我国现阶段关于交通规划编制的法规标准正在逐步地丰富与完善，无论是国家层面，还是省市层面，都出台了相关交通规划编制的规范、标准、指南和导则，对指导交通规划的编制发挥了积极的作用。但这些法规标准也存在一定的弊端，不能很好地结合不同地区社会经济、城乡空间以及交通系统的差异性，以致规划方案存在千篇一律、到处迁移的结果。因此，尽快完善形成针对性的交通规划编制法规标准体系，是保障规划成果科学性和有效性的重要前提。

新城交通规划编制的法规体系完善应通过制定严格的政府规章条例，规范规划推进中涉及的程序性内容，明确规划决策、审批、实施的流程与制度，以保证交通规划方案能够体现地区交通发展的控制性要求与弹性需求。同时，更为重要的是，整合现有不同层级的规范标准，在国家规范及省市规范基础上，进一步深化拓展法规标准的层次体系，制定与新城相适应的地区交通规划标准规范或指引，形成"国家规范/标准＋地方性法规/规范/标准＋部门规章/规范性文件＋地区规范/指引"的多层级、强约束力的交通规划编制标准与规范体系，促进规划中的"刚性要求"与"弹性调控"的有效配合，真正做到科学指导新城交通规划的推进工作。如在交通规划编制体系基础上，结合国家及省市规范标准，制定各类型交通规划编制导则、交通设计指南等，规范新城各类型交通规划工作，指导交通规划建设的推进。

11.5.2 交通规划管理责权利界定

交通规划的规划、建设与管理涉及多重主体、多个部门，容易造成在项目推进过程中出现程序繁杂、手续众多的问题，也经常会发生相互推诿、政出多门的现象，无形中给推进工作设置了重重障碍，严重降低了工作效率。因此，建立一套完整有效的交通规划推进的运行机制，加强规划推进工作的统筹协调，显得十分重要。

确定交通规划的规划编制主体与实施主体以及各参与群体，明确相互关系，以及参与成员的权利与义务，构建一套权责分明的新城交通规划推进机制，以保障交通规划推进的分工合作。该机制的建立，可以由上级政府牵头组织，新城开发管理主体联合各相关部门和群体参与制定，报上级政府审批确定。

完善交通规划推进工作的内部分工机制和对外协调机制。对内明确各部门职能，相互配合推进工作；对外以新城开发管理主体的名义，按照运行机制要求，与上级行政主管部门、相关业务主管部门以及规划编制咨询单位、公众群体进行沟通合作，保证各部门之间充分的协调。新城开发建设管理管委会可以在交通规划编制过程中，遵循规范化的规划编制、审批制度和程序，涉及方案制定时，邀请相关业务主管部门、规划委员会以及公众代表参与决策，报批时根据项目类型，联合规划主管部门，报上级政府审批或直接报规划主管部门审批。

作为保障机制的重要组成部分，管理体制的合理与否关乎交通规划推进的成效。不同的新城可能采取不同的开发管理模式，其管理体制也存在一定的差异性。但作为政府主管部门，建立完善的管理体制，以强化规划推进的成效仍然是必然趋势。

对于新城而言，交通规划管理体制具有不同的特征，在不同的阶段也具有各自的适用性，但不管哪种体制，完善的管理架构和职能划分都是必须要具备的。新城在开发的不同阶段，首先应研究建立符合发展需求的规划管理模式。管理体制的架构，首先要面向新城交通规划推进的全过程，按照规划编制的组织与审批、规划方案的实施，设立相应的职能部门予以管理，并赋予相应的管理权限加以保障，从推进主体的角度构建完善的规划编制、审批体系和决策体系。

以管委会模式为例，通过设立规划设计处或派驻规划分局，对规划编制和审批(或报批)工作进行统筹组织，以该部门作为编制主体全面负责该项工作；设立工程建设处，负责交通设施建设项目的建设实施或监管，保障建设项目的顺利安全落地；设立财务处，对交通设施建设资金予以平衡和审计，保证充分的资金投入。通过多部门的明确联动，以及各部门的权、责、利，组合推进交通规划工作，以强化工作成效。

11.5.3　公众参与合法化

1. 分阶段公众参与

公众作为交通规划和规划推进的真正利益相关人，参与制定规划是法律应赋予的基本权利。在民主法治背景下，明确公众的规划参与权本质上是一种公民参政议政的形式，因此，公众参与规划是一个行使公民权的问题，也是完善规划决策体系的重要内容。公众参与的广度和深度也与现行的法制建设、体制特点密切相关。

规划中实施公众参与，目的是为了形成一个民主可接受的规划方案。一般主要分为两种形式：基于科学性的公众参与，即行业专家参与的规划编制，以保证质量优先，另外一种是基于民主的公众参与，即民间代表参与的规划编制，以提高规划的可实施性。这两种形式下的公众参与目的和效果不同，参与的环节与要求也不一样。

规划层次和属性不同，决定了公众参与程度应有所区别。上一层级的规划应更多地体现政府和行业专家的主导作用，一般采用专家咨询、公众评议的形式，使规划更多地考虑地区发展，体现规划的前瞻性、战略性和科学性导向。下一层次规划的实施，政府应适当放权，让公众真正成为规划参与的主体，政府的角色定位是引导和协调，提供规划的基本信息和资料，开放政府与公众沟通的渠道，广开公众发表意见的途径。

交通规划推进事关广大群众的出行安全和效率以及公平性，涉及到环境、土地以及公共服务设施等众多问题，公众参与一方面能够尽可能在交通规划的规划编制管理过程中维护居民的利益，尤其是保护弱势群体的基本利益，另一方面通过听取公众的意见，更好地制定交通规划的规划方案[109]。公众参与城市交通规划，实质上是通过民主的方式，赋予公民参与规划编制与实施，保证政府主导下规划行为的公平、公正和公开，使规划能切实体现公众的意愿和对交通系统的诉求，提升规划的合理性，确保规划工作的推进。目前我国采用的交通规划公众参与形式主要是专家咨询和项目批前公示两种，但效果非常有限。因此，真正实施公众参与还有很长的道路要走，必须研究推动公众参与交通规划的法制化，明确参与环节，丰富参与形式，并建立相应的反馈机制。

新城公众参与需要突破现阶段传统的专家咨询和项目公示形式，在明确新城交通规划编制体系框架下，从两个方面予以保障。一是在法规标准体系阶段，应广泛吸收公众的力量，参与到这些法规标准的制定中来，以更好地指导规划的编制和体现不同群体对不同设施的需求；二是明确各层次交通规划中，哪些类型的规划应引入公众参与，如新城交通总体性规划和实施性规划两个阶段，建议让公众参与到规划编制的整个过程中，以体现政策的公平性和微观建设的可操作性。

2. 公众参与路径的合法化

根据交通规划推进转型的发展诉求，效益为主转向兼顾效益公平、生产性活动转向生活性行为、注重速度调整为质量为主、整体利益优先转变为整体和个体兼顾、弱势群体优先成为规划发展的主要方向。交通规划的公共政策属性在这一转变过程中将进一步得到巩固与彰显。尤其是新城，可塑性强，公众参与将成为转型过程中新城交通规划推进非常重要的力量。公众参与机制的确定，应从以下路径进行完善：

确立公众参与交通规划推进的合法地位。通过建立公众参与的全方位保障机制，明确参与的类型与形式，赋予参与公众相应的权利，并使之制度化。新城应在现有交通规划公众参与基础上，通过规章制度进一步强化其法律地位。搭建新城交通规划、建设公众参与的整体平台，在平台上加强信息公开和增加公众参与的渠道，使广大群众拥有发出声音的平台和机会。如在规划阶段，成立新城地区规划委员会，该组织由政府人员、规划设计专家、民间公众代表以及相关公益组织代表构成，并严格确定各类群体的比例，以保证该组织能够有效地体现公平性。另外，政府可以通过网上平台、微信平台、微博、社会宣传等方式，建立广泛的、多模式的规划信息公开平台和渠道，让公众能够针对规划、设计和建设方案及时有效的发表意见，以供决策部门修改完善方案。

建立公众参与交通规划的法定程序。由于交通规划推进环节、项目繁多，难以做到每个项目都能全面地征求和采纳每位利益相关者的意见。为提高新城交通规划中公众参与的有效性和推进效率，除了在重要的交通规划项目采取必要的公众参与之外，还可以在新城交通规划法规、标准、导则和指南等规范类文件制定阶段广泛实行公众参与，形成公众认可的规划编制标准规范以及社会准则，严格按照法规标准制定满足公众意愿和社会需求的交通规划方案。针对新城交通规划编制体系，明确不同阶段公众参与的构成主体、参与决策的内容与形式，严格把控规划的质量和公平性，并通过某种必备条件加以节制，以有效落实公众参与机制。如政府部门可以将公众参与形成的意见反馈作为新城交通规划评审、审批的必备条件进行备案，以此纳入新城规划运行机制中。

建立公众参与的监督反馈机制。在规划实施过程中通过建立动态反馈机制，跟踪监督公众参与的效果，作为评价交通规划实施质量和评估实施主体绩效的重要参考予以确立。这也是规划实施评估的重要内容。

11.5.4 规划设计方案并联审批

以现行审批制度为基础，借鉴部分城市已经实施的城市建设项目并联审批制度，宜实行采用并联审批制度的新城交通建设项目工程设计方案审批办法。并联审批制度是指行政许可依法由地方人民政府两个以上部门分别实施，本级人民政府确定一个部门受理行政许可申请并转告有关部门分别提出意见后统一办理的制度。并联审批制的实施形式可以多样化，本质应是政府主导下实行多部门联合办理，大大提高了项目审批的效率。因此，新城开发建设过程中，涉及交通建设项目工程设计审批的，建议严格按照该制度办法执行，这是目前国内逐步推广采用的规划审批机制。

深化“一窗受理、限时办结、全程监督”审批改革，实行“联合审查、容缺受理、前置辅导、告知承诺、模拟审批、事中事后抽查、信用评价挂钩”模式，优化提升交通规划建设项目审批制度改革、实施流程再造，进一步规范交通规划设计方案审查方式，推进工程建设项目提速增效，更好服务交通发展。

推行交通规划设计方案联审。优化审批程序，在设计方案审查环节只审查规划条件、建设条件及相关技术规定确定的规划控制要求，减少审查建筑内部平面及剖面设计。实施设计方案联审，设计方案在服务云平台向各相关单位直接推送，减少走纸质审批流程，多单位、多环节同步审批，有效提高审批效率。

杜绝设计方案审查体外循环。规划设计方案审查是建设工程规划许可证核发的关键组成，要将规划设计方案审查实现纳入建设工程规划许可证审批时限。各有关单位要进一步规范工程设计方案审查流程，杜绝体外循环。

实行并联审批。打破部门界限，压减和理顺审批事项的前置条件，每个审批阶段由牵头部门统一受理申请材料、统一组织其他审批部门开展并联审批、督促协调审批进度、在流程限定的时间内完成审批并统一告知规划建设单位审批结果。

11.5.5　合理可行的投融资模式

1. 财政资金的均衡化

交通规划作为新城公共设施，具有较强的公共与公益属性，决定了政府应该作为投资与建设主体，满足居民的需求。因此，政府作为投资主体的地位仍然不可转变。这就要求政府必须针对交通规划建设项目，做好充分的建设计划与预算，明确资金的投入与使用。

考虑政府财政的承受能力，在新城交通规划推进过程中，就要吸收财务部门参与，综合考虑财政承受能力与方案的合理性，从不同的角度保证政府财政投入和资金投入的平衡，并对交通规划建设给予适当的倾斜。新城开发过程中，交通规划的建设一般属于先期开展的工作，交通规划的建设应该作为前期开发过程中财政资金使用的重要支出，应统筹做好财政投入的均衡。提升新城土地价值，促进产业发展。新城的财政资金，可以通过上级政府的拨款、土地出让产生的收益以及银行贷款等方式获得，针对这些资金，做到有计划、有倾向地投入到交通规划建设中，是保障新城交通规划建设得以顺利实施的坚实支撑。

2. 吸引社会资本参与

全凭财政投入难以满足新城快速开发的需求，需要政府广开渠道，吸引民间资本和外资投入到地区交通规划建设中。BOT、TOT、PPP 等模式在不同城市的交通规划建设中都得到了很好的利用，既缓解了政府的财政压力，同时也充分发挥了市场的力量，有力地推动了交通规划的建设推进。

新城具有较好的吸引社会资本的优势。无论是地区的重大交通规划，还是辅助型的交通设施，由于属于新开发地区，其开发模式相对较为灵活。尤其是在政府与市场协作模式下，既能保证政府对交通项目性质的控制，也能通过社会资本的介入快速推动设施建设。新城交通规划推进主体在规划推进过程中，结合交通建设项目的属性，在规划编制时考虑项目的拆解与分包,将交通规划方案项目化,公益性项目由政府财政投入建设,收益性或部分收益的项目,可以通过吸收社会资本参与共同在前期规划中进行研究论证,并在后期吸引社会资本参与建设。另外,新城交通规划推进主体应在自身体制特征下,通过相关法规条例的形式,研究制定灵活的、相适应的投融资模式,以保障交通规划项目的顺利实施。

11.6 本章小结

本章从规划编制和规划实施两个角度研究了推进机制中组织实施的"三定原则"和要素;结合典型实施模式的特征,提出了面向全过程的新城交通规划实施模式,并构建了组织实施模式的选择模型;探索了一整套适应新城交通规划实施的管理办法,形成"一部导则""一套制度""一个平台"等全过程管理办法;建立了新城交通规划推进保障的制度框架,从法律、管理、公众参与、经济等层面明确了保障机制的实施途径。

第 12 章　南京南部新城案例应用

12.1　南部新城概况

12.1.1　南部新城总体情况

南部新城地处南京主城东南，主要由搬迁后的大校场机场地区和高铁南站地区组成，跨秦淮、雨花台和江宁三区，是以枢纽经济为主要特征的南京城市建设发展的重要战略功能区。规划管理范围 19.8 km^2，包括核心区大校场机场地区约 10 km^2，绕城公路以外和玉兰路两侧地区约 3.8 km^2，高铁南站地区约 6 km^2(如图 12-1 所示)。

南部新城核心开发区北起外秦淮河、运粮河，东南至绕城公路，西至大明路，西南抵卡子门大街，总用地面积 9.94 km^2，规划人口约 18 万人、就业岗位约 14 万个。

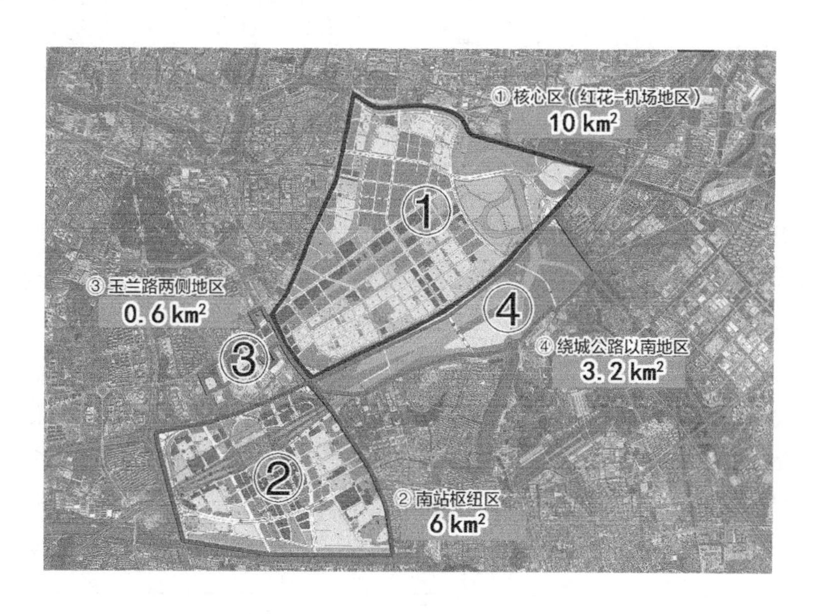

图 12-1　南部新城范围

12.1.2　南部新城发展历程

多年来，受大校场军用机场净空和噪音影响，南京主城东南地区城市发展严重受限，城中村现象突出。2003 年，南京市政府成立红花-机场指挥部，负责机场迁建和地区开发建设管理。2010 年，为响应南京城市空间的重构需求，南京市政府做出打造新南京、建设南部现代都市新中心的重大战略决策，以高铁南京南站重大枢纽工程项目建设、大校场军用机场搬迁和城市更新为契机，通过空间织补的方式整合形成主城新功能片区。

“十二五”时期：南部新城在空间上形成了规划控制区、建设协调区及核心开发区 3 个层次。相继确立了南京南站综合枢纽区、红花机场智慧新区和软件谷产业园区 3 个重点发展区域。2013 年，南京市政府进一步明确了南部新城规划建设管理范围 19.8 km^2，进一步聚焦发展重点。

“十三五”时期：在规划建设之初，南部新城提出了三条战略定位，分别是枢纽经济平台、人文绿都窗口和智慧城市典范。南部新城逐渐明确“城市新中心，文化新高地，产业新地标”的发展方向。南部新城立足“枢纽经济平台、人文绿都窗口、智慧城市典范”的战略定位，全面进入大开发、大建设和大招商阶段。完成了大校场机场停飞转场、军用土地全面移交和整体征收拆迁；形成了以“发展战略为导向、控详规划为核心、城市设计为控制、专项规划为支撑、设计导则为指引”的完整规划体系；通过 EPC 模式拉开新城基础设施建设框架。

“十四五”时期：南部新城将进入建设加速期，立足于“长三角中央活力区、都市圈总部集聚区、现代化主城新中心”新发展定位，由“拉开框架”转向“初见形象”。至“十四五”末将初步达到形象彰显、活力荟聚、业态丰富、智慧引领的新局面[110]。

12.2 南部新城交通规划编制体系

12.2.1 南部新城城市规划编制体系

在国土资源统筹各类空间性规划改革的新形势下，南部新城践行新发展理念，不断完善“以发展战略为导向、控详规划为核心、城市设计为控制、专项规划为支撑、设计导则为指引”的规划体系，为南部新城规划的高水平实施和精细化管理奠定基础。

南部新城规划体系按照三个阶段开展：总体规划、控制性详细规划以及实施性规划。根据这一层次架构，结合新城空间结构，南部新城相继开展了一系列规划编制工作。尤其是充分整合控详编制与城市设计编制的优势，在多个功能区及单元开展了控制性详细规划与城市设计方案的同步编制。对应各阶段的规划具体如表 12-1 所示。

表 12-1 南部新城城市规划计划(部分)

规划阶段	项目名称	进展情况 (至 2021 年)	备注
总体规划阶段	高铁枢纽经济区发展规划	已完成	南京市城乡规划委员会会议纪要第 9 号
	南部新城建设协调区产业发展规划	已完成	
	南部新城总体规划	已完成	2013 年

（续表）

规划阶段	项目名称	进展情况（至 2021 年）	备注
控制性详细规划阶段	南部新城建设协调区控制性详细规划整合	已完成	宁政复 2011[121]号
	大校场单元机场次单元控制性详细规划总则	已完成	宁政复〔2015〕41 号
	大校场单元机场次单元整体城市设计	已完成	宁政复〔2015〕41 号
	南部新城核心开发区重点地段城市设计	已完成	2012 年
	岔路口单元控制性详细规划	已完成	
	中芬低碳生态专项规划	已完成	
	智慧城市专项规划	已完成	
	大校场单元机场次单元地下空间规划	已完成	
	南部新城 5G 专项规划	编制中	
实施性规划阶段	机场跑道周边地上地下一体化城市设计	已完成	
	地铁 5 号线、6 号线、10 号线站点周边城市设计	已完成	
	响水河、机场河沿线城市设计	已完成	
	特色街巷周边精细化城市设计	编制中	

12.2.2 南部新城交通规划编制

按照不同规划阶段的目标、内容、重点和深度要求，南部新城与城市规划同步开展交通规划编制，形成了较为全面的交通规划编制体系，如表 12-2 所示[118]。

表 12-2 南部新城交通规划编制体系

规划阶段	项目名称	进展情况（至 2021 年）	备注
南部新城交通总体性规划	南部新城绿色交通系统规划	已完成	
	南部新城骨架路网及节点研究	已完成	2012 年
	南京南站地区综合交通规划	已完成	2012 年
	红花-机场地区交通规划	已完成	2015 年
南部新城交通控制性规划	红花-机场地区交通专项规划（道路网、停车、慢行系统）	已完成	2016 年
	南京南站地区慢行交通规划	已完成	2016 年
	红花机场地区控规交通影响评估	已完成	2016 年
	红花-机场地区轨道线网调整规划	已完成	2016 年
	红花机场地区轨道站点 TOD 规划研究	已完成	
	南部新城公共交通专项规划	编制中	

（续表）

规划阶段	项目名称	进展情况（至2021年）	备注
南部新城交通实施性规划	红花-机场地区交通组织及交通工程设计	已完成	2016年
	南部新城城市道路设计导则	已完成	2015年
	南部新城街道设计导则	已完成	2016年
	玉兰路建设工程	已完成	2011年建成通车
	纬七路东进建设工程	已完成	2017年建成通车
	苜蓿园大街南下拓宽改造工程	已完成	2017年建成通车
	主次支道路及特色街巷等路网体系建设工程(EPC)	已完成	2016—2022年

12.3 南部新城核心开发区交通需求分析

12.3.1 南部新城交通需求预测方法

南部新城运用供需双控交通需求分析技术对新城交通进行了需求预测。面向交通设施供给与交通需求，通过双向调控，实现相互依存、相互促进，并通过循环反馈，在一定条件下达到稳定平衡状态。交通供需平衡分为总量平衡和结构平衡，总量平衡体现为整体交通承载能力能够满足交通需求总量的要求；结构平衡则主要体现在不同的道路交通和公共交通设施布局结构和功能等级结构对应的需求结构，即交通方式结构产生的不同方式出行量对相应道路交通和公共交通设施的需求。总量平衡根据新城规划空间结构方案及拟定的总体开发强度，测算新城总体交通需求。

在供需双控模式下，南部新城交通需求分析对既有的四阶段预测方法进行改进，根据交通需求来确定交通供给。南部新城交通需求预测工作的思路及方法如下(如图12-2所示)。

(1) 整理分析南部新城核心开发区交通综合调查与建立模型相关的社会经济、交通基础设施、交通需求等资料。

(2) 对收集资料进行分析和整理，将建立模型所需的人口分布、就业岗位分布、居民出行需求等资料和数据细化建立在交通需求预测模型所需的交通分区层面上。

(3) 采用不同的交通发展模式，对核心开发区的交通设施容量进行情景测试，确定适合该地区的交通发展模式。

(4) 用确定的交通发展模式，按四阶段法，对核心开发区各种方式的规划年需求量进行预测，在此基础上得到各种方式分配到交通设施上的分配量。

(5) 结合规划的交通设施容量和布局分布，对分配计算得出的各种方式的交通量进行结果分析，为设施的全面评估和优化、改进方案研究提供科学的依据。

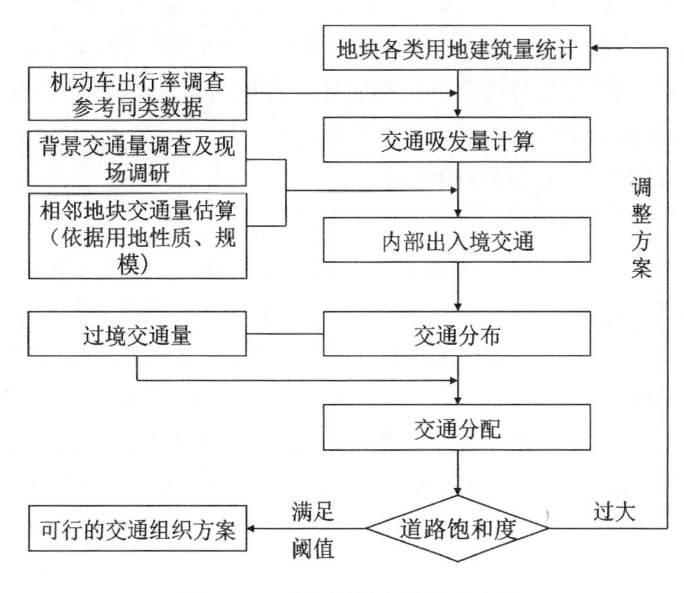

图 12-2　交通模型主要技术路线

12.3.2　南部新城交通供需总量平衡模型

1. 背景交通量自然增长情况

根据历年《南京市交通年报》数据，2006 年至 2016 年近十年期间，南京市主城区居民机动车与小汽车保有量的增长率保持在 10%左右，增长趋势较之前有所放缓，机动车增长率维持在 7%左右，小汽车增长率维持在 13%左右。

一般来说，道路交通量的增长率要明显小于机动车保有量的增长率，而与机动车的使用量密切相关，近十年来南京市主城区居民的出行率均维持在 2.7 次/人/d，日均出行总次数从 2011 年开始趋于稳定，由于总量的增大以及公共交通设施的不断建设，机动车出行比例和出行次数的增长趋势也逐步放缓甚至出现下降趋势，2015 年相对 2014 年就下降了 1.7%。

《南京市交通年报》统计的部分主要通道交通量（如表 12-3 所示），卡子门大街的年交通增长率在 7%左右，而沪宁高速（绕城公路）基本保持稳定。

表 12-3　南京市部分主要通道日均交通量　　单位：pcu/d

道路名称	2016 年进城	2016 年出城	2016 年总量	2015 年总量	较上年增长率
卡子门大街（双龙大道）	48 989	44 831	93 820	87 531	7.18%
沪宁高速（绕城公路）	24 569	24 714	49 283	50 730	−2.85%

全面综合南京市机动车的增长情况、居民出行情况、机动车的使用情况以及道路交通量的增长情况，考虑到宏观经济增速的放缓、机动车增长率的放缓、南京市公共交通的建设以及公交优先的大力推广，均对道路机动车交通量的增长率起到减缓作用，综上所述，并参考相关案例，南部新城年背景交通量的自然增长率取4%。

2. 基于需求管理理念的交通供给分析

南部新城交通供给分析基于交通承载力来衡量，即在研究范围和研究时段内，在一定的交通需求管理措施、交通时空资源调控和交通环境约束下，交通系统能实现的交通单元的最大移动量，表示为给定约束条件下不同交通出行方式结构可利用交通时空资源的函数。南部新城承载力的特征和大小可用表征变量来反映，主要包括道路系统承载力、公共交通承载力和交通环境承载力。这三者之间相互关系为：道路系统承载力和公共交通承载力是基础条件，构成了大城市新城资源承载力，交通环境承载力是约束条件。

道路系统承载力指在研究范围和研究时段内，给定交通需求管理措施下道路网络设施所能服务的最大交通客流。南部新城道路系统承载力主要研究对象可分为机动车交通承载力、非机动车交通承载力。

1）机动车交通设施承载力

南部新城以高峰小时各等级路网的道路有效运营长度并考虑实际中的道路折减因素及公交车的影响来确定路网的时空总供给资源，以路网周转率和车密度表示交通个体时空消耗资源，进而计算规划路网在高峰小时所能服务的最大机动车车辆数(pcu/h)，通过平均载客数计算出高峰小时机动车交通设施系统所承载客流量。

2）非机动车交通设施承载力

非机动车道是城市道路基础设施之一，主要是供普通自行车及电动自行车通行。因自行车出行需消耗体力，所以居民对自行车出行的选择受出行距离的影响，不同类型大城市新城的居民职业、收入和工作地点等方面不同导致自行车出行比例存在很大差异。国内计算自行车容量模型以基于时空消耗的定量分析法为主，并以整个非机动车道网为研究对象。

3）道路系统承载力

道路系统承载力主要研究对象可分为机动车交通承载力、非机动车交通承载力，因此，南部新城道路系统承载力为机动车交通承载力与非机动车交通承载力之和。公共交通承载力为公共交通系统在单位时间内所能运输的最大乘客数。公共交通种类有地铁、有轨电车、快速公交和常规公交，新城的公共交通资源是有限的，每一位公交乘客在新城中的移动都要占据一定的公交时空资源。公共交通系统承载力与公共交通系统总运输能力及个体乘客时空资源消耗有关。

12.3.3 南部新城交通供需结构平衡模型

1. 出行量与出行方向分析

1）交通小区划分

根据南京市总体规划的区域划分、南京市未来“一主三副”的中心城结构，结合现状的片区进出交通调查情况，南部新城交通影响评价划的外部小区共有 17 个，包括主城中心、江北、河西、仙林和江宁等 5 个外围小区，12 个周边小区。结合核心开发区土地利用规划和道路规划，参考以往交通小区划分办法，考虑到核心开发区小街区、密路网的特点，将地区内部划分为 94 个交通小区，在机场路以南的地区，以每条支路为划分界限，基本做到一个地块对应一个交通小区(如图 12-3 所示)。

图 12-3　内部交通小区划分

2) 人口就业岗位预测

南部新城核心开发区内规划常住人口 15 万、部队保留区暂按 1 万人考虑。规划区人口密度较高，平均人口密度 1.6 万人/km^2，机场路以南地区最高人口密度达到 4.9 万人/km^2，规划核心开发区就业岗位总量约 14 万个[111]。

3) 出行吸引发生量预测

根据各类土地利用单位面积的发生吸引率，结合各个交通小区中各类土地利用的规划建设体量，可得到南部新城每个交通小区内各类性质土地利用的高峰小时发生吸引量。结果表明，南部新城核心开发区高峰小时发生总量达到 12.4 万人次/h，高峰小时吸引量达到 19.1 万人次/h，片区内每个交通小区高峰小时吸发强度如图 12-4 所示。

根据图 12-4 可以看出，由于不同地区、不同交通小区内的容积率、规划建筑高度(即开发强度)明显不同，核心开发区 10 km^2 范围内的交通发生吸引强度也有明显的区域差异。交通吸发强度与地块开发强度与人口就业密度有明显的一致性，呈现显著的“北低南高”的特征。

机场路以南地区的交通吸发强度要明显高于北侧，其中最高的地区集中在机场路沿线，其沿线地区均为高强度开发地块，交通吸发强度也最高。北部现状保留与更新地区开

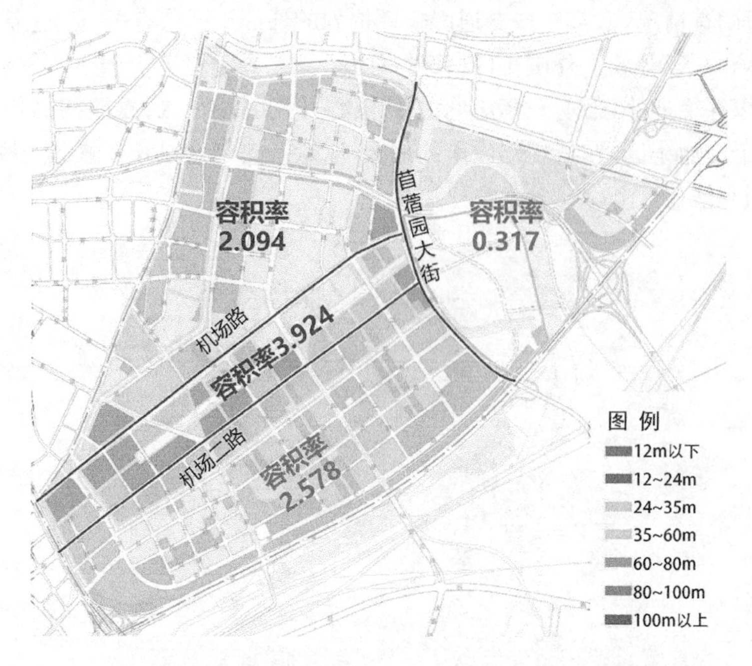

图 12-4　南部新城核心区开发强度分布(规划建筑高度与容积率分布)

发强度中等,其中存在大片保留军事土地利用,因此交通吸发强度明显低于机场路以南。承天大道以东地区,规划大片白地和湿地公园,几乎无建设土地利用,因此交通吸发强度也非常低。

4) 出行方向分析

南部新城核心开发区是快速发展中的新城,未来土地利用发展变化很大,因此,出行分布模型宜采用重力模型法。出行分布模型各交通小区间的出行阻抗,取各个方式的加权阻抗。

根据表 12-4 可以看出,未来核心开发区发展迅速,居民出行总量快速增长,与南京主城区、河西新城江宁地区之间联系较强,占对外出行总量的 80%以上,与距离较远的江北新区、栖霞仙林地区之间联系较弱。

表 12-4　出行方向分布

联系方向	高峰小时联系强度(万人次/h)	比例(%)
规划区与主城	6.9	34.5
规划区与河西地区	4.7	23.5
规划区与江宁(南站)地区	5.0	25.0
规划区与仙林地区	2.0	10.0
规划区与江北地区	1.4	7.0

核心开发区与南京市主要片区的出行方向强度分布如图 12-5 所示。

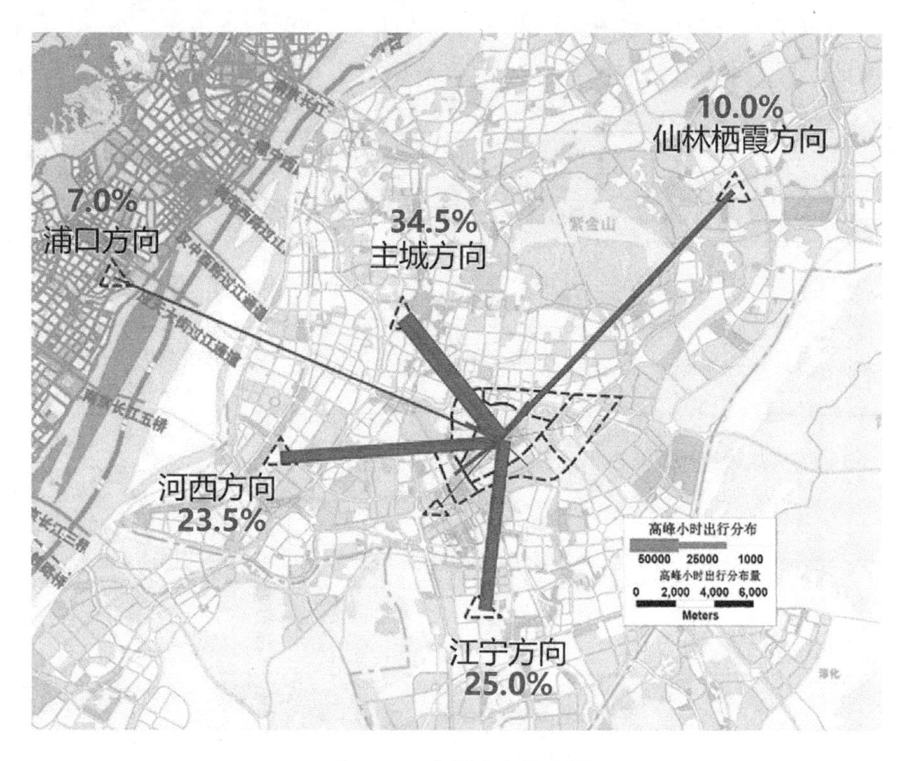

图 12-5　出行方向分布图

2. 出行方式划分与路网承载力分析

1）片区对外联系出行方式划分

结合南京全市方式结构与其他城市发展经验，根据出行距离的远近，确定规划区未来内外联系的出行方式结构，未来核心开发区高峰时期联系主城、江宁等各个方向的交通方式规划如表 12-5 所示。

表 12-5　片区规划年高峰时期联系各个方向出行方式结构比例　　单位：%

	主城中心	江北	河西	江宁	仙林	周边小区
小汽车	10～12	30～32	18～20	20～22	18～20	10～12
轨道	45～50	55～60	40～45	40～45	40～45	20～25
公交	25～30	10～15	25～30	20～25	20～25	10～15
非机动车	10～12	1～2	10～15	10～15	10～15	50～55

2）片区内部出行方式情景模拟

为了根据交通系统的容量确定南部新城核心开发区未来交通的发展模式，需要对该片区内部居民出行的方式进行情景模拟。三种情景具体构建如表 12-6 所示。

系统平衡发展：低强度公交优先，优先满足机动车交通需求，常规公交发展目标为 15%～20%，轨道交通发展目标为 10%～15%。

公交优先发展：中强度公交优先，轨道与常规公交均衡发展，适度满足小车出行；常规公交发展目标为20%～25%,轨道交通发展目标为15%～20%。

绿色交通发展：高强度公交优先,轨道交通发展迅速,优先满足公共交通和慢行交通的发展需求,小汽车出行多样化控制;常规公交发展目标为25%～30%,轨道交通发展目标为15%～20%。

表12-6　各情景下不同交通方式的发展策略

发展模式 情景	模式一：系统平衡发展	模式二：公交优先发展	模式三：绿色交通发展
发展重点	各子系统均衡发展	小汽车中发展、公交优先发展	绿色交通系统高发展 小汽车低引导发展
路权空间优先权	优先满足机动车交通需求	车行优先,干路保证公交独立路权	优先满足公共交通和慢行交通等绿色交通发展需求
小汽车	正常停车收费 允许路内停车泊位	正常停车收费 部分路段设置路内停车	适当提升停车收费 不鼓励路内停车
轨道交通	正常土地利用建设 正常车站覆盖率	轨道站点周边人口就业提升5%～10%	轨道站点周边人口就业提升10%～15%
常规公交	无公交专用道;路边式公交站台	主干路设置公交专用道(早晚高峰);设置港湾式公交站台	主干路及有条件道路均设置公交专用道,设置港湾站台,提升候车环境,鼓励无缝换乘、开设轨道接驳巴士与微循环公交
自行车	建设公共自行车租赁点,解决最后一公里问题	保障自行车网络连续性 提高公共自行车覆盖率	完善自行车道路网络,设置自行车专用道,提高公共自行车覆盖率,实现公共中自行车与公共交通便捷换乘
步行	允许路边停车泊位占用步行空间	保障步行网络连续性	建立相对独立的步行网络,保障慢行空间的安全性与舒适性

3) 片区内部路网承载力分析

(1) 系统平衡发展模式

根据表12-7可知,系统平衡发展模式下,未来年大明路、机场路、国际路和承天大道等内部干路部分路段将过饱和运行,交通拥堵严重,此外区域对外交通节点(跨区通道与进出快速路匝道),交通流量大,交通拥堵较为严重。

表12-7　系统平衡发展模式下各交通方式出行比例　　单位：%

出行结构	步行	自行车(电动车)	常规公交	轨道	小汽车
对外出行	—	10～15	20～25	25～30	35～40
内部出行	25～30	20～25	15～20	10～15	20～25

(2) 公交优先发展模式

公交优先发展模式下,区域内部道路饱和度下降,运行状态有所提升。未来年大明路、机场路和国际路等内部干路部分路段饱和度将有所下降，但交通拥挤很大，司机较难接受。区域对外交通节点(跨区通道与进出快速路匝道)交通流量较大，交通拥堵仍较为严重(如表 12-8 所示)。

表 12-8　公交优先发展模式下各交通方式出行比例　　单位：%

出行结构	步行	自行车(电动车)	常规公交	轨道	小汽车
对外出行	—	10～15	25～30	30～35	30～35
内部出行	25～30	20～25	20～25	15～20	15～20

(3) 绿色交通发展模式

绿色交通发展模式下，片区内部路网服务水平基本维持在 C 级以上，不会出现全局性的拥堵，区域对外交通节点(跨区通道与进出快速路匝道)服务水平以 D 级及以上为主，处于可接受状态。仅有少数交通性干道的服务水平会达到 D 级及以上，而这主要是由于过境交通量较大所致(如表 12-9 所示)。

表 12-9　绿色交通发展模式下各交通方式出行比例　　单位：%

出行结构	步行	自行车(电动车)	常规公交	轨道	小汽车
对外出行	—	10～15	30～35	35～40	20～25
内部出行	25～30	20～25	25～30	15～20	10～15

(4) 发展模式测试结论

不同的交通基础设施与需求调控措施下，片区内部路网拥堵状况显著不同，三种模式的路网服务水平分布和路网运行指标测试结果如表 12-10 所示。

表 12-10　三种模式路网测试运行指标分析

指标	系统平衡发展	公交优先发展	绿色交通发展
快速路平均饱和度	0.88	0.82	0.80
饱和度大于 0.9 的快速路规模比例(%)	56.6	25.0	13.9
主路平均饱和度	0.85	0.80	0.77
次干路平均饱和度	0.59	0.48	0.44

对比三种交通发展模式情景可以看出，在绿色交通主导的发展模式下，路网整体服务水平最佳，路网的运行压力最小。

南部新城核心开发区作为南京市乃至国内“优化能源结构，倡导集中能源供应，保障能源系统安全”的清洁能源示范片区，是南京市乃至全国绿色宜居智慧新城的典型，选择与未来城市空间发展规模和人口发展规模相适应的方式结构；选择与未来经济水平和交通设施容量相协调的机动化水平。片区内部选择绿色交通发展模式，交通发展始终贯穿“公交优先、慢行友好、多元协调、空间重构”的发展理念，内部的交通规划以契合此模式为原则，打造以公共交通为引领，重视慢行交通需求，推广鼓励区内“公交＋慢行”结合的出行模式，打造连续、优美的慢行空间，对小汽车出行进行合理的引导和调控。

3. 其他交通需求预测

1）公共交通需求预测

南部新城核心开发区的公共交通主要包括轨道交通和常规公交两大类，分别对核心开发区的轨道交通和常规公交的未来年的出行需求进行预测分析，判断客流走廊以及走廊能级。

（1）轨道交通

南部新城片区规划有六条轨道交通线路，分别是地铁3号线、地铁5号线、地铁6号线、地铁10号线、地铁13号线和地铁16号线。六条轨道交通线共设置轨道交通站点10个，分别是地铁3号线大明路站，地铁5号线七桥瓮站、机场路站和大校场站，地铁6号线应天东街站、市中医院站、机场跑道旧址站和夹岗站，地铁10号线机场跑道旧址站、机场路站、承天大道站和七桥瓮公园站，地铁13号线七桥瓮公园站以及地铁16号线的机场跑道旧址站和机场路站。

由于地铁5号线在十三五期间竣工通车，且在创新街区大致沿南北轴线——国际路布设，而地铁10号线途经片区最为重要的发展轴线——机场跑道，在核心开发区内，5号线和10号线站点的进出客流最大。因此，对研究范围内这两条地铁线路各站点的高峰小时上下客人次进行预测分析，结果如表12-11所示。

表12-11　2020年、2030年地铁5号线、10号线各站点高峰小时客流

线路名称	轨道站点	2020年高峰小时客流（人次/h）	2030年高峰小时客流（人次/h）
地铁5号线	七桥瓮站	2 017	2 850
	机场路站	9 410	9 875
	大校场站	6 520	9 087
地铁10号线	机场跑道旧址站	7 422	8 591
	机场路站	9 427	11 254
	七桥瓮公园站	4 089	5 376

（2）常规公交

依据居民出行总量及交通方式结构预测，分析主要交通客流走廊的分布及承载量，确定合理的公交建设模式。对公共交通需求预测和流量分配表明，主干路、交通性次干路公交出行需求大且集中，生活性次干路、支路的公交出行需求相对较小且分散，主次走廊的公交出行需求均未超出道路承载能力。

2）非机动车需求预测

（1）非机动车需求预测与流量分配

绿色交通发展模式强调优先满足公共交通和慢行交通等绿色交通发展需求，完善自行车道路网络，设置自行车专用道，保障慢行空间的安全性与舒适性。根据核心开发区居民出行总量及交通方式结构预测，非机动车的路段最大方向流量为2 955辆/h，不超过3 000辆/h。

根据规范，机动车一车道的通行能力为1 000辆自行车/h，因此，非机动车道选择3车道即可满足本片区非机动车出行需求，即非机动车道的最大宽度选择 3.5 m 即可。

(2) 公共自行车规模预测

参考南京市河西片区，公共自行车进入之后，河西片区的步行、公汽、出租车等与自行车的出行距离有重合的出行方式均有所下降，而长距离的轨道交通的出行比率有较大的提升，公共自行车占总出行比例约 6%～7%。说明未来年交通方式将由步行、公汽和出租车向自行车和轨道交通转移。

① 基于网点覆盖率法预测

南京河西地区目前 250 个网点，服务范围为 40.15 km^2(扣除河西南部地区)，覆盖率约为 67.5%。(服务半径按照 200 m 取值，点到点直线距离约 185 m)

下限指标——核心开发区土地利用面积约 10 km^2，如达到 70%的网点覆盖率，需要设置约 77 个站点，根据每个站点平均配车 40 辆计算，地区公共自行车规模约为 3 080 辆。

高限指标——核心开发区土地利用面积约 10 km^2，如达到 90%的网点覆盖率，需要设置约 99 个站点，根据每个站点平均配车 40 辆计算，地区公共自行车规模约为 3 960 辆。

另外，若按照机场路以南土地利用面积约 4.4 km^2(不含白地)，如达到 100%的网点覆盖率，需要设置约 55 个站点；机场路以北土地利用面积约 3.2 km^2，如达到 80%的网点覆盖率，需要设置约 30 个站点，合计为 85 个站点，根据每个站点平均配车 40 辆计算，地区公共自行车规模约为 3 400 辆。

② 根据地区出行比例划分

按照公共自行车占全方式 5%计算，区域常住人口 15 万。

考虑到南部新城规划出行方式，分析可知：人均日行次数约为 2.7 次，步行出行比例约为 27.5%，非机动车出行比例约为 22.5%。在系统成熟的条件下，2030 年期望 10%的步行、6%的非机动车、1.5%的小汽车及 3%的公交车出行转换为公共自行车出行(占总量 5.1%，考虑到地区轨道交通发达，轨道出行比例高，公共自行车出行比例略低于河西地区)。按照河西地区，公共自行车每车每天租用次数按 6～9 算，南部新城 2030 年需公共自行车约 2 950 辆。

对内、对外公共自行车出行分析——区域常住人口 15 万，就业岗位数 14 万，规划区对外出行交通占比约为 75%，区内出行交通约占 25%。考虑到南部新城规划出行方式，分析可知：人均日行次数约为 2.7 次，对外公共自行车占总量 2%；对内公共自行车占总量 6%。按照河西地区，公共自行车每车每天租用次数按 6～9 算，推算 2030 年需公共自行车约 3 356 辆。

结合以上预测方式，地区公共自行车需求约为 3 200 辆左右，站点规模约 80 个。

12.4　南部新城交通总体性规划

12.4.1　南部新城绿色交通规划

1. 绿色交通体系架构

根据现状分析与规划解读可知，南部新城绿色交通专项规划有六大难题需要解决：如何精准确定南部新城核心区的交通发展模式；如何响应交通发展模式，对交通子系统与城市空间进行整合优化；如何破解交通组织设计难题，增强“小街区、密路网”的服务性；如何结合轨道交通规划，合理布置组织交通空间；如何合理调控引导，实现南部新城小汽车出行减量；如何科学管理交通系统，提升交通运行效率与安全。

基于解决以上难题的考虑，结合绿色交通发展的总体目标和绿色交通体系架构，南部新城提出“公交导向、慢行友好、小汽车控制、小街区密路网、混合用地与可持续开发”五个主要规划方向：公交导向——构建高品质的公共交通系统；慢行友好——塑造慢行友好的交通环境；小汽车控制——调控实现南部新城小汽车出行减量；小街区密路网——破解交通组织设计难题、增强对绿色出行方式的服务性；混合用地与可持续开发——配置公共空间、缩短通行距离和实现绿色出行。

2. 绿色交通规划目标与策略

针对以上五个方向，分解出相应的具体的“小目标”及针对每个小目标的规划策略，共20个具体小目标以及具体的规划策略，形成“总体目标-五大方向-分解目标-策略措施”的规划思路，如表12-12所示，是指导南部新城绿色交通规划的总体纲领之一。

表12-12　南部新城绿色交通规划目标与策略体系

五大方向	分解小目标	规划策略措施
公交导向	提供多层次、畅通便捷的公交服务	梳理公交主次廊道 保证公交主廊道上公交通行便捷
	增加轨道车站周边的换乘配套	所有轨道车站周边均设布设全方式、完备的换乘配套设施
	实现公共交通对用地的服务全覆盖	所有地块均位于常规公交站300 m范围内
	减少公交方式之间、公交与慢行之间的换乘距离	地铁站出入口与公交站之间的距离≤200 m 公交站与公共自行车站之间的距离≤30 m
慢行友好	保证规划区有连续的日常步行通道与休闲步行空间	规划结合景观与公共社区中心的特色街巷
	保证所有道路断面均有足够宽度的人行道和非机动车道	所有道路人行道宽度≥3 m 四块板道路，非机动车道宽度≥3.5 m 一块板道路，非机动车道宽度≥2.5 m
	确保步行、非机动车通行及过街的安全	红线宽度＞30 m道路，必须设置物理性的机非隔离设施 车行道宽度＞16 m的道路，交叉口必须布设二次过街设施 在人行活动强度很高的地区结合轨道车站设置立体过街设施
	确保步行、非机动车过街间距的科学合理	主干路慢行过街设施距离≤400 m 次干路慢行过街设施距离≤300 m

（续表）

五大方向	分解小目标	规划策略措施
小汽车控制	科学优化停车配建标准	设置停车配建标准上限 降低部分轨道站附近的公共建筑停车配建标准
	合理配置公共停车场	公共停车设施利用绿地公园配置，不独立用地
	严格控制路内停车 明确停车收费机制	绝大部分停车地下化、路外化 明确路内停车的设置路段与允许停靠的时间 建立分级停车收费机制
	减少部分道路出入口数量，实现“还路于民”	连通部分公共地块的地下车库 构建联络地块的地下公共环廊
小街区、密路网	提高路网密度 减小街区尺度	新建地区路网密度≥10 km/km^2 道路以支路为主 新建地区大部分街区面积≤3 hm
	控制道路宽度	四块板道路宽度≤50 m 一块板道路宽度≤30 m 除非必要，否则交叉口渠化不展宽红线
	减少高密度路网导致的道路车行延误，从而减少碳排放	利用支路单行交通组织提升干路在直行方向的效率
	科学管控道路沿线出入口	结合地块属性与交通组织方式，提出道路沿线出入口的开设位置、数量与开设原则，管控道路出入口
混合用地与可持续开发	实现社区级商业活动步行可达	规划部分居住用地配置底商，形成商住混合地块
	增强街道活力，提升居民步行意愿	开放部分街道，取消部分沿街围墙，形成公共活动空间
	搭建区域节水与水管理系统	与海绵城市理念相结合，构建海绵化道路
	搭建区域节能与可再生能源系统	布设新能源公交与充电桩 推广绿色可再生能源在交通领域的使用

3. 绿色交通规划指标体系

根据南部新城的条件与既有规划成果，借鉴国内外已有生态新城绿色交通规划的指标体系，参考《南部新城省级绿色生态示范区申报的考核指标表》中的相关内容，结合南部新城的发展方向与发展趋势，南部新城绿色交通专项规划的指标体系如表 12-13 所示，指标体系涵盖环境友好、结构优化、公交强化、慢行环境、私车引导以及智慧交通六大部分，指标分成约束性指标和引导性指标两大类[119]。

表 12-13　南部新城绿色交通指标体系

目标层	准则层	指标层	指标建议	指标类型
环境友好	温室气体排放	单位运输里程的 CO_2 排放量	下降 20%～25%	引导
	污染物排放	交通 CO_2 排放量占总排放量比例	≤25%	约束
		国Ⅴ及以上标准车辆比例	90%	约束
结构优化	地区内部交通	内部交通比例	≥25%	约束
		公共交通出行比例	35%	约束
		慢行交通出行比例	50%	约束
	对外交通	轨道交通方式比例	40%	约束
	通勤交通	公共交通＋慢行出行比例	≥80%	约束
	交通转换	轨道交通与公共交通、慢行交通的转换比例	≥80%	约束
公交强化	新能源公交车	每年新增公交车中的新能源车辆比例	30%	引导
		远期新能源公交车比例	100%	约束
	车辆规模	公交车万人拥有率	10%～12.5%	约束
	公交运行	相同距离公交运行时间：小汽车通行时间	≤1.5	约束
	线网规模	公交站点 300 m 覆盖率	≥85%	约束
		公交站点 500 m 覆盖率	100%	约束
		常规公交线网密度	≥3.0 km/km^2	约束
慢行环境	慢行通道	新建地区慢行网络总体密度	≥10 km/km^2	约束
	机非隔离	机非车道物理隔离率	≥50%	约束
	绿化遮阳率	慢行道绿化遮阳率	≥80%	引导
	公共自行车	公共自行车租赁点 300 m 覆盖率	≥90%	引导
	共享单车	共享单车停车点 300 m 覆盖率	≥90%	引导
私车引导	泊位供给能力	人均停车面积	0.8～1.0 m^2/人	约束
	汽车充电设施	停车场充电桩车位配置比例	≥10%	约束
	私家车使用强度	私家车每日平均出行次数	≤1.2	引导
智慧交通	智能交通覆盖率	建成智能化公交系统；主干道实施“潮汐绿波”、可变导向车道等工程，实施公交线优化	建成度 90%	引导

南部新城的绿色交通专项规划，共设置了六大类 25 项指标，在其中选择了在规划层面最重要的三大指标——绿色出行比例、公交站点密度和绿道密度列入生态规划的总体指标中，如表 12-14 所示。

表 12-14　南部新城绿色生态规划中的交通指标

分项	序号	目标层	指标级别	指标名称	指标赋值	单位	指标类型
土地利用和空间布局	1	尺度宜人	特色指标	新建(核心区)城区街区尺度	≤220	m	约束性
	2	集约用地	专项指标	建成区人口密度	≥1.2	万人/km^2	约束性
	3	多元混合		混合用地面积占城区用地面积的比例	≥18	%	引导性
	4	TOD导向		城市中心与大容量公交枢纽耦合度	100	%	约束性
	5	设施均衡		步行 500 m 范围内有社区级公共设施的居住区覆盖比例	100	%	引导性
	6	高效复合		地下空间开发利用率	≥45	%	约束性
绿色交通	7	通勤交通	特色指标	公共交通＋慢行出行比例	≥80	%	约束性
	8	覆盖率	专项指标	公交站点 300 m 覆盖率	≥85	%	约束性
	9	慢行通道		慢行网络总体密度	≥10	km/km^2	约束性
能源综合利用	10	新能源利用	特色指标	可再生能源替代率	≥12(近)、≥15(远)	%	约束性
	11	城市微气候	专项指标	城市热岛强度	≤1(近)、≤1.5(远)	℃	引导性
水资源综合利用	12	低影响开发	特色指标	年径流总量控制率	≥80	%	约束性
	13		专项指标	水面率	≥6.0	%	约束性
	14			活水率	≥80	%	约束性
	15			生态岸线比例	≥80	%	引导性

（续表）

分项	序号	目标层	指标级别	指标名称	指标赋值	单位	指标类型
固体废弃物资源化利用	16	分类收集	特色指标	生活垃圾分类投放设施覆盖率	≥95	%	约束性
	17	资源循环	专项指标	建筑垃圾综合利用率	≥90	%	约束性
景观生态	18	公共绿地	特色指标	公共绿地 300 m 半径覆盖率	≥80	%	约束性
	19	道路遮荫	专项指标	慢行道路遮荫率	≥70	%	引导性
	20	文化传承	专项指标	历史建筑及文物保护率	100	%	约束性
绿色建筑	21	绿色建筑	特色指标	绿色建筑等级	≥二星级	—	约束性
	22	装配式建筑	专项指标	装配式建筑比例	≥30	%	约束性

为了确保绿色交通规划中的交通内容能够真正落到每一个地块，绿色生态图则中需要为下一步土地出让阶段提供设计要点。设计要点分成两部分，一部分是针对每个地块的交通专项指标，一部分是地块出让时的交通说明。

控制性详细规划层面加入了绿色生态指标共 13 个，其中绿色交通指标有 5 个，主要针对绿色交通方式的覆盖率和地块的停车配建进行控制，地块指标如表 12-15 所示。

表 12-15　南部新城地块层面的绿色交通指标

序号	分项	指标名称	单位
1	交通	公交站点 300 m 半径覆盖率	%
2	交通	公共自行车租赁点 300 m 覆盖率	%
3	交通	机动车停车位总数	个
4	交通	非机动车停车位总数	个

（续表）

序号	分项	指标名称	单位
5	交通	停车位中充电泊位总数	个
6	能源	可再生能源替代率	%
7	水	下沉式绿地率	%
8	水	硬质地面透水铺装比例	%
9	水	绿色屋顶率	%
10	固废	生活垃圾分类设施覆盖率	%
11	景观	每 100 平方米绿地乔木数	株
12	绿建	绿色建筑星级	—
13	绿建	装配式建筑比例	%

绿色生态分图则中，每个管理单元均需要有交通规划实施指引的说明，每个地块均需要有绿色交通指标，如图 12-6 所示[68]。

图 12-6　绿色生态分图则示意图

12.4.2 南部新城多模式公交系统规划

1. 南部新城公共交通网络一体化思路

常规公交主要起到集散客流和接驳轨道交通的作用；在轨道交通未覆盖的新城社区之间，常规公交发挥着公交主干线的作用。南部新城根据常规公交在新城公共交通系统中所发挥的功能和线路上客流的特征，将其分为主干线、次干线和支线三类。在拥有轨道交通线网的新城中，次干线和支线应以承担中短距离出行为目的，主干线和轨道交通既竞争又合作。因此，常规公交线路布设的基本思想为：先主后次、逐级布设和优化成网。

南部新城的公共交通体系以轨道交通为网络骨架，承担跨片区出行；以公交快线和常规公交为网络主体，其中，公交快线承担南部新城片区的对外出行，常规公交主要承担南部新城片区的内部出行；以公共自行车为网络的补充和延伸，主要提升各个地块的可达性，消除公共交通的服务盲区。最终构建了四级公共交通服务体系（如图 12-7 所示）。

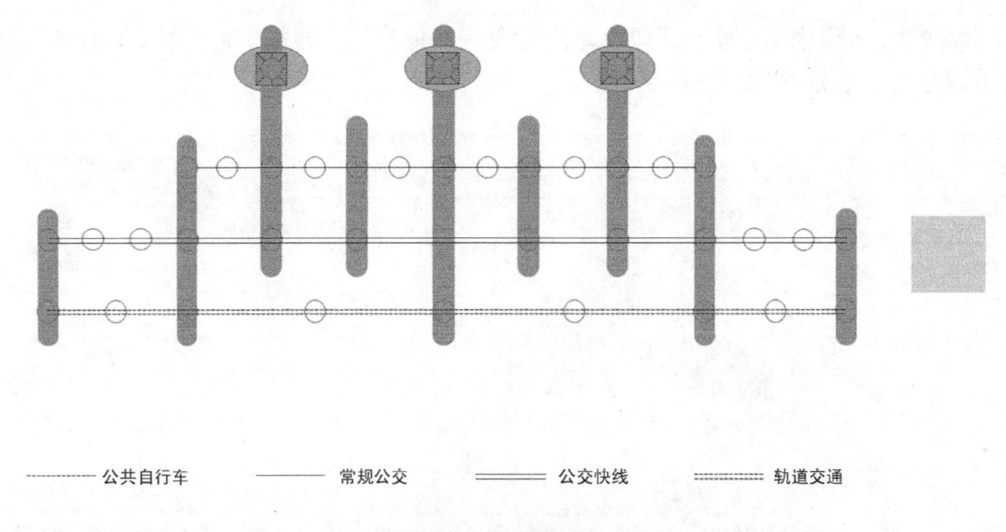

图 12-7 南部新城公共交通体系构建

在既有的南京市轨道交通 3 号线、5 号线、6 号线、10 号线、13 号线和 16 号线线网规划方案的基础上（如图 12-8 所示），以公交快线覆盖南部新城片区的主干路和交通性次干路，以常规公交覆盖生活性次干路，以公共自行车覆盖生活性次干路和支路，南部新城最终实现轨道交通站点 600 m 半径能覆盖相邻公交次走廊，公交站点 300 m 半径能覆盖相邻公交次走廊，各个能级公交走廊能够实现差异化的公交模式全覆盖（如图 12-9 所示）。

2. 依托功能的公共交通枢纽分级

根据功能、接驳方式及服务范围的不同，将公共交通枢纽分为一级客运换乘中心和二级客运换乘站两类（如表 12-16 所示）。

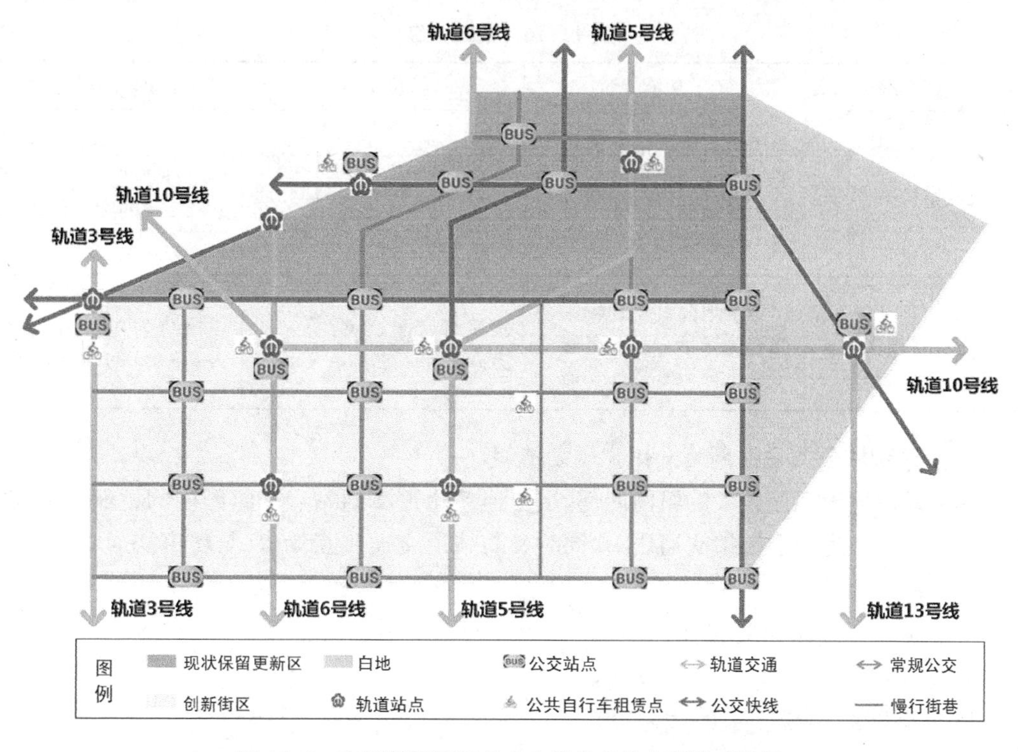

图 12-8　南部新城不同公交走廊的公共交通模式选择

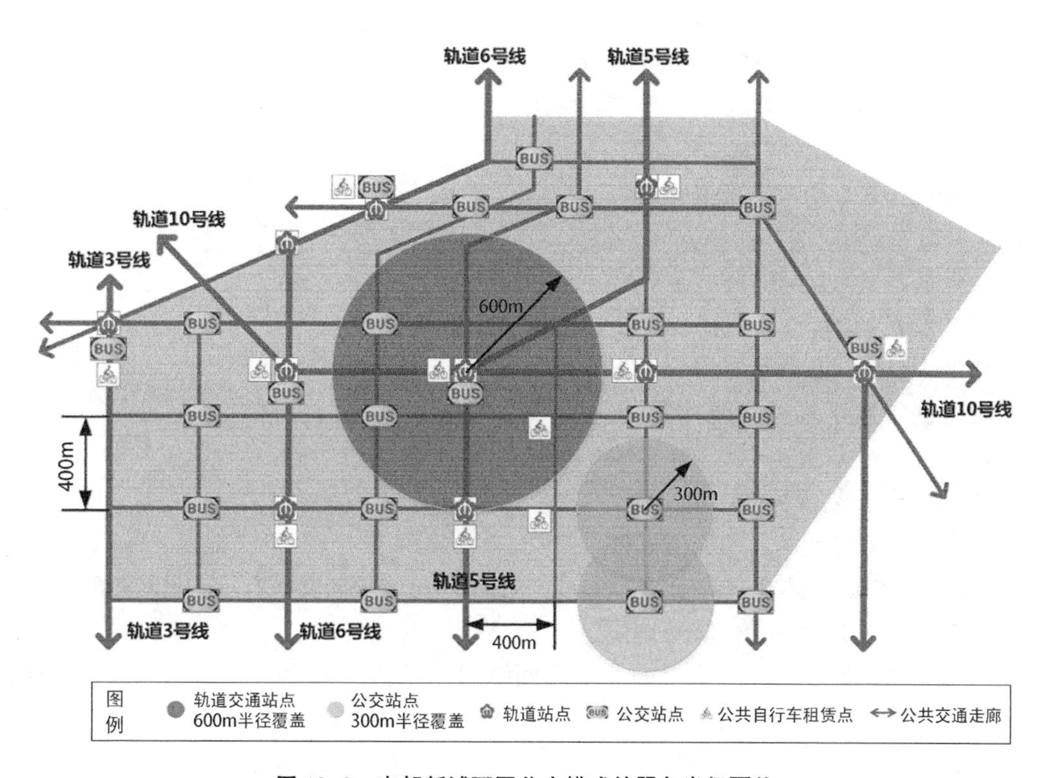

图 12-9　南部新城不同公交模式的服务半径覆盖

表 12-16　枢纽分级

枢纽等级	功能	接驳方式	合理服务范围
一级客运换乘中心	为周边范围内的客流提供通过该枢纽集散来实现和其他各级枢纽之间的直达和中转换乘功能	衔接轨道、常规公共交通、自行车及步行等多种交通方式	以枢纽为中心、半径为3～5 km的圆形区域
二级客运换乘站	作为常规公共交通场站功能和为市级、区级交通枢纽提供客流集散的功能	衔接自行车、步行等交通方式	以枢纽为中心、半径约为1.5 km的圆形区域

3. 南部新城公共交通网络一体化规划流程

主干线适应于客流较大的组团内部，主要连接轨道交通站点和组团内的枢纽。公交主干线一方面为轨道交通分担交通压力，同时又与轨道交通相互竞争，与轨道交通相互促进、相互补充。

次干线和支线作为新城社区内部或者邻里社区之间的主要客运线路，是新城公交网络中最基本的线路；其主要承担中短距离的乘客出行，同时也作为新城大容量交通的接运公交，承担地铁、主干线以及公路等站点的接驳，因此在布设时，需要与大容量交通相匹配。

常规公交中的补充线路主要是为了满足新城中公交空白区域或者线网稀疏社区居民的出行，以及满足有特殊需求的居民的出行，为居民提供更加人性化的服务。在确定好公交主干线之后再进行次干线和支线的布设，最后用补充线路填补空白区域，接驳短距离的出行，规划流程如图 12-10。

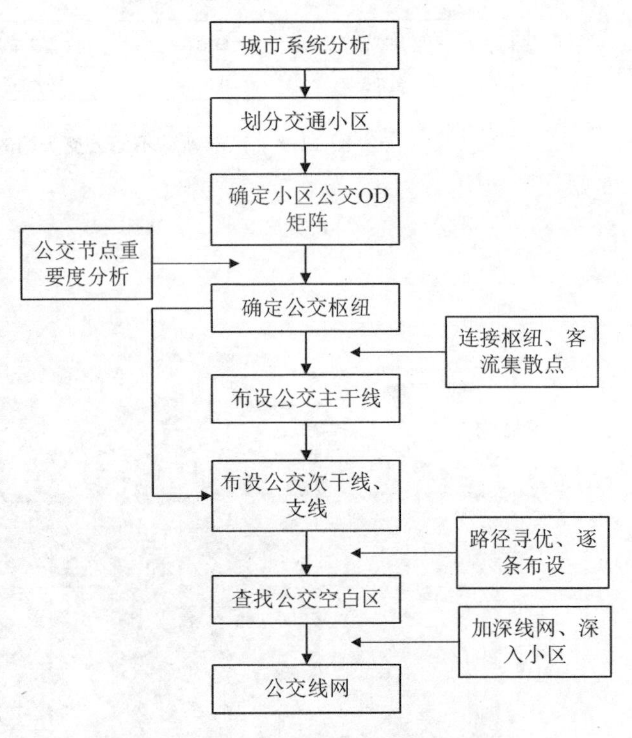

图 12-10　南部新城公交线网布设流程图

根据所提出的新城公共交通一体化思路，南部新城一体化公共交通体系以轨道交通为网络骨架、以公交快线和常规公交为网络主体、以公共自行车为网络的补充和延伸，最终构建四级公共交通服务体系。

12.4.3　南部新城骨架道路网规划

1. 基于"小街区、密路网"的道路网布局模式

南部新城路网布局首先明确小街区、密路网的布局模式，考虑各种交通方式在交通系统中的定位，体现"公交优先、慢行友好"的思想，预先考虑公交优先对道路设施配置的要求，为构建一体化高品质休闲慢行网络打下基础。公交优先的实现要求具有较高的可达性和覆盖率。对于常规公交而言，道路网是基础。高密度路网不仅能够提高公交的覆盖率，而且通过高密度路网，提高公交车站的可达性。慢行交通作为新城出行的主要方式，也是公共交通的重要衔接方式，慢行交通系统的品质不仅影响到慢行出行者的方式选择，也间接影响到公共交通的发展。高密度的路网系统不仅能够为慢行出行者提供多种出行路径，还因为控制机动车的速度，为出行者创造了相对安全舒适的出行环境，同时也为衔接公共交通创造了便捷的条件[120]。

2. 南部新城道路网规划流程

南部新城结合公交优先发展要求与新城交通发展目标，通过确定适宜的公交站点覆盖率指标，提出新城干路网平均间距的建议值。尽管新城可塑性较强，可以按照规划意图和方案实施建设，但由于不同功能定位、空间尺度、土地利用、产业类型与结构等的差异性，干路网间距应具有适度的弹性适应性，以保证规划的可实施性。为确保规划具有一定的弹性空间，以及适应各地新城自身的特点，根据《国务院关于城市优先发展公共交通的指导意见(国发〔2012〕64 号)》提出公共交通站点覆盖率应实现中心城区 500 m 全覆盖以及"公交优先"战略提出的公交站点覆盖率目标。南部新城以 350～400 m 作为干路网间距推荐值，指导道路网规划。南部新城道路网规划框架如图 12-11 所示。

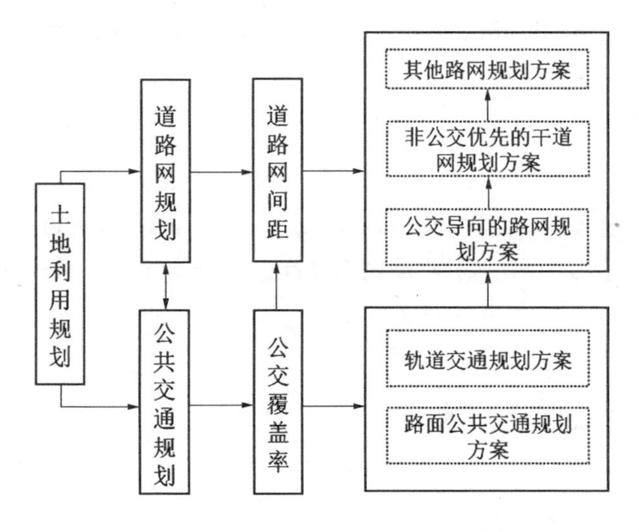

图 12-11　南部新城道路网规划框架图

南部新城为适应核心开发区人文之都窗口、智慧城市典范的发展战略定位，从绿色交通的发展要求出发，构建以公共交通和慢行交通为主导的城市交通模式，以发展低碳交通为目标，明确采用“小街区、密路网”道路布局，建立高效便捷的道路网络，构建高密度的支路微循环系统。

根据上述所提出的规划要点，南部新城规划道路分为快速路、主干道、次干道和支路（含特色街巷）四个等级，从而形成高密度方格网状的路网结构。其中，骨干路网由快速路、主干路和次干路组成，形成“八横九纵”的路网格局。快速路主要承担过境交通功能，联系老城、城东、河西及江宁等各功能片区，主干路除承担部分对外联系功能外，还作为地区主要的交通走廊，尤其是机场路，承担着地区内部主要的客运走廊功能。次干路则以服务地区内部为主，是常规公交布设的主要空间。另外，整个路网与轨道交通线网布局形成良好的衔接。如图 12-12 和图 12-13 所示。

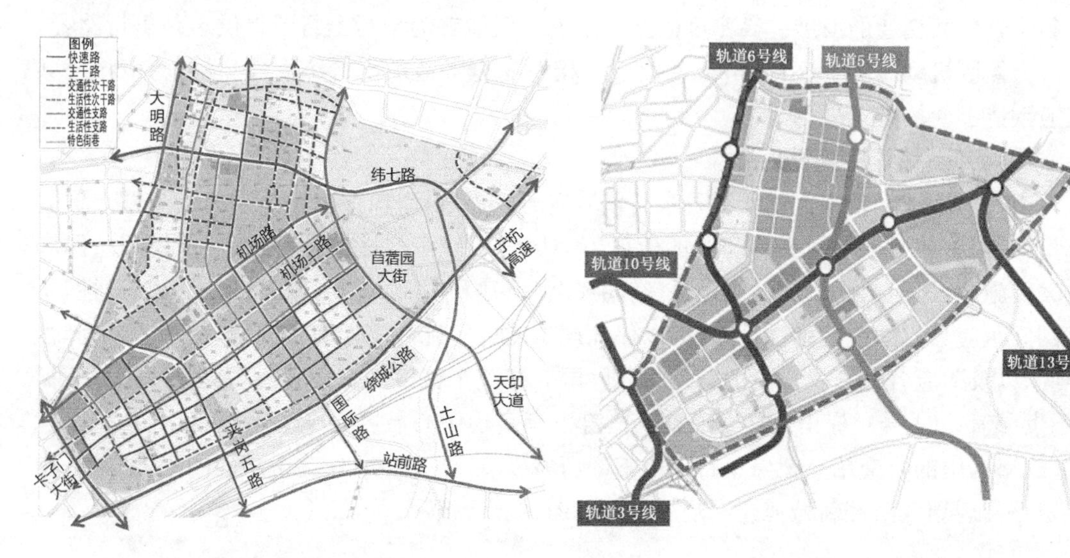

图 12-12　红花机场地区路网布局图　　图 12-13　红花机场地区轨道线网布局规划图

南部新城规划路网总规模为 79.2 km，密度为 7.92 km/km²，道路面积率为 22.3%，各个等级的道路密度均在规范要求的基础上有所提升。南部新城规划路网的平均干路网间距为 386 m，基本符合上述干路网间距和密度要求，体现小街区、密路网要求。机场路以南的地区，路网密度比规范高出一倍，支路网密度高达 8.16 km/km²，呈现典型的“小街区、密路网”的特点。

12.5 南部新城交通控制性规划

12.5.1 南部新城公交网络规划

1. 轨道交通系统规划

根据南京市轨道交通线网与站点规划，南部新城地区的规划轨道线路 5 条，分别为轨道 3 号线、5 号线、6 号线、10 号线、13 号线及 16 号线。规划轨道交通站 10 处。

轨道线路总长度约为 14.8 km，密度 1.48 km/km^2，线路密度高于南京市一般地区，高于河西新城，如图 12-14 所示[112]。

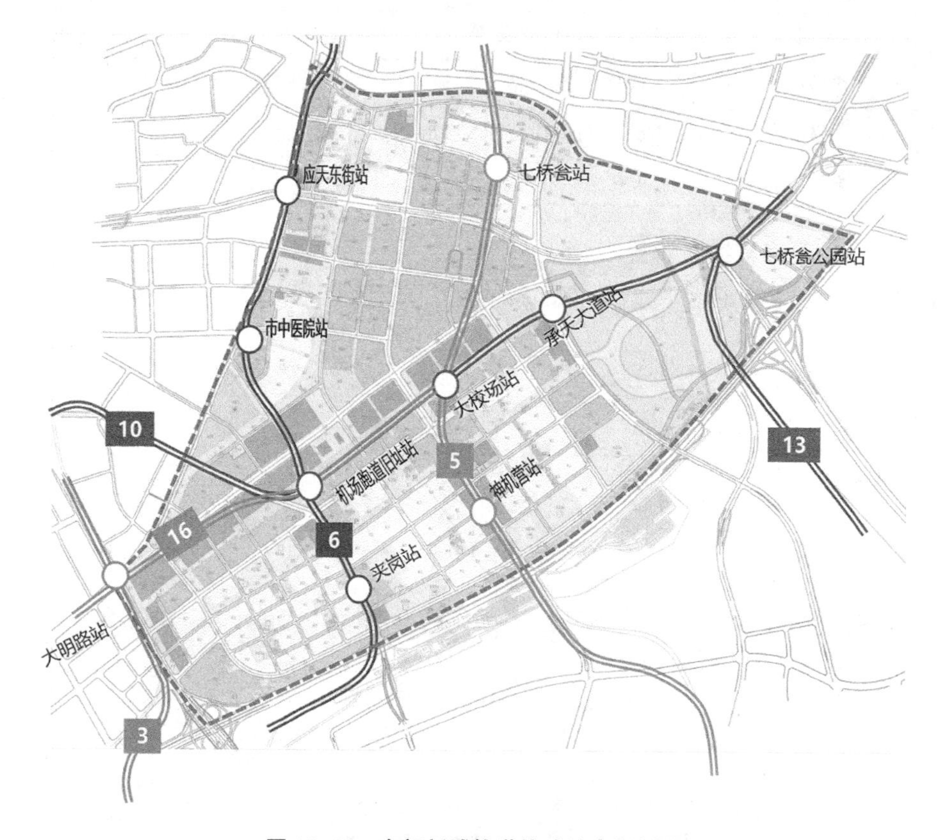

图 12-14　南部新城轨道线路站点规划图

轨道 3 号线沿卡子门大街以地下形式敷设经过规划区西侧，已运营，设置一处站点：大明路站。轨道 5 号线沿冶修二路至国际路以地下敷设的形式经过规划区，设置站点 3 处：七桥瓮站、大校场站以及神机营站，在大校场站与轨道 10 号线换乘。轨道 6 号线经大明路—夹岗五路通过规划区，设置站点 4 处：应天东街站、市中医院站、机场跑道旧址站和夹岗站，在机场跑道旧址站与 10 号线换乘。轨道 10 号线沿机场跑道公园地下敷设，设置站点 4 处：机场跑道旧址站、机场路站、苜蓿园大街站和七桥瓮站，在机场路站与 5 号线换乘，在机场跑道旧址站与 6 号线、在七桥瓮站与 13 号线换乘。轨道 13 号线沿友谊河路经过规划区东侧，设置站点 1 处，即与 10 号线换乘的七桥瓮站。轨道 16 号线沿机场跑道公园地下敷设，设置站点 3 处，大明路站、机场跑道旧址站、机场路站，均为换乘站。轨道交通整体规划情况如表 12-17 所示。

表 12-17　规划轨道交通线路一览表

序号	线路名称	规划起讫点	区内主要途经道路	地区设站数
1	3 号线	林场—秣周东路	卡子门大街	1
2	5 号线	方家营—将军路	冶修二路、国际路	3

（续表）

序号	线路名称	规划起讫点	区内主要途经道路	地区设站数
3	6 号线	栖霞山北—南京南	大明路、夹岗五路	4
4	10 号线	王武庄—雨山路	机场跑道	4
5	13 号线	乐山路—七桥瓮公园	友谊河路	1
6	16 号线(规划中)	工农河路-机场路	机场路、机场跑道	2

2. 常规公交走廊与线路布置

根据片区的公共交通需求预测，南部新城片区的公交走廊如图 12-15 所示。

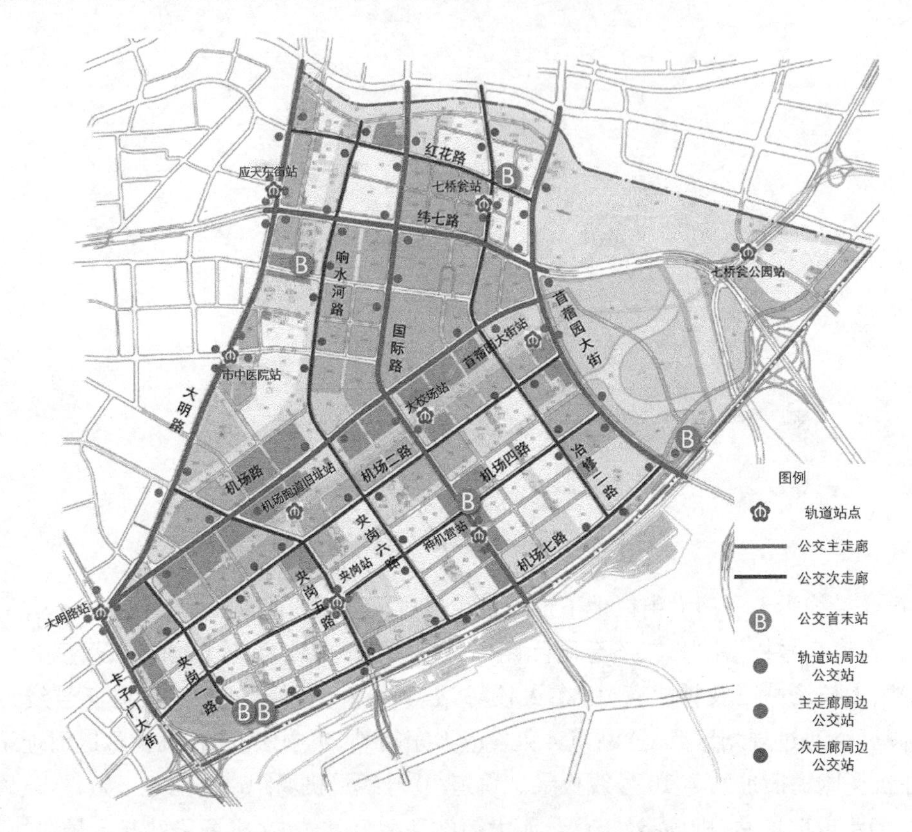

图 12-15 公交主走廊和次走廊示意图

南部新城规划公交快线服务主干路和交通性次干路，用常规公交服务生活性次干路，用公共自行车服务支路，接驳生活性的次干路，即支路不设置公交线路。

将所有的公交出行需求分配到公交主走廊和公交次走廊上面，即分配到剔除支路的路网上面。可以发现，主次走廊的公交出行需求仍然没有超出道路的承载能力，说明支路不布设公交是可行的。

进一步，对每一条公交走廊的高峰小时单向客流需求、公交负荷度进行测算，可以匡算出每一条公交走廊所需要的公交线路条数，结果如表 12-18、表 12-19 和图 12-16 所示。

表 12-18　公交主走廊所需的公交线路数量

公交主走廊	起点	终点	高峰小时单向客流需求(人次/h)	负荷度	公交线路条数
纬七路	大明路	承天大道	2 520	0.7	5
机场路	卡子门大街	夹岗一路	1 792	0.7	4
	夹岗一路	夹岗五路	952	0.7	2
	夹岗五路	国际路	1 960	0.7	4
	国际路	冶修二路	1 568	0.7	3
	冶修二路	承天大道	840	0.7	2
大明路	规划北界	纬七路	1 008	0.7	2
	纬七路	夹岗五路	2 128	0.7	4
	夹岗五路	卡子门大街	2 016	0.7	4
卡子门大街	大明路	绕城公路	1 848	0.7	4
国际路	规划区北界	机场路	616	0.7	2
	机场路	机场七路	1 568	0.7	3
承天大道	规划区北界	纬七路	1 232	0.7	3
	纬七路	机场路	2 408	0.7	5

表 12-19　公交次走廊所需的公交线路数量

公交次走廊	起点	终点	高峰小时单向客流需求(人次/h)	负荷度	公交线路条数
红花路	大明路	响水河路	672	0.6	2
	响水河路	承天大道	392	0.6	1
机场二路	卡子门大街	夹岗五路	672	0.6	2
	夹岗五路	冶修二路	896	0.6	2
	冶修二路	承天大道	280	0.6	1
机场四路	卡子门大街	国际路	448	0.6	1
	国际路	承天大道	168	0.6	1
机场七路	夹岗一路	承天大道	672	0.6	2
响水河路	规划区北界	纬七路	168	0.6	1
	纬七路	机场路	952	0.6	2
夹岗一路	机场路	机场七路	952	0.6	2
夹岗五路	大明路	机场路	1 904	0.6	4
	机场路	机场七路	840	0.6	2

（续表）

公交次走廊	起点	终点	高峰小时单向客流需求（人次/h）	负荷度	公交线路条数
夹岗六路	机场路	机场七路	616	0.6	2
冶修二路	规划区北界	纬七路	448	0.6	1
	纬七路	机场路	952	0.6	2
	机场路	机场七路	448	0.6	1

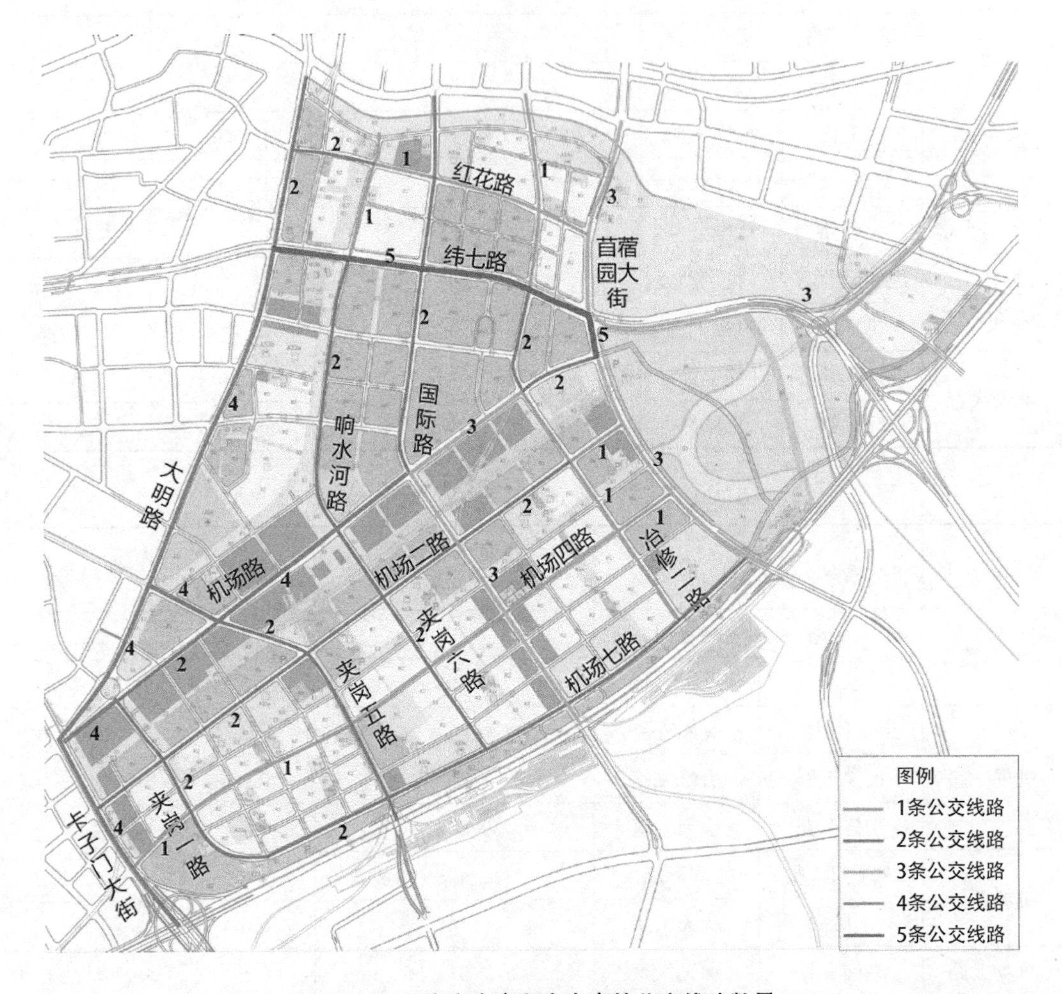

图 12-16　公交主走廊和次走廊的公交线路数量

对公交线网进行评价，测算相应的评价指标，计算得出，公交线网长度 85.7 km，公交线路重复系数 2.31，公交线网密度 3.7 km/km²，符合江苏省公共交通规划导则要求，其中苜蓿园大街（承天大道）以西部分的公交线网密度为 4.3 km/km²，符合南京市公交优先发展区的线网密度要求。（《江苏省城市公共交通规划导则》要求公交线网密度为 3～4 km/km²，南京市公交优先发展区的公交线网密度通常为 4～5 km/km²）

12.5.2　南部新城环境友好的慢行系统规划

1. 南部新城公共自行车规划

根据非机动车需求预测，南部新城地区公共自行车需求约为 3 200 辆左右。

1）体系构建思路

站点分级：公共自行车系统形成多级站点结构，依据具体的土地利用情况，确定站点规模形式，有针对性地服务市民出行。

布局分区：根据地块容积率、土地利用性质分区，站点布局密度区别划分，容积率大、人口多的地块布局规模适当放大。

服务廊道：形成公共自行车服务走廊，公共自行服务走廊应当沿地区主要发展轴线国际路、机场路、机场二路等重点布设，并结合公共交通廊道，提升对核心开发区重点地块的服务覆盖，形成有机整体功能区块，利于其整体发展。

形式灵活：优先使用城市边角地、市民广场等公共空间布设站点，不局限于人行道树池间布设，减少对紧张的道路资源过多侵占，在方便市民使用的同时不带来新的矛盾和问题。

2）站点分级及功能定位

（1）站点分级

根据站点的服务区别，对公共自行车站点分为公共自行车枢纽租赁点和公共自行车普通租赁点。

其中枢纽租赁点分为一级枢纽点和二级枢纽点，一级枢纽点依托轨道交通，提供办卡、充值、咨询等配套服务；二级枢纽点分布于主要公建、商业圈，提供自助充值、查询等服务功能。

（2）功能定位

枢纽租赁点：服务轨道、公交枢纽换乘、大型公建、商业圈，结合轨道交通、大型公建，解决居民交通型出行需求。

普通租赁点：结合居住区、学校、商业配套、生活配套、公共建筑、景区等布置，解决居民生活型交通出行需求。

3）布局形式分析

公共自行车站点布局一般采用两种形式，即：差异化布局（站点规模等级化，布点密度统一化）、均衡化布局（站点规模标准化，布点密度等级化）。

差异化布局形式主要适用于土地利用开发强度差异较大或地区存在已形成一定规模的轨道公交中心站点、商业圈、办公集中区域等；均衡化布局形式主要适用于土地利用性质较为相似，土地利用开发相对成熟，差异较小地区。

南部新城结合地区容积率、居住小区人口规模，确定站点布局密度，适当提高了地区布局密度并结合土地利用开发强度，促进公共交通出行比例。

4）站点布局方案

结合地块小区出入口位置、站点间距及布局密度确定站点布局，便于市民使用，尽量减少步行、换乘距离。

南部新城规划布局站点 80 个,其中枢纽站点 16 个,普通站点 64 个。公共自行车数量约 3 200 辆。公共自行车站点布局如图 12-17 所示。

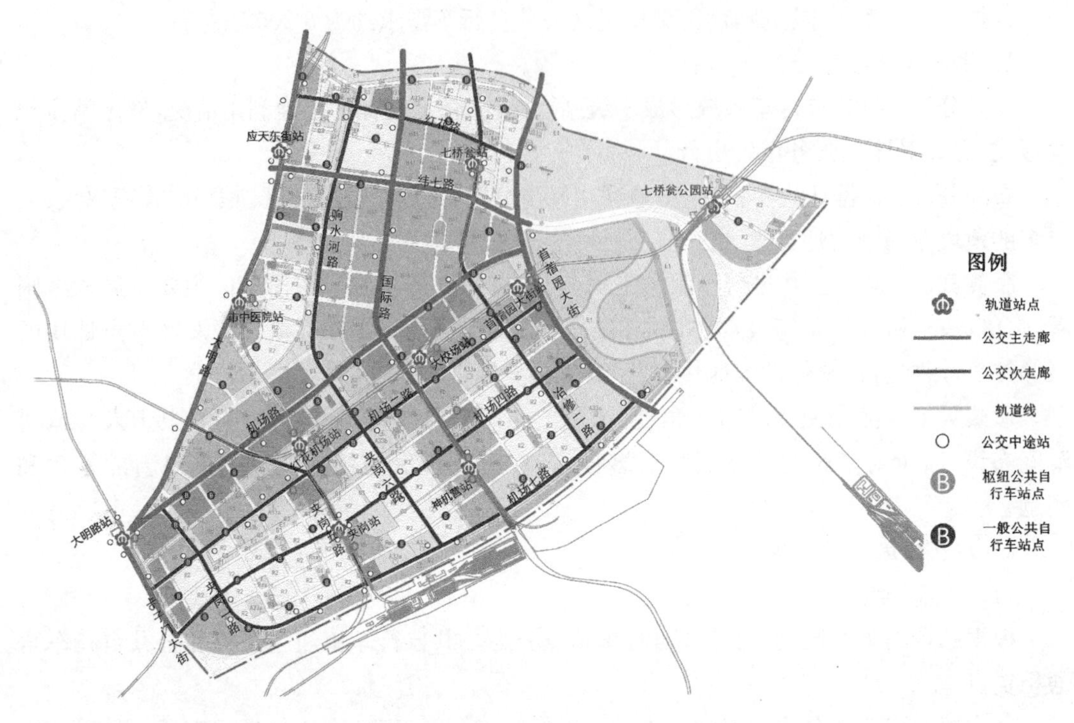

图 12-17　红花-基础地区公共自行车站点布设规划图

2. 南部新城步行交通规划

南部新城核心开发区慢行系统包括日常慢行网络、休闲绿道及慢行设施。分别规划如下。

1) 日常慢行网络规划

日常慢行网络供分区居民通勤通学等日常出行使用,又分成慢行通道和慢行连接道。慢行通道主要依托城市主干路和重要次干路的慢行道构成。慢行通道空间构成包括非机动车道及人行道,规划要求机动车道与非机动车道物理隔离率 100%以及绿化覆盖率 100%。慢行通道联络规划区内各慢行分区,也向外延伸与规划区以外城市组团进行连接。

慢行连接道是连通各慢行通道的次级非机动车道,具有分流和汇集通道上的非机动车交通流的作用。其线路贯通性、车道宽度和隔离设施等建设标准均低于通道,支路的机非车道可以不进行物理隔离。主要承担单元内居住区与学校、轨道站点/公交枢纽间的短途出行及接驳交通,以及向主廊道集散的慢行交通需求。

南部新城规划慢行通道包括大明路、国际路、机场路、机场二路、夹岗五路和承天大道共计 6 条道路。规划慢行连接道包括:响水河路、秦淮南路、红花路、校场一路、华园路、夹岗一路、机场四路和机场七路等 9 条道路。

南部新城日常慢行网络主要规划布局如图 12-18 所示。

图 12-18　慢行交通网络规划图

2) 休闲慢行网络规划

结合机场河、响水河和外秦淮河等河道的滨河绿地以及七桥瓮生态湿地公园、秦淮人文绿洲等生态绿地，打造地区级慢行绿道，主要供市民休闲、观光使用，满足地区居民对亲水、亲绿的心理需求，体现地区文脉特色[113]。

以步行健身、慢跑为主的步行型绿道宽度 1.5～2 m，以自行车健身慢速骑行为主的自行车型绿道宽度 1.5～3 m，步行同时结合自行车运动的综合型绿道宽度 5～6 m。沿河绿道应利用桥梁跨河高差，使绿道与相交道路垂直分离，保证滨河绿道的独立性和连续性，不受机动车干扰。

3) 地下步行设施规划

地下步行通道的发展日益完善，它将从单纯的商业性质演变为包括多功能的、有交通、商业及其他设施共同组成的相互依存的地下综合体。建设四通八达不受气候影响的地下步行道系统，可以很好地解决了人、车分流的问题，缩短了地铁与公共汽车的换乘距离，同时把地铁车站与大型公共活动中心从地下道连接起来。地下过街通道应设置明确易见的标识标志，完善地下通道内的方向指引标识及灯光照明系统。

南部新城规划轨道站点各个出入口 200 m 以内与周边地块形成地下步行通道衔接，共设地下慢行通道 22 处，共衔接周边地块 34 处。

4）步行天桥与连廊规划

步行天桥/连廊起到了人车分离的目标。减少了步行与车行的冲突，同时既保障了车行交通的畅通，也保护了行人的步行安全；其全天候的特点保障了行人免受风雨和烈日的侵袭，而且步行系统提供了许多休闲、社交场所，行人可在步行之余或小坐片刻或观赏风景或休闲购物，从而达到了为人服务的设计初衷；步行活动条件的改善吸引了更多的游客和市民购物和休闲，同时也促进了商家的销售并扩大了其服务范围，增强地区吸引力，提高楼宇的商业价值。

在机场跑道绿轴两侧的商业商务区建设部分空中步行连廊。地上一层相对标高 6～8 m，形成一体化立体连廊步道系统，连接商业建筑、办公楼群、地面道路和地下空间（轨道站点）等集散通道，组成的地上、地面、地下一体化的立体连廊步道系统。地下步行设施和步行天桥/连廊规划方案如图 12-19 所示。

图 12-19　地下步行设施和步行天桥/连廊规划方案

5）慢行系统规划总结

综合日常慢行网络、休闲网络以及慢行设施的慢行系统整合规划总图如图 12-20 所示。

总的来看，南部新城除快速路外的所有道路均有慢行专用空间，还包括部分慢行特色街巷，地面上的慢行系统均连续贯通，慢行网络密度为 7.5 km/km^2（大于河西地区 5.28 km/km^{2}的慢行网络密度），机非车道物理隔离率为 56.7%，慢行道绿化遮阴率大于 90%。

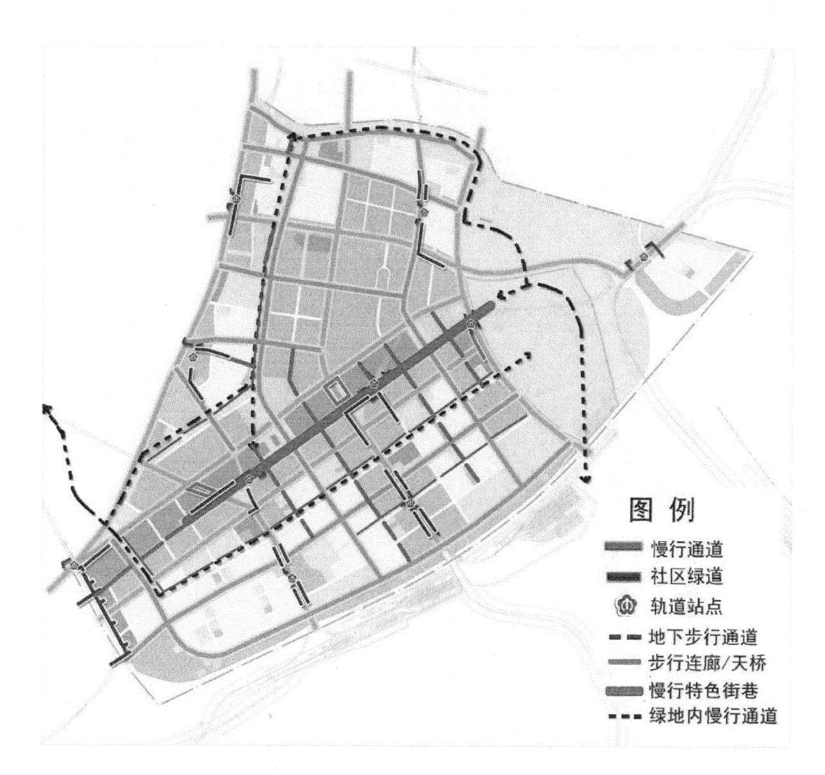

图 12-20 慢行系统整合规划总图

12.6 南部新城交通实施性规划

12.6.1 南部新城路段交通组织

南部新城路段交通设计符合“小街区、密路网”的设计理念，依据上位规划，规划快速路 3 条，形成“二横一纵”的格局，其中“二横”分别为绕城公路及应天大街，“一纵”为宁溧路；规划范围内建议设置 3 条主干路，形成“一横四纵”的格局，其中“一横”为机场路，“两纵”分别为苜蓿园大街、国际路、夹岗五路和大明路；次干路宜规划 11 条，形成“六横五纵”的格局，其中“六横”分别为红花路、校场一路、华园路、机场二路、机场四路(东段及西段)和机场七路，“五纵”分别为夹岗一路、夹岗五路、响水河路-夹岗六路、国际路及冶修二路。此外，还应设置了一般支路和特色街巷，满足居民生活性出行的需要。具体路段交通设计如图 12-21 所示[114]。

核心开发区机场路以南的“创新街区”，其路网总密度达到 14.13 km/km^2，交叉口间距只有 150～200 m，街区内的全部支路均采用单行交通组织的方案，这种组织模式下共有 8 条单行道路，能够使干路通行效率明显提升。

12.6.2 南部新城交叉口详细设计

南部新城道路交叉口间距近，路段距离较短，若所有交叉口均设置交叉口拓宽渠化，势

图 12-21　南部新城路段交通设计图

必要压缩非机动车或人行道的空间,不符合慢行优先的设计理念。由于南部新城采用单向交通组织等交通优化措施,交叉口通行能力提高,支路与其他道路相交,支路交叉口一般不展宽,交叉口进出口道展宽段与渐变段的长度取值如表 12-20、表 12-21 所示。

表 12-20　核心开发区道路进口道展宽段与渐变段取值标准

交叉口	展宽段长度(m)			渐变段长度(m)	
	主干路	次干路	支路	主干路	次干路
主-主	80	—	—	40	—
主-次	80	60	—	40	30
次-次	—	60	—	—	30

表 12-21　核心开发区道路出口道展宽段与渐变段取值标准表

交叉口	展宽段长度(m)			渐变段长度(m)	
	主干路	次干路	支路	主干路	次干路
主-主	90	—	—	30	—
主-次	90	60	—	30	30
次-次	—	60	—	—	30

在“小街区、密路网”规划模式下，鼓励将交叉口设计为共享空间，通过交叉口抬高、全铺装交叉口等方式控制车速，提供安全、舒适的过街环境。转弯半径过大会造成机动车转弯速度提高、行人过街距离增大、交通信号周期增长等问题，导致行人过街的危险性增加，不符合“小街区、密路网”的慢行设计理念。南部新城交叉口转弯半径的设计考虑速度限制，如表 12-22 所示。

表 12-22　南部新城交叉口转弯半径取值标准

道路等级	主干路	次干路		支路		特色街巷
道路功能	交通性	交通性	生活性	交通性	生活性	生活性
设计速度(km/h)	60	40、50	30、40	30	30	20
管理速度(km/h)	50	40	30	30	20	20
右转设计速度(km/h)	25	20	20	15	10	10
无非机动车道路缘石半径(m)	—	15	15	10	10	5
有非机动车道路缘石半径(m)	15	10	10	—	—	—

南部新城交叉口采用信号控制时，依据渠化设计与放行方法进行信号相位的合理安排，路口空闲时间与冲突时间确定信号相序，依据流量状况进行信号配时的确定。两相位的信号控制通常适用于各种状况。而多相位控制则根据不同方向的流量、渠化设计及其放行方式等进行确定。

以南部新城的夹岗片区为例进行设计，其交叉口组织的目标为尽可能多地避免机动车与非机动车流线冲突，高峰以人为本、平峰效率优先[38]。具体设计方案如图 12-22 所示，宜在该片区设置较多的信号交叉口，而且此类交叉口大多数为单行-单行交叉口。

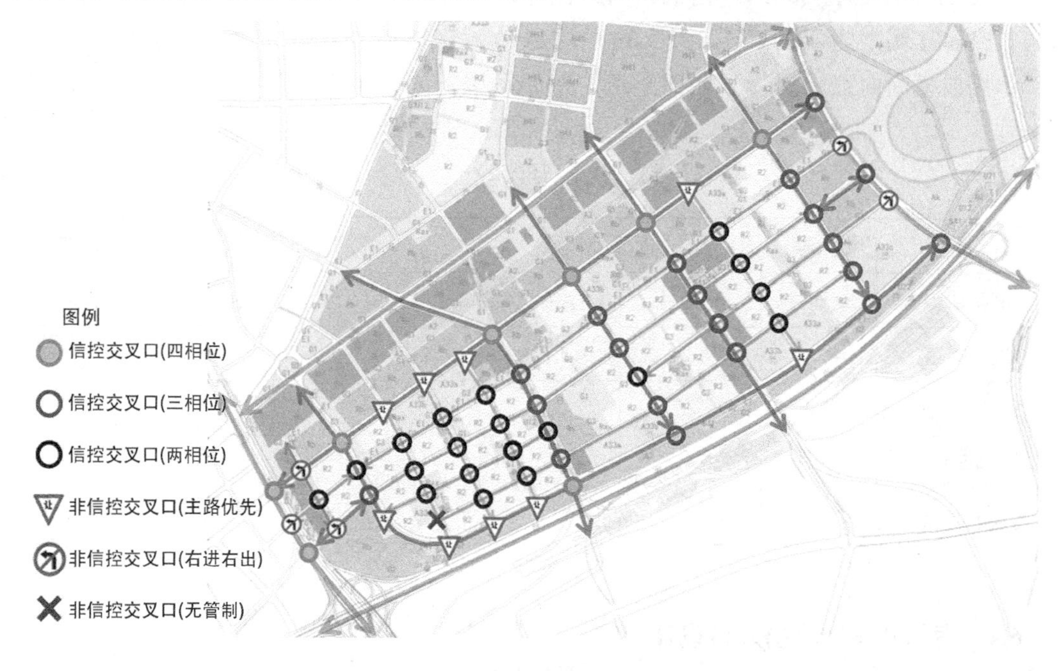

图 12-22　南部新城交叉口交通组织

12.6.3　南部新城道路横断面设计

南部新城按照道路所承担的城市活动特征，将道路分为快速路、主干路、次干路和支路四类。南部新城道路横断面形式的确定原则如表 12-23 所示。

表 12-23　道路断面形式

道路等级	红线宽度(m)	机动车流方向	断面形式
主干路	45	双向	四幅路
	40	双向	四幅路
次干路	40	双向	四幅路
	33	双向	四幅路
支路	26	双向	一幅路
	24	单向/双向	一幅路
	22	单向/双向	一幅路
	16	单向	一幅路
特色街巷	16 或 22	一般禁行	一幅路

基于提出的设计原则与方法，南部新城主干路横断面设计主要针对机场路和苜蓿园大街，其路段红线为 45 m，宜规划为双向六车道；次干路情况比较复杂，红线分为 45 m、40 m、33 m、26 m 四种，从分类上看有交通性和生活性两种，除了国际路和机场四路外，大部分次干路的红线宽度都为 33 m，包括机场七路、冶修二路、华园路、校场路和红花路这五条次干路，其路段宜规划为双向四车道；支路也可以分为交通性和生活性两种，其红线宽度为 22 m，路段横断面宜规划为双向四车道。南部新城不同等级道路的车道宽度如表 12-24 所示。

表 12-24　道路车道宽度　　单位：m

道路等级	主干路	次干路		支路		特色街巷
道路功能	交通性	交通性	生活性	交通性	生活性	生活性
机动车道	3.25	3.25	3.25	3.25	3.25	3.0
非机动车道	3.5	3.5	3.5	2.5	2.5	2.5
人行道通道净宽（不含绿化带、设施带宽度）	2.5	2.0	2.0	2.0	2.0	2.0

12.6.4　南部新城地块出入口设计

南部新城通过全要素的交通系统整合设计明确路段、交叉口、公交、慢行和附属设施的布局,考虑出入口空间布局的距离控制、与用地的协调关系以及与交通组织的协调关系,确定地块的出入口布局方案。通过对各个地块按照公建类、出让类、特殊类的需求分析,确定地块开口宽度。最后,校核协调照明设施、城市绿化,在交通工程设计及施工图中明确出入口的精准坐标,并提出出入口与人行道标高、材质一致性的要求。

南部新城"小街区、密路网"模式下单个地块的用地面积较小,管委会依据地块的结构布局与功能,将出入口布设在集散道路上,通过集散道路进出核心开发区道路。对于不同类型地块(如商办和居住区)交叉口间距较小、同一路段沿线的出入口分开布设难度较大的特点,建设单位将两者出入口并排设置,通过出入口的交通组织来减少对核心开发区道路的影响。以大校场地铁站附近地块为例,由于国际路无法设置出入口,因此拟考虑借助共享通道的方式设置出入口(该方案与城市设计成果一致),如图 12-23 所示。

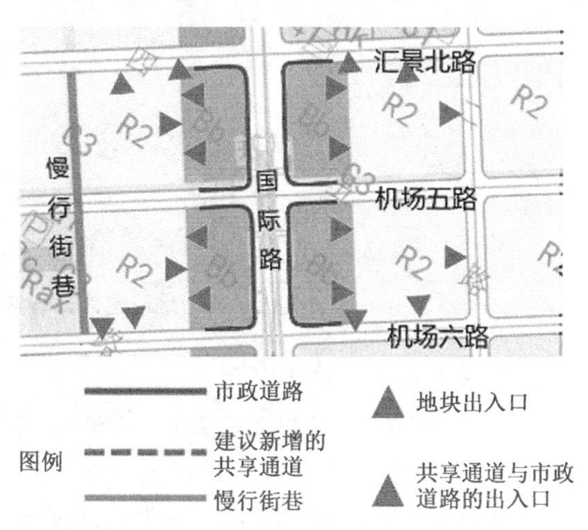

图 12-23　南部新城大校场地铁站附近地块出入口设置方案

除了整体布局以外,南部新城进一步协调出入口与城市绿化(人行道树池、分隔带树池)、照明设施(路灯杆件)等道路附属设施的关系,在设计上做到一体化融合。

1. 与分隔带协调设计

对有侧分带的道路,南部新城参照《城市道路交叉口规划规范(GB 50647—2011)》,一般地块出入口边线与车行导向线按照 5 m 半径倒角确定绿化分隔带。对于需要进出大型车辆的特殊地块,按照大型车辆进出标准控制。如图 12-24 所示。

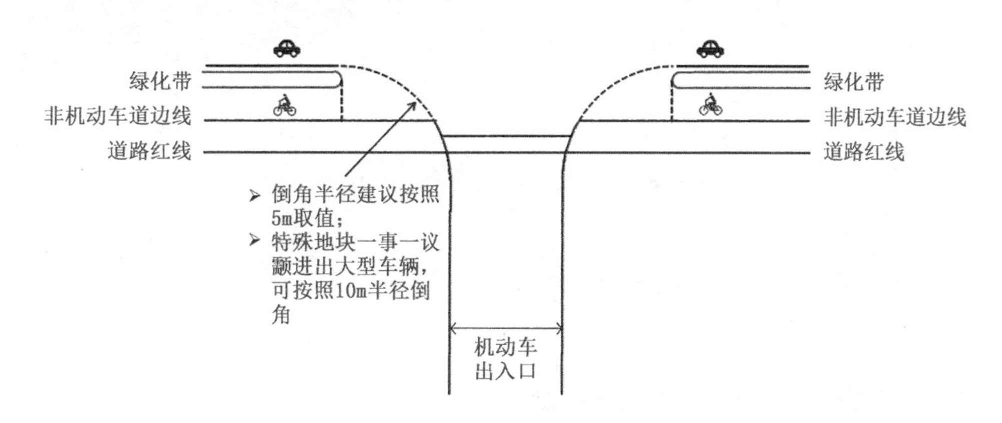

图 12-24　侧分带开口示意图

2. 与照明设施协调布局

城市道路照明设施一般按照间距 40 m 布局,同时交叉口进口道前三个路灯一般与电子警察、交叉口车道指示和交叉口告知牌并杆设置,出入口的精细化落位还要协调与路灯杆线关系。南部新城出入口的设置与路灯杆件考虑以下三种布局关系，一是地块出入口位于路灯正中，此情况无需协调路灯杆件；二是地块出入口正对规划的路灯，需要协调路灯迁移及增补；三是地块出入口边缘与路灯冲突，需要协调路灯迁移。在出入口精细化管控时，尽量按照出入口位于路灯正中来进行预设。具体如图 12-25 所示。

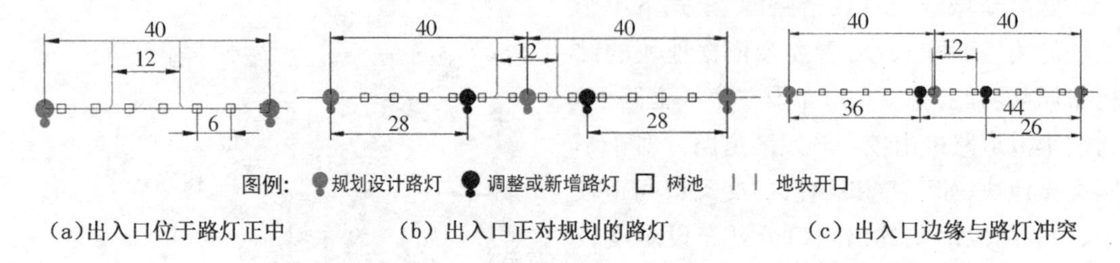

(a)出入口位于路灯正中　(b) 出入口正对规划的路灯　(c) 出入口边缘与路灯冲突

图 12-25　地块出入口与路灯杆件布局关系(单位：m)

3. 与人行道一体化设计

为创造连续安全的慢行空间，保障人行道的连续性，针对道路沿线出入口处铺装风格不统一、标高不一致的问题，南部新城加强人行道与建筑前区一体化设计，出入口铺装与道路的铺装宜合理过渡。图 12-26 为南部新城出入口布设与人行道协调设计应用实例[115]。

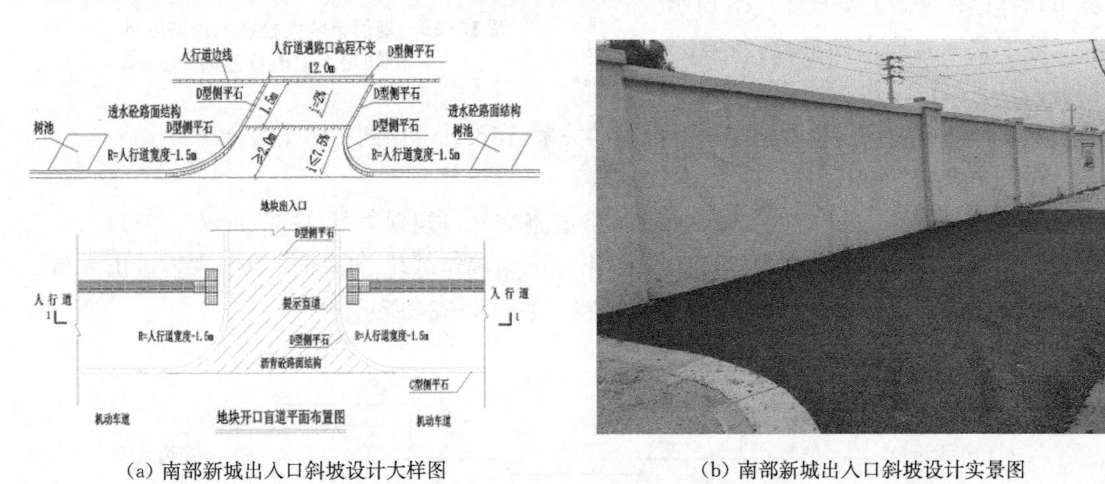

(a) 南部新城出入口斜坡设计大样图　(b) 南部新城出入口斜坡设计实景图

图 12-26　出入口与人行道标高一致做法示例

12.7　南部新城交通规划推进机制

12.7.1　南部新城交通规划推进机制框架

为提升城市规划建设水平，南部新城坚持管理创新，不断探索适应新城开发建设的规划管理制度，逐步建立了“总规划师＋三人小组＋三人小组办公室”的规建管体系，聘请东南大学段进院士作为总规划师，实现规划、设计、建设和管理的闭环。通过三人小组技术咨询制度，对南部新城各类重点建设项目规划方案进行技术把控，有效保证城市风貌和新城品质。发布《南部新城开发项目规划设计管理办法》，涵盖规划管理、概念设计、方案设计、初步设计、施工图设计及项目实施全过程，促进规划执行工作形成闭环。

在新的空间、产业发展导向下，南部新城通过科学合理的交通规划支撑与引导空间布局优化和产业转型发展。在上位规划基础上南部新城明确新城交通规划目标，通过合理的交通规划编制体系、科学的规划方法逐层逐级实现交通发展目标。

为高效推进交通规划工作，南部新城管委会积极探索，通过梳理该地区交通规划编制与实施管理工作，制定了适合地区发展的交通规划推进机制。由管委会统筹负责规划编制体系的制定、交通规划的组织实施以及规划保障机制的建设，明确了三阶段规划编制体系、规划实施主体、协调单位以及实施流程和模式，提出了一系列的保障措施。

12.7.2　南部新城交通规划推进组织实施

南京南部新城自 2010 年成立以来，管理组织结构和框架都发生了较大的改变，管理模式也相应的有所转变。根据《中共南京市委、南京市人民政府关于南京市人民政府机构改革的实施意见》(宁委〔2010〕43 号)和《南京市机构编制委员会〈关于成立市南部新城指挥部开发建设指挥部的通知〉》(宁编字〔2010〕6 号)的规定，南部新城于 2010 年 6 月 3 日正式成立开发建设指挥部。2012 年南京市政府出台规划园区体制改革方案，2013 年南部新城进行管理体制改革，将建设指挥部发展为管理委员会(以下简称“管委会”)，2014 年南部新城再次规范管委会的管理机构设置。

1. 管委会及其内设机构职责

南京新城管委会按照市政府要求，设置相应的职责：

贯彻执行国家、省、市有关城市开发建设的方针、政策和法律、法规和规章；起草和参与制定南部新城地区开发建设的地方性法规、规章和政策，经批准后组织实施。

负责编制南部新城地区开发、建设、管理的发展战略、中长期发展规划和年度计划，并组织实施。协助拟定南部新城地区的区域规划、国土规划和土地利用总体规划，经批准后组织监督实施；组织区域内的分区规划、专业规划、城市设计的修编，经批准后负责组织实施。

承担组织指导、统筹协调、监督检查、综合考评南部新城地区开发、建设和管理工作的责任；承担规划实施、项目建设、土地利用、拆迁控违、国有资产的管理和协调，制定管理制度和规范；研究部署南部新城地区开发、建设和管理的重大事项，协调解决开发、建设和管理涉及的重大问题。

承担南部新城地区的土地开发利用和征地拆迁工作，协调制定拆迁补偿标准，参与监督征地拆迁资金使用；协助编制南部新城地区土地开发计划、出让计划，经批准后组织实施。

负责编制南部新城地区开发、建设和管理年度计划和建设资金使用计划，负责建设资金的综合平衡；承担南部新城地区融、投资管理。负责南部新城区域内市权范围规费的收取、使用和管理工作；管理、经营投资形成的国有资产；负责城市维护专项计划的管理和监督。

承担南部新城地区开发建设管理工作，参与南部新城地区地块出让条件、规划要点拟定，协调基础设施和城市配套项目的落实；参与建设项目的选址，组织开展建设工程建议书(预可行性研究)、可行性研究、初步设计审查、审核和报批工作；综合协调南部新城地区工程建设项目的技术、质量、安全、进度和文明施工管理工作；组织指挥部投资和建设项目的竣工验收、移交管理工作。

负责南部新城地区重大基础设施和重大公共服务性项目、市政公用设施、市容环卫和园林绿化等方面的建设与管理。

组织开展南部新城地区招商工作；负责协调招商政策和相关措施。综合协调南部新城地区违章建设控制管理工作[116]。

南部新城开发建设管理委员会设办公室（人事处）、财务管理处、计划审计处、规划设计处、工程建设处、产业发展处、纪律监督室和机关党委等8个职能处室，另据工作实际阶段性需要，设EPC项目建设、智慧城市推进、土地整理、军地协调等专项办公室和工作组，设秦淮区土地储备中心[117]。

其相应的职责划分如表12-25所示。

表12-25　南京市南部新城开发建设管理委员会各部门职责(部分)

部门设置	职责界定
办公室（人事处）	协助管委会领导组织协调机关党务、政务和后勤等日常工作。负责学习教育、对外宣传、电子政务、信息上报、建议提案办理和组织、纪检、信访等党务工作；负责相关会务组织，文稿起草、文电运转、劳动人事、目标任务和绩效考核、对外联络、重大活动或会务的组织协调落实等政务工作；负责接待、保密、安全、印章管理、档案管理、资产管理等后勤服务工作
财务管理处	负责管委会财务管理工作，建立相关的财务管理制度；负责制定管委会年度财务计划、组织年度财务考核；负责会计核算工作，对财务状况进行实时监管，按时完成财务分析，真实准确编制上报会计报表；负责管委会资金管理，负责南部新城地区配套建设费用、土地出让金、有关规费的收支管理工作；按规定做好资金审核和拨付工作；负责资金监管工作，保障资金使用安全，参与工程资金的跟踪检查和竣工决算；负责管委会的融资和提款工作。负责管委会财务档案管理工作；负责监管管委会各单位会计业务工作
计划审计处	负责管委会计划、统计、内部审计工作；负责组织编制南部新城地区发展战略、中长期发展规划和年度开发建设计划，并负责监督执行；负责管委会投资管理，牵头制定投资方案，平衡建设资金；负责建设项目储备、立项、建议书、可行性研究、初步设计、开工报告、概算、成本控制等管理；负责管委会招投标、协议和合同管理；组织建设项目的竣工决算和项目资产移交管理；负责管委会的法律事务工作，负责工程建设制度建设
规划设计处	负责组织开展南部新城地区城市规划、国土规划、土地利用总体规划，综合管理专业规划和专项规划的实施，组织开展城市设计编制管理工作。负责规划成果的论证、报批工作，负责经批准的规划日常管理；参与建设项目的选址、规划要点拟定和建设项目规划设计方案审查、论证。组织开展市政公用设施、园林绿化的勘察设计、方案审查工作。负责组织管委会承担的工程建设项目规划设计、勘察设计工作，配合开展工程勘察设计招标工作；参与新城既有基础设施的审查、清理工作。负责编制南部新城地区经营性用地的土地储备规划、年度土地储备计划；负责编制南部新城地区国有土地出让计划；编制土地资金收支预算；负责区域范围内征地、拆迁、土地利用的报批初审工作；负责编制南部新城地区征地、拆迁、土地利用等开发计划，组织报批和实施工作；负责制定南部新城地区国有土地使用权招标、拍卖挂牌方案并组织报批和实施；负责南部新城地区建设项目供地方案的制定、初审报批和组织实施工作；负责南部新城地区土地调查、成本核算、事务委托等开发管理实施及督查工作；负责组织南部新城地区储备地块基础建设配套工作；负责组织南部新城地区土地收储、整理、出让等实施工作；负责出让地块后续协调工作；负责资金平衡测算并向市财政申请土地出让金拨款；负责组织开展区域内商品房预（销）售许可的预审和管理工作

（续表）

部门设置	职责界定
工程建设处	负责南部新城区域内基础设施建设，负责工程前期手续办理；负责指挥部（公司）承担的基础设施、市政配套、社会事业以及其他各类工程项目建设组织管理工作；负责建设工程预算管理；负责建设工程的施工、安全、质量、工期管理，检查监督工程监理活动；参与安全质量事故的调查处理；协调工程建设期间建设区域内的交通、市容管理；负责工程竣工验收、决算核算；建设期档案管理和归档工作；负责日常性的计量支付复核和审核报批工作
产业发展处	负责管委会招商引资工作；负责招商策划及相关政策制度建设并牵头落实；协调编制南部新城地区产业发展规划、中长期发展计划和年度招商计划；负责招商策划及招商宣传工作；负责管委会招商谈判及合同签订工作；牵头开展招商服务工作。负责出让地块后续管理工作。负责控制违章建设并协调对既有违建设施审核、登记管理及违建清理工作；负责对储备土地实施临时合理利用
EPC 项目组	代表南部新城集团公司全面履行南部新城 EPC 项目业主单位的职责，牵头负责南部新城三大片区 ECP 工程项目的统筹、协调与管理。全面贯彻管委会关于南部新城 EPC 项目建设指导思想和建设理念，代表业主统筹协调 EPC 项目建设，落实管委会关于 EPC 项目建设的各项要求，严格监管项目建设实施，协调各参建主体完成项目设计、采购、施工和试运行等工作，考核各参建主体在项目建设过程中的管理与成效，牵头签约、付款、监管、考核、变更等建设管理事项，履行 EPC 项目批办流程。与上级建设主管部门及管委会各处室协调解决重大建设问题，确保高标准、高品质、高效率地完成 EPC 项目建设目标

2. 开发建设公司职责

南部新城集团公司受管委会委托，以市场化运作方式负责区域土地整理、项目建设和资产经营管理，承担融资、投资、建设和经营等企业职能，对形成的公益性资产由管委会回购；对经营性资产实行企业化经营。设综合部、财务部、资产运营部（招采部）、设计部、前期部、工程部和党建纪检部 7 个部门。下辖全资子公司 5 家，分别为：南京智慧新城工程管理有限公司、南京南部新城会展中心发展有限公司、南京南部新城生态农林发展有限公司、南京南部新城文化旅游发展有限公司和南京南部新城城市物业管理有限公司。

3. 交通规划编制组织

南部新城开发建设管理委员会作为政府部门，可以作为工程建设的主体，而且具有组织规划的编制与审批职能。管委会严格按照审批程序实施流程，按照三阶段规划主线进行规划编制制定，在推进过程中政策法规、公众参与、经济保障均对规划的有效落实起到至关重要的作用。下面将以各个阶段典型规划为例具体阐述管委会模式下南部新城交通规划组织实施过程。

在总体性规划阶段，以《红花-机场地区交通专项规划》为例，管委会邀请市规划局及相关部门共同研讨，提出具体规划要求和设想，确定了“构建与地区发展相适应、与机动车发展相协调、与公共交通良好衔接、与周边建筑相融合、管理有序的‘快速、安全、公平、舒适’城市交通系统”的任务目标。发布编制招标公告，按照《南部新城开发建设管理委员会规划编制项目设计单位征集管理办法》确立规划编制单位；最后经过多轮沟通、专家咨询、专家评审和局技术委员会评审和公示之后验收规划编制成果，与规划局共同报市政府审批。

在交通控制性规划阶段，以《红花-机场地区慢行系统专项规划研究》为例，首先管委会结合各相关部门提出的规划要点，发布规划设计任务书，提出“打造绿色低碳、慢行友好、公交优先、景观融合、空间共享的可持续生态慢行交通系统”的任务目标。然后按照设计单位征集管理办法，管委会按照招标管理办法，确定设计单位，经过多轮修编后，行使规划审批权，内部审批之后予以实施。

在实施性规划阶段，南部新城管委会根据南京市市政工程设计招标现状，拟采用“入围＋方案竞赛”两阶段招标方式，入围招标结合报价、资质、业绩和方案等要求综合评选出入围单位，再根据具体项目组织方案竞赛，择优确定设计单位，同时选择设计咨询单位，提升设计质量。招标完成后即进入项目可行性研究、初步设计、施工图设计和重点工程设计变更阶段。在此阶段，南部新城管委会还会开展入围单位年度考核工作，从设计进度、设计质量方面优胜劣汰，保证良好的竞争机制。最后项目设计经过管委会自行审批后，交由下属开发建设公司作为实施主体执行建设。

4. 市政基础设施建设组织模式

为高效科学统筹建设，减少矛盾，提速提质，在机场搬迁、整体征收腾挪整片区建设空间的基础上，2016 年起，在核心区基础设施项目建设中创新采用 EPC 模式，将道路、桥梁、水系、地下空间和综合管廊等 92 个基础设施项目整体打包，分三个片区进行系统性整体建设（如图 12-27 所示）。在江苏省内首创“EPC＋全过程代建＋全过程设计咨询”的新城整体基础设施建设组织模式，形成完备的项目管理体系，即公开招标确定实力雄厚的大型建设集团作为 EPC 总承包单位，选择本土经验丰富的专业代建单位实施全过程代建，选择具有较高水平的专业设计咨询单位实施全过程设计咨询管理（如图 12-28 所示）。至 2022 年南部新城基础设施建设已全面进入竣工验收阶段。

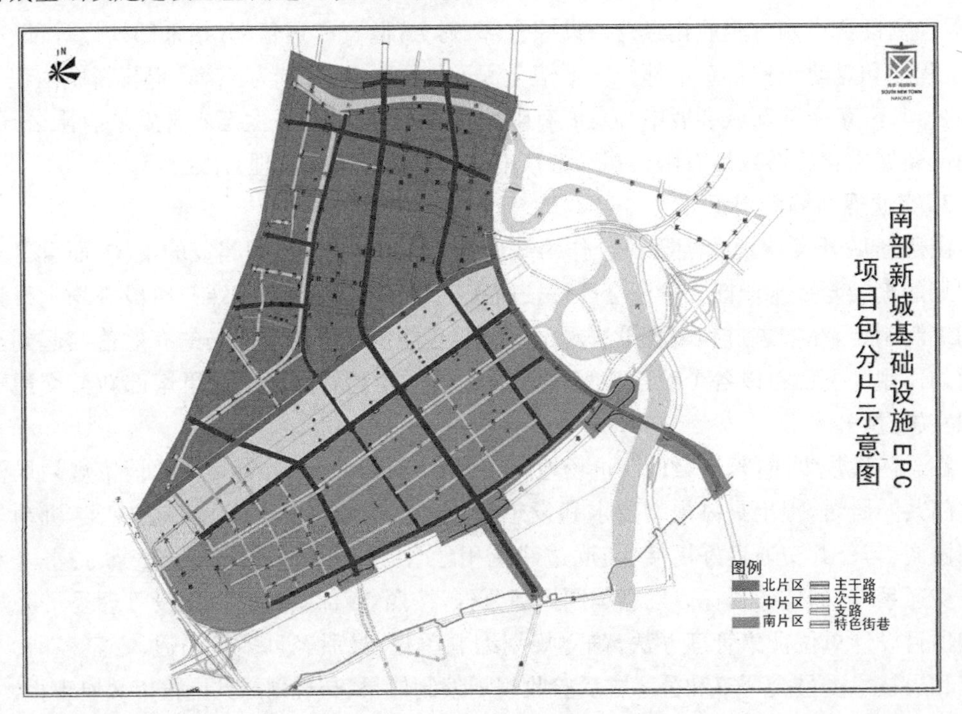

图 12-27　“EPC 项目”包分片区示意图

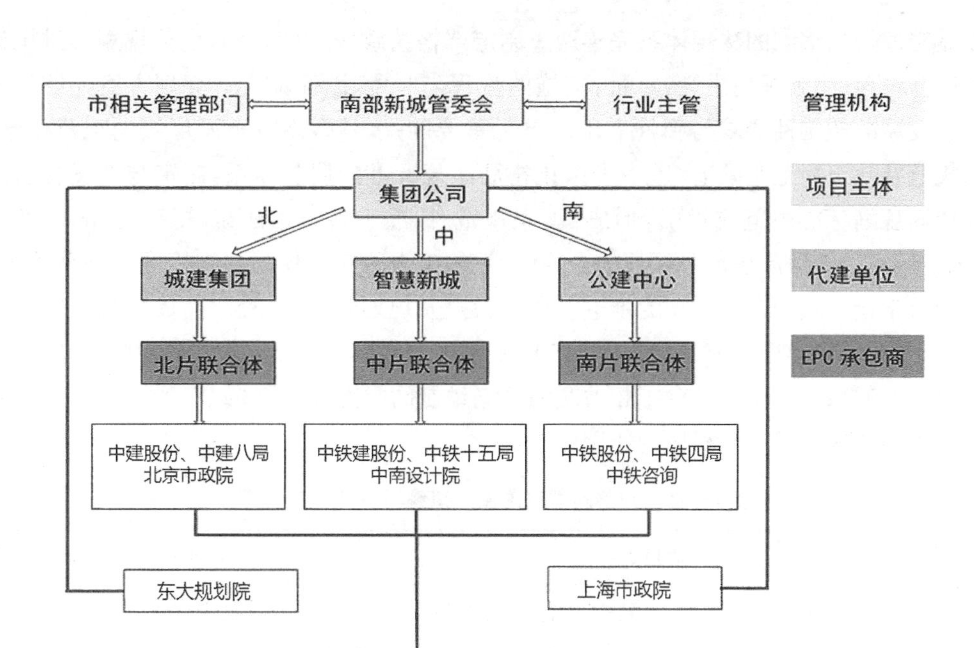

图 12-28　"EPC+全过程代建+全过程设计咨询"项目管理体系

12.7.3　南部新城交通规划推进保障机制

1. 明确交通发展政策以及规范交通规划编制与实施管理办法

在国家宏观政策指引下，南部新城在规划编制过程中贯彻推行了绿色、低碳、生态等发展理念，先后编制了《红花-机场地区慢行系统专项规划研究》《中芬低碳生态专项规划》《海绵城市专项规划》《智慧城市专项规划》《绿色交通专项规划》等规划。国家提倡的交通引导发展战略、公交优先战略和绿色交通战略等都已经在南部新城规划中予以体现。南部新城为进一步落实交通引导发展的理念，在控制性详细规划中明确提出开展控规交通影响评估研究以反馈土地利用，作为评价控规用地规划合理性的依据之一。另外，初步建立了建设工程交通影响评价制度，地区内部地块出让要点中明确规定开发建设前必须开展交通影响评价，作为工程审批和两证一书发放的前置条件。

南部新城先后出台了多项管理办法，为规划公开、公正、科学和高效地推进提供了保障。如《南部新城市政工程设计单位招标工作方案》《南部新城开发建设管理委员会规划编制项目设计单位征集管理办法》，进一步规范了南部新城管委会规划编制项目的组织行为，公开、公平和公正选择规划编制设计单位，切实提高了规划编制质量。

2. 严格执行既定规划编制体系并制定地区交通规划法规标准体系

南部新城在规划协同的要求下，响应城市规划体系的调整，提出了相应的交通规划编制体系，在交通规划推进过程中作为严格执行的条例予以遵循。法律机制为交通规划行为授权和提供实质性以及程序性的依据，也保障了公民、法人以及社会团体的合法权利。南部新城交通规划编制的法规体系完善通过制定严格的政府规章条例，规范规划推进中涉及的程序性内容，明确规划决策、审批、实施的流程与制度，以保证交通规划方案能够体现地区交通发展的控制性要求与弹性需求。更为重要的是，整合现有不同层级的规范标准，在国家规范及省市规范基础上，进一步深化拓展法规标准的层次体系，制定与新城相适应的地区交通规划标准规范或指引，形成"国家规范/标准＋地方性法规/规范/标准＋部门规章/规范性文件＋地区规范/指引"的多层级、强约束力的交通规划编制标准与规范体系，真正做到科学指导新城交通规划的推进工作。为提升规划管理的权威性，体现规划编制的科学性，南部新城在遵循国家、省市相关交通规划法规标准基础上，结合地区社会经济、城乡空间以及交通系统的特性出台了相关交通规划编制的指南和导则（如表 12-26 所示），对指导交通规划的编制发挥了积极的作用。

表 12-26　南部新城已编制及拟编制设计导则（部分）

序号	项目名称	进展状况（2021 年）
1	大校场单元机场次单元整体城市设计导则	已完成（2016 年）
2	海绵城市设计导则	已完成（2016 年）
3	南部新城城市道路设计导则	已完成（2016 年）
4	绿色道路适用技术导则	已完成
5	道路照明适用技术导则	已完成
6	城市空间品质提升设计导则	已启动
7	中芬低碳生态城绿色生态技术指南	已启动

3. 广泛推行公众参与机制以及多渠道征求社会意见

南部新城管委会在公共参与机制建设过程中也进行了积极的探索，拓展了新的参与形式。通过确保公众对地区规划制定和实施全过程的参与，既保证了规划行为的科学性，也充分体现了公众的利益诉求。

以《南部新城骨架路网及节点研究》规划为例，从规划设计任务书拟定阶段，南部新城管委会联合市政府规划主管部门以及由管委会牵头成立的专家顾问团队共同为交通规划编制拟定任务书，并将确定好的规划设计任务书以招投标形式面向社会公布，公开召集设计单位和方案构思；在方案征集和评选阶段，管委会特别注重与设计单位的交流，进行多轮沟通，为规划设计单位方案构思提供指导，把握设计方向，以保障后期规划方案编制的针对性、科学性和可操作性。在规定的期限内，各规划设计单位提交方案征集文件，由管委会组织相关专业部门、专家以及网上公众评选平台对方案进行评议和讨论。经过方案评估，专家和公众投票决定最终入选的规划设计单位作为本次中标单位进入下一轮规划方案的编制。方案征集结果通过官方渠道向社会公示；在规划编制阶段，设计单位与管委会多次沟通交流，确保规划思想的落实。规划编制完成后，由管委会通过官方渠道向社会进行为期一个月的公示，广泛征求修改意见并完善；在规划审批阶段，报市规划管理部门审批后实施。

在组织开展的规划编制标准和技术导则研究中，也积极引入各领域专家和团队代表参与到标准制定中。

4. 合理配置财政资金使用并积极引入社会资本参与

南部新城在交通总体性规划阶段，由管委会财务管理处介入参与论证规划编制，综合考虑财政承受能力与方案的合理性，从不同的角度保证政府财政的投入和资金投入的平衡，并对交通设施建设给予适当的倾斜。

以交通规划方案合理项目化等方式拓宽融资渠道。财政机制是规划过程中的利益分配和资源分配的可靠性保障；经济机制是政府部门为促进规划目标实现而主动动用市场力量的保障机制。政府部门主管的交通规划推进工作，其实施需要强有力的经济保障。交通工程建设巨额的资金压力给政府带来了沉重的负担，致使在实际建设工作中往往偏离预期计划。南部新城研究拓展投融资渠道，积极利用社会资本共同投资建设，以建立稳定的资金来源。在交通总体性规划阶段综合考虑财政承受能力与方案的合理性，从不同的角度保证政府财政的投入和资金投入的平衡，并对交通设施建设给予适当的倾斜。在实施性规划阶段，结合交通建设工程的属性，规划编制时考虑项目拆解与分包，将交通规划方案项目化，如纬七路东进工程这类公益性工程则由政府财政投入建设；收益性或部分收益的工程采用多样化融资模式，通过吸收社会资本参与共同在前期规划中进行研究论证，并在后期吸引社会资本参与建设。

由管委会统筹负责规划编制体系的制定、交通规划的组织实施以及规划保障机制的建设，明确三阶段规划编制体系、规划实施主体、协调单位以及实施流程和模式，提出保障措施。在实施性规划阶段，南部新城管委会在规划推进过程中，结合交通建设工程的属性，规划编类公益性工程则由政府财政投入建设，收益性或部分收益的工程则采用 BOT、TOT、PPP 等模式，通过吸收社会资本参与共同在前期规划中进行研究论证，并在后期吸引社会资本参与建设。

12.8　本章小结

本章结合南京南部新城交通规划推进工作对本专著成果进行应用分析。介绍了南部新城的区位情况和发展特征，梳理了南部新城交通规划推进机制的框架体系，结合已完成、开展的规划编制工作，搭建了交通规划编制体系并进行了规划应用。结合南部新城交通规划实施模式，阐释管委会模式的架构与职能设置，并在该模式下分析了各阶段交通规划的组织实施工作，最后介绍了南部新城交通规划推进的保障机制。

第 13 章　南部新城交通影响评估案例

13.1　南部新城核心区控规交通影响评估

13.1.1　编制背景与目的

南部新城核心区作为南部新城乃至南京主城内罕见的大规模重新开发片区，规划总土地利用规模为 9.936 9 km^2，军事管理区以外规划常住人口 15 万人，片区平均人口密度为 1.6 万人/km^2，未来就业岗位 14 万个，是南京主城区最后一块可以用于大规模重新开发的土地。通过借助南京市南部新城和南站枢纽经济区的建设，按照南京市"人文绿都窗口、智慧城市典范"的建设要求，此区域将被打造成大型居住社区和现代服务业聚集地。交通是支撑城市发展的生命线，南部新城核心区的规划建设，虽然为社会经济带来了难得的机遇，但高密度的住宅商业开发，大量新增交通需求的引入给本来就存在交通矛盾突出问题的老城区带来了更大的交通压力。南京市主城区交通基础设施建设特别是地面交通设施逐渐趋于饱和，除规划片区内部可新建一定量的道路外，规划片区外部交通设施容量的大规模提升存在很大难度，而城市快速路、秦淮河、铁路线路以及南站枢纽的存在更是为本片区的交通问题提高了复杂程度。

从实际需求来看，在片区开发发展的需求和交通问题的矛盾之下，有必要对基地开发和交通需求增长之间的关系进行研究。在片区尚未开始建设使用之前，提前分析片区开发对城市交通的影响程度，并整合多种交通系统，合理有效配置土地利用与空间资源，以实现片区对外交通负面影响最小，对内能够满足交通需求的目的。通过片区内交通、土地、环境的协调发展，将南部新城核心区打造成南京市的"人文绿都窗口、智慧城市典范"，建设成为南京市土地与交通协调开发的示范片区。

从工作阶段上来看，除上位城市规划与交通规划的基础外，南部新城核心区目前已经开展了控制性详细规划和道路设计导则编制的相关工作；从工作层次上来看，为了处理好片区交通系统与土地开发间的关系，明确各个交通系统、各个交通设施的功能，对各种方式交通系统在控详的平台内进行整合，进而指导下位道路交通设计与施工图设计的相关工作，需要开展控制性详细规划交通影响评价研究的相关工作。在此背景下，南部新城开展了南京历史上的首个控制性详细规划交通影响评价[121]。

13.1.2　工作内容

南部新城核心区规划标准高、开发强度大、土地更新体量大、周边交通问题复杂、土地开发与交通矛盾突出、内部交通规划也与常规交通规划存在诸多不同，因此该片区在土地利用规划与设计之外，需要在各个层次对片区的交通系统进行规划、评估组织和设计。与土地利用对应的各个层次交通系统的工作如图 13-1 所示。

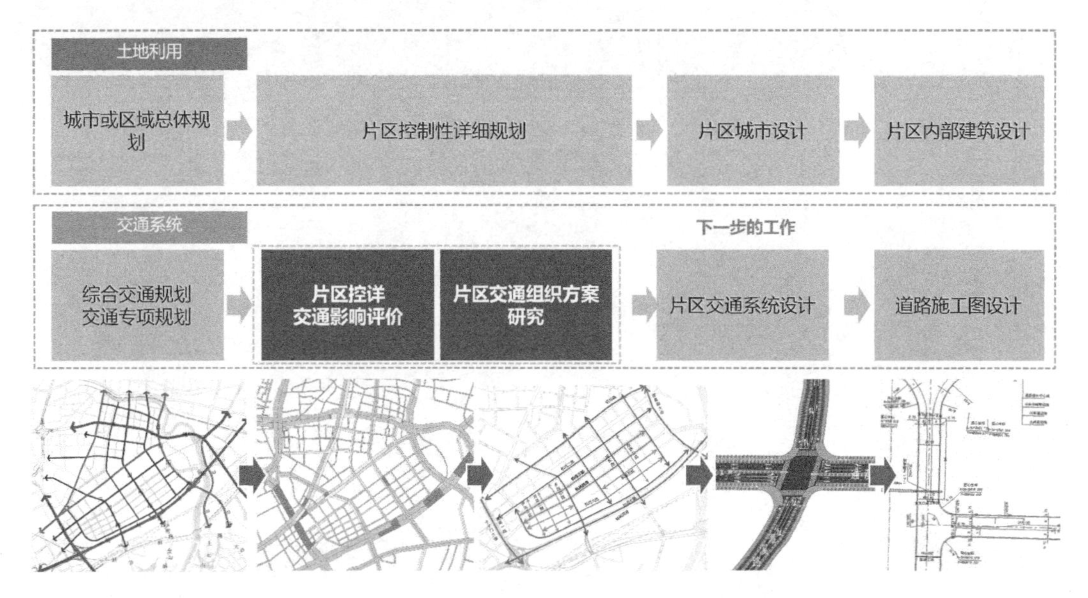

图 13-1　土地利用与交通系统各个层次需做的工作

13.1.3　编制的技术路线

1. 研究范围

根据控详的功能定位，基于上位规划的解读，并结合对现场的初步踏勘，考虑片区交通区位和实际情况，确定本次研究的交通影响范围应当分为三个层次：

第一层次为重点研究范围，即与控详编制单元的规划范围一致；

第二层次为一般研究范围，即与规划范围邻近以及联系密切的城市主干路和快速路围合范围，并包括邻近的主要交通枢纽，北至光华路，东至沪蓉高速、石杨路，南至宏运大道、文靖路、东麒路，西至内环东线、机场连接线；

第三层次为扩展研究范围，即城市中与规划范围交通关系密切的城市中心、城市副中心、区域中心或交通枢纽等之间的交通衔接，即规划范围与新街口地区、河西中心、江北新区、南京站、禄口机场等地区之间的交通衔接。

研究范围如图 13-2 所示。

2. 研究期限

基年：2016 年；

评价年：与控制性详细规划目标年一致，为 2030 年。

3. 技术路线

技术路线见图 13-3，需求分析详见章节 12.3。

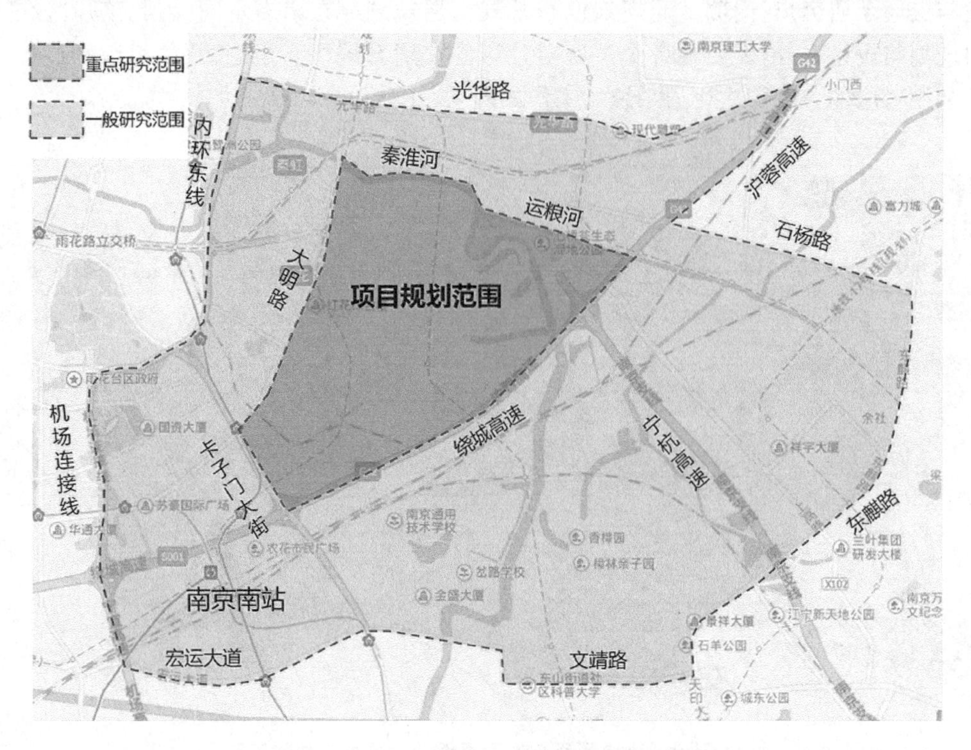

图 13-2 项目研究范围

13.1.4 交通影响评估及结论

1. 道路功能分析

对片区的道路系统与其他交通系统的容量、承载能力以及布局情况进行评价分析，是本次控制性详细规划交通影响评价最主要的部分，而对每条道路所承担的主要功能与服务对象进行全面梳理，是进行道路评价分析工作的基础。由于大部分的交通设施都附属在道路两侧，因此对道路功能进行分析也是其他交通系统评价工作的基础。

考虑到南部新城核心区是南京市主城区的一部分，因此研究范围内交通出行按照距离长短可以分为三个层次：第一层次为对外出行，即南部新城核心区与外部，例如来往主城、江宁、河西等方向的出行需求；第二层次为南部新城核心区内部组团间出行，例如南部创新街区、中部机场跑道公园地区与北部保留更新区之间的交通出行往来；第三层次为南部新城核心区组团内部的地块出行。

南部新城核心区作为南京市新建的土地与交通协调开发的示范片区，片区内部道路的分类应该结合南部新城核心区空间布局和土地利用特征，以及对外和内部交通需求特征来进行。综合考虑道路技术指标、道路服务功能与道路承担的出行层次，对南部新城核心区的道路分类采用“四级七类”的分级方法，即在快速路、主干路、次干路、支路的基础上，将所有道路分成快速路、主干路、交通性次干路、生活性次干路、交通性支路、生活性支路、慢行特色街巷七类，道路的分类和每类道路的具体功能如表 13-1 所示。

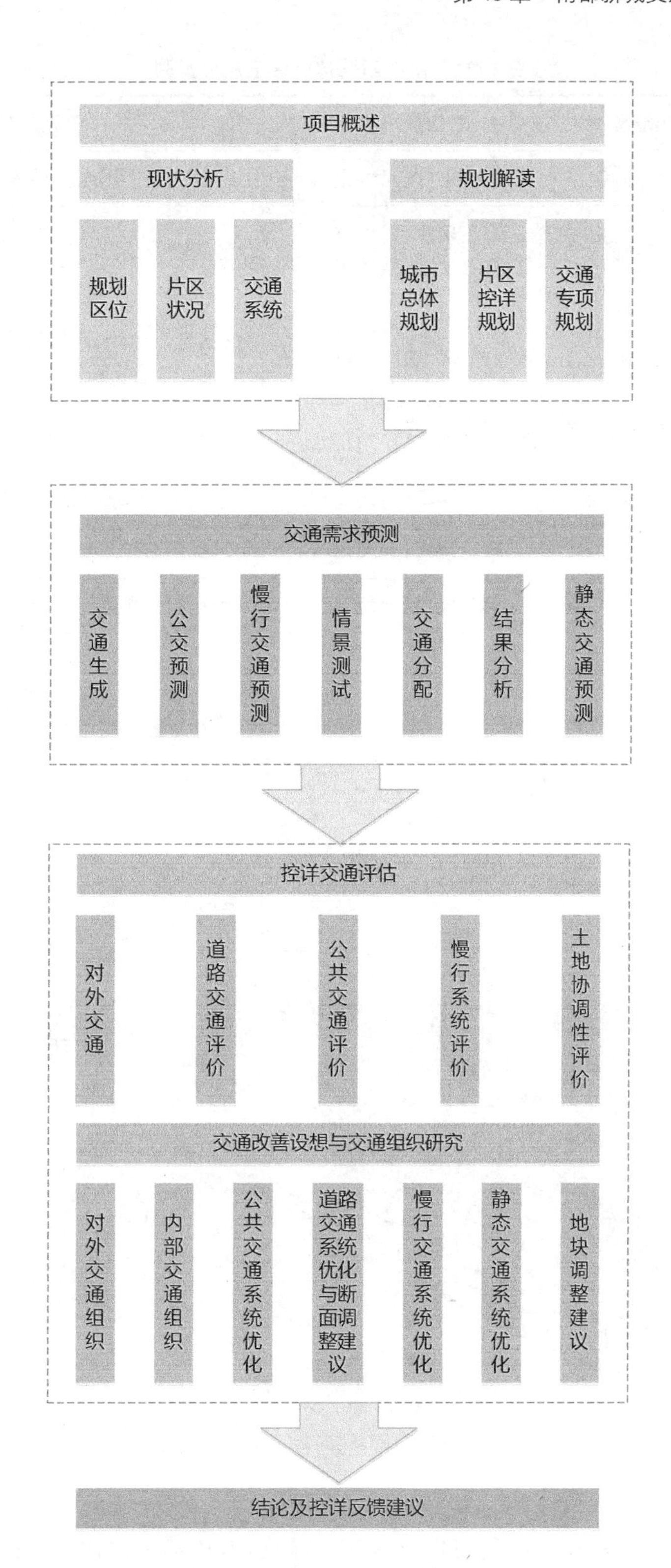

图 13-3　控详交评的技术路线图

表 13-1　南部新城核心区道路分类列

技术等级	功能类型	服务层次	功能分类
快速路	快速路	第一层次(对外出行)	过境通道、主车流走廊
主干路	主干路	第一层次(对外出行) 第二层次(组团出行)	片区路网骨架、保障车辆快速通行、客流走廊
次干路	交通性次干路	第一层次(对外出行)承担 第二层次(组团出行)为主	交通性次干路、承担车流走廊的集散交通
	生活性次干路	第二层次(组团出行)为主 第三层次(地块出行)兼顾	生活性次干路、服务两侧土地利用开发
支路	交通性支路	第三层次(地块出行)	交通性支路、组织单行交通和微循环交通
	生活性支路	第三层次(地块出行)	生活性支路
	慢行特色街巷	第三层次(地块出行)	生活性的慢行街巷、非高峰时段慢行专用

南部新城核心区每条道路的分类情况如图 13-4 所示。

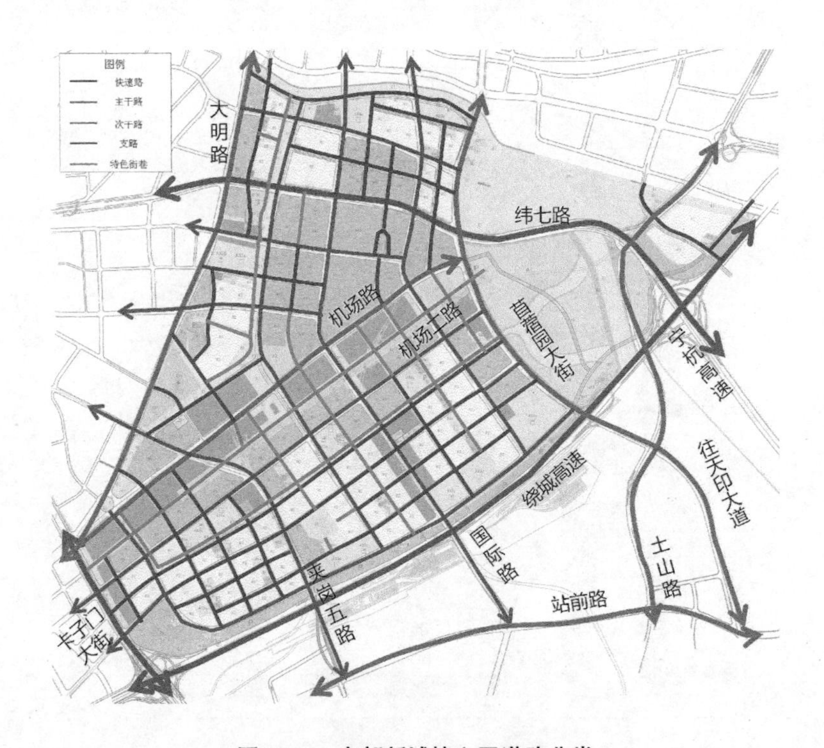

图 13-4　南部新城核心区道路分类

2. 对外交通设施评价

南部新城核心区的交通出行可以分为三个层次，其中第一层次为片区对外出行，片区对外出行由快速路、主干路和交通性次干路承担。快速路通过立交、匝道等出入口实现内外交通转换，这些转换节点往往是交通量较大、容易发生拥堵的地方，需要重点进行评估。

主干路、交通性次干路是在片区的边界上实现内外交通的转换，这些跨片区通道与片区边界的相交节点一般为平面交叉口，其交通运行一般比快速路出入口简单，但也存在着交通量较大、可能发生拥堵的情况。因此对外交通设施的评价主要包括两个部分：片区快速路出入口评价和跨片区通道评价。

1）快速路出入口评价

根据交通需求预测结果，到目标年南部新城核心区周边快速路出入口的交通量、饱和度和服务水平如表 13-2 和具体位置如图 13-5 所示。

表 13-2　南部新城核心区快速路出入口预测交通量和服务水平

序号	位置	出入口方向	交通量(pcu/h)	饱和度	服务水平
1	大明路-卡子门北侧	南往北上匝道	1 592	0.99	F
		北往南下匝道	1 756	1.10	F
	大明路-卡子门南侧	南往北下匝道	2 909	1.82	F
		北往南上匝道	1 071	0.67	C
2	沪蓉高速-国际路	东向西下匝道	536	0.335	B
		东向西上匝道	1 086	0.68	C
		西向东下匝道	1 651	1.03	F
		西向东上匝道	733	0.46	B
3	苜蓿园大街-沪蓉高速	东向西上匝道	889	0.56	B
		西向东下匝道	1 466	0.92	E
4	纬七路-沪蓉高速	东向西下匝道	1 285	0.80	D
		东向西上匝道	904	0.56	B
		西向东下匝道	673	0.42	B
		西向东上匝道	924	0.39	A
5	纬七路-友谊河路	东向西下匝道	1 542	0.64	C
		西向东上匝道	925	0.39	A
		西向北上匝道	732	0.46	B
		北向西下匝道	741	0.46	B
6	冶修二路-纬七路	东向西上匝道	1 207	0.75	D
		西向东下匝道	1 268	0.79	D
7	国际路-纬七路	东向西下匝道	1 075	0.67	C
		西向东上匝道	1 420	0.89	D

（续表）

序号	位置	出入口方向	交通量(pcu/h)	饱和度	服务水平
8	秦虹南路-纬七路	东向西上匝道	1 277	0.80	D
		西向东下匝道	1 235	0.77	D
9	卡子门立交南侧	南往北下匝道	1 774	2.22	F
		北往南上匝道	2 132	2.67	F
		南往北上匝道	1 209	0.76	D
		北往南下匝道	1 238	0.77	D
10	明匙路以北	南往北上匝道	563	0.70	C
		北往南下匝道	432	0.54	B
11	夹岗五路-绕城高速	东向西下匝道	469	0.29	A
		东向西上匝道	626	0.39	A

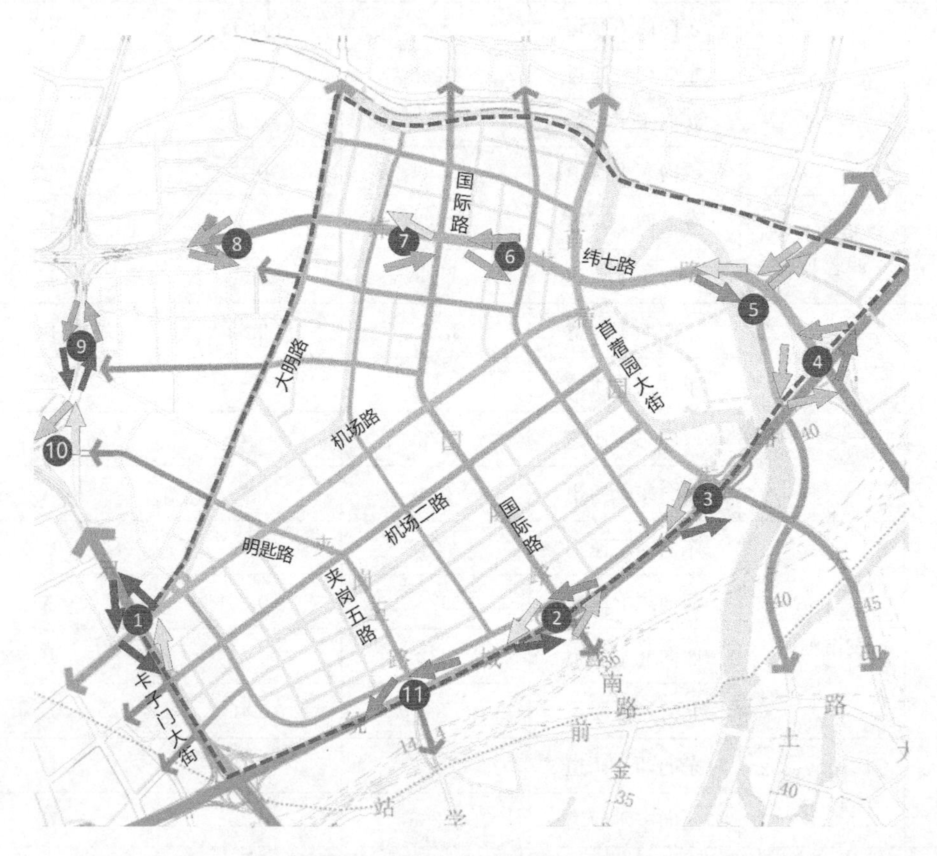

图 13-5　南部新城核心区快速路出入口饱和度和服务水平示意图

通常来说，一个片区不同的快速路出入口、同一个出入口不同方向的流量和饱和度往往差异很大，往返主城方向的快速路出入口匝道，以及从车流量很大的道路上往返片区的出入口匝道，往往流量很大，容易发生较为严重的拥堵，在规划阶段应当预留较宽的红线和较多的车道。

2）跨片区通道评价

根据交通需求预测，到目标年南部新城核心区跨片区通道的交通量、饱和度和服务水平如表 13-3 和图 13-6 所示。

表 13-3　南部新城核心区跨片区通道预测交通量和服务水平

序号	路名	流向	流量(pcu/h)	路段车道数	饱和度	服务水平
1	机场二路	东向西	499	3	0.33	A
		西向东	343	3	0.23	A
2	机场四路	东向西	357	2	0.36	A
		西向东	292	2	0.29	A
3	夹岗五路	北向南	899	2	0.82	D
		南向北	955	2	0.87	D
4	国际路(南)	北向南	1 169	3	0.78	D
		南向北	1 165	3	0.78	D
5	苜蓿园大街(南)	北向南	1 808	3	0.86	D
		南向北	1 851	3	0.88	D
6	土山路	北向南	1 275	3	0.65	C
		南向北	1 178	3	0.61	C
7	苜蓿园大街(北)	北向南	1 830	3	0.87	D
		南向北	1 518	3	0.72	C
8	冶修二路	北向南	305	2	0.31	A
		南向北	270	2	0.27	A
9	国际路(北)	北向南	1 278	3	0.85	D
		南向北	1 305	3	0.87	D
10	大明路(北)	北向南	1 717	3	0.82	D
		南向北	1 310	3	0.62	C
11	红花路	东向西	272	2	0.27	A
		西向东	181	2	0.18	A
12	校场一路	东向西	372	2	0.37	A
		西向东	280	2	0.28	A
13	大明西路	东向西	595	2	0.60	B
		西向东	554	2	0.55	B

（续表）

序号	路名	流向	流量（pcu/h）	路段车道数	饱和度	服务水平
14	明匙路	东向西	721	2	0.72	C
		西向东	701	2	0.70	C
15	机场路	东向西	1 780	3	0.85	D
		西向东	2 245	4	0.80	D

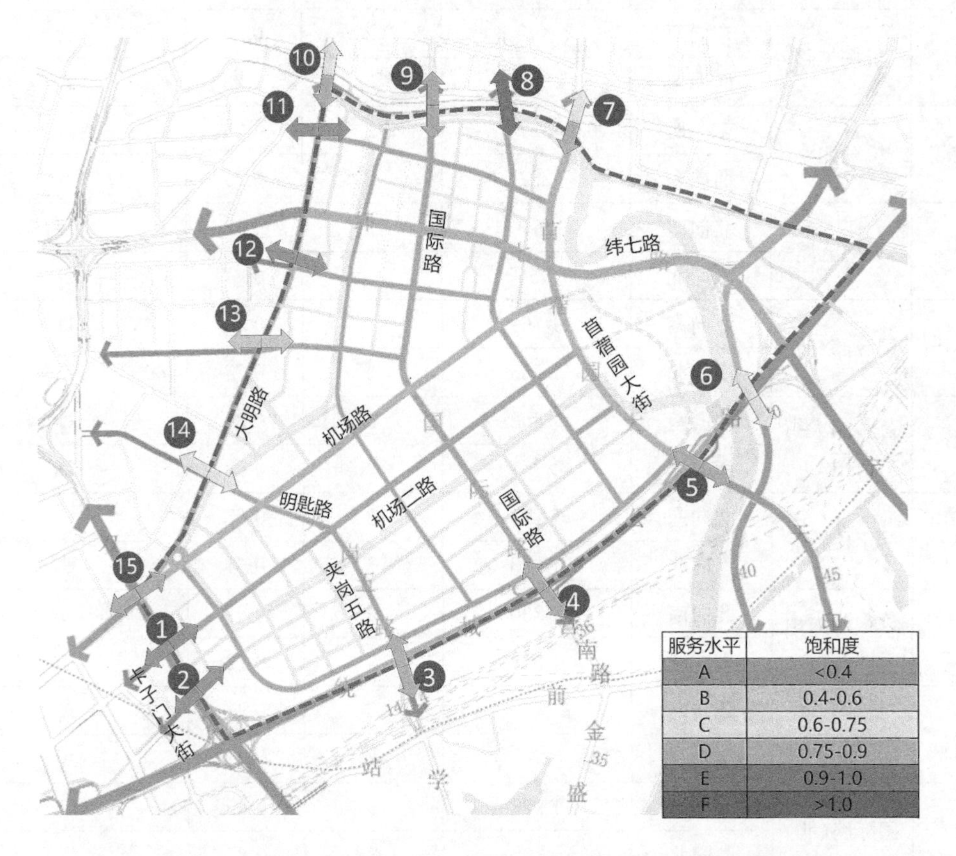

图 13-6　南部新城核心区跨片区通道饱和度和服务水平示意图

3. 内部路网评价

1）路网承载力测试

控详交评的研究片区内部道路众多，因此需要对内部道路进行详细分析。其分析一般分为整体路网分析和对外通道分析两部分。如果片区内有公交专用道的设置分析、道路慢行化的设置分析、立交与平面方案比选等内容，则需要结合定量预测，对这部分内容进行专门的分析与评价，以供决策使用。

建立交通需求模型并按照四阶段法将交通量分配到内部路网上，路网分配的交通量与服务水平如图 13-7 所示。

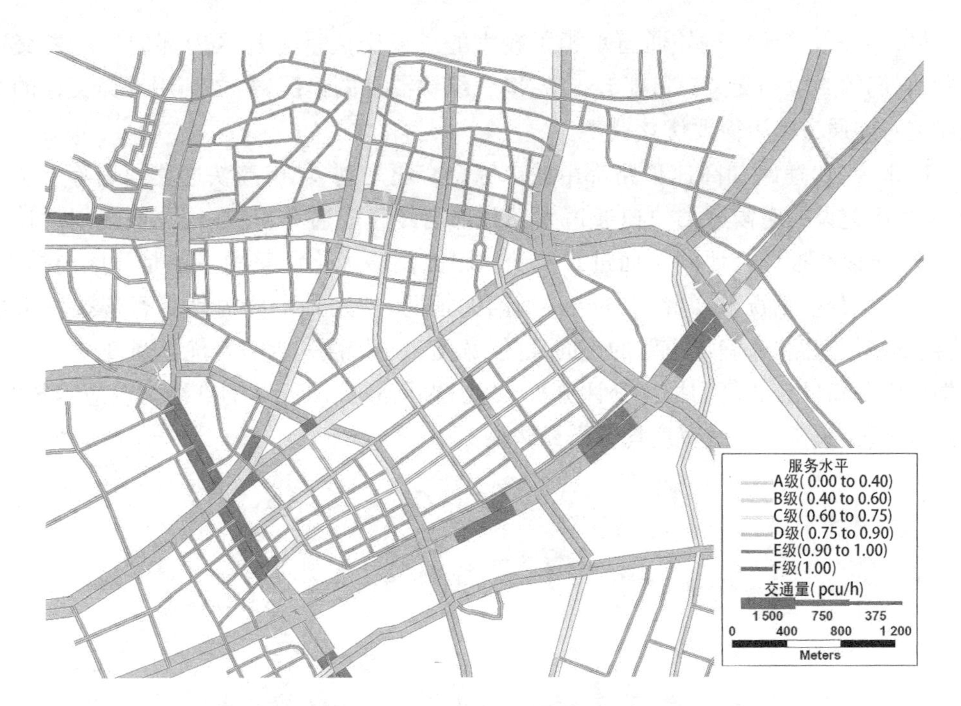

图 13-7 南部新城核心区内部道路流量与服务水平测试

根据路网流量和服务水平分配结果，可以分析得出以下结论：

在采用公交优先和小汽车低占有率的方案时，即使是早高峰时期，南部新城核心区的内部路网也能保证运行状况整体良好，不会出现全局性拥堵；除少数交通性干路外，其他道路的服务水平均能维持在 C 级及以上，路网容量能够承受该片区高强度开发的需求。

片区交通性干路的交通量较大，服务水平会达到 D 级，在个别路段会达到 E 级，而交叉口的交通压力比路段更大，可能出现局部性拥堵。这主要是因为片区的对外交通出行与内部出行的比例为 7∶3，导致大量的、长距离的对外交通集中在几条对外交通性干路上。

片区高密度的支路网提升了路网的总体容量，让车流有多条通道可以选择，从而片区的支路交通压力都较小，服务水平很高，但是过密的交叉口也折减了干路的通行能力，进一步增大了干路的交通压力。

实际上，这是新建地区道路交通量的普遍规律，大部分交通量集中于少数对外干路上，内部支路只是在早高峰时期可能会有稍许拥堵，在平时交通流量很小。

2) 片区对外通道评价

根据分析可知，南部新城核心区的交通压力集中在对外交通性干路上(实际上大部分城市新建地区都是如此)，此类对外通道是南部新城核心区整体路网的矛盾与焦点所在，也是路网评价与分析的重点。根据道路的规划技术等级、服务的交通需求特征、道路是否连接快速路以及道路的贯通性，归纳出片区的对外交通道路有“三快三主两次”共 8 条，其中两条次干路均为交通性次干路，如图 13-8 所示。

对于控详交评研究的片区来说，对外通道承担了几乎所有的对外交通出行，一方面对内部道路形成了过境与对外交通保护环，让片区内部的生活性交通和微循环交通运行状态良好。另一方面,也导致对外通道承担了较大的过境交通量与片区内部的长距离交通需求,导致它们的路段和交叉口可能会出现拥堵、组织混乱的情况,需要利用控详交评的结论判断此类对外通道是否需要优化调整。

一般来说,快速路和高速公路都由城市综合交通规划、城市高快速路规划等上位规划确定,在片区建设的时候这类快速通道大部分都已经建成通车、正在施工或规划设计条件已经确定,难以在控详交评的层面进行改变。因此能够优化调整的主要是片区内的干路。应当根据流量分析情况和干路对外连接道路的情况,特别是干路对外是否连接城市快速路、连接哪些快速路,来确定道路的走向、红线宽度和连接性是否需要优化调整。

根据南部新城核心区的控详交评分析,认为国际路、夹岗五路的红线宽度应当拓宽,而机场路、苜蓿园大街的红线宽度均不需要调整。

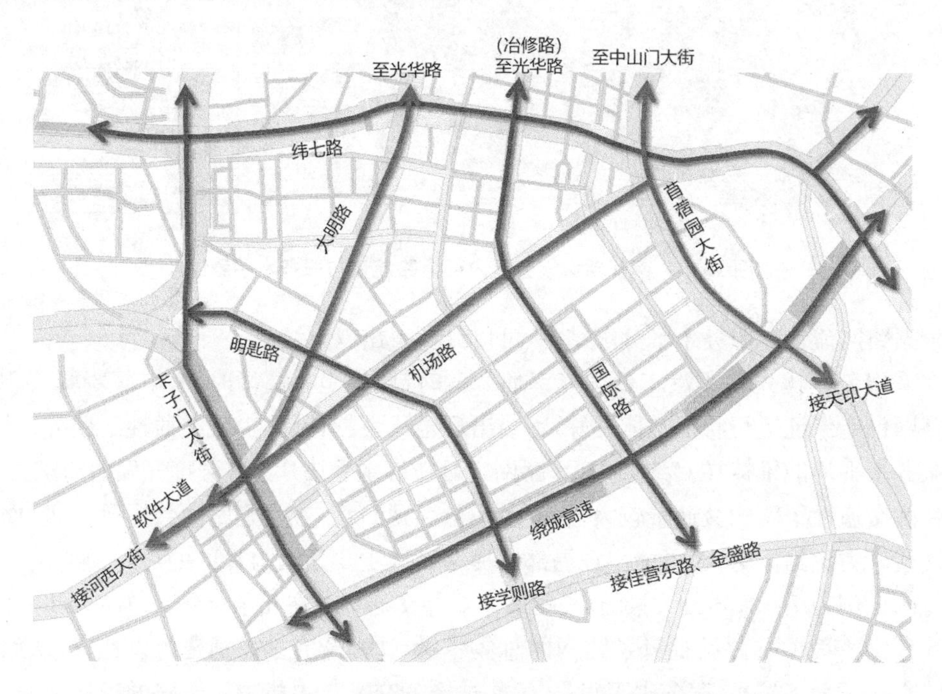

图 13-8　南部新城核心区对外通道布局图

3）特色街巷方案测试

如果片区内有公交专用道的设置分析、道路慢行化的设置分析、立交与平面方案比选等内容,则需要结合定量预测,对这部分内容进行专门的分析与评价,而南部新城核心区内规划有 11 条慢行特色街巷,在控详交评的内容中也测试了这些慢行特色街巷通车与否对整体路网的影响。

4. 公共交通系统评价

1）常规公交系统评价

对公共交通需求预测和流量分配的结果表明,公共交通流量在不同功能、不同等级的道路上的分布具有明显的差异。

(1) 主干路、交通性次干路公交出行需求大且集中;

(2) 生活性次干路、支路的公交出行需求相对较小且分散;

(3) 主次走廊的公交出行需求均未超出道路承载能力。

根据测试结果,在南部新城核心区范围内形成"6+9"的公交主走廊与公交次走廊结构,如图 13-9 所示。

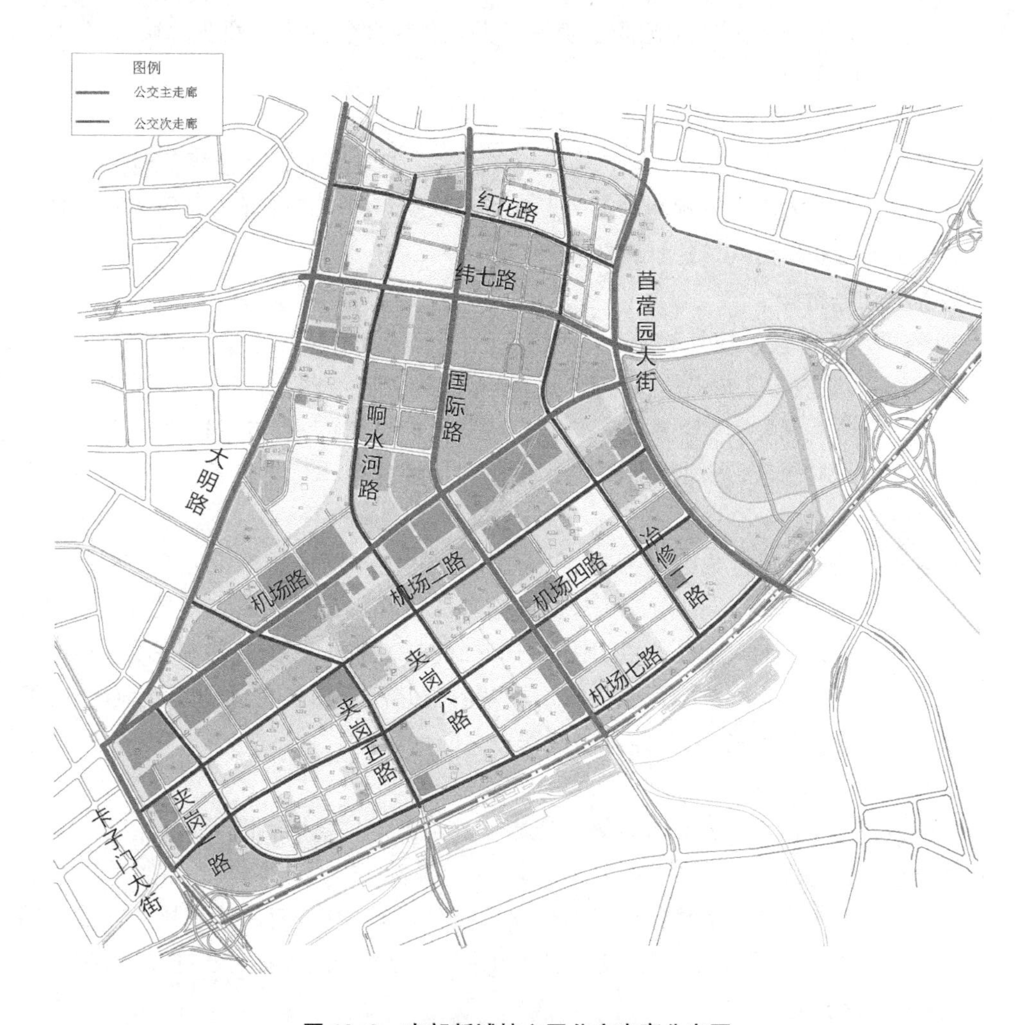

图 13-9　南部新城核心区公交走廊分布图

在公交走廊的基础上,应当结合周边土地利用,围绕轨道交通站点,布设公交线路与公交站点,尽量做到公交站点的 300 m 半径覆盖每一个地块。除此之外,还需要考虑公交换乘枢纽中各类交通设施的一体化设置,提高公交的服务质量,使得"公交优先、慢行友好"能够在本片区内得到真正体现。

2) 轨道交通系统评价

(1) 线网密度和站点覆盖率情况

根据上位规划和控制性详细规划,南部新城核心区规划轨道线路 5 条,分别为轨道 3 号线、5 号线、6 号线、10 号线及 13 号线,规划轨道交通站 10 处。线路长度约为 13.5 km,密度 1.35 km/km^2,远高于南京市一般地区,甚至高于河西新城。对轨道站点覆盖情况测试表明，站点 600 m(即步行 10 min)覆盖率达到 90%以上。

(2) 轨道交通站点与公共设施的步行距离分析

分析表明，轨道交通线路密度很高，轨道站点 600 m 半径几乎可以覆盖到所有地块和片区内的大部分重要公共设施，包括唯一的医院，均在规划的轨道站点 600 m 半径覆盖范围内。但也有少数地块不在覆盖范围内，其中公共设施主要包括 3 个商业地块、1 个小学地块和片区内唯一的高中。

(3) 轨道交通站客流饱和度分析

在南部新城核心区内，5 号线和 10 号线站点的进出客流最大。对这两条地铁线路各站点的高峰小时上下客人次进行预测。可以发现，至 2030 年各轨道交通站点的高峰小时上下客流均没有超出地铁站出入口的承载能力。

5. 静态交通评价

《江苏省城市停车设施规划导则》中将城市内停车区域按照停车泊位的控制程度分成三类，本次南部新城核心区按平衡供应区进行停车设施供应，符合新建设地区的特点与《江苏省城市停车设施规划导则》要求。建筑配建停车指标参照《南京市建筑物配建停车设施设置标准与准则(2015)》以及周边地区相关土地利用配建停车位指标执行，配建停车指标选取符合要求。

根据需求预测，南部新城核心区 2030 年社会公共停车泊位需求量为 2 400 个。根据《江苏省城市停车设施规划导则》的要求，公共停车泊位最低可按照需求量的 50%来配置。根据控制性详细规划，南部新城核心区按照 100%的标准来配置公共停车泊位，共规划有 24 个公共停车场，泊位 2 400 个，满足需求。规划的公共停车场多在机场路以南地区，符合机场路以南地区开发强度高、公共停车泊位需求大的特点。

6. 交通影响评价结论

南部新城核心区的控制性详细规划交通影响评价工作主要得出以下结论：

1) 对外交通系统评价

根据道路技术指标、道路服务功能与道路承担的出行层次，南部新城核心区的道路可分为“四级七类”，即快速路、主干路、交通性次干路、生活性次干路、交通性支路、生活性支路、慢行特色街巷七类。

南部新城核心区对外出入口主要包括片区快速路出入口和跨片区通道。南部新城核心区快速路出入口在不同节点、不同方向上的交通量和服务水平差异很大，片区东侧的快速路出入口运行状况总体较好，而西侧快速路出入口交通压力较大。跨片区通道整体运行状况良好，所有跨片区通道的服务水平均在 D 级及以上。跨秦淮河通道与跨绕城高速的通道交通量相对较大。

2) 内部道路系统评价

(1) 道路系统规划评价

南部新城核心区整体道路密度很高，各个等级的道路密度均在规范要求的基础上有所提升。其中机场路以南的地区，路网密度比规范高出一倍，呈现典型的“小街区、密路网”的特点。

(2) 路段和交叉口交通运行评价

在采用绿色交通的发展模式下，片区路网在高峰时期运行状况良好，不会出现全局性拥堵，路网完全能够承载片区土地开发所带来的交通需求。片区内的支路系统运行通畅，但大量的、长距离的对外交通集中分布在几条对外交通性干路上，使得对外通道的交通压力相对较大，而交叉口的交通压力比路段更大，可能出现局部性拥堵。

机场路与机场二路之间是南部新城核心区开发强度最高的片区，在所有地块开发完成后，机场二路全路段保持畅通，机场路仅在最西边靠近软件大道的路段交通量较大，但不会出现全局性拥堵。机场路、机场二路以及它们之间的道路完全能够满足土地高强度开发的需求。

(3) 慢行特色街巷机动化测试

经过测试，即使南部新城核心区内的 11 条慢行特色街巷完全不通机动车，对内部道路饱和度和服务水平也无太大影响。

3) 公共交通系统评价

(1) 轨道交通系统规划评价

南部新城核心区轨道交通线路和站点密度很高，为南京市内轨道线路、站点密度最高的区域之一，轨道站点 600 m 半径几乎可以覆盖到所有地块和片区内的大部分重要公共设施，但也有包括 3 个商业地块、1 个小学地块和片区内唯一的高中在内的少数地块不在轨道站点 600 m 半径覆盖范围内。

由于南部新城核心区内各个轨道站点的出入口数量众多，轨道交通站点的高峰小时上下客流不会超出地铁站出入口的承载能力。

(2) 常规公交系统规划评价

目前片区内尚未进行常规公交线网与站点规划，对公共交通需求预测和流量分配表明，公共交通流量在不同功能、不同等级的道路上的分布具有明显的差异。主干路、交通性次干路公交出行需求大且集中，生活性次干路、支路的公交出行需求相对较小且分散，应当选择若干主要道路作为公交走廊布设公交线路和站点。选择若干主要道路作为公交走廊，主次走廊上的公交出行需求均未超出道路承载能力。

4) 停车设规划评价

南部新城核心区按平衡供应区进行停车设施供应，符合新建设地区的特点与《江苏省城市停车设施规划导则》要求。建筑配建停车指标参照《南京市建筑物配建停车设施设置标准与准则(2015)》以及周边地区相关土地利用配建停车位指标执行，配建停车指标选取符合要求。公共停车场的规划布局与规模也满足片区开发的需求。但如果片区内部分高强度开发地块完全按照配建标准配给停车位，会导致下挖层数过多，难以实施。

13.1.5　交通系统优化方案

基于交通影响评价，汇总研究片区交通系统中需要优化调整的地方，通过列表的形式汇总描述，并指出问题所在。对于南部新城核心区的主要交通系统改善建议汇总如表 13-4 所示。

表 13-4　南部新城核心区的交通系统优化建议

类型	问题或需求	改善建议
道路交通系统规划	国际路等部分对外通道交通压力较大	国际路在机场路和绕城高速之间道路红线拓宽为 45 m，夹岗五路（明匙路）的红线全线拓宽至 40 m，并进行相应的路段和交叉口断面优化
道路交通系统运行	由于支路网过密，导致对外交通主要通道的交通压力较大，交叉口可能出现组织混乱、交通拥堵情况	在分析了单行交通组织的必要性、模式、条件，选择了单行交通的实施范围、单行交通组织的方向以及交叉口处理方式之后，提出适合南部新城核心区的单行交通组织方案，并在此基础上解决单行交通的交叉口节点控制、慢行过街以及绕行引导等一系列问题
慢行特色街巷系统	慢行特色街巷不通机动车也基本不影响道路系统	建议 11 条慢行特色街巷均不通行机动车，结合两侧土地利用性质的不同，设计多样化的、慢行友好的街道环境，将其作为南部新城核心区的特色进行打造
轨道交通系统	包括 3 个商业地块、1 个小学地块和片区内唯一的高中在内的少数地块不在轨道站点 600 m 半径覆盖范围内，这些地块使用轨道交通出行相对不便	东南角的高中建议在高峰时段开通串联地铁站的接驳班车，班车可从学校出发，至大校场站、夹岗站、大明路站、机场跑道旧址站、机场路站以及苜蓿园大街站顺时针一圈之后回到学校 小学和商业地块可根据情况决定是否开通接驳班车
常规公交系统	目前片区内尚未进行常规公交线网与站点规划，对公共交通需求预测和流量分配表明，公共交通流量在不同功能、不同等级的道路上的分布具有明显的差异；主干路、交通性次干路公交出行需求大且集中，生活性次干路、支路的公交出行需求相对较小且分散 片区内尚未进行完整的常规公交系统规划，不利于道路交通设计	根据需求预测结果和流量分配特征，建议选择若干条主要道路作为公交走廊，建议开展片区常规公交系统规划
出租车系统	考虑到出行者需要，需要在适当位置设置临时停靠站点	建议结合轨道交通站点，设置出租车的临时性停靠泊位，仅供出租车上下客和临时停靠使用，停靠时间不得超过 5 min
慢行交通设施	片区内尚未进行慢行系统和公共自行车系统规划，不利于道路交通设计	建议片区内非机动车道的最大宽度选择 3.5 m 即可，但需要保持慢行系统的完整性 建议开展片区慢行交通规划和公共自行车系统规划

（续表）

类型	问题或需求	改善建议
配建停车泊位改善建议	片区内部分高强度开发地块完全按照配建标准配给停车位，下挖层数过多，难以实施	考虑到实际情况，建议机场路和机场二路之间的高容积率公共设施地块的配建停车标准进行适当降低
夹岗片区和学校周边停车改善建议	夹岗片区先天停车配建不足 学校周边可能会因为上下学高峰时的路内停车诱发道路交通运行混乱	建议夹岗片区内的支路允许夜间进行路内停车 学校周边建议利用相邻绿地建设公共停车位，或在学校相邻道路运行高峰时段路内停车

13.1.6　对控规的反馈建议

针对控详的反馈也应该用表格的形式汇总表达，并应当标明控详需要优化调整的位置。南部新城核心区的主要控详反馈汇总如表 13-5。

表 13-5　南部新城核心区控详的优化调整建议

类型	位置	问题或需求	改善整合建议
道路断面	国际路、夹岗五路	国际路等部分对外通道交通压力较大	国际路在机场路和绕城高速之间道路红线拓宽为 45 m，夹岗五路（明匙路）的红线全线拓宽至 40 m
	各类道路	控详的道路断面没有考虑到道路的交通性与生活性功能，也没有结合道路的交通组织形式	对 9 种不同类型的道路断面，结合其功能与交通组织模式给出了其路段的建议断面
道路交叉口	各类道路相交的交叉口	原有控详中未给出交叉口的渠化形式与断面建议	依据定量测算，对各类道路相交的 20 种不同的交叉口，结合其相交道路的情况与功能，给出了其建议渠化形式与断面
土地利用	机场四路-国际路交叉口	在机场四路实行单行交通组织之后，消防用地的出入口开在单行道路上不合适	建议消防用地与国际路上的供电对调，保证消防救生通道的便捷
地块交通	创新街区的各个支路	创新街区全部采用双行的话，会严重影响交通性干路的通行效率，同时不利于交叉口的交通简化	在分析了单行交通组织的必要性、模式和条件，选择了单行交通的实施范围、单行交通组织的方向以及交叉口处理方式之后，提出了适合南部新城核心区的单行交通组织方案
	各个地块的出入口指引	原有控详中未涉及地块的出入口问题与各类道路对出入口的控制情况	提出了主干路原则上不开口、交通性次干路（国际路、夹岗五路）不建议开口，沿线地块尽量在生活性次干路和支路上开口的原则

（续表）

类型	位置	问题或需求	改善整合建议
	机场路	机场路南侧均是高强度开发的商办地块，这些地块的南侧道路是用原机场跑道改建而成的慢行街巷，无法设置机动车开口	建议使用“辅路归并出入口”的方法，在机场路的主路两侧设置辅路，沿线地块的出入口均设置在辅路上，在通过辅路接入主路
	机场三路	机场三路北侧紧邻机场河，给机场二路与机场三路之间地块的机动车出入口设置带来困难	综合考察此区域道路和土地利用的特征，建议此区域地块的机动车出入口设置在机场二路或南北向道路（如夹岗五路、夹岗六路等）上
停车改善	机场路以南创新街区	原有控详中创新街区仅有4个公共停车场，相对于其开发强度而言数量过少，会迫使部分停车需求转移到路面	根据交通需求预测的反馈意见，在最新的控详中，南部新城核心区一共规划有24个公共停车场，新增16个，其中14个新增的公共停车场位于机场路以南地区
	机场路沿线地块	对于机场路沿线的高强度开发地块而言，如果严格按照1.5个/100 m^2 配建指标配建地下停车库，下挖层数过多，难以实施（大部分下挖在4层以上部分地块甚至达到8层）	对机场路沿线地块的停车配建，地铁站出入口200 m内覆盖的地块，停车配建标准从1.5个/100 m^2 减少到0.5个/100 m^2，不位于地铁出入口200 m内但位于地铁出入口600 m内的地块，停车配建标准从1.5个/100 m^2 减少到0.7个/100 m^2
	机场七路沿线的学校	机场路是片区内重要的次干路，在高峰时期发生交通拥堵，会对整个片区的交通正常运行带来影响	机场七路南侧是很宽的高速防护绿地，利用绿地建设一些公共停车场，主要供学校上下学时接送的家长临时停靠，在最新的控详中，机场七路南侧绿地新增4个公共停车场
系统整合	整个片区	目前片区的控制性详细规划、交通规划与道路设计有脱节之处，对各类交通系统在空间内进行整合，才能真正发挥控详交评“服务控详”“承启设计”的作用	本着“多系统、一张图——承上启下，交通与土地利用协同”的原则，结合不同的土地利用特征与道路服务功能特征，将地铁站、各类公交站、出租车站、公共自行车站、各类出入口整合到道路空间，形成道路空间上设施的布置原则图，用以指导道路交通设计与街道设计

13.2 站城一体的复合地块建设项目交通影响评价

13.2.1 研究背景与目的

本次介绍的站城一体化开发项目位于南部新城核心区中片区，项目基地北临机场路，南靠机场二路，东接冶修二路，西面国际路，为5号线、10号线换乘站大校场站上盖物业，对外交通联系便捷，交通区位优越，项目区位如图13-10所示。项目为商业、办公和居住混合地块，计容建筑面积约55.9万 m^2，包括A、B、C、D、E、F六个地块，其中A、B、C地块（以下简称北地块）主要为商业和办公，D、E、F地块（以下简称南地块）主要为商办和住宅，基地平面图如图 13-11 所示。

图 13-10　项目区位图

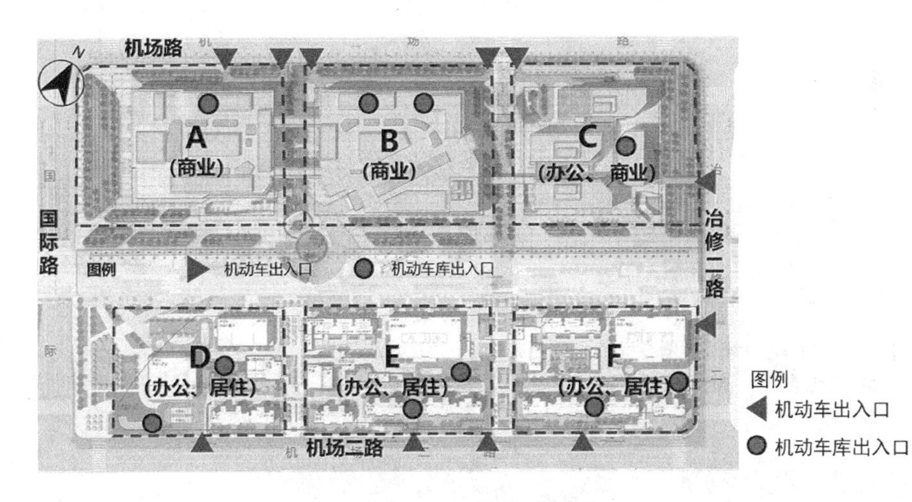

图 13-11　基地平面图

交通影响评价能够在项目选址或开发之前，通过评估建设项目对周边交通造成的影响，并且从城市交通的角度出发，进而判断项目选址的可行性。若对交通影响程度较小，则选定项目在交通角度可以实施，如果对交通影响程度比较显著，则应该对建设项目进行重新的选址或调整方案设计，进而在源头上避免交通问题的产生[122]。

13.2.2　交通需求预测

1. 交通需求预测思路及步骤

交通需求预测包括背景交通量预测和项目新增交通量预测。

交通需求预测工作的思路及流程如图 13-12 所示。

(1) 整理分析项目基地周边交通综合调查与建立模型相关的社会经济、交通基础设施、交通需求等资料。

(2) 对收集资料进行分析和整理，将建立模型所需的人口分布、就业岗位、居民出行需求等资料和数据细化建立在交通需求预测模型所需的交通分区层面上。

(3) 采取相应的预测方法，对项目地块周边各种方式的规划年需求量进行预测，在此基础上得到各种方式分配到交通设施上的分配量，将片区开发带来的道路交通量与背景交通量进行叠加，得到整体道路交通量。

(4) 结合规划的交通设施容量和布局分布，对分配计算得出的各种方式的交通量进行结果分析，为设施的全面评估和优化、改进方案研究提供科学的依据。

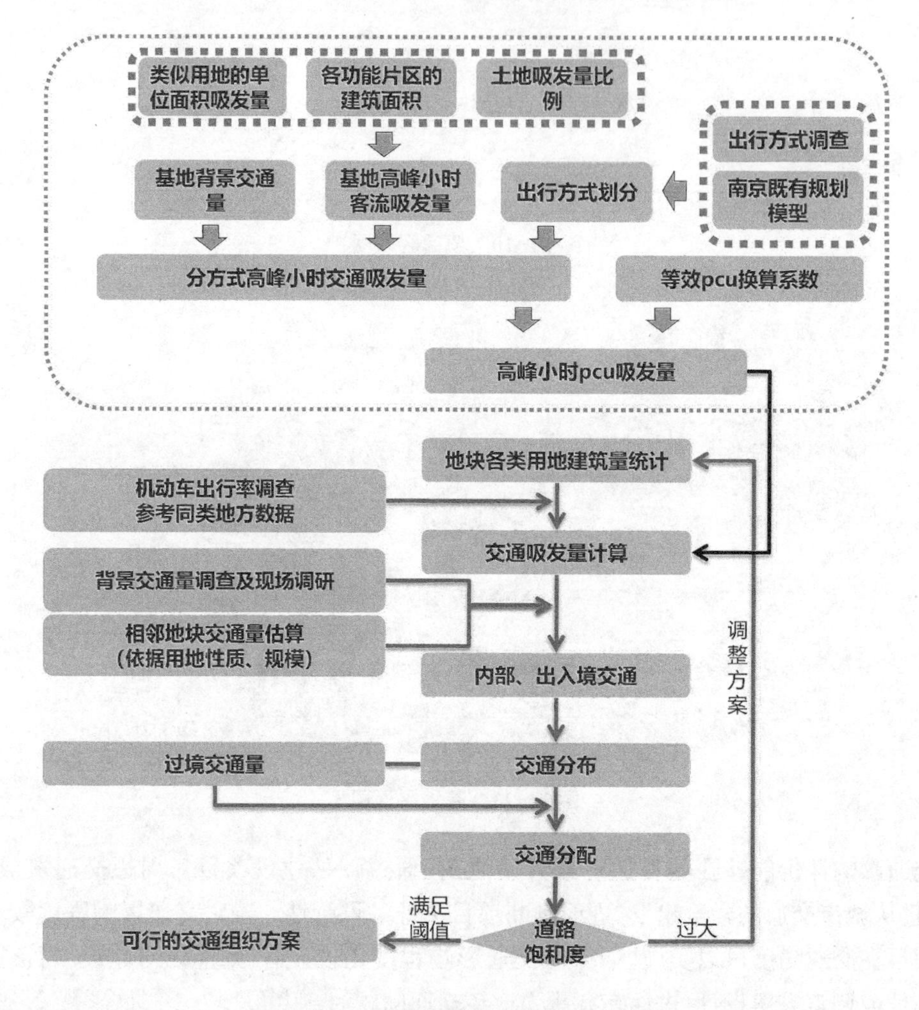

图 13-12　交通需求预测主要技术路线

1) 背景交通量预测方法

背景交通量指不考虑本项目建设诱增的交通需求，仅考虑目标年周边路网的自然交通量增长。背景交通量的预测一般包含增长率法和生成率法。

目前本项目周边地块如图 13-13 所示，开发状况如表 13-6 所示，1 号为项目基地，其余地块为在建或待建用地。本项目采用增长率和生成率结合的方法进行背景交通量的预测，目前项目周边大部分为白地，考虑最不利情况，项目建成后周边用地均开发建设完全。

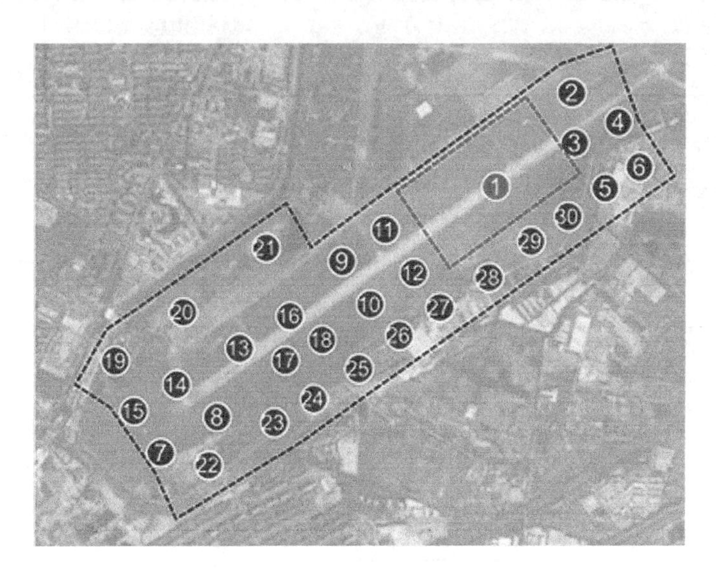

图 13-13　基地周边地块现状图

表 13-6　周边地块开发情况一览表

地块	用地面积(万 m^2)	建筑面积(万 m^2)	规划用地类型	开发状况
1	15.4	55.9	商住、商办混合用地	本地块，开发中
2	3.0	7.4	文化设施用地	开发中
3	1.8	8.2	商住混合用地	开发中
4	1.7	20.2	商办混合用地	开发中
5	2.3	8.2	商住混合用地	开发中
6	1.8	13.0	幼儿园、商办混合用地	开发中
7	3.0	13.3	商住混合用地	开发中
8	3.9	21.6	商住混合用地	开发中
9	2.3	6.9	文化设施用地	开发中
10	2.6	10.2	商住混合用地	开发中
11	2.9	8.6	商办混合用地	开发中
12	2.4	9.7	商住混合用地	开发中
13	3.3	18.3	商办混合用地	开发中
14	2.1	15.6	商办混合用地	开发中
15	3.2	18.2	商办混合用地	开发中
16	2.5	14.8	商办混合用地	开发中

(续表)

地块	用地面积(万 m^2)	建筑面积(万 m^2)	规划用地类型	开发状况
17	2.3	15.9	商住混合用地	开发中
18	2.7	12.4	商住混合用地	开发中
19	5.1	20.3	商住混合用地	开发中
20	8.5	32.6	幼儿园、商住混合用地	开发中
21	4.7	12.7	商办混合用地	开发中
22	5.1	6.0	学校用地	开发中
23	2.7	8.3	文化设施、商住混合用地	开发中
24	2.9	8.6	商住混合用地	开发中
25	3.5	11.3	二类居住用地	开发中
26	3.0	3.7	学校用地	开发中
27	3.3	11.4	商住混合用地	开发中
28	3.6	14.3	商住混合用地	开发中
29	2.8	3.3	学校用地	开发中
30	2.6	8.4	二类居住用地	开发中

2) 项目新生成交通量预测方法

本次项目采用成熟的四阶段模型,即按“出行生成”“出行分布”“方式划分”和“交通分配”四步骤建立交通模型进行项目新生成交通量预测。

按照《标准》6.2.2 要求,特大城市项目启动阈值比大于 5 时,应以建筑项目建成投入使用初年、项目建成投入使用第 5 年作为评价年限。

2. 交通小区划分

1) 外部交通小区划分

根据项目地块所处的区位、相邻片区的开发情况,参考南京市总体规划的区域划分、城镇体系结构划分,结合现状片区进出交通调查情况,本次划分的外部小区共有 5 个,包括老城、城东仙林、江宁、江北、河西雨花。外部小区的划分如图 13-14 所示。

2) 内部交通小区划分

根据南部新城控规中的土地利用规划和道路规划,借鉴类似项目交通小区划分办法,本次划分的内部小区共有 30 个,以商办、办公、文化设施为主,如图 13-15 所示。

3. 背景交通量预测

根据上位规划研究成果,研究范围内的交通发生吸引强度有明显的区域差异。交通吸发强度与地块开发强度有明显的一致性,呈现显著的“北低南高”的特征。

(1) 机场路以南地区的交通吸发强度要明显高于北侧,其中最高的地区集中在机场路沿线,其沿线地区均为高强度开发地块,交通吸发强度也最高;

(2) 北部现状保留与更新地区开发强度中等,其中存在大片保留军事土地利用,因此交通吸发强度明显低于机场路以南;

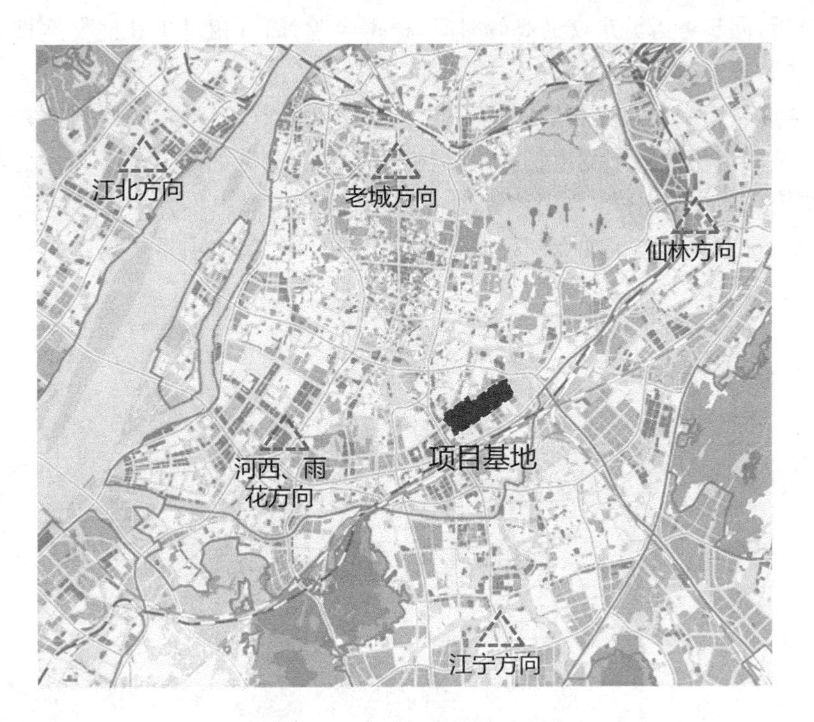

图 13-14　外部交通小区划分图

图 13-15　内部交通小区划分

（3）承天大道以东地区，规划大片白地和湿地公园，几乎无建设土地利用，因此交通吸发强度也非常低。

周边新建项目生成交通量预测一般是按照交通工程学的基于出行的“四阶段”交通模型进行，即出行生成、出行分布、出行方式划分和交通分配四个阶段，依据项目的经济技术指标来进行预测。考虑研究范围整体影响与最不利因素，在周边地块完全开发状态下进行交通生成分析，同步考虑城市交通高峰时间，根据经验，周五相对于其他自然日交通出行量相对较高，故背景交通量选用周五为评价时间。

此外，考虑轨道交通站点布局以及 500 m 半径覆盖率，按照圈层划分对紧邻地铁站以及远离地铁站的地块分别预测出行方式结构，具体圈层划分如图 13-16 所示。考虑项目重点研究范围内以商办、商住混合用地为主，得到评价五年周边小区高峰小时交通发生总量为5.5 万人次、交通吸引总量为 8.5 万人次，项目周边其他新建项目规划年高峰交通生成量如表 13-7 所示。

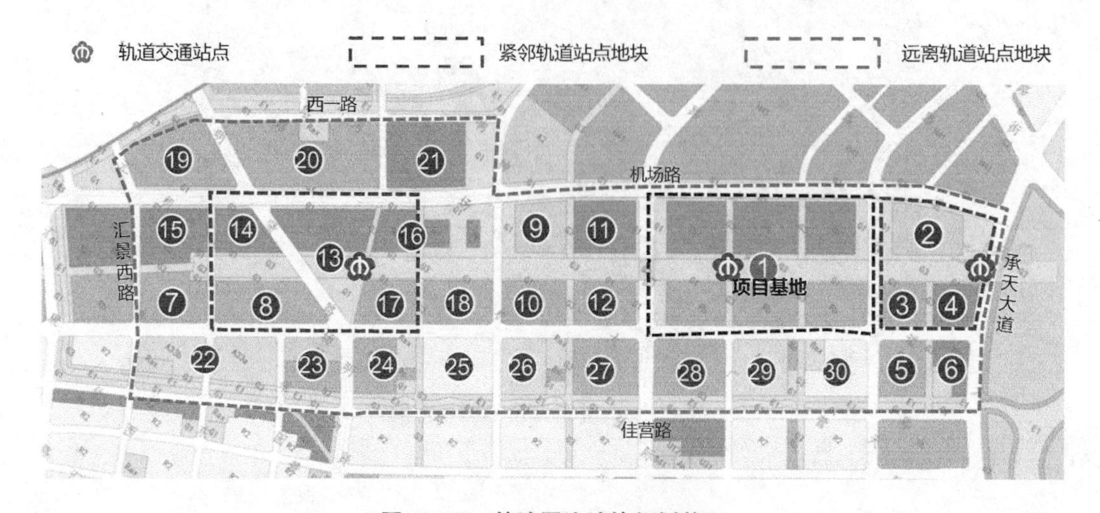

图 13-16 基地周边地块规划状况

表 13-7 项目周边其他新建项目规划年高峰交通生成量　　单位：人次

地块	规划用地类型	建筑面积（m^2）	规划年高峰小时生成量（人次）
2	文化设施用地	74 436	3 085
3	商住混合用地	81 701	1 963
4	商办混合用地	201 972	9 916
5	商住混合用地	82 004	1 162
6	幼儿园、商办混合用地	130 013	6 550
7	商住混合用地	133 055	1 467
8	商住混合用地	216 032	1 157
9	文化设施用地	69 386	2 870
10	商住混合用地	102 153	2 417
11	商办混合用地	85 902	6 830
12	商住混合用地	96 514	4 073

（续表）

地块	规划用地类型	建筑面积（m^2）	规划年高峰小时生成量（人次）
13	商办混合用地	182 561	21 384
14	商办混合用地	156 228	5 874
15	商办混合用地	181 782	8 958
16	商办混合用地	148 119	8 533
17	商住混合用地	159 452	3 092
18	商住混合用地	123 737	2 237
19	商住混合用地	202 740	8 010
20	幼儿园、商住混合用地	325 744	6 778
21	商办混合用地	126 821	5 417
22	学校用地	59 752	9 452
23	文化设施、商住混合用地	83 392	2 732
24	商住混合用地	86 118	1 085
25	二类居住用地	112 814	812
26	学校用地	36 976	7 536
27	商住混合用地	114 153	1 618
28	商住混合用地	142 760	2 024
29	学校用地	33 105	2 569
30	二类居住用地	84 120	877

周边新建项目规划年高峰小时出行结构按照紧邻轨道站点、远离轨道站点划分，具体如表 13-8 所示。

表 13-8　项目周边其他新建项目规划年高峰小时出行结构　　单位：%

	公共交通	轨道交通	小汽车	出租车（含网约车）	非机动车	步行	合计
紧邻轨道站点地块	15	21	12	2	25	25	100
远离轨道站点地块	18	14	14	2	30	22	100

考虑车型及载客率的影响，参考类似项目的调查数据，根据不同建筑功能，小汽车与出租车载客系数取 1.2～1.8 人/veh，由此计算得到周边新建项目五年高峰小时新增机动车数量为 14 729 pcu/h，具体如表 13-9 所示。

表 13-9　项目周边其他新建项目规划年高峰小时机动车生成量

地块编号	机动车生成量(pcu/h)	地块编号	机动车生成量(pcu/h)	地块编号	机动车生成量(pcu/h)
2	303	12	458	22	1 063
3	193	13	1 705	23	307
4	974	14	577	24	122
5	131	15	1 008	25	91
6	737	16	854	26	848
7	165	17	304	27	182
8	114	18	252	28	228
9	323	19	901	29	289
10	272	20	763	30	188
11	768	21	609	合计	14 729

4. 项目新生成交通量预测

1) 高峰小时人员出行总量

基于项目基地不同建筑类型的交通生成率及交通特征,分年度、评价日、高峰时间分别计算项目客流生成量。

早高峰时段办公用地客流主导,对应不同评价年,工作日早高峰生成量高于周末早高峰;晚高峰时段商业用地客流主导,对应不同评价年,周末晚高峰生成量高于工作日晚高峰;由于晚高峰办公与商业客流叠加,对应于不同年限及评价日,晚高峰客流均高于早高峰客流,如表 13-10 至表 13-13 所示。

表 13-10　正常使用初年周五早晚高峰小时客流生成预测　　单位:人次/h

地块编号	早高峰			晚高峰		
	吸引量	发生量	合计	吸引量	发生量	合计
A	428	386	814	2 142	1 928	4 071
B	507	456	963	2 533	2 280	4 813
C	503	254	757	840	918	1 758
D	1 057	452	1 510	334	734	1 069
E	498	449	947	365	400	764
F	501	448	949	366	403	769
合计	3 495	2 444	5 939	6 580	6 663	13 244

表 13-11　正常使用初年周末早晚高峰小时客流生成预测　　单位：人次/h

地块编号	早高峰			晚高峰		
	吸引量	发生量	合计	吸引量	发生量	合计
A	649	584	1 234	3 246	2 922	6 168
B	768	691	1 458	3 838	3 454	7 292
C	266	220	486	1 163	1 063	2 226
D	133	126	260	134	131	265
E	119	268	386	274	160	434
F	119	267	386	275	163	438
合计	2 054	2 155	4 209	8 930	7 892	16 823

表 13-12　正常使用五年周五早晚高峰小时客流生成预测　　单位：人次/h

地块编号	早高峰			晚高峰		
	吸引量	发生量	合计	吸引量	发生量	合计
A	659	593	1 253	3 296	2 967	6 263
B	779	701	1 481	3 897	3 507	7 404
C	774	391	1 164	1 292	1 413	2 705
D	1 640	746	2 386	554	1 147	1 701
E	807	832	1 639	675	664	1 339
F	811	830	1 642	676	669	1 345
合计	5 470	4 094	9 564	10 391	10 366	20 757

表 13-13　正常使用五年周末早晚高峰小时客流生成预测　　单位：人次/h

地块编号	早高峰			晚高峰		
	吸引量	发生量	合计	吸引量	发生量	合计
A	999	899	1 898	4 994	4 495	9 489
B	1 181	1 063	2 244	5 904	5 314	11 218
C	409	338	747	1 789	1 635	3 425
D	216	234	450	242	217	460
E	214	526	740	524	290	814
F	215	41	256	526	294	820
合计	3 235	3 100	6 335	13 979	12 245	26 225

根据计算，本次采用周末交通生成量作为最不利条件与背景交通量叠加进行交通需求预测。

2）出行方式划分

不同出行人员采用交通出行方式也存在区别，因此需对高峰小时出行人员采用各类交通出行方式的比例进行预测。

根据类似项目调查数据，参考上位规划出行结构以及对本项目因素和未来趋势判断，本项目预测评价年高峰小时出行结构如表 13-14 及表 13-15 所示。

表 13-14　本项目预测评价年初年晚高峰小时出行结构　单位：%

	公共交通		个体机动		慢行交通		总计
	常规公交	轨道交通	小汽车	出租车	非机动车	步行	
商业	12	18	25	7	15	23	100
办公	12	17	20	4	22	25	100
住宅	14	17	26	2	19	22	100

表 13-15　本项目预测评价年五年晚高峰小时出行结构　单位：%

	公共交通		个体机动		慢行交通		总计
	常规公交	轨道交通	小汽车	出租车	非机动车	步行	
商业	14	26	20	5	17	18	100
办公	14	27	15	3	20	21	100
住宅	15	20	25	2	18	20	100

3）高峰小时出行生成量

根据项目高峰小时人员出行量和出行结构，可计算出项目评价年高峰小时出行者采用各类交通方式的出行量，如表 13-16 及表 13-17 所示。

表 13-16　本项目预测年初年晚高峰小时分方式出行量　单位：人次

	公共交通		个体机动		慢行交通		总计
	常规公交	轨道交通	小汽车	出租车	非机动车	步行	
商业	2 224	4 130	3 177	794	2 700	2 859	15 884
办公	27	52	29	6	39	41	193
住宅	112	149	186	15	134	149	745

表13-17　本项目预测年五年晚高峰小时分方式出行量　　单位：人次

	公共交通		个体机动		慢行交通		总计
	常规公交	轨道交通	小汽车	出租车	非机动车	步行	
商业	3 421	6 354	4 887	1 222	4 154	4 399	24 437
办公	42	80	45	9	59	62	297
住宅	224	298	373	30	268	298	1 491

考虑车型及载客率的影响，参考类似项目的调查数据，本项目基地出行载客系数如表13-18所示，由此计算得到本项目评价年初年、五年高峰小时私家车生成量分别为1 935和3 043 pcu/h，按用地类型分类计算初年、五年晚高峰机动车生成量如表13-19及表13-20所示。

表13-18　小汽车和出租车载客系数一览表

类型	小汽车	出租车
商业	1.8	1.8
办公	1.1	1.1
住宅	1.3	1.3

表13-19　本项目预测年初年晚高峰机动车生成量　　单位：pcu/h

	私人小汽车	出租车	合计
商业	1 765	441	2 206
办公	26	5	32
住宅	143	11	155
合计	1 935	458	2 393

表13-20　本项目预测年五年晚高峰机动车生成量　　单位：pcu/h

	私人小汽车	出租车	合计
商业	2 715	679	3 394
办公	41	8	49
住宅	287	23	310
合计	3 043	710	3 753

4）项目生成交通量分布

考虑项目基地主要吸引临近片区的居民，同时根据南京市规划OD分布以及南京市大型商场热力图分布，商业主要客流为河西、江宁、雨花方向。根据相关研究，商务办公相关产业，其就业人口主要分布在5 km以内，5～10 km内分布比例迅速减少，而项目地块5～10 km就业岗位集中在老城、江宁与河西方向，商业交通各方向比例如图13-17所示。参考南京市交通大模型数据以及南部新城整体控详交通影响评价中既有分布作为本项目交通分布，办公各方向比例如图 13-18 所示。

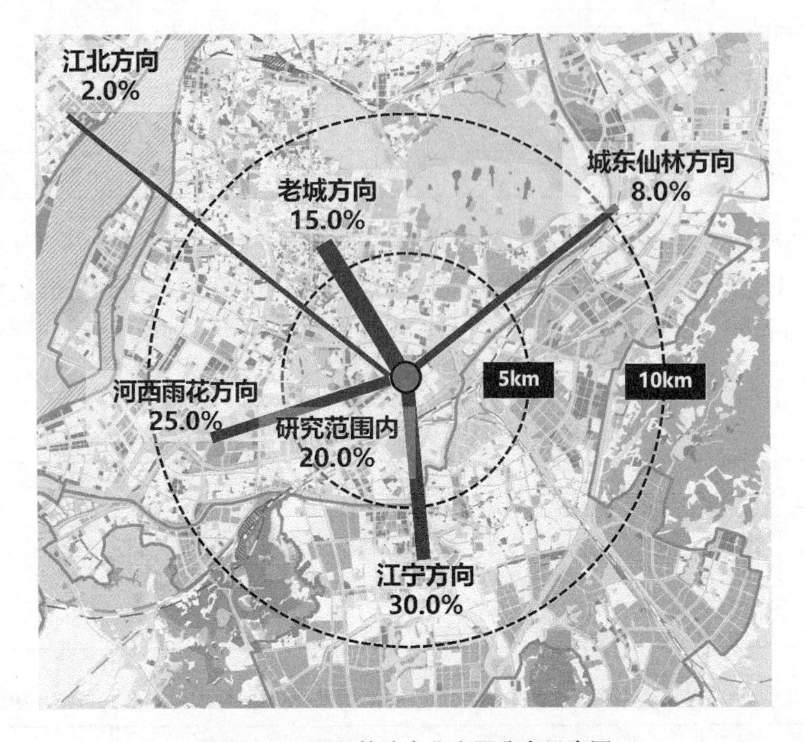

图 13-17　项目基地商业交通分布示意图

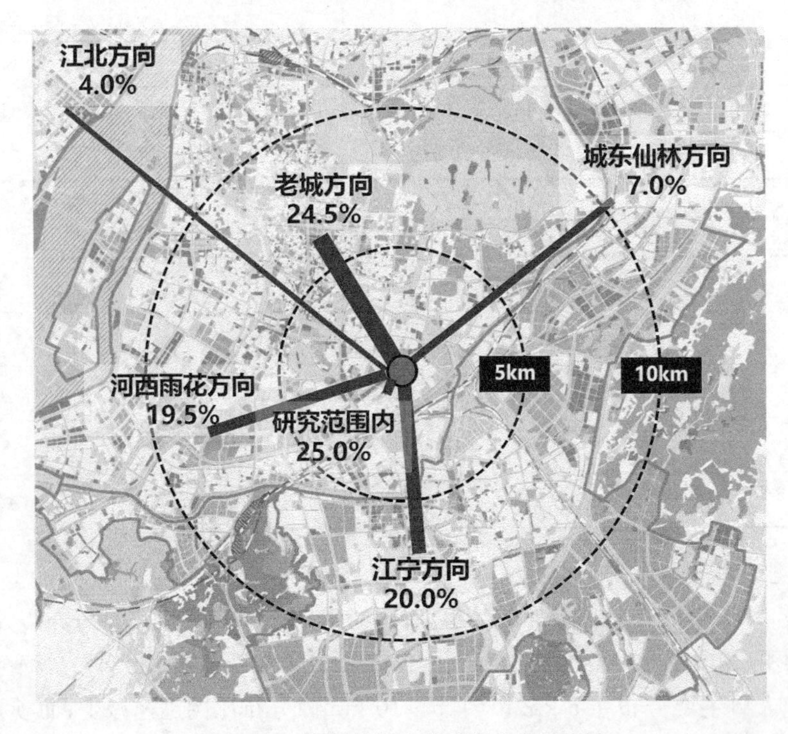

图 13-18　项目基地办公交通分布示意图

5. 基地周边道路交通量预测

将项目生成交通量与背景交通量进行叠加，并进行流量分配，得到研究范围内道路及交叉口的交通量及服务水平，得到的结果如图 13-19 所示。

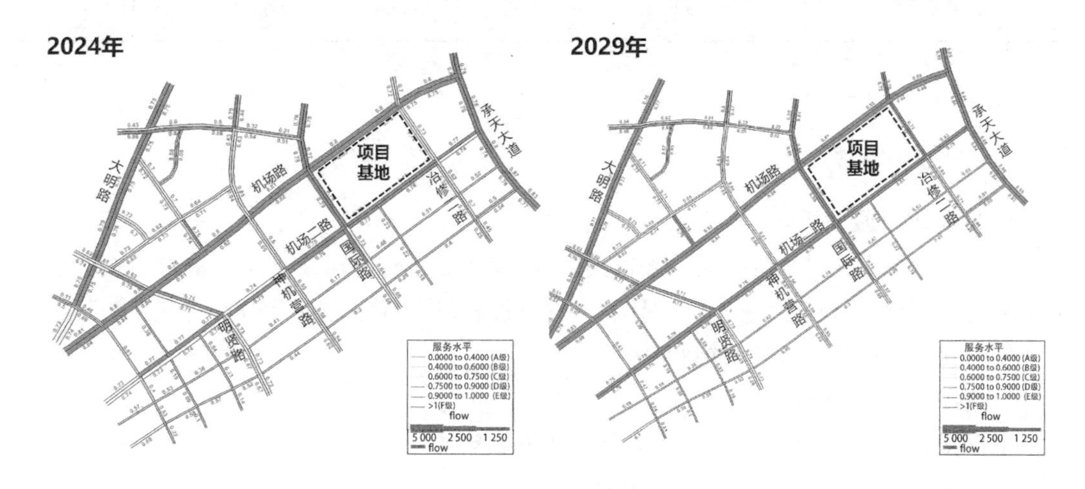

图 13-19　评价年高峰时间叠加交通量流量和饱和度分布图

6. 其他相关需求预测

1）轨道交通需求预测

根据居民出行总量及交通方式结构预测，高峰小时的轨道交通需求如表 13-21 及表 13-22 所示。

表 13-21　项目初年高峰轨道交通出行需求　　单位：人次

	本项目新增需求	项目周边新增需求	合计
轨道交通	4 331	24 240	28 571

表 13-22　项目五年高峰轨道交通出行需求表　　单位：人次

	本项目新增需求	项目周边新增需求	合计
轨道交通	6 732	24 240	30 972

2）常规公交需求预测

根据居民出行总量及交通方式结构预测，高峰小时的常规公交需求如表 13-23 及表 13-24 所示。

表 13-23　项目初年高峰公共交通出行需求　　单位：人次

	本项目新增需求	项目周边新增需求	合计
常规公交	2 363	22 928	25 291

表 13-24　项目五年高峰公共交通出行需求　　单位：人次

	本项目新增需求	项目周边新增需求	合计
常规公交	3 686	22 928	26 614

13.2.3　交通影响评价

1. 机动车交通分析

项目诱增的交通量会给路段带来很大影响，因此需要对路段及交叉口的通行能力和服务水平进行评价。对路段的交通状况主要是通过路段饱和度来进行评价，对交叉口进行服务评价主要的指标是交叉口的饱和度。

1）路段交通量分析

根据交通需求预测结果，对评价初年和评价五年的项目研究范围内主要路段饱和度和服务水平进行评价，具体如表 13-25 所示。

表 13-25　评价年基地周边路段高峰小时饱和度和服务水平

道路名称	方向	评价初年			评价五年		
		饱和度	服务水平	总服务水平	饱和度	服务水平	总服务水平
机场路	西→东	0.84	D	D	0.88	D	D
	东→西	0.82	D		0.87	D	
机场二路	西→东	0.76	D	D	0.83	D	D
	东→西	0.75	D		0.82	D	
国际路	南→北	0.78	D	D	0.85	D	D
	北→南	0.77	D		0.86	D	
冶修二路	南→北	0.72	C	C	0.77	D	D
	北→南	0.74	C		0.79	D	

评价初年、评价五年，研究范围内大部分路段处于 D 级服务水平及以上，围合项目的四条道路饱和度均有所提升，其中机场路、机场二路、国际路作为主要到达道路，其饱和度提升程度高于冶修二路。

2）交叉口交通量分析

至初年和评价五年，项目周边大部分交叉口服务水平能够维持在 D 级服务水平及以上，初年及评价五年的项目研究范围内交叉口服务水平总体较好，机场路-国际路交叉口部分方向服务水平较低，达到 E 级，其原因是机场路-国际路为南部新城内部重要的转换交叉口，承担部分过境交通量。具体交叉口服务水平如表 13-26 所示。

表 13-26　评价年交叉口高峰小时转向服务水平

交叉口名称	进口道方向	车道方向	评价初年车道方向高峰小时交通量(pcu/h)	服务水平	评价五年车道方向高峰小时交通量(pcu/h)	服务水平
机场路-国际路	北进口	左转	252	D	273	D
		直行	823	E	894	E
		右转	132	A	143	A
	南进口	左转	236	C	256	D
		直行	899	D	975	D
		右转	174	A	189	A
	东进口	左转	261	D	284	D
		直行	1 134	D	1 230	E
		右转	158	A	171	A
	西进口	左转	250	D	271	D
		直行	1 241	E	1 346	E
		右转	115	A	124	A
机场路-冶修二路	北进口	左转	160	C	173	D
		直行	494	C	537	D
		右转	121	A	132	A
	南进口	左转	181	D	197	D
		直行	594	D	645	D
		右转	72	A	79	A
	东进口	左转	156	B	169	C
		直行	1 284	D	1 393	E
		右转	71	A	77	A
	西进口	左转	233	C	253	D
		直行	1 179	E	1 279	E
		右转	128	A	139	A
机场二路-国际路	北进口	左转	198	B	215	C
		直行	929	D	1 008	D
		右转	102	A	111	A
	南进口	左转	205	B	222	D
		直行	946	D	1 026	D
		右转	98	A	106	A
	东进口	左转	203	C	220	D
		直行	895	D	971	E
		右转	118	A	129	A
	西进口	左转	190	C	206	C
		直行	932	D	1 011	E

（续表）

交叉口名称	进口道方向	车道方向	评价初年车道方向高峰小时交通量(pcu/h)	服务水平	评价五年车道方向高峰小时交通量(pcu/h)	服务水平
		右转	120	A	131	A
机场二路-冶修二路	北进口	左转	156	C	169	C
		直行	480	C	521	D
		右转	178	A	193	A
	南进口	左转	157	C	170	C
		直行	570	D	618	D
		右转	100	A	108	A
	东进口	左转	169	C	184	C
		直行	836	C	907	D
		右转	116	A	125	A
	西进口	左转	187	C	203	C
		直行	866	D	939	D
		右转	125	A	136	A

2. 公共交通系统评价

根据预测，评价初年、评价五年晚高峰小时本项目新增公交客流需求分别为 2 363、3 686人次。目前项目基地周边均为在建或待建用地，周边公交站点布设较远，无法满足目标年项目建成后的公共交通需求，因此仅仅从公交容量需求来看，需要新增公交线路。

评价初年、评价五年晚高峰小时本项目新增轨道交通客流需求分别为 4 331、6 732 人次，单个地铁站出入口的饱和流率约为 2 500 人次/h，规划机场路站在项目基地内部设有 8 处出入口，人流饱和度分别为 0.22、0.34，出入口可以满足项目客流通行的需求。

3. 内外衔接交通系统评价

1）项目机动车出入口分布位置及运行状况评价

《江苏省城市规划管理技术规定》规定："各类建筑基地出入口位置距离城市主干道交叉口不宜小于 80 m，距离次干道交叉口不宜小于 50 m，距桥隧坡道起止线的距离，不宜小于 30 m"，项目地块各出入口与交叉口距离如图 13-20 所示，均满足规范要求。

此外，根据交通需求预测，项目基地出入口总体通行情况良好，各出入口饱和度如表 13-27 所示。

表 13-27　项目基地出入口饱和度评价

出入口编号	到达	离开
1	0.89	—
2	—	0.09
3	—	0.88
4	0.85	0.76

（续表）

出入口编号	到达	离开
5	0.51	0.51
6	0.75	0.66
7	0.34	0.30
8	0.33	0.28
9	0.05	0.03
10	0.07	0.28
11	0.36	0.13

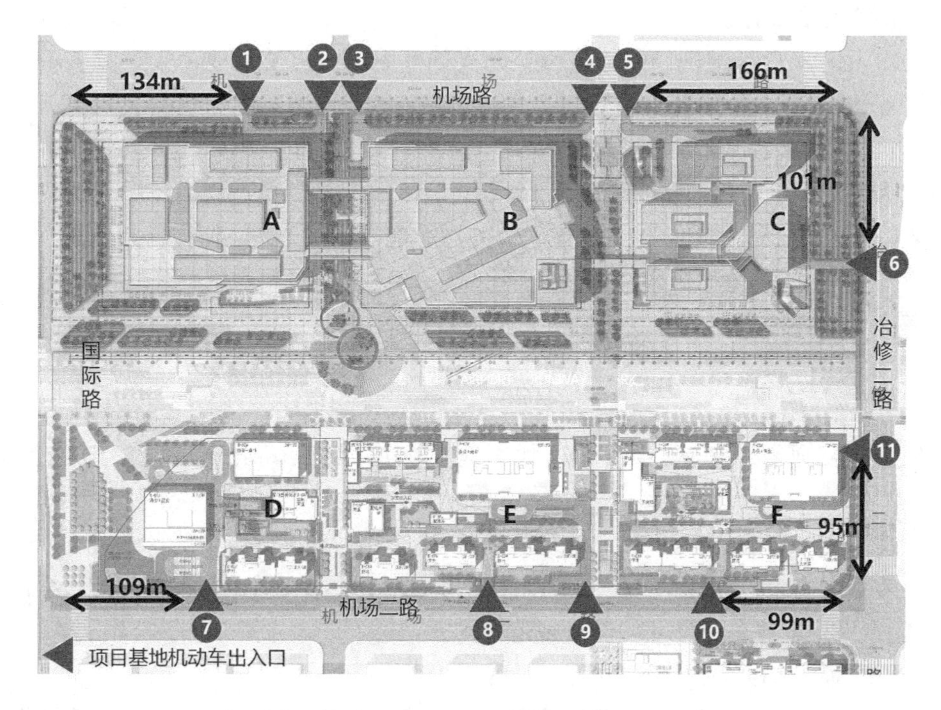

图 13-20　项目出入口与道路交叉口的距离

2）项目出入口宽度及组织评价

根据《民用建筑设计统一标准》"建筑基地单车道宽度不应小于 4 m，双车道路宽住宅区内不应小于 6 m，其他基地道路宽不应小于 7 m"，项目出入口宽度均不小于 7 m，项目基地出入口宽度评价如表 13-28 所示，均满足规范要求。

表 13-28　项目基地出入口宽度评价

出入口编号	1	2	3	4	5	6	7	8	9	10	11
出入口宽度(m)	8.0	7.0	8.0	8.0	7.0	8.1	8.2	7.4	7.0	8.0	8.5

（续表）

出入口编号	1	2	3	4	5	6	7	8	9	10	11
出入口交通组织	单向	单向	单向	双向	双向	双向	双向	双向	双向	双向	双向
规范要求(m)	≥4.0	≥4.0	≥4.0	≥7.0	≥7.0	≥7.0	≥7.0	≥6.0	≥6.0	≥7.0	≥7.0
是否满足规范	是	是	是	是	是	是	是	是	是	是	是

4. 内部交通系统评价

根据《民用建筑设计通则》和《建筑设计防火规范图示》，建筑基地单车道宽度不应小于4 m，居住区双车道路宽度不应小于6 m，其他建筑基地的双车道宽度不应小于7 m，人行道路宽度不应小于1.50 m；利用道路边设停车位时，不应影响有效通行宽度；道路转弯半径不应小于3.0 m，消防车道转弯半径不应小于9.0 m。项目基地内部道路宽度均满足规范要求。

方案现有内部交通组织方案，各个出入口的功能基本能够分开。但内部组织基本并未体现机非分离、客货分离，内部交通流线组织方案尚显不足，需要对内部交通组织方案进行细化。

5. 停车设施评价

1）项目北地块停车泊位评价

（1）机动车泊位

根据静态交通需求预测，项目北地块需至少配建机动车标准停车位 2 252 个，满足要求。

根据静态交通需求预测，项目北地块需配建 44 个出租车位、21 个无障碍车位、52 个装卸车位。实际配建 44 个出租车位、21 个无障碍车位、52 个装卸车位，满足要求。小汽车垂直式停车位、平行式停车位尺寸均满足规范要求。

（2）非机动车泊位

根据静态交通需求预测，项目北地块需至少配建非机动车停车位 8 381 个，满足要求。

根据规范和规划条件，住宅应为每个机动车车位预留充电设施，商办应配置不低于30%充电设施，非机动车充电设施比例不得低于非机动车停车位的 30%，项目方案均按照要求配置，满足规范要求[123]。

2）项目南地块停车泊位评价

（1）机动车泊位

根据静态交通需求预测，项目南地块需至少配建机动车标准停车位 2 270 个，满足要求。

根据静态交通需求预测，项目南地块需配建 36 个出租车位、17 个无障碍车位、20 个访客车位、4 个装卸车位，满足要求。小汽车垂直式停车位，平行式停车位尺寸，满足规范要求。

（2）非机动车泊位

根据静态交通需求预测，项目南地块需至少配建非机动车停车位 6 061 个，满足要求。

根据规范和规划条件，住宅应为每个机动车车位预留充电设施，商办应配置不低于30%充电设施，非机动车充电设施比例不得低于非机动车停车位的30%，项目方案均按照要求配置，满足规范要求。

3）机动车地下车库指标评价

（1）地下车库出入口评价

根据规范，机动车停车库出入口的坡道终点面向城市道路时，其与城市道路红线的距离不应小于7.5 m，本项目地下机动车库出入口布局如图13-21所示，符合规范要求。

根据规范，项目北地块地下车库设置2 252个停车泊位，设有4处车库出入口、8条车道，地下车库出入口及车道数量符合规范要求。项目南地块地下车库设置2 522个停车泊位，共设置6处车库出入口、11条车道，地下车库出入口及车道数量符合规范要求。

根据规范，直线坡道出入口双向行驶最小宽度为5.5 m，单向行驶最小宽度为3.0 m，项目基地车库双向出入口宽度均不小于7.0 m，单向出入口宽度均不小于3.0 m，如表13-29所示，满足规范要求。

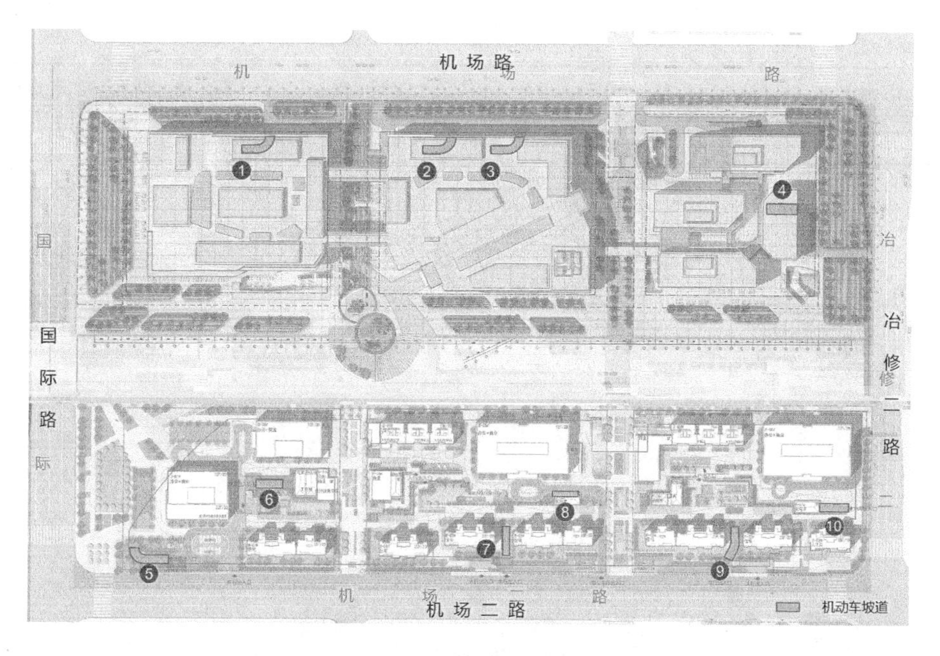

图 13-21　地下机动车库出入口布局

表 13-29　项目基地地下车库坡道指标

地块	坡道编号	服务对象	通道宽度(m)	车道数
北地块	1	商业	≥7	2
	2	商业	≥7	2
	3	商业	≥7	2
	4	商业+办公	≥7	2

（续表）

地块	坡道编号	服务对象	通道宽度(m)	车道数
南地块	5	办公+居住	≥7	2
	6	办公+居住	≥7	2
	7	居住	≥7	2
	8	办公	≥4	1
	9	居住	≥7	2
	10	办公	≥7	2

(2) 地下车库内部指标评价

根据规范，“单向行驶的机动车道宽度不应小于 4 m，小型车垂直式后退停车通车道最小宽度不应小于 5.5 m”。经复核，项目基地地下车库通道净宽均符合规范要求。

项目地下车库的指标核算如表 13-30 所示。

表 13-30　车库总平面指标校核表

指标	规范要求	实际指标	是否符合规范要求
通道宽度(m)	双向≥6	双向≥6	符合要求

4）非机动车库指标评价

根据规范，非机动车库不得设在地下二层及以下，本项目非机动车库布设在地面及地下一层，项目南北地块非机动车库分布如图 13-22 至图 13-24 所示，满足规范要求。项目基地非机动车库出入口宽度均大于 1.8 m，满足规范要求。

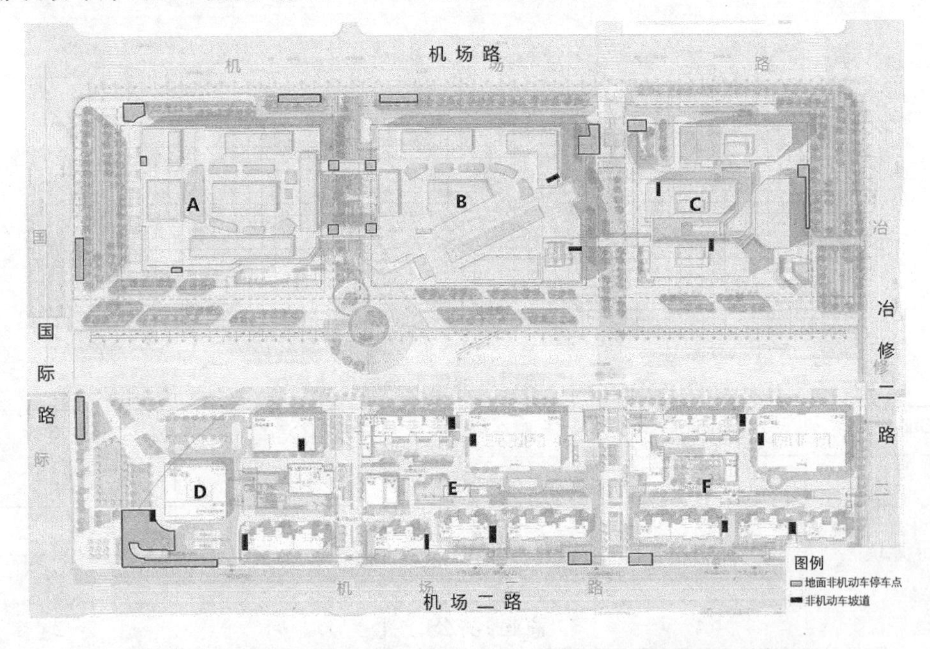

图 13-22　地面层非机动车停车点和地下非机动车库出入口布局

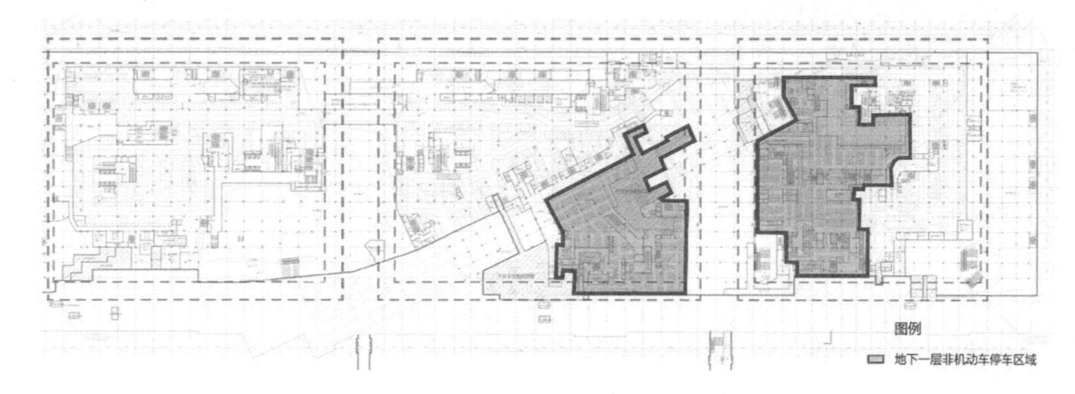

图 13-23　地下北地块非机动车停车区域

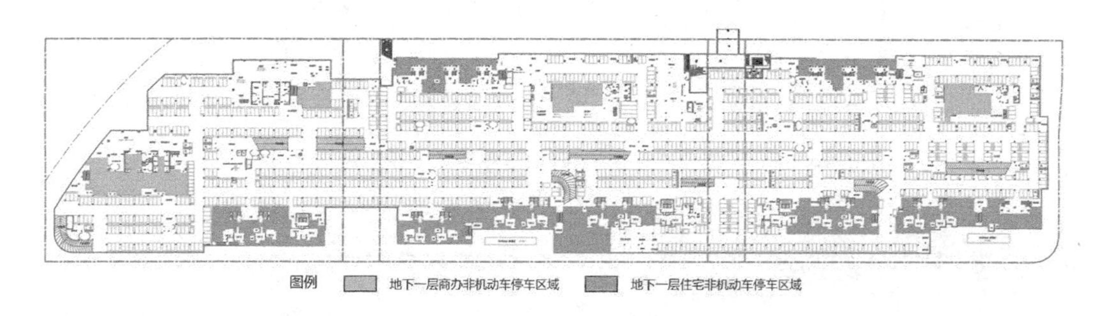

图 13-24　地下南地块非机动车停车区域

13.2.4　交通组织优化

1. 优化常规公交衔接

现状项目周边无公交站点布设，根据公共交通需求预测，考虑到本项目吸引的交通流主要方向以及周边道路交通组织，在项目围合道路交叉口出口道展宽段或侧分带，设置 4 对公交站台，具体分布如图 13-25 所示。

南侧地块慢行出入口距离临近公交站最远距离达到 435 m，步行 5 min 内可达；项目北侧地块大部分为开敞空间，距离国际路-机场路交叉口东出口、机场路-冶修二路西出口公交站可达性均较好。

此外，结合项目地块开口及公交站台位置，建议布设非机动车停靠点，如图 13-25 所示。

2. 慢行交通与公共交通一体化衔接

1）地面人行交通组织

项目地块为地铁 5、10 号线上盖物业，轨道出行条件极为便利，且外部临近机场跑道、特色街巷等，客流共享条件较好。本项目旨在通过慢行交通与公共交通一体化衔接，提升慢行便捷性与舒适性，从而强化地块的区域吸引力。项目地块内部人行组织如图 13-26 所示。

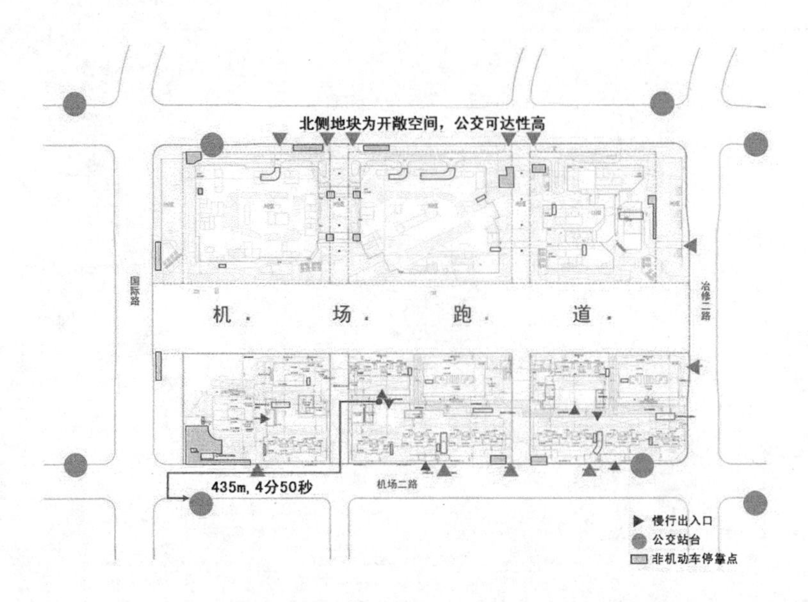

图 13-25　周边公交站台、非机动车停靠点分布与可达性分析

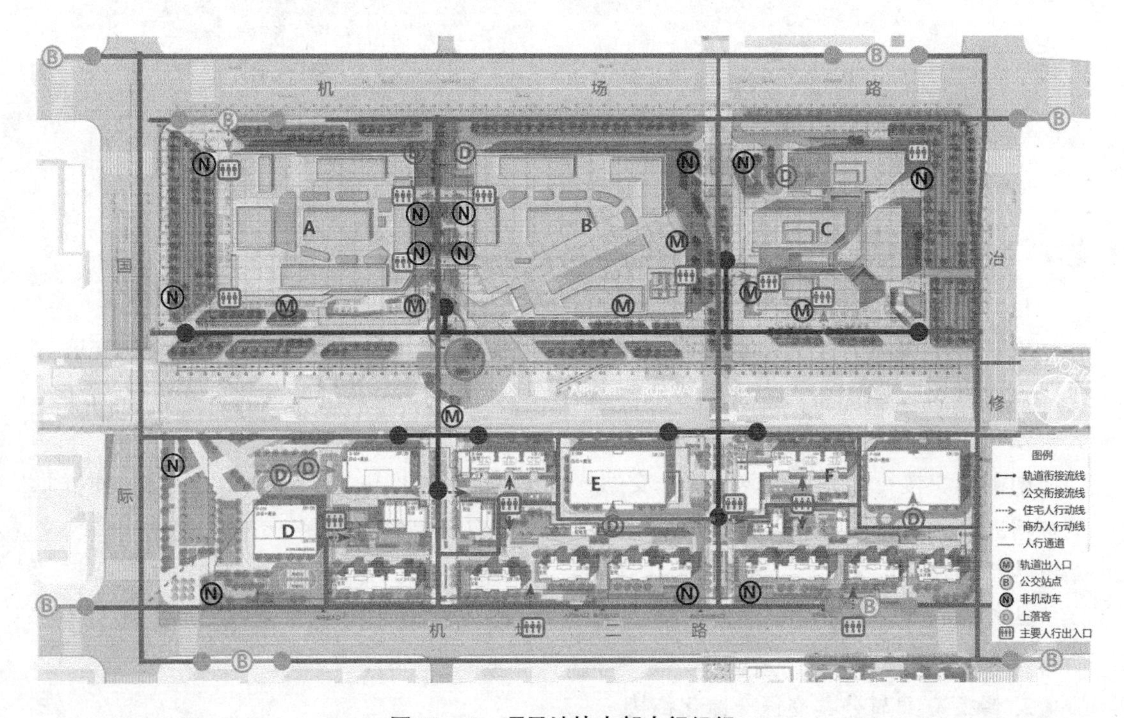

图 13-26　项目地块内部人行组织

2）地下商业与地铁站厅衔接

地铁 5、10 号线站厅层位于地下二层，与本项目北侧地块地下二层商业同层衔接，在商业主动脉与地下公共通道主动脉之间，通过鱼骨式的通道与地铁站厅层进行衔接，最大化吸引地铁人流。此外，设有与本项目南侧地块地铁连通口，可衔接地铁客流与地块客流，形

成客流共享，其衔接方式可分为通过站厅出入口直连、通过下沉广场衔接两种方式，如图 13-27 所示。

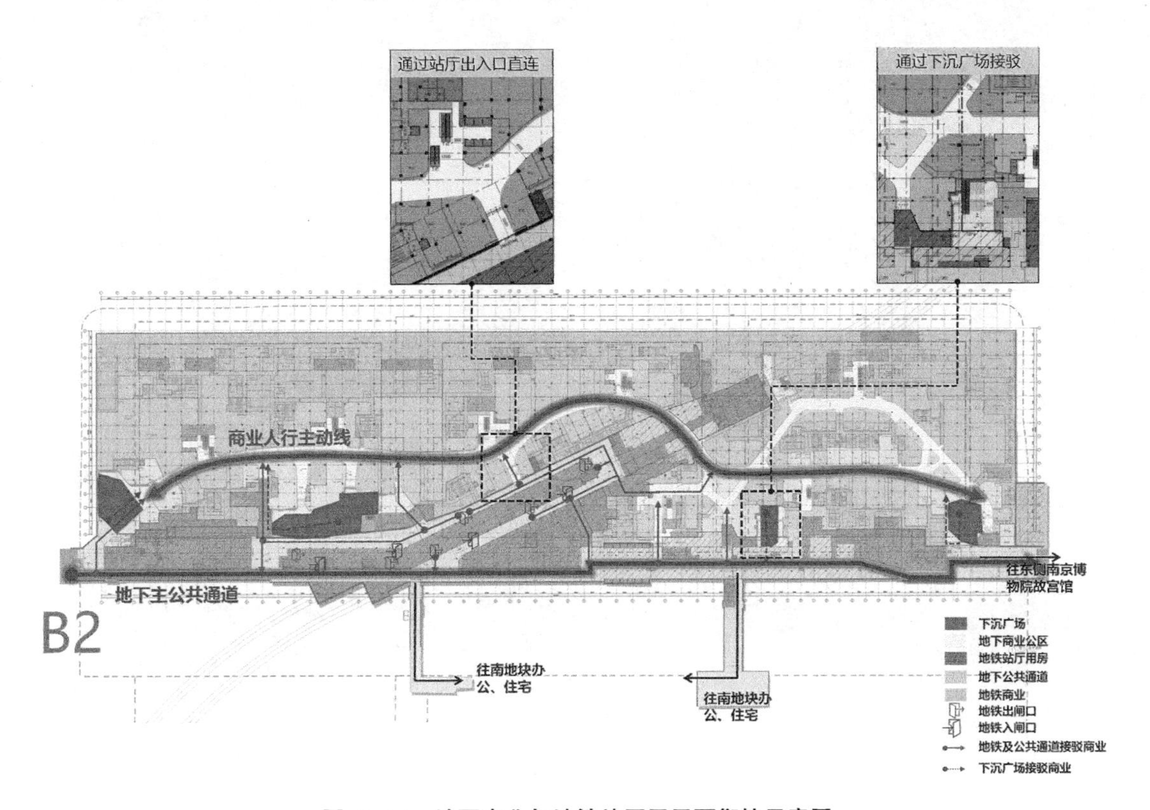

图 13-27　地下商业与地铁站厅层平面衔接示意图

3. 优化项目周边交通组织

1）外部机动车交通组织方案

对于总体交通组织，项目重点研究范围内共设置 5 处右进右出交叉口，分别为承天大道-佳营路交叉口、机场二路-广洋路交叉口、明贤路-响水河路交叉口、机场路-东风河路交叉口、机场路-汇景东路交叉口。汇景西路、汇景东路、柴园北路、佳营路、汇景北路、汇秀路、汇景南路以及广洋路等 8 条道路为单向交通组织，其余道路均为双向通行，如图 13-28 所示。

2）道路路段交通改善

考虑到项目地块周边城市道路均为主、次干路，且道路断面均为四块板，在小街区密路网条件下，交叉口间距较小，因此本项目所有机动车出入口与城市道路交通组织方式均为右进右出，即地块出入口与城市道路相交时不打开道路中分带[124]。

根据有关规范、标准，对项目周边道路断面、交叉口渠化、公交站点规模与布局、慢行过街设施等道路交通设施进行系统性科学设计，如图 13-29 所示。

3）道路交叉口交通改善

国际路与机场路交叉口为信号控制交叉口，其建议渠化形式如图 13-30 所示。根据交

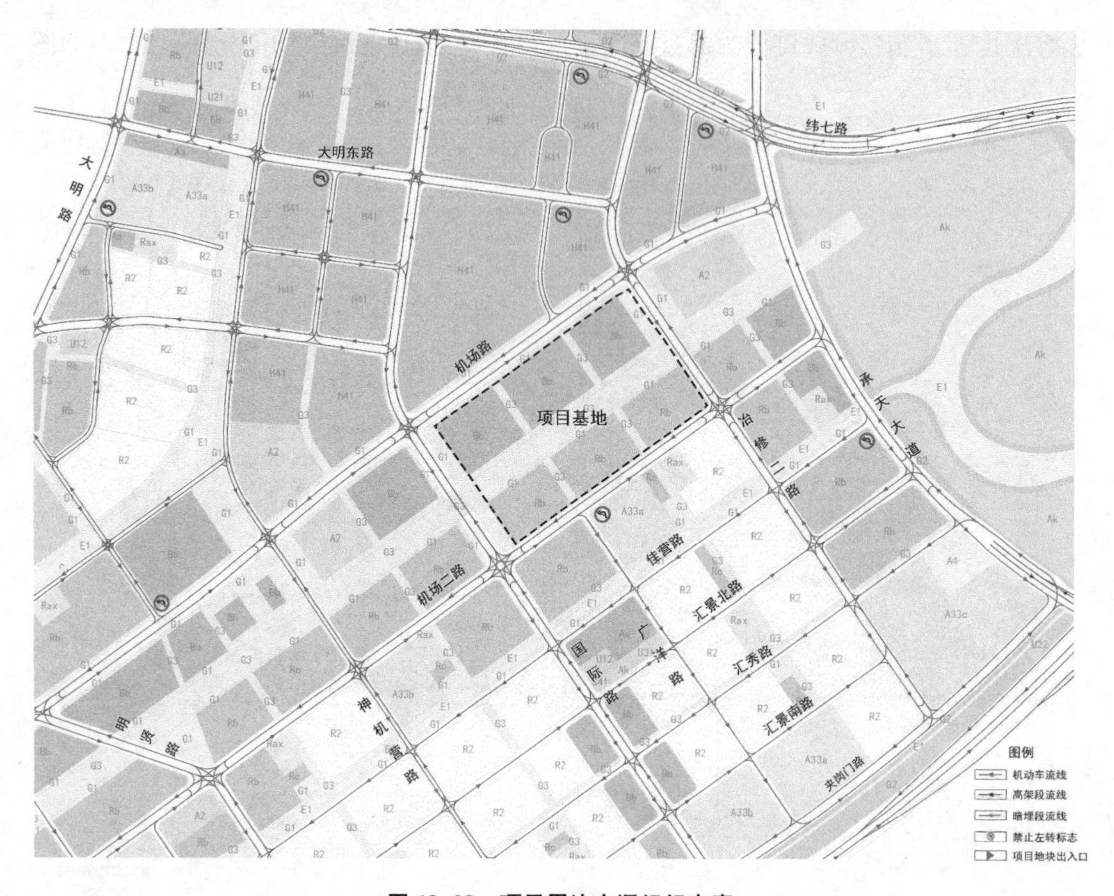

图 13-28　项目周边交通组织方案

通需求预测及交通仿真模拟，未来交叉口车道划分可满足相应方向交通需求，部分方向高峰时间存在一定拥堵，但处于可接受状态。

① 北进口：1 左+2 直+1 右，含左转待行区；

② 南进口：1 左+3 直+1 右，含左转待行区；

③ 东进口：1 左+3 直+1 右，含左转待行区、调头车道；

④ 西进口：1 左+3 直+1 右，含左转待行区、调头车道。

4）出租车交通组织与优化

根据静态交通预测的结论，考虑到出行者的出行需要，结合用地布局，建议在项目地块内部提供落客区域解决落客需求，具体位置设置如图 13-31 所示。出租车临时停车点除了可供出租车停靠，还可供社会车辆临时送客停靠。

采用图 13-31 上下客交通组织方式，可较为顺畅组织出租车流线，有效避免上落客与进出地库行为冲突。

4. 强化内外交通组织，提升进出交通效率

1）出入口交通组织原则

考虑到项目地块周边城市道路均为主、次干路，且道路断面均为四块板，在小街区密路网条件下，交叉口间距较小，因此本项目所有机动车出入口与城市道路交通组织方式均为

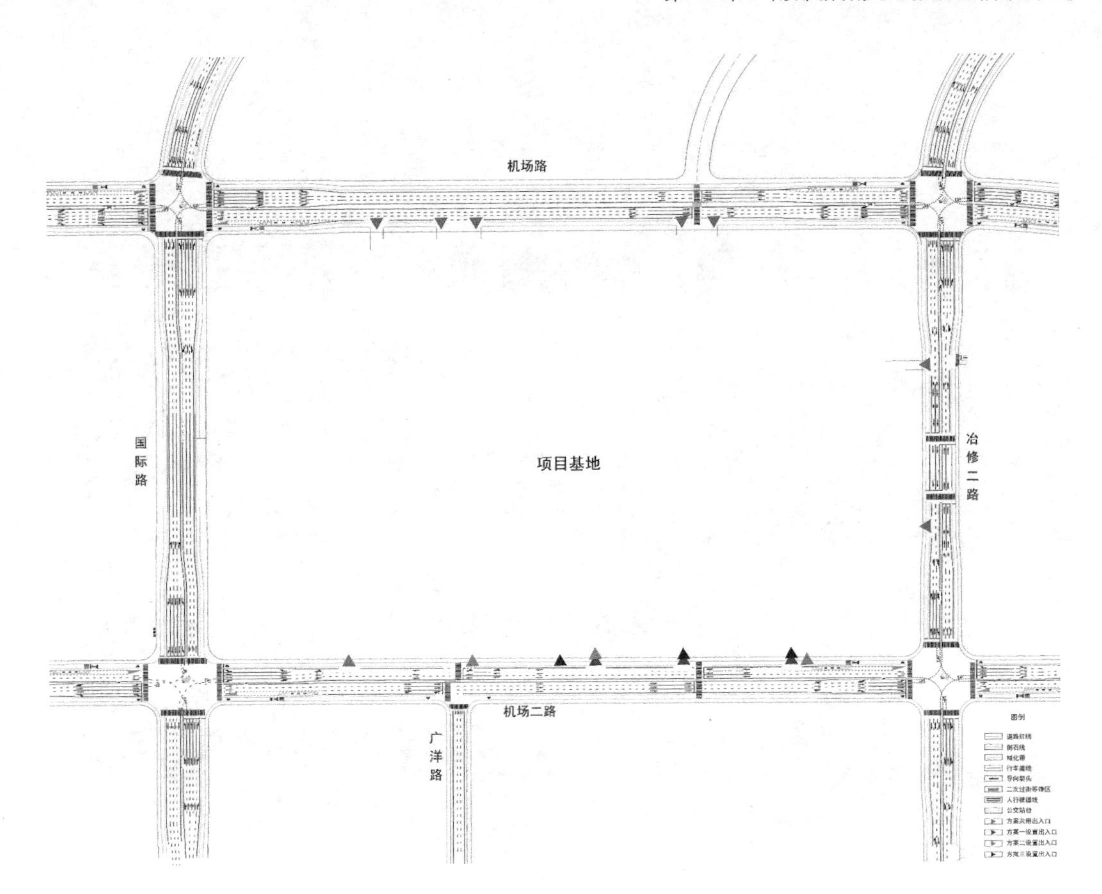

图 13-29　项目围合道路交通设计图

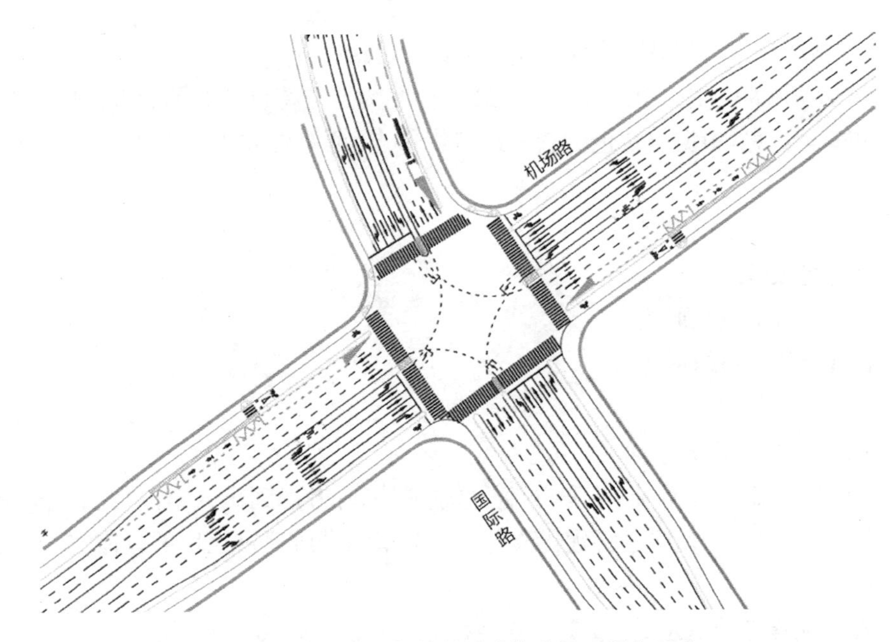

图 13-30　国际路-机场路建议交叉口渠化形式

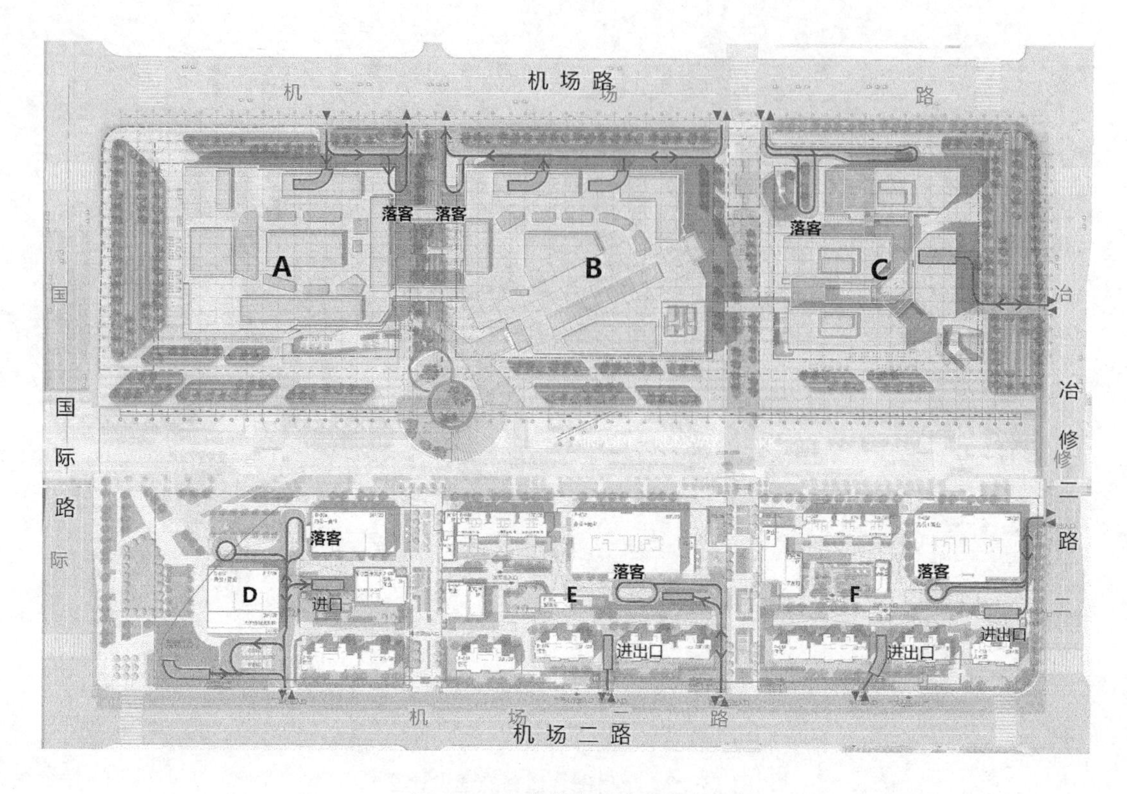

图 13-31 出租车落客交通组织

右进右出，即地块出入口与城市道路相交时不打开道路中分带[125]。

考虑本地块内部与特色街巷相连，为最大程度减少与特色街巷的相互影响，有效降低交通冲突和安全隐患，根据与特色街巷交通组织特点，可考虑采用如图 13-32 的交通组织方案。

(1) 右进＋右出组织形式；

(2) 双进组织形式；

(3) 双进＋右出组织形式；

(4) 右进＋双出组织形式；

(5) 双出组织形式。

2) 内部交通组织方案

本着“人车分流、快慢分流、客货分流”的原则，同时考虑到出入口的功能，分不同交通流，对项目内部交通组织流线进行优化改善。外部车辆进出项目地块的具体交通组织如图 13-33 所示。

5. 严格控制停车泊位总量

为减少汽车使用，确保实现真正的 TOD，应该限制商业停车。在轨道站点周边用地停车泊位折减，停车场配建指标一般不能超过城市标准的 80%，且多数停车场应该建于地下，

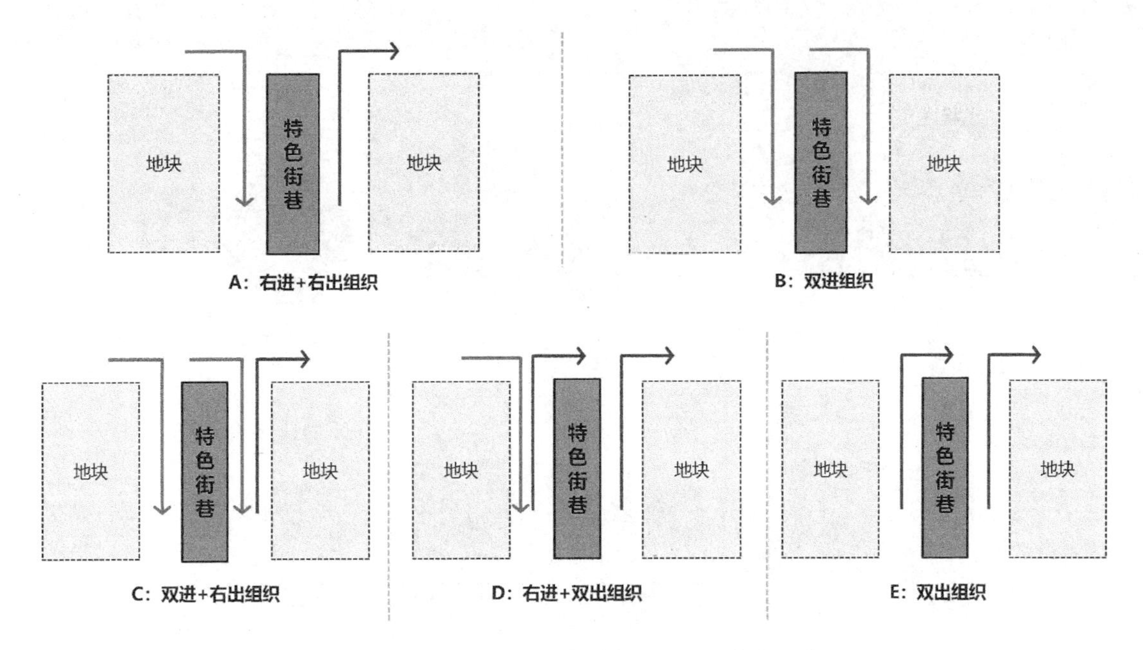

图 13-32　与特色街巷组合的出入口组织方案示意图

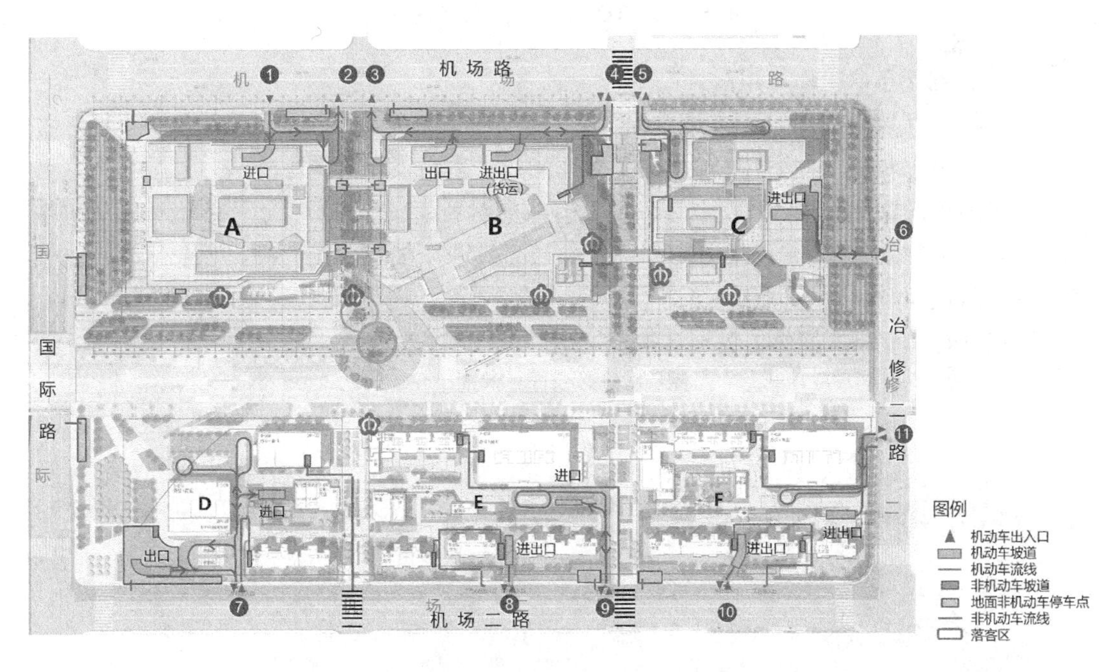

图 13-33　建议基地内部机动车交通组织方案图

地上停车场则必须设在配有商店和商业开发的人行道边，如图 13-34 所示。为鼓励市民使用公共交通，一个重要的措施是控制停车，从而抑制私家车使用。和图 13-34（TOD 区）所示，任何情况下，TOD 区的停车场配件指标不能超过城市标准的 80%。南部新城站城一体化开发项目减少了 20%的机动车泊位配置，从而有效地减少市民的小汽车出行，优先选择公共交通出行，着力引导绿色出行，改善交通环境，打造轨道微中心。

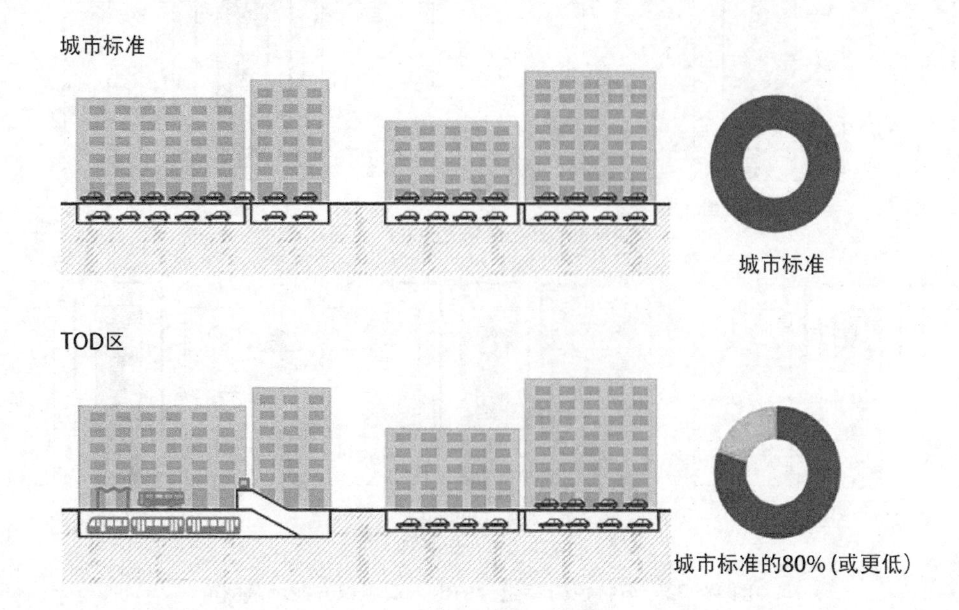

图 13-34 TOD 区内减少停车泊位

6. 项目地下车库机动车组织

根据项目北地块地下车库方案中出入口位置、通道条件和车位布局，地下车库所有通道宽度均不小于 6 m，且 A、B、C 地块地下车库间通过横向长通道连通。

针对闸机设置，建议闸机统一放地下车库，减少对地面影响，同时为了提升地下车库各层之间坡道的联系效率，建议地下车库不相邻层直接联系坡道不设置闸机，如 A 地块地下车库一层从地面经过地下一层直接进入地下二层坡道处不设置闸机。

项目北地块地下车库具体各层客运交通组织流线组织如图 13-35 至图 13-37 所示。

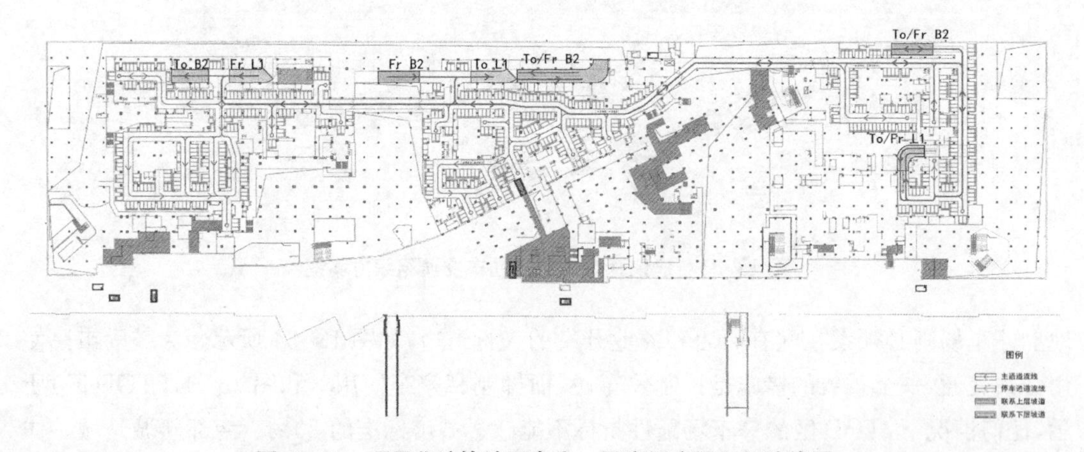

图 13-35 项目北地块地下车库一层客运交通组织流线图

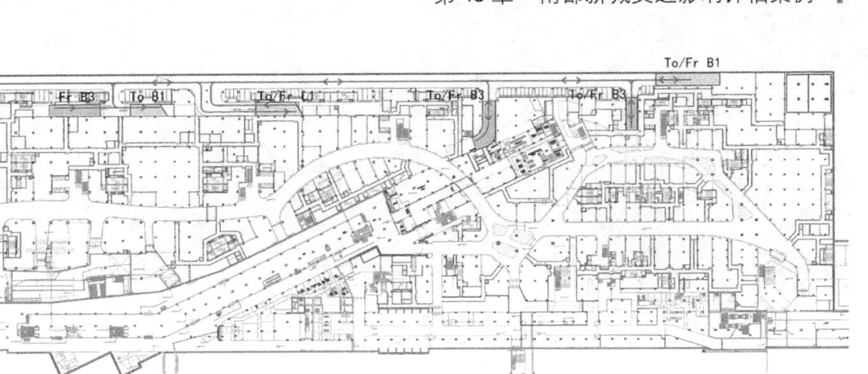

图 13-36　项目北地块地下车库二层客运交通组织流线图

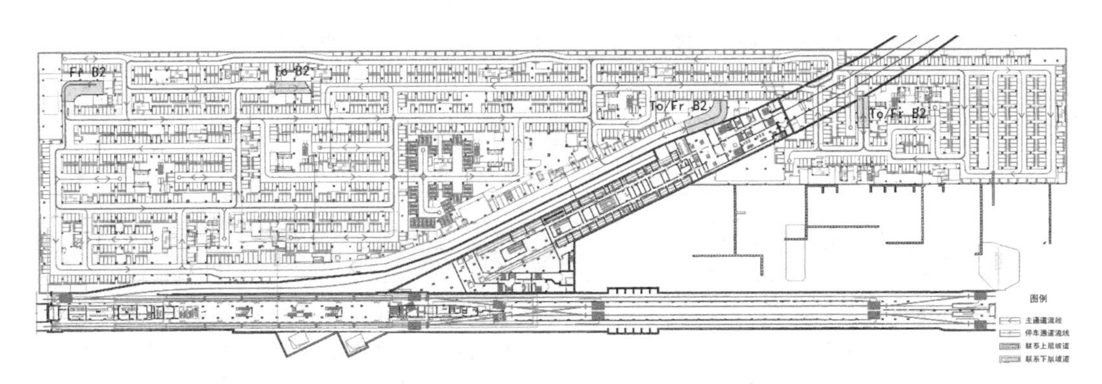

图 13-37　项目北地块地下车库三层客运交通组织流线图

根据项目南地块地下车库方案中出入口位置、通道条件和车位布局，为保障商办区域停车组织与居住区域停车组织有效分离，同时满足规划出让条件明确的商办、居住区域机动车停车分离的条件，在地下车库内明确划分商办、居住停车区域，并分别进行交通流线设计。同时为提升车辆进出效率，对横向通道尽量做到 6 m 宽度，对于短距离尽端道路，满足规范要求的垂直式后退停车所需宽度 5.5 m。另外建议闸机统一放地下车库，减少对地面影响。

项目南地块地下车库具体各层客运交通组织流线组织如图 13-38 及图 13-39 所示。

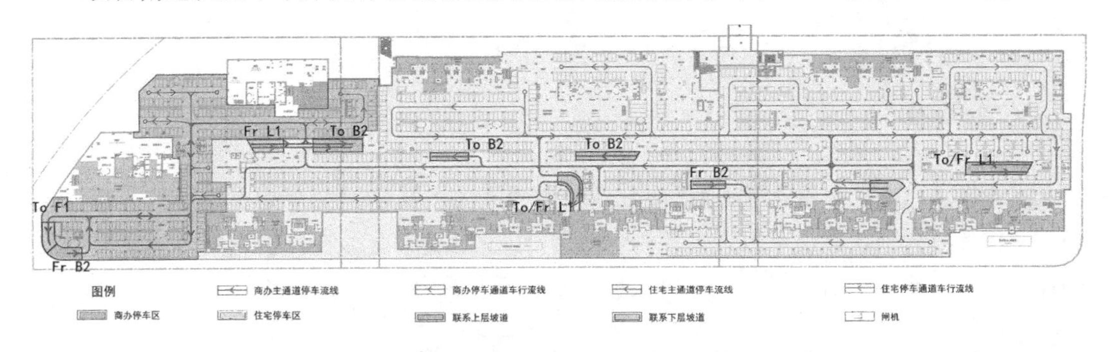

图 13-38　项目南地块地下车库一层交通组织流线图

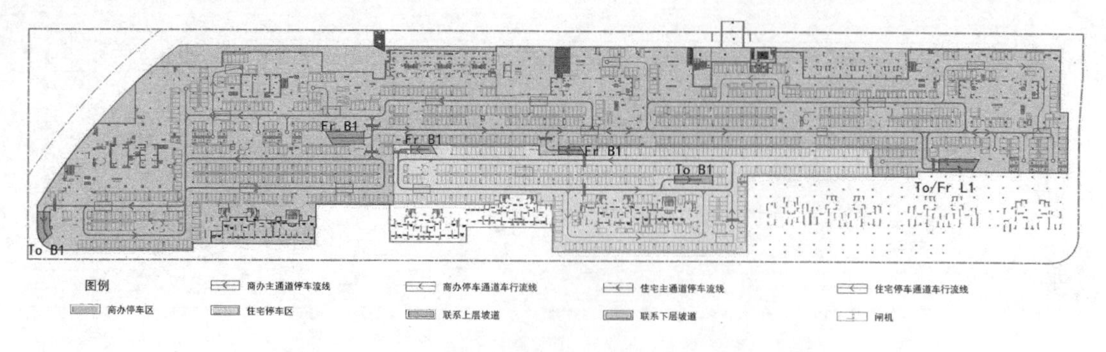

图 13-39 项目南地块地下车库二层交通组织流线图

13.2.5 改善措施与建议

基于交通影响评价，对于本项目周边及内部的主要交通改善措施和建议汇总如表13-31所示。

表 13-31 交通改善措施总结

大类	小类	问题或需求	改善措施/组织建议
外部交通改善措施	道路路段	—	本项目围合道路机场路、机场二路、祥天路、国际路中分带均不打开； 建议对机场路-国际路、机场路-冶修二路、机场二路-冶修二路、机场二路-国际路交叉口进行渠化组织，同时设置左转待行区与导流车道线
	公共交通	现状公交站点距离项目基地较远	建议在机场路、机场二路设置4对公交站台； 近期结合重要建筑建成情况，开展公交线网专项规划
	出租车系统	—	建议项目围合道路均不设置出租车临时停靠点，所有出租车上落客由项目地块内部解决
	慢行交通设施	方便居民出行及换乘，同时鼓励居民使用绿色环保的交通方式出行	建议通过相应措施降低特色街巷非机动车通行速度 建议项目地块非机动车通行流线避开跑道公园，不要沿跑道公园界面组织

13.3 本章小结

本章以南京南部新城为例，通过南部新城核心区的控制性详细规划交通影响评价以及城站一体的复合地块建设项目交通评价，分别介绍了控规交通影响评价及复合地块交通影响评价的评估要点、流程、优化方案以及反馈建议等方面内容。

参考文献

[1] 冯奎. 中国新城新区发展报告[M]. 北京：中国发展出版社，2015.

[2] 曹传新. 美国现代城市规划思维理念体系及借鉴与启示[J]. 人文地理，2003，18(3)：23-27.

[3] 张国华. 城市综合交通体系规划技术转型：产业・空间・交通三要素统筹协调[J]. 城市规划，2011，35(11)：42-48.

[4] 段进. "十二五"深入开展国家级空间整体规划的建言[J]. 城市规划，2011，35(3)：9-11.

[5] (英)彼得・霍尔(Peter Hall)，(英)凯西・佩恩(Kathy Pain)编著.罗震东等译. 多中心大都市：来自欧洲巨型城市区域的经验[M]. 北京：中国建筑工业出版社，2010.

[6] 邹军，朱杰. 经济转型和新型城市化背景下的城市规划应对[J]. 城市规划，2011，35(2)：9-10.

[7] 王凯，刘继华，王宏远. 中国新城新区 40 年：历程，评估与展望[M]. 中国建筑工业出版社，2021(8)：1.

[8] 埃比尼泽・霍华德著(Ebenezer Howard). 明日的田园城市[M]. 北京：商务印书馆，2000.

[9] Fang C L，Qi W F. Review of studies on compact city and it measurement[J]. Urban Planning Forum，2008，11(1)：102-110.

[10] Peter H P，Word C. Sociable cities -the legacy of Ebenezer Howard [M]. Hoboken：Wiley，1998.

[11] 夏征农，陈至立. 辞海：普及本[M]. 6 版. 上海：上海辞书出版社，2010.

[12] (英)西蒙・弗兰奇(Simon French) (英)约翰・莫尔(John Maule) (英)纳蒂娅・帕米歇尔(Nadia Papamichail)著.李华旸译. 决策分析[M]. 北京：清华大学出版社，2012.

[13] 李英. 管理学基础[M]. 大连：大连理工大学出版社，2009.

[14] 赵民. 论城市规划的实施[J]. 城市规划汇刊，2000(4)：28-31.

[15] 武汉市交通规划设计研究院. 城市交通规划编制体系研究与实践[M]. 北京：中国建筑工业出版社，2011.

[16] 齐峰. 面向大型项目的交通规划推进机制研究[D]：上海：同济大学，2008.

[17] Calthorpe P，Fulton W. The Regional City：planning for the end of sprawl[M]. Washington，DC.：Island Press，2001.

[18] 龙宁，李建忠，何峻岭，等. 关于城市交通规划编制体系的思考[J]. 城市交通，2007，5(2)：35-41.

[19] Singh K. Transformation of Urban Public Space：Walkability as sustainable urban transportation planning[J]. Journal of Progress in Civil Engineering 2021：3(6).

[20] Duman O，Mntysalo R，Granqvist K. Challenges in land use and transport planning integration in Helsinki Metropolitan Region：A Historical-Institutional Perspective[J]. Sustainability，2021，14.

[21] Nieuwenhuijsen M J. Urban and transport planning pathways to carbon neutral，liveable and healthy cities；A review of the current evidence[J]. Environment International，2020，140：105661.

[22] Tao S，He S Y. Job accessibility and joint household travel：A study of Hong Kong with a particular focus on new town residents[J]. Transportation，2021，48(3)：1379-1407.

[23] He S Y，Tao S，Ng M K，et al. Evaluating Hong kong's spatial planning in new towns from the

perspectives of job accessibility, travel mobility, and work-life balance[J]. Journal of the American Planning Association, 2020, 86(3): 324-338.

[24] Kim S, Choi J, Park C. Changes of ecosystem services in agricultural area according to urban development scenario-for the Namyangju Wangsuk District 1, the 3rd phase new town[J]. Journal of Environmental Impact Assessment, 2021, 30(2): 117-131.

[25] Tao S, He S Y, Kwan M P, et al. Does low income translate into lower mobility? An investigation of activity space in Hong Kong between 2002 and 2011[J]. Journal of Transport Geography, 2020, 82: 102583.

[26] Caimotto M C. Discourses of Cycling, Road Users and Sustainability: An Ecolinguistic Investigation.[M]. 2020.

[27] 过秀成，孔哲，叶茂. 大城市绿色交通技术政策体系研究[J]. 现代城市研究，2010，25(1)：11-15.

[28] 殷凤军，过秀成，孙华灿，等. “慢城”型低碳新城交通发展策略探讨[J]. 现代城市研究，2014，29(5)：104-108.

[29] 王文渊，刘英舜，叶茂，等. 低碳生态新城绿色交通发展对策探讨[J]. 现代城市研究，2015，30(4)：97-104.

[30] 王恺. 公共交通导向的新城交通需求分析方法[D]：[硕士学位论文]. 南京：东南大学，2014.

[31] 徐玥燕. 公共交通导向的新城路网规划研究[D]. 南京：东南大学，2015.

[32] Yin F J, YE M, Guo X C. Optimizing average spacing of arterial road networks for new towns in large cities[C]. The 14th COTA International Conference of Transportation Professionals, 2014: 3206-3216.

[33] 邓一凌. 步行性分析与步行交通规划设计方法研究[D]. 南京：东南大学，2015.

[34] 訾海波，过秀成，杨洁. 现代有轨电车应用模式及地区适用性研究[J]. 城市轨道交通研究，2009，12(2)：46-49.

[35] 陈小鸿，周翔，乔瑛瑶. 多层次轨道交通网络与多尺度空间协同优化：以上海都市圈为例[J]. 城市交通，2017，15(1)：20-30.

[36] 陈小鸿，刘翔，陆凤，等. 新之城与城之新：上海新城与新城交通的思考[J]. 上海城市规划，2021(4)：14-21.

[37] 杨东援. 综合交通规划推进过程中的值得关注的几个技术环节[C]. 2010 年中国大城市交通规划研讨会，2010，6.

[38] 杨涛，彭佳，俞梦骁，等. 中国新城绿色交通规划方法与实践：以南京市南部新城绿色交通规划为例[J]. 城市交通，2021，19(1)：58-64.

[39] 李科，初红霞. 基于协同理念的新城交通规划实践——以天津未来科技城交通专项规划为例[C]. 2016 年中国城市交通规划年会论文集. 中国城市规划学会，2016.

[40] 訾海波. 上海空间新格局下的综合性节点城市交通功能提升策略研究：以五个新城为例[J]. 上海城市规划，2021(4)：37-43.

[41] 侯全华，段亚琼，马荣国. 城市分层控规中土地利用强度与交通容量协同优化方法[J]. 长安大学学报(自然科学版)，2015，35(2)：114-121.

[42] 钟鸣，董一鸣，汉特・道格拉斯，等. 面向新城的土地利用-交通整体规划建模方法[J]. 交通运输系统工程与信息，2021，21(3)：13-25.

[43] Boyce D. An account of a road network design method: Expressway spacing, system configuration and economic evaluation[C]. Infrastructure Problems under Population Decline, 2007: 1-30.

[44] Sohn K. Multi-objective optimization of a road diet network design[J]. Transportation Research Part A: Policy and Practice, 2011, 45(6): 499-511.
[45] Wang G M, Gao Z Y, Xu M, et al. Joint link-based credit charging and road capacity improvement in continuous network design problem[J]. Transportation Research Part A: Policy and Practice, 2014, 67: 1-14.
[46] Liu H X, Wang D Z W. Global optimization method for network design problem with stochastic user equilibrium[J]. Transportation Research Part B: Methodological, 2015, 72: 20-39.
[47] 杨俊宴，吴明伟. 中国特大城市 CBD 交通路网模式量化研究[J]. 规划师，2010，26(1)：59-65.
[48] 杨涛. 健康城市道路网体系：理念与要领[J]. 现代城市研究，2013，28(8)：89-94.
[49] 杨琪瑶，蔡军，黄建中. 面向出行品质提升的自行车路网规划与设计策略研究[J]. 城市规划学刊，2019(6)：72-80.
[50] 李辉，朱苗苗，韩志玲，等. 面向功能的城市道路等级结构分析及资源配置[J]. 公路，2020，65(7)：217-222.
[51] 方松，马健霄，黄婧. 新型城镇化下小城市道路网功能结构优化体系[J]. 重庆交通大学学报(自然科学版)，2021，40(2)：28-34.
[52] 邹兵. 实施性规划与规划实施的制度要素[J]. 规划师，2015，31(1)：20-24.
[53] 易晓峰. 地方政府的城市总体规划编制和实施逻辑：对广州的观察[J]. 规划师，2015，31(1)：25-30.
[54] 黄焕，付雄武. "规土融合"在武汉市重点功能区实施性规划中的实践[J]. 规划师，2015，31(1)：15-19.
[55] 于一丁，涂胜杰，王玮，等. 武汉市重点功能区规划编制创新与实施机制[J]. 规划师，2015，31(1)：10-14.
[56] 曾九利，于儒海，高菲. 成都旧城改造实施规划探索[J]. 规划师，2015，31(1)：31-36.
[57] 黄文健，裴海疆，杨涛. 城市新区开发建设与公交优先的互动机制[J]. 现代城市研究，2008，23(2)：71-75.
[58] 包雄伟. 上海临港新城：21 世纪新城规划实施模式的有益探索[J]. 上海城市规划，2010(1)：19-23.
[59] 张彧. 论我国行政规划法制的缺陷与完善：以城市轨道交通建设为例[J]. 城市规划，2017，41(8)：91-97.
[60] Camacho A E. Mustering the missing voices: A collaborative model for fostering equality, community involvement and adaptive planning in land use decisions, installment one[J]. Stanford Environmental Law Journal, 2005, 24(1):723-743 .
[61] Jorden D A., Hentrich M A. Public participation is on the rise: A review of the changes in the notice and hearing requirements for the adoption and amendment of general plans and rezonings nationwide and in recent Arizona land use legislation[J]. Natural Resources Journal, 2003(3): 125-143.
[62] Creighton J L. The public participation handbook: Making better decisions through citizen involvement [M]. Oversea Publishing House, 2005.
[63] 张丽梅，王亚平. 公众参与在中国城市规划中的实践探索：基于 CNKI/CSSCI 文献的分析[J]. 上海交通大学学报(哲学社会科学版)，2019，27(6)：126-136.
[64] 张捷，赵民. 新城规划的理论与实践：田园城市思想的世纪演绎[M]. 北京：中国建筑工业出版社，2005.
[65] 韩林飞，张凯琦. 构建城市总规划师制度：打造共建、共治、共享的城市规划建设新格局[J]. 规划师，2021，37(12)：57-63.

[66] 唐燕. 北京责任规划师制度:基层规划治理变革中的权力重构[J]. 规划师，2021，37(6)：38-44.
[67] 毛键源，孙彤宇，刘悦来，等. 公共空间治理下上海社区规划师制度研究[J]. 风景园林，2021，28(9)：31-35.
[68] 殷凤军. 生态新城绿色交通系统规划方法与落地实践研究：以南京南部新城为例[J]. 城市道桥与防洪，2020(12)：1-5.
[69] 殷凤军. 大城市新城交通规划推进机制研究：以南京南部新城为例[D]. 南京：东南大学，2016.
[70] 洪亮平，郭紫薇. 产城融合视角下城市新区绿色交通规划策略：以呼和浩特市东部新城为例[J]. 规划师，2014，30(10)：35-40.
[71] 殷凤军，叶茂，过秀成. 大城市新城交通规划推进机制设计[J]. 城市发展研究，2015，22(10)：1-5+10.
[72] 朱锦章. 国土空间规划体系下的城市规划传承与融合[J]. 城市规划，2021，45(4)：16-23.
[73] 石飞. 国土空间规划体系下的交通协同规划思考[J]. 城市规划，2022，46(2)：79-83.
[74] 李刚奇，吕连恩，周茂松. 精细化交通设计方法与实践：以广州市广钢新城为例[J]. 南方建筑，2015(5)：83-88.
[75] 戴继锋，周乐. 精细化的交通规划与设计技术体系研究与实践[J]. 城市规划，2014，38(S2)：136-142.
[76] 钱林波，史桂芳. 街区路网结构优化与城市交通精细化设计：2016 年中国城市交通规划年会分论坛观点集萃[J]. 城市交通，2016，14(3)：95-96.
[77] 过秀成. 交通工程案例分析[M]. 北京：中国铁道出版社，2009.
[78] 潘昭宇，高凤昌，李文红. 新城交通模式探讨:以北京市顺义新城为例[C]. 2010 年中国大城市交通规划研讨会:中国城市交通规划 2010 年会论文集. 2010.
[79] 岑敏. 基于交通系统视角的东京地区新城研究[J]. 上海城市规划，2014(3)：92-97.
[80] 过秀成,等. 城市交通规划[M]. 南京：东南大学出版社，2010.
[81] 叶茂，过秀成. 历史城区交通系统与路网资源综合利用方法[M]. 南京：东南大学出版社，2014.
[82] Xu H，Yan Y. Integrated planning model of land-use layout and transportation network design for regional urbanization in china based on TOD theory[J]. Journal of Urban Planning and Development，2021，147(2)：04021013.
[83] Ruan Z，Feng X，Wu F. Land use and transport integration modeling with immune genetic Optimization for Urban Transit-Oriented Development [J]. Journal of Urban Planning and Development，2021，147(1)：04020063.
[84] Li T，Sun H，Wu J. Performance-based transportation and land use integrated optimization model with degradable capacity and stochastic demand[J]. Journal of Urban Planning and Development，2021，147(4)：04021047.
[85] Li T F，Chen Y Y，Wang Z，et al. Analysis of jobs-housing relationship and commuting characteristics around urban rail transit stations[J]. IEEE Access，2019,7：175083-175092.
[86] Alkheder S，Abdullah W，Rukaibi F. Mobility Patterns for Newly Proposed Metro System in Kuwait [J]. Journal of Urban Planning and Development，2020，146(1)：04019020.
[87] Can A L，Hostis A，Aumond P，et al. The future of urban sound environments：Impacting mobility trends and insights for noise assessment and mitigation[J]. Applied Acoustics，2020，170：107518.
[88] 翁芳玲，段进. 控规层面土地利用与城市交通互馈量化的规划方法研究[C]. 中国城市规划年会. 2013.

[89] 许俭俭，赵晶心. 控制性详细规划层面交通规划定位的探讨[J]. 上海城市规划，2012(2)：29-33.
[90] Charisis A，Iliopoulou C，Kepaptsoglou K. DRT route design for the first/last Mile problem：Model and application to Athens，Greece[J]. Public Transport，2018，10(3)：499-527.
[91] 陈玥. 城市生态新区慢行交通系统规划研究[D]. 南京：东南大学，2015.
[92] Fournier N. Hybrid pedestrian and transit priority zoning policies in an urban street network：Evaluating network traffic flow impacts with analytical approximation[J]. Transportation Research Part A：Policy and Practice，2021，152：254-274.
[93] 叶茂，过秀成，徐吉谦，等. 基于机非分流的大城市自行车路网规划研究[J]. 城市规划，2010，34(10)：56-60.
[94] 中共中央国务院. 关于进一步加强城市规划建设管理工作的若干意见[EB/OL]. [2022-08-18]. http://www.gov.cn/zhengce/2016—02/21/content_5044367.htm.
[95] 殷凤军，彭佳，吴爱民. 基于精细化管理的新城地块机动车出入口管控研究：以南京南部新城为例[J]. 现代城市研究，2022，37(2)：125-132.
[96] Combs T S，McDonald N C，Leimenstol W. Evolution in local traffic impact assessment practices. Journal of Planning Education and Research，2020.
[97] Nanni A，Brusasca G，Calori G，et al. Integrated assessment of traffic impact in an Alpine region[J]. Science of the Total Environment，2004，334/335：465-471.
[98] Fisal S F M，Sukor N S A，Halim，H. Comparison of traffic impact assessment (TIA) and transportation assessment (TA) [C]. Green Design and Manufacture：Advanced and Emerging Applications：Proceedings of the 4th International Conference on Green Design and Manufacture 2018.
[99] 苏跃江，戈春珍，钟志新. 控规层面交通影响评价必要性及发展策略[J]. 现代城市研究，2015，30(5)：126-130.
[100] 姜科，潘敏荣. 控规土地利用与交通影响评价互馈方法应用：以苏州市平江新城为例[J]. 交通与运输，2018，34(6)：37-39.
[101] 郑保力，周同雷，杨逢肃. 交通影响评价介入时期前移研究[J]. 规划师，2013，29(7)：21-25.
[102] 王志玮，樊钧，王昊. 控制性详细规划交通影响评价初探：以《苏州吴中太湖新城启动区控制性详细规划交通影响评价》为例[C]. 2017 年中国城市交通规划年会. 2017.
[103] 刘兴权，刘思璇，尹长林，等. 城市规划中交通影响评价的运行机制研究[J]. 现代城市研究，2011，26(2)：45-48.
[104] 陈广艺. 美国城市建设项目交通影响评价编制指南及启示[J]. 规划师，2011，27(2)：121-125.
[105] 晏克非，于晓桦，谭倩. 基于 TOD 导向的多模式复合交通与用地规划互动研究[C]. 中国大城市交通规划研讨会，中国城市交通规划会暨学术研讨会. 2010.
[106] Wagner T. Regional traffic impacts of logistics-related land use[J]. Transport Policy，2010，17(4)：224-229.
[107] 张京祥. 论中国城市规划的制度环境及其创新[J]. 城市规划，2001，25(9)：21-25.
[108] 张浩宏，黄斐玫. 国土空间规划体系下的综合交通规划编制思考[J]. 规划师，2021，37(23)：33-39.
[109] 熊文，陈小鸿，柳洋. 步行和自行车交通规划中的公众参与[J]. 城市交通，2012，10(1)：54-60.
[110] 南京市南部新城开发建设管理委员会.南部新城开发建设第十四个五年规划[R]. 2021.
[111] 南京市城市与交通规划设计研究院股份有限公司.南京市南部新城(核心区)绿色交通专项规划(2017-2030)[R]. 2018.
[112] 南京市城市与交通规划设计研究院股份有限公司. 南京市南部新城(核心区)绿色建筑和生态城区

区域集成示范绿色交通专项规划[R]. 2018.

[113] 南京市城市与交通规划设计研究院股份有限公司. 红花机场地区道路网、停车、慢行系统专项规划[R]. 2017.

[114] 南京市城市与交通规划设计研究院股份有限公司. 南部新城城市道路设计导则[R]. 2015.

[115] 殷凤军，彭佳，吴爱民. 基于精细化管理的新城地块机动车出入口管控研究：以南京南部新城为例[J]. 现代城市研究，2022，37(2)：125-132.

[116] 南京市南部新城开发建设管理委员会.南京市南部新城开发建设指挥部主要职责、内设机构和人员编制规定[R]. 2010.

[117] 南京市南部新城开发建设管理委员会. 南部新城 EPC 项目建设管理办法[R]. 2017.

[118] 东南大学. EPC 模式下新城交通基础设施推进的关键技术研究[R]. 2021

[119] 南京市城市与交通规划设计研究院股份有限公司. 南京市南部新城(核心区)绿色交通专项规划[R]. 2018

[120] 南京理工大学. 面向全过程管控的"小街区、密路网"设计方法研究与实践:以南部新城为例小街区密路网[R]. 2020

[121] 南京市城市与交通规划设计研究院股份有限公司. 南京红花机场地区控制性详细规划交通影响评价[R]. 2018.

[122] 南京市城市与交通规划设计研究院股份有限公司. 南部新城国际路市政综合体建设工程项目交通影响评价[R]. 2020.

[123] 南京市城市与交通规划设计研究院股份有限公司. 南部新城 6、10、16 号线商办、居住地块交通影响评价[R]. 2021.

[124] 南京市城市与交通规划设计研究院股份有限公司. 南部新城金陵幸福中心交通影响评价[R]. 2020.

[125] 南京市城市与交通规划设计研究院股份有限公司.南部新城中芬中心交通影响评价[R]. 2021.

后　记

本专著是对东南大学过秀成教授团队在新城交通规划方面 20 多年科研成果的总结。21 世纪初团队结合城市综合交通规划开展不同空间的交通系统研究，探索历史城区、老城区、新区、城市群、都市圈等不同尺度的交通规划。2014 年王恺硕士学位论文《公共交通导向的新城交通需求分析方法》，阐释了 TOD 新城的内涵，提出了新城供需平衡的需求分析方法；2016 年殷凤军博士学位论文《大城市新城交通规划推进机制研究——以南京南部新城为例》，取得了阶段性的成果。同期开展了城市慢行系统规划编制研究（2006—2010 年）、江苏省城市发展绿色交通技术政策研究（2010—2013 年）、苏州高铁新城综合交通规划（2012—2013 年）、江苏省低碳新城交通规划推进机制研究（2013—2017 年）、淮安市白马湖规划控制区综合交通规划（2014—2015 年）等项目研究。2020 年立项开展的"EPC 模式下新城交通基础设施推进的关键技术研究和"面向全过程管控的'小街区、密路网'设计方法研究与实践"等课题，有力地推动了该领域的持续研究，形成了新城交通规划推进框架与实施保障机制等研究成果。

本专著研究取得如下成果：①明确了新城交通规划在新城规划中的定位和发展理念。②采用信息熵模型构建了新城交通规划与推进机制耦合模型，揭示了新城交通规划与推进机制的相互作用机理。③建立了国土空间规划背景下"三阶段五层次"规划新城交通规划编制体系。④提出了新城交通系统服务体系和完整街道等配置策略。⑤形成了基于供需双控的新城交通规划需求分析方法。⑥构建了以新城交通发展战略制定、多模式公交系统规划和骨架交通网规划为主的新城交通总体性规划方法。⑦提出了以小街区密路网规划、公共交通规划和慢行交通规划为主的新城交通控制性规划方法；以交通系统空间设计、交通节点详细设计为主的新城交通实施性规划方法；以控规交通影响评估和新城复合地块交通影响评价为主的新城交通衔接性规划方法。⑧确立了新城交通规划编制、实施全过程的组织实施和保障机制。⑨基于南部新城的实践，对于研究成果进行了应用和示范。

新城交通规划的体系、方法和推进机制涉及面广、系统要素复杂，需要城市规划、建筑历史与理论、交通运输工程、经济学、社会学、管理学等相关学科的综合运用，笔者认为有待继续深化研究的内容包括：

• 不同类别、规模、区位的新城在不同的发展阶段呈现不同的问题，本专著研究了以南部新城为代表位于城市建成区边缘或者近郊，交通便利、设施齐全、环境优美，能分担居住、产业、行政等城市功能，具有相对独立性的这一类新城的交通规划编制体系、方法和推进机制，后续可针对其他不同类别的新城展开研究。

• 新时期国土空间规划背景下，需要强化交通规划与城市空间、土地利用、公共服务等多方协同，研究不同土地利用与交通系统的互动关系、交通设施一体化，进一步明确国土空间框架下新城交通规划分类和分级，研究新时期新城交通规划编制体系内容、编制主体，审批层级和传导机制。

• 随着人工智能等新技术发展，交通基础设施逐渐进入以数据为关键要素和核心驱动的全周期数字化时代，形成数字化采集体系和网络化传输体系，可以进一步完善新城交通需求分析方法，更加精确地标定供需双控等模型的参数。

• 新城交通规划的推进机制可以从不同建设主体出发，研究不同建设主体下的新城交通规划实施组织形式、管理模式和建设模式，明确各阶段推进主体，优化全过程推进流程，做好衔接反馈，完善衔接性规划评价指标。

著者

于东南大学

2022 年 8 月